제5판

실무 시퀀스제어기술

한태환 저

D.B.Info

머리말

본 "실무 시퀀스 제어 기술"은 현장에서 일하시는 실무 종사자나, 공부를 하는 학생들과 산업기사 실기시험을 준비하는 분들을 위해 쉽고도 체계적으로 익힐 수 있도록 특별히 만들어진 학습서이다. 종래의 시퀀스 제어 기술의 습득을 위해서는 오랜 세월의 경험을 쌓아야만 알 수 있었고 응용을 할 수 있었다. 그것은 기본적인 시퀀스 제어의 이해와 각 부분(입력부와 출력부 및 제어부)의 역할에 대한 구체성과 계통적이고도 순서 정연한 시퀀스 제어 기술을 학습하기 위한 것과 무접점과 유접점 관계 등등에 관한 적절한 교과서적인 책이 없었고, 단지 단편적인 시퀀스 제어에만 의존하였기 때문이라고 생각된다.

따라서 본 "실무 시퀀스 제어 기술"은 시퀀스 제어 기술의 습득에 필요한 기본적이고도 기초적인 것부터 체계화하여, 그 학습순서에 특별한 배려를 하였으며 부록에서는 시퀀스 제어의 실습을 위한 실습 Kit의 도면과 함께 시퀀스 제어의 응용공정도면과 시퀀스 제어에 대한 KS규격을 첨부하여 내실화를 기하였다.

(1) 시퀀스 제어의 개요로써 릴레이의 유접점과 IC의 무접점 및 입력 · 출력부 및 제어부에 대해서 설명하였으며, PLC의 기초에 대해서도 취급하였다.
(2) 시퀀스 제어의 실행에 있어서 입력과 출력을 담당하는 제어기기류들과 제어기를 담당하게 되는 릴레이들과 무접점 논리회로용의 동작관계 및 IC들의 종류에 대해서도 취급하였다.
(3) 유접점 제어회로의 구성과 접점의 기호 및 표시방법 등등에 대한 도면 표시방법과 시퀀스 제어의 타임차트와 플로 차트에 대해 취급하였다.
(4) 무접점 시퀀스 제어의 논리회로를 중심으로 해서 각종 플립-플롭회로와 논리연산에 대해서 취급하였다.
(5) 시퀀스 제어회로의 기본회로와 실습에 대해서 취급하였다.
(6) 시퀀스 제어회로의 응용에서 유도전동기와 전원설비 시퀀스회로 및 수송설비와 급 · 배수설비의 시퀀스 제어회로에 대해서 취급하였다.
(7) 시퀀스 제어 실기시험을 준비하는 분들을 위해 과 년도 전기기사 · 산업기사 및 전기공사기사 · 산업기사 출제문제를 수록하였다.

이와 같이 본 "실무 시퀀스 제어 기술"은 시퀀스 제어가 필요한 기술자들과 공부를 하고자 하는 모든 학생들을 대상으로 하며, 이공계열의 대학과 전문대학 및 공업고교에서 교과서로 채택하여 사용한다면 더욱더 좋을 것으로 사료된다.

아무튼 본 "실무 시퀀스 제어 기술"을 접하는 많은 분들에게 도움이 되었으면 하는 마음이 간절하며, 이 책이 나오기까지 함께 하신 하나님과 심혈을 기울여 주시고 애써주신 복두출판사 여러분들과 송광헌 사장님께 깊은 감사를 드린다.

저자 씀

차 례

1

시퀀스 제어의 개요

제 1 장 시퀀스 제어의 개요

시퀀스(Sequence) 제어란 미리 정해놓은 순서와 조건에 따라 제어의 각 단계를 순차적으로 진행하는 제어를 말한다. 즉, 시퀀스 제어란 다음 단계에서 행해야 할 제어동작이 미리 정해져 있어서 전 단계에서의 제어동작을 완료한 뒤에, 또는 동작 후 일정한 시간 경과한 다음에 다음의 동작으로 이행할 경우나, 제어 결과에 따라서 다음에 행해야 할 동작을 선정해서 다음 단계로 이행하는 제어를 말한다. 이러한 시퀀스 제어는 그림 1.1과 같이 일반적으로 명령처리부, 동작부, 제어대상, 제어결과 출력, 검출부 등으로 구성되어 있다.

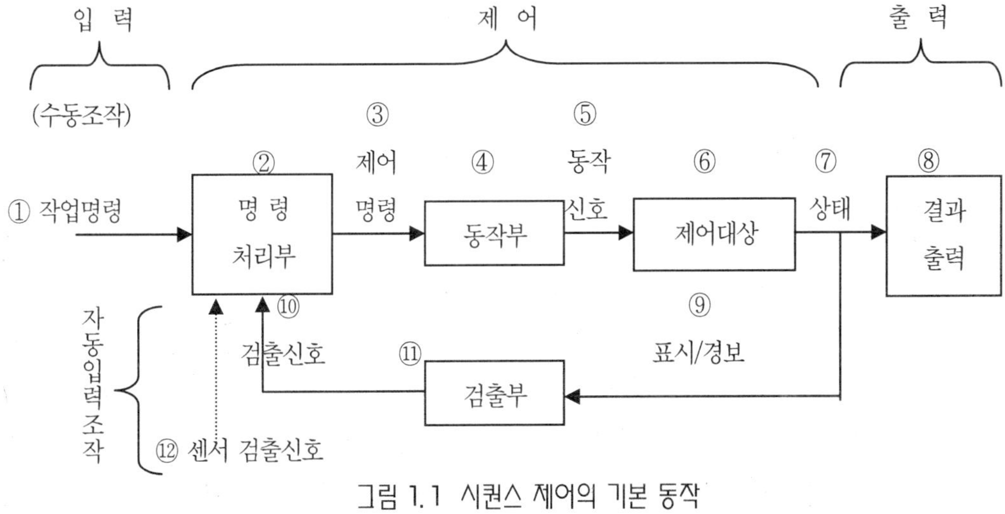

그림 1.1 시퀀스 제어의 기본 동작

① 작업 명령 : 제어장치의 시작과 정지 등과 같이 외부로부터 제어장치 및 시스템에 주어지는 명령을 말하며, 스위치의 ON/OFF 전압의 유무 등으로 한다.

② 명령처리부 : 작업명령, 센서 검출신호, 검출부로부터의 결과 및 출력검출 신호 등

의 미리 정해둔 신호에 의해 제어명령을 만드는 부분을 말한다.

③ 제어 명령 : 제어장치 혹은 시스템에서 필요한 상태로 하기 위한 입력 신호를 말한다.

④ 동작부 : 제어 명령을 받아서 제어대상이 작업 명령대로 수행하도록 움직이는 엔진 부분에 해당한다.

⑤ 동작 신호 : 제어대상을 직접적으로 동작시키는 것을 말한다.

⑥ 제어 대상 : 제어하려고 하는 목적의 기계, 또는 장치를 말하며 전동기, 펌프, 컨베이어 등을 말할 수 있겠다.

⑦ 상태 : 제어 대상물이 조작신호에 의해 제어된 현상을 말한다.

⑧ 결과 출력 : 제어 대상인 장치 등이 제어된 결과의 상태를 말한다.

⑨ 표시/경보 : 제어 대상인 장치 등이 제어된 결과를 나타내는 신호

⑩ 검출 신호 : 제어대상이 제어된 결과를 명령 처리부에 피드백(되먹임) 해주는 신호

⑪ 검출부 : 제어 대상의 제어 동작결과를 검출하여 신호를 만들어낸다.

⑫ 센서 검출신호 : 제어 대상에 부착된 검출센서로써, 제어동작 여부에 따라 신호가 발생하여 명령 처리부에 전달한다.

위와 같은 동작을 수행하는 시퀀스 제어에는 기계적인 접점을 가진 전기 릴레이로 구성되는 유접점 시퀀스와 제어 회로에 사용되는 소자로써 반도체 스위칭 소자를 사용하는 무접점 시퀀스가 있다.

1.1 릴레이 유접점 시퀀스 제어

유접접 시퀀스에는 보조 계전기인 릴레이를 이용하는 기계적 제어로써, 이러한 릴레이는 부하전류용량과 과부하 내량이 크고 높은 온도에서도 잘 견디며 입력과 출력이 분리되는 절연 결합이 되고 릴레이의 접점수에 따라 회로를 얻을 수 있다. 릴레이 동작은 코일을 여자 시키는 전원의 공급에 의해 이루어지게 되는데, 코일을 여자 시키는 전원의 소비 전력이 다소 필요하고 릴레이 접점으로 구성되는 시퀀스 회로와 릴레이 제어반의 외형이 크게 된다. 또한 릴레이 코일이 여자 되어 접점이 동작하기까지의 시간은 수십 msec의 시간이 걸리고 진동이나 충격 등에 약하고 수명이 짧으며 고장 수리 및 보수가 번거로워지는 경향이 있다.

1.2 무접점 로직 시퀀스 제어

IC (집적 회로) 반도체의 논리소자 등을 사용한 회로로써 Hi-Lo Level의 입력에 따라서 동작하는 양논리와 음논리 회로의 로직 시퀀스가 있다. 이러한 무접점 로직 시퀀스는 동작속도가 빠르고 정밀하며 수명이 길어지며, 진동 충격에 강하고 장치가 소형화 되는 등 좋은 점이 많으나 동작전류용량이 적으며 온도에 약하고 IC 동작을 위한 입력 출력 결합 회로가 필요하게 된다.

1.3 PLC 시퀀스 제어

설비의 자동화와 고능률화의 요구에 따라 PLC의 적용 범위는 확대되고 있다. 특히 공장 자동화와 FMS(Flexible Manufacturing System)에 따른 PLC의 요구는 과거 중소 규모 이상의 릴레이 제어반 대체 효과에서 고기능화, 고속화의 추세로 소규모 공작 기계에서 대규모 시스템 설비에 이르기까지 적용되고 있다. 다음은 PLC 제어 대상에 따른 적용 분야를 나타낸 것이다. PLC는 마이크로프로세서(microprocessor) 및 메모리를 중심으로 구성되어 인간의 두뇌 역할을 하는 중앙 처리 장치(CPU), 외부 기기와의 신호를 연결시켜 주는 입출력부, 각 부에 전원을 공급하는 전원부, PLC내의 메모리에 프로그램을 기록하는 주변 장치로 구성되어 있다.

1.3.1 하드웨어 구조

(1) 전체구성

PLC는 마이크로프로세서(microprocessor) 및 메모리를 중심으로 구성되어 인간의 두뇌 역할을 하는 중앙 처리 장치(CPU), 외부 기기와의 신호를 연결시켜 주는 입·출력부, 각 부에 전원을 공급하는 전원부, PLC내의 메모리에 프로그램을 기록하는 주변 장치로 구성되어 있다. 아래의 그림 1-2는 PLC의 전체 구성도를 나타낸 것이다.

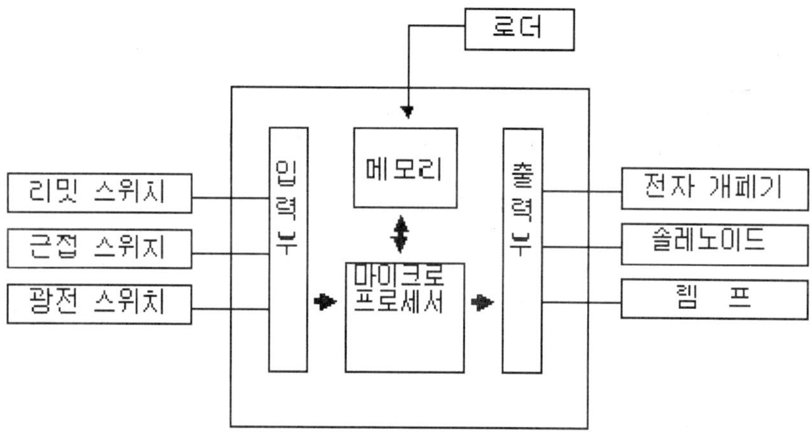

그림 1-2 PLC의 전체 구성도

(2) PLC 의 CPU 연산부

PLC의 두뇌에 해당하는 부분으로서 메모리에 저장되어 있는 프로그램을 해독하여 처리 내용을 실행한다. 이 절차는 매우 빠른 속도로 반복되며 모든 정보는 2진수로 처리된다.

(3) PLC 의 CPU 메모리

① 메모리 소자의 종류

IC 메모리 종류에는 ROM(Read Only Memory)과 RAM(Random Access Memory)이 있으며 ROM은 읽기 전용으로, 메모리 내용을 변경할 수 없다. 따라서, 고정된 정보를 써넣는다. 이 영역의 정보는 전원이 끊어져도 기억 내용이 보존되는 불휘발성 메모리이다. RAM은 메모리에 정보를 수시로 읽고 쓰기가 가능하여 정보를 일시 저장하는 용도로 사용되나, 전원이 끊어지면 기억시킨 정보 내용을 상실하는 휘발성 메모리이다. 그러나 필요에 따라 RAM 영역 일부를 배터리 백업(Battery back-up)에 의하여 불휘발성 영역으로 사용할 수 있다.

② 메모리 내용

PLC의 메모리는 사용자 프로그램 메모리, 데이터 메모리, 시스템 메모리 등의 3가지로 구분된다. 사용자 프로그램 메모리는 제어하고자 하는 시스템 규격에 따라 사용자가 작성한 프로그램이 저장되는 영역으로, 제어 내용이 프로그램 완성 전이나 완성

후에도 바뀔 수 있으므로 RAM이 사용된다. 프로그램이 완성되어 고정되면, ROM에 써넣어 ROM 운전을 할 수 있다. 데이터 메모리는 입·출력 릴레이, 보조 릴레이, 타이머와 카운터의 접점 상태 및 설정값, 현재값 등의 정보가 저장되는 영역으로 정보가 수시로 바뀌므로 RAM 영역이 사용된다. 시스템 메모리는 PLC 제작 회사에서 작성한 시스템 프로그램이 저장되는 영역이다. 이 시스템 프로그램은 PLC의 기능이나 성능을 결정하는 중요한 프로그램으로, PLC 제작 회사에서 직접 ROM에 써넣는다.

(4) PLC의 입·출력부

PLC의 입·출력부는 현장의 외부 기기에 직접 접속하여 사용한다. PLC 내부는 DC+5V의 전원(TTL 레벨)을 사용하지만 입·출력부는 다른 전압 레벨을 사용하므로 PLC 내부와 입·출력의 접속(Interface)은 시스템 안정에 결정적인 요소가 된다. PLC의 입·출력부는 다음의 사항이 요구된다.

- 외부 기기와 전기적 규격이 일치해야 한다.
- 외부 기기로부터의 노이즈가 CPU쪽에 전달되지 않도록 해야 한다.[포토커플러(Photocoupler) 사용]
- 외부 기기와의 접속이 용이해야 한다.
- 입출력의 각 접점 상태를 감시할 수 있어야 한다.(LED 부착)

입력부는 외부 기기의 상태를 검출하거나 조작 Panel을 통해 외부 장치의 움직임을 지시하고 출력부는 외부 기기를 움직이거나 상태를 표시한다. 입·출력부에 접속되는 외부 기기 예는 표 1-1과 같다.

표 1-1 입출력 기기

I/O	구분	부착 장소	외부 기기의 명칭
입력부	조작 입력	제어반과 조작반	푸시 버튼 스위치 선택 스위치 토글 스위치
	검출 입력 (센서)	기계 장치	리밋 스위치 광전 스위치 근접 스위치 레벨 스위치
출력부	표시 경보 출력	제어반 및 조작반	파일럿 램프 부저
	구동 출력 (액추에이터)	기계장치	전자 밸브 전자 클러치 전자 브레이크 전자 개폐기

① 입력부

외부 기기로부터의 신호를 CPU의 연산부로 전달해 주는 역할을 한다. 입력의 종류로는 DC24[V], AC110[V] 등이 있고, 그 밖의 특수 입력 모듈로는 아날로그 입력(A/D) 모듈, 고속 카운터(High Speed Counter) 모듈 등이 있다. 그림 1-3은 입력부 회로의 예를 나타내었다.

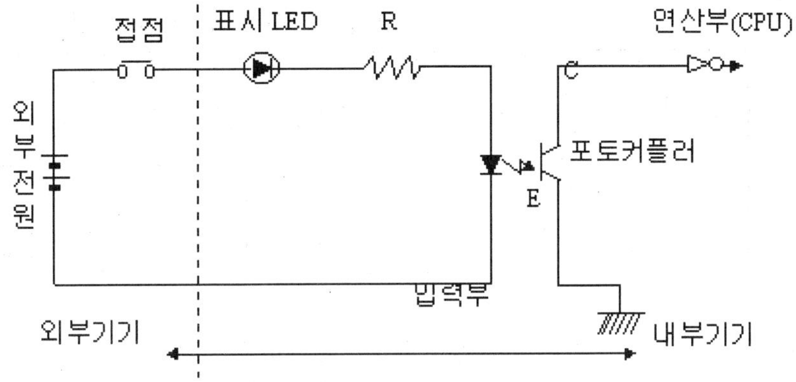

그림 1-3 입력부 회로 예

② 출력부

내부 연산의 결과를 외부에 접속된 전자 접촉기나 솔레노이드에 전달하여 구동시키는 부분이다. 출력의 종류에는 릴레이 출력, 트랜지스터 출력, SSR(Solid State Relay)출력 등이 있고, 그 밖의 출력 모듈로는 아날로그 출력(D/A) 모듈, 위치 결정 모듈 등이 있다. 트랜지스터 출력부 회로의 예는 그림 1-4와 같다.

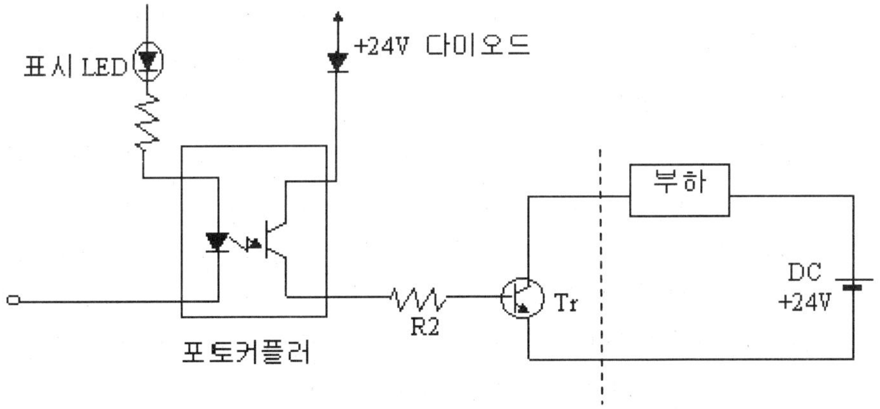

그림 1-4 트랜지스터의 출력부 회로

출력 모듈을 출력 신호와 개폐 소자에 따라 분류하면 표 1-2와 같다.

표 1-2 출력 모듈의 종류

출력 신호 종류	개폐 소자	
	유접점	무접점(반도체)
직류(DC)	릴레이 출력	트랜지스터 출력
교류(AC)	릴레이 출력	SSR 출력

표 1-2에서와 같이 릴레이 출력은 직류와 교류 모두 사용할 수 있으나, 기계적 수명의 한계 때문에 접점의 개폐가 빈번할 경우는 교류 전원 전용인 무접점 SSR 출력이나 직류전원 전용인 트랜지스터 출력을 사용하는 것이 좋다.

1.3.2 소프트웨어 구조

(1) 하드 와이어드와 소프트 와이어드

종래의 릴레이 제어 방식은 일의 순서를 회로도에 전개하여 그곳에 필요한 제어 기기를 결합하여 리드선으로 배선 작업을 해서 요구하는 동작을 실현한다. 이 같은 방식을 하드와어어드 로직(Hardwired Logic)이라고 한다. 하드와이어드 로직 방식에서는 하드웨어(기기)와 소프트웨어가 한 쌍이 되어 있어, 사양이 변경되면 하드웨어와 소프트웨어를 모두 변경해야 하므로, 여러 가지 문제를 발생시키는 원인이 된다. 따라서 하드웨어와 소프트웨어를 분리하는 연구 끝에 컴퓨터 방식이 개발되었다. 컴퓨터는 하드웨어(Hardware)만으로는 동작할 수 없다. 하드웨어 속에 있는 기억 장치에 일의 순서를 넣어야만 비로소 기대되는 일을 할 수가 있다. 이 일의 순서를 프로그램이라 하며 기억 장치인 이 메모리에 일의 순서를 넣는 작업을 프로그래밍이라 한다. 이는 마치 배선작업과 같다고 생각하면 된다. 이 방식을 소프트와이어드 로직(Softwired Logic)이라 하며, PLC는 이 방식을 취하고 있다.

(2) 릴레이 시퀀스와 PLC 프로그램 차이점

PLC는 LSI 등 전자 부품의 집합으로 릴레이 시퀀스와 같은 접점이나 코일은 존재하지 않으며, 접점이나 코일을 연결하는 동작은 소프트웨어로 처리되므로 실제로 눈에 보이는 것이 아니다. 또 동작도 코일이 여자 되면 접점이 닫혀 회로가 활성화되는 릴레이 시퀀스와는 달리 메모리에 프로그램을 기억시켜 놓고 순차적으로 내용을 읽어서 그 내용에 따라 동작하는 방식이다. PLC제어는 프로그램의 내용에 의하여 좌우된다. 따라서 사용자는 자유 자재로 원하는 제어를 할 수 있도록 프로그램의 작성 능력이 요구된다.

① 직렬 처리와 병렬 처리

PLC 시퀀스와 릴레이 시퀀스의 가장 근본적인 차이점은 그림 1-5에 나타낸 것과 같이 "직렬 처리"와 "병렬 처리"라는 동작상의 차이에 있다. PLC는 메모리에 있는 프로그램을 순차적으로 연산하는 직렬 처리 방식이고 릴레이 시퀀스는 여러 회로가 전기적인 신호에 의해 동시에 동작하는 병렬 처리 방식이다. 따라서 PLC는 어느 한 순간을 포착해 보면 한 가지 일 밖에 하지 않는다.

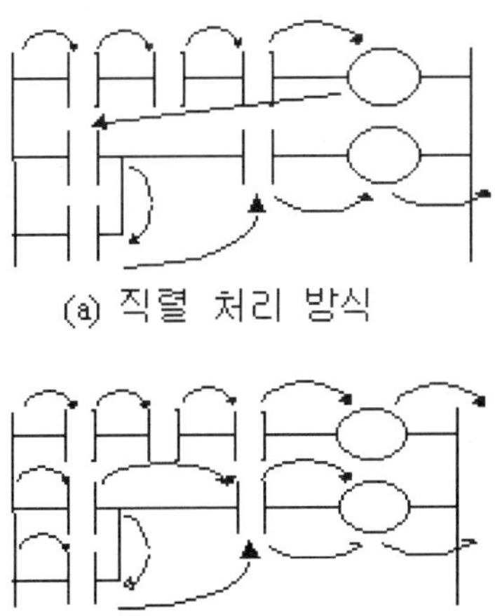

그림 1-5 연산 처리 방식

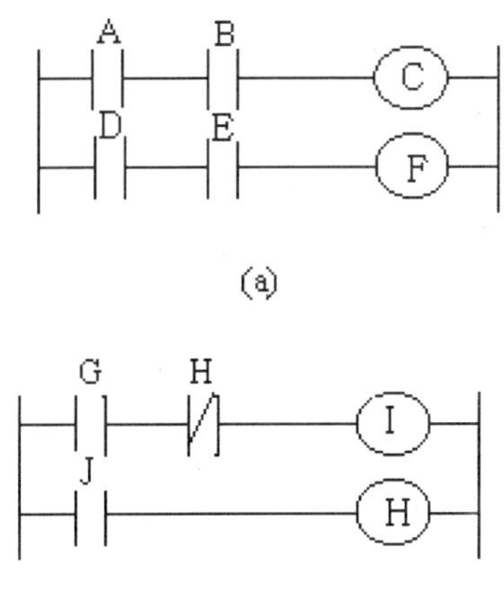

그림 1-6 시퀀스도

먼저 그림 1-6 (a)의 시퀀스도로 PLC와 릴레이의 동작상의 차이점을 설명한다. 릴레이 시퀀스에서는 전원이 투입되어 접점 A와 B, 그리고 접점 D와 E가 동시에 닫히면, 출력 C와 F는 ON되고, 어느 한쪽이 빠를수록 먼저 동작한다. 이에 비하면 PLC는 연산 순서에 따라 C가 먼저 ON되고 다음에 F가 ON된다.

PLC와 릴레이의 동작상의 차이점을 그림 1-6 (b)의 경우에서 살펴보면 먼저 릴레이 시퀀스에서는 전원이 투입되면 접점 J가 닫힘과 동시에 H가 ON되어 출력 I는 동작될 수 없다. PLC는 직렬 연산 처리되므로 최초의 연산 때 G가 닫히면 I가 ON되고

J가 닫히면 H가 ON된다. H가 ON되면 b접점 H에 의해 I는 OFF된다.

② 사용 접점 수의 제한

릴레이는 일반적으로 1개당 가질 수 있는 접점 수에 한계가 있다. 따라서 릴레이 시퀀스를 작성할 때에는 사용하는 접점 수를 가능한 한 줄여야 한다. 이에 비하여 PLC는 동일 접점에 대하여 사용 회수에 제한을 받지 않는다. 이는 동일 접점에 대한 정보(ON/OFF)를 정해진 메모리에 저장해 놓고, 연산할 때 메모리에 있는 정보를 읽어서 처리하기 때문이다.

③ 접점이나 코일 위치의 제한

PLC 시퀀스에는 릴레이 시퀀스에는 없는 약속 사항이 있다. 그 중 하나는 코일 이후 접점을 금지하는 사항이다. 즉, PLC 시퀀스에서는 코일을 반드시 오른쪽 모선에 붙여서 작성해야 한다. 또 PLC 시퀀스에서는 항상 신호가 왼쪽에서 오른쪽으로 전달되도록 구성되어 있다. 따라서, PLC 시퀀스는 릴레이 시퀀스와는 다르게 오른쪽에서 왼쪽으로 흐르는 회로나, 상하로 흐르는 회로 구성을 금지하고 있다. PLC 시퀀스의 약속 사항을 그림 1-7에 나타낸다.

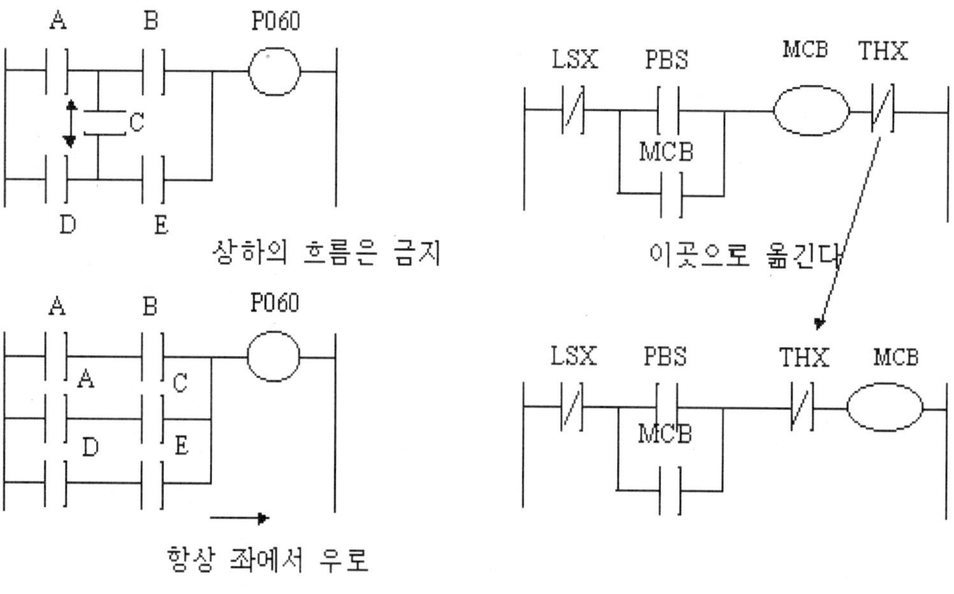

그림 1-7 PLC 시퀀스의 약속 사항

문제 1 시퀀스 제어의 기본 동작 중에서 제어 동작에 해당하는 것은 어떤 것이 있으며, 어떠한 동작을 하나?

☞ 답

(1) 명령처리부 : 작업명령, 센서 검출신호, 검출부로부터의 결과 출력검출 신호 등의 미리 정해둔 신호에 의해 제어명령을 만드는 부분을 말한다.

(2) 동작부 : 제어 명령을 받아서 제어대상이 작업 명령대로 수행하도록 움직이는 엔진 부분에 해당한다.

(3) 제어 대상 : 제어하려고 하는 목적의 기계, 또는 장치를 말하며 전동기, 펌프, 컨베이어 등을 말할 수 있겠다.

(4) 검출부 : 제어 대상의 제어 동작 결과를 검출하여 신호를 만들어 낸다.

문제 2 유접점 시퀀스와 무접점 시퀀스 및 PLC에 대해 설명하시오.

☞ 답

(1) 유접점 시퀀스 :

유접접 시퀀스에는 보조 계전기인 릴레이를 이용하는 기계적 제어로써, 입력과 출력이 분리되는 절연 결합이 되고 릴레이의 접점수에 따라 회로를 얻을 수 있다. 릴레이 동작은 코일을 여자 시키는 전원의 공급에 의해 이루어지게 된다.

(2) 무접점 시퀀스 :

IC(집적 회로) 반도체의 논리소자 등을 사용한 회로로써 Hi-Lo Level의 입력에 따라서 동작하는 양논리와 음논리 회로의 로직 시퀀스이며, IC 동작을 위한 입력 출력 결합 회로가 필요하게 된다.

(3) PLC 시퀀스 :

PLC는 마이크로프로세서(microprocessor) 및 메모리를 중심으로 구성되어 인간의 두뇌 역할을 하는 중앙 처리 장치(CPU), 외부 기기와의 신호를 연결시켜 주는 입출력부, 각 부에 전원을 공급하는 전원부, PLC내의 메모리에 프로그램을 기록하는 주변 장치로 구성되어 있다

■ 문제 3 PLC의 입력부와 출력부에 연결할 수 있는 외부 기기는?

☞ 답

(1) 입력부와의 연결 기기 :

푸시 버튼 스위치, 선택 스위치, 토글 스위치, 리밋 스위치, 광전 스위치, 근접 스위치, 레벨 스위치 등

(2) 출력부와의 연결 기기 :

파일럿 램프, 부저 전자 밸브, 전자 클러치, 전자 브레이크, 전자 개폐기, 릴레이 등

■ 문제 4 릴레이 시퀀스와 PLC 프로그램과의 동작의 차이인 직렬 처리와 병렬 처리에 대해 설명하시오.

☞ 답

PLC는 메모리에 있는 프로그램을 순차적으로 연산하는 직렬 처리 방식이고 릴레이 시퀀스는 여러 회로가 전기적인 신호에 의해 동시에 동작하는 병렬 처리 방식이다.

2

작업 명령용의 시퀀스 제어 기기

제 2 장

작업 명령용의 시퀀스 제어 기기

2.1 시퀀스 제어 기기

시퀀스 제어의 기본구성에 대하여 정리를 해보면 다음의 그림 2-1과 같이 표현할 수 있다.

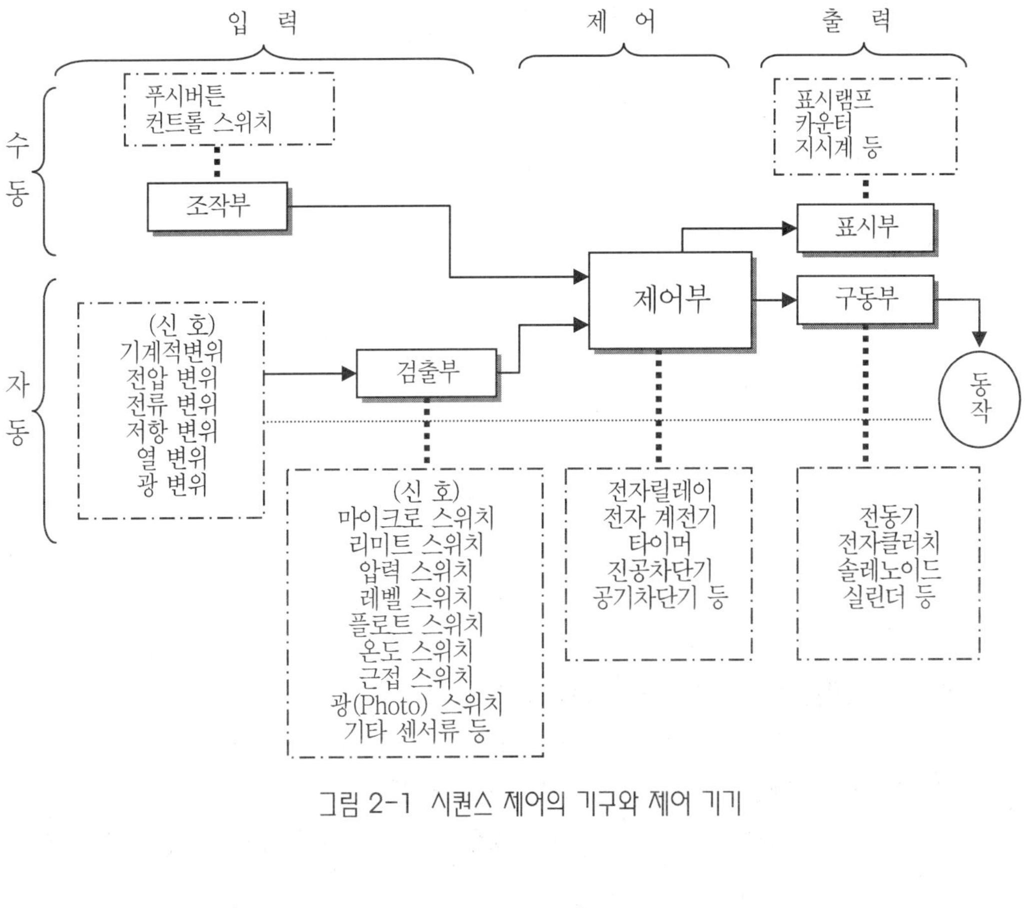

그림 2-1 시퀀스 제어의 기구와 제어 기기

조작부는 푸시 버튼 스위치와 절환 스위치 및 캠 스위치와 같이 사람이 수동으로 조작할 수 있는 곳이며, 제어부는 전자 계전기, 한시 계전기 등으로 구성되어 있고 시퀀스 콘트롤러 전자계산기 및 PLC(Programmable Logic Controller) 등이 포함된다.

구동부는 전동기와 전자클러치 등으로써, 제어부로부터의 신호에 따라서 실제의 일을 행하는 부분이다. 검출부는 구동부가 행하는 일이 조건에 만족한 경우나 동작상태 등을 검출하여 제어부에 신호를 보내는 것으로서 각종 변위들을 검출하는 부분이다.

표시부는 표시램프와 지시계 등으로서 제어동작의 진행상태나 결과를 나타내는 부분이다. 또한 이상상태나 고장 등이 발생했을 때에는 경보를 울려주는 일도 한다. 이와 같이 복잡한 시퀀스 제어장치를 볼 때 제어장치 전체를 조작부, 제어부, 구동부, 검출부 표시부 등으로 각각의 부분을 분류하면서 회로를 추적해보면 장치 전체의 동작에 대한 이해가 쉬울 것이다.

2.1.1 조작 스위치(유접점 스위치 종류와 기능)

수동 조작 스위치의 분류는 다음의 표 2-1과 같이 정리할 수 있겠다.

표 2-1 유접점의 수동 조작 스위치의 분류

- 수동조작 스위치
  - 자동복귀형
    - 누름 버튼 스위치 ············ 자동복귀 접점
    - 회전형조작시
      - 자동복귀 접점
      - 잔류 접점
  - 위치유지형
    - 2위치절환(유지형)
      - 토글 스위치, 텀블러 스위치
      - 양푸시 버튼 스위치
    - 다위치절환(선택형)
    - 다위치절환(이동형)
      - 다회로 선택 스위치
      - 다이얼 스위치, 드럼 스위치
      - 조작 스위치
  - 특수형 ············ 전자동작 수동복귀

(1) 누름 버튼 스위치(PUSH BUTTON SWITCH)

이 스위치는 버튼을 눌러서 접점을 개폐하는 스위치이다. 누름 버튼 스위치의 종류도 용도에 따라서 다양한 구조와 접점의 용량으로 되어있다.

누름 버튼 스위치의 동작을 살펴 보면 항상 접점이 열려 있어서 버튼을 눌렀을 때에

만 접점이 닫히는 것과 반대로 항상 접점이 닫혀 있어서 접점을 눌렀을 때만 접점이 열리는 두 종류가 있다. 전자를 a접점(arbitration contact)이라고 하며 후자를 b접점(break contact)이라고 한다. 또 하나의 누름 버튼은 a접점과 b접점 양쪽을 동시에 조작하는 것도 있다.

누름 버튼 스위치의 기호는 시퀀스 그림 위에 그릴 경우, 누르면 닫히는 a접점과 반대로 열리는 b접점을 구별한다. 그림 2-2는 누름 버튼 스위치의 기호를 나타낸 것으로써, 가로 쓰기와 세로 쓰기를 구별하여 사용함을 알 수 있다.

표 2-2 누름 버튼 스위치의 기호

명 칭		그림 기호		비 고
		a접점	b접점	
수동조작, 자동복귀 접점	세로 쓰기			조작 스위치 등의 접점에 이용되며, a접점은 버튼을 눌렀을 때에만 접점이 닫히지만 b접점은 반대로 항상 접점이 닫혀 있어서 버튼을 눌렀을 때만 접점이 열린다.
	가로 쓰기			

누름 버튼 스위치의 종류와 구조에 대한 것들은 다음과 같다.

① 접점의 용량이 10[A] 이상인 전동기의 기동용 스위치로써 접점용량이 크기 때문에 소형부하 및 소형 전동기의 직접적인 조작을 위한 용도로 사용한다. .

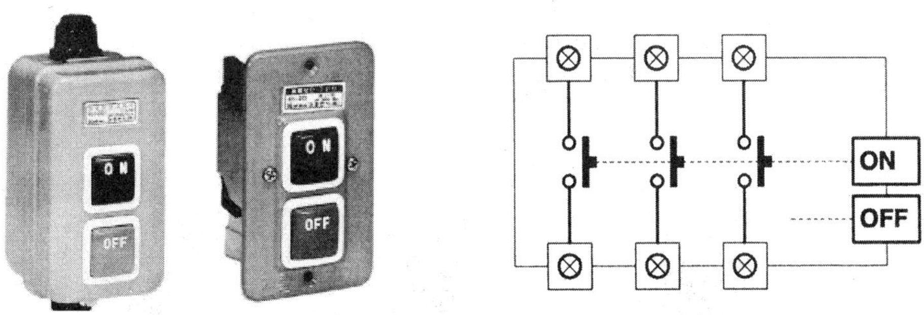

(a) 노출형 (b) 매입형 (c) 스위치 내부 회로

그림 2-2 전동기 기동용 스위치

② 빗물에 대한 보호 구조로 되어 있는 호이스트용 누름 버튼 스위치로써, 전자 개폐기 조작용 스위치이다.

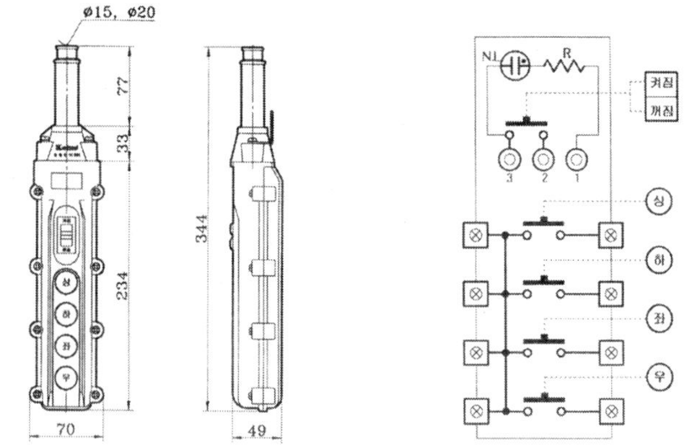

(a) 호이스트 스위치 (b) 스위치 내부 회로

그림 2-3 전자 개폐기 조작용 호이스트 스위치

③ Push Button(PB) 스위치

제어 회로에 삽입하여 ON/OFF 조작을 하는 누름 버튼 스위치이다.

a. 25φ 및 30φ 크기의 PB

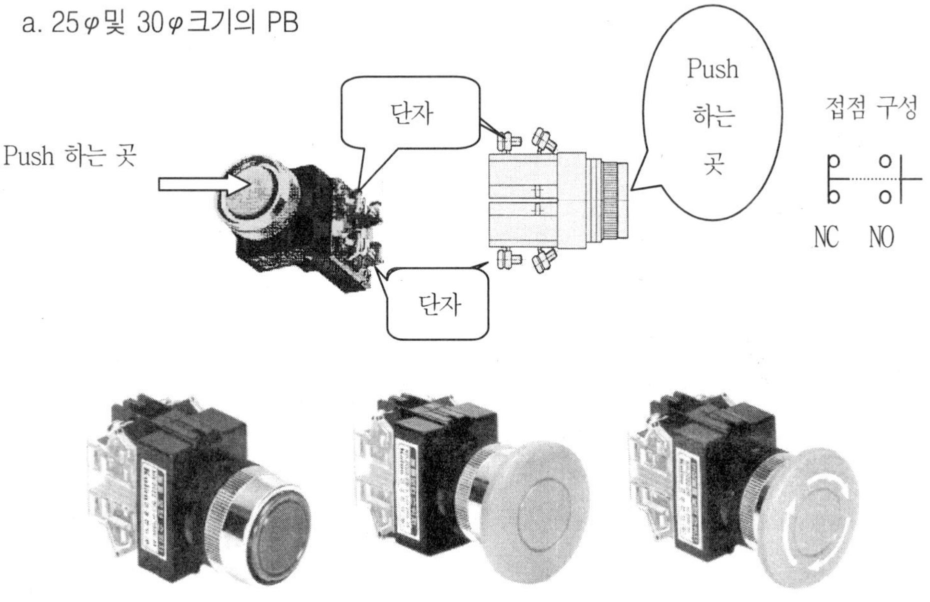

그림 2-4 25φ 및 30φ 크기의 시퀀스 조작용 스위치

b. 16φ 크기의 PB

접점 구성

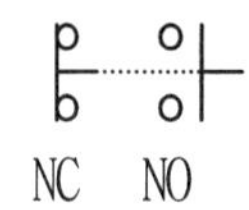

그림 2-5 16ф 크기의 시퀀스 조작용 스위치

(2) 선택 절환 스위치(Select Switch)

① 선택 절환 스위치(Selector Switch)

일반적으로 셀렉트 스위치라고 부르는 것으로써, 주로 회로를 절환하는데 사용하고 있으며 예를 들으면 자동-수동의 회로선택 절환 등과 같은 회로에 사용하게 되는데 수동으로 한번 조작하면 그 위치에 접점이 유지되는 것이다.

그림 2-6 절환 스위치 구조

표 2-3 절환 스위치 눈금과 접점

눈금(notch) \ 접점			1a1b	2a2b
2 눈금	좌			
	우			
3 눈금	좌			
	중			
	우			

② 캠 스위치(CAM)

놋지(Notch)의 단수가 3단, 4단, 5단, 7단 절환 스위칭을 할 수 있도록 만들어진 캠 스위치로써, 다양한 회로를 구성할 수 있으며 선택 절환 스위치와 같이 수동으로 한번 조작하면 그 위치에 접점이 유지되는 것이다. 그림 2-7과 그림 2-8에 스위치의 구조와 내부 회로를 나타내었다.

(a) Handle Type (b) Control Handle Type (c) Key Type

그림 2-7 캠 스위치 구조

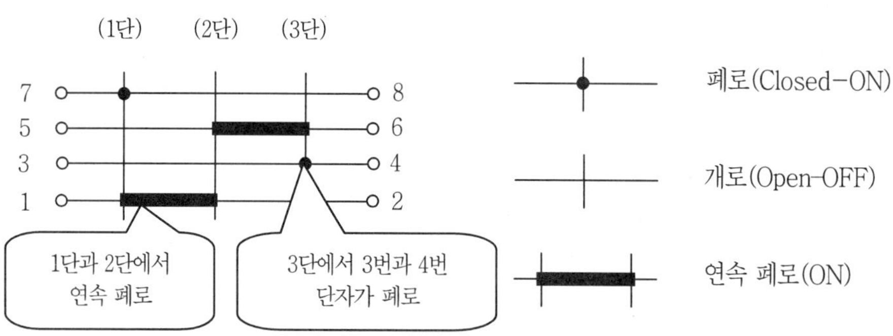

(a) 3단 절환 캠 스위치 회로 (b) 회로 연결 심볼

그림 2-8 캠 스위치의 내부 회로 연결

③ 토글 스위치

그림 2-9와 같이 레버를 직선적으로 왕복 운동시켜 이것으로 스위치부의 접점을 개폐하는 스위치이다. 이 스위치는 스냅 스위치(Snap Switch)라고도 하며, 스프링의 동작에 따라 스냅을 조작하게 하여 개폐동작을 하는 것이므로 수동조작 속도에 좌우됨이 없이 개폐가 이루어진다. 또한 비교적 소형 스위치이므로 공간에 여유가 없는 경우에 흔히 쓰인다. 그러나 전류의 차단용량은 작고 기계적 수명도 그다지 길지 않다.

그림 2-9 토글 스위치의 구조와 접점 구성

④ 덤블러 스위치(Tumbler Switch)

이 스위치는 판 동형 핸들을 눌러서 절환하여 접점의 개폐를 이루는 것으로써 건축물의 옥내 배선용으로 건축물 내부의 조명 등의 ON/OFF 스위치에 많이 사용되고 있다.

⑤ 십자형 방향 스위치

이 스위치는 상하좌우 네 방향으로 움직이는 레버기구에 의해 마이크로 스위치, 또는 콘택트 블록을 동작시키는 스위치이며, 레버 스위치라고도 한다.

(6) 로터리 스위치(Rotary Switch)

이 스위치는 다접점을 절환하는데 사용되며, 다수의 절환 접점에 대하여 하나의 공통점이 접촉하여 어느 것이든 하나의 접점을 닫는 스위치이다.

2.1.2 제어 동작용 기구(전자 계전기 · 전자 접촉기 · 전자 개폐기)

전자 계전기·전자 접촉기·전자 개폐기는 모두 전자석의 힘을 사용하여 접점을 개폐하여 신호를 전달하거나 전력을 공급하는데 쓰인다.

그 접점은 항상 열려 있어 전자석에 의해 닫히는 접점과, 항상 닫혀 있어 전자석에 의해 열리는 접점으로 나눌 수 있다. 누름 버튼 스위치와 마찬가지로 전자를 a접점, 후자를 b접점이라고 한다. 하나의 전자석에 의해 여러 개의 접점을 동시에 동작시키는 형이 일반적이다.

주로 제어 회로에 쓰이는 소형인 것을 전자 계전기(또는 전자릴레이)라고 부르며, 제어 회로의 개폐가 가능하도록 접점 용량을 크게 한 것을 전자 접촉기라고 한다. 또한 과잉 전류에 대한 보호 회로를 구비한 것을 전자 개폐기라고 한다.

(1) 힌지형(hinge 形) 전자 계전기

1점을 기준으로 하여 원운동을 하는 가동철편을 철심에 전자코일을 감은 전자석으로 끌어당겨 그 가동철편의 동작으로 접점을 개폐한다. 그것은 주로 신호 회로 및 소전력 회로에 이용된다.

① 접점 직접 구동형

가동철편과 접점의 한쪽이 일체가 되어 작용하는 구조를 말한다. 가동철편과 일체가 된 접점은 보통 스프링에 의해 b접점 측에 붙어있다. 전자코일이 자화(磁化)되었을 때 가동철편을 끌어당겨 b접점은 떨어지고 a접점을 접촉한다. 전자코일의 자화(磁化)가 끊어졌을 때는 다시 스프링의 힘에 의해 원래로 돌아간다. 이상의 움직임을 그림 2-10에 나타내었다.

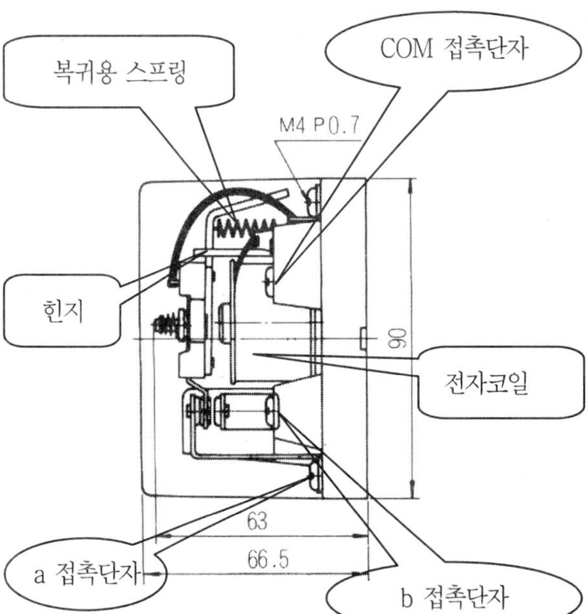

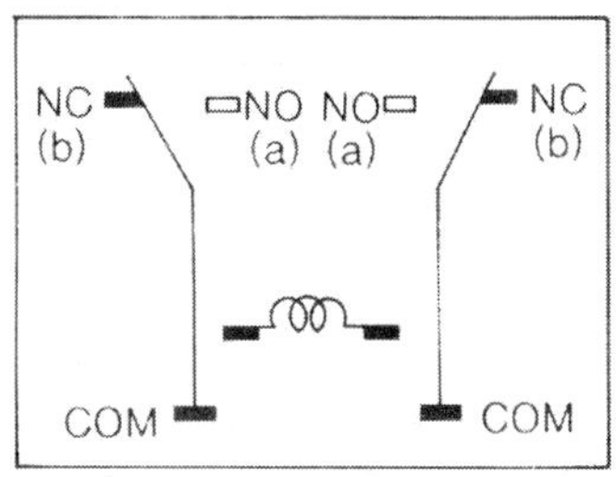

< 내부 결선도>

(a) 힌지형 전자 계전기의 구조

(b) 소용량의 소켓트와 구조 및 접점

<LED 내장형>

(c) 대용량의 소켓트와 구조 및 접점

그림 2-10 힌지형 전자 계전기

② 접점 간접 구동형

접점 직접 구동형의 복귀형 스프링이 없고 접점(가곡접점)과 가동철편이 분리되어 있는 구조를 말한다. 가곡접점(可曲接點)은 자신의 탄력성에 의해 보통은 b접점 측에 접촉되어 있다. 전자코일이 자화 되었을 때 가동철편의 움직임이 가곡접점을 꺾어서 a접점을 접촉시킨다. 전자코일의 자화가 끊어지면 접점은 다시 원래의 상태로 돌아간다.

(2) 브랜저형 전자 계전기

전자 계전기의 구동력을 크게 해서 많은 접점을 동시에, 또 대용량의 접점을 개폐하도록 한 것이다. 전자석과 철편 대신 솔레노이드 코일과 브랜저가 이용된다. 솔레노이드 코일 끝의 스프링에 의해 지탱된 브랜저가 코일을 자화함으로써 그 내부에 끌려 들어간다. 이 동작을 이용해서 브랜저와 연결된 접점을 개폐하는 구조로 되어 있다.

(3) 전자 계전기의 기호

전자 계전기를 시퀀스 그림에 그릴 때는 정해진 기호를 이용한다. 계전기를 구성하는 전자코일과 접점을 그림 2-11과 그림 2-12의 기호를 이용하여 표시한다. 일반적으로 전자코일의 기호는 주로 ③을 많이 사용하고 있으나 시퀀스 회로에서의 동작코일은 ①을 사용한다. 접점의 기호는 a접점·b접점으로 나누어 세로 쓰기일 경우 ⓐ, 가로 쓰기일 경우 ⓑ를 이용한다.

명 칭		그림 기호	비 고
전자코일	①	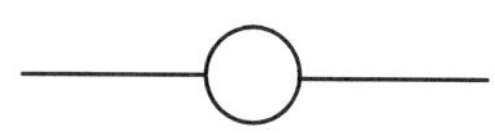	②는 저항기와 혼동되지 않을 경우에 사용됨
	②		
	③		

그림 2-11 전자코일의 기호

명 칭		접점 기호	
		a 접점	b 접점
계전기 접점 또는 보조 스위치 접점	ⓐ 세로 쓰기	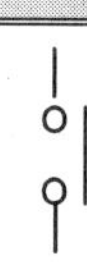	
	ⓑ 가로 쓰기		

그림 2-12 전자 계전기의 접점 기호

(4) 타이머 릴레이

타이머의 접점 기호는 아래의 그림 2-13에 나타낸 바와 같이 a접점과 b접점으로 나누어서 세로 쓰기일 경우와 가로 쓰기일 경우로 나타내었다. 이러한 타이머의 접점은 동작신호를 준 후에 정해진 시간(Setting Time)만큼 늦게 출력이 발생하여 접점이 동작하도록 제작된 제어 기기로써 시퀀스 제어 회로의 지연 회로에 사용된다.

이러한 지연 회로에는 동작을 지연시키는 한시 동작 회로(On Delay Timer)와 복귀를 지연시키는 한시 복귀 회로(Off Delay Timer)가 있을 수 있고 a접점과 b접점의 특성을 이용해서 일정시간만 동작하든가 일정시간만 동작하지 않는 회로를 만들 수 있겠다.

명 칭	그림 기호		비 고
	a접점	b접점	
한시동작 순시복귀접점	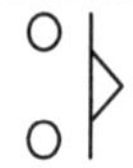		타이머 릴레이 유접점 기호
	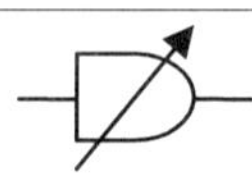	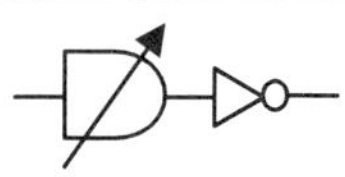	타이머 릴레이 논리 기호
순시동작 한시복귀접점	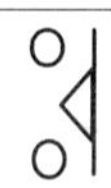		타이머 릴레이 접점 기호
	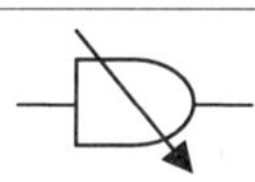	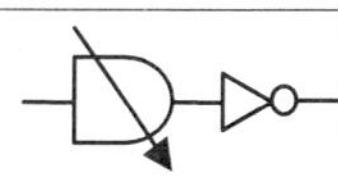	타이머 릴레이 논리 기호

그림 2-13 타이머 릴레이의 접점 기호

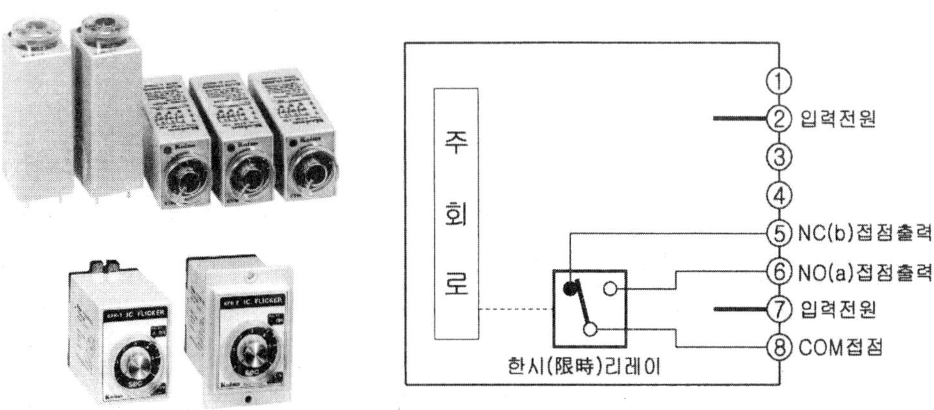

그림 2-14 타이머의 외형과 내부 회로

(5) 전자 접촉기

브랜저형 전자 계전기의 접점을 대용량화하여 전력용으로 삼은 것으로써 주접점·보조 점접 전자코일로 구성되어 있다. 주접점은 전력의 개폐에 사용하고, 보조 접점은 제어 회로용으로 사용한다. 전자 접촉기의 구조를 그림 2-15에 나타내었다.

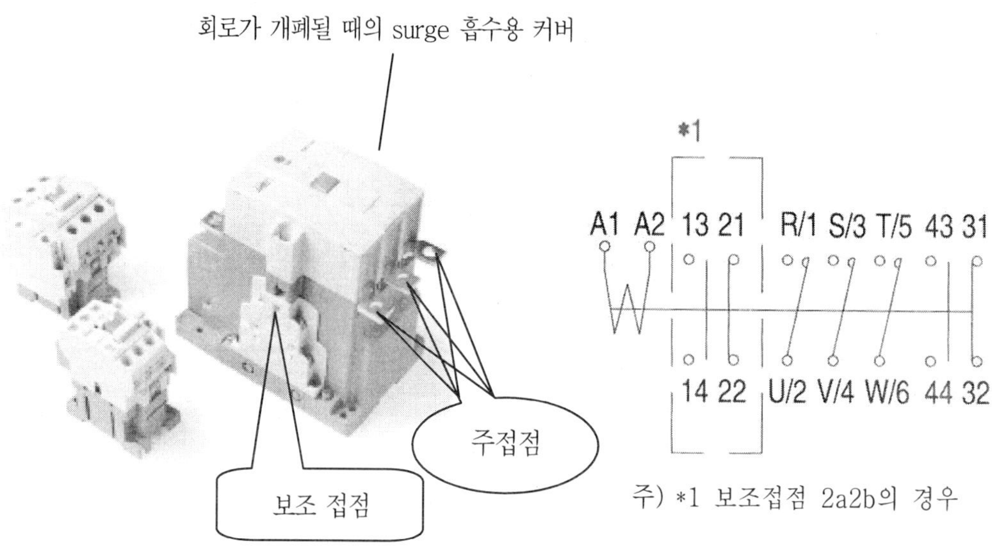

그림 2-15 전자 접촉기 구조와 접점

전자 접촉기의 기호는 대용량화된 주접점의 기호만 구별하여 그림 2-16의 기호를 사용한다. 보조 접점과 전자코일의 기호는 전자 계전기와 동일한 것을 이용한다. 일반적으로 사용되는 전자 접촉기의 접점의 예를 그림 2-15에 나타내었다. 교류삼상전력(交流三相電力)의 개폐에 이용하는 주접점이 3그룹, 그 외의 보조 접점이 2~4 그룹으로 되어 있는 것이 보통이다. 주접점은 a접점인 것이 많지만, 보조 접점은 a접점, b접점 모두 준비되어 있다. 보조 접점의 용량은 작기 때문에 같은 a접점에서도 주접점 대신 사용할 수 없다.

명 칭		접점 기호	
		a 접점	b 접점
전자 접촉기 접점	ⓐ 세로 쓰기	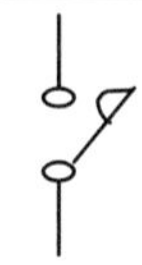	
	ⓑ 가로 쓰기	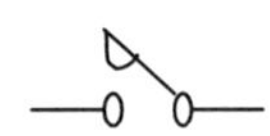	

그림 2-16 전자 접촉기의 접점 기호

2.2 시퀀스 제어 표시 기구

2.2.1 표시등

시퀀스 제어에 사용하는 표시기구는 램프에 커버를 덮어 이 커버색에 따라 전원표시와 고장표시와 고장표시등을 나타낸다. 간단한 예로는 전동기 등의 운전·정지 상태를 표시하는데 사용된다. 표시등의 외관으로 그림 2-17에 나타내었다. 색의 종류는 표 2-4와 같이 사용된다. 이것은 종합감시 제어반 등의 예로써 동력 제어반에서는 녹색과 적색이 다르다.

그림 2-17 시퀀스 제어 표시등

표시등의 정격전압은 교류용으로는 110[V]와 220[V], 직류용으로는 24[V]와 48[V]와 100[V]가 많이 사용된다. 그러나 표시등 회로의 전원이 특수한 전압인 경우에는 정격전압과 맞지 않는 전원을 사용해야 한다. 한편 램프의 보충이 쉬운 점 등을 생각해서 변압기와 저항기로 전압을 램프와 정격전압에 맞도록 하는 경우도 있다.

표 2-4 표기기구의 색

표시 목적	커버의 색	비 고
전원 표시	백색	WL (White Lamp)
운전 표시	적색	RL (Red lamp)
정지 표시	녹색	GL (Green Lamp)
고장 표시	백색,적색,황적색	WL,RL,OL (Orange)
직류 회로 표시	투명, 백색	

표시등을 시퀀스 그림으로 표시할 때는 램프의 사용용도에 따라서 표 2-4에 나타낸 것과 같이 색깔별로 구별해서 용도에 따라서 사용하게 되며 그림 2-18에 표시등의 기호를 나타낸 것은 시퀀스 도면을 그릴 때에 사용하고 도면을 해독할 때 사용한다.

<table>
<tr><th colspan="2">명 칭</th><th>그림 기호</th><th>비 고</th></tr>
<tr><td rowspan="3">램 프</td><td>①</td><td></td><td rowspan="3">색과 용도를 구별할 경우에는 다음의 예에 의거한다.
예) 적색:RL, 황적색:OL, 녹색:GL,
청색:BL, 백색:WL</td></tr>
<tr><td>②</td><td>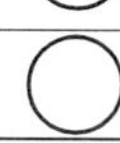</td></tr>
<tr><td>③</td><td>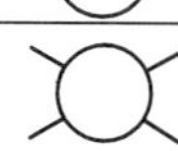</td></tr>
</table>

그림 2-18 표시등의 그림 기호

2.2.2 계측기

표시등으로는 이상이 있는가, 또는 정상적으로 운전되고 있는가 하는 것만 표시할 수 있지만, 이것을 좀더 자세히 어느 정도의 간격으로 이상이 있는가, 정상인가 등을 나타내는 것이 계측기이다. 계측하는 요소로는 전기량, 온도, 유량, 회전수 등이 있다. 표 2-5은 전기 계측기의 분류로서 그 가운데에서도 제어반 등에 이용되는 지시계기는 1.5급, 2.5급이 많다. 그 외 값을 표시하는 것뿐만 아니라 그 시간적 변화를 기록하기 위해 기록계가 이용되는 일도 있다. 기록계는 보통 제어반에 이용되는 지시계기보다도 정밀도가 높다. 지시와 기록, 두 기능을 모두 갖고 있는 것도 많이 사용된다.

표 2-5 지시 계전기

계기의 종류	계급	용 도	동작원리형
전류계 전압계	0.2급	일반계기의 교정용 부표준기(거치용)	가동코일형, 전류력계형
	0.5급	연구실, 실험실, 현장에서의 범용정 밀측정상용표준(휴대용)	가동코일형 가동철편형 전류력계형 열전형 정류형
	1.0급	0.5급과 동일한 용도의 준 정밀측정(휴대용)	
전력계 무효전력계	1.5급	배전반, 패널에 설치하여 측정한다. 공업용의 보통측정(배전반용)	가동코일형, 가동철편형, 전류력계형, 열전형, 정류형, 유도형, 트랜스듀서 방식
	2.5급	측정기, 패널에 설치하여 정밀도에 중점을 두고 측정(패널용)	가동코일형, 가동철편형 열전형, 정류형 트랜스듀서 방식
역률계 위상계	허용차 3	정밀도측정(휴대용)	전류력계형 가동철편형 트랜스듀서 방식
주 파 수 계	허용차 4	보통측정(배전반용)	정밀측정(휴대용) 보통측정(배전반용)
	지 침 형	0.2급 0.5급 1.0급	
진동편형	허용차 1%	보통측정 (배전반용, 휴대용)	전류력계형 트랜스듀서 방식

(1) 계측기의 기호

계측기를 표시하는 데는 그림 2-19의 기호를 이용한다. 계기(일반)를 나타내는 기호에 계측하는 요소에 대응한 문자를 써넣는다. 기록계에는 기록계임을 명기한다.

명 칭	그림기호	비 고
계기(일반)	○	○ 안에 종류를 나타내는 문자를 넣는다. 특히, 교류 · 직류 · 고주파수 등을 구별할 경우에는 다음과 같이 한다. 직류 :(—), 교류:(∿), 고주파:(∿∿) 지침의 한쪽 흔들림 또는 양쪽 흔들림을 표시할 경우에는 다음 예에 따른다. 한쪽 흔들림일 경우: (↖), 양쪽 흔들릴 경우 : (↓)
전류계	(A)	
기록전류계	(RA)	
적산전류계	(Ah)	
전압계	(V)	
기록전압계	(RV)	
전력계	(W)	
기록전력계	(RW)	

그림 2-19 계측기의 기호

2.2.3 계수기

시퀀스 제어 회로에는 동작횟수 등을 세기 위해 종종 계수기(카운터)가 사용된다. 입력이 되는 펄스신호 등을 세어서 출력으로서 수치를 표시한다. 그 구조에 따라 나누면 기계식·전자식(電子式) 등이 있다.

계수 방식으로는 수를 적산(積算)하여 그 결과를 표시하는 적산 카운터와, 처음부터 설정한 수와 입력신호를 계수한 수(數)가 같을 때 제어용 출력신호를 내는 프리 세트 카운터 등이 있다.

(1) 전자 카운터(電磁 counter)

입력 펄스 신호에 의해 전자 마그네트를 동작시켜 1펄스마다 1숫자씩 가산하거나 감산하는 카운터이다. 여기에 프리세트 기구를 부착하여 프리세트 카운터로 한 것도 있다.

또 일반적으로 전자 카운터에서는 계수 결과를 보고 읽어내는 것 외에 리드아웃 접점이 설계되어 있어서, 계수 결과를 외부에 전기신호로서 꺼내는 일도 가능하게 되어 있다. 따라서 표시기로서의 기능뿐만 아니라 외부에 인자기 등을 접속함으로써 기록기로도 이용할 수 있다. 외부에 대한 출력은 10진수로 출력하는 것과 2진화 10진수로 출력하는 것 등이 있다.

시퀀스 회로 그림 위에 그릴 때에는 특히 정해진 기호는 준비되어 있지 않지만, 전자 마그네트과 접점으로 구성되어 있으므로 그림 2-20과 같은 기호를 이용하는 경우가 많다.

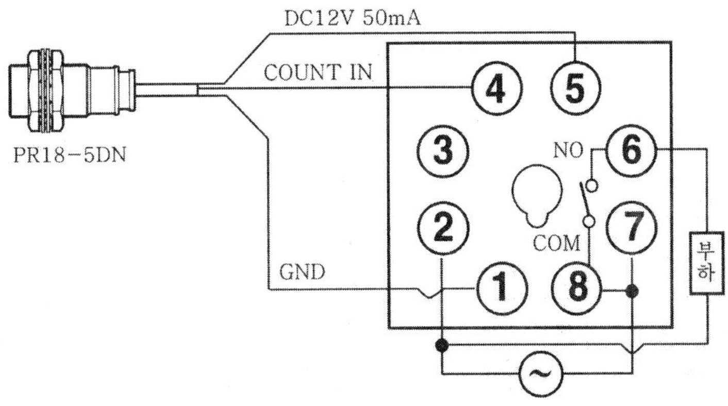

그림 2-20 전자식 카운터

(2) 전자식(電子式) 카운터

전자 회로의 계수장치에 의해 입력펄스를 계수하여 표시하는 전자 계측기로써 일렉트로닉스 카운터라고도 한다. 전자 카운터와 마찬가지로 적산 카운터와 프리세트 카운터가 있다.

회로의 IC화 등에 따라 매우 소형이며 전자 카운터보다 비싸지만, 표시로 읽기 쉽다는 점 등에서 사용이 많아지고 있다. 외부에 대한 출력은 2진화 10진수 출력으로 되는 것이 대부분이다.

2.3 시퀀스 제어 경보용 기구

시퀀스 제어장치에 있어서 고장 또는 위험한 사태가 된 경우, 표시등을 이용하여 표시하는 것뿐만 아니라 경보를 발하여 그 상황을 알리는 회로가 벨과 버저 등을 사용하여 구성된다. 다음의 그림 2-21은 버저의 그림을 보여주고 있다.

그림 2-21 버저

2.3.1 벨과 버저

기기 또는 장치에 고장이 생겼을 경우, 조작자에게 자동으로 알리기 위해 이용되며, 일반적으로 벨은 중고장(重故障)으로 고장 발생과 동시에 기기 또는 장치의 운전을 정지할 필요가 있을 때 사용한다. 그리고 버저는 경고장(經故障)으로써 기기 또는 장치를 정지시킬 필요가 없는 고장일 때 이용된다.

2.3.2 벨과 버저의 기호

벨과 버저의 기호로는 그림 2-22와 같은 것을 사용하도록 정해져 있다.

명 칭	그림 기호	비 고
벨 (Bell)	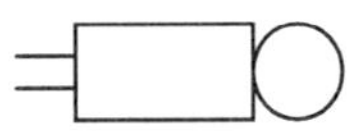	단선그림에서는 사용되지 않는 선을 생략하여 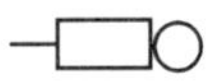 로도 사용한다.
버저 (Buzzer)	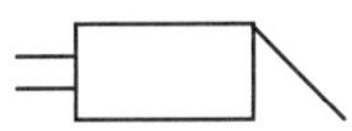	단선그림에서는 사용되지 않는 선을 생략하여 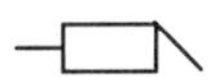 로도 사용한다.

그림 2-22 벨과 버저의 기호

2.3.3 경보 검출 회로

고장을 검출하여 벨과 버저를 구동하는 회로이다. 그림 2-23의 예와 같은 경보 검출 회로에 대하여 생각해보자.

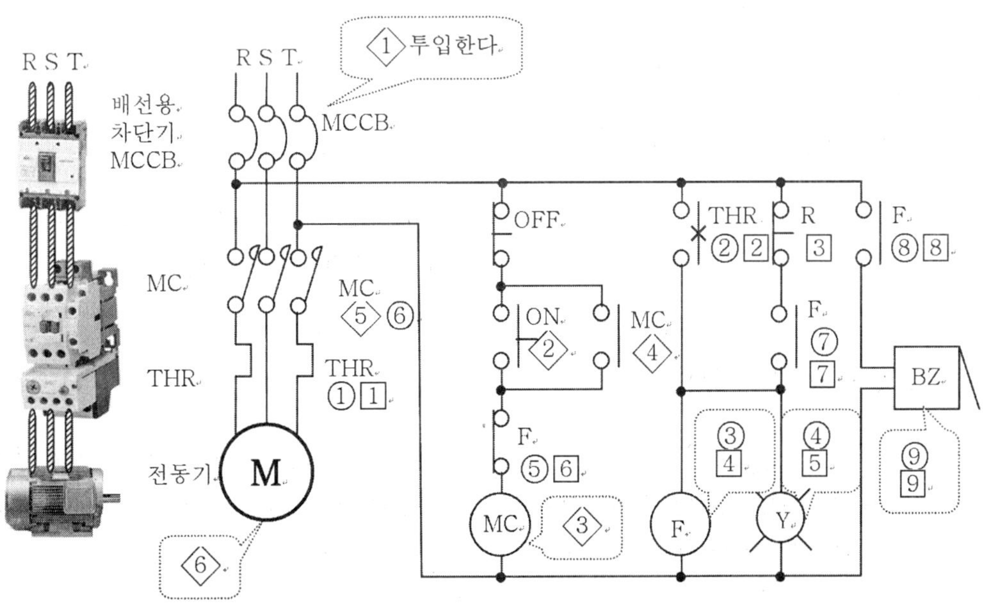

그림 2-23 경보 검출 회로

이 예는 전자 접촉기로 제어되는 전동기의 과잉 부하, 과잉 전류 고장에 의해서 경보기를 동작시키는 것으로써, 과잉 전류 계전기 THR이 동작한 것을 검출하여 전자 계전기(F)를 자기유지 시켜서 경보를 냄과 동시에 전동기를 정지시키도록 되어있다.

회로의 동작을 순서대로 추적해보면,

① 전동기(M)은 전자 접촉기 (MC)를 이용한 ON-OFF 회로의 푸시 버튼 스위치 ST를 누름으로써 (MC)를 자기 유지시켜서 기동한다.

② 전동기에 과잉 전류가 흘렀을 때는 열동 과잉 전류 계전기(서멀 릴레이)가 동작하여 그 접점 THR을 닫는다.

③ THR이 닫힌 것을 검출하여 전자 계전기(F)가 자기 유지됨과 동시에 과잉 전류표시등 OL이 점등한다.

④ 전자 계전기(F)가 동작함으로써 전자 접촉기 (MC)의 자화가 끊어져 전동기는 정지하고, 경보용 버저 BZ에 경보를 발한다.

⑤ THR을 수동으로 복귀시켜 푸시 버튼 스위치 R을 누르면 자기유지 되어 있는 전자 계전기(F)의 자화가 떨어져 BZ가 정지한다.

이상이 대표적인 경보 검출 회로의 동작이라고 말할 수 있겠다.

2.4 시퀀스 제어 검출 기구

시퀀스 제어에 이용되는 검출기구는 속도와 온도 등의 아날로그 양(量)을 ON-OFF의 전기신호로 변환하여, 제어신호로서 제어장치에 보내는 스위치의 일종이다.

2.4.1 리밋 스위치

이 스위치 기본형 마이크로 스위치를 다이 캐스팅(die casting) 케이스에 봉입한 봉입형 마이크로 스위치가 일반적이다. 구조와 접점 구성은 다음의 그림 2-24와 같고 표 2-6에 분류를 하였다.

그림 2-24 리밋·마이크로 스위치 구조와 접점

표 2-6 리밋 스위치의 분류

<table>
<tr><th></th><th>종 류</th><th>출 력</th><th>액추에이터</th></tr>
<tr><td>1</td><td>마이크로 스위치</td><td rowspan="3">유접점 출력</td><td rowspan="2">기계적으로 동작시킨다.</td></tr>
<tr><td>2</td><td>리밋 스위치</td></tr>
<tr><td>3</td><td>근접 스위치</td><td rowspan="3">무접촉</td></tr>
<tr><td>4</td><td>초음파 스위치</td><td rowspan="2">무접점 출력</td></tr>
<tr><td>5</td><td>광전 스위치</td></tr>
<tr><td>6</td><td>기타</td><td>유 · 무접점 출력</td><td>접촉만으로 기계적 동작이 필요 없는 것도 있다.</td></tr>
</table>

2.4.2 마이크로 스위치

마이크로 스위치란 미소한 접점 간격과 스냅 액션(snap action) 기구를 갖고, 규정된 동작과 규정된 힘으로 개폐동작을 하는 접점기구가 케이스에 들어있으며, 그 외부에 액추에이터 스위치를 조작하기 위한 기구를 준비하여 소형으로 만든 스위치를 말한다.

2.4.3 열동형 과전류 계전기 및 전자식 과전류 계전기

(1) 열동형 과전류 계전기

열동형 과부하 계전기는 전동기의 과부하, 구속 및 결상운전에 의한 소손으로부터 보호하며, 전자 접촉기와 연결시 별도의 연결자 없이 직결로 연결 가능하고 전류의 흐름에 따른 열에 의해 동작하는 Bi-metal를 적용한 것이다. 아래 그림 2-25에서 열동형 과부하 계전기의 구조와 접점 기호 및 전동기의 ON/OFF 동작 시퀀스 회로에 응용된 그림을 보여 주고 있으며, 특히 이 접점 기호는 자동동작 수동복귀 접점이다.

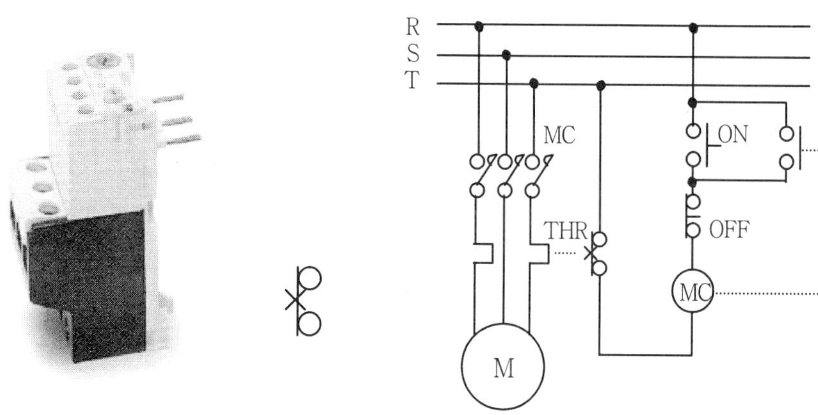

(a) 외관 구조 (b) 접점 구성 (c) 전동기 ON/OFF 회로 (열동형 과전류 계전기 응용)

그림 2-25 열동형 과전류 계전기의 구조 및 응용

(2) 전자식 과전류 계전기(Electronic Over Current Relay : EOCR)

EOCR은 전동기의 과부하, 구속 및 결상운전에 의한 소손으로부터 보호하며, 부하의 전원라인을 이 EOCR을 직접 통과하도록 하여 전원라인을 통해 부하에 공급되는 전류의 양에 따라 발생하는 유도기 전력를 감지하는 계전기로써, 아래 그림 2-26에서 EOCR의 구조와 전동기의 ON/OFF 동작 시퀀스 회로에 응용된 그림을 보여주고 있다.

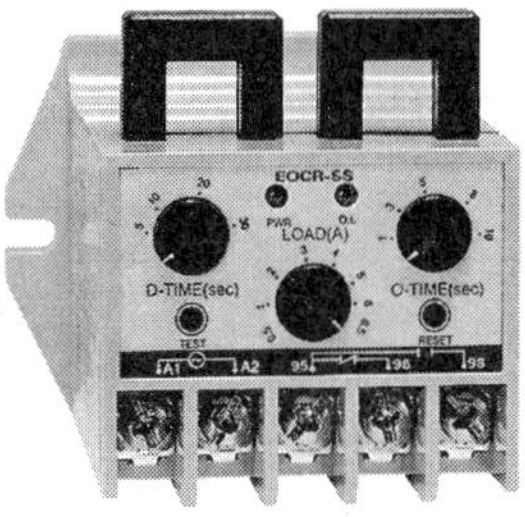

(b) EOCR의 외관 구조

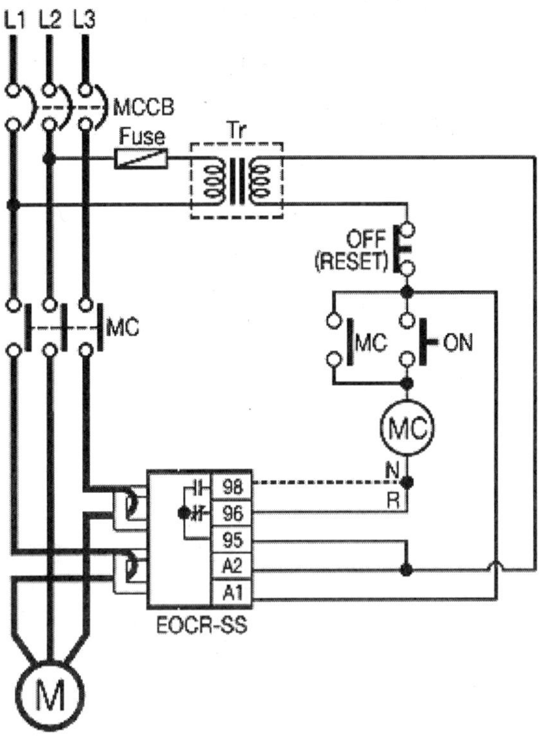

(b) 전동기 ON/OFF 회로(EOCR의 응용 회로)

그림 2-26 EOCR의 구조와 전동기의 ON/OFF 동작 시퀀스 회로

2.4.4 근접 스위치(Proximity Switch)

근접 센서는 대부분이 전기적인 접점신호로 ON/OFF 신호를 발생하는 것으로써 물리적인 접촉이 없이 어떤 물체의 접근에 의해 출력이 되는 스위치이다.

근접 스위치는 정전 용량형과 발진형으로 구분할 수 있으며 정전 용량 방식은 정전 용량을 검출하는 방식으로써 균형이 잡혀있는 회로에 어떤 물체가 접근하면 정전 용량의 변화가 생기게 되어 회로가 불균형이 되면서 출력을 얻게 되는 원리를 이용한 것이며, 비교적 수 mm이내의 짧은 근거리 물체의 검출용으로 사용되고 있으며, 피검출 물체가 도체이어야 하고 유전율의 영향을 받으므로 습도의 변화가 큰 장소에서는 오동작의 우려가 있다.

반면에 발진형의 근접 스위치는 기본적으로 물체가 접근하게 되면 검지 유도 코일의 인덕턴스 변화에 의하여 발진 주파수의 변화를 갖게 하는 방식이다. 검지코일에 어떤 물체가 접근하면 이로 인해서 발진 주파수가 변하거나 L-C 회로의 발진 주파수가 저하하여 발진이 정지하게 되는 원리를 이용하고 있으나 대부분은 검출 대상인 물체가 접근하면 발진이 정지하는 원리를 이용하고 있다. 이러한 발진형 근접 스위치의 특징은 자성체인 금속의 검출에 감도가 좋으며 완전 밀폐되었을 때에는 오일 등의 유체(비금속체)에 대해서도 사용할 수 있다. 비교적 작은 물체의 검출도 가능하며 용도에 따라서 소형화가 가능하고, 응답주파수가 비교적 빠른 편이라고 할 수 있으며 아래의 그림 2-27에 근접 스위치의 외형과 제어 출력 회로를 보여주고 있다.

그림 2-27 근접 스위치의 외형과 내부제어 출력회로

◎직류(DC)개폐형

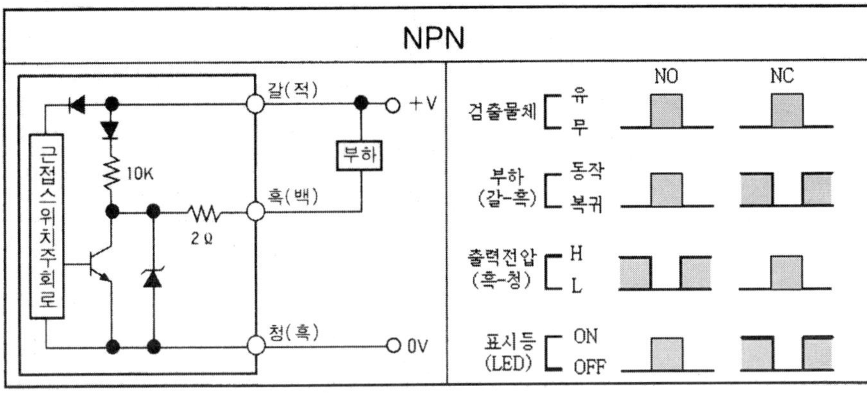

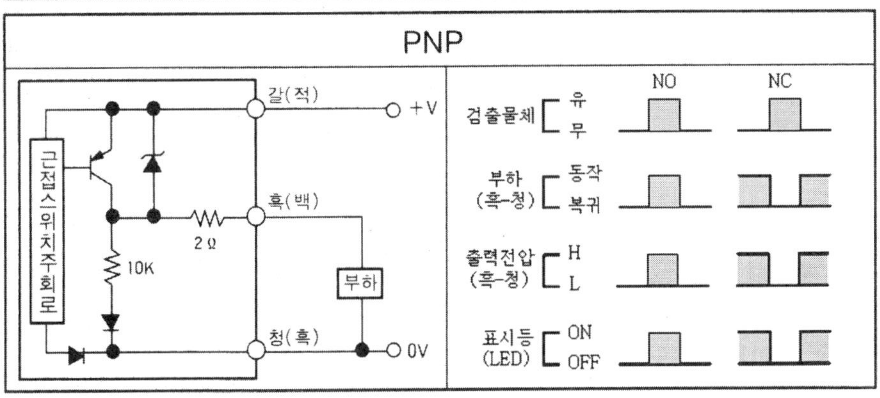

◎교류(AC) 개폐형

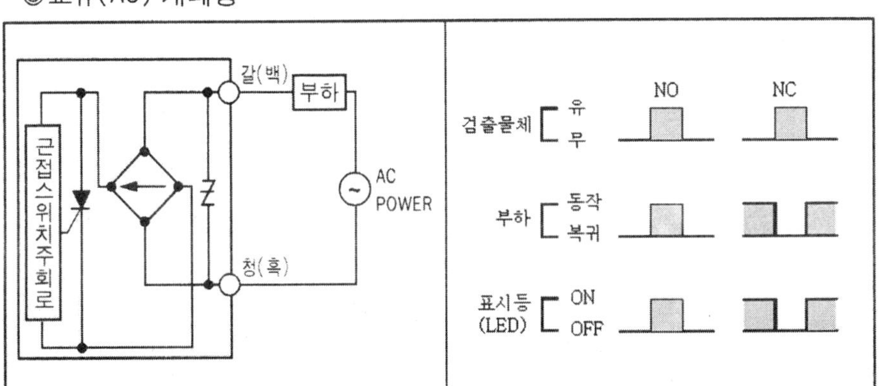

2.4.5 광 스위치(Photo Switch)

광 센서란 빛을 검출하여 사용 가능한 양으로 변환하는 소자로서 제어의 용이함 때문에 전기신호로 변환되는 경우가 많다. 그리고 이것들은 대부분이 발광부와 수광부로 나뉘게되며 가시광선용과 적외선 및 레이저 센서 등으로 크게 구분된다. 근본적으로 광 센서는 광선을 감지하는 소자이나 다만 광감지 소자가 어떤 광파장 영역에서 더 민감한 특성을 갖고 있는가에 따라서 그에 해당하는 발광소자도 함께 제공하게 된다. 일반적으로 광 센서는 자외선광에서 적외선광까지 광파장 영역의 광에너지를 검지하게 되는데, 그 분류를 보면 광변환 원리에 기초를 두고 광기전력 효과형, 광도전 효과형, 광전자 방출 효과형으로 크게 분류한다. 광기전력 효과형에는 포토다이오드, 포토트랜지스터, 이미지 센서, 태양전지 등이 여기에 속하며, 광전자 방출형에는 광전자 증배관이 여기에 속하고, 반도체에 빛이 닿으면 자유전자와 자유정공이 증가하고 광량에 비례한 전류 증가(반도체의 저항값이 변하면 발생하는 현상)가 일어나는 현상인 광도전 효과를 이용한 것으로는 카메라의 조도계로 사용되고 있는 유화 카드뮴 센서가 있다.

물체를 검출하는 광 센서의 원리로는 투과 방식으로, 발광부와 수광부가 1조가 되어서 발광부와 수광부 사이를 어떤 물체가 이동하게 되면 발광부의 광선 빛이 차단되므로 수광부에 입광이 안되기 때문에 물체의 감지신호를 얻게 하는 방식이다. 그리고 다른 방법으로는 반사방식으로써 발광부와 수광부를 같은 위치에 설치해서 통과 물체의 반사 광선을 감지하도록 하는 방식으로서 발광소자로는 일반적인 LED보다는 대부분이 적외선 또는 레이저 발광 다이오드를 사용하며 수광부는 대부분이 발광원의 광파장에 민감한 포토다이오드나 포토트랜지스터를 사용하고 있다. 또한 감도를 좋게 하기 위해 반사경이나 랜즈를 사용해서 광선의 빛이 접속되도록 하고 있다.

광 스위치의 특징으로는 포토 센서에 가시광선보다 적외선 센서나 레이저 센서를 많이 사용하는 것은 그만큼 일반 광선에 의한 오동작을 감소시킬 수 있기 때문이다. 특히, 오동작이 문제가 되는 곳에서는 투과 광선을 펄스적으로 변조를 하여 동기검출을 시키게 하는 방법을 택하기도 한다. 설치 방법으로는 투과 방식보다 반사 방식이 쉬우며 피검출 물체와의 거리적인 감도를 증가시키려면 반사 방식보다 투과 방식이 좋은 점이 있으므로 사용장소와 용도에 따라서 선택할 필요가 있으며, 아래의 그림 2-28에 포토 스위치의 외형과 내부 제어 회로를 나타내었다.

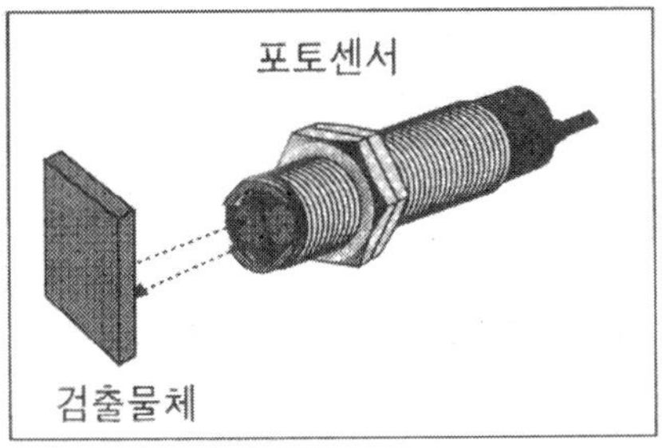
포토센서
검출물체

(a) 반사형

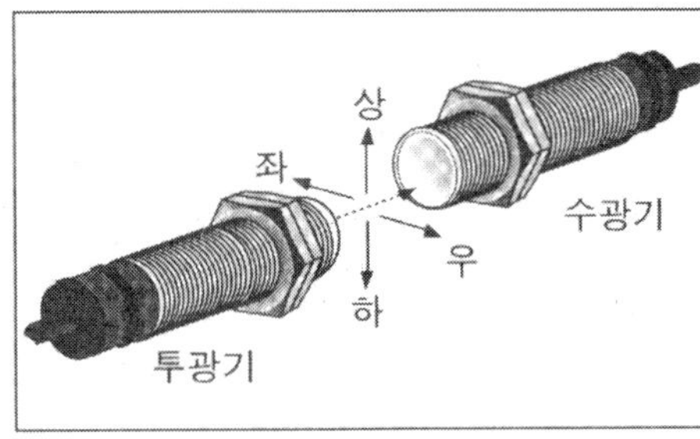
상
좌
우
하
수광기
투광기

(b) 투광 · 수광형

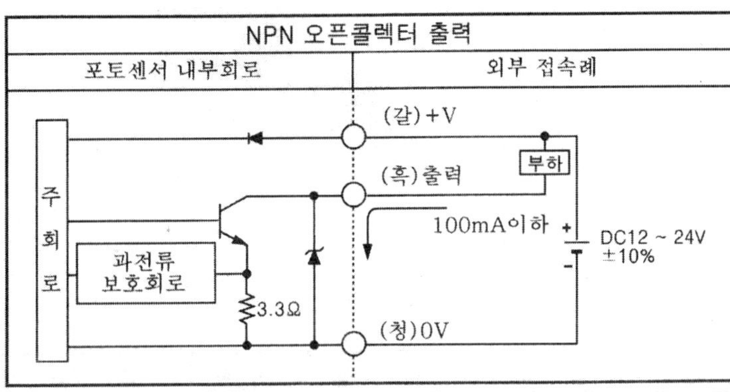
NPN 오픈콜렉터 출력
포토센서 내부회로
외부 접속례
(갈)+V
(흑)출력
(청)0V
부하
100mA이하
DC12 ~ 24V
±10%
주
회
로
과전류
보호회로
3.3Ω

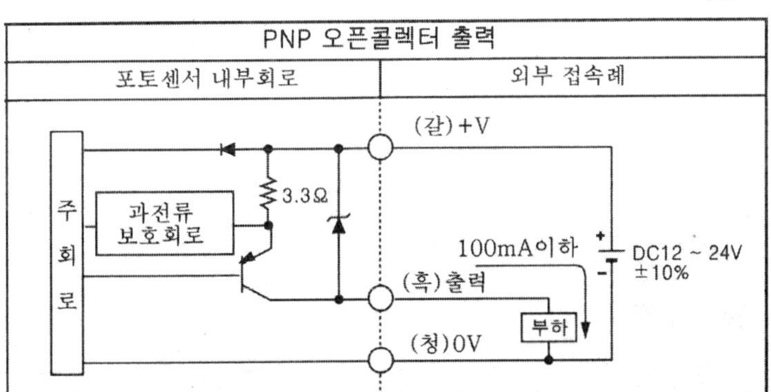
PNP 오픈콜렉터 출력
포토센서 내부회로
외부 접속례
(갈)+V
(흑)출력
(청)0V
부하
100mA이하
DC12 ~ 24V
±10%
주
회
로
과전류
보호회로
3.3Ω

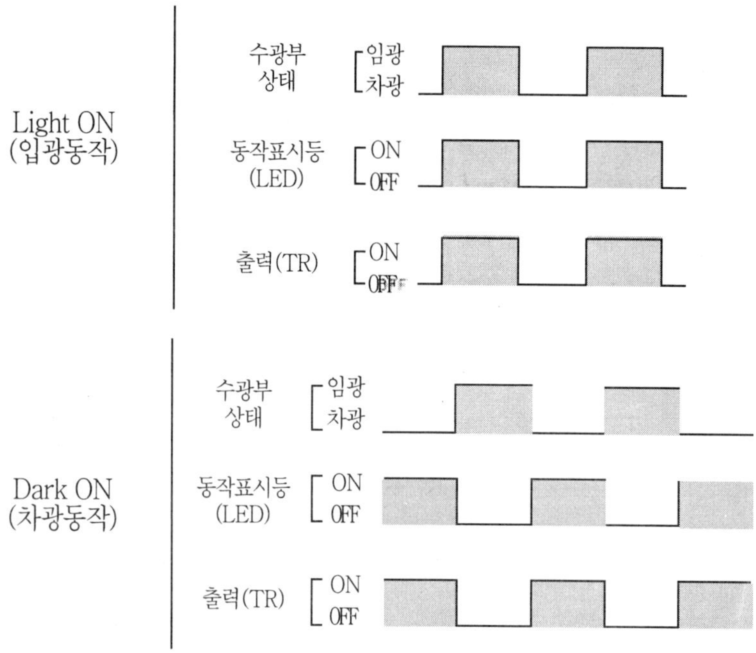

그림 2-28 포토 스위치의 외형과 내부 제어 회로

2.4.6 Foot 스위치

입력 스위치의 종류로써 손으로 조작하기가 곤란하고 발로 스위치를 조작하여 제어 시퀀스 회로에 입력할 때 사용하는 스위치이며 아래의 그림 2-29에 나타내었다.

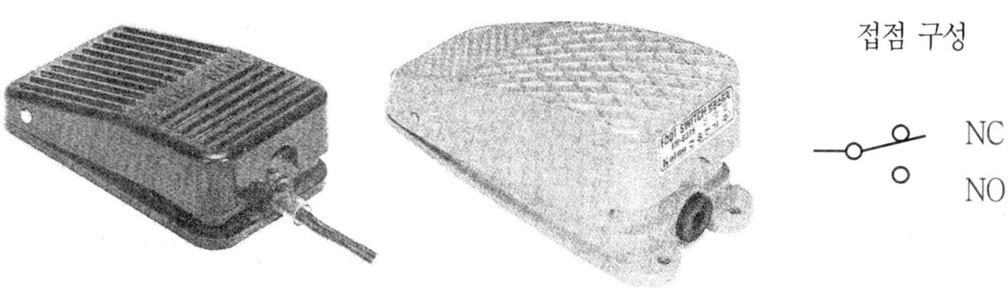

그림 2-29 Foot 스위치의 구조와 접점 구성

2.4.7 로터리 엔코더(Rotary Encoder)

로터리 엔코더란 기계 회전각의 변화량을 전기적 신호(Digital)로 변환하는 디지털 센서로서, 외부의 동력에 의해 회전축이 회전하고 이 회전각도에 비례하는 펄스를 발생시키는 A/D 변환기의 일종이다. 회전체의 회전 각도나 이동거리 등의 변위를 검출하는데 많이 이용된다.

(1) 로터리 엔코더에 관련된 용어

① 분해능력(펄스 수량/1회전)

로터리 엔코더의 회전축이 1회전할 때 출력하는 펄스의 수량을 말 한다. 따라서 분해능력이 높다는 것은 1회전할 때의 각도인 360^0를 미세하게 분할하므로 제어 정밀도가 향상된다.

② 최대응답 주파수(Hz)

로터리 엔코더가 전기적으로 응답 가능한 1초당 최대 출력펄스 수량이다.

③ 최대응답 회전수(RPM)

로터리 엔코더가 전기적인 신호를 정상적으로 출력하기 위한 최대 회전수를 말하며 다음과 같은 등식이 성립된다.

$$\text{최대응답회전수}(RPM) = \frac{\text{최대응답주파수}}{\text{분해능력}} \times 60$$

(2) 로터리 엔코더의 분류

① 검출 방식에 의한 분류

a. 광학식 로터리 엔코더

현재 가장 많이 사용되고 있는 방식이다. 신호를 얻어내는 물리량으로 빛을 사용하기 때문에 광학식이라고 부른다. 회전축에 직결된 회전판과 회전판 좌 우에 고정 배치된 광원(LED)과 Photo Transistor, 비교 회로, 파형 정형 회로, 출력 회로 등으로 구성되어 있으며 회전원판에는 등 간격으로 구멍이 뚫려 있는데, 이 구멍으로 빛이 통과되어 Photo Transistor를 통과된 빛이 출력 신호를 만들어낸다. 이 광학식 엔코더는 분해능이 높고 접촉부가 없어서 수명이 길고 높은 정밀도와 주파수 특성이 좋다.

b. 브러시 형식의 로터리 엔코더

브러시(Brush) 형식의 로터리 엔코더는 입력측에 직결한 회전 디스크와 디스크상의 슬라이드를 브러시로 구성한 구조로서 디스크면에는 도통 부분과 비도통 부분이 있는데, 이 윗면을 브러시가 슬라이딩함으로써 그 부호에 따른 신호를 입력측의 회전 각도에 따라 얻을 수 있도록 되어 있다. 이 브러시 형식은 디스크 패턴의 세분화에 한도가 있어서 고분해능이 아니고 정밀도를 얻을 수 없을 뿐 아니라 브러시에 접촉부가 있어서 응답특성이나 신뢰성, 수명 등에서 문제가 있다고 할 수 있다.

c. 자기(磁氣) 형식

자기(磁氣) 형식 로터리 엔코더는 자기 저항 소자에 따라 반도체형과 강자성체형이 있으며, 데이터를 고밀도로 저장할 필요가 있기 때문에 발전(發電)한 자기 기록 기술과 센서로서의 자기 감지 소자의 개발로 구조가 간단한 엔코더를 만들 수 있다. 디스크에 자장을 발생하도록 특수 가공된 구조로서 디스크의 회전에 따라 자계의 변화를 검출하여 출력 신호를 얻어낸다. 광학식에 비해 기름이나 물에도 강하고 주파수 특성이 좋고 유리 슬릿(Slit)이 없기 때문에 충격에도 강하여, OA 기기, FA 기기, 가전 기기 등에 점차 사용이 증가되고 있다. 그러나 고분해능이 뒤떨어지고 외부 자계의 영향으로 오동작할 가능성이 있다.

② 출력 방식에 의한 분류

a. 인크리멘탈(Incremental) 방식

인크리멘탈 방식은 회전축의 회전량을 펄스의 수로 변환하여 출력하게 되는데, 이것을 UP/DOWN 카운트하여 이동량을 표시하는 것으로 가장 많이 사용되고 있다. 90^0의 위상차를 가진 A, B상과 원점 출력인 Z상이 있다. 출력 형식은 A상 출력, A/B상 출력형, A/B/Z상 출력형 등이 있다.

b. 업솔루트(Absolute) 방식

업솔루트 방식의 로터리 엔코더는 원판의 형상과 회전축의 0^0 지점을 기준으로 해서 360^0를 일정한 비율로 분할하고, 그 각도마다 인식 가능한 전기적 디지털 신호(BCD, Binary, Gray code 등)로 회전축의 회전 각도에 따라 디지털 신호가 출력되도록 하는 절대 회전각도 검출용 센서이다.

③ 구조형상에 따른 분류

a. 축형 로터리 엔코더

그림 2-30과 같이 회전체의 축에 직접 취부하여 회전 변위를 검출하는 형식으로 좁은 공간에 설치가 편리하고 축의 관성 모멘트가 적다는 특징이 있다. 종류에는 실축형과 중공축형이 있으며 회전체와 연결할 때 실축형은 커플링이 필요하나 중공축형은 회전체의 축에 직접 삽입해서 연결하게 된다.

<중공축형> <실축형> <실축형 설치용의 커플링>

그림 2-30 축형 로터리 엔코더

b. 측면 고정식 로터리 엔코더

그림 2-31과 같이 기계나 장치의 프레임에 고정하여 회전체의 축과 연결해야 하므로 커플링이 반듯이 필요하며 회전체의 축과 엔코더의 축과 일직선화를 해서 설치해야 한다. 직접 설치하기 쉬운 구조로 외형이 다이케스팅 등의 구조로 되어 외부 충격에 강하다.

그림 2-31 측면 고정식 로터리 엔코더

c. 바퀴형 로터리 엔코더

그림 2-32와 같이 검출대상과 물리적으로 접속하지 않고 센서와 일체로 된 바퀴의 회전에 따라 센서가 동작하는 구조로 연속적으로 이송되는 물체의 길이나 위치, 속도 측정 등에 이용된다. 포장 기계, 시트류 생산 라인, 섬유 기계 등과 일반 산업용 기계에 사용된다.

그림 2-32 바퀴형 로터리 엔코더

d. 핸들형 로터리 엔코더

그림 2-33과 같이 핸들형은 핸들의 회전 각도를 검출하는 형식의 로터리 엔코더로 수동 펄스 입력용으로 적합하다. 주로 NC선반이나 밀링 등에서 절삭량 또는 이송거리 측정용으로 사용된다.

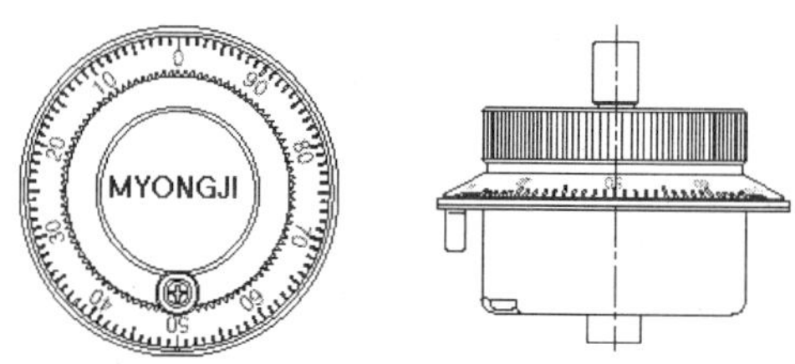

그림 2-33 핸들형 로터리 엔코더

e. 제어출력 형식에 따른 분류

오픈 콜렉터(Open Collector) 출력, 토템폴(Totem Pole) 출력, 라인 드라이버(Line driver) 출력 등이 있다. 오픈 콜렉터 출력 방식은 트랜지스터의 콜렉터단에 부하를 연결하지 않고 그대로 출력하므로 외부에서 부하를 연결해 주어야 하며 용도로는 섬유기계, 자동화 기기, 사출기, 인쇄기, 포장기 등에 이용되고, 토템폴 출력 방식은 항상 전류가 흘러서 노이즈에 강하고 파형왜곡이 작으며, 전압 출력 및 오픈 콜렉터 출력 방식으로도 가능하다. 라인 드라이버 출력 방식은 데이터 전송용의 출력 전용 IC를 이용하여 출력하는 방식으로 시스템 측에 리시버가 구비되어 있어야 하며 서보모터, 로봇, AGV, NC 공작 기계 등에서 사용되고 있으며 각각의 회로도는 아래의 그림 2-34에 있다.

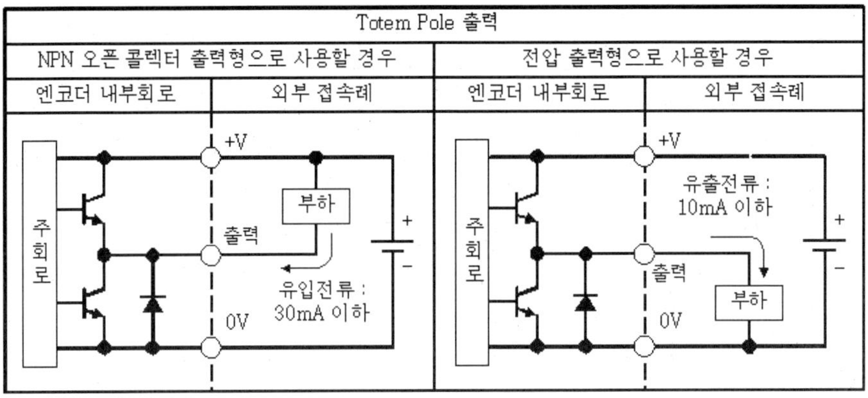

그림 2-34 (a) Totem Pole 출력

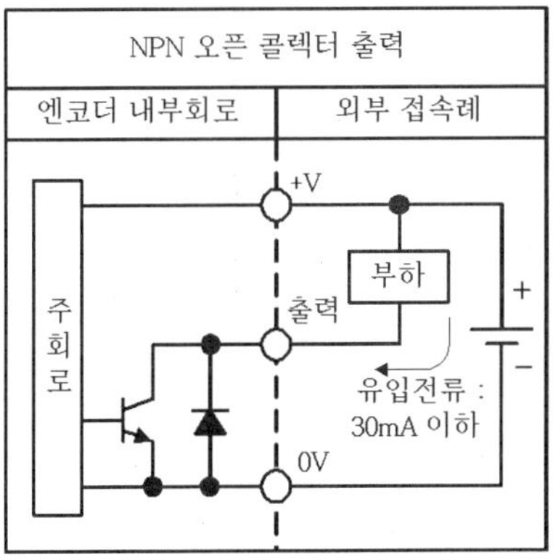

그림 2-34 (b) NPN 출력

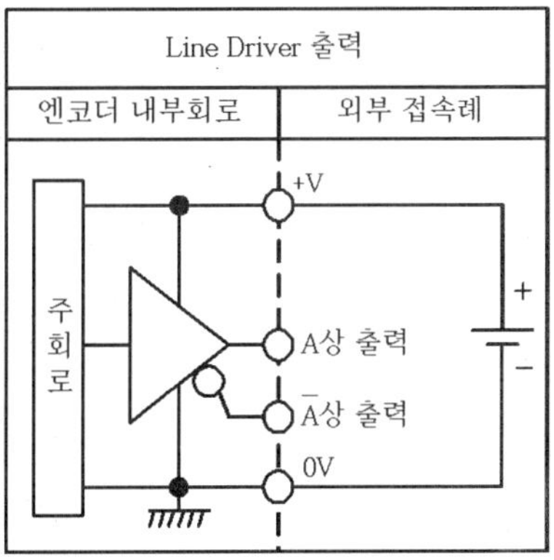

그림 2-34 (c) Line Driver 출력

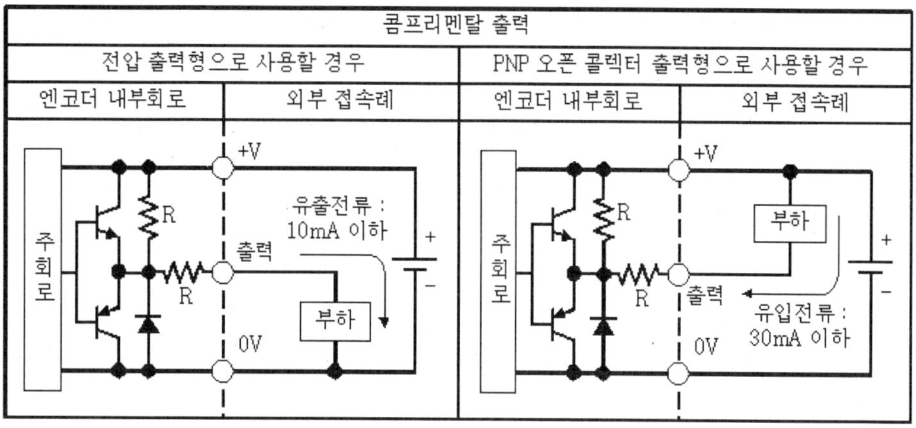

그림 2-34 (d) 콤프리멘탈 출력

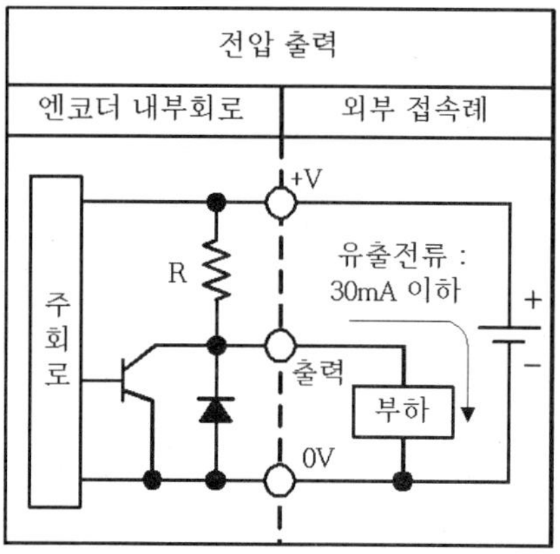

그림 2-34 (e) 전압 출력

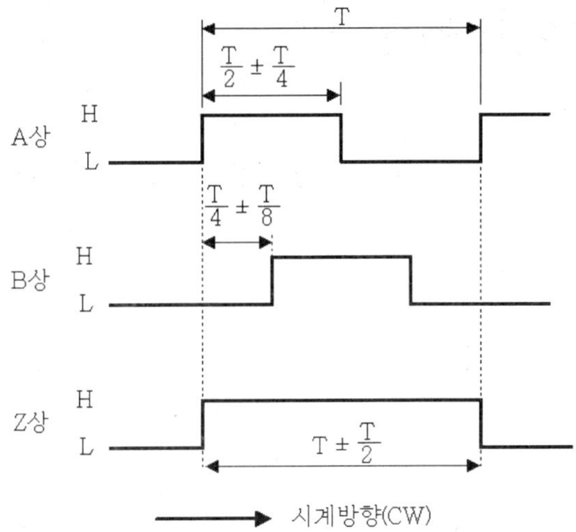

그림 2-34 (f) Totem Pole, NPN 오픈 콜렉터, 전압, 콤프리멘탈 출력 파형

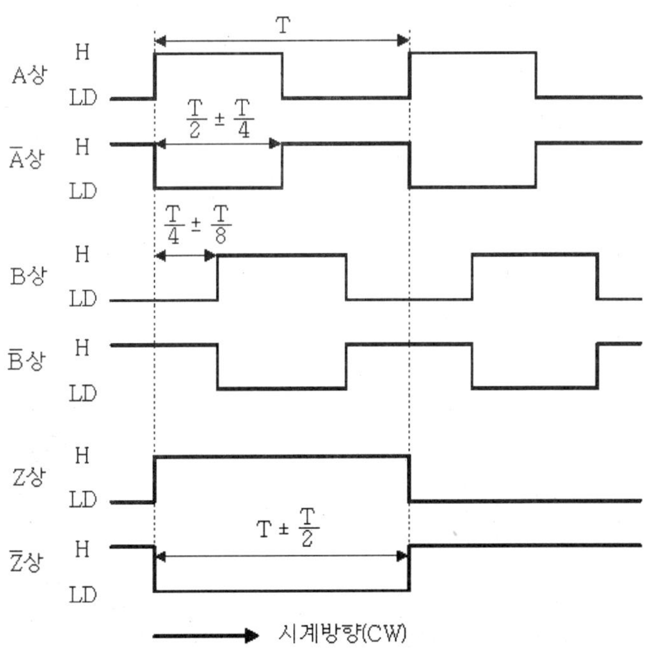

그림 2-34 (g) Line Driver 출력 파형

2.5 시퀀스 제어 배선 기구

각 기기간 접속에 사용되는 전선과 단락사고, 그리고 과부하로부터 기기를 보호하는 퓨즈와 차단기도 시퀀스 제어장치에 있어서 뺄 수 없는 요소이다.

2.5.1 퓨즈(fuse)

이것은 납과 주석 등의 합금으로 되어 있으며, 단락과 과부하에 의해 퓨즈의 정격 전류보다 큰 전류가 흐르면 일정시간을 기준으로 퓨즈 자신의 발생하는 열로 용단하여 전기 회로를 차단한다.

(1) 퓨즈의 종류

퓨즈는 크게 퓨즈가 유리관 등으로 피복되어 있는 포형(包形)과 퓨즈 그대로의 나형(裸形) 등이 있다.

나형 퓨즈에서는 일반적으로 사용되는 실퓨즈(絲 fuse) 또는 손톱형 퓨즈 등이 있다. 포형 퓨즈에는 통형 퓨즈, 플러그형 퓨즈 등이 있다. 그림 2-35는 손톱형 퓨즈, 그림 2-36은 통형 퓨즈를 나타낸다.

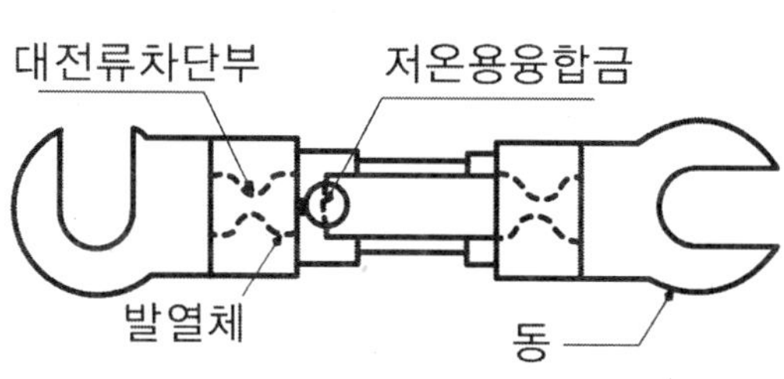

그림 2-35 손톱형 퓨즈의 외형

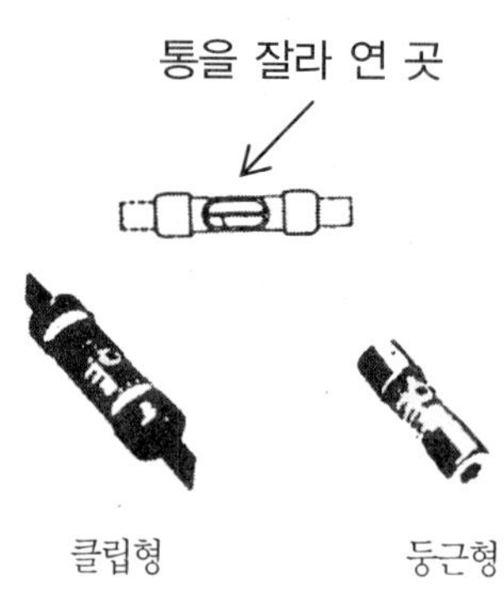

그림 2-36 통형 퓨즈의 외형

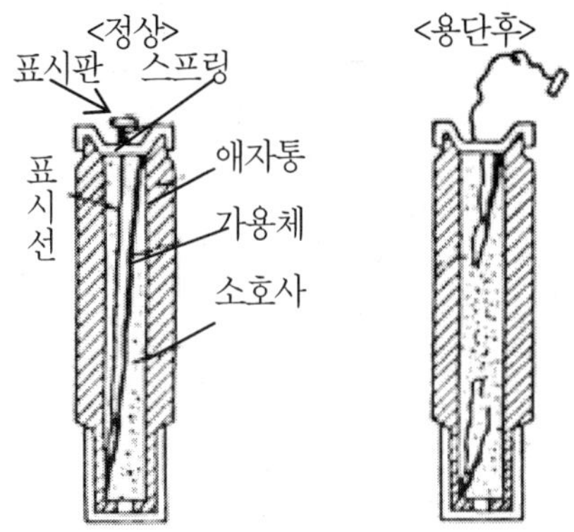

그림 2-37 플러그 퓨즈 엘리먼트

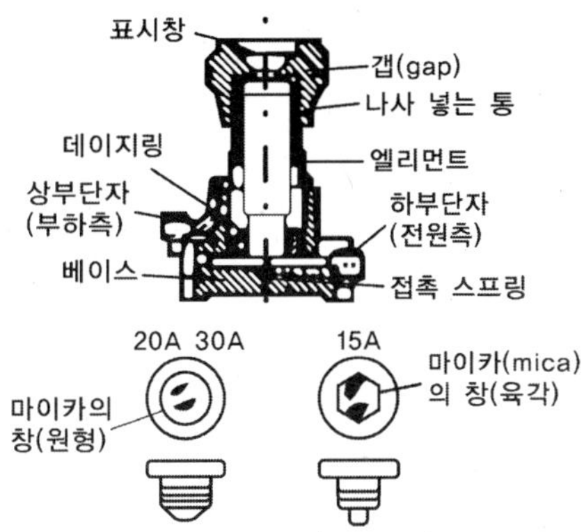

그림 2-38 플러그 퓨즈 홀더

플러그 퓨즈는 그림 2-37과 같이 정상일 때와 용단 후의 판별이 가능하도록 되어 있다. 이것을 그림 2-38과 같이 홀더(holder)에 집어넣어 사용한다. 일반적으로는 공작기계 등에 사용되는 경우가 많다. 그 외에 전자(電子)를 보호하기 위해 통신제어기기에 많이 사용되는 경보 접점이 달린 속단 퓨즈(速斷 fuse)가 있다. 이것은 반도체소자 등, 아주 짧은 시간에 끊어지게끔 된 퓨즈이다. 그림 2-39는 경보 접점이 달린 속단 퓨즈를 나타내고 있다.

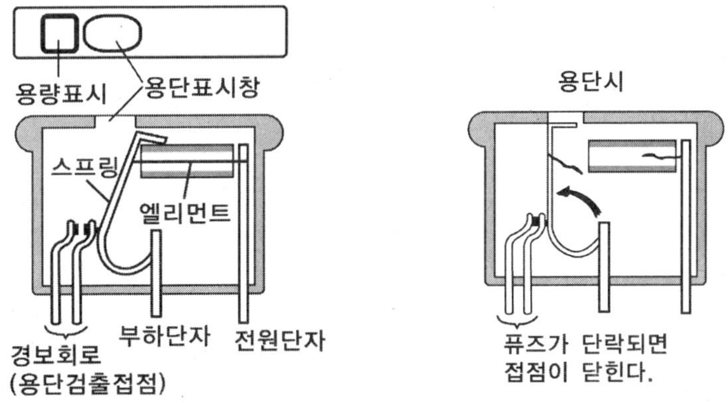

그림 2-39 경보접점이 달린 속단 퓨즈

표 2-7은 퓨즈의 용단 최고 시간을 나타낸 것이다. 퓨즈는 과잉 전류가 흘렀다고 해서 즉시 용단 되는 것이 아니라, 그 과잉 전류의 양에 따라 다소 시간의 지연이 있다. 이것을 시한 특성을 갖고 있다고 말한다. 예를 들면 정격 전류 부근의 과잉 전류로는 쉽게 용단하지 않지만, 정격의 몇 배가 흐르면 바로 용단해버린다.

표 2-7 퓨즈의 용단 최고 시간

퓨즈의 정격 전류 (A)	용단 시간(분)	
	A종은 정격 전류의 135% B종은 정격 전류의 160%	정격 전류의 200%
1 ~ 30	60	2
31 ~ 60	60	4
61 ~ 100	120	6
101 ~ 200	120	8
201 ~ 400	120	10
401 ~ 600	120	12
601 ~ 1000	180	20
퓨즈는 온도 상승, 통전 및 용단의 여러 특성에 따라 A종 · B종으로 나눈다.		

2.5.2 배선용 차단기

이것은 퓨즈와 나이프 스위치로 구성되며, 종래 사용해온 것을 대신하여 사용되는 아주 편리한 차단기이다.

배선용 차단기는 퓨즈와 같이 과전류에 의해서 용단되어 버리는 것이 아니고, 그저 트립(자동적으로 차단)하는 것으로서 고장 등이 정상으로 되면 복구된다. 차단기가 트립한 경우는 OFF의 위치에서 리셋하고, 또 ON 하면 바로 복구된다. 원격 조작을 하고 싶은 경우에는 푸시 버튼 조작에 의해 제어가 가능한 구조의 것도 있다.

(1) 배선용 차단기의 종류

배선용 차단기를 용도별로 분류하면 다음과 같이 되며, 배선용 차단기의 외형은 그림 2-40과 같다.

① 일반 배선용

전등, 전열 회로의 배선 보호용으로서 이용된다.

② 분전반용

주로 분기 회로수가 많은 분전반 등에 이용된다.

③ 모터용

모터 전용의 차단기로서 모터의 기동 전류는 동작을 안하고, 과잉 부하 등에는 동작하는 독특한 것이다. 배선용 차단기를 빼내는 장치로는 열동 전자식(熱動 電磁式)과 완전 전자식의 두 가지 방법이 있다. 두 방식은 모두 전동기의 기동전류 등, 통상 허용되는 일시적인 과잉 전류에서는 동작하지 않는다. 차단기의 정격 전류 200% 또는 125%의 과잉 전류에 대한 동작 시간은 표 2-8과 같이 정해져 있다.

그림 2-41은 과잉 전류율과 동작 시간과의 관계를 나타내 배선용 차단기 동작 곡선의 예이다.

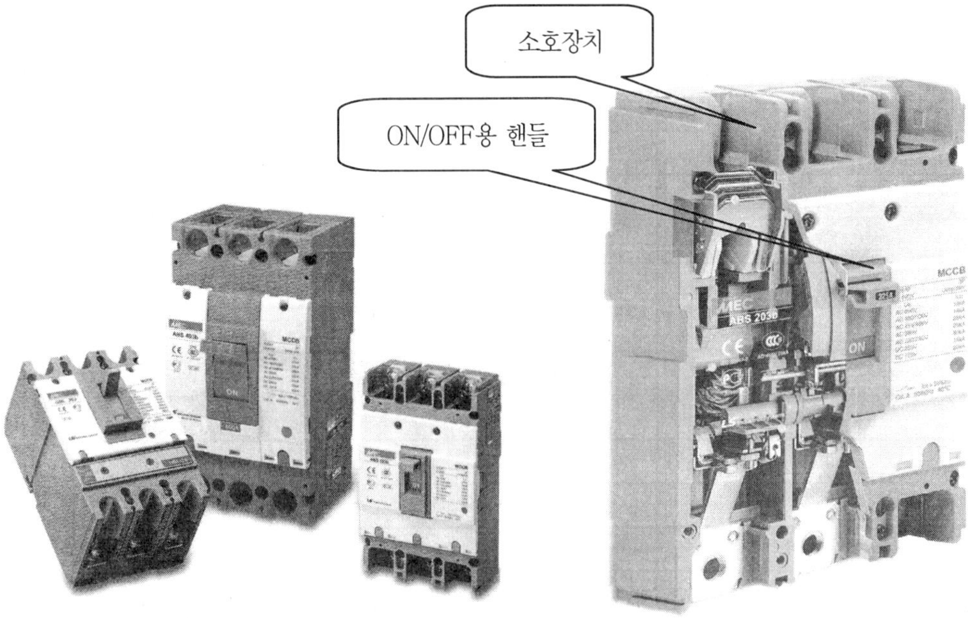

그림 2-40 배선용 차단기의 구조

표 2-8 배선용 차단기의 동작 시간

차단기의 정격 전류 [A]	동작 시간(분)	
	정격 전류의 200% 전류	정격 전류의 125% 전류
30이하	2이내	60이내
30 ~ 50	4이내	60이내
50 ~ 100	6이내	120이내
100 ~ 225	8이내	120이내
225 ~ 400	10이내	120이내
400 ~ 600	12이내	120이내
600 ~ 800	14이내	120이내
800 ~ 1000	16이내	120이내

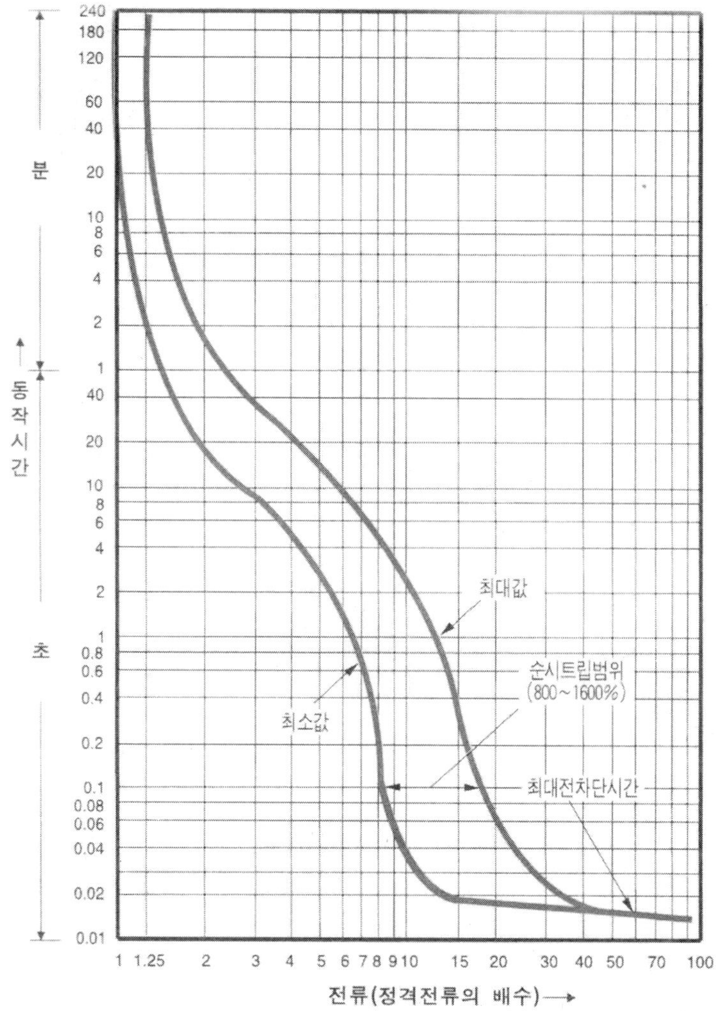

그림 2-41 과잉 전류율과 동작 시간과의 관계를 나타낸 배선용 차단기 동작 곡선

2.5.3 누전 차단기

이 차단기는 배선이 누전된 경우에 차단하는 것이다. 일반적으로 여기에 과잉 전류 차단기 등을 넣어서 누전과 과잉 전류에 대응할 수 있도록 되어 있다.

전류 동작형 누전 차단기의 동작 원리는 그림 2-42와 같이 각 상 도체를 일괄하여 환상철심으로 관통시켜 여기서 발생하는 자속의 검출을 실시하여 차단기를 동작시킨다.

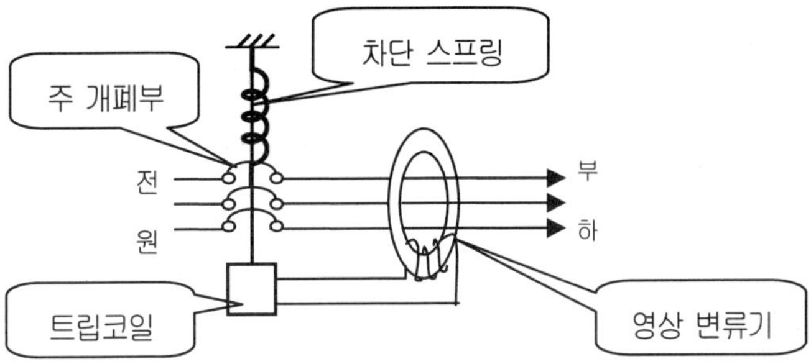

그림 2-42 직접식 누전 차단기

즉 차단하고 있지 않은 통상의 경우는 각 상(相)의 전류 벡터(vector)의 합이 영(zero)이고, 환상철심에 자속은 발생하지 않는다. 그런데 이것이 누전되면 전류의 벡터 합이 영(zero)이 되지 않고 환상철심에는 자속이 발생하여 2차코일 유기전압이 발생한다. 이에 따라 트립코일을 자화하고 차단기가 동작하며, 이것을 직접식이라고 한다.

그러나 누전 차단기를 고감도, 즉 미소한 전류에 대해서도 동작하도록 하면 환상철심 및 2차 코일이 크게 된다. 따라서 이 검출부를 작게 하여 고감도로 하려면 그림 2-43과 같이 증폭 회로를 설치하여 차단기를 동작시킬 수 있도록 하여 에네르기 증폭을 한다. 이것을 간접식이라 한다.

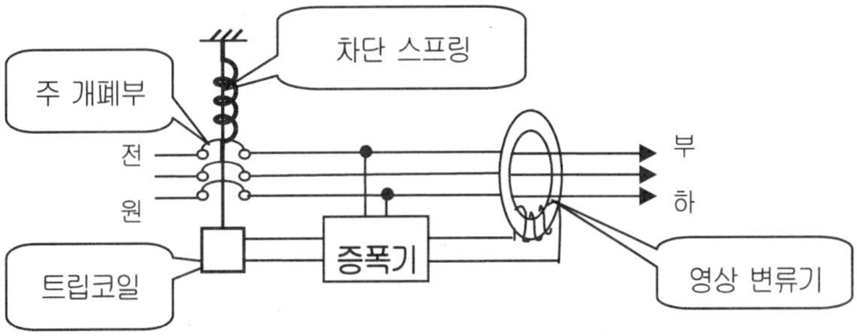

그림 2-43 간접식 누전 차단기

2.5.4 전선과 케이블

시퀀스 제어에 있어서 제어 그 자체에는 비상한 관심을 기울이지만 전선 또는 케이블 등에는 그다지 주의를 기울이지 않고 있다. 그러나 시퀀스 제어계의 각 기기 또는 장치를 연결하는 것은 전선 또는 케이블이다. 여기서는 KSC IEC 규격화된 제어용 전선과 케이블에 대해 일반적으로 사용되는 것을 알아보기로 한다.

(1) 450/750V HIV 내열 비닐절연 전선

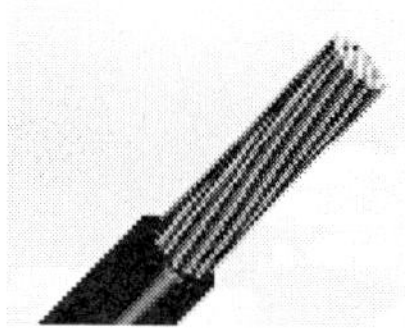

그림2-44
450/750V
HIV 내열
비닐절연전선

이 전선은 옥내에 사용되는 전기 시설물이나 전기 기기의 배선에 사용되는 도체로서, 허용온도, 90℃의 내열 비닐절연 전선이다. 도체는 1 등급인 단선과 2 등급인 연선으로 구분되는 연동선이다. 절연체는 내열(Heat-Resistant), 내마모성 (Abrasion - resistant) 및 내 흡습성(Moisture-resistant) 비닐 PVC 내열온도 90℃이다. 색상은 흑, 백, 적, 녹, 황, 청색이 주로 많이 사용된다. 아래의 표 2-9 에 나타내었다.

표 2-9 480/750V 내열 비닐절연전선 KSC 3328

도체		절연 두께 mm	완성품외경(약)		도체저항 (20℃) Ω/km	절연저항 (90℃) MΩ.km	시험 전압 kV	개산중량 kg/km
공칭 단면적 mm2	도체 등급		하한값 mm	상한값 mm				
1.5	1	0.7	2.6	3.2	12.1	0.011	2.5	20
1.5	2		2.7	3.3	12.1	0.010		20
2.5	1	0.8	3.2	3.9	7.41	0.009		40
2.5	2		3.3	4.0	7.41	0.009		40
4	1		3.6	4.4	4.61	0.0085		50
4	2		3.8	4.6	4.61	0.0077		50
6	1		4.1	5.0	3.08	0.0070		70
6	2		4.3	5.2	3.08	0.0065		70
10	1	1.0	5.3	6.4	1.83	0.0070		120
10	2		5.6	6.7	1.83	0.0065		120
16	2		6.4	7.8	1.15	0.0050		170
25	2	1.2	8.1	9.7	0.727	0.0050		260
35	2		9.0	10.9	0.524	0.0043		350
50	2	1.4	10.6	12.8	0.387	0.0043		480
70	2		12.1	14.6	0.268	0.0035		670
95	2	1.6	14.1	17.1	0.193	0.0035		920
120	2		15.6	18.8	0.153	0.0032		1160
150	2	1.8	17.3	20.9	0.124	0.0032		1430
185	2	2.0	19.3	23.3	0.0991	0.0032		1780
240	2	2.2	22.0	26.6	0.0754	0.0032		2320
300	2	2.4	24.5	29.6	0.0601	0.0030		2930
400	2	2.6	27.5	33.2	0.0470	0.0028		3730

전선의 허용전류는 적용 규격 와 주위온도는 기중 30℃, 지중 20℃를 기준으로 한 것이며, 전선은 허용온도 기준이 90℃이므로 아래의 표 2-10에 따른다.

표 2-10 450/750V 내열 비닐절연전선 허용 전류 [단위:A]

포설방식 / 공칭 단면적 (mm^2)	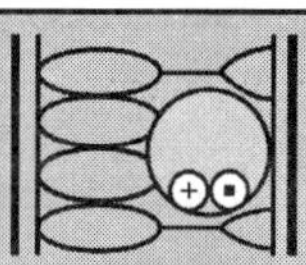 단열이 된 벽 내의 전선관에 시공한 절연전선	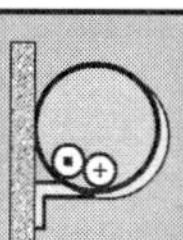 목제 벽면의 전선관에 시공한 절연전선
1.5	19	23
2.5	26	31
4	35	42
6	45	54
10	61	75
16	81	100
25	106	133
35	131	164
50	158	198
70	200	253
95	241	306
120	278	354
150	318	407
185	362	464
240	424	546
300	486	628
400	579	751

(2) 450/750V KIV 전기 기기용 비닐절연전선

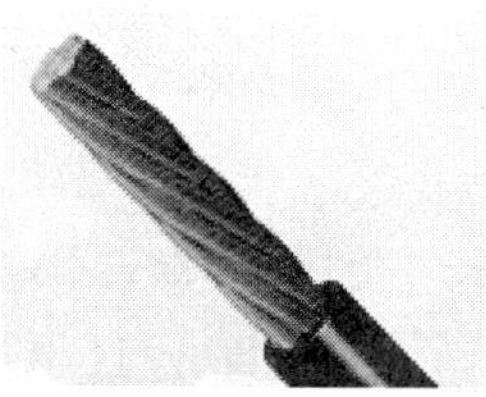

그림4-45 450/750V KIV 전기기기용 비닐절연전

이 전선은 스위치보드, 판넬 보드 및 제어용 장비에 사용하는 비닐절연전선으로서, 450/750V이하 염화비닐절연전선(450/750V 일반용 유연선 단심 비닐절연전선)이다. 도체는 5등급(집복합)연동선이고 절연체는 내마모성(Abrasion-resistanit) 및 내 흡습성 (Moisture-resistant) 비닐 PVC 내열온도 70℃이다. 색상은 흑, 백, 적, 녹, 황, 청색이주로 많이 사용된다. 아래의 표 2-11에 따른다.

표 2-11 450/750V KIV 전기 기기용 비닐절연전선 KSC IEC60227-3

도체 공칭 단면적 mm2	도체 최대 소선경 mm	도체 외경(약) mm	절연 두께 mm	완성품외경(약) 하한 mm	완성품외경(약) 상한 mm	도체저항(20℃) 도금없음 Ω/km	도체저항(20℃) 도금있음 Ω/km	절연저항 (70℃) MΩ.km	개산 중량 kg/km
1.5	0.26	1.6	0.7	2.8	3.4	13.3	13.7	0.010	30
2.5		2.1	0.8	3.4	4.1	7.98	8.21	0.009	40
4	0.31	2.6		3.9	4.8	4.95	5.09	0.007	50
6		3.6		4.4	5.3	3.30	3.39	0.006	80
10	0.41	4.8	1.0	5.7	6.8	1.91	1.95	0.0056	130
16		6.0		6.7	8.1	1.21	1.24	0.0046	180
25		7.4	1.2	8.4	10.2	0.780	0.795	0.0044	280
35		8.7		9.7	11.7	0.554	0.565	0.0038	370
50		10.4	1.4	11.5	13.9	0.386	0.393	0.0037	500
70	0.51	12.5		13.2	16.0	0.272	0.277	0.0032	700
95		14.5	1.6	15.1	18.2	0.206	0.210	0.0032	970
120		16.2		16.7	20.2	0.161	0.164	0.0029	1200
150		18.2	1.8	18.6	22.5	0.129	0.132	0.0029	1490
185		20.2	2.0	20.6	24.9	0.106	0.108	0.0029	1850
240		23.3	2.2	23.5	28.4	0.0801	0.0817	0.0028	2440

(3) 0.6/1kV CVV 비닐절연 비닐시스 제어용 전선, 0.6/1kV CCV 가교폴리에틸렌절연 비닐시스 제어용 전선

그림 2-46
0.6/1kV CVV 및 CCV
비닐 시스 제어용 전선

주거 및 상업적 용도의 건물 내 및 제어회로에 사용하는 제어용 케이블로서, 정격전압 1~30kV 압출성형으로 절연 전력 케이블 및 그 부속품으로 되어 있으며 도체는 2등급(연선) 연동선이고 절연체는 비닐(PVC) 절연의 내열온도는 70℃(CVV), 또는 가교폴리에틸렌 절연의 내열온도는 90℃(CVV)이다. 2심 이상인 경우의 절연된 선심은 원형으로 꼬았으며 시스는 흑색 비닐(PVC)구조이다. 선심에 대한 식별은 2심의 경우는 흑, 백색이고, 3심의 경우는 흑, 백, 적색 이며 4심의 경우는 흑, 백, 적, 녹색으로 구별한다. 또한 5심 이상의 경우에는 번호표시를 하든지 연합 층별 흑, 적색을 기준으로 하여 그 이외의 선심은 백색으로 한다.

아래의 표 2-12에 따른다.

표 2-12 0.6/1kV CVV 및 CCV 비닐시스 제어용 전선 KSC IEC 60502-1

선심수	도체			절연두께		시스두께 mm	완성품외경(약)		도체저항 (20℃) Ω/km mm	시험전압 kV	개산중량	
	공칭단면적 mm^2	소선구성 No./mm	외경 mm	PVC 절연 mm	XLPE 절연 mm		PVC 절연 mm	XLPE 절연 mm			PVC 절연 kg/km	XLPE 절연 kg/km
2	1.5	7/0.53	1.59	0.8	0.7	1.8	11.0	10.5	12.1	3.5	150	130
	2.5	7/0.67	2.01				12.0	11.5	7.41		190	160
	4	7/0.85	2.55	1.0			14.0	12.5	4.61		250	200
	6	7/1.04	3.12				15.0	13.5	3.08		310	260
	10	7/1.35	4.05				17.0	15.5	1.83		420	350
3	1.5	7/0.53	1.59	0.8	0.7	1.8	11.5	11.0	12.1	3.5	190	160
	2.5	7/0.67	2.01				12.5	12.0	7.41		230	200
	4	7/0.85	2.55	1.0			14.5	13.0	4.61		320	260
	6	7/1.04	3.12				16.0	14.5	3.08		410	330
	10	7/1.35	4.05				18.0	16.5	1.83		560	470
4	1.5	7/0.53	1.59	0.8	0.7	1.8	12.5	12.0	12.1	3.5	230	190
	2.5	7/0.67	2.01				13.5	13.0	7.41		280	250
	4	7/0.85	2.55	1.0			16.0	14.5	4.61		400	320
	6	7/1.04	3.12				17.0	15.5	3.08		510	420
	10	7/1.35	4.05				19.5	18.0	1.83		710	600
5	1.5	7/0.53	1.59	0.8	0.7	1.8	13.5	13.0	12.1	3.5	270	230
	2.5	7/0.67	2.01				14.5	14.0	7.41		340	290
	4	7/0.85	2.55	1.0			17.0	15.5	4.61		490	380
	6	7/1.04	3.12				18.5	17.0	3.08		620	500
	10	7/1.35	4.05				21.0	19.5	1.83		870	730

(4) 0.6/1kV 비닐 절연 시스 제어용 차폐 케이블 CVV-S(동 테이프 차폐), 0.6/1kV CVV-SB(동 편조 차폐)

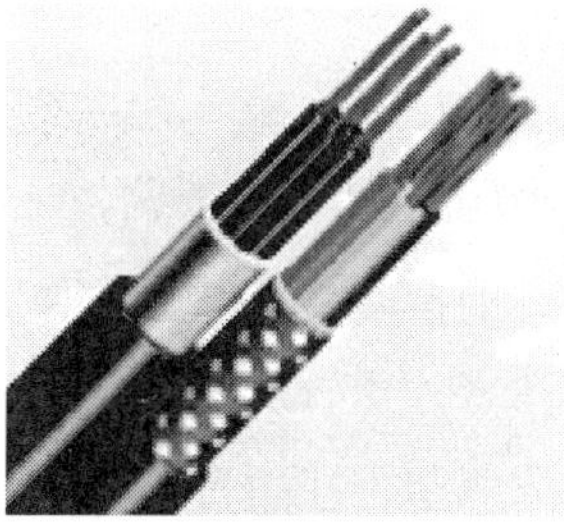

그림 2-47 0.6/1kV, CVV-S, CVV-SB 비닐 절연 비닐 시스 제어용 차폐 케이블

주거 및 상업적 용도의 건물 내 및 제어회로에 사용하는 제어용 케이블로서, 정격전압 1~30kV 압출성형으로 절연 전력 케이블 및 그 부속품으로 되어 있으며 도체는 2등급(연선) 연동선이고 절연체는 비닐(PVC) 절연의 내열온도는 70℃ (CVV), 또는 가교폴리에틸렌 절연의 내열온도는 90℃ (CVV)이다. 2심 이상인 경우의 절연된 선심은 원형으로 꼬았으며 시스는 흑색 비닐(PVC)구조이다. 선심에 대한 식별은 2심의 경우는 흑, 백색이고, 3심의 경우는 흑, 백, 적색 이며 4심의 경우는 흑, 백, 적, 녹색으로 구별한다. 또한 5심 이상의 경우에는 번호표시를 하든지 연합 층별 흑, 적색을 기준으로 하여 그 이외의 선심은 백색으로 한다. 아래의 표 2-13에 따른다.

표 2-13 0.6/1kV, CVV-S, CVV-SB 비닐 절연 비닐시스 제어용 차폐 케이블 KSC IEC60502-1

선심수	도체			절연 두께 mm	시스 두께 mm	완성품 외경(약) mm	도체저항(20℃) Ω/km	시험 전압 kV	개산중량 kg/km
	공칭 단면적 mm^2	소선 구성 No/mm	외경 mm						
	1.5	7/0.53	1.59	0.8		12.0	12.1		170
	2.5	7/0.67	2.01			13.0	7.41		200
2	4	7/0.85	2.55	1.0	1.8	14.5	4.61	3.5	280
	6	7/1.04	3.12			16.0	3.08		340
	10	7/1.35	4.06			17.5	1.83		460
	1.5	7/0.53	1.59	0.8		12.5	12.1		200
	2.5	7/0.67	2.01			13.5	7.41		250
3	4	7/0.85	2.55	1.0	1.8	15.5	4.61	3.5	350
	6	7/1.04	3.12			17.0	3.08		440
	10	7/1.35	4.06			18.5	1.83		600
	1.5	7/0.53	1.59	0.8		13.5	12.1		250
	2.5	7/0.67	2.01			14.5	7.41		310
4	4	7/0.85	2.55	1.0	1.8	16.5	4.61	3.5	430
	6	7/1.04	3.12			18.0	3.08		550
	10	7/1.35	4.06			20.5	1.83		760
	1.5	7/0.53	1.59	0.8		14.5	12.1		290
	2.5	7/0.67	2.01			15.5	7.41		360
5	4	7/0.85	2.55	1.0	1.8	18.0	4.61	3.5	520
	6	7/1.04	3.12			19.5	3.08		660
	10	7/1.35	4.06			22.5	1.83		920

2.5.5 단자대(Terminal Block)와 압착단자

배선 기구에서 외부(Field)에 전선으로 연결할 때 단자대를 이용하게 되는데, 내부 부품들의 단자가 전선을 통해서 외부로 연결하려고 하면 아래 그림 2-48의 단자대와 같은 구조를 거쳐서 외부 전선과 결선하게 되고 단자대에 결선하는 것은 전선을 아래 그림 2-45의 압착단자에 전선을 물려서 단자대에 볼트로 체결하여 결선한다.

그림 2-48 단자대의 외부 모양

(a) 링 타입의 압착단자들

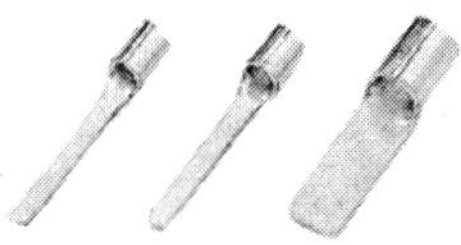

(b) 핀 타입

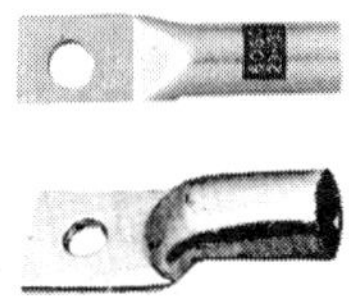

(b) 동관 링타입

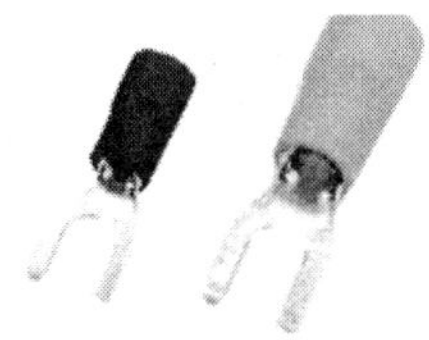

(b) 포크(Y)타입

그림 2-49 용도에 따른 여러 모양의 압착단자들

2.5.6 배선 공구들

옥내에서 사용되는 전기 시설물이나 전기기기들의 배선(Wiring)작업을 할 때 사용하는 공구들은 아래 그림 2-50 에서 보여 주고 있다. (a)의 드라이버는 나사를 체결하거나 풀 때에 사용하고 (b)의 롱 노우즈, (c)의 니퍼, (d)의 뺀지는 전선을 자르거나 마무리 할 때에 사용한다. (e)의 스트립퍼는 전선의 피복을 벗기는데 사용하며 (f)의 터미널 압착기는 그림 2-49 의 터미널을 피복 벗긴 전선의 끝 부분에 끼워서 압착 할 때에 사용한다.

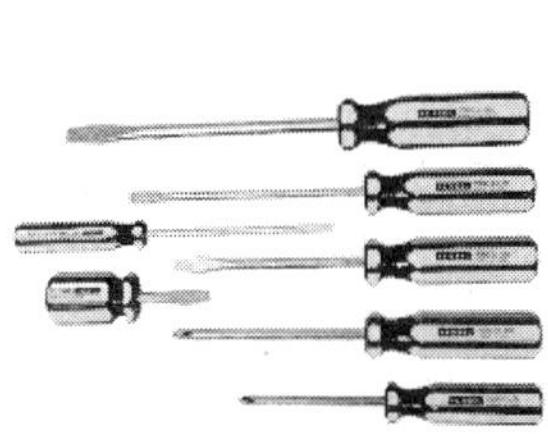

(a) 드라이버(Screw Driver)

(b) 롱 노우즈(Long nose)

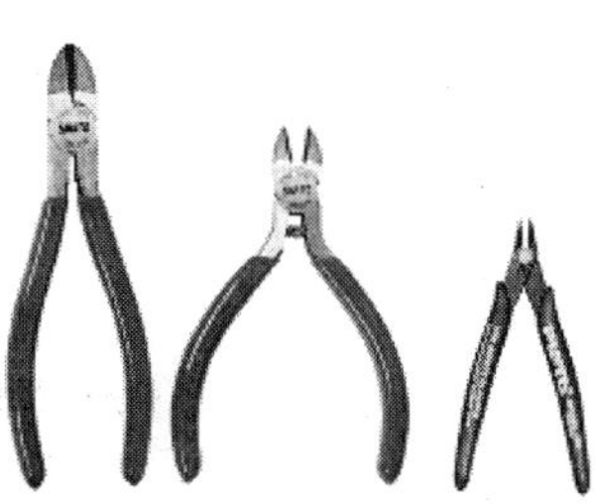

(c) 니퍼(Nippers)

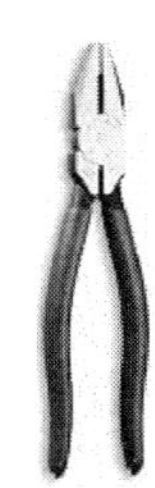

(d) 뺀지(Pliers)

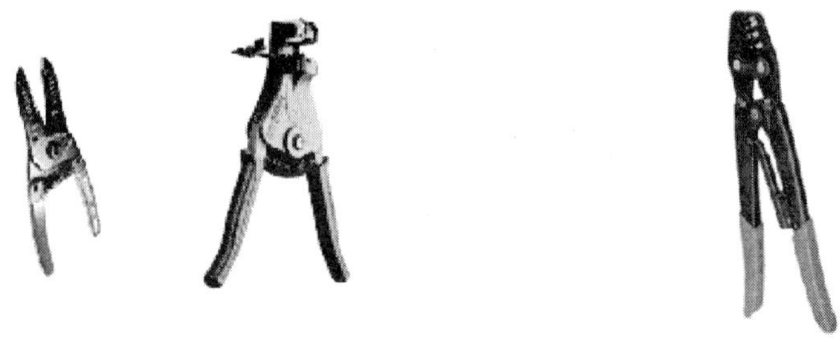

(1)수동 (2)자동

(e) 스트립퍼(Stripper)

(f)터미널 압착기(Terminal Presser)

그림 2-50 배선공구들

2.6 무접점 논리 회로용 IC 종류와 기능

2.6.1 로직 IC의 분류와 표기 및 외형

논리게이트 AND, NAND, OR, EX-OR 게이트 등으로 구성된 IC의 분류는 다음과 같다.

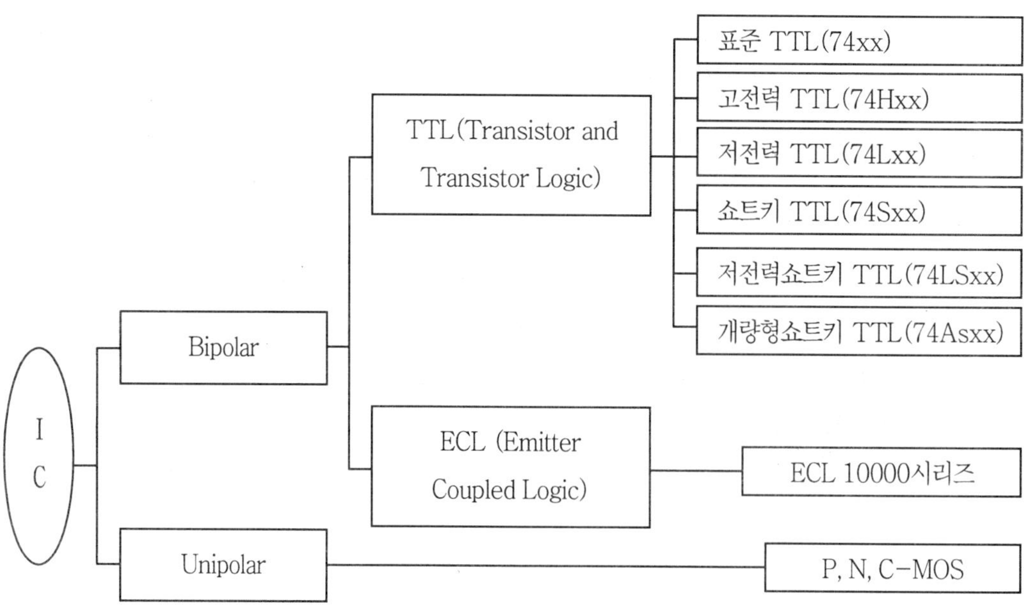

(1) IC의 표기법

SN - 74 - LS - 00 - N

(제조회사)

SN :Texas Instrument
MC :Motorola
DM :National
IM :Intersil
N :Signetics
MM :Monolithic Memories
P :Intel
H :Harries
F :Fairchild
AM :Advanced Micro Device
CD :RCA
HD :Hitch
DN/MN:Malsushita
M :Mitsubishi
MB :Fujitsu
TC :Toshiba
HY :Hyundai
K- :Samsung

(계열)

74:상용
54:군용

(회로형태)

: Standard
S : High Speed Schottky
L : Low Power
LS : Low Power Schottky
H : High Power
F : Fast
HC : High Speed CMOS
HCT: High Speed CMOS,TTL
AC : Advanced
AS : Advanced Schottky
ALS: Advanced Low Power, Schottky

(기능형태 번호)

(Package Type)

N:Plastic Dip
J:Ceramic Dip
W:Flat Pack

(2)IC의 외형

① DIP(Dual in Package) Type

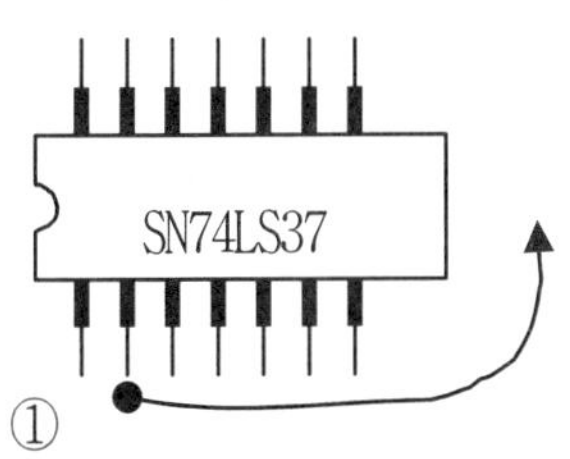

14P DIP Type

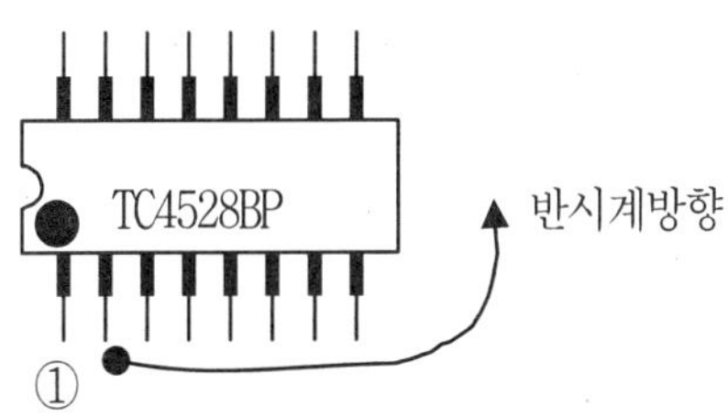

16P DIP Type

② TO Type Package

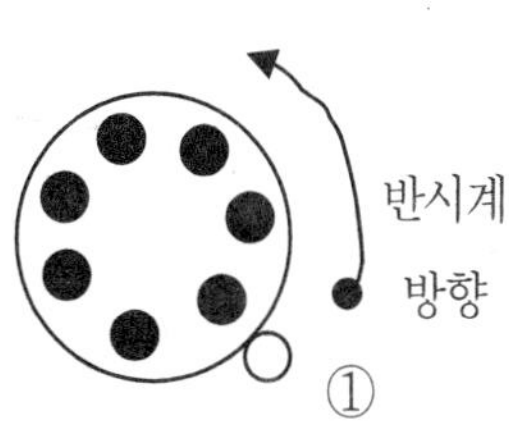

③ SIP(Single Inline Package) Type

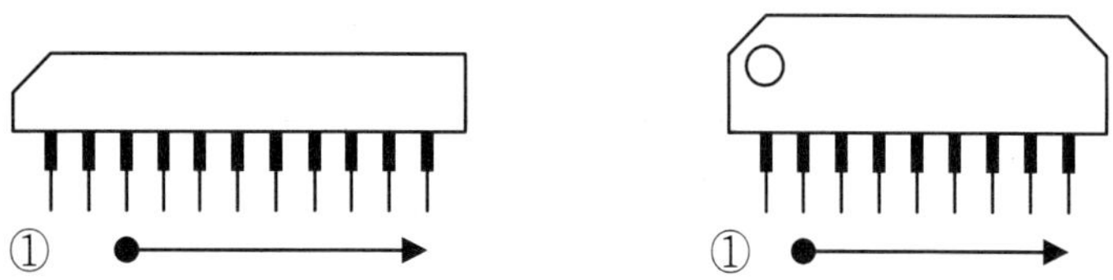

④ Flat Package

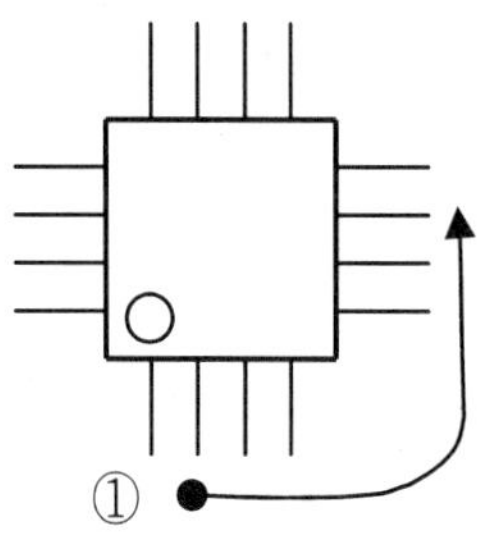

(3) TTL과 C-MOS의 논리레벨

① TTL(Transistor and Transistor Logic) : 내부소자가 바이폴라 트랜지스터로 구성

Low 레벨 전압 : 0 ~ 0.4[V] ('0')

High 레벨 전압 : 2.4 ~ 5.0[V] ('1')

② C-MOS(Complementary Metal Oxide Semiconductor) : 내부소자가 MOS FET로 구성

Low 레벨 전압 : 0 ~ 1/3 V_{CC} [V] ('0')

High 레벨 전압 : 2/3 V_{CC} ~ V_{CC} [V] ('1')

③ Positive 신호와 Negative 신호

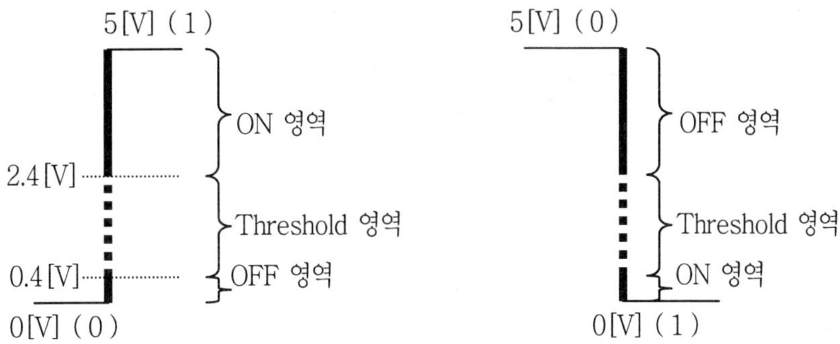

<Positive 신호> <Negative 신호>

2.6.2 로직 IC의 분류별 종류

(1) TTL의 게이트 IC

SN75LS00(Quadruple 2-Input Positive-NAND Gate), **SN74LS01**(Quadruple 2-Input Positive-NAND Gate With Open-Collector Output), **SN74LS02**(Quadruple 2-Input Positive-NOR Gate), **SN74LS03**(Quadruple 2-Input Positive-NAND Gate With Open-Collector Output), **SN74LS04**(Hex Inverter), **SN74LS05**(Hex Inverter With Open-Collector Output), **SN74LS618**(Schmitt-trigger Positive-NAND Gate With Totem-pole Output), **SN74LS619**(Schmitt-trigger Inverter With Totem-pole Output), **SN74LS20**(Dual 4-Input Positive-NAND), **SN74LS21**(Dual 4-Input Positive-AND Gate), **SN74LS22** (Dual 4-Input Positive-NAND Gate With Open-Collector Output), **SN74LS24**(Quadruple 2-Input Positive-NAND Schmitt Trigger), **SN74LS26**(Quadruple 2-Input High-Voltage Interface Positive-NAND Gate), **SN74LS27**(Tripel 3-Input Positive-NOR Gate), **SN74LS28**(Quadruple 2-Input Positive-NOR Buffer), **SN74LS30** (8-Input Positive-NAND Gate), **SN74LS32**(Quadruple 2-Input Positive-OR Gate), **SN74LS33**(Quadruple 2-Input Positive-NOR Buffer With Open-Collector Output), **SN74LS37**(Quadruple 2-Input Positive-NAND Buffer) **SN74LS38** (Quadruple 2-Input Positive-NAND Buffer WIith Open-Collector Output), **SN74LS40**(Dual 4-Input Positive-NAND Buffer), **SN74LS51**(Dual 2-Wide 2-Input/3-Input AND-OR-Invert Gate), **SN74LS54**(4-Wide AND-OR-Invert Gate) **SN74LS55**(2-wide 4-Input AND-OR-Input Gate), **SN74LS125A**(Quadruple Bus Buffer Gate With Three-State Output), **SN74LS126A**(Quadruple Bus Buffer Gate With Three-State Output) **SN74LS132**(Quadruple 2-Input Positive-NAND Schmitt Trigger), **SN74LS136**(QUAD Exclusive-OR Gate With Open-Collector Output), **SN74LS260**(Dual 5-Input Positive-NOR Gate), **SN74LS266**(Dual 2-Input Exclusive-NOR Gate With Open-Collector Output), **SN74LS386**(QUAD 2-Input Exclusive-OR Gate)

(2) C-MOS의 게이트 IC

MC14000UB(Dual 3-Input NOR Gate Plus Inverter), **MC14001B/UB**(dual 2-Input NOR Gate), **MC14002B/UB**(Dual 4-Input NOR Gate), **MC14007UB**(Dual Complementary Pair Plus Inverter), **MC14011B/UB**(Quad 2-Input NAND Gate), **MC14012B/UB**(Quad 4-Input NAND Gate), **MC14023/UB**(Triple 3-Input NAND Gate), **MC14025B/UB**(Triple 3-Input NOR Gate), **MC14049UB**(Hex Inverting Buffer), **MC14050UB**(Hex Noninverting Buffer), **MC14068B**(8-Input NAND Gate), **MC14069UB**(Hex Inverter), **MC14070B**(Quad Exclusive OR Gate), **MC14071B**(Quad 2-Input OR Gate), **MC14072B**(Dual 4-Input OR Gate), **MC14073B**(Triple 3-Input AND Gate), **MC14075B**(Triple 3-Input OR Gate), **MC14077B**(Quad Exclusive NOR Gate), **MC14078B**(8-Input NOR Gate), **MC14081B**(Quad 2-Input AND Gate), **MC14082B**(Dual 4-Input AND Gate), **MC14093B**(Quad 2-Input NAND Schmitt Trigger), **MC14106B**(Hex Schmitt Trigger), **MC14501UB**(Triple Gate), **MC14502B**(Strobed Hex Inverter/Buffer), **MC14503B**(Hex State Buffer), **MC14530B**(Dual 5-Input Majority Logic Gate), **MC14572UB**(Hex Gate), **MC14583B**(Dual Schmitt Trigger), **MC14584B**(Hex Schmitt Trigger

(3) TTL의 플립플롭 및 레지스터

SN74LS73A(Dual J-K Flip-Flop With Clear), **SN74LS74A**(Dual D-Type Positive-Edge-Triggered Flip-Flop), **SN74LS75**(4-Bistable Latch), **SN74LS76A**(Dual J-K Flip-Flop With Preset & Clear), **MB74LS77**(4-Bistable Latch Positive-Edge-Triggered Flp-Flop), **SN74LS78A**(Dual J-K Flip-Flop), **SN74LS91**(8-Bit Shift Register), **SN74LS95B**(4-Bit Shift Register), **SN74LS96**(5-Bit Shift Register), **SN74LS107A**(Dual J-K Flip-Flop With Clear), **SN74LS109A**(Dual J-K Positive-Edge-Triggered Flip-Flop), **SN74LS112A**(Dual J-K Negative-Edge-Triggered Flip-Flop), **SN74LS113A**(Dual J-K Negative-Edge-Triggered Flip-Flop), **SN74LS114A**(Dual J-K Negative-Edge-Triggered Flip-Flop), **SN74LS164**(8-Bit Parallel OutPut Shift Register), **SN74LS165A**(8-Bit Parallel-In Serial Shift Register), **SN74LS166A**(8-Bit Shift Register), **SN74LS170**(Register File), **SN74LS171**(Quad D-Type Flip-Flop), **SN74LS173**(4-Bit D-Type Register), **SN74LS174**(Hex D-Type Flip-Flop), **SN74LS175**(Quad D-Type Flip-Flop), **SN74LS194A**(4-Bit Bidirectional Universal Shift Register), **SN74LS195A**(4Bit Parallel-Access Shift Register), **SN74LS259B**(8-Bit Addresable Latch), **SN74LS273**(Octal D-type Flip-Flop), **SN74LS279**(Quadrupl $\bar{S}$-$\bar{R}$ Latch), **SN74LS295B**(4-Bit Bidirectional Universal Shift Register), **SN74LS229**(8-Bit Bidirectional Universal Shift/Storage Register) **SN74LS322A**(8-Bit Shift Register With Sign Extend), **SN74LS323**(8-Bit Bidirectional Universal Shift/Storage Register), **SN74LS373**(Octal D-type Latch), **SN74LS374**(Octal D-type Flip-Flop), **SN74LS375**(4-Bit Bistable Latch), **SN74LS377**(Octal D-type Flip-Flop), **SN74LS378**(Hex D-type Flip-Flop), **SN74LS379**(Quad D-Type Flip-Flop), **SN74LS395A**(4-Bit Universal Shift

Register), **SN74LS396**(Octal Storage Register), **SN74LS594**(8Bit Shift Register/Latch With OutPut Register Clear), **SN74LS595**(8-Bit Shift Register/Latch 3-State Output), **SN74LS596**(8-Bit Shift Register/Latch Open-Collector), **SN74LS597**(8-Bit Latch/Shift Register), **SN74LS598**(8-Bit Latch/Shift Register), **SN74LS599**(8-Bit Shift Register/Latch With Output Register Clear), **SN74LS670**(4 By 4 Register File), **SN74LS673**(16-Bit Shift Register), **SN74LS674**(16-Bit Shift Register)

(4) C-MOS의 플립플롭 및 레지스터

MC14006B(16-Bit State Shift Register), **MC14013B**(Dual D-Type Flip Flop), **MC14014B**(8-Bit State Shift Register), **MC14015B**(Dual 4-Bit State Shift Register), **MC14021B**(8-Bit State Shift Register), **MC14027B**(Dual J-K Flip-Flop), **MC14034B**(8-Bit Universal Bus Register), **MC14035B**(4-Bit Universal Shift Register), **MC14042B**(Quad Transparent Latch), **MC14043B**(Quad "NOR" R-S Latch), **MC14044B**(Quad "NAND" R-S Latch), **MC14076B**(Quad D-Type Register with Three State Output), **MC14094B**(8-State Shift/Store Register), **MC14099B**(8-Bit Addressable Latch), **MC14174B**(Hex Type D Flip-Flop), **MC14175B**(Quad Type D Flip-Flop), **MC14194B**(4-Bit Bidirectional), **MC14508B**(Dual 4-Bit Latch), **MC14517B**(Dual 64-Bit Static Shift Register), **MC14557B**(1-To-64 Bit Variable Length Shift Register), **MC14562B**(128-Bit Static Shift Register), **MC14597B**(8-Bit, Bus-Compatible 3-State Latch (Internal Counter), **MC14598B**(8Bit, Bus-Compatible 3-State Latch (Binary Address), **MC14599B**(8-Bit Addressable Latch)

문제 1 다음의 제어 기기들이 시퀀스 제어의 조작부, 검출부, 제어부, 표시부 및 구동부 중에서 어느 부에 속하는지를 기록하시오.

(1) 전동기, 솔레노이드, 실린더
(2) 마이크로 스위치, 리미트 스위치, 근접 스위치, 광(Photo) 스위치
(3) 전자 릴레이, 전자 계전기, 타이머, 진공 차단기
(4) 기계적 변위, 전압 변위, 전류 변위, 저항 변위
(5) 푸시 버튼 스위치, 컨트롤 스위치
(6) 표시램프, 카운터, 지시계

☞ 답

(1) 구동부 (2) 검출부 (3) 제어부 (4) 검출부 (5) 조작부 (6) 표시부

문제 2 시퀀스 제어의 기본구성에서 시퀀스 제어의 조작부, 검출부, 제어부, 표시부 및 구동부 중에서 입력에 해당하는 것은?

☞ 답

조작부와 검출부

문제 3 순시동작 한시복귀 타이머 릴레이의 a접점 기호를 (1) 접점 기호와 (2) 논리 기호로 표시하면?

☞ 답

(1) 접점 기호 :  (2) 논리 기호 : 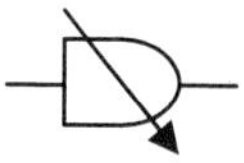

■ 문제 4 한시동작 순시복귀 타이머 릴레이의 b접점 기호를 접점 기호와 논리 기호로 표시하면?

☞ 답

(1) 접점 기호 :  (2) 논리 기호 : 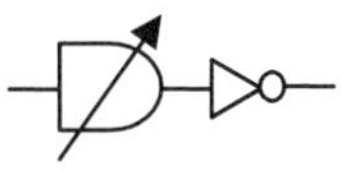

■ 문제 5 시퀀스 제어의 표시등에서 표시의 목적에 따라서 색깔을 다르게 하고 있는데 (1) 운전표시 (2) 정지표시의 색깔은 무엇으로 하나?

☞ 답

(1) 적색 (2) 녹색

■ 문제 6 다음의 ( )안에서 맞는 것을 고르고 기호를 각각 그려라.

기기 또는 장치에 고장이 생겼을 경우, 조작자에게 자동으로 알리기 위해 벨과 버저가 이용되며, 일반적으로 벨은 (중고장, 경고장)으로 고장발생과 동시에 기기 또는 장치의 운전을 정지할 필요가 있을 때 사용하며, 버저는 (중고장, 경고장)으로써 기기 또는 장치를 정지시킬 필요가 없는 고장일 때 이용된다.

☞ 답

(1) 중고장, 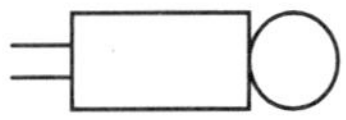 (2) 경고장, 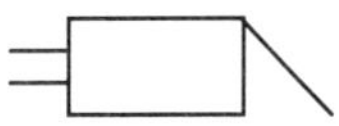

문제 7 로터리 엔코더란 기계 회전각의 변화량을 전기적 신호(Digital)로 변환하는 디지털 센서로서, 외부의 동력에 의해 회전축이 회전하고 이 회전각도에 비례하는 펄스를 발생시키는 A/D 변환기의 일종이다. 회전체의 회전 각도나 이동거리 등의 변위를 검출하는데 이용하는 것으로써, 엔코더의 회전축이 1 회전할 때 출력하는 펄스의 수량을 무엇이라고 하는가?

☞ 답

분해능력

문제 8 논리게이트에 사용되는 IC 중에서 TTL의 종류는 어느 것이 있는가?

☞ 답

표준 TTL, 고전력 TTL, 저전력 TTL, 쇼트키 TTL, 저전력 쇼트키 TTL, 개량형 쇼트키 TTL

문제 9 IC의 표기법에서 처음 표시하는 문자는 제 회사를 나타내는 것인데 P라고 쓰여진 제조회사의 이름은?

☞ 답

Intel 사

문제 10 TTL과 C-MOS의 논리 레벨에서 OFF 상태를 나타내는 '0' 의 Low 레벨 전압과, ON 상태를 나타내는 '1' 의 High 레벨 전압은?

☞ 답

(1) Low 레벨 전압 : 0~.8[V], 0~1/3V_{CC}

(2) High 레벨 전압 : 2.4~5.0[V], 2/3 V_{CC} ~ V_{CC} [V]

3

유접점 시퀀스 제어 회로의 구성

제 3 장 유접점 시퀀스 제어 회로의 구성

3.1 유접점 제어 회로의 접점 기호

시퀀스 제어 회로도에 사용되는 접점 기호는 푸시 버튼 스위치, 전자 계전기 등의 종류와 동작 형태에 따라 a접점, b접점으로 나눈다. 표 3-1은 규격별(KS와 JIS, DIN, BS, ANSI와 CEMA 및 IEC) 전류와 도선 및 접속과 함께 접점 기호를 나타내었다. 또한, 접점은 동작되기 전의 상태를 표시하기 때문에 a접점은 열린 상태로, b접점은 닫힌 상태로 표시하며, 동작했을 때는 가동 부분이 왼쪽이나 밑으로 이동하여 a접점은 폐로, b접점은 개로 각각의 기호를 이용하고 있으며, 접점 기호에 대한 설명은 다음과 같다.

(1) 접점(일반) 또는 수동 접점

한번 동작시키면 그 상태를 유지하고, 복귀시키면 복귀한 상태를 유지하는 스위치에 이 기호가 사용된다. 텀블러 스위치, 나이프 스위치 등이 이러한 형태의 스위치이다. 또 접점의 일반적인 기호로서 그 형상에 관계없이 그림 3-1과 같이 용도를 부기(附記)하여 이용하는 경우도 있다.

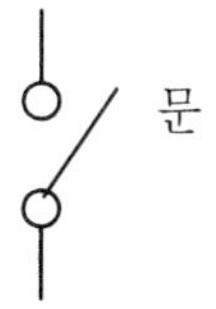

그림 3-1 문 개폐기

문 개폐기 또는 용도를 표시하는 경우에는 명칭을 간단히 쓰고, 옆의 그림은 문 개폐기의 예로써 정지상태에서 열린 경우를 나타낸 것이다.

(2) 수동조작 자동복귀 접점

손으로 조작하고 있을 때만 동작하고 손을 떼면 자동적으로 복귀하는 스위치에 이 기호를 사용한다. 그 대표적인 예가 푸시 버튼 스위치이다. 그 외에도 반발하면 튀어 오르는 형이 레버 스위치 등이 이런 형태의 스위치이다.

(3) 기계적 접점

손 또는 전자 계전기와 같은 전자력(電磁力)에 의존하지 않고 기계적인 힘으로 개폐시키는 스위치에 이 기호를 사용한다. 액추에이터가 들어 있는 마이크로 스위치를 리밋 스위치로 사용하는 경우 등이 여기에 속한다.

(4) Pull Button Switch

수동조작 자동복귀 접점인 Push Button Switch와 조작 방법이 반대인 것으로써 스위치를 잡아 당겨서 접점을 연결하는 스위치이다.

(5) Double Push Button Switch

한쪽 방향으로 단자가 구성되어 있는 단투와 양쪽으로 단자가 구성되어 있는 쌍투로 구분되어지며, 푸시 버튼으로 스위치를 누름으로써 조작을 하며 조작한 후에는 접점에 잔류하는 스위치이다. 그러므로 선택 스위치와 같은 역할의 기능으로 눌러서 조작하는 선택 스위치로 보면 된다.

(6) 수동조작 스위치 잔류 접점

푸시 버튼형 스위치로 한번 눌러 동작시키면 기계적으로 그 상태가 유지되는 접점을 갖고 있는 것이 있다. 이런 형의 접점에 이 기호를 이용한다. 기계적으로 유지된 접점은 별도의 버튼을 눌러서 복귀시킨다.

(7) 계전기 접점 또는 보조 스위치 접점

일반적인 계전기의 접점에 사용하나, 또 전자 접촉기, 전자 개폐기 등의 보조 접점으로 이 기호를 이용한다.

(8) 계전기 접점

일반적인 계전기의 접점 기호에 사용한다. 전자 접촉기, 전자 개폐기 등의 보조 접점이나 휜지형의 계전기 접점 기호로 사용한다.

(9) 수동복귀 접점

한번 동작하면 수동으로 복귀시키지 않는 한, 복귀하지 않는 계전기의 접점 기호로 이 기호를 이용한다. 열동 과전류 계전기(熱動過電流繼電器)의 접점은 대부분 이런 형이며 과전류에 의해 자동적으로 동작하지만 동작한 후는 수동으로 복귀시키도록 되어 있다.

(10) 전자 접촉기 접점

주접점 기호로서 사용한다. (8)의 계전기 접점보다 큰 용량의 접점임을 나타내는 기호로서 제어 회로에 사용하는 접점이라기 보다는 주전원 회로에 사용하는 마그네트 스위치의 접점 기호로 사용한다.

(11) 제어기 접점(Drum형 Cam형)

시퀀스 회로에서 제어기가 사용되고 이 제어기에서 시퀀스 회로에 연결되어서 이용될 때 이 제어기의 접점 기호를 사용한다. 드럼형, 캠형 등과 같은 제어기의 접점 기호에 사용한다. 1개의 접점이 드럼, 캠의 움직임에 따라 복잡하게 개폐한다.

(12) Timer 접점

한시 동작 접점(限時動作接點)과 한시 복귀 접점이 있는데, 한시 동작 접점은 전자 계전기와 비슷한 동작을 하지만 전자코일이 자화(磁化)되면 곧바로 접점이 동작하는 것이 아니라 일정 시간이 경과한 뒤에 동작한다. 이 때 그 접점을 "한시 동작 접점" 이라고 부르며, 이 기호가 이용된다. 한시 동작 접점이 복귀할 때는 한시 동작을 하는 것이 아니라 전자코일의 자화가 끊어지면 동시에 접점도 복귀한다. 자세한 것은 뒤에서 설명하기로 한다. 또한, 한시 복귀 접점(限時復歸接點)은 한시 동작 접점과는 반대로 동작할 때가 전자코일이 자화되면 즉시 동작하고, 복귀할 때는 자화가 끊어진 뒤 일정 시간이 경과한 후에 복귀하는 접점을 "한시 복귀 접점" 이라고 부르며, 이 기호가 이용된다. 이 접점에 대한 것도 뒤에 자세히 설명하기로 한다.

(13) Tumbler Switch

전등의 ON-OFF용 스위치로 많이 사용되고 있는 스위치로써 제어 회로의 입력기호로 사용한다.

(14) Level Switch

수조 등이나 댐 등의 물의 수위를 나타내거나 액체의 높이를 가름할 때 사용되는 스위치로써 제어 회로의 입력 기호로 사용한다.

(15) 압력 Switch

밀폐된 기기에서의 압력 상승을 측정할 때나 대기중의 기압 혹은 수중의 압력을 측정할 때 사용되는 스위치로써 제어 회로의 입력 기호로 사용한다.

(16) Rotary Switch(Dial형 Switch)

사람이 손잡이를 잡고 회전 조작을 하는 스위치로써 시퀀스 제어 회로에 입력 접점으로 사용한다.

시퀀스 제어 회로도에는 표 3-1에 나타낸 시퀀스 회로도용 접점 기호 외에 일반적인 접점 기호가 혼용되고 있다. 시퀀스 제어 회로도가 제어부의 논리회로뿐만 아니라 전원부분에서부터 제어 대상의 구동 부분까지 포함하고 있기 때문이다.

표 3-1 규격별 전류 및 도선 및 접속과 접점 기호

규격별로 비교적 사용 빈도가 많은 전기 기기 및 기구 기호 아래의 규격에서 발췌하여 기재한다.

KS C 0102 (한국)

JIS C 0301 (일본) NEMA ICS (미국)

DIN 40700 ~ 40717 (서독) CEMA ICS (캐나다)

BS 3939 (영국) IEC pub.117 (국제)

ANSI Y 32.2 (미국)

(1) 전 류

명 칭	KS . JIS	DIN	BS	ANSI (NEMA) CEMA	IEC	비 고
직 류	—	—	—	DC	—	(예) Ⓐ
교 류	∼	∼	∼	AC	∼	(예) Ⓐ

(2) 도선 및 접속

명 칭		KS . JIS	DIN	BS	ANSI (NEMA) CEMA	IEC	비 고
도 선 (Conductor)		—	—	—	—	—	1 도선의 수량표시예 (2 선), (3 선)
접속선 (Grouping of leads)				3			
단 자		● ○	● ○	● ○	● ○	● ○	
도선의 분기							
도선의 교차	접속하는 경우						
	접속하지 않는 경우						
접 지							
Frame 에 접속							

(3) 제어기구 및 접점

번호	명 칭		KS, JIS	DIN	BS	ANSI (NEMA) CEMA	IEC	비고
1	접점(일반) 또는 수동 접점	a 접점		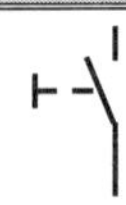	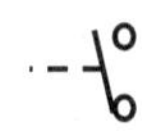	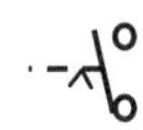	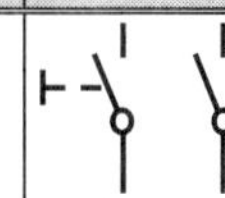	
		b 접점						
2	수동조작 자동 복귀 접점 (Push Button Switch)	a 접점	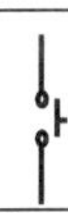		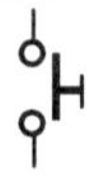	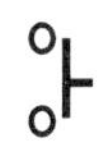	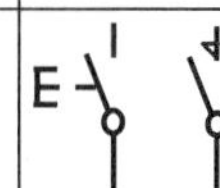	
		b 접점					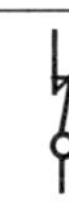	
3	기계적 접점 (Limit Switch)	a 접점						
		b 접점						
4	Pull Button Switch	a 접점	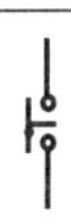					Pull 조작에 의한 폐로
		b 접점						Pull 조작에 의한 개로
5	Double Push Button Switch	단투						
		쌍투						
6	수동조작 Switch 잔류 접점	a 접점	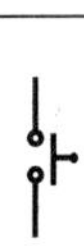					
		b 접점						

번호	명 칭		KS, JIS	DIN	BS	ANSI (NEMA) CEMA	IEC	비고
7	계전기 접점 (보조 Switch 접점)	a 접점 Make 접점	(a) (b) 	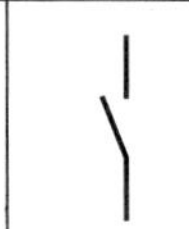	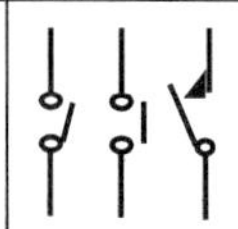	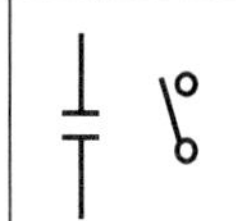	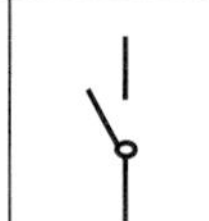	(b)는 전기 통신용 기호
		b 접점 Breaker 접점	(a) (b) 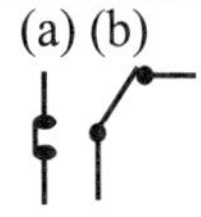	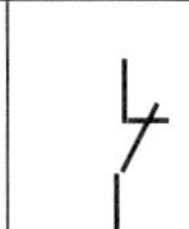	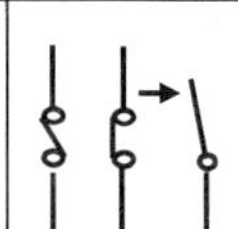	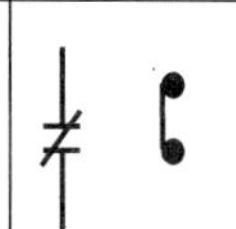	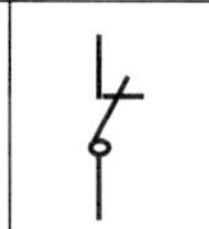	
		c 접점 절환 접점	(a) (b) 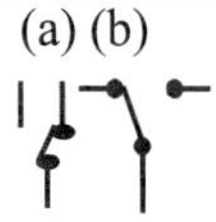	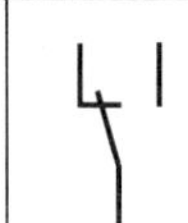	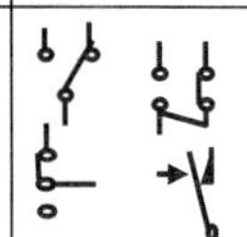	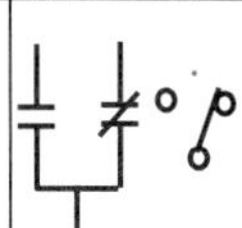	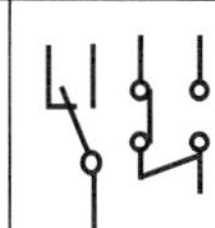	
8	계전기 접점	a 접점		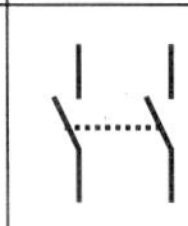			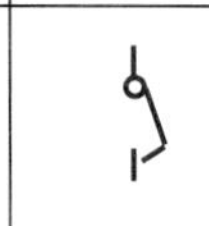	
		b 접점	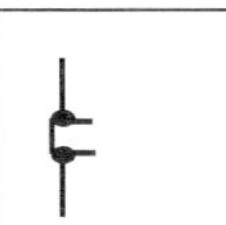	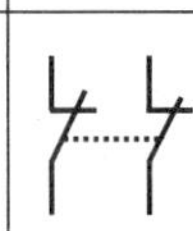			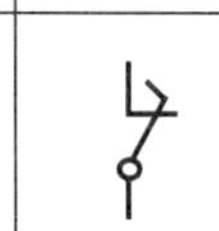	
		c 접점	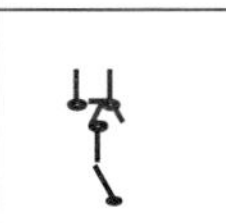	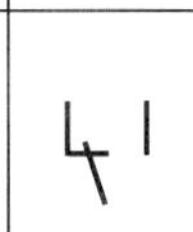	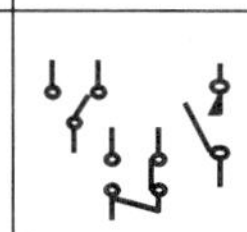	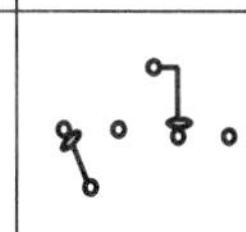	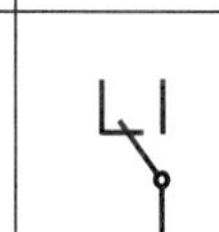	
9	수동복귀 접점	a 접점	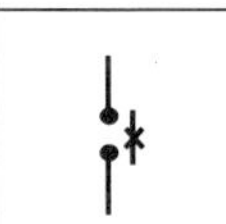		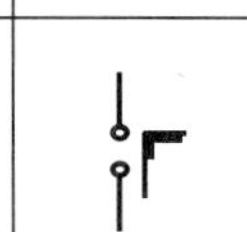			
		b 접점	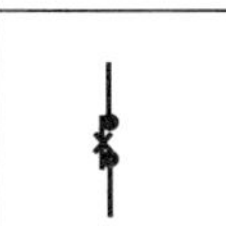		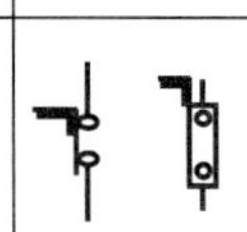			
10	전자 접촉기 접점	a 접점	(a) (b) 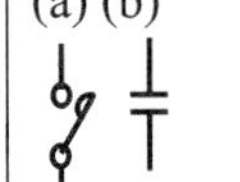		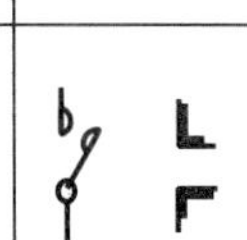	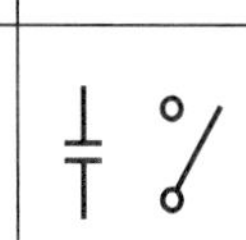	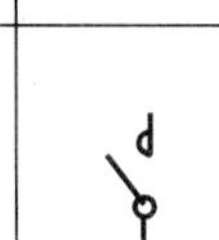	(b)는 전기 통신용 기호
		b 접점	(a) (b) 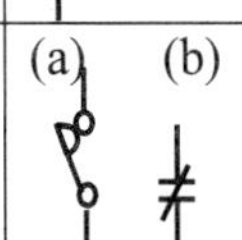		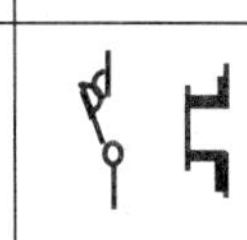	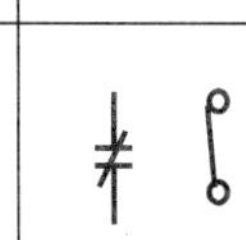	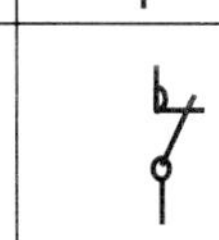	
11	제어기 접점 (Drum 형 Cam 형)		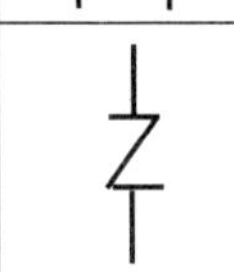					

번호	명 칭			KS, JIS	DIN	BS	ANSI (NEMA) CEMA	IEC	비고
12	Timer 접점	ON Delay	a 접점						
			b 접점						
		OFF Delay	a 접점						
			b 접점						
		ON - OFF Delay	a 접점						
			b 접점						
13	Tumbler Switch			(a) (b) (c)					(a):단극 단투 (b):단극 쌍투 (c):2 단투
14	Level Switch			(a) (b) (c)	(a)	(a) (b)	(a) (b)	(a)	(a):동작시 폐로 (b):동작 시 개로 (c):단극 절환
15	압력 Switch			(a) (b) (c)	(a)	(a) (b)	(a) (b)	(a)	상 동
16	Rotary Switch (Dial 형 Switch)								

번호	명 칭		KS, JIS	DIN	BS	ANSI (NEMA) CEMA	IEC	비고
17	제어용 전자코일		(a) (b) (c) 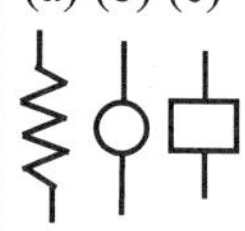	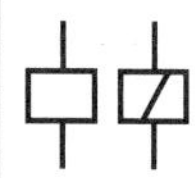	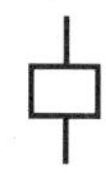	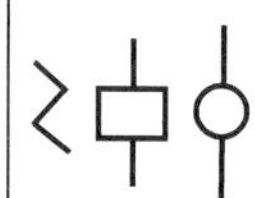	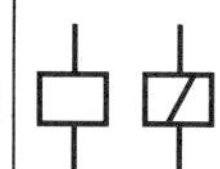	(c):전기통신용 계전기 코일
18	유극형 단권선 계전기		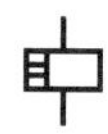	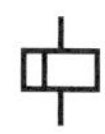	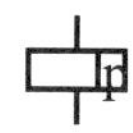	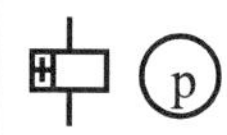	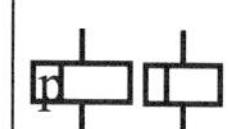	
19	Keep Relay				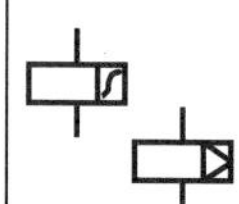		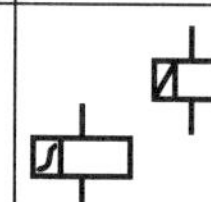	
20	복권선 계전기				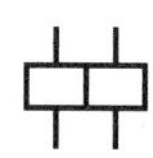	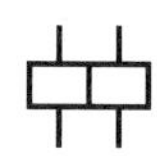		KS, JIS: 전기통신용 기호
21	Timer (조작부)	ON Delay			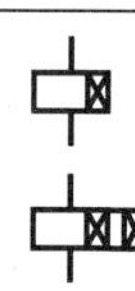		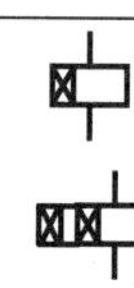	
		OFF Delay			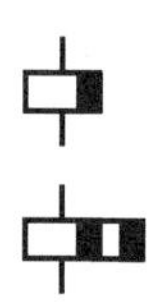			
		ON-OFF Delay		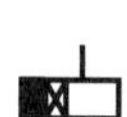	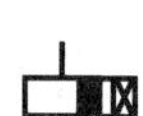			

3.2 유접점 제어 회로의 문자 기호

시퀀스 제어 문자 기호는 영문자로 쓰며 기능과 기기를 나타내도록 되어 있다. 이것은 일반 산업용 시퀀스 제어계의 기기 · 장치의 기호로 이용된다. 시퀀스 제어 기호는 그 원칙에 근거를 두고 정해 놓은 시퀀스 제어 기호와 배전반(配電盤)·제어 장치가 있다. 시퀀스 제어 문자 기호의 구성에 있어서의 문자 기호는 기기·장치를 나타내는 기기 기호와 그 기기·장치가 맡고 있는 기능을 표시하는 기능 기호가 있다. 이런 것들은 "-" (하이픈)으로 연결하여 표 3-2와 같이 표시한다. 단, 그림 기호와 함께 이용하는 경우, 기기·장치 또는 기능이 분명한 경우는 기기 기호·기능 기호를 생략하도록 되어 있다. 그림 3-2는 전동기의 정회전(正回轉)과 역회전(逆回轉)의 제어회로인데 여기서는 사용되고 있는 시퀀스 그림 기호의 의미에 대하여 설명한다.

① 시퀀스 제어 기호의 구성

기능 기호-기기 기호

② 시퀀스 제어 기기에 의한 예

F - MC

- MC → '전자 접촉기' 의 기기를 나타냄
- F → 정회전 F(Forward : F)의 기능을 나타냄

③ 그림 기호와 시퀀스 제어 기호에 의한 표시 방법

(F-MC) : 정회전용 전자 접촉기를 나타낸다.

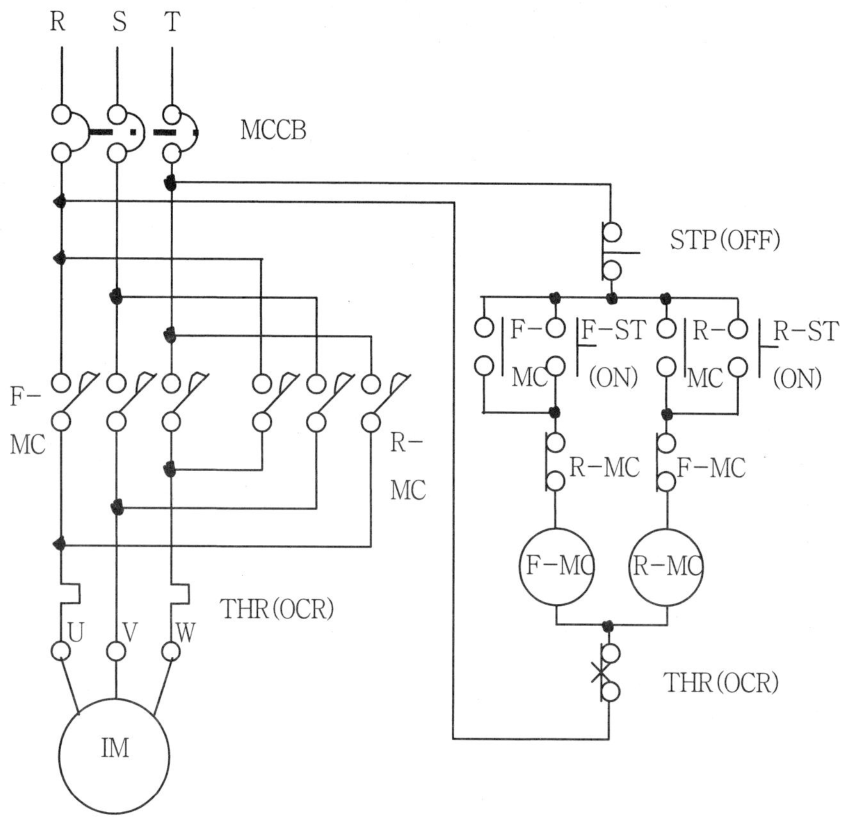

그림 3-2 시퀀스 제어 문자 기호의 사용 예
(전동기 정·역회전 기동 및 운전)

표 3-2 시퀀스 제어 문자 기호의 구성 예

기능 기호-기기 기호
F-MC : 정회전용 전자 접촉기
R-MC : 역회전용 전자 접촉기
F-ST : 정회전용 시동 버튼 스위치
R-ST : 역회전용 시동 버튼 스위치

기기 기호를 생략한 표시	기능 기호를 생략한 표시
STP : 정지용 버튼 스위치	THR : 열동 계전기 MCCB : 배선용 차단기

3.3 유접점 제어 회로의 제어 기호

시퀀스 제어 기호는 영어명칭의 머리 글자를 대문자로 나열하는 것을 원칙으로 하지만 다른 것과 혼동이 되는 경우와 의미가 1 문자로 알기 어려울 때는 제2문자, 제3문자까지 이용한다.

(1) 기기 기호

(a) 회전기

문자 기호	용 어	문자 기호에 대응하는 외국어
EX	여자기	Exciter
FC	주파수 변환기	Frequency Changer
G	발전기	Generator
IM	유도 전동기	Induction motor
M	전동기	Motor
MG	전동 발전기	Motor-Generator

(b) 변압기 및 정류기류

문자기호	용 어	문자 기호에 대응하는 외국어
CT	변류기	Current Transformer
GT	접지 변압기	Grounding Transformer
IR	유도전압 조정기	Induction Voltage Regulator
PCT	계기용 변압 전류기	Potential Current Transformer, Combined Voltage and Current Transformer
PT	계기용 변압기	Potential Transformer
T	변압기	Voltage Transformer
RT	정류기	Rectifier
ZCT	영상 변류기	Zero-Phase-Sequence Current Transformer

(c) 차단기 및 스위치류

문자 기호	용 어	문자 기호에 대응하는 외국어
ABB	공기 차단기	Air Blast Circuit Breaker
ACB	기중 차단기	Air Circuit Breaker
AS	전류계 절환 스위치	Ammeter Change-over Switch
BS	버튼 스위치	Button Switch
CB	차단기	Circuit Breaker
COS	절환 스위치	Change Over Switch
CS	제어 스위치	Control Switch
DS	단로기	Disconnecting Switch
EMS	비상 스위치	Emergency Switch
F	퓨즈	Fuse
FCB	계자 차단기	Field Circuit Breaker
FLTS	플로트 스위치	Float Switch
FS	계자 스위치	Field Switch
FTS	풋 스위치	Foot Switch
GCB	가스 차단기	Gas Circuit Breaker
HSCB	고속도 차단기	High Speed Circuit Breaker
KS	나이프 스위치	Knife Switch
LS	리밋 스위치	Limit Switch
LVS	레벨 스위치	Level Switch
MBB	자기 차단기	Magnetic Blow-out circuit Breaker
MC	전자 접촉기	Electro Magnetic Contactor
MCCB	배선용 차단기	Molded Case Circuit Breaker
OCB	오일 차단기	Oil Circuit Breaker
OSS	과속 스위치	Over Speed Switch
PF	전력 퓨즈	Power Fuse
PRS	압력 스위치	Pressure Switch
RS	로터리 스위치	Rotary Switch
S	스위치, 개폐기	Switch
SPS	속도 스위치	Speed Switch
TS	텀블러 스위치	Tumbler switch
VCB	진공 차단기	Vacuum Circuit Breaker
VCS	진공 스위치	Vacuum Switch
VS	전압계 절환 스위치	Voltmeter change-over Switch
CTR	제어기	Controller
MCTR	주간 제어기	Master Controller
STT	시동기	Starter
YDS	스타델타 시동기	Star-Delta Stater

(d) 저항기

문자 기호	용 어	문자 기호에 대응하는 외국어
FRH	계자 조정기	Field Regulator, Field rheostat
GR	접지 저항기	Grounding Resistor
LDR	부하 저항기	Load Resistor
R	저항기	Resistor
RH	가감 저항기	Rheostat
STR	시동 저항기	Starting Resistor

(e) 계전기

문자기호	용 어	문자기호에 대응하는 외국어
BR	평형계전기	Balance Relay
CLR	한류계전기	Current Limiting Relay
CR	전류계전기	Current Relay
DFR	차동계전기	Differential Relay
FCR	플리커계전기	Flicker Relay
FLR	흐름계전기	Flow Relay
FR	주파수계전기	Frequency Relay
GR	접지계전기	Ground Relay
KR	킵계전기	Keep Relay
LFR	계자상실계전기	Field Loss Relay
OCR	과전류계전기	Over Current Relay
OSR	과속도계전기	Over Speed Relay
OPR	결상계전기	Open Phase Relay
OVR	과전압계전기	Over Voltage Relay
PLR	극성계전기	Polarity Relay
PR	역전방지계전기(플러깅계전기)	Plugging Relay
OPR	위치계전기	Position Relay
PRR	압력계전기	Pressure Relay
PWR	전력계전기	Power Relay
R	계전기	Relay
RCR	재폐로계전기	Reclosing Relay
SOR	탈로(동기이탈)계전기	Step Out Relay
SPR	속도계전기	Speed Relay
STR	시동계전기	Starting Relay
SR	단락계전기	Short-circuit Relay
SYR	동기투입계전기	Synchronizing Relay
TDR	지연계전기	Time Delay Relay
TFR	트립프리계전기	Trip Free Relay
THR	열동계전기	Thermal Relay
TLR	한시계전기	Time-Lag Relay
TR	온도계전기	Temperature Relay
UVR	부족전압계전기	Under Voltage Relay
VCR	진공계전기	Vacuum Relay
VR	전압계전기	Voltage Relay

(f) 계기

문자기호	용 어	문자기호에 대응하는 외국어
A	전류계	Ammeter
F	주파수계	Frequency meter
FL	유량계	Flow meter
GD	검류기	Ground detector
HRM	시간계	Hour meter
MDA	최대수요전류계	Maximum demand ammeter
MDW	최대수요전력계	Maximum demand wattmeter
N	회전속도계	Tachometer
PI	위치지시계	Position indicator
PF	역률계	Power-factor meter
PG	압력계	Pressure gauge
SH	분류기	Shunt
SY	동기검정기	Synchronous Scope, Synchronism indicator
TH	온도계	Thermometer
THC	열전대	Thermocouple
V	전압계	Voltmeter
VAR	무효전력계	Var meter, Reactive power meter
VG	진공계	Vacuum gauge
W	전력계	Wattmeter
WH	전력량계	Watt-hour meter
WLI	수위계	Water level indicator

(g) 기타

문자기호	용 어	문자기호에 대응하는 외국어
AN	어나운시에이터	Annunciation
B	전지	Battery
BC	충전기	Battery charger
BL	벨	Bell
BL	송풍기	Blower
BZ	부저	Buzzer
C	콘덴서	Condenser, capacitor
CC	페로코일	Closing coil
CH	케이블 헤드	Cable head
DL	더미로드	Dummy load
EL	접지표시등	Earth lamp
ET	접지단자	Earth terminal
FI	고장표시기	Fault indicator
FLT	필터	Filter
H	히터	Heater
HC	유지코일	Holding coil
HM	유지마그네트	Holding magnet
HO	호론	Horn

문자기호	용 어	문자기호에 대응하는 외국어
IL	조명등	Illuminating lamp
MB	전자브레이크	Electromagnetic brake
BCL	전자클러치	Electromagnetic clutch
MCT	전자카운터	Magnetic counter
MOV	전동밸브	Motor-operated valve
OPC	동작코일	Operating coil
OTC	과전류트립코일	Over current trip coil
RSTC	복귀코일	Reset coil
SL	표시등	Signal lamp pilot lamp
SV	전자밸브	Solenoid valve
TB	단자대,단자판	Terminal block, Terminal board
TC	트립코일	Trip coil
TT	시험단자	Testing terminal
UVC	부족전압트립코일	Under Voltage Release(Trip) coil

(2) 기능 기호

문자 기호	용 어	문자 기호에 대응하는 외국어	문자 기호	용 어	문자 기호에 대응하는 외국어
A	가속·증속	Accelerating	C	제어	Control;
AUT	자동	Automatic	CL	폐(閉)	Close
AUX	보조	Auxiliary	CO	절환	Change-over
B	제동	Braking	LO	록-아웃	Lock-over
CRL	미속	Crawling	MA	수동	Manual
CST	코스팅	Coasting	MEB	기계 제동	Mechanical
ED	감속	Decelerating			Braking
D	하강·하	Down, lower	OFF	개로, 절	Open, off
DB	발전 제동	Dynamic Braking	ON	폐로, 입	Close, on
DEC	감	Decrease	OP	개(開)	Open
EB	전기 제동	Electric Braking	P	플러깅	Plugging
EM	비상	Emergency	R	기록	Recording
F	정	Forward	R	역(逆)	Reverse
FW	전	Forward	R	오른쪽	Right
H	고	High	RB	회생 제동	Regenerative
HL	유지	Holding			Braking
HS	고속	High speed	RG	조정	Regulating
ICH	인칭	Inching	RN	운전	Run
IL	인터록	Inter-locking	RST	복귀	Reset
INC	증	Increase			
INS	순시	Instant	ST	시동	Start
J	미동	Jogging	SET	세트	Set
L	왼쪽	Left	STP	정지	Stop
L	저	Low	SY	동기	Synchronizing
BW	후(後)	Backward	U	상승·상	Raise, Up

(3) 제어 배전 장치의 용어, 약어 및 정의

(a) 일반

용 어	외국어명	정 의
조작	Operation	인력 또는 그 외의 힘을 더하여 가동 부분에 소정의 단일 운동을 가하는 것을 말한다.
동작	Actuation	어떤 원인을 줌으로써 소정의 작용을 일으키는 것을 말한다.
복귀	Reset	동작 이전의 상태로 돌아가는 것을 말한다.
자동 제어 일인 제어 원거리 제어 원거리 감시 제어 총괄 제어	Automatic Control One man Control Remote Control Supervisory Control Multiple Control	
시동	Starting	기기 또는 장치가 소정의 작용을 일으키는 상태로 하는 제어를 말한다.
운전	Running	기기 또는 장치가 소정의 작용을 일으키고 있는 상태를 말한다.
정지	Stopping	기기 또는 장치를 정지 상태로 하는 제어를 말한다.
인칭	Inching	기계의 아주 작은 운동을 신속히 반복하여 일어나도록 하는 제어를 말한다.
미동	Jogging	기계의 작은 운동이 저속도로 이루어지도록 하는 제어를 말한다.
미속	Crawling	기계를 아주 저속도로 운전시키는 제어를 말한다.
정회전 역회전 개, 절 폐, 입	Forward Running Reverse Running Open, off Close, on	
트리핑	Tripping	수동 또는 전자코일의 전류 변화에 따라 개폐기의 억제기구를 떼어 축적된 에너지를 방출하여 개폐기 등을 조작하는 것을 말한다.
자유트립	Trip free	
릴리스	Release	제어가 전자력으로 일어나고 있는 경우의 트리핑을 말한다.
절환	Change-over	
인터로킹	Interlocking	어느 조건을 구비할 때까지 동작을 정지하는 것을 말한다.
폐쇄	Lockout	
접속도	Connection Diagram	장치 또는 기구의 각 부분 간 기구 상호 간 또는 외부와의 전기적 접속 관계를 나타낸 것을 말한다.
단선 접속도	Single-line Diagram Skeleton Diagram	단선으로 간단히 표시한 접속도를 말한다.

용 어	외국어명	정 의
주회로 접속도	Main Connection Diagram	배전반의 배선을 포함하지 않고 주회로의 전기적 접속 관계만을 표시한 접속도를 말한다.
전면 접속도	Front Connection Diagram	배전반, 제어반 또는 기구의 정면에서 본 것, 또는 반(盤)의 이면배선을 정면에서 투시한 접속을 말한다.
이면 접속도	Back Connection Diagram	배전반, 제어반 및 이와 관련된 기구의 동작을 간단한 접속도에 따라 전개식으로 나타낸 것을 말한다.
전개 접속도	Schematic Diagram	제어장치, 배전반 및 이와 관련된 기구의 동작을 간단한 접속도에 따라 전개식으로 나타낸 것을 말한다.
동작 설명도	Action Description	기구의 동작을 분해적으로 설명한 것을 말한다.
동작 순서표	Action Flow Chart	기구의 동작 순서를 도표화한 것을 말한다.

(b) 계기

용 어	약 호	외국어명	용 어	약 호	외국어명
전류계	A	Ammeter	적산전력량계	WH	Watt-hour Meter
분류기	SH	Shunt	무효전력계	VAR	Reactive power Meter
전압계	V	Voltmeter			
전력계	W	Wattmeter	적산무효 전력량계	VARH	VAR-Hour Meter
주파수계	Fr	Frequency meter			
동기 검정기	Sy	Synchronism Indicator	온도계	TI	Temperature Indicator
수위계	WL	Water level meter	열전대	ThC	Thermo couple
위치계	PI	Position indicator	진공계	Vc	Vacuum meter
회전계	N	Tachometer	유량계	Fl	Flow meter
속도계	Sp	Speed meter	유면계	OL	Oil level meter
			압력계	Pr	Pressure meter

(c) 기구 및 장치

용 어	약 호	외국어명	정 의
스위치	S	Switch	전기회로에 개폐 또는 접속의 변경을 일으키는 기구
나이프 스위치	KS	Knife switch	Knife처럼 생긴 스위치로 수동조작
단로기	DS	Dis-connecting Switch	정격 전압을 근거로 충전된 전로를 개폐하는 것으로 부하 전류의 개폐를 원칙으로 하고 있지 않는 개폐기를 말한다
주스위치		Main switch	전동기 및 제어 장치를 전원으로부터 떼어낼 목적으로 사용하는 스위치를 말한다.
주간 스위치		Master switch	전동기를 제어하는 스위치 또는 스위치들을 동작하는 푸시 버튼 스위치, 주간 제어기 등을 말한다.
버튼 스위치	BS	Button switch	버튼의 조작에 따라 개로 또는 폐로되는 접속부를 갖는 구조의 주간 스위치를 말한다 [비고] 푸시 버튼형, 회전형 등을 총칭한다.
조작 스위치	CS	Control switch	조작목적을 나타낼 필요가 있는 경우, 가령 계자 조정용(界磁調整用) 조작 개폐기는 CS(FR)로 표시하는 것으로 한다.
드럼 스위치		Drum switch	회전하여 얻는 원통형 또는 세그먼트와 고정자편 등이 충동 접촉에 따라 개로 또는 폐로하는 스위치를 말한다.
캠 스위치		Cam switch	캠기구에 의해 개로 또는 폐로되는 접촉부를 갖는 구조의 스위치를 말한다.
다이얼 스위치		Dial switch	평면상에 고정 접촉자가 원형으로 설치되어 가종접촉자가 그 위를 충동하는 구조의 스위치를 말한다.
전자 개폐기	Mgs	Magnetic Switch	전자 접촉기 및 과전류 계전기를 갖춘 주간 스위치에 의해 조작되는 상자 속에 들어 있는 것을 말한다. [비고] 개폐기란 스위치에 보호 장치가 있을 것을 말한다.
리밋 스위치	LS	Limit switch	기기의 운동행정중 정해진 위치에서 동작하는 스위치를 말한다.
플로트 스위치		Float switch	액체의 표면에 설치한 플로에 의해 액위의 예정위치에서 작용하는 스위치를 말한다.
차단기	CB	Circuit Breaker	정상상태뿐만 아니라 이상상태, 특히 단락상태에 있어서의 전로를 개폐하는 장치를 말한다.
배선용 차단기	NFB	No-fuse Circuit Breaker	동작기구 및 잡아떼는 장치를 절연물의 용기 내에 일체로 조립한 것으로 정상 상태의 전로를 수동으로 개폐할 수 있고, 과부하 및 단락 등에서 그 자신은 보상 없이 자동적으로 전로를 차단하는 기구를 말한다.
절환 스위치	COS	Change-over Switch	스위치를 회전시켜서 조작하는 스위치를 말한다.

용 어	약 호	외국어명	정 의
전류계 절환 스위치	AS	Ammeter Change over Switch	전류의 R, S, T 상 전류를 각각 계측하기 위한 절환 스위치
전압계 절환 스위치	VS	Volt meter Change over Switch	전압의 R, S, T 상 전압을 각각 계측하기 위한 절환 스위치
동기점검용 스위치	SS	Synchronizing Switch	전원이 다른 각각의 동기가 일치하는지 점검하는 스위치
비상 스위치	EMS	Emergency Switch	비상의 경우에 기기를 정지시키기 위해 인력에 의해 조작하는 스위치를 말한다.
압력 스위치	PrS	Pressure Switch	기체 또는 액체의 압력이 정해진 압력에 달했을 때 그 압력에 의해 동작하는 스위치를 말한다.
속도 스위치	SpS	Speed switch	기기의 속도가 정해진 속도에 달했을 때 기계적으로 접점을 개폐하여 속도의 제어를 행하는 스위치를 말한다.
텀블 스위치	TS	Tumble Switch	건축물의 조명 전등용의 ON/OFF 용으로 사용됨
로터리 스위치	PS	Parkings Switch	노브가 회전하는 스위치로써 정해진 위치에서 접점이 구성되는 스위치
보조 스위치	AuS	Auxiliary Switch	주 스위치 동작과 병행해서 사용하는 스위치
접촉기	Ctt	Contactor	피상 접촉자가 있고 전기회로의 빈번한 개폐에 견디는 스위치를 말한다.
전자 접촉기	MCtt	Magnetic Contactor	전자석의 자화, 減磁(감자)의 동작에 의해 전로를 개폐하는 접촉기를 말한다.
래치부속 접속기		Latched in Contactor	인력 또는 전자력에 의해 개폐되고 이것을 保持기구에 의해 폐로 상태로 保持하는 접촉기를 말한다.
스타 델타 기동기	YDS	Star-delta Starter	유도 전동기 기동시에 기동전류를 줄여서 기동시키는 방법
전자밸브	MgV	Magnet valve	전자력을 이용해서 밸브를 open/close 시킴

(d) 회전기, 정지 기구, 안전 기구

용어	약호	외국어명
발전기	G	Generator
자화기(여자기)	Ex	Exciter
주자화기	MEx	Main exciter
부자화기	SEx	Sub exciter
전동기	M	Motor
유도 전동기	IM	Induction motor
동기 전동기	SM	Synchronous motor
조작 전동기	CM	Control motor
조속기용 전동기	GM	Governor motor
전동 발전기	MG	Motor generator
회전 변류기	RC	Rotary converter
동기 조상기	SyC	Synchronous phase modifier
주파수 변환기	FC	Ferquency changer
변압기	T	Transformer
접지 변압기	GT	Grounding transformer
절연 변압기	IT	Insulating transformer
유도전압 조정기	IR	Induction voltage regulator
부하시 탭절환 변압기	LRT	In-load tap- changing Transformer
부하시 전압 조정기	LVR	On-load voltage regulator
부하시 전압위상 조정기	LVPR	On-load voltage and phase Regulator
자동 승압기	-	--
전압 변성기	PT	Potential transformer
보조전압 변성기	AuPT	Auxiliary potential transformer
콘덴서형	PD	Potential device
변류기	CT	Current transformer
보조 변류기	AuCT	Auxiliary current transformer
부싱 변류기	BCT	Bushing current transformer
영상 변류기	ZCT	Zero phase current Transformer
계기용 변압 변류기	MOF	Metering Out Fit
정류기	Rf	Rectifier
건식 정류기	DRf	Dry rectifier
수은 정류기	-	Hg rectifier
접촉 변류기		Contact converter
초크코일	ChC	Choking coil
한류 리액터	CLX	Current limiting reactor
중성점 접지	NGX	Neutral grounding
리액터		Reactor
피터슨코일	PC	Petersen coil
블로킹코일	BC	Blocking coil
피뢰기	LA	Lightning arrestor
방전기	SD	Static discharger
전압강하 보상기	LDC	Line drop compensator
위상기	PhS	Phase shifter
전력용 콘덴서	SC	Static condenser, Power Condenser
결합 콘덴서	CC	Coupling condenser
퓨즈	F	Fuse

(4) 기타 기구

용어	약호	외국어명
표시등	PL	Pilot lamp
접지 표시등	EL	Earth lamp
신호등	SL	Signal lamp
벨	BL	Bell
부저	Bz	Buzzer
폐로코일	C	Closing coil
유지코일	HC	Holding coil
트립코일	TC	Trip coil
과전류 트립코일	OTC	Over current trip coil
부족전압 릴리스코일	UVC	Under voltage release coil

3.4 유접점 자동제어 기구 번호

자동제어 기구 번호는 주로 전력용 설비에서 전기 계통의 기기·장치 및 기능을 나타내는 기호로써 이용된다. 이것은 자동제어 기구 번호에 의해 정해져 있다.

3.4.1 자동제어 기구 번호

이것은 기본 번호·보조 부호·보조 번호로 되어 있고, 이 세 가지를 조합해서 사용한다.

(1) 기본 번호

도표 3-4에 표시한 것처럼 1~99까지의 숫자를 사용하여 기기 및 장치의 종류, 용도, 성질 등의 의미를 갖도록 한 것이다.

(2) 보조 부호

이것은 기본 번호만으로는 기기 및 장치의 종류 · 성질 · 용도를 표시하는데 불충분할 때 이용된다. 전기용어의 영문 머리 문자를 취한 알파벳을 이용한다.

(3) 보조 번호

동일장치 내에서 두 개 이상 같은 기기와 장치가 있을 때 혼동되지 않도록 하는데 이용된다. 보조 번호는 1,2,3…… 등의 숫자가 이용된다.

3.4.2 자동제어 기구 번호의 구성

자동제어 기구 번호는 기본 번호 · 보조 부호 · 보조 번호의 조합으로서 기기 · 장치 · 종류 · 성질 · 용도 등의 동일한 기기의 구분을 나타낸다.

표시방법은 기본 번호 · 보조 부호 · 보조 번호 등이 정리되어 있지 않아도 된다. 기본 번호와 보조 부호, 기본 번호와 보조 번호 등으로 합리적이고 알기 쉬우면 된다. 아래의 표 3-3에 표시한 예를 나타내었다.

표 3-3 자동제어 기구 번호에 의한 예

구 성	기구 번호 표시	의 미
기본 번호-보조 부호-보조 번호	52X1	교류전자 접촉기의 첫 번째 보조 계전기
기본 번호-보조 부호	51M	전동기용 교류 과전류 계전기
기본 번호-기본 번호	3-52	교류 차단기용 조작 개폐기
기본 번호-보조 번호	52-1	첫 번째 교류전자 접촉기

* 숫자와 숫자 사이, 숫자와 보조 부호 1 또는 0과의 사이에는 -(하이픈)을 사용한다.

기본 번호는 1~99 사이이지만 특히 번호, 회선 전압계급별 표시가 필요할 때는 위에서 설명한 기본 번호에 100 또는 100의 배수를 붙여 사용한다.(예를 들어보면, 101, 201, 301 등) 다음의 그림 3-3에 그 예를 표시했다.

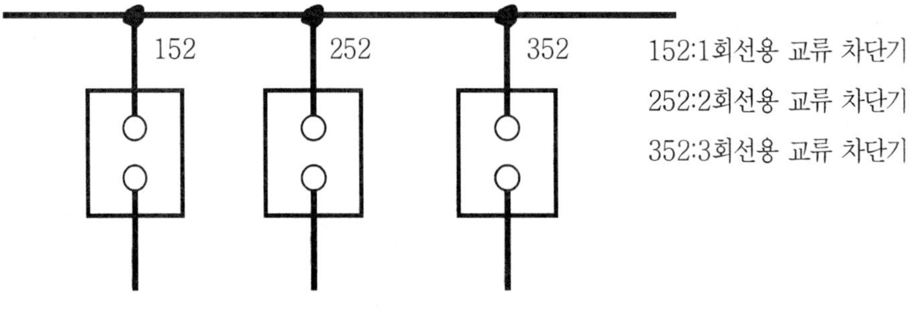

그림 3-3 100자리의 숫자를 사용한 예

표 3-4 자동제어 기구 번호

기구 번호	기구 명칭	기구 번호	기구 명칭	기구 번호	기구 명칭
1	주제어 개폐기 또는 계전기	24	탭절환 기구	47	결상 또는 역상 전압 계전기
2	시동 또는 폐로 지연 계전기	25	동기 검출 장치	48	정체검출 계전기
3	조작 개폐기	26	정지기 온도 계전기	49	회전기 열동 계전기
4	주제어 회로용 접촉기 또는 계전기	27	교류부족 전압 계전기	50	단락선택 계전기 또는 지락선택 계전기
5	전지 개폐기 또는 계전기	28	경보장치	51	교류 과전류 계전기 또는 접지 과전류 계전기
6	시동 차단기, 접촉기, 개폐기 또는 계전기	29	소화장치	52	교류 차단기 또는 접촉기
7	조정 개폐기	30	기기의 상태 또는 고장 표시 장치	53	자화 계전기 또는 여호 계전기
8	제어전원 개폐기	31	계자변경 차단기, 접촉기 또는 계전기	54	직류 고속도 차단기
9	계자전극 개폐기, 접촉기 또는 계전기	32	직류 역류 계전기	55	자동 역률 조정기 또는 역률 계전기
10	순서 개폐기 또는 프로그램 조정기	33	위치 개폐기 또는 위치 검출 장치	56	슬리브 계전기 또는 동기 이탈 검출 계전기
11	시험 개폐기 또는 계전기	34	전동순서 제어기	57	자동전류 조정기 또는 전류 계전기
12	과속도 개폐기 또는 계전기	35	브러시 조작장치 또는 슬리프링 단락장치	58	(예비번호)
13	동기속도 개폐기 또는 계전기	36	극성 계전기	59	교류 과전압 계전기
14	저속도 개폐기 또는 계전기	37	부족전류 계전기	60	자동전압 평형조정기 또는 전압 평형 계전기
15	속도 조정 장치	38	베어링 온도 계전기	61	자동전류 평형조정기 또는 전류평형 계전기
16	표시선 감시 계전기	39	(예비번호)	62	정지 또는 폐로지연 계전기
17	표시선 계전기	40	계자 전류 계전기 또는 계자 상실 계전기	63	압력 계전기
18	가속 또는 감속 접촉기 또는 계전기	41	계자 차단기, 접촉기 또는 개폐기	64	지락 과전압 계전기
19	시동, 운전절환 접촉기 또는 계전기	42	운전 차단기, 접촉기 또는 개폐기	65	조속장치
20	보조기기 밸브	43	제어회로 절환접촉기, 개폐기 또는 계전기	66	단속 계전기
21	주기기 밸브	44	거리 계전기	67	교류전력방향 계전기 또는 접지방향 계전기
22	(예비번호)	45	직류 과전압 계전기	68	혼입 검출기
23	온도조정 계전기	46	역상 또는 상불평형 전류 계전기	69	흐름 계전기

기구 번호	기구 명칭	기구 번호	기구 명칭	기구 번호	기구 명칭
70	가감 저항기	80	직류부족 전압 계전기	90	전압조정 계전기
71	정류소자 고장검출 장치	81	조속기 구동장치	91	자동전력 조정기 또는 전력 계전기
72	직류 차단기 또는 접속기	82	직류재폐로 계전기	92	문
73	단락용 차단기 또는 접속기	83	선택 접촉기, 개폐기 또는 계전기	93	(예비번호)
74	조정밸브	84	전압 계전기	94	자유트립 접촉기 또는 계전기
75	제동장치	85	신호 계전기	95	자동 주파수 조정기 또는 주파수 계전기
76	직류 과전류 계전기	86	폐쇄 계전기	96	정지유도기 내부고장 검출장치
77	부하조정장치	87	전류차동 계전기	97	런너(runner)
78	반송보호 위상비교 계전기	88	보조용 접촉기 또는 개폐기	98	연결장치
79	교류 재폐로 계전기	89	단로기 자동전압 조정기 또는 자동	99	자동 기록 장치

(1) 보조 부호

번호	내용	영문표기	예	
A	교류 자동 양극 공기 전류	Alternating Automatic Anode Air Ampere	8A 43A 54A 63A 90CA	교류제어전원 개폐기 자동 · 수동절환 개폐기 양극용 직류고속도 차단기 기압 계전기 자동전압 조정기용 전류 보상 장치
B	단선 벨 전지 모선 제동	Broken wire Bell Battery Bus line Brake	16B 28B 72B 87B 88AB	표시선 단선 검출용 계전기 벨 계전기 축전기 충전 장치용 직류 차단기 모선보호 차동 계전기 제동용 공기압축이용 접촉기
C	공통 냉각 투입코일 클러치 제어	Commom Cooling Closing coil Clutch Control	8C 26C 52C 62C 27C	공통제어전원 개폐기 냉각기용 온도 계전기 차단기 투입코일 정지시 연계전기 클러치코일 제어전원용 부족전압 계전기
D	직류 차동	Direct current Differential	8D 41D	직류제어전원 개폐기 차동계자 개폐기
E	비상 자화	Emergency Excitation	5E 45E	비상 개폐기 자화기 과전압 계전기

번호	내용	영문표기	예	
F	플로트	Float	1F	양수 펌프기 등용 플로트 스위치
	화재	Fire	28F	화재검출기
	고장	Fault	30F	고장 표시기
	퓨즈	Fuse	37F	퓨즈단 검출기
	주파수	Frequency	43F	주파수제어 회로용 절환 개폐기
	팬	Fan	47F	변압기 냉각팬용 역상전압 계전기
G	지락	Ground fault	44G	지락 거리 계전기
	발전기	Generator	88LG	저전압발전기 구동 전동기용 접촉기
H	고	High	51H	교류과 전류 계전기
	소내	House	52H	소내용 교류 차단기
	유지	Hold	54H	직류 고속도 차단기용 유지코일
	전열	Heater	88H	전열기용 접촉기
	고주파	High frequency	88HG	고주파 발전기용 접촉기
I	내부	Internal	67GI	접지내부방향 계전기
IL	인터로크	Interlock	89IL	단로기 인터로크 마그넷
J	결합	Joint	65JP	결합운전부하 조정장치
K	3차측	관습에 의함	52K	주변압기 3차용 교류 차단기
L	램프	Lamp	11L	램프점검용 개폐로
	저	Low	51L	교류과전류 계전기
M	계기	Meter	3M	계기복귀용 조작 개폐기
	주	Main	43M	기준종속절환 개폐기
	동력	Motive force	47M	동력전원용 역상전압 계전기
	전동기	Motor	90RM	90R조작용 전동기
N	중성	Neutral	64N	중성점접지 과전압 계전기
	부극	Negative	89N	부극측 단로기
O	외부	Outer	67GO	접지 외부방향 계전기
P	프로그램	Program	10P	프로그램 조정기
	펌프	Pump	43GP	발전, 양수펌프절환 개폐로
	1차	Primary	51P	주변압기 1차용 교류과전류 계전기
	정극	Positive	89P	정극측 단로기
	전력	Power	91P	전력 계단기
Q	유(油)	관습에 의함	63Q	유압 계전기
	무효전력	관습에 의함	91Q	무효전력 계전기
R	복귀	Reset	3R	일반복귀용 조작 개폐기
	원거리	Remote	43R	원거리, 직접절환 개폐기
	수전	Receiving	52R	수전용 교류 차단기
	저항	Resistor	52NR	중성점저항기용 교류 차단기
RY	계전기	Relay	8R	계전기 전원 개폐기
S	동작	Sequence	30S	동작 표시기
	단락	Short	44S	단락거리 계전기
	2차	Secondary	51S	주변압기 2차용 교류 과전류 계전기
T	변압기	Transformer	26T	변압기 온도계전기
	한시	Time	44ST	단락거리 계전기용 한시 계전기
	트립	Trip	52T	차단기 트립

번호	내용	영문표기	예	
U	사용	Use	43U	퓨즈단 선택절환 개폐기
V	전압 밸브	Voltage Valve	51V 88QV	전압억제교류 과전류 계전기 입구밸브 유압펌프용 접촉기
W	물 우물	Water Well	88WC 88WW	냉각수 펌프용 접촉기 우물 물펌프용 접촉기
X	보조	–		
Y	보조	–		
Z	버저 보조	Buzzer	38Z	버저 계산기
ϕ	상(相)	Phase	64ϕ	접지상 판별 계전기

3.4.3 기타 자동제어에 사용하는 문자

〈그리스 문자〉

대문자	소문자	읽는 방법	대문자	소문자	읽는 방법
Α	α	알파(Alpha)	Ν	ν	누(Nu)
Β	β	베타(Beta)	Ξ	ξ	크사이(Xi)
Γ	γ	감마(Gamma)	Ο	ο	오미크론(Omicron)
Δ	δ	델타(Delta)	Π	π	파이(Pi)
Ε	ε	엡실론(Epsilon)	Ρ	ρ	로(Rho)
Ζ	ζ	제타(Zeta)	Σ	σ	시그마(Sigma)
Η	η	에타(Eta)	Τ	τ	타우(Tau)
Θ	θ	세타(Theta)	Υ	υ	입실론((Upsilon)
Ι	ι	요타(Iota)	Φ	ϕ	피이(Phi)
Κ	κ	카파(Kappa)	Χ	χ	카이(Chi)
Λ	λ	람다(Lambda)	Ψ	ψ	프사이(Psi)
Μ	μ	뮤(Mu)	Ω	ω	오메가(Omega)

〈접두어〉

명 칭	기호	단위에 곱해지는 배수	명 칭	기 호	단위에 곱해지는 배수
엑사(Exa)	E	10^{18}	데시(Deci)	d	10^{-1}
페타(Peta)	P	10^{15}	센티(Centi)	c	10^{-2}
테라(Tera)	T	10^{12}	밀리(milli)	m	10^{-3}
기가(Giga)	G	10^{9}	마이크로(micro)	μ	10^{-6}
메가(Mega)	M	10^{6}	나노(Nano)	n	10^{-9}
킬로(Kilo)	K	10^{3}	피코(Pico)	p	10^{-12}
헤토(Heto)	H	10^{2}	펨토(Femto)	f	10^{-15}
데카(Deka)	Da	10	아토(Atto)	a	10^{-18}

〈전기·자기의 단위〉

양(量)	기 호	단위를 정하는 식	명 칭	단위기호
전류	I	I=dQ/dt	암페어(Ampere)	A
전압	V	P=VI	볼트(Volt)	V
전기 저항	R	R=V/I	옴(Ohm)	Ω
전기량(전하)	Q	Q=∫Idt	크롬((Couloum)	C
정전 용량	C	C=Q/V	패럿(Farad)	F
전계의 강도	E	E=V/m	미터마다의 볼트	V/m
전속밀도	D	D=Q/A	평방미터마다의 크롬	C/m^2
유전율	ε	ε=D/A	미터마다의 패럿	F/m
자계의 강도	H	H=I/m	미터마다의 암페어	A/m
자속	ϕ	ϕ=ΔI/Δt	웨버(Weber)	Wb
자속 밀도	B	B=ϕ/A	테스라(Tesla)	T
자기(상호)	L,(M)	M=ϕ/I	헨리(Henry)	H
투자율	μ	μ=B/H	미터마다의 헨리	H/m

3.5 시퀀스 제어 도면의 표시 방법

3.5.1 전개 접속도(Schematic Diagram)의 표시 방법

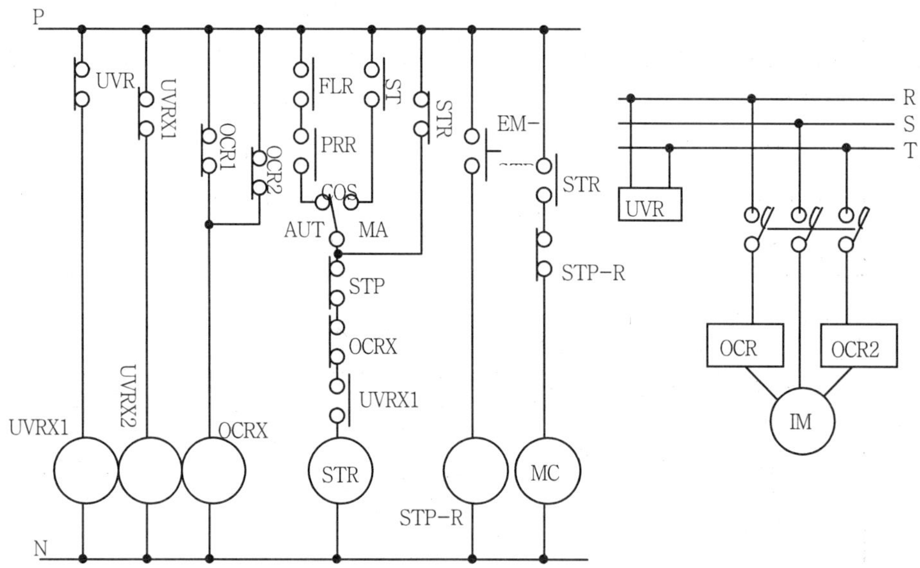

그림 3-4 상세전개 접속도의 예시 도면

(1) 상세전개 접속도

제어계의 시퀀스를 명료하게 표시하기 위하여 제어계의 기기와 장치 등의 접속을 상세히 전개하여 표시한 그림 3-4이다. 간단히 전개 접속도라고 한다.

(2) 간이전개 접속도

제어계의 주요 기기와 장치 등을 개통적으로 표시하고 제어에 주요한 시퀀스를 표시하는 그림이다.

(3) 전개 접속도의 가로 쓰기와 세로 쓰기

세로 쓰기란 그림 3-5와 같이 접속선이 대부분 상하 방향인 접속도를 그리는 방법을 말한다. 즉 제어전원은 상하에 가로선으로 표시한다. 접속선은 동작의 순서대로 왼쪽에서 오른쪽으로 정리하여 제어전원 사이에 세로로 그린다. 가로 쓰기는 그림

3-6과 같이 그림에서 요소의 접속선이 대부분 좌우 방향인 접속도를 그리는 방법을 말한다. 즉 제어전원은 좌우 세로선으로 표시한다. 접속선은 동작의 순서대로 위에서 아래로 정리하여 제어전원의 사이에 그린다.

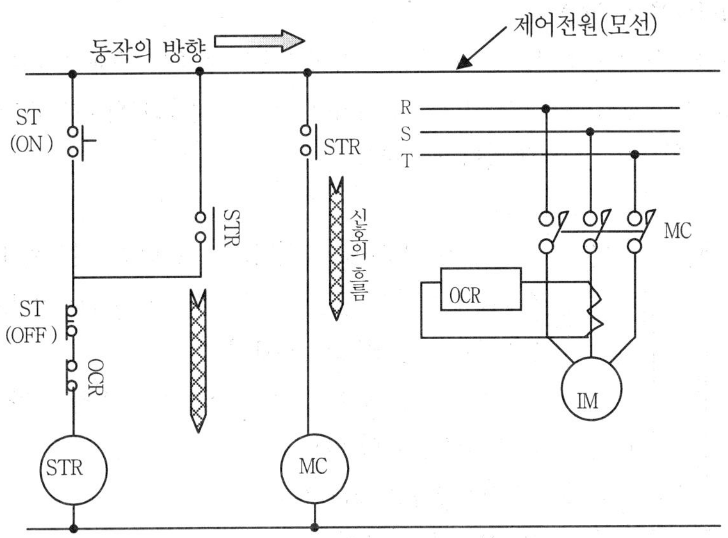

그림 3-5 세로 쓰기의 전개 접속도

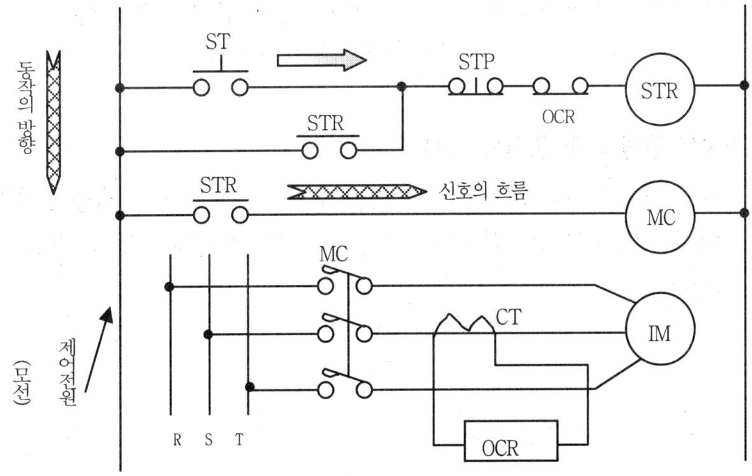

그림 3-6 가로 쓰기의 전개 접속도

3.5.2 접점의 표시 방법

시퀀스 그림에서, 접점 및 접점수의 표시 방법은 미리 정해져 있다.

(1) 접접의 표시 방법

전개 접속도상의 접점은 그림 기호로 그 소속하는 기구의 문자 기호로 첨부하여 표시한다. 또 필요에 따라 그 기구가 표시되어 있는 도면상의 위치를 적당한 방향에서 부기한다. 즉 그림 3-7과 같이 표시한다.

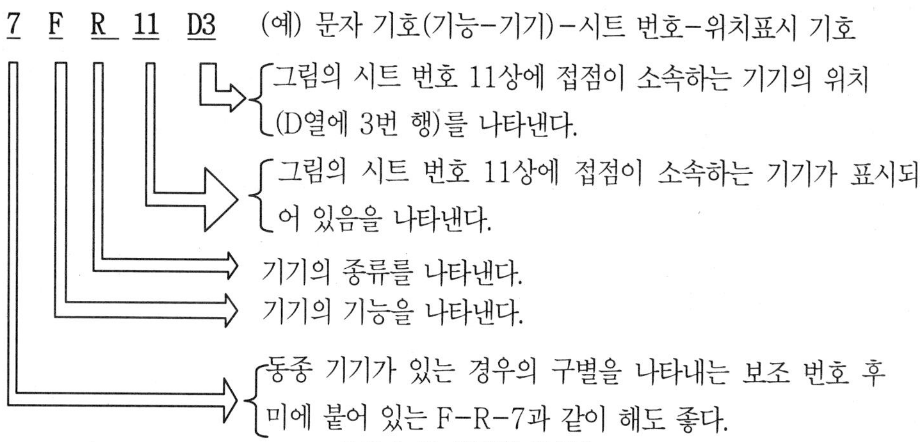

그림 3-7 접점의 표시법

(2) 기구의 접점수 및 위치의 표시

기구가 표시되어 있는 도면상의 적당한 장소에 그 기구에 소속하는 접점수와 그 위치를 적당한 방법으로 표시한다. 단 위치의 표시는 생략해도 좋다. 그림 3-8에 그 예를 표시했다.

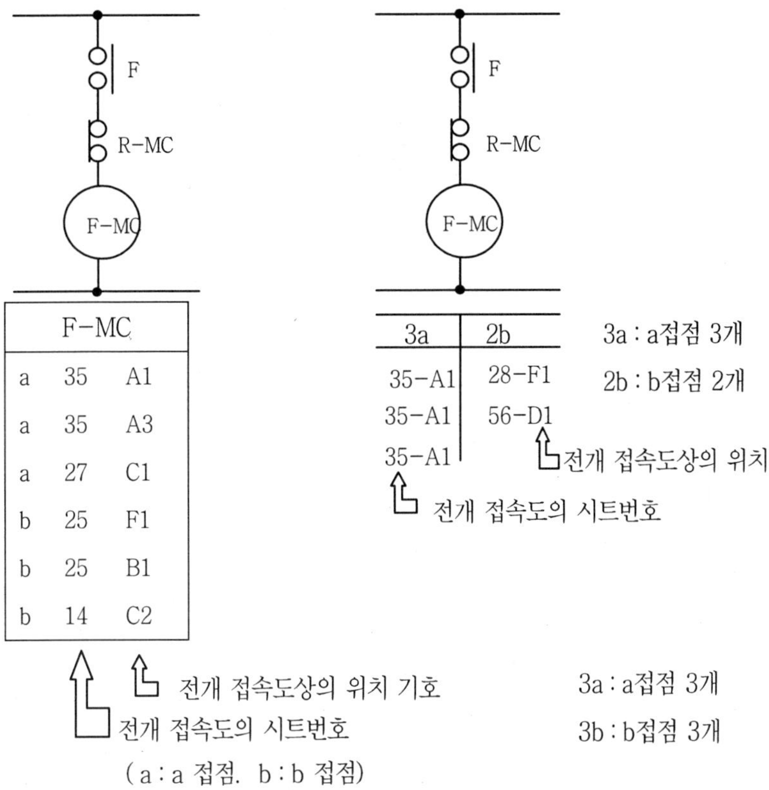

그림 3-8 소속 접점의 표시 예

3.6 시퀀스 제어의 플로 차트와 타임 차트

복잡한 시퀀스 제어계의 동작을 자세히 설명하기 위해서는 플로 차트와 타임 차트가 유력한 수단이다.

3.6.1 플로 차트

이 플로 차트를 그리는 방법에는 특별히 정해놓은 것이 없다. 다만 누가 보아도 알기 쉬운 표현법을 이용할 필요가 있다.

그림 3-9(a)에는 플로 차트에 사용하는 기호를, 그림 3-9에는 시퀀스 제어계의

각 구성 기기의 동작순서를 블록도로 나타낸 것인데 이해를 쉽게 하기 위하여 어느 가족의 하루 생활을 플로 차트로 그려본 것이다.

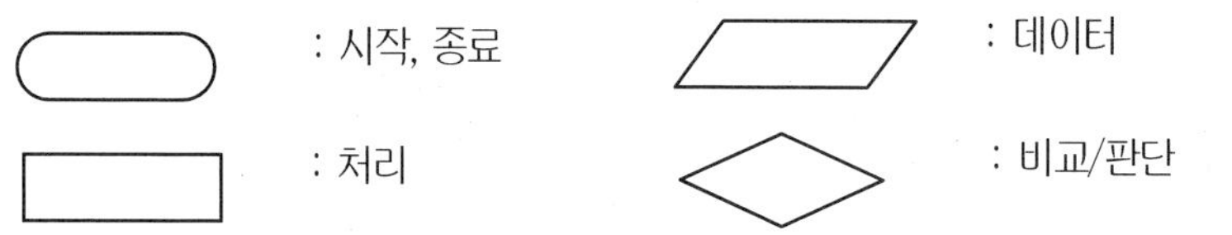

(a) 플로 차트에 사용하는 기호

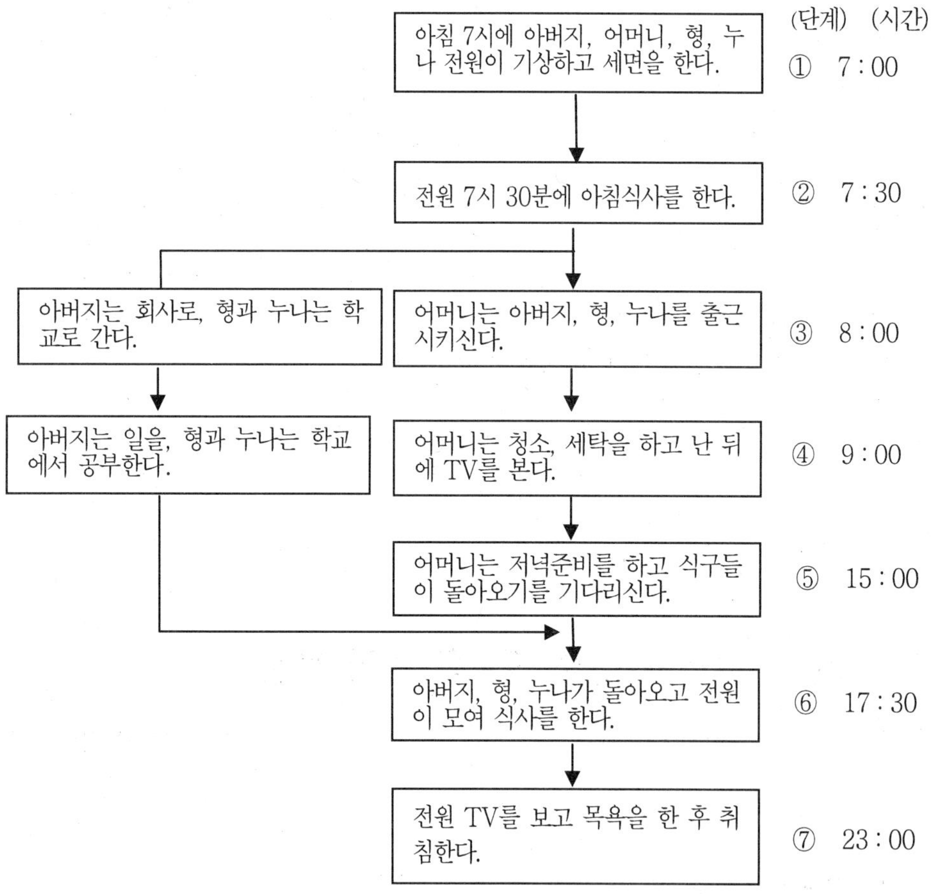

그림 3-9 가족의 일상 생활에 대한 플로 차트

이것과 시퀀스 제어를 비교해 보면 제어 장치가 가족에 해당되고, 몇 개의 장치를 구성하는 각 기기에 해당되는 것은 아버지, 어머니, 형, 누나의 가족 구성원이다. 이 플로 차트를 보면 가족이 어떤 행동을 하고 있는지 전체적으로 볼 수가 있다. 또 각 개인에 대해서도, 어느 단체가 어떤 상태에 있는지도 알 수 있다. 시퀀스 제어계도 마찬가지로 플로 차트를 그려서 제어계 전체를 쉽게 파악할 수 있고, 어느 단계에서 어느 기기가 어떤 상태에 있는지도 쉽게 알 수 있다.

(1) 실제의 시퀀스 제어 회로의 플로 차트

① 그림 3-10과 같은 시퀀스 회로에서 플로 차트를 생각해보면 그림 3-11의 플로 차트와 같이 된다. 이 회로의 동작 순서는 다음과 같다.
② 나이프 스위치 KS를 넣는다.
③ 시동용 버튼 스위치 BS-ON을 누른다.
④ 전자 접촉기의 코일 88M이 자화된다.
⑤ 접점 88M이 닫히고 자기보지(自己保持) 되어 표시등 RL을 점등하고 전동기 IM이 운전을 시작한다.
⑥ 열동 계전기 49가 동작하지 않으면 운전을 계속한다.
⑦ 정지 버튼 BS-OFF를 누른다.
⑧ 전자 접촉기의 코일 88M의 전류가 끊어진다.
⑨ 접점 88M이 열리고 자기유지를 해제하여 표시등 RL을 소등하고 전동기 IM이 정지한다.
⑩ 나이프 스위치 KS를 연다.

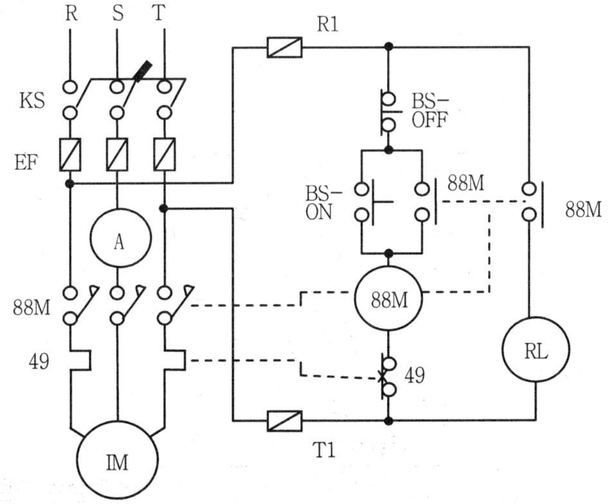

그림 3-10 유도 전동기의 ON/OFF 시퀀스 제어

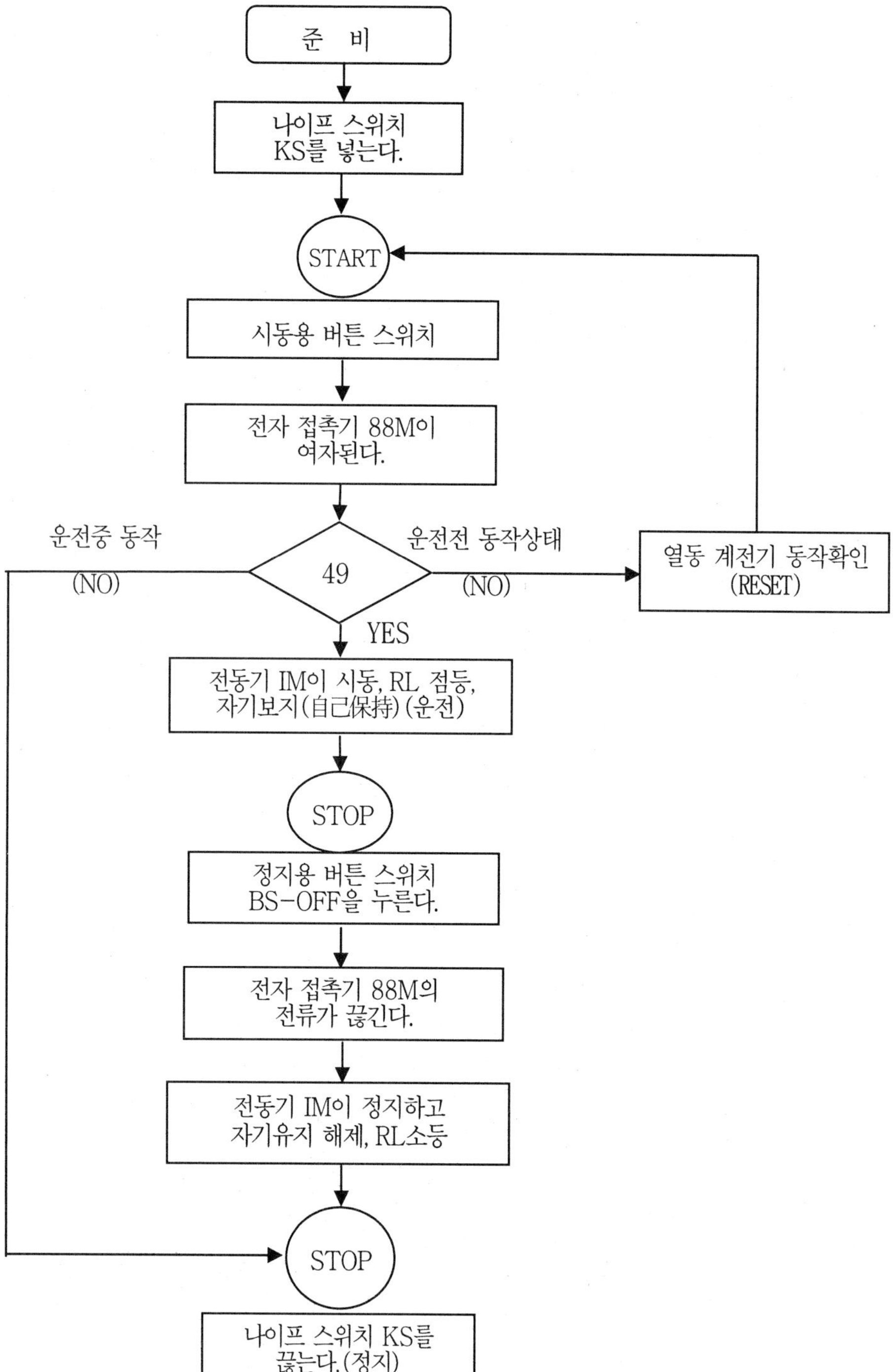

그림 3-11 유도 전동기의 기동 및 정지에 대한 플로 차트

3.6.2 타임 차트

플로 차트는 시퀀스 동작의 연속적인 관계를 나타낸 것으로 동작 순서는 이해하기 쉽다. 그러나 이 플로 차트에서는 각 기기가 시간의 경과에 따라 어떤 동작을 하고 있는가에 대해서는 자세히 읽을 수 없다. 그래서 각 기기의 동작을 시간적으로 표시한 것이 타임 차트다.

그림 3-12는 그림 3-10의 시퀀스 회로의 타임 차트며, 각 기기의 시간적 동작을 잘 알 수 있다. 타임 차트, 플로 차트는 시퀀스 회로의 동작을 이해할 수 있도록 하고 있다.

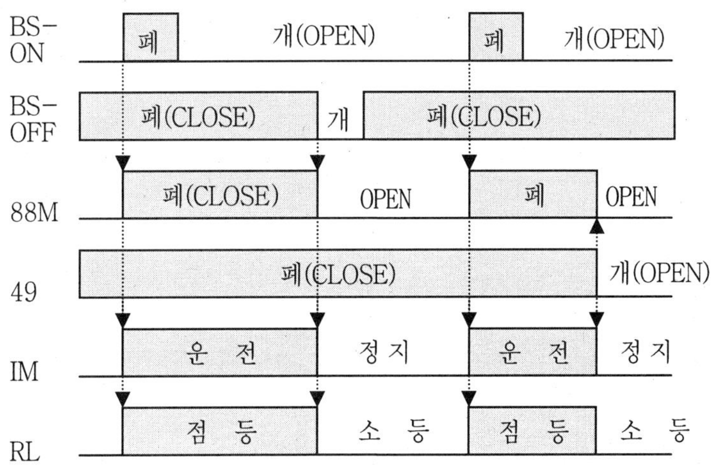

그림 3-12 유도 전동기의 기동 및 정지에 대한 타임 차트

■ 문제 1 다음 회로의 명칭을 쓰고 그 기능을 간단히 설명하시오. 단, 회로명은 시퀀스 제어 회로의 명칭으로 표현하시오.

(1)

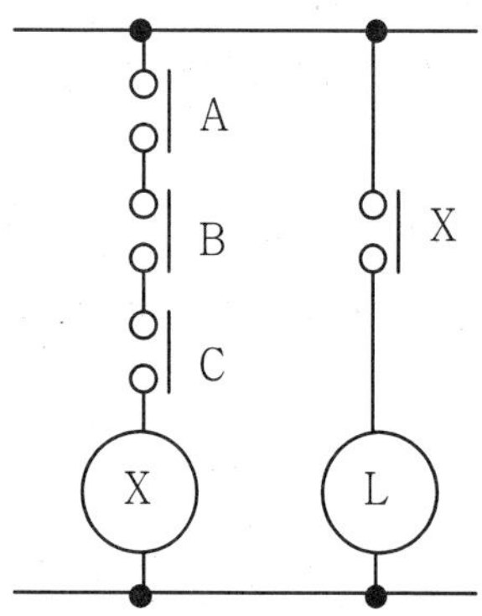

(2)

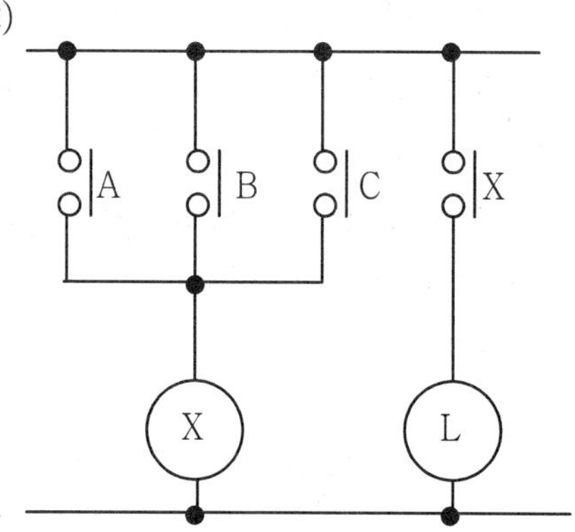

(3)

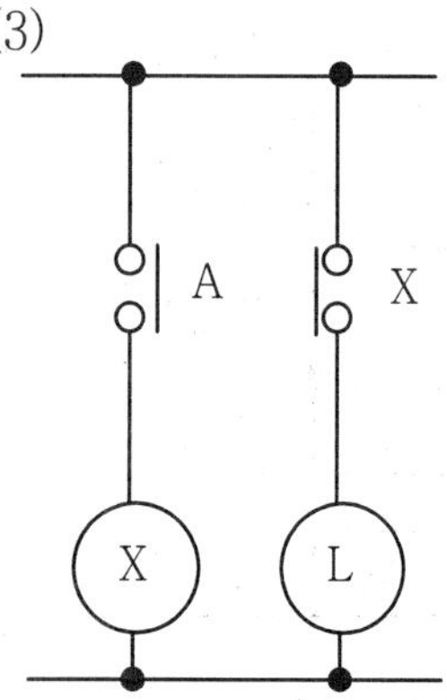

(4)

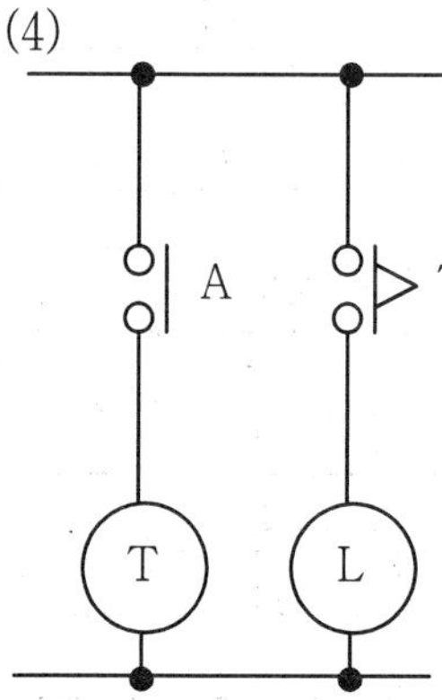

(5)

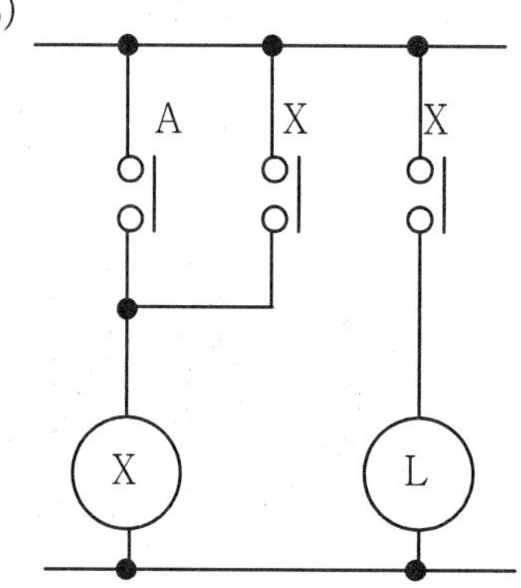

☞ 답

(1) AND 회로 : 입력 접점 A, B, C 전부가 ON이 되었을 때 출력 접점 X는 ON이 된다.

(2) OR 회로 : 입력 접점 A, B, C 중 어느 1개 이상이 ON이 되었을 때 출력 접점 X가 ON이 된다.

(3) NOT 회로 : 입력 접점 A가 ON이 되면, 출력 접점 X가 OFF가 되고, 입력 접점이 OFF가 되면 출력 접점 X는 ON이 된다.

(4) 한시 회로 : 입력 접점 A가 ON이 되고 나서 일정 시간 경과 후 출력 접점 T가 ON이 된다.

(5) 자기유지 회로 : 입력 접점 A가 ON이 되면 출력 접점 X가 ON이 되고, 입력 접점

A가 OFF가 되어도 X는 ON 상태를 유지한다.

■ 문제 2 릴레이 시퀀스와 무접점 시퀀스에 사용되는 전자 릴레이와 무접점 릴레이를 비교할 때 전자 릴레이의 장단점 5가지만 쓰시오.

☞ 답

< 장점 >

① 과부하 내량이 크다.

② 온도 특성이 좋다.

③ 전기적 잡음없이 입 · 출력을 분리할 수 있다.

④ 계기 부착 중량이 크다.

⑤ 부하가 큰 전력을 인출할 수 있다.

< 단점 >

① 소비 전력이 크다.

② 제어반의 외형이 크다.

③ 응답 속도가 느리다.

④ 기동 접촉부 수명이 짧다.

⑤ 진동에 약하다.

■ **문제 3 다음 유접점 타이머 회로의 타임 차트를 완성하시오.**

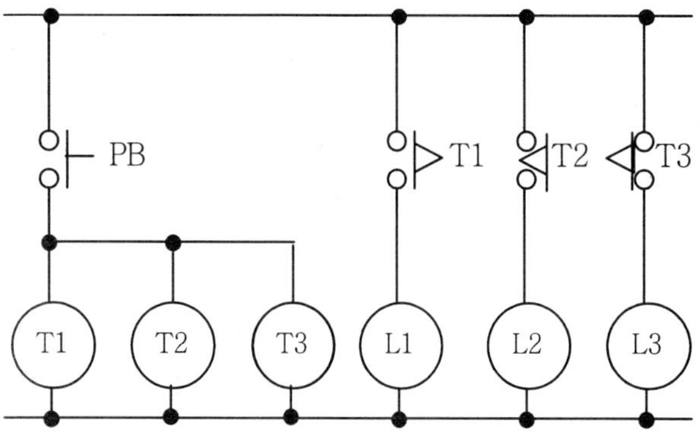

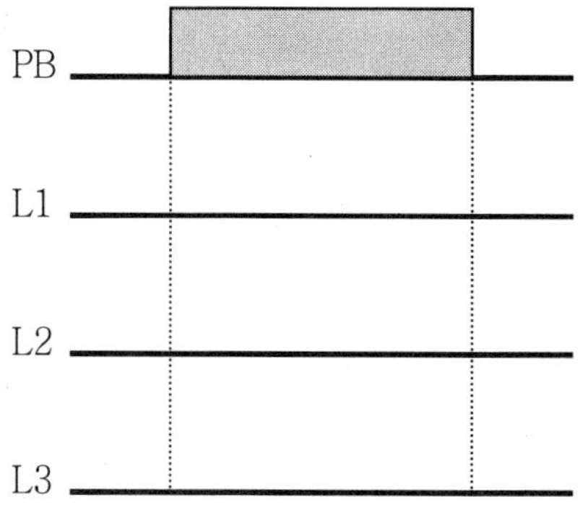

☞ 답

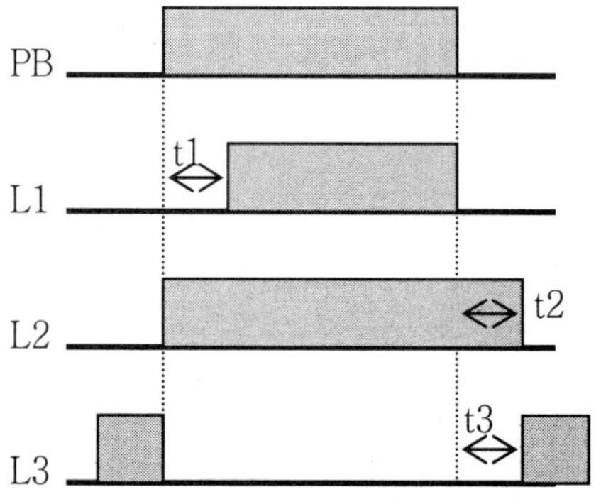

■ **문제 4 다음의 그림은 3상 유도 전동기 정·역회전의 기동 및 운전에 대한 시퀀스 회로이다. 다음은 시퀀스 회로의 동작 순서이다. 빈칸을 채워라.**

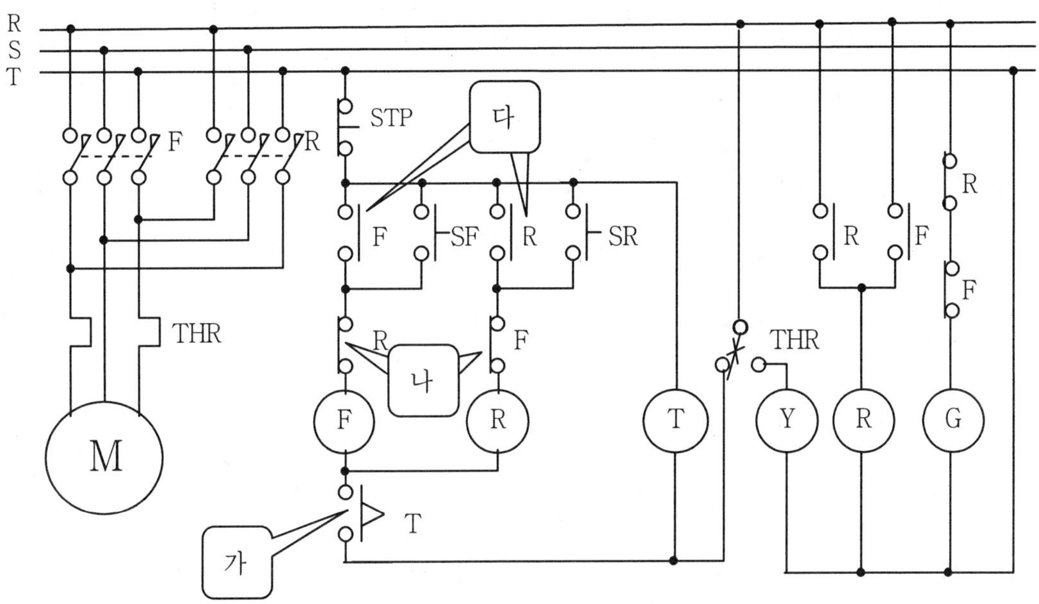

주)
- F : 전동기의 정회전 Magnetic Switch(Forward : F)
- R : 전동기의 역회전 Magnetic Switch(Reverse : R)
- T : Time Relay(Timer)
- Y : Yellow 램프
- R : Red 램프
- G : Green 램프
- THR : 열동 계전기(Thermal Relay)

R,S,T 3상 전원이 투입되면 전동기의 정지 램프인 (①)램프가 점등된다. 전동기의 정회전 기동 스위치인 Push Button (②)를 누르게 되면, 전동기의 정회전 Magnetic Switch인 (③)의 코일이 여자되어 동작되어야 하나 타이머의 한시 접점인 (④)에 의해 바로 동작이 안되고 타이머의 설정 시간이 경과해야 정회전 Magnetic Switch 코일이 여자되어 동작한다. 이 정회전 Magnetic Switch가 여자되어 동작하면, 주접점인 F가

닫혀서 전동기에 전원이 공급되어 전동기가 회전을 한다. 그리고 그 정회전 Magnetic Switch의 보조 접점인 'a' 접점과 'b' 접점이 동작해서 전동기의 운전을 나타내는 램프인 (⑤)램프가 점등하고 정지 램프인 (①)램프가 소등하며, 이 정회전 Magnetic Switch의 동작을 계속적으로 유지시키기 위해 보조 접점인 'a' 를 이용해서 (⑥)회로를 구성한다. 또한 보조 접점 'b' 를 이용해서 역회전 Magnetic Switch의 동작을 차단하는 (⑦)회로를 구성한다. 이런 과정을 거쳐서 전동기가 회전을 하게 되며 회전 중에 과부하가 걸리게 되면 열동 계전기인 (⑧)이 동작되고 정회전 Magnetic Switch의 코일에 전원 공급이 안되고 리세트 되므로 전동기는 정지하고 고장 램프인 (⑨) 램프와 정지 램프인 (①) 램프가 점등되고 운전 램프인(⑤) 램프가 소등된다.

☞ 답

①: 녹색, ②: SF, ③: F, ④: T, ⑤: 적색, ⑥: 자기유지,
⑦: 인터로크, ⑧: THR, ⑨: 노란색

문제 5 위의 문제 4에 있는 시퀀스 회로의 그림에서 '가' 는 (①) 용도의 접점이고 '나' 는 (②) 회로의 접점이며 '다' 는 (③) 회로의 접점이다.

☞ 답

①: 타이머의 한시 접점으로써 전동기의 정회전과 역회전의 순간적인 변화를 금지하기 위한
②: 인터로크
③: 자기유지

■ **문제 6 위의 문제 4에 있는 시퀀스 회로의 그림에서 동작 순서에 대한 다음의 타임 차트를 완성하시오.**

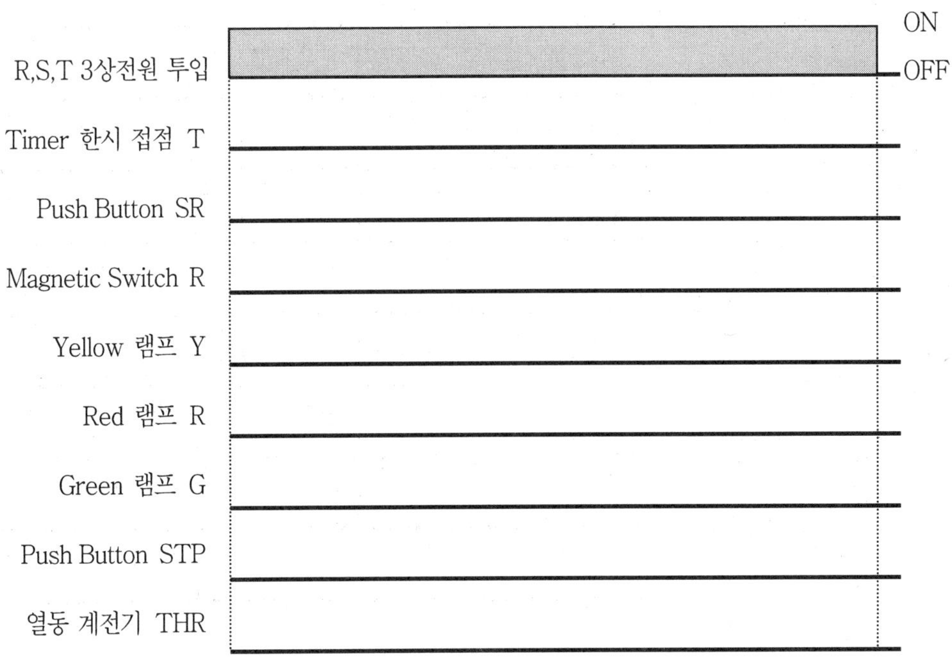

☞ 답

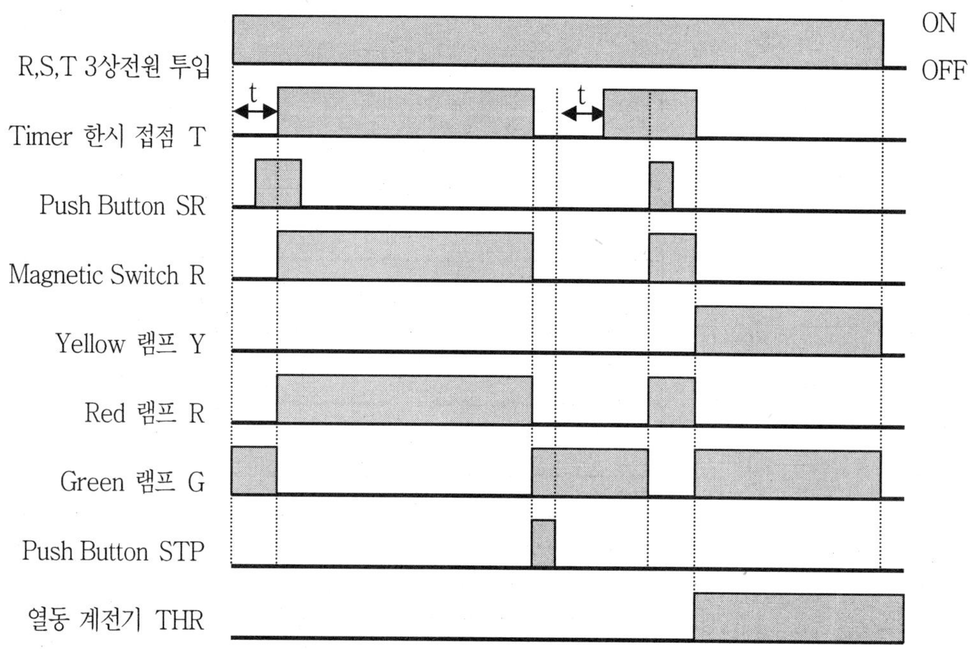
R,S,T 3상전원 투입
Timer 한시 접점 T
Push Button SR
Magnetic Switch R
Yellow 램프 Y
Red 램프 R
Green 램프 G
Push Button STP
열동 계전기 THR
ON
OFF
t
t

■ **문제 7 위의 문제 4에 있는 시퀀스 회로를 논리 로직 회로로 변환하시오.**

☞ 답

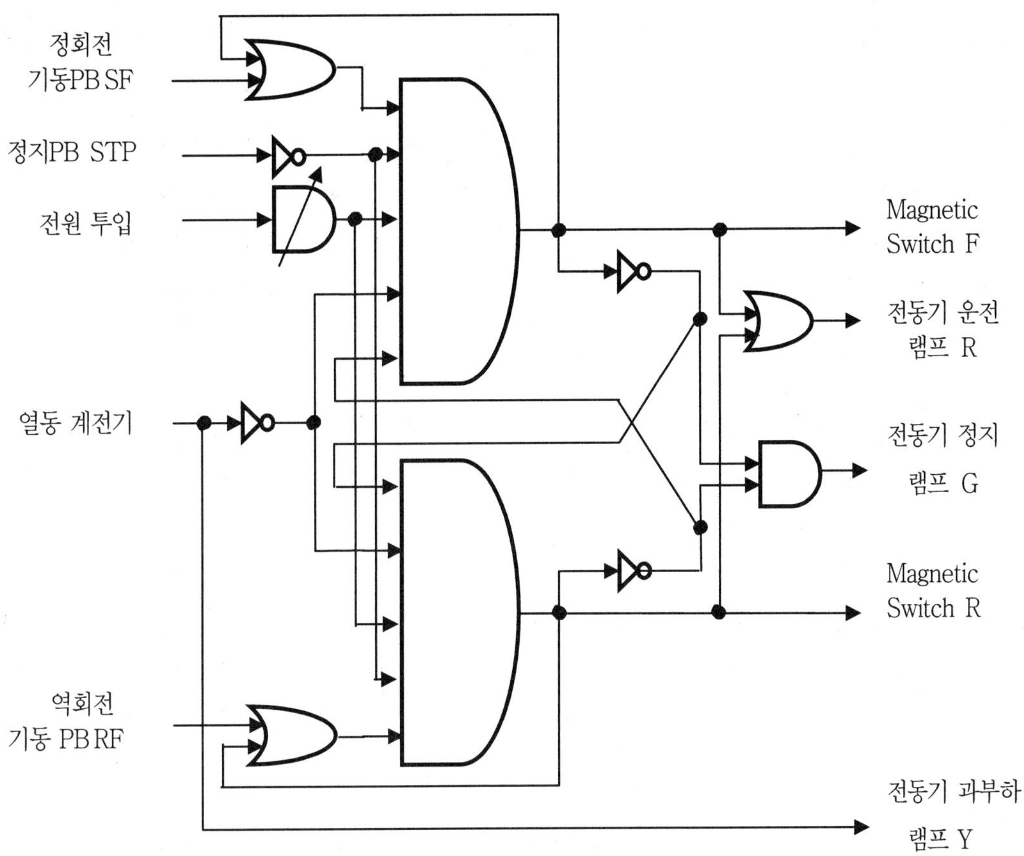

■ 문제 8 다음은 시퀀스 제어 회로에서 사용하는 기기 기호에 대한 문자 기호와 용어이다. 관련 있는 것끼리 연결하시오.

문자 기호		용 어
(IM) ▪		▪ (전압계)
(CT) ▪		▪ (유도 전동기)
(ACB) ▪		▪ (기중 차단기)
(MCCB) ▪		▪ (배선용 차단기)
(OCR) ▪		▪ (과전류 계전기)
(V) ▪		▪ (변류기)

☞ 답

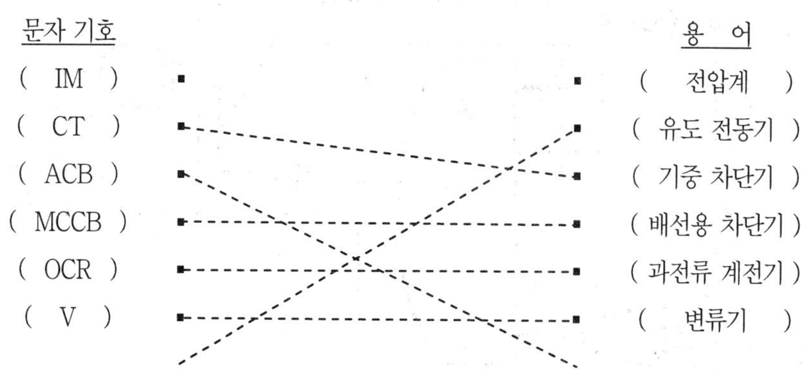

■ 문제 9 다음은 시퀀스 제어 회로에서 사용하는 기능 기호에 대한 문자 기호와 용어이다. 관련있는 것끼리 연결하시오.

문자 기호			용 어
(AUT)	▪	▪	(인터록)
(AUX)	▪	▪	(자동)
(IL)	▪	▪	(보조)
(STP)	▪	▪	(폐)
(RST)	▪	▪	(정지)
(CL)	▪	▪	(복귀)

☞ 답

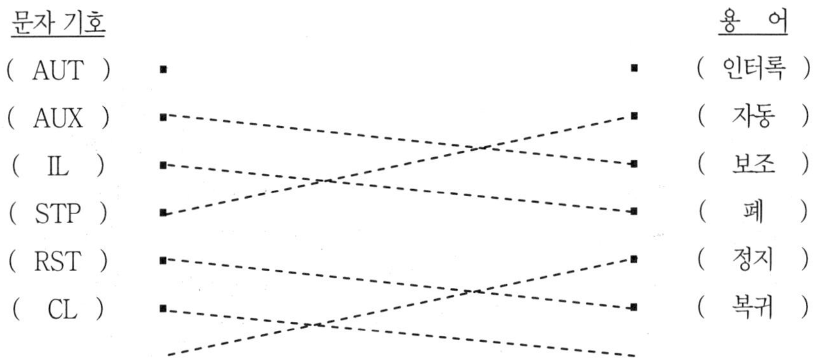

■ 문제 10 다음은 시퀀스 제어 회로에서 사용하는 자동제어 기구 번호와 기구 명칭이다. 관련있는 것끼리 연결하시오.

기구 번호		기구 명칭
(12) ▪		▪ (지락 과전압 계전기)
(27) ▪		▪ (과속도 개폐기)
(43) ▪		▪ (교류 부족전압 계전기)
(49) ▪		▪ (제어회로 절환 접촉기, 개폐기 또는 계전기)
(52) ▪		▪ (회전기 열동 계전기)
(64) ▪		▪ (교류 차단기 또는 접촉기)

☞ 답

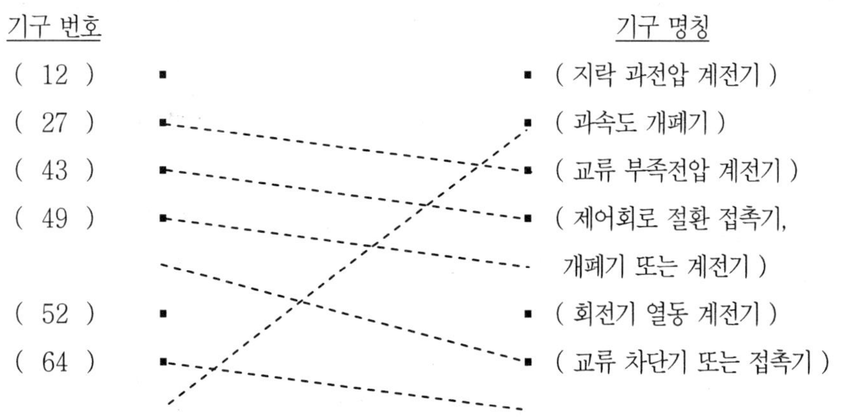

■ 문제 11 다음은 시퀀스 제어 회로에서 사용하는 자동제어 보조 부호의 번호와 내용이다. 관련있는 것끼리 연결하시오.

기구 번호	기구 명칭
(C) ▪	▪ (전압 : Voltage, 벨브 : Valve)
(E) ▪	▪ (제어 : Control, 투입코일 : Closing Coil)
(T) ▪	▪ (비상 : Emergency)
(X) ▪	▪ (변압기, 한시 타이머, 트립)
(S) ▪	▪ (보조)
(V) ▪	▪ (단락 : Short, 2차 : Secondary, 동작 : Sequency)
(RY) ▪	▪ (계전기 : Relay)

☞ 답

■ 문제 12 다음의 자동제어 기구번호에 대한 의미는?

(1) 52X2:____________________

(2) 51M :____________________

(3) 52−2:____________________

(4) 252 :____________________

(5) 43A :____________________

(6) 27C :____________________

(7) 52T :____________________

(8) 51P :____________________

(9) 64G :____________________

☞ 답

(1) : 교류전자 접촉기의 두 번째 보조 계전기

(2) : 전동기용 교류 과전류 계전기

(3) : 두 번째 교류 전자 접촉기

(4) : 2회선용 교류 차단기

(5) : 자동·수동 절환 계폐기

(6) : 제어전원용 부족 전압 계전기

(7) : 차단기 트립코일

(8) : 주압기 1차용 교류 과전류 계전기

(9) : 지락 과전압 계전기

■ 문제 13 다음은 시퀀스 제어 회로에서 사용하는 제어 기구의 명칭과 접점 및 기호에 대한 것이다. 관련 있는 것끼리 연결하시오.

제어 기구의 명칭

(기계적 접점)

(수동조작 자동복귀 접점[PB])

(전자 접촉기 접점)

(수동복귀 접점)

(한시동작 순시복귀 접점)

(계전기 접점)

(순시동작 한시복귀 접점)

기호(a접점, b접점)

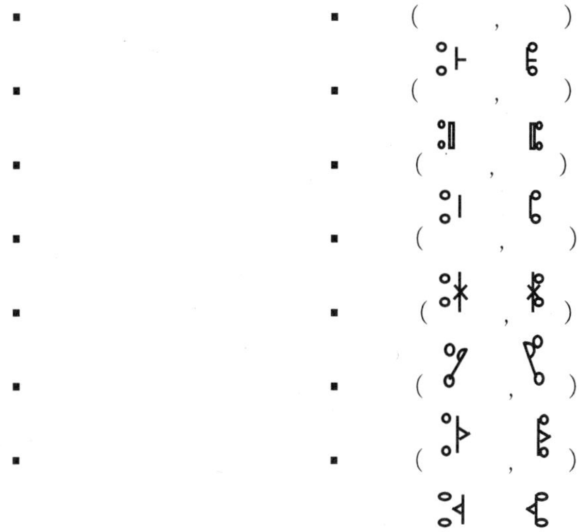

☞ 답

제어 기구의 명칭

(기계적 접점)

(수동조작 자동복귀 접점[PB])

(전자 접촉기 접점)

(수동복귀 접점)

(한시동작 순시복귀 접점)

(계전기 접점)

(순시동작 한시복귀 접점)

기호(a접점, b접점)

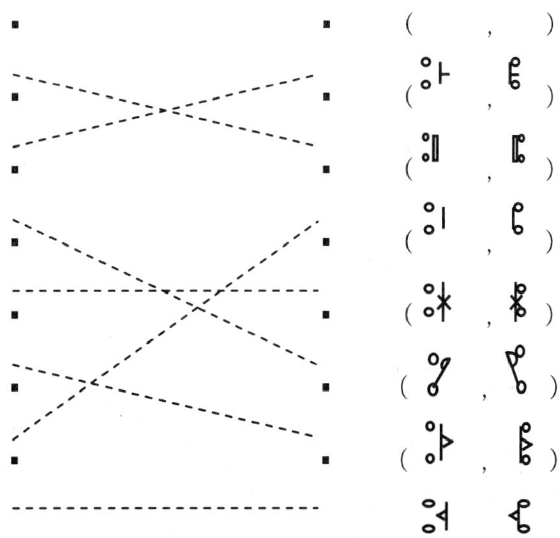

4

무접점 시퀀스 제어 회로의 구성

제 4 장 무접점 시퀀스 제어 회로의 구성

4.1 유접점과 무접점 논리 회로

전자력에 의해 접점이 개폐하는 기능을 가진 회로를 유접점 회로라고 하며 접점의 용량이 작은 것은 릴레이, 접점의 용량이 큰 것은 전자 접촉기 또는 전자 개폐기라고 하는 전자 계전기를 사용한 회로가 유접점 시퀀스 회로이다.

반도체의 스위칭 회로를 무접점으로 이용함으로써 무접점 시퀀스 회로를 구성하여 사용하게 되는데 다이오드와 트랜지스터 등의 반도체 소자를 이용한 회로에 대한 이해와 전용의 IC들이 이용되고 있다.

4.1.1 AND 회로

입력이 전부 있을 경우에만 출력이 발생하고 입력이 한 개라도 없으면 출력이 발생하지 않는 판단 기능을 가진 회로를 AND 논리 회로라고 하며 전기 회로의 스위치 직렬 회로와 같다.

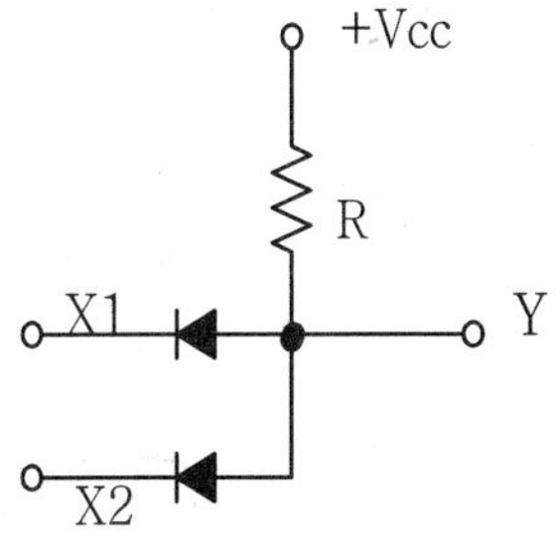

그림 4-1 AND 전자 회로

그림 4-1에서 입력 X1과 X2가 5[V](논리 '1')이면 다이오드는 스위치 OFF 상태로 되므로 출력 Y는 +Vcc=5[V]인 논리 '1' 이 된다. 또한, 입력 X1=0, 혹은 X2=0이거나 X1=X2=0[V](논리 '0')이면 해당 다이오드는 동작하여 스위치 ON 상태가 되고 다이오드를 통한 전류에 의한 전압강하는 0.5[V] 정도가 되고 저항 R에 의한 전압강하는 4.5[V]가 된다. 따라서, 출력 Y는 +Vcc(5V)-RI(4.5V)=0.5[V](논리 '0')가 된다.

그림 4-2에서 입력 접점 X1과 X2가 모두 닫히면 릴레이 X가 동작하고, 그 접점 X에 의해 출력 Y가 생기게 되나, 입력 접점 X1이나 X2 어느 하나라도 열려 있으면 릴레이 X는 동작을 아니하고 출력 Y도 발생하지 않는다.

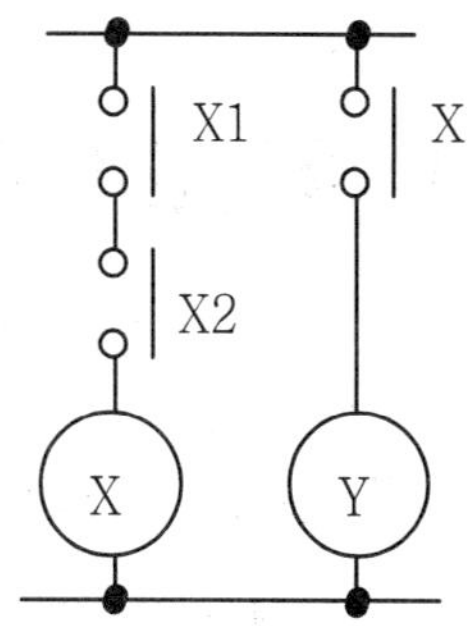

그림 4-2 AND 시퀀스 회로

회로를 하나의 소자화해서 표현한 논리 기호와 논리식 및 이에 해당하는 스위치 회로는 다음과 같다.

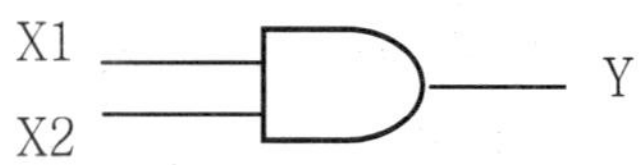

(a) 논리 기호

$Y = X1 \cdot X2$

(b) 논리식

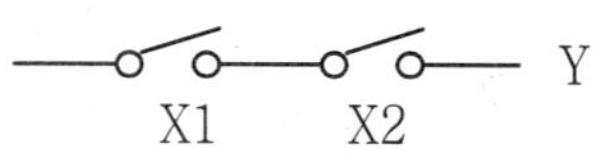

(c) 스위치 직렬 연결

그림 4-3 AND 회로의 논리 기호와 논리식

(a) 진리표

X1	X2	Y
0	0	0
0	1	0
1	0	0
1	1	1

(b) 동작 타임 차트

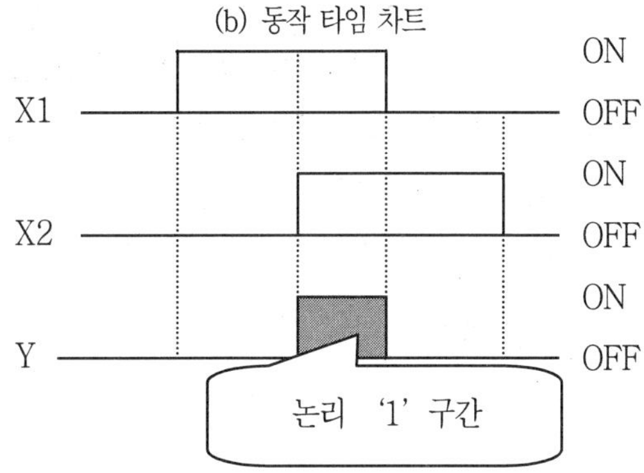

그림 4-4 AND 회로의 진리표와 타임 차트

그림 4-4에서 동작 타임 차트와 진리표를 위에 나타내었으며, 두 입력 X1과 X2가 동시에 ON(논리 '1')되었을 때에 출력 Y가 발생하며 이 때의 구간은 논리 '1' 구간이 됨을 보여주고 있으며 AND gate가 4개인 AND IC(SN 7421)가 있다.

4.1.2 OR 회로

입력이 어느 하나라도 있는 경우에 출력이 발생하고 입력이 한 개라도 없으면 출력이 발생하지 않는 판단 기능을 가진 회로를 OR 논리 회로라고 하며 전기 회로의 스위치 병렬 회로와 같다.

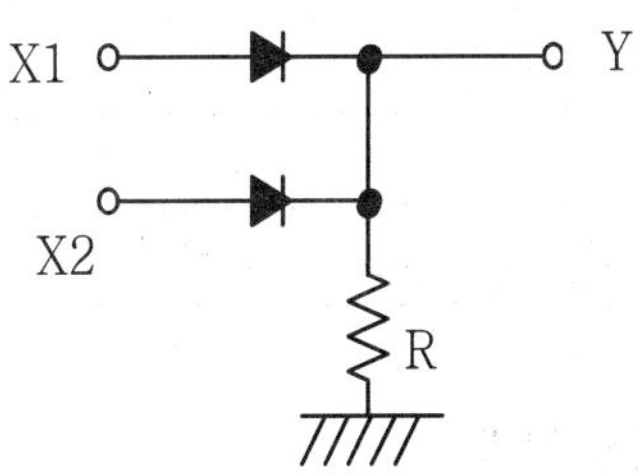

그림 4-5 OR 전자 회로

그림 4-5에서 입력 X1 혹은(OR) X2에 5[V](논리 '1')을 인가하면 다이오드가 동작(단락)되어 스위치 ON' 상태로 되고, 다이오드 자체의 전압강하 0.5[V]가 발생하며 저항 R에 의한 전압강하 RI(4.5V)가 출력 Y에 발생하여 논리 '1' 이 된다. 입력 X1과 X2가 동시에 0[V](논리 ' 0')이 되면 다이오드는 스위치 OFF 상태로 되므로 출력 Y는 0[V](논리 '0')이 된다.

그림 4-6에서 입력 접점 X1 혹은(OR) X2가 닫히면 릴레이 X가 동작하고 그 접점 X에 의해 출력 Y가 생기게 되나, 입력 접점 X1과 X2가 열려 있으면 릴레이 X는 동작을 아니하고 출력 Y도 발생하지 않는다.

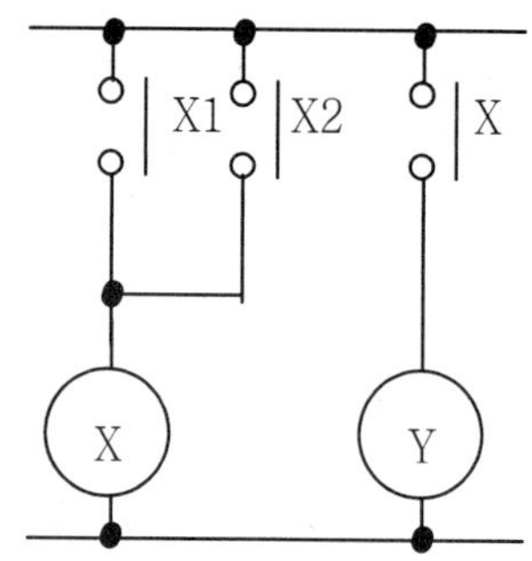

그림 4-6 OR 시퀀스 회로

회로를 하나의 소자화해서 표현한 논리 기호와 논리식 및 이에 해당하는 스위치 회로는 다음과 같다.

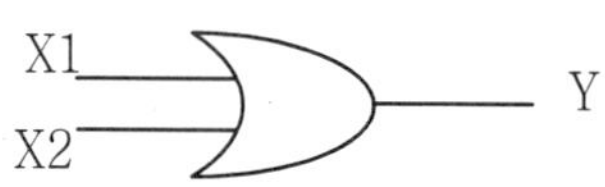

(a) 논리 기호

$Y = X1 + X2$

(b) 논리식

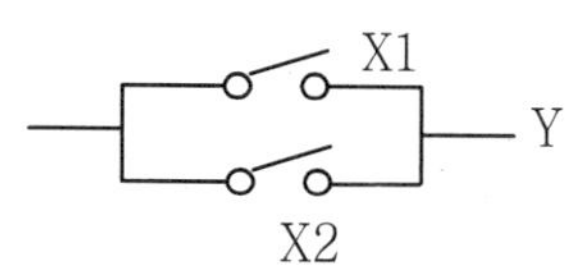

(c) 스위치 병렬 연결

그림 4-7 OR 회로의 논리 기호와 논리식

(a) 진리표

X1	X2	Y
0	0	0
0	1	1
1	0	1
1	1	1

(b) 동작 타임 차트

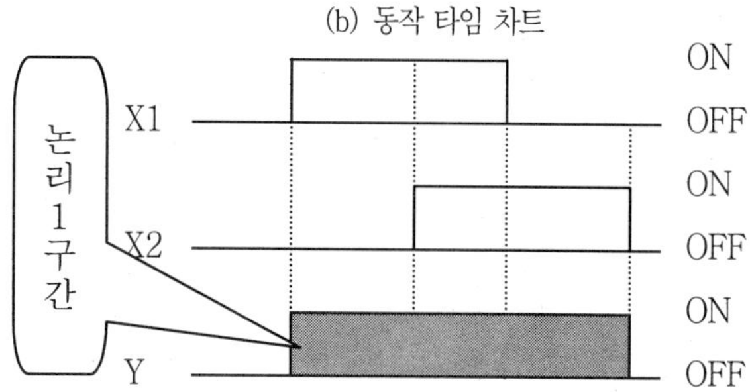

그림 4-8 OR 회로의 진리표와 타임 차트

그림 4-8에서 동작 타임 차트와 진리표를 위에 나타내었으며, 두 입력 X1과 X2가 어느 것이든지 ON(논리 '1') 되었을 때에 출력 Y가 발생하며 이 때의 구간은 논리 '1' 구간이 됨을 보여주고 있으며 OR gate가 4개인 OR IC(SN 7432)가 있다.

4.1.3 NOT 회로

입력이 있는 경우에 출력이 발생하지 아니하고 입력이 없으면 출력이 발생하는 판단 기능을 가진 회로를 NOT 논리 회로라고 하며 인버터라 불리기도 한다.

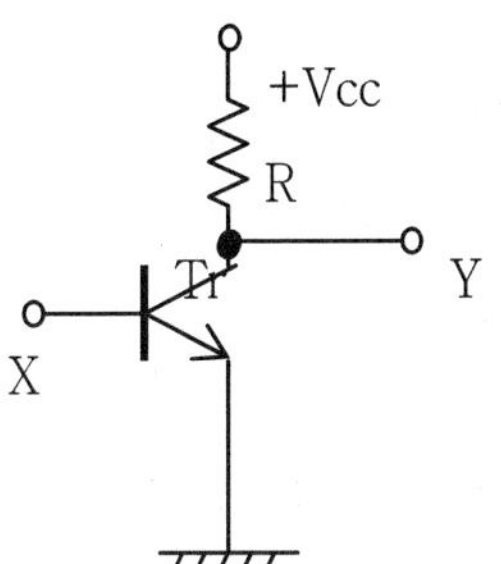

그림 4-9 NOT 전자 회로

그림 4-9에서 입력 X에 5[V](논리 '1')을 인가하면 트랜지스터가 동작되어 스위치 'ON' 상태로 되고, 전원 +Vcc는 저항 R에 의한 전압강하 RI로 없어지고 출력 Y는 0[V](논리' 0')이 된다. 입력 X에 0[V](논리 '0')을 인가하면 트랜지스터가 동작하지 못하게 되고 스위치는 'OFF' 상태로 되며 전압강하가 없으므로 전원전압 +Vcc가 그대로 출력에 나타난다. 즉, +Vcc=5[V](논리 '1')가 된다.

그림 4-10에서 입력 신호가 들어와서 닫히면 릴레이 X가 동작하며 그 접점 X에 의해 출력 Y가 생기지 아니하나, 입력 신호가 열려 있으면 릴레이 X 는 동작을 아니하고 출력 Y는 발생하게 된다.

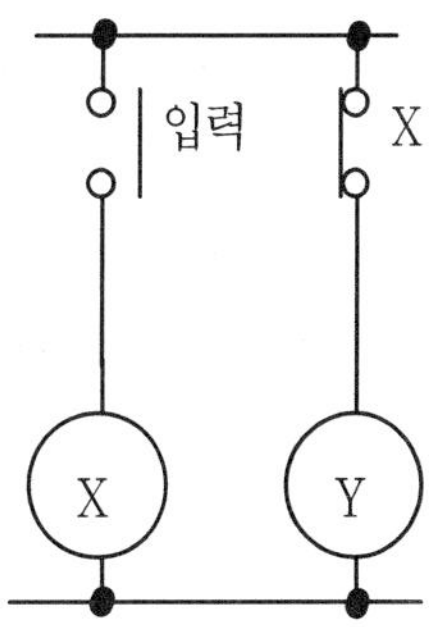

그림 4-10 NOT 시퀀스 회로

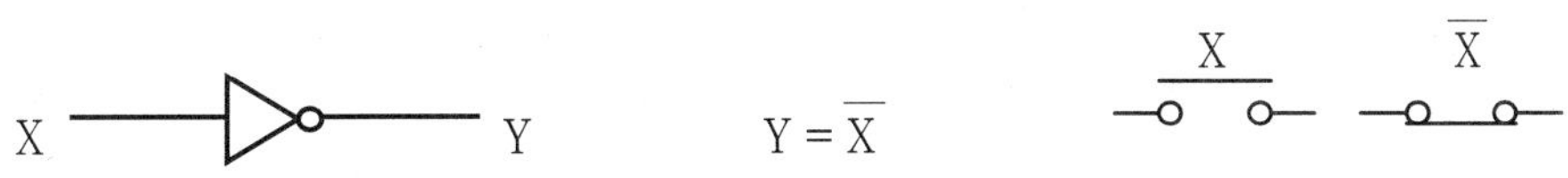

(a) 논리 기호 (b) 논리식 (c) 스위치 기호

그림 4-11 NOT 회로의 논리 기호와 논리식

(a) 논리식

X	Y
0	1
1	0

(b) 타임 차트

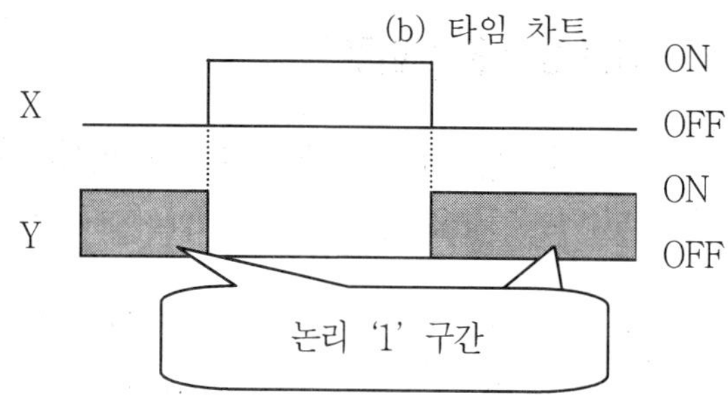

그림 4-12 NOT 회로의 진리표와 타임 차트

그림 4-12에서 동작 타임 차트와 진리표를 위에 나타내었으며, 입력 X가 OFF (논리 '0') 되었을 때에 출력 Y가 발생하며 입력 X가 OFF가 되었을 때의 구간이 논리 '1' 구간이 됨을 보여 주고 있으며 NOT gate가 4개인 NOT IC(SN 7404)가 있다.

4.1.4 NAND 회로

NAND 회로는 AND 회로의 부정(NOT)회로이다. 즉, 모든 입력이 있을 때에만 출력이 발생하고 어느 하나의 입력이 존재해도 출력이 발생하지 아니하는 판단기능을 가진 논리 회로로써 디지털 회로에서 전형적인 만능 게이트로 사용되고 있다.

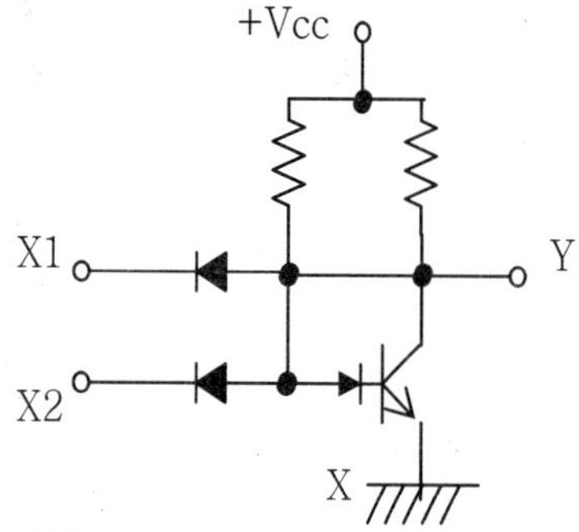

그림 4-13 NAND 전자 회로

그림 4-13에서 DTL NAND 게이트 회로를 나타낸 것으로써 앞에서 설명한 AND 게이트 회로와 NOT 회로의 조합으로 이루어진 것이다.

그림 4-14에서 입력 신호 X1과 X2가 모두 들어오게 되면 릴레이 X가 동작하여 그 릴레이의 접점 신호를 움직여서 출력 Y가 발생하지 아니하도록 하며, 입력 신호가 어느 것이든지 안 들어오게 되면 릴레이 X가 동작하지 아니하므로 출력 Y가 발생하게 된다.

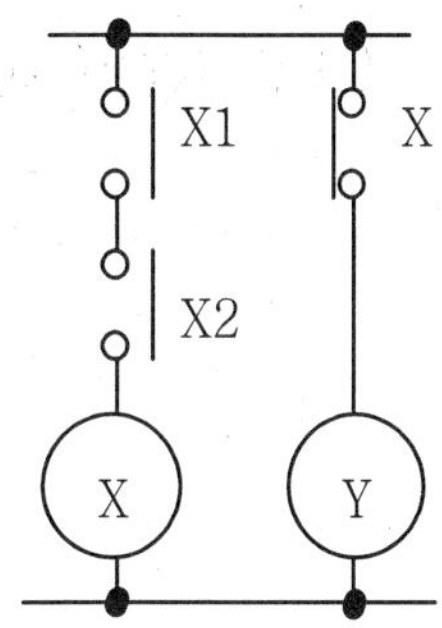

그림 4-14 NAND 시퀀스 회로

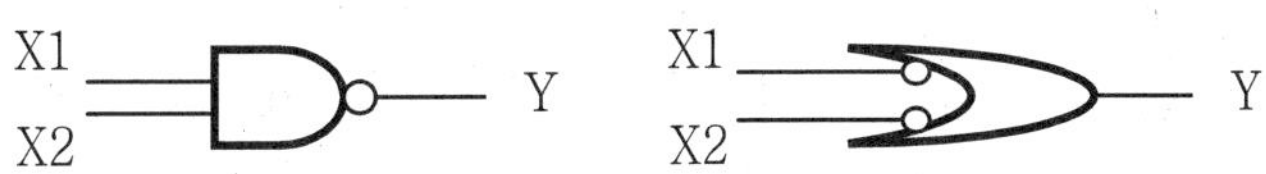

(a) 논리 기호 (b) 논리 기호

$$Y = \overline{X} = \overline{X1 \cdot X2}$$

(c) 논리식

그림 4-15 NAND 회로의 논리 기호와 논리식

(a)진리표

X1	X2	X	Y
0	0	0	1
0	1	0	1
1	0	0	1
1	1	1	0

(b) 타임 차트

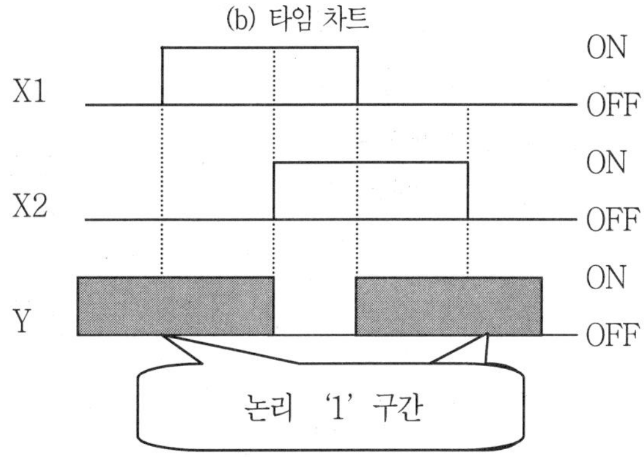

그림 4-16 NAND 회로의 진리표와 타임 차트

그림 4-16에서 동작 타임 차트와 진리표를 위에 나타내었으며, 두 입력 X1과 X2가 동시에 ON(논리 '1') 되었을 때, 출력 Y가 발생하지 않으며 이외의 구간에서 출력 Y가 발생하는 것으로써 구간은 논리 '1' 구간이 됨을 보여주고 있으며 NAND gate가 4개인 NAND IC(SN 7440) 등이 있다.

4.1.5 NOR 회로

NOR 회로는 OR 회로의 부정(NOT) 회로이다. 즉, 모든 입력이 없을 때에만 출력이 발생하고 어느 하나의 입력이 존재해도 출력이 발생하지 아니하는 판단 기능을 가진 논리 회로이다.

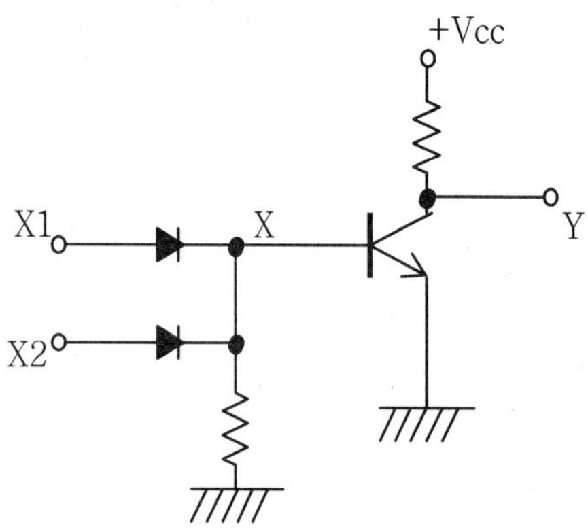

NOR 게이트 회로를 나타낸 것으로써 앞에서 설명한 OR 게이트 회로와 NOT 회로의 조합으로 이루어진 것이다.

그림 4-17 NOR 전자 회로

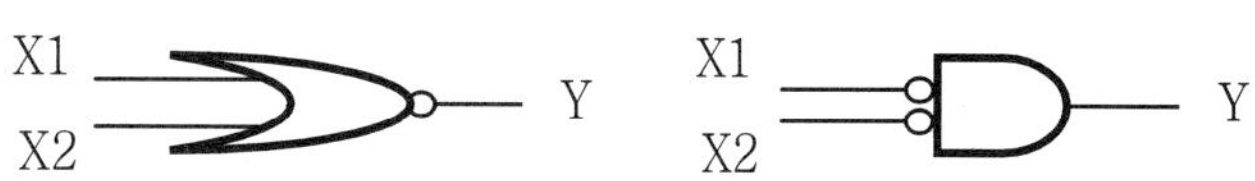

$$Y = \overline{X} = \overline{A + B}$$

(a) 논리 기호 (b) 논리 기호 (c)논리식

그림 4-18 NOR 회로의 논리 기호와 논리식

(a) 진리표

X1	X2	X	Y
0	0	0	1
0	1	1	0
1	0	1	0
1	1	1	0

(b) 타임 차트

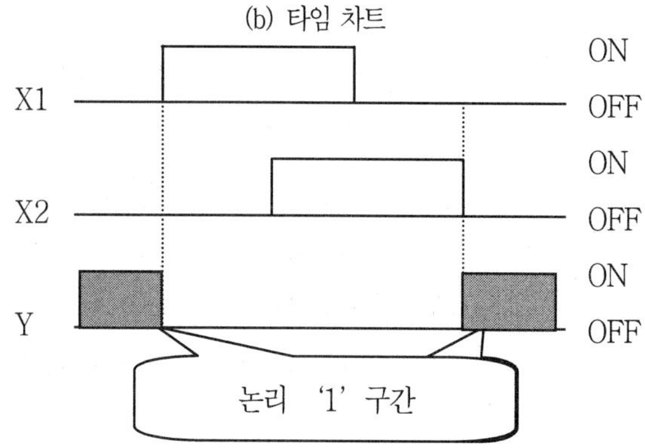

그림 4-19 NOR 회로의 진리표와 동작 타임 차트

그림 4-19에서 동작 타임 차트와 진리표를 위에 나타내었으며, 두 입력 X1과 X2가 어느 신호든지 ON(논리 '1') 되었을 때, 출력 Y가 발생하지 않으며 이외의 구간에서 출력 Y가 발생하는 것으로써 구간은 논리 '1' 구간이 됨을 보여주고 있으며 NOR gate가 3개인 NOR IC(SN 7427) 등이 있다.

4.2 유접점과 무접점 논리 신호의 조합 회로

4.2.1 배타적 OR 불일치 회로(Exclusive OR)

두 개의 입력이 서로 다른 경우에만 출력이 존재하는 판단기능을 가진 논리 회로이다.

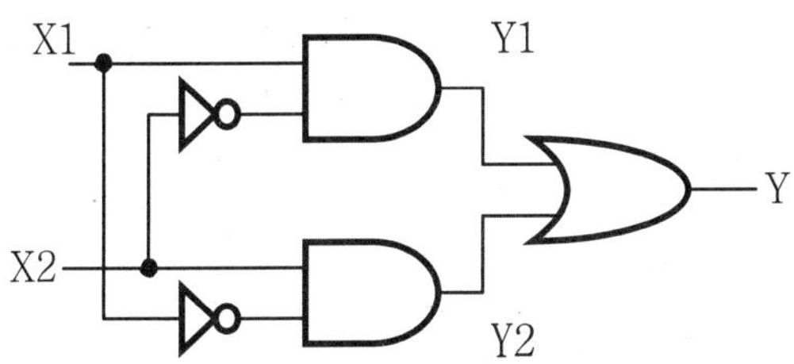

(a) 논리 회로

$$Y = (X1 \oplus X2) = \overline{X1}X2 + X1\overline{X2}$$

(b) 논리식

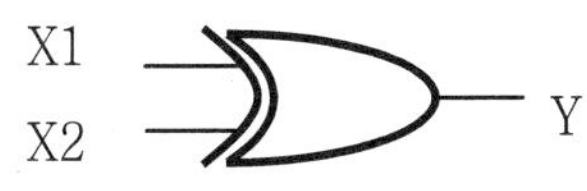

(c) 논리 기호

그림 4-20 배타적 OR 회로의 논리 기호와 논리식

(a) 진리표

X1	X2	Y
0	0	0
0	1	1
1	0	1
1	1	0

(b) 타임 차트

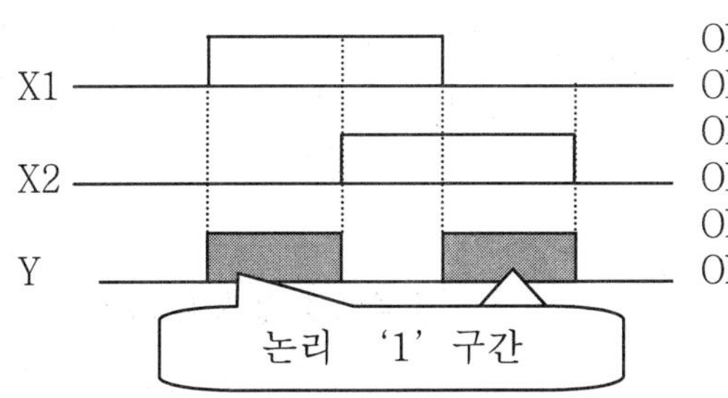

그림 4-21 배타적 OR 회로의 진리표와 동작 타임 차트

그림 4-21에서 동작 타임 차트와 진리표를 위에 나타내었으며, 두 입력 X1과 X2가 어느 신호든지 ON(논리 '1') 되었을 때 출력 Y가 발생하나 동시에 두 입력 X1과 X2가 ON 되면 출력 Y가 발생하지 않는 것으로써 구간은 논리 '1' 구간이 됨을 보여주고 있으며 Exclusive OR gate가 4개인 IC(SN 74136) 등이 있다.

4.2.2 일치 회로(Exclusive NOR)

두 개의 입력이 동일할 경우에만 출력이 존재하는 판단 기능을 가진 논리 회로로써, 배타적 OR 회로의 반대가 된다.

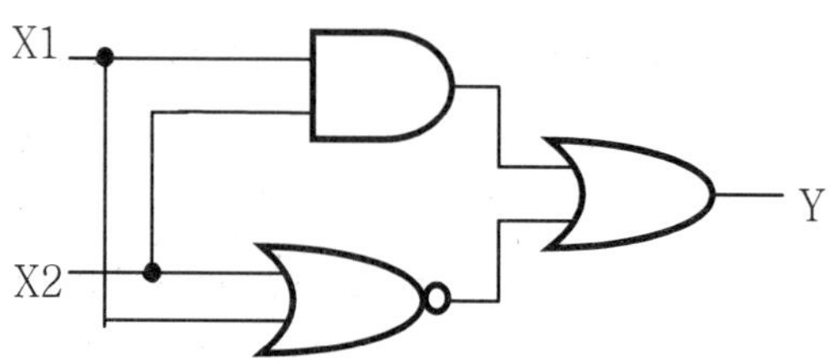

(a) 논리 회로

$$Y = \overline{(X1 \oplus X2)}$$

(b) 논리식

(c) 논리 기호

그림 4-22 일치 회로(Exclusive NOR 회로)의 논리 기호와 논리식

(a) 진리표

X1	X2	Y
0	0	1
0	1	0
1	0	0
1	1	1

(b) 타임 차트

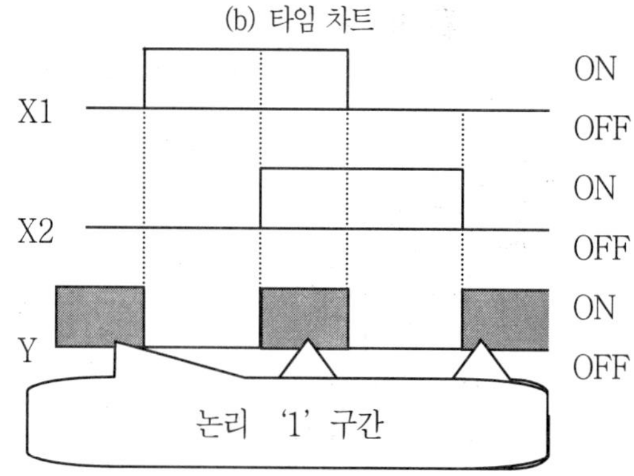

그림 4-23 일치 회로(Exclusive NOR 회로)의 진리표와 타임 차트

그림 4-23에서 동작 타임 차트와 진리표를 위에 나타내었으며, 두 입력 X1과 X2가 어느 신호든지 ON(논리 '1') 되었을 때 출력 Y가 발생하고, 두 입력 X1과

X2가 어느 신호든지 OFF(논리 '0') 되었을 때 출력 Y가 발생하는 것으로써 구간은 논리 '1' 구간이 됨을 보여주고 있으며 Exclusive NOR gate가 4개인 IC(SN 74266) 등이 있다.

4.2.3 자기유지 회로(Self Holding)

아래의 그림 4-24와 같이 두 개의 입력 신호가 세트 신호와 리세트 신호일 경우, 세트 신호에 의해 얻어진 출력 자신으로써, 동작 회로를 만든 다음에 세트 신호를 제거하더라도 동작을 계속하는 기억 능력을 갖는 회로가 되고 리세트 신호를 주는 것에 의해 복귀하는 판단 기능을 가진 논리 회로다. 자기유지 회로에서의 세트 신호와 리세트 신호를 동시에 입력할 경우, 세트 신호가 우선하여 출력 신호를 내는 회로를 세트 우선 자기유지 회로라고 하며, 또 리세트 신호가 우선하여 출력을 내지 아니하는 회로를 리세트 자기유지 회로라고 한다.

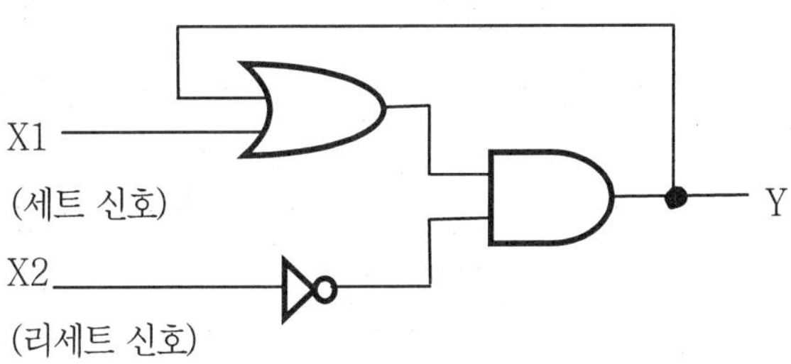

(a) 논리 기호

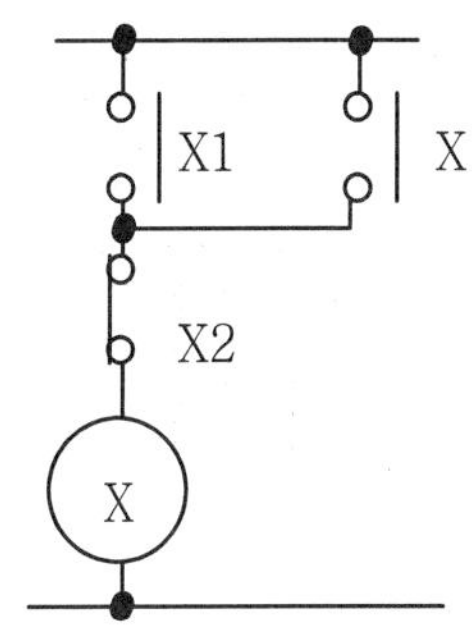

(b) 시퀀스 Relay 회로

(c) 진리표

X1	X2	Y
0	0	0
0	1	0
1	0	1
1	1	0

(d) 타임 차트

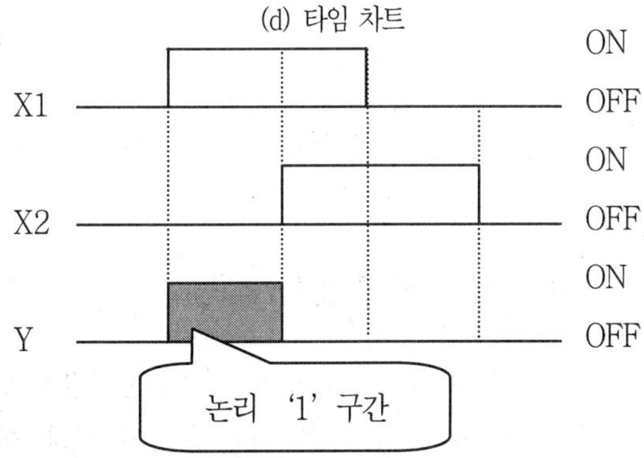

그림 4-24 자기유지 회로의 논리 기호 및 시퀀스 회로와 진리표, 타임 차트

4.2.4 인터로크 회로(Interlock)

아래의 그림 4-25와 같이 두 개의 입력 신호 가운데 우선적으로 먼저 동작한 신호가 우선하여 출력을 발생하고 다른 쪽의 출력 동작을 금지하는 판단 기능을 가진 논리 회로며, 선행 동작 우선 회로, 상대 동작 금지 회로라고도 한다.

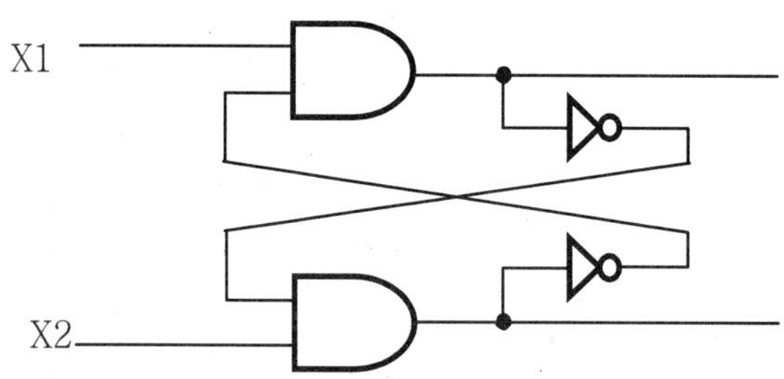

(a) 논리 회로

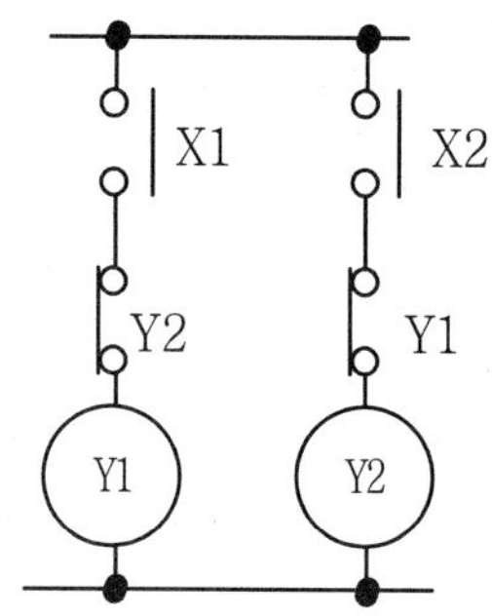

(b) 시퀀스 Relay 회로

(c) 진리표

X1	X2	Y1	Y2
0	0	0	0
0	1	0	1
1	0	1	0

(d) 타임 차트

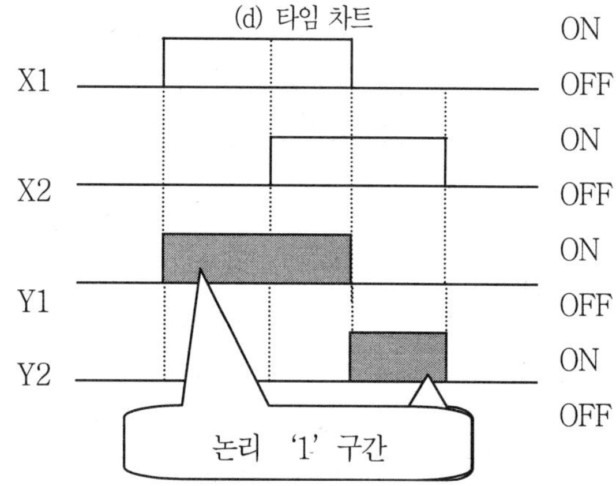

그림 4-25 인터로크 회로의 논리 기호 및 시퀀스 회로와 진리표, 타임 차트

4.2.5 금지 회로(Inhibit)

아래의 그림 4-26과 같이 출력발생 신호전단에 금지 신호(NOT)를 추가하면 출력 신호의 발생을 금지하는 회로가 된다. 이 회로는 구동부에 출력 동작 신호를 보내는 경우에 있어서 서로 간섭해서는 안 되는 필요가 있을 경우에 사용하게 되며, 전동기

구동 회로를 예로 들면 정회전과 역회전의 회로에 적용할 수 있겠다.

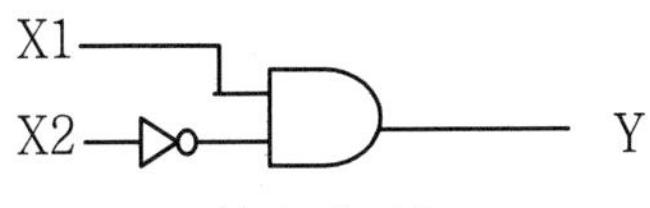

(a) 논리 기호

$$Y = X1 \cdot \overline{X2}$$

(b) 논리식

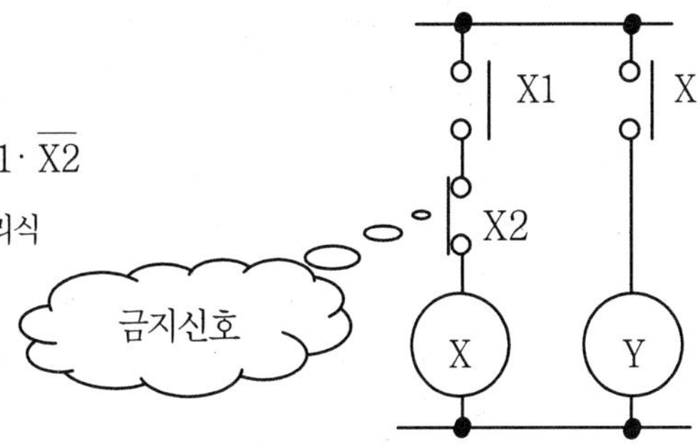

(c) 시퀀스 회로

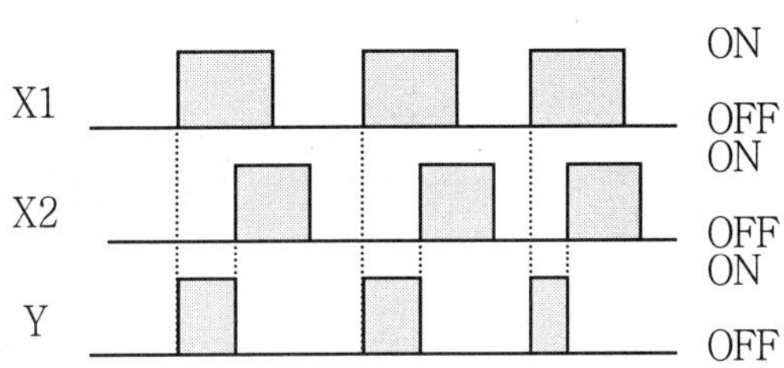

(c) 타임 차트

X1	X2	Y
0	0	0
0	1	0
1	0	1
1	1	0

(d) 진리표

그림 4-26 금지 회로의 논리 기호 및 시퀀스 회로와 진리표, 타임 차트

4.3 플립플롭 회로(Flip-Flop : FF)

플립플롭은 두 가지 상태 사이를 번갈아 동작하는 전자 회로를 말한다. 플립플롭에 전류가 부가되면, 현재의 반대 상태로 변하며(0에서 1로, 또는 1에서 0으로), 그 상태를 계속 유지하므로 한 비트의 정보를 저장할 수 있는 능력을 가지고 있다. 여러 개의 트랜지스터로 만들어지며 SRAM이나 하드웨어 레지스터 등을 구성하는데 사용 플립플롭에는 RS 플립플롭, D 플립플롭, JK 플립플롭, T 플립플롭 등 여러 가지 종류가 있다.

4.3.1 RS 플립-플롭

그림 4-27의 (a), (d)에서 S와 R이 입력 단자이다. 출력 Q는 (e)와 (g)에서와 같이 입력 S가 HIGH로 됨에 따라 0에서 1로 반전(SET)되고 R이 High로 될 때까지 1을 유지(기억)하고 있다가 R이 High가 되면 다시 0으로 반전(Reset)된다. 또 그 상태를 유지하다가 S가 1 이 되면 다시 출력 Q가 1이 된다. 요약해서 말하자면 출력 신호인 Q는 S(Set) 단자에 1의 신호가 들어오면 1이 되고 R(Reset) 단자에 1의 신호가 들어오면 Q는 0이 된다. 따라서 이 FF의 이름은 Reset-Set Flip Flop이 되는 것이다. 그리고 $\overline{Q}$는 항상 Q의 반대 레벨이다. 그림 (e)와 (g)는 타임 차트(Time Chart)라고 하는데 이는 각 단자의 시간에 따른 전압의 변화를 관측한 내용이라고 할 수 있다.

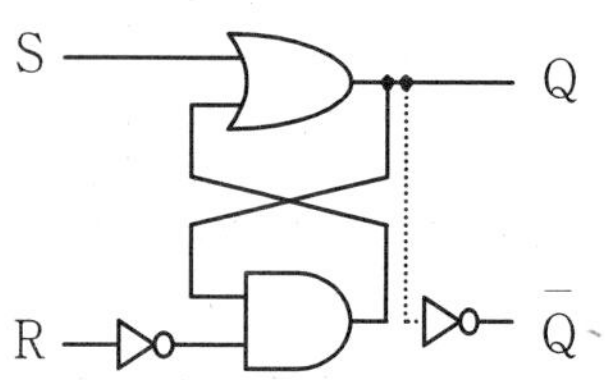

(a) AND, OR 조합 회로

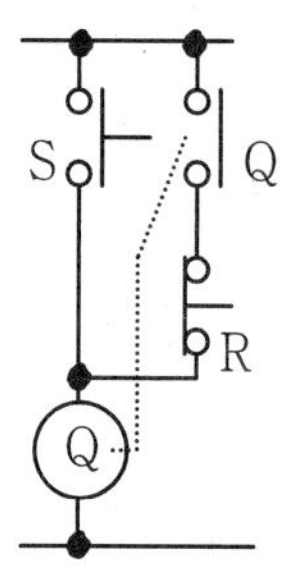

(b) 시퀀스 회로

모드 \ 입출력	S	R	Q	$\overline{Q}$
세트	1	0	1	0
리세트	0	1	0	1
유지	0	0	Q_0	Q_0
불성립	1	1	$Q\infty$	$Q\infty$

(c) AND, OR 조합 회로 진리표

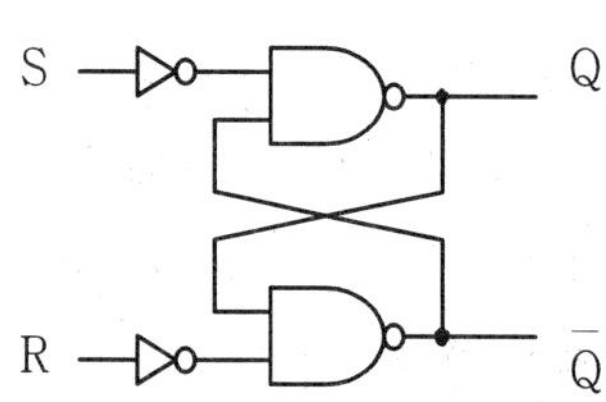

(d) NAND 게이트 조합 회로

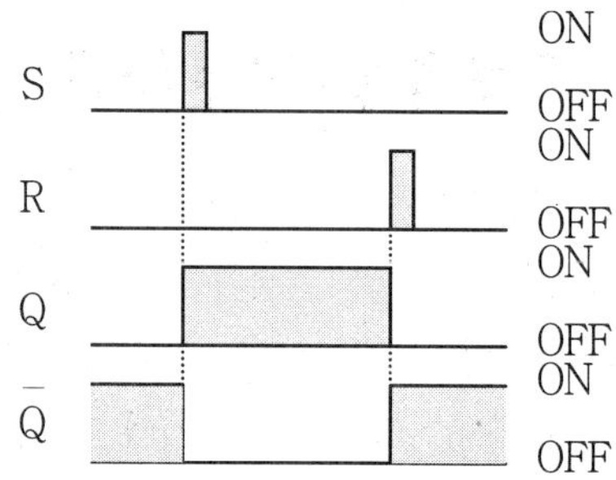

(e) AND, OR 조합 타임 차트

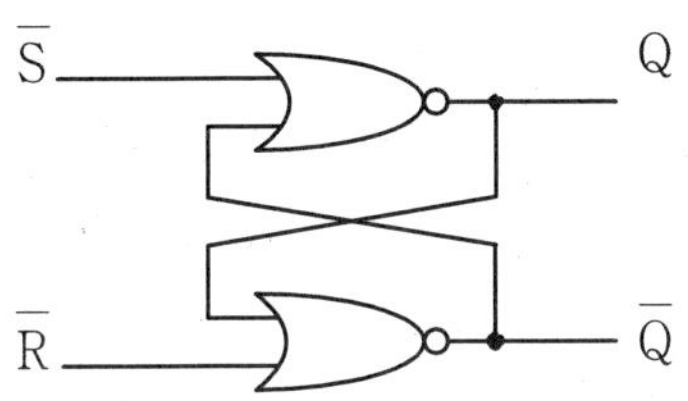

(f) NOR 게이트 조합 회로

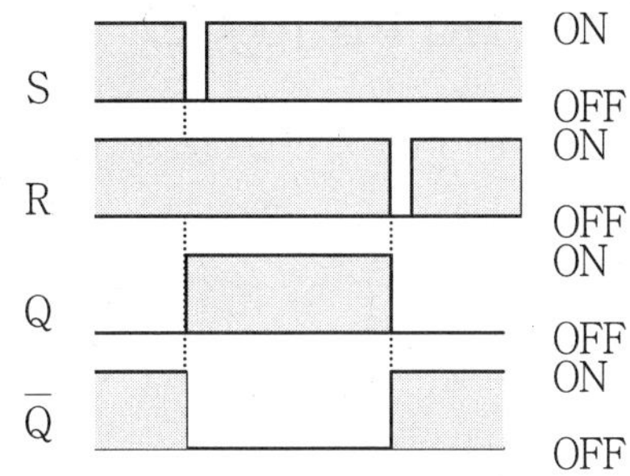

(g) NOR 게이트 조합 타임 차트

모드 \ 입출력	$\overline{S}$	$\overline{R}$	Q	$\overline{Q}$
세트	0	1	1	0
리세트	1	0	0	1
유지	1	1	Q_0	Q_0
불성립	0	0	Q∞	Q∞

Q_0 : 논리 회로에서의 초기 조건,

Q∞ : 논리 회로에서의 불가능한 조건

(h) NOR 게이트 조합 진리표

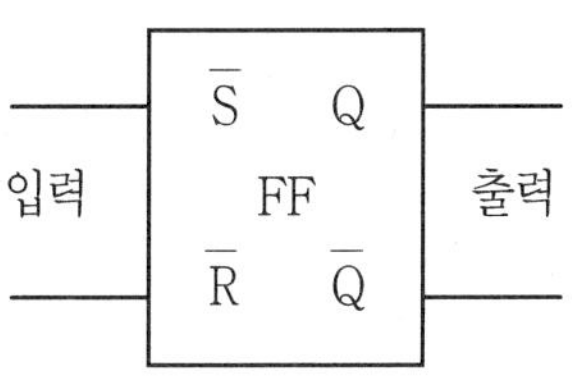

(i) RS 플립플롭 기호

그림 4-27 RS 플립플롭 회로

이 RS 플립플롭의 출력 상태를 정리하면 다음과 같다.

(1) S=0, R=0 : 플립플롭은 원래 상태 유지
(2) S=0, R=1 : Qn=0 이었다면 변화 없고, Qn=1 이었다면 Qn+1= 0으로 리셋 상태로 변화(0 상태)
(3) S=1, R=0 : Qn=0이었다면 Qn+1=1로 세트 되고 Qn=1이었다면 변화하지 않음(1 상태)
(4) S=1, R=1 : 출력은 보수 상태가 되어야 한다는 사실에 위배되므로 허락하지 않아야 함(불허)

4.3.2 T 플립-플롭(Toggle)

그림 4-28과 같이 토글 플립-플롭은 입력 신호가 토글 신호로써 1개가 들어오고 출력 신호는 2개가 발생하는 플립-플롭을 말하며 입력 신호가 가해질 때마다 출력 신호가 반전된다. 이 경우는 입력 신호가 2사이클에 대해서 출력 신호 1사이클이 발생하기 때문에 입력 신호의 수를 2로 나누거나 2를 단위로 해서 입력 신호의 수를 세는 동작을 행하게 된다.

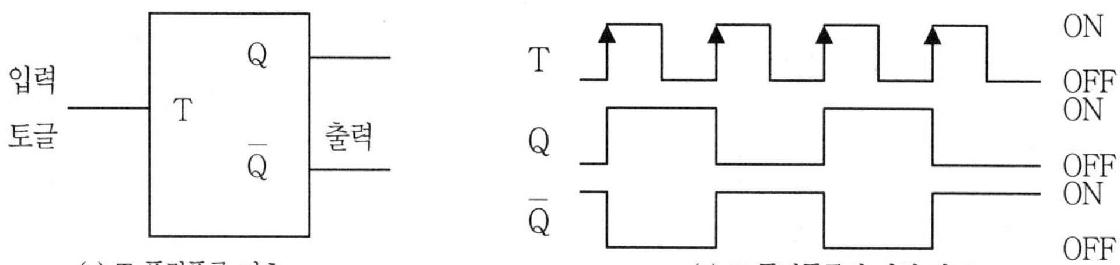

(a) T 플립플롭 기호

(b) T 플립플롭의 타임 차트

T	Qn+1
0	Qn
1	Qn(부정)

(c) T 플립플롭의 진리표

그림 4-28 T 플립플롭

4.3.3 D 플립-플롭 (Data)

아래의 그림 4-29와 같이 D 래치를 2개 사용한 D-FF의 관계는 왼쪽의 래치는 마스터, 오른쪽의 래치를 슬레이브라고 하는데, 이 D-FF을 마스터 슬레이브 D-FF라고 하며, 여기서 이야기하는 래치는 어떤 순간의 데이터를 그대로 기억하고 계속해서 출력을 발생하는 일종의 메모리 기억 회로를 말한다.

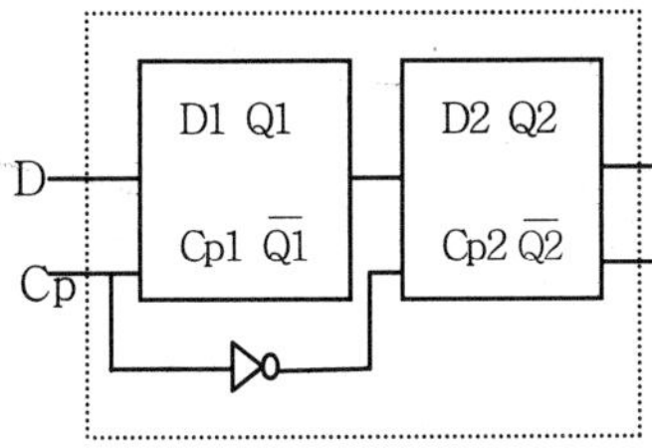

(a) D 플립플롭 기호

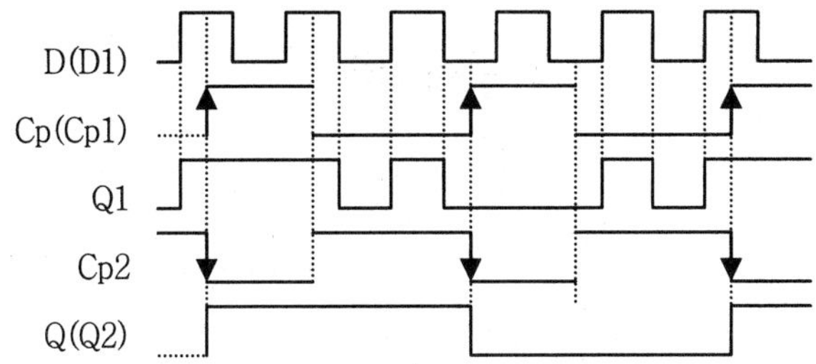

(b) D 플립플롭의 타임 차트

D	Qn+1
0	1
1	0

(c) D 플립플롭의 진리표

그림 4-29 D 플립플롭

두 래치 Cp1과 Cp2의 입력이 '1' 에서 래치 상태로 된다고 할 때 Cp 입력이 '0' 일 때를 생각해 보면 마스터측은 래치가 아닌 상태이므로 D 입력이 그대로 출력 Q1에 나오게 되고, 슬레이브측은 Cp2가 '1' 에서 래치가 되어 있으므로 Q 출력은 변함이 없으며 Cp가 '1' 로 변하게 될 때 마스터는 래치 상태로 되어 Cp가 '0' 에서 '1' 로 상승하는 순간 Cp의 업-에지(Up-Edge)에서 그 순간의 D 입력을 Q1 출력으로 기억하게 된다. 이 때 동시에 Cp2는 '0' 으로 바뀌므로 슬레이브는 래치 상태가 안되고 Q1 출력이 Q 출력으로 나오게 된다. 또한, 이러한 상황은 Cp의 업-에지에서 그 순간의 D 입력이 Q 출력에 래치(기억)된 것이 된다. Cp가 다시 0으로 되돌아가는 다운 에지에서는 슬레이브가 래치 상태로 되므로 이 Q 출력은 그대로 있게 된다.

그리고 D 래치에서는 래치되지 않은 상태에서의 D 입력의 변화가 그대로 Q 출력의 변화가 되어 발생하나, D-FF에서는 Cp(래치신호)의 업-에지 순간에 D 입력의 상태가 그대로 Q 출력으로 기억되며 다음의 업-에지가 있을 때까지 D 입력이 어떻게 변화한다 해도 Q 출력에는 영향을 끼치지 아니하고 변동이 없다는 것이다.

4.3.4 JK 플립-플롭

JK 플립플롭은 RS 플립플롭과 T 플립플롭을 결합한 것이다. 아래의 그림 4-30과 같이 D-FF는 D 입력과 Cp의 에지 입력의 조건에 따라서 출력 Q의 상태가 결정되어졌다면 이 D 입력을 J와 K의 2개로 분할해서 각각 '1' 과 '0' 의 조합과 Cp의 에지 입력에 따라 출력 상태를 판단하는 것이 JK-FF이다.

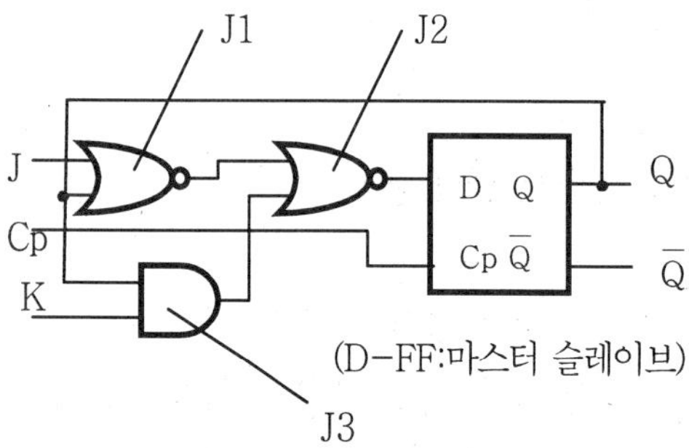

(a) JK 플립플롭 기호

동 작	J	K	Cp	Q	$\overline{Q}$
유 지	0	0		Q	$\overline{Q}$
리세트	0	1	↑	0	1
세 트	1	0	↑	1	0
반 전	1	1	↑	$\overline{Q}$	Q
불 변	1,0	1,0	↑	Q	$\overline{Q}$

(b) JK 플립플롭 진리표

그림 4-30 JK 플립플롭

J=K=0일 때에는 Cp의 업-에지 입력이 있다고 하더라도 FF의 출력은 동일하며 J=1, K=0일 경우에는 Q 출력의 상태가 '1' 이나 '0' 에 관계없이 D=1이 되며 Cp의 업-에지에서 Q=1로 세트되고, 반대로 J=0, K=1일 때에는 D=0이 되므로 Cp의 업-에지에서 Q=0으로 리세트 된다. 또한, J=K=1일 경우에는 D 입력이 반드시 Q의 출력이 반전한 상태가 되므로 Cp의 업-에지가 입력될 때마다 출력 상태는 반전하게 된다.

4.4 논리 연산

불 대수의 기본 연산은 논리곱인 AND와 논리합인 OR, 부정인 NOT이 있으며, 부정은 역으로써 Inverse가 되고 보수로써 Complement라고도 한다. 이러한 연산들은 논리에서의 참과 거짓, 스위칭에서의 접속과 개방, 2진수에서의 1과 0으로 정의할 수 있다. 이러한 정의를 기초로 다음과 같이 기본 정리를 할 수 있다.

(1) 상수연산

A + 0 = A

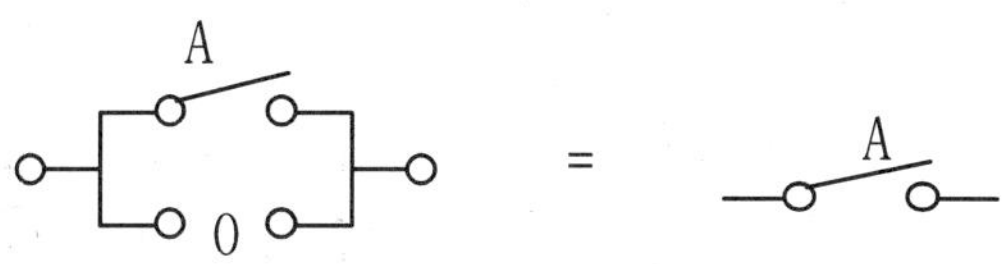

A ・1 = A

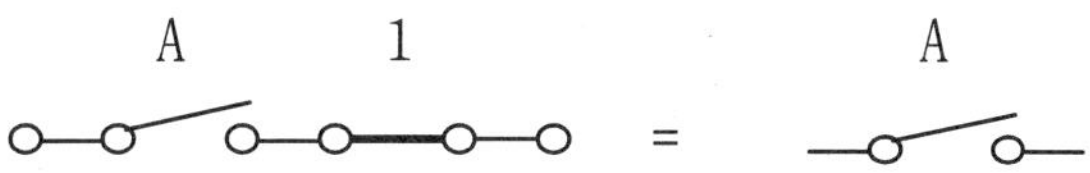

A + 1 = 1

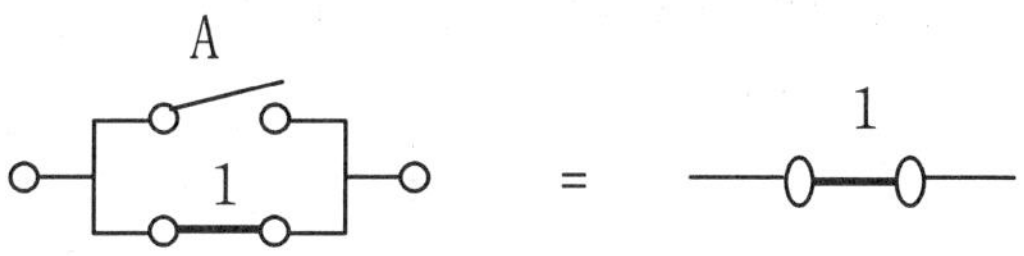

A ・0 = 0

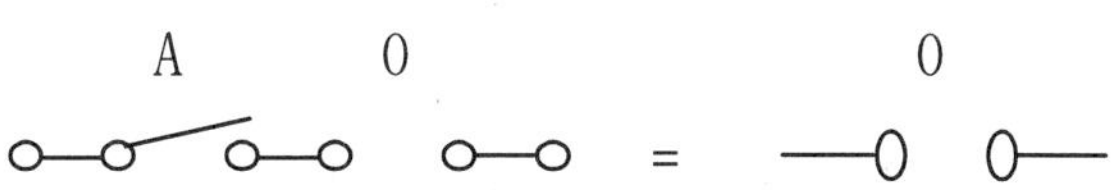

(2) 동일법칙(Idempotent)

A + A = A

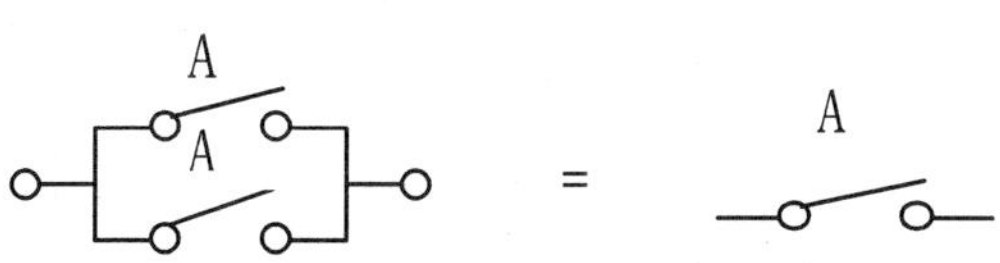

A ・A = A

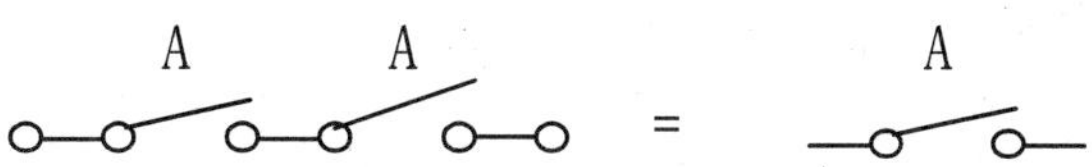

(3) 부정의 법칙과 이중 부정(Involution)

$A + \overline{A} = 1$

$A \cdot \overline{A} = 0$

$\overline{\overline{A}} = A$

(4) 보수의 법칙(Laws of Complementarily)

$A + \overline{A} = 1$　　If $A = 0$, then $0+\overline{0} = 0+1 = 1$
If $A = 1$, then $1+\overline{1} = 1+0 = 1$

$A \cdot \overline{A} = 0$　　If $A = 0$, then $0 \cdot \overline{0} = 0 \cdot 1 = 0$
If $A = 1$, then $1 \cdot \overline{1} = 1 \cdot 0 = 0$

(5) 교환법칙(Commutative laws)

$A + B = B + A$

$AB = BA$

(6) 결합법칙(Associative laws)

$(A + B) + C = A + (B + C) = A + B + C$

$(A\ B)\ C = A\ (BC) = A\ B\ C$

(7) 분배법칙(Distributive laws)

$A(B + C) = AB + AC$

$A + BC = (A + B)(A + C)$

$$\left[\begin{aligned}(A + B)(A + C) &= A(A + C) + B(A + C)\\ &= AA + AC + BA + BC\\ &= A + AB + AC + BC\\ &= A1 + AB + AC + BC\\ &= A(1 + B + C) + BC\\ &= A1 + BC\\ &= A + BC\end{aligned}\right]$$

(8) 흡수법칙(Absorptive laws)

$AB + A\overline{B} = A$ $\quad [\ AB + A\overline{B} = A(B + \overline{B}) = A\ ]$

$(A + B)(A + \overline{B}) = A$ $\quad [\ (A + B)(A + \overline{B}) = AA + A\overline{B} + AB + B\overline{B} = A\ ]$

$A + AB = A$ $\quad [\ A + AB = A(1 + B) = A\ ]$

$A(A + B) = A$ $\quad [\ A(A + B) = A(1 + B) = A\ ]$

$A\overline{B} + B = A + B$ $\quad [\ A\overline{B} + B = B + A\overline{B} = (B + A)(\overline{B} + B) = A + B\ ]$

$(A + \overline{B})B = AB$ $\quad [\ (A + \overline{B})B = AB + \overline{B}B = AB\ ]$

(9) 일치 정리(Consensus theorem)

$AB + BC + \overline{A}C = AB + \overline{A}C$

$$\left(\begin{aligned}AB + BC + \overline{A}C &= AB + (A + \overline{A})BC + \overline{A}C\\ &= AB + ABC + \overline{A}BC + \overline{A}C\\ &= AB(1 + C) + \overline{A}C(1 + B)\\ &= AB + \overline{A}C\end{aligned}\right)$$

$$(A + B)(B + C)(\overline{A} + C) = (A + B)(\overline{A} + C) = \overline{A}B + AC$$

$$\left(\begin{aligned}(A + B)(B + C)(\overline{A} + C) &= (AB + AC + B + BC)(\overline{A} + C)\\ &= (AC + B)(\overline{A} + C)\\ &= A\overline{A}C + AC + \overline{A}B + BC\\ &= \overline{A}B + BC + AC\\ &= \overline{A}B + (A + \overline{A})BC + AC\\ &= \overline{A}B + ABC + \overline{A}BC + AC\\ &= \overline{A}B(1 + C) + AC(B + 1)\\ &= \overline{A}B + AC\end{aligned}\right)$$

$$(A + B)(\overline{A} + C) = \overline{A}B + AC$$

$$\left(\begin{aligned}(A + B)(\overline{A} + C) &= \overline{A}A + AC + \overline{A}B + BC\\ &= \overline{A}B + BC + AC\\ &= \overline{A}B + (A + \overline{A})BC + AC\\ &= \overline{A}B + ABC + \overline{A}BC + AC\\ &= \overline{A}B(1 + C) + AC(B + 1)\\ &= \overline{A}B + AC\end{aligned}\right)$$

(10) 드 모르간 법칙(de Morgan’ s laws)(NAND와 NOR 게이트에 의한 스위칭 회로)

$$\overline{A + B} = \overline{A} \cdot \overline{B}$$

$$\overline{A \cdot B} = \overline{A} + \overline{B}$$

(11) 카르노 도표

논리식은 SOP와 POS 두 가지 형식이 있는데, SOP 논리식은 AND항들을 OR하여 구하는 논리식으로 가장 기본적인 형식이며, POS 논리식은 OR항들을 AND하여 만들어내는 논리식이다. POS의 논리전개는 출력이 0이 되는 항들을 OR항으로 하되 불 변수의 표시 방식을 SOP와 반대로 하여 AND하는 논리식이다. 즉, 불 변수 A에 대해 입력이 0이면 A, 1이면 $\overline{A}$로 표시한다.

논리식을 간략화 하기 위해서 카르노 도표를 이용하게 된다. 입력의 변수가 2개에서 4개까지의 변수일 경우에 카르노 도표를 이용하면 아주 효과적이다. 불 대수식을 카르노 도표로 간략화 하는 순서를 살펴보면

- 표준곱 항의 합(Sum of Products : SOP) 형식으로 표현한다.

- 이것을 카르노 도표의 해당란에 '1' 로 기입한다.
- 서로 인접한 '1' 의 난을 루프로 블록화 하며, 이 때 난의 수는 짝수로 하고, 루프에 포함된 '1' 이 가능한 한 많도록 한다.
- 루프를 만들 때 각각의 난에 '1' 은 몇 번이라도 사용하면 되지만 1회 정도는 반드시 사용되어야 한다.
- 각각의 루프에서 SOP 형식의 논리식을 확인한다.
- 각각의 난에 '0' 이 매우 적을 때는 표준합 항의 곱(Product of Sums : POS) 형식의 쪽이 매우 간단하게 된다.

① 2개의 입력변수가 SOP 형식일 경우 : $f(A, B) = \Sigma(1, 2)$

B \ A	0	1
0		1
1	1	

※

A	B
2^1	2^0

$\Sigma(1, 2) = A\overline{B} + \overline{A}B$의 경우를 나타낸 것이다.

② 2개의 입력변수가 POS 형식일 경우 : $f(A, B) = \Pi(0, 3)$

B \ A	0	1
0	0	
1		0

$\Pi(0, 3) = (\overline{A}+\overline{B}) \times (A+B)$의 경우를 나타낸다.

③ 3개의 입력변수가 SOP 형식일 경우

BC \ A	0	1
00	1	1
01	1	1
11		
10	1	1

※

A	B	C
2^2	2^1	2^0

A \ BC	00	01	11	10
0	0	1	3	2
1	4	5	7	6

(a) 숫자의 배열

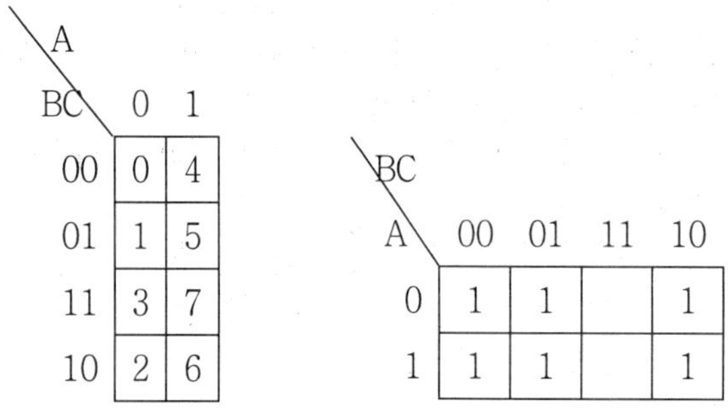

(b) SOP 형태의 논리식, f = (A,B,C) = Σ(0,1,2,4,5,6)

그림 4-31 3변수 카르노 도표

3변수의 논리 함수 f(A,B,C)의 경우는 2^3 = 8개의 기입란을 가진 카르노 도표가 된다. 8개의 기입란에 변수마다 '0' 과 '1' 의 조합을 할당하게 되는데, BC란에 있는 '0' 과 '1' 의 순서는 '00' , '01' , '11' , '10' 으로 배열의 순서를 정하고 변수 A를 최상위 비트(Most Significant Bit : MSB) C를 최하위 비트(Least Significant Bit : LSB)로 하는 3비트 2진수로 변환하면 그림 4-31과 같이 카르노 도표의 각각의 난에 숫자를 기입할 수 있다.

루프의 선정방법에 있어서 그림 4-32의 (a)와 (b)는 동일한 방법이나 그림 (b)는 상단의 루프가 하단의 루프와 서로 인접하고 있다는 것인데, 이것은 BC(0,0)과 BC(1,0)은 변수 B만 변화하고 있기 때문이다. 결과적으로 볼 때 그림 (a)보다 그림 (b)가 더욱 간략화 되어 있음을 알 수 있다. 즉, 루프는 가급적 크게 하는 방법이 좋은 것이다. 페어(pair)로 묶으면 2개의 변수로, 쿼드(quad)로 묶으면 1개의 변수로 간략화 된다.

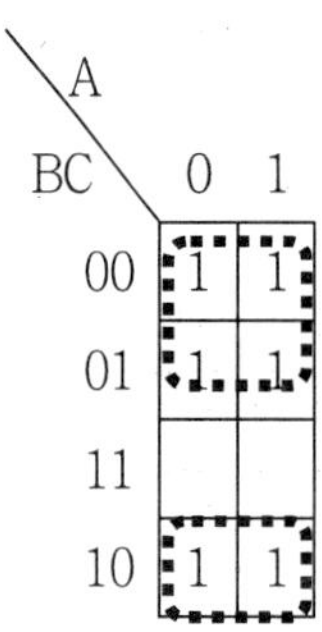

(a)

$\Sigma(0,1,4,5) = \overline{A}\overline{B}\overline{C}+\overline{A}\overline{B}C+A\overline{B}\overline{C}+A\overline{B}C=\overline{B}$

$\Sigma(2.6) = \overline{A}B\overline{C}+AB\overline{C}=B\overline{C}$

결과적으로, $f(A,B,C)=\overline{B}+B\overline{C}$ 가 된다.

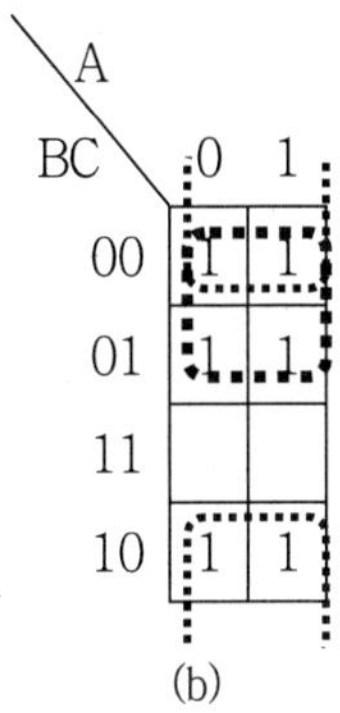

$$\Sigma(0,1,4,5) = \overline{A}\overline{B}\overline{C}+\overline{A}\overline{B}C+A\overline{B}\overline{C}+A\overline{B}C=\overline{B}$$

$$\Sigma(0,2.4,6) = \overline{A}\overline{B}\overline{C}+\overline{A}B\overline{C}+A\overline{B}\overline{C}+AB\overline{C}=\overline{C}$$

결과적으로, $f(A,B,C) = \overline{B}+\overline{C}$ 가 된다.

그림 4-32 루프 작성법

④ 4개의 입력 변수가 SOP 형식일 경우

아래의 그림 4-33 4변수 카르노 도표와 같이 4변수의 논리 함수 f(A, B, C, D)의 경우는 2^4 = 16개의 기입란을 가진 카르노 도표가 된다. 16개의 기입란에 변수마다 '0' 과 '1' 의 조합을 할당하게 되는데, BC란에 있는 '0' 과 '1' 의 순서는 '00' , '01' , '11' , '10' 으로 배열의 순서를 정하고 변수 A를 최상위 비트(Most Significant Bit : MSB) D를 최하위 비트(Least Significant Bit : LSB)로 하는 4비트 2진수로 변환하여 Σ 형식의 논리식이라면 16개의 박스의 해당란에 '1' 을 기입하면 된다. 간략화 하는 방법은 2개의 인접한 것은 페어(pair)로, 4개의 인접한 것은 쿼드(quad)로, 8개의 인접한 것은 옥텟(octet)으로 묶는다. 페어로 묶인 것은 3개의 변수로, 쿼드로 묶인 것은 2개의 변수로, 옥텟으로 묶인 것은 1개의 변수로 간략화된다.

CD \ AB	00	01	11	10
00	0	4	12	8
01	1	5	13	9
11	3	7	15	11
10	2	6	14	10

AB \ CD	00	01	11	10
00	0	1	3	2
01	4	5	7	6
11	12	13	15	14
10	8	9	11	10

그림 4-33 4변수 카르노 도표

BCD 9 검출기는 입력이 BCD 신호이기 때문에 입력되지 않는 6개의 코드가 존재하며 이것은 그림에서 음영 표시된 부분은 10진수를 나타낼 때는 사용되지 않는 숫자이므로 돈 케어(Don' t Care) 영역으로 해서 x 또는 d로 표시해서 다루게 된다.

예제) 7 segment의 BCD 출력 신호를 다음의 출력 a=∑(0,2,3,5,6,7,8,9)일 때의 출력 a에 대한 카노프 도표를 도시하면 다음과 같다.

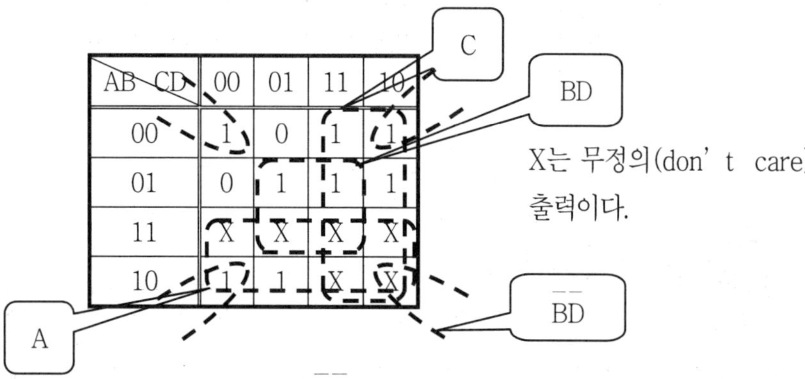

AB \ CD	00	01	11	10
00	1	0	1	1
01	0	1	1	1
11	X	X	X	X
10	1	1	X	X

$$a = A + C + BD + \overline{B}\,\overline{D}$$
$$= A + C + \overline{(B \oplus D)}$$

⑤ 4개의 입력 변수가 POS 형식일 경우

POS 형식의 논리 함수 f(A,B,C,D)를 간단화하는 데에는 아래의 그림 4-34에 나타내는 바와 같은 카르노 도표를 이용하면 된다.

$F(A,B,C,D)=(A+\overline{D})(\overline{B}+\overline{C}+\overline{D})=$ Π(1,3,5,7,15)에서 카르노 도표의 숫자에 해당하는 난에 '1' 이 아니라 '0' 을 넣으며, 각각의 항의 변수를 반전시키고 논리곱으로 된 형태로 기입되는 것이다. 즉, SOP 형식과 다르게 (A+B+C+D)가 $\overline{A}\ \overline{B}\ \overline{C}\ \overline{D}$의 난에 기입된다. 여기서 루프를 만들면 Π(1,3,5,7)$=A+\overline{D}$와 Π(7,15)$=\overline{B}+\overline{C}+\overline{D}$로 되므로 간략화 된 것은 $f=(A+\overline{D})(\overline{B}+\overline{C}+\overline{D})$가 된다.

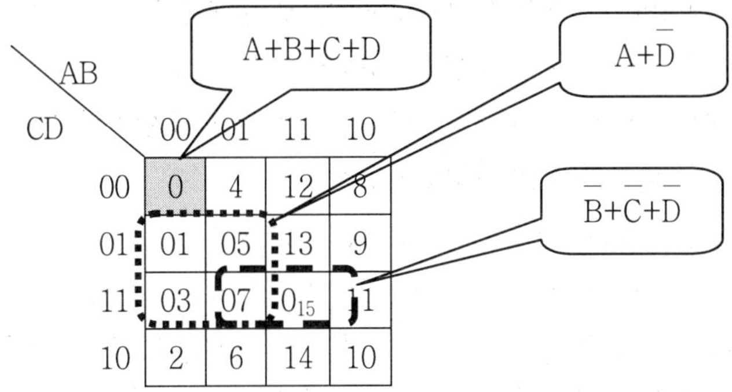

그림 4-34 POS 형식의 4변수 카르노 도표

⑤ SOP와 POS 형식의 표현

아래의 표 4-1의 진리표를 SOP의 논리식으로 나타내면

$$F(A,B,C)=\sum(0,1,6,7)=\overline{A}\overline{B}\overline{C}+\overline{A}\overline{B}C+AB\overline{C}+ABC \quad (1)$$

와 같이 되고 POS의 논리식으로 나타내면

$$F(A,B,C)=\Pi(2,3,4,5)=(A+\overline{B}+C)(A+\overline{B}+\overline{C})(\overline{A}+B+C)(\overline{A}+B+\overline{C}) \quad (2)$$

로 나타낼 수 있다.

표 4-1 입력 A, B, C의 출력 F에 대한 진리표

입력				출력	
A ($4=2^2$)	B ($2=2^1$)	C ($1=2^0$)	숫자	F	$\overline{F}$
0	0	0	0	1	0
0	0	1	1	1	0
0	1	0	2	0	1
0	1	1	3	0	1
1	0	0	4	0	1
1	0	1	5	0	1
1	1	0	6	1	0
1	1	1	7	1	0

POS 형식의 논리식을 부정의 논리식으로 전개하면

$$\overline{F} = \overline{A}B\overline{C} + \overline{A}BC + A\overline{B}\overline{C} + A\overline{B}C = \sum(2,3,4,5) \qquad (3)$$

과 같이 되고, 정상출력 F를 구하면, 드 모르간 법칙에 의하여

$$F = \overline{\overline{A}B\overline{C} + \overline{A}BC + A\overline{B}\overline{C} + A\overline{B}C}$$

$$= (\overline{\overline{A}B\overline{C}}) \cdot (\overline{\overline{A}BC}) \cdot (\overline{A\overline{B}\overline{C}}) \cdot (\overline{A\overline{B}C})$$

$$= (A+\overline{B}+C) \cdot (A+\overline{B}+\overline{C}) \cdot (\overline{A}+B+\overline{C}) \cdot (\overline{A}+B+\overline{C}) \qquad (4)$$

로 되어 정상의 논리로 전개한 POS 논리식 (2)와 일치한다. 또한 표 4-1의 진리표로부터 POS 형식의 부정의 논리식을 유도하면

$$\overline{F} = (A+B+C) \cdot (A+B+\overline{C}) \cdot (\overline{A}+\overline{B}+C) \cdot (\overline{A}+\overline{B}+\overline{C})$$

$$= \Pi(0,1,6,7) \qquad (5)$$

이 된다.

■ **문제 1 다음 그림의 전동기 제어 회로에서 정지시에 PB3를 잠깐 동안 눌렀다가 놓으면 (1) 전동기(MC)의 동작상태는 어떻게 되며, (2) 이 회로이름은 무엇인가? 그리고 릴레이 시퀀스 회로를 그리시오.**

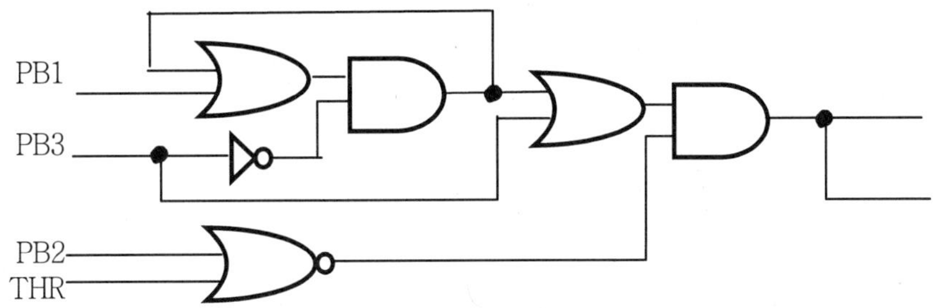

☞ 답

(1): 누르고 있을 동안만 전동기가 운전하며, 복귀하면 정지한다.

(2): 촌동 운전 회로(순간 동작 회로, 또는 인칭 회로)

(3) 릴레이 시퀀스 회로

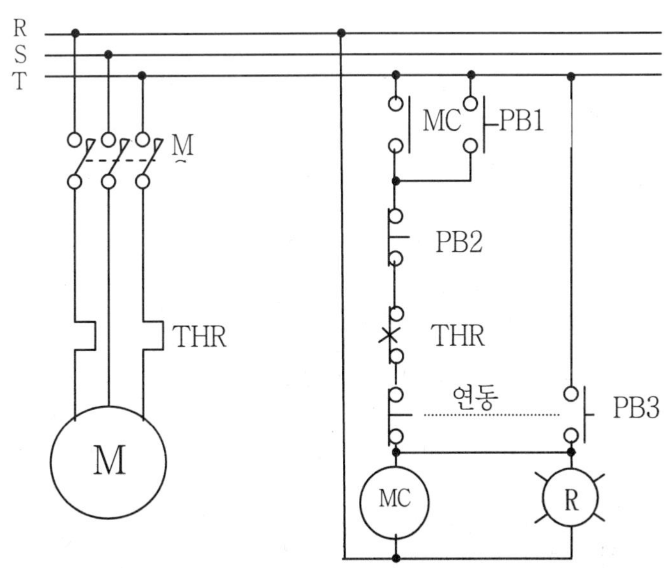

■ **문제 2 다음의 유접점 시퀀스 회로도의 논리식을 쓰고, 무접점 논리 회로를 전환하시오.**

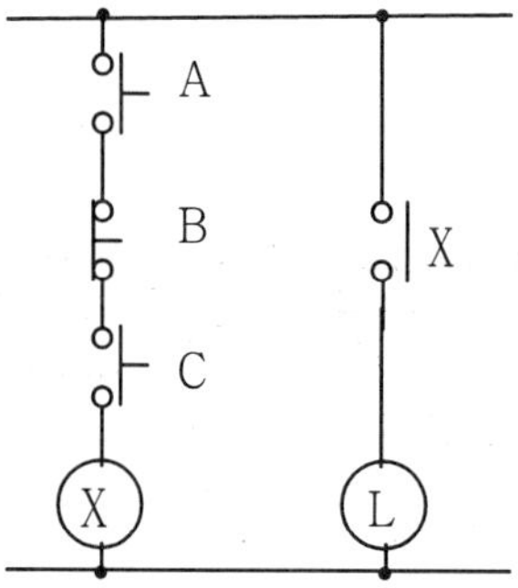

☞ 답

논리식 : $X = A \cdot \overline{B} \cdot C$, $L = X$

논리 회로 :

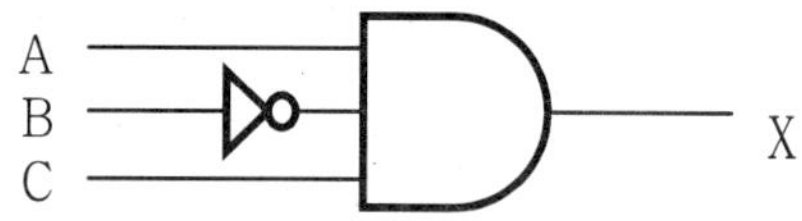

■ **문제 3 다음 그림의 시퀀스도를 보고, 무접점 논리 회로도와 논리식으로 나타내시오.**

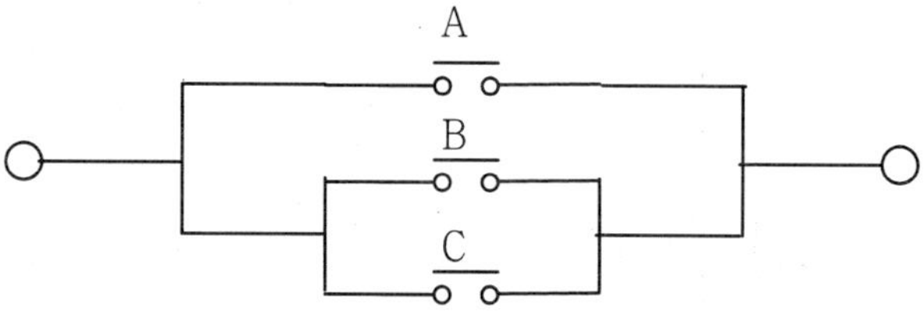

☞ 답

논리식 : A + B + C

논리 회로 :

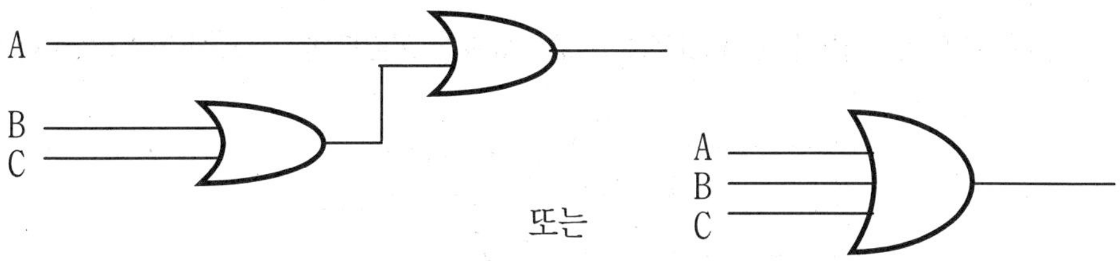

■ **문제 4 다음 그림의 시퀀스도를 보고, 무접점 논리 회로도와 논리식으로 나타내시오.**

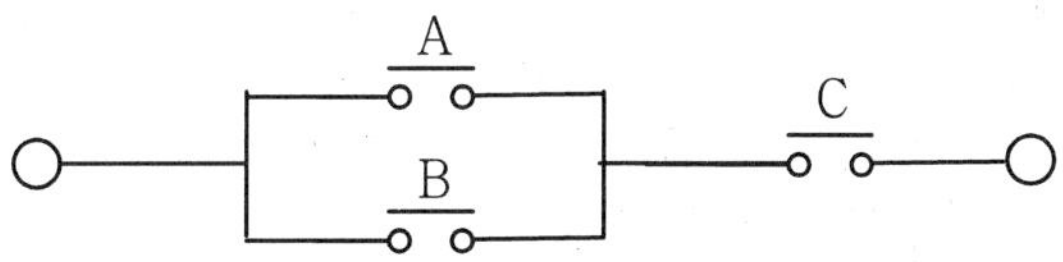

☞ 답

논리식 : (A + B) ·C

논리 회로 :

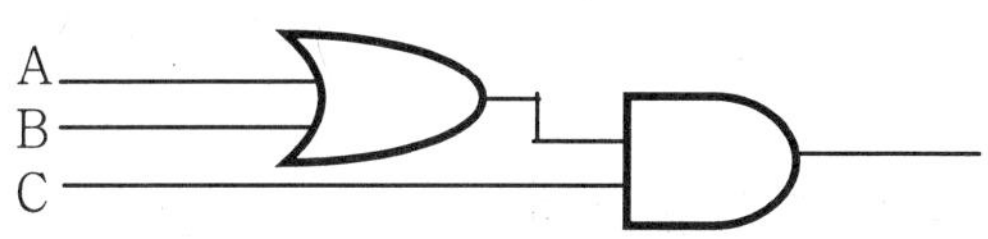

■ **문제 5 다음 그림의 논리 회로를 보고, 시퀀스 회로도와 논리식으로 나타내시오.**

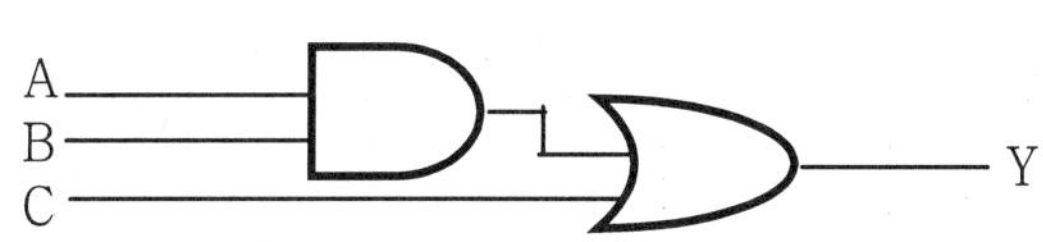

☞ 답

논리식 : Y = (A·B) + C

시퀀스 회로도 :

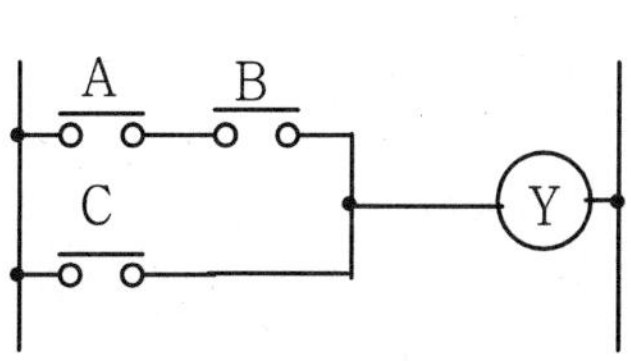

■ 문제 6 다음 그림의 논리 회로를 보고, 시퀀스 회로도와 논리식으로 나타내시오.

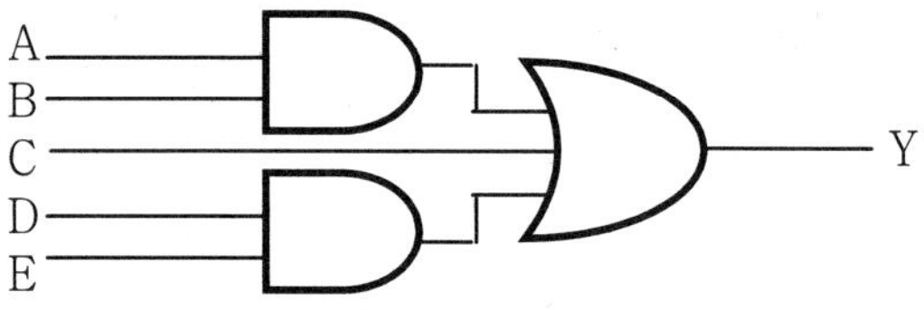

☞ 답

논리식 : Y = (A·B) + C + (C·D)

시퀀스 회로도 :

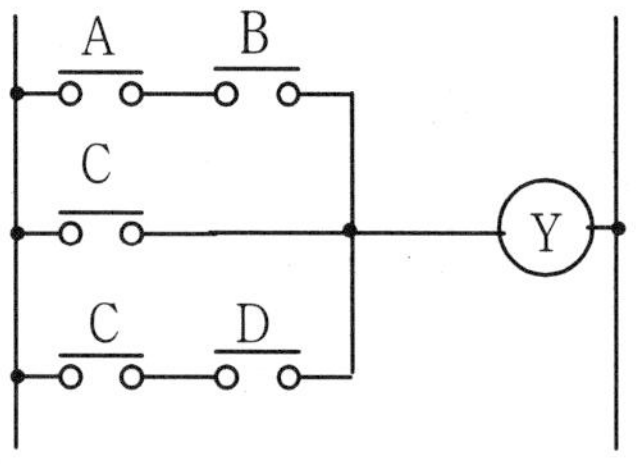

■ 문제 7 다음의 진리표를 완성하시오.

A	B	A·B	A+B	A·B+A	A(A+B)	$A+\bar{A}\cdot B$	$A\cdot\bar{B}+\bar{A}\cdot B$	$\bar{A}+\bar{B}$	$\overline{\bar{A}+\bar{B}}$	$\overline{A\cdot B}$	$\overline{A+B}$
0	0										
0	1										
1	0										
1	1										

☞ 답

A	B	$A\cdot B$	$A+B$	$A\cdot B+A$	$A(A+B)$	$A+\bar{A}\cdot B$	$A\cdot\bar{B}+\bar{A}\cdot B$	$\bar{A}+\bar{B}$	$\overline{\bar{A}+\bar{B}}$	$\overline{A\cdot B}$	$\overline{A+B}$
0	0	0	0	0	0	0	0	1	0	1	1
0	1	0	1	0	0	1	1	1	0	1	0
1	0	0	1	1	1	1	1	1	0	1	0
1	1	1	1	1	1	1	0	0	1	0	0

■ 문제 8 다음의 논리 기호 및 논리 회로와 논리식을 회로 이름을 종류별로 모으시오.

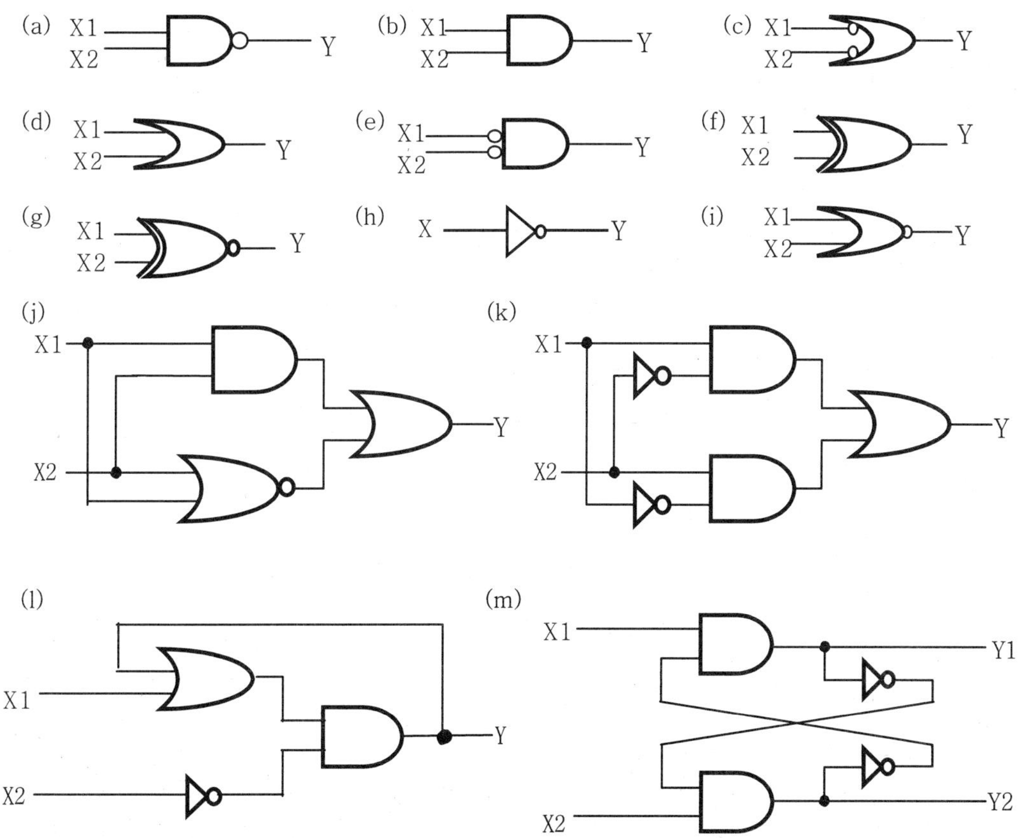

(n)

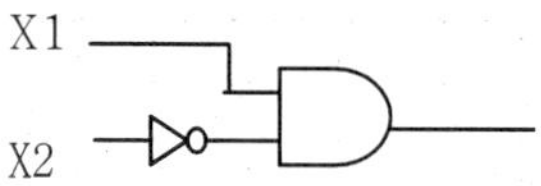

(o)

$Y = X1 \cdot X2$

(p)

$Y = X1 + X2$

(q)

$Y = \overline{X} = \overline{X1 \cdot X2}$

(r)

$Y = \overline{X} = \overline{A + B}$

(s)

$Y = (X1 \oplus X2)$

(u)

$Y = \overline{(X1 \oplus X2)}$

(v)

$Y = X1 \cdot \overline{X2}$

(w)

$Y = (X1+Y) \cdot \overline{X2}$

(x)

$Y=(X1 \cdot X2)+\overline{(X1+X2)}$

(y)

$Y=(X1 \cdot \overline{X2})+(\overline{X1} \cdot X2)$

(z)

$Y=\overline{X}$

☞ 답

(1) AND 회로 : (b), (o)
(2) OR 회로 : (d), (p)
(3) NAND 회로 : (a), (c), (q)
(4) NOR 회로 : (i), (e), (r)
(5) 배타적 OR 회로(Exclusive OR) : (f), (k), (s), (y)
(6) 일치 회로(Exclusive NOR) : (g), (j), (u), (x)
(7) 자기유지 회로 : (l), (w)
(8) 인터로크 회로 ; (m)
(9) 금지 회로 : (n), (v)
(10) NOT 회로 : (h), (z)

■ 문제 9 다음의 시퀀스 회로도를 논리 회로로 변환한 것이다. 물음에 답하여라.

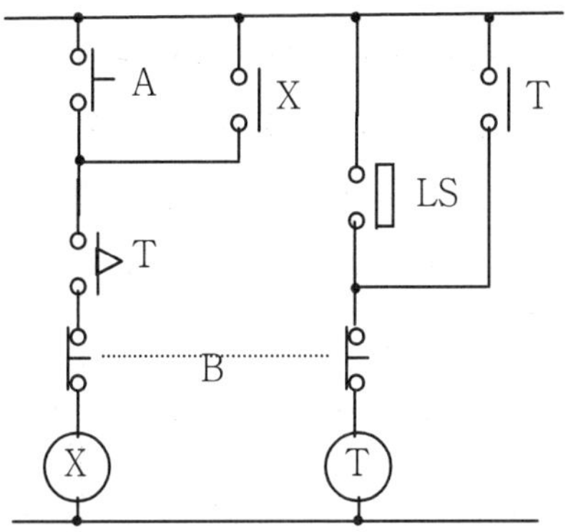

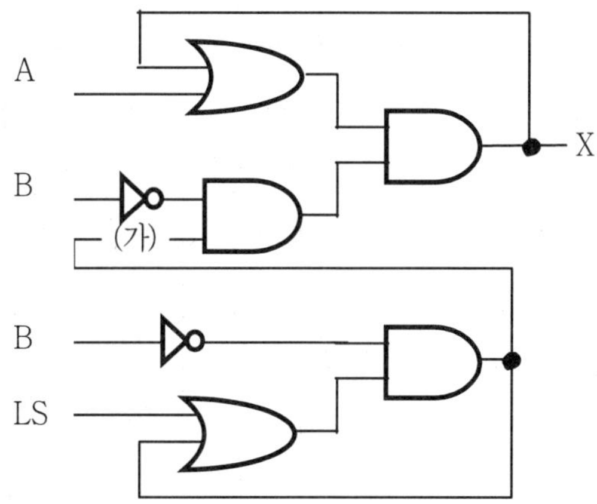

(1) 논리 회로에서 (가)에 들어가야 하는 회로 이름과 논리 회로를 그리시오.
(2) 시퀀스 회로에서 기계적인 접점의 기호와 이름은?
(3) 시퀀스 회로에서 한시동작 순시복귀 접점은?

☞ 답

(1) 한시동작 순시복귀 접점, 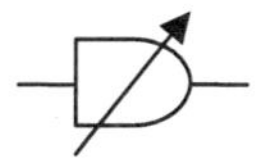

(2) 리밋 스위치, 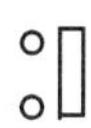

(3) 

■ 문제 10 1개의 8421 BCD 코오드가 3으로 나누어지는 수만 알 수 있는 회로를 구성하시오.(진리표를 작성하고 Karnaugh 도표로 축소한 후에 Logic Circuit를 구성한다.)

☞ 답

(1) 진리표

입 력					검지	출력
A	B	C	D	BCD	x(+3)	y
$8=2^3$	$4=2^2$	$2=2^1$	$1=2^0$			
0	0	0	0	0	0	1
0	0	0	1	1	–	0
0	0	1	0	2	–	0
0	0	1	1	3	0	1
0	1	0	0	4	–	0
0	1	0	1	5	–	0
0	1	1	0	6	0	1
0	1	1	1	7	–	0
1	0	0	0	8	–	0
1	0	0	1	9	0	1
1	0	1	0	10	–	0
1	0	1	1	11	–	0
1	1	0	0	12	0	1
1	1	0	1	13	–	0
1	1	1	0	14	–	0
1	1	1	1	15	0	1

(2) 카르노 도표

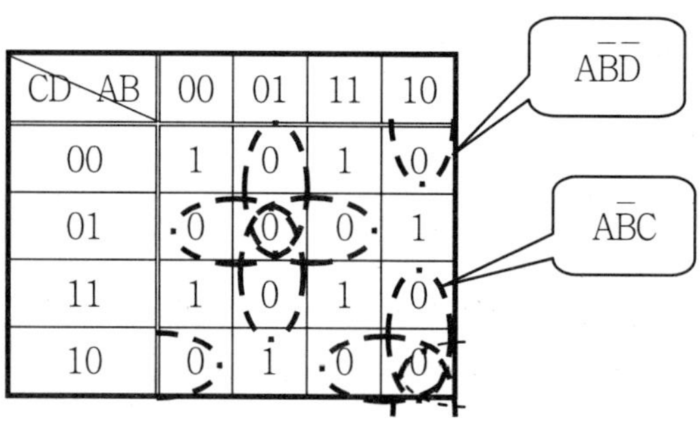

(3) 논리 결과식

상기의 카르노 도표에서 출력 y는 논리 0에 대해 간략화 하여 그 결과를 인버팅 로직 회로를 취함으로서 출력 y는 논리 "1"의 결과와 동일하게 된다. 따라서 출력 y에 대해 드모르강 정리를 이용해서 간략화하면 다음과 같다.(여기서는 논리 "0"에 대해 드모르강 정리를 이용해서 간략화했으나, 논리 "1"에 대해서 드모르강 정리를 이용해 간략화 해서 접근할 수도 있다.)

$$y = \overline{x} = A\overline{B}\overline{D} + \overline{B}C\overline{D} + A\overline{B}C + AC\overline{D} + \overline{A}\overline{C}D + B\overline{C}D + \overline{A}BD + \overline{A}B\overline{C}$$

(4) 논리 회로도

상기의 논리 결과식을 실현하기 위한 회로 구성은 AND 게이트 8개, OR 게이트 1개, NOT 게이트 5개로 구성되며 논리 회로도는 아래의 그림과 같다.

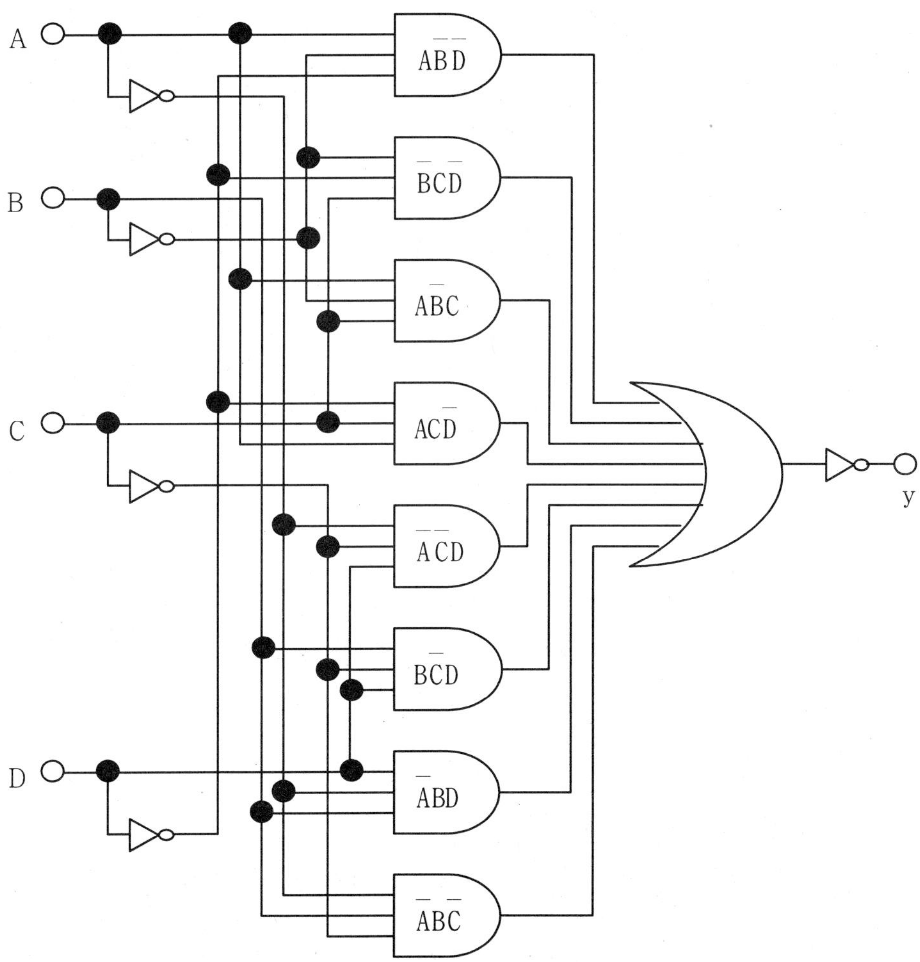

■ 문제 11 BCD 코드를 7-Segment LED 표시기 Code로 변환하는 회로를 설계하시오.(단, 진리표를 작성하고 카르노 도표를 이용하여 간략한 다음에 논리 회로로 표시할 것)

☞ 답

(1) 7-Segment LED 표시기는 BCD 코드를 7개의 출력선으로 구동 신호로 변환하여 10진수로 표시할 때의 진리표는 다음과 같다.

10진수	입 력				출 력						
	8 (A)	4 (B)	2 (C)	1 (D)	a	b	c	d	e	f	g
0	0	0	0	0	1	1	1	1	1	1	0
1	0	0	0	1	0	1	1	0	0	0	0
2	0	0	1	0	1	1	0	1	1	0	1
3	0	0	1	1	1	1	1	1	0	0	1
4	0	1	0	0	0	1	1	0	0	1	1
5	0	1	0	1	1	0	1	1	0	1	1
6	0	1	1	0	1	0	1	1	1	1	1
7	0	1	1	1	1	1	1	0	0	0	0
8	1	0	0	0	1	1	1	1	1	1	1
9	1	0	0	1	1	1	1	1	0	1	1

(2) 4개의 BCD 입력에 따라 7개의 출력을 가지므로 아래의 그림인 LED 표시기 출력을 위한 설계 과정은 진리표의 출력인 a열에서부터 g열까지 7개의 카르노 도표를 작성한다. 단, 이때에 사용되는 7-Segment LED는 공통음극(Common Cathode)의 연결 방법을 사용한다.

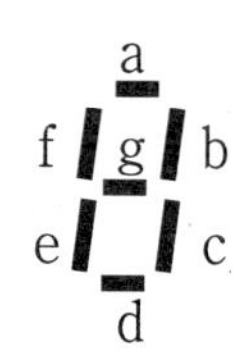

① 출력 a=∑(0, 2, 3, 5, 6, 7, 8, 9)

따라서 출력 a에 대한 카르노 도표를 도시하면 다음과 같다.

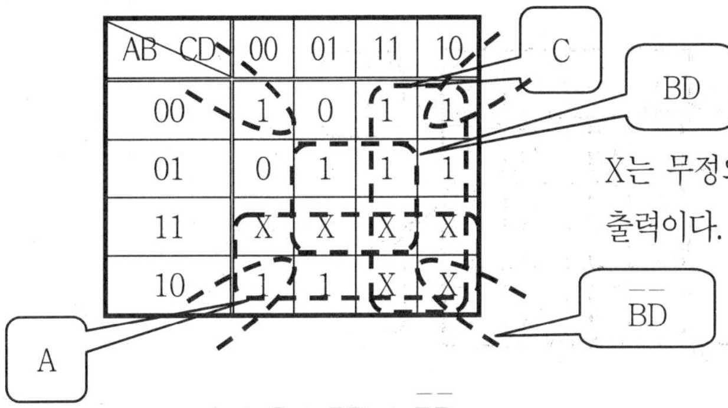

X는 무정의(don' t care) 출력이다.

$$a = A + C + BD + \bar{B}\bar{D}$$

$$= A + C + \overline{(B \oplus D)}$$

② 출력 b=∑(0, 1, 2, 3, 4, 7, 8, 9)

따라서 출력 b에 대한 카르노 도표를 도시하면 다음과 같다.

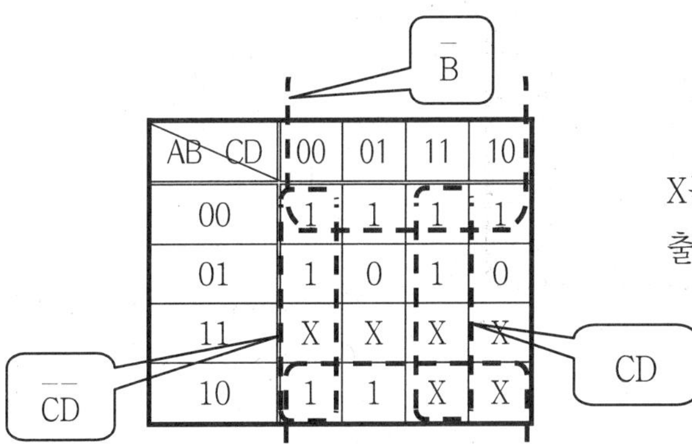

X는 무정의(don' t care) 출력이다.

$$b = \bar{B} + CD + \bar{C}\bar{D} \qquad * \ \bar{B} = \bar{A}\bar{B} + A\bar{B} = \bar{B}(\bar{A} + A)$$

$$= \bar{B} + \overline{(C + D)} + CD = \bar{B} + \overline{(C \oplus D)} = \overline{B \cdot (C \oplus D)}$$

③ 출력 c=∑(0, 1, 3, 4, 5, 6, 7, 8, 9)

따라서 출력 c에 대한 카르노 도표를 도시하면 다음과 같다.

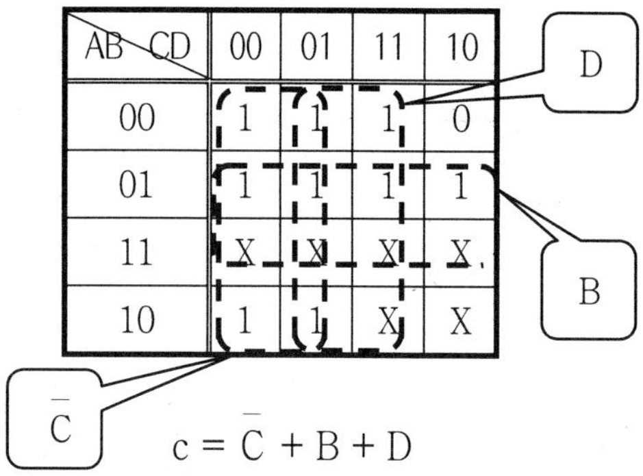

X는 무정의(don' t care) 출력이다.

$c = \overline{C} + B + D$

④ 출력 d=∑(0, 2, 3, 5, 6, 8, 9)

따라서 출력 d에 대한 카르노 도표를 도시하면 다음과 같다.

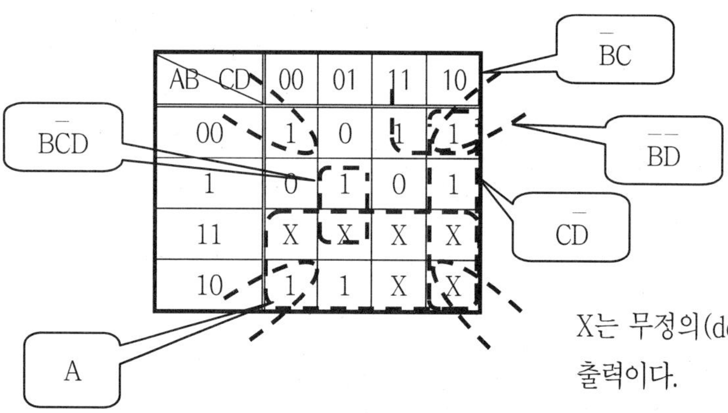

X는 무정의(don' t care) 출력이다.

$$d = \overline{B}\,\overline{D} + A + \overline{B}C + C\overline{D} + B\overline{C}D = \overline{(B + D)} + A + \overline{B}C + C\overline{D} + B\overline{C}D$$

⑤ 출력 e=∑(0, 2, 6, 8)

따라서 출력 e에 대한 카르노 도표를 도시하면 다음과 같다.

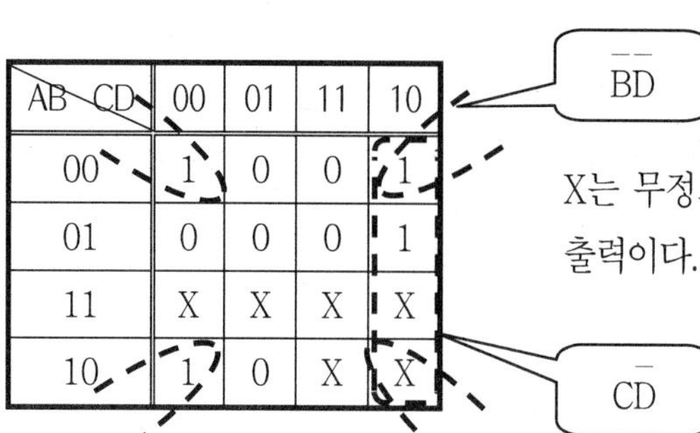

X는 무정의(don' t care) 출력이다.

$$e = \bar{B}\bar{D} + C\bar{D} = \overline{(B + D)} + C\bar{D}$$

⑥ 출력 f=∑(0, 4, 5, 6, 8, 9)

따라서 출력 f에 대한 카르노 도표를 도시하면 다음과 같다.

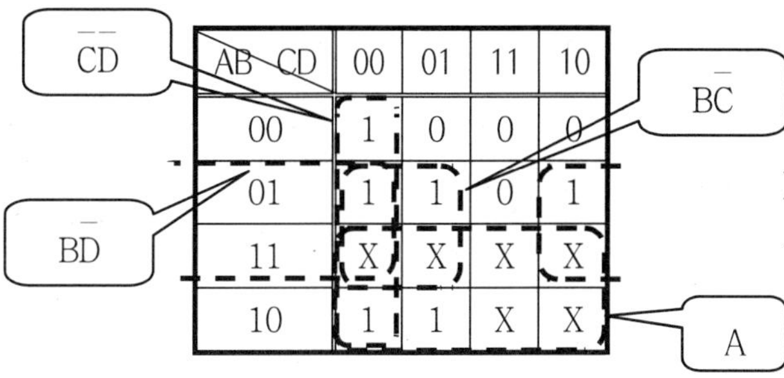

X는 무정의(don' t care) 출력이다.

$$f = A + B\bar{D} + B\bar{C} + \bar{C}\bar{D} = A + B\overline{(C \cdot D)} + \overline{(C + D)}$$

⑦ 출력 g=∑(2, 3, 4, 5, 6, 8, 9)

따라서 출력 g에 대한 카르노 도표를 도시하면 다음과 같다.

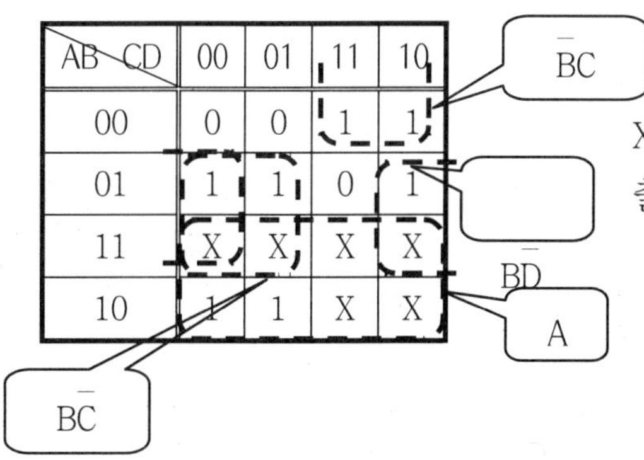

X는 무정의(don' t care) 출력이다.

$$g = A + B\bar{C} + B\bar{D} + \bar{B}C = A + B(\bar{C} + \bar{D}) + \bar{B}C = A + B(C \cdot D) + \bar{B}C$$

(3) 논리 회로도

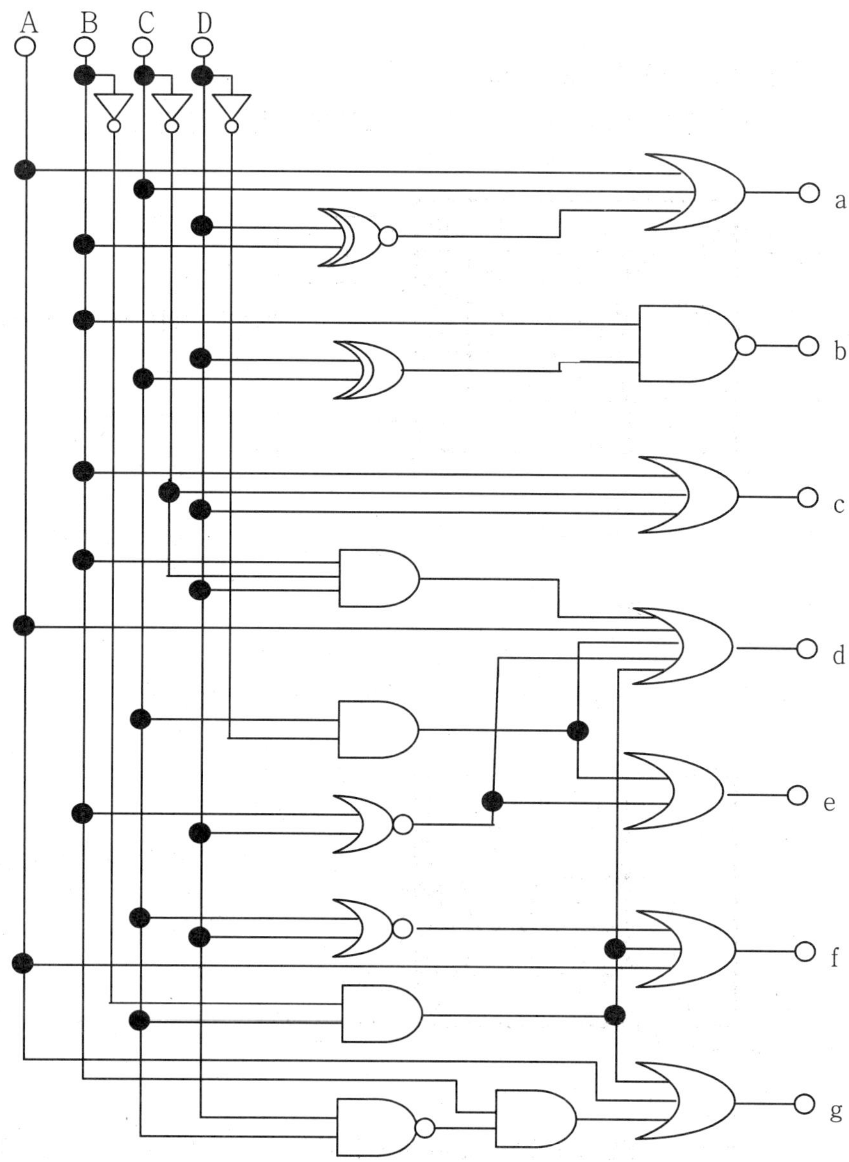

5

시퀀스 제어의 기본 회로와 실습

제 5 장 시퀀스 제어의 기본 회로와 실습

5.1 ON-OFF 회로

(1) ON 회로(a접점 회로)

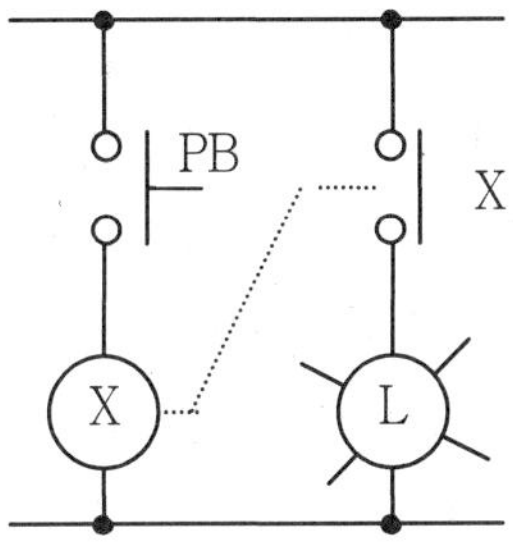

그림 5-1 ON 회로

그림 5-1의 회로는 램프 (L)을 점멸시키기 위해 전자 계전기를 사용한 회로이다. 푸시 버튼 스위치 PB를 누르면 전자코일 (X)가 자화되어 그 a접점 X가 닫히며 램프 (L)이 켜진다. 푸시 버튼 스위치를 분리하면 전자코일 (X)의 자화가 끊어져 접점 a는 복귀하고 램프 (L)도 꺼진다.

이 회로처럼 전자 계전기의 a접점을 사용하여 계전기의 전자코일이 자화되어 있을 때만 그 접점을 통하여 전류가 흐르도록 회로를 만들었기 때문에 메이크 회로를 만들었기 때문에 메이크 회로(make 回路)라고도 부른다.

(2) OFF 회로(b접점 회로)

그림 5-2의 회로는 ON 회로의 접점 X를 b접점으로 변환한 회로이다. 램프(L)은 전자 계전기의 b접점 X를 통해서 점등하고 있다.

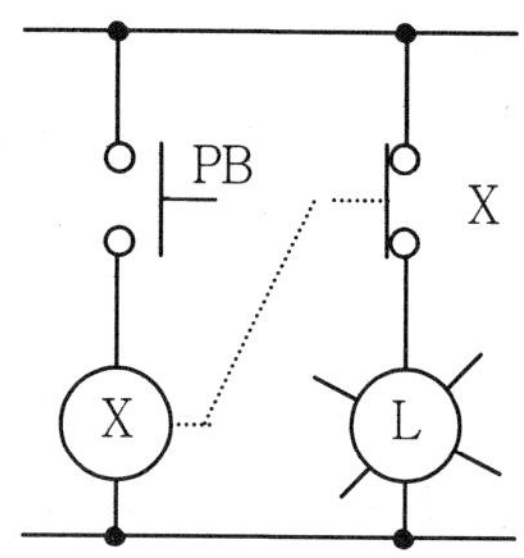

그림 5-2 OFF 회로

푸시 버튼 스위치 PB를 눌러서 전자코일(X)를 자화하면 그 b접점 X는 열리고 램프(L)은 꺼진다. 푸시 버튼 스위치를 분류하면 전자코일 X의 자화가 끊어져 접점 X는 복귀하고 램프 L은 다시 점등한다.

이 회로에서는 전자 계전기의 b접점을 사용하고, ON 회로와 반대로 계전기의 전자코일이 자화되어 있을 때만 그 접점을 열어서 전류가 끊어지도록 하기 때문에 OFF 회로라고 부른다. 한편 b접점을 사용해서 구성하기 때문에 b접점 회로라고도 부르며, 또 전자코일이 자화됨에 따라 회로를 열어 전류를 흐르지 않도록 하기 때문에 브레이크 회로(break 回路)라고도 한다.

5.2 절환 접점 회로(c접점 회로)

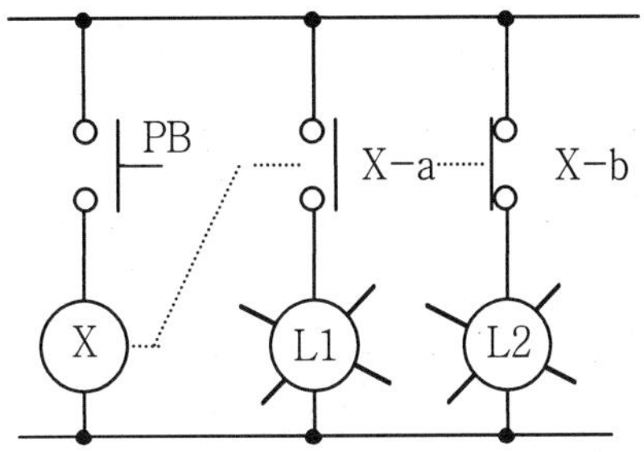

그림 5-3 절환 접점 회로

그림 5-3의 회로는 ON 회로와 OFF 회로를 혼합한 회로이다. 접점 X-a와 X-b가 전자코일(X)에 의해 동시에 동작할 때 램프 (L1) 과(L2)는 푸시 버튼 스위치의 조작에 따라 서로 점멸한다.

푸시 버튼 스위치를 눌렀을 때는 a접점이 닫히고 b접점이 열리기 때문에 램프 L1만이 점등한다. 버튼을 분리하면 a접점 · b접점이 모두 복귀해서 램프 L2만이 점등한다. 이 회로는 그림 5-4와 같이 보통 c접점이라고 하는 접점을 이용하여 구성할 수도 있다.

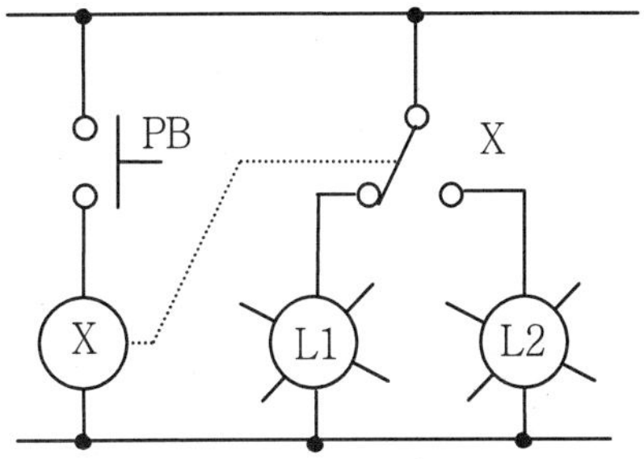

그림 5-4 c접점 이용 절환 회로

c접점이란 그림 2-10과 같은 힌지형 전자 계전기를 시퀀스 그림으로 그릴 경우, 일반적으로 a접점과 b접점으로 나누어 그림 2-10의 접점 구조와 같이 되어 있다. 그리고 실제로는 단자 c가 공통으로 하나만 있으므로 그림 5-3의 회로는 그림 5-4와 같이 나타낼 수 있다. 모두 같은 동작을 하고 표시 방법도 동일하다. 이 회로를 절환 접점 회로라고 부른다.

5.3 순간 동작 회로(인칭 회로)

전자접촉기를 이용하여 부하에 대한 전류를 개폐하는 것을 생각해보자. ON 회로를 그대로 사용하면 그림 5-5와 같이 된다. 푸시 버튼 스위치 PB를 눌러 전자코일 (X)가 자화되면 그 a접점 X가 닫혀서 전동기 (M)에 전류를 공급한다. PB를 분리하면 전자 접촉기 코일 X의 자화가 끊어져 접점 X는 복귀하고, 전동기에 전류는 흐르지 않게 되고 전동기는 정지하게 된다.

이 회로는 "푸시 버튼 스위치를 누르고 있을 때만 전동기를 회전시킨다." 와 같은 경우에 사용되므로 순간 동작 회로라고 하며 인칭 회로라고도 부른다.

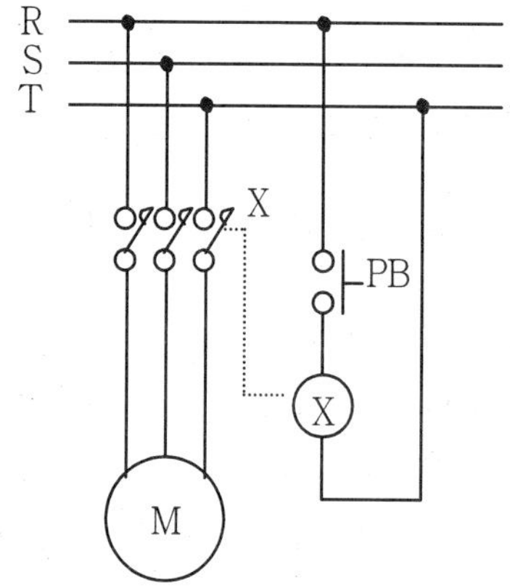

그림 5-5 순간 동작 회로

5.4 자기유지 회로

순간 동작 회로를 이용하면 푸시 버튼 스위치에 따라 부하에 대한 전류를 단속할 수 있다. 그러나 연속해서 부하에 전류를 흘릴 때는 푸시 버튼을 계속해서 눌러야 하는 불편이 있다. 그림 5-6의 회로는 자기유지 회로라고 불리며, 푸시 버튼을 분리해도 전자코일의 자화를 갖는 회로이다. 푸시 버튼 스위치를 누르기 전에는 전자코일이 자화되어 있지 않기 때문에 그 접점 X는 열려 있다.

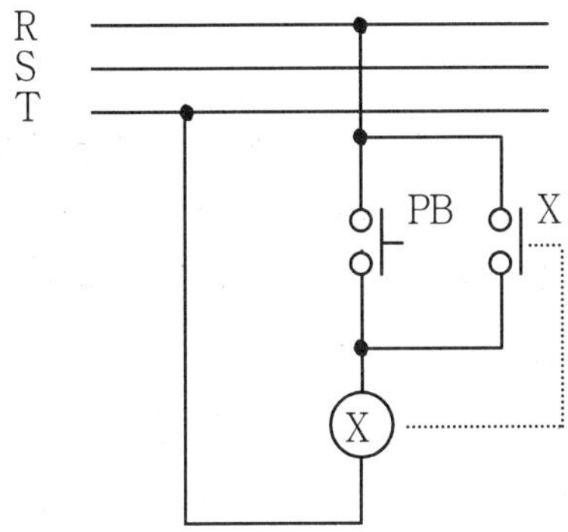

그림 5-6 자기유지 회로

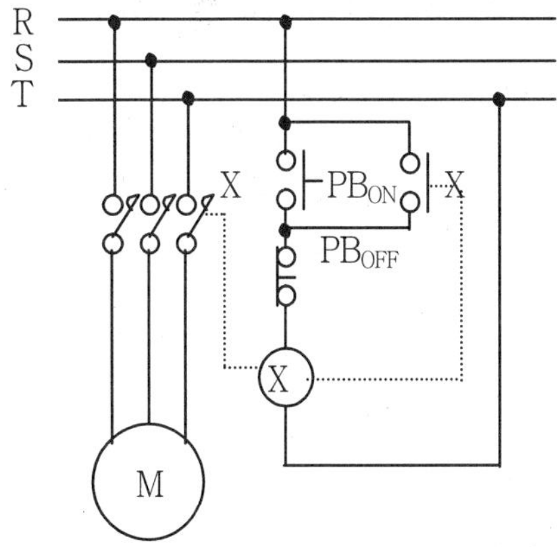

그림 5-7 자기유지 회로 응용

푸시 버튼 스위치를 누르면 전자코일이 자화되어 접점 X가 닫히므로 푸시 버튼을 분리해도 전자코일은 자화된 채로 있다. 푸시 버튼 스위치의 접점이 열려도 접점 X를 통하여 전류가 계속 흐르기 때문이다. 이 회로를 사용하면 한번 푸시 버튼 스위치를 눌러 연속해서 부하에 전류가 흐르게 할 수 있으며, 그림 5-7에 그 회로의 응용 예를 나타내었다. 이 응용 회로는 실제로 사용할 때는 전류를 계속 흘리는 것이 아니라 다시 흐르지 않도록 해야 할 필요가 있기 때문에 푸시 버튼 스위치 PB_{OFF}를 더 부가한다. PB_{OFF}는 b접점의 푸시 버튼 스위치이므로 보통 그 접점은 닫혀 있다. 전자코일이 자화되어 있을 때 이 푸시 버튼 스위치를 누르면 전자코일의 자화가 끊어져 접점 X가 복귀하고, 회로는 처음의 상태로 된다.

푸시 버튼 스위치 PB_{ON}으로 전자코일 X를 자화하여 접점 X를 닫고 자기유지(푸시 버튼 스위치를 분리해도 자화된 그대로의 상태를 유지하도록 하는 것) 시키면서 동시에 부하에 전류를 공급한다. 푸시 버튼 스위치 PB_{OFF}로 전자코일의 자화를 절단하여 접점 X를 복귀시켜 회로의 자기유지에서 벗어난다. 두 개의 푸시 버튼 스위치로 부하의 전류를 ON·OFF 할 수 있기 때문에 ON-OFF 회로라고 부른다.

5.5 인터로크 회로

두 개 이상의 전자 계전기 · 전자 접촉기가 동시에 동작하지 않도록 하는 회로로서 기기와 장치의 보호, 조작자의 안전 등을 목적으로 한 것이다.

삼상 유도 전동기(三相誘導電動機)를 정역회전 제어(正逆回轉制御)하는 회로를 생각해보자. 삼상 유도 전동기는 그림 5-8의 ①과 같이 접속한 경우 정회전(正回轉), ②와 같이 임의의 2선을 서로 바꾸었을 때는 역회전(逆回轉)시킬 수 있다. 따라서 그림 5-9와 그림 5-10의 회로를 조합하면 정회전 · 역회전을 일으킬 것이다.

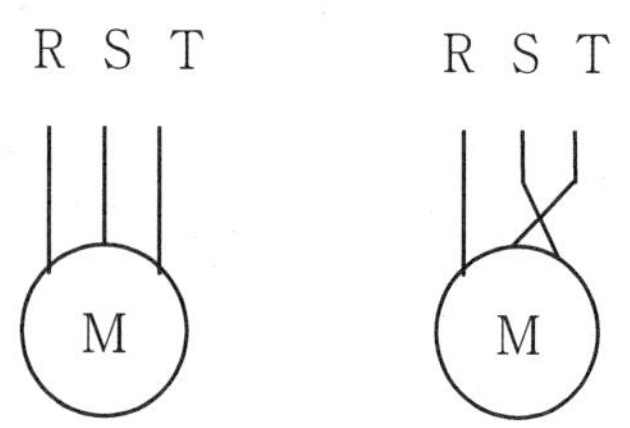

(a) 정회전 (b) 역회전

그림 5-8 전동기의 정·역회전

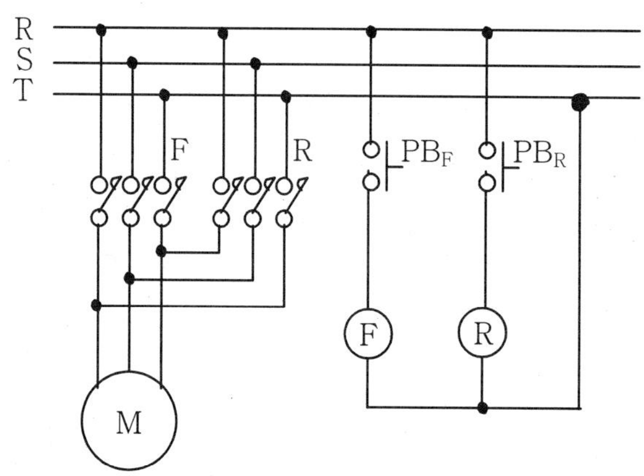

그림 5-9 전동기의 정·역회전 구동 회로

그림 5-9의 삼상 유도 전동기 M은 접점 F가 닫힌 경우 정회전, 접점 R이 닫힌 경우에는 전원의 R상과 T상이 서로 바뀌어서 역회전 하게 된다. 조작 회로는 푸시 버튼 스위치 PB_F에 의해 전자코일 F가 자화되어 접점 F를 닫혀서 정회전하며, PB_R에 의해서 전자코일 R이 자화되어 접점 R을 닫고 역전하도록 되어 있다.

이 회로는 PB_F와 PB_R이 하나씩 눌러질 때에 정회전 또는 역회전을 하게 된다. 그러나 잘못된 동작으로 PB_F와 PB_R이 동시에 눌러지면 접점 F와 R이 동시에 동작해서 전원의 R상과 T상을 단락시키게 된다. 이와 같은 사고를 방지하는 것이 인터로크 회로로서 접점 F가 동작하고 있을 때는 전자코일 R이 자화되지 않도록하고, 또 접점 R이 동작하고 있을 때는 전자코일 F가 자화되지 않도록 하여 잘못된 동작을 해도 사고가 일어나지 않도록 한다.

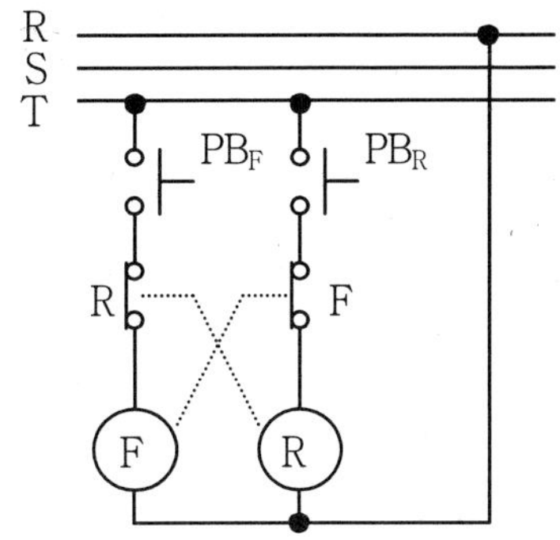

그림 5-10 인터로크 회로

그림 5-10은 인터로크 회로이다. 두 개의 b접점 회로에서 다른 쪽의 동작을 방지하기 때문이다. 푸시 버튼 스위치 PB_F가 눌려지면 전자코일 F가 자화되어 접점 F_b를 열고, 이후 PB_R을 닫아도 전자코일 R은 자화되지 않는다. PB_F를 분리해서 F의 자화를 끊으면 접점 F_b는 복귀하며, 이후 푸시 버튼 스위치 PB_R에 따라 전자코일 R이 먼저 자화되었을 때도 접점 R_b를 열어서 전자코일 F의 자화를 방지한다. 어느 쪽이든 한쪽이 동작하고 있을 때는 다른쪽을 동작하지 않도록 하기 때문이다. 바꾸어 말하면 어느 쪽으든 먼저 조작한 쪽만 동작시키는 회로이다.

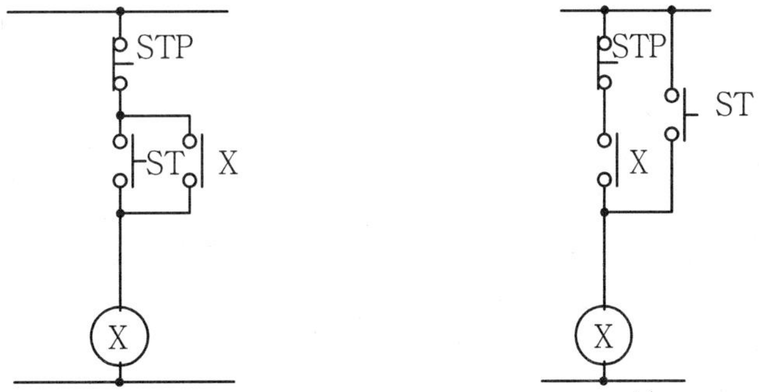

그림 5-11 자기유지 회로

일반적으로 사용되는 시퀀스 제어 회로의 대부분은 자기유지 회로와 인터로크 회로를 포함하고 있다. 이러한 회로는 여러가지 형태로 나와 있으므로 그것들을 알아보도록 하자. 그림 5-11에 표시한 회로는 모두 자기유지 회로이다. 양끝의 종선(縱線)은 전원에 접속되어 있다. 푸시 버튼 스위치 ST에 의해 전자코일 X가 자화되고, 그 X에 의해 자기유지된다. 푸시 버튼 스위치 STP는 자기유지를 해제하는데 사용된다.

(a) 릴레이 b접점을 이용　　(b) 푸시 버튼 스위치 b접점과 릴레이 b접점을 이용

그림 5-12 인터로크 회로

그림 5-12은 인터로크 회로이다. (a)의 회로는 호환되는 릴레이 b접점만으로만 인터로크를 건 회로이고, (b)의 회로는 호환되는 b접점과 연동식 푸시 버튼 스위치 b_1접점을 사용하여 인터로크를 건 회로이다.

(a)의 회로에서는 푸시 버튼 스위치 ST_1와 ST_2 스위치가 동시에 눌러졌을 때 어느 쪽의 전자코일이 자화되었는지 알 수 없지만, (b)의 회로에서는 어느 쪽의 전자코일도 자화되지 않는다. 실제의 회로에서는 2중, 3중으로 인터로크를 건 회로가 사용된다.

자기유지 회로와 인터로크 회로에서 볼수 있듯이 푸시 버튼 스위치와 전자 계전기의 접점은 병렬과 직렬로 서로 접속하여 사용하는 경우가 많다.

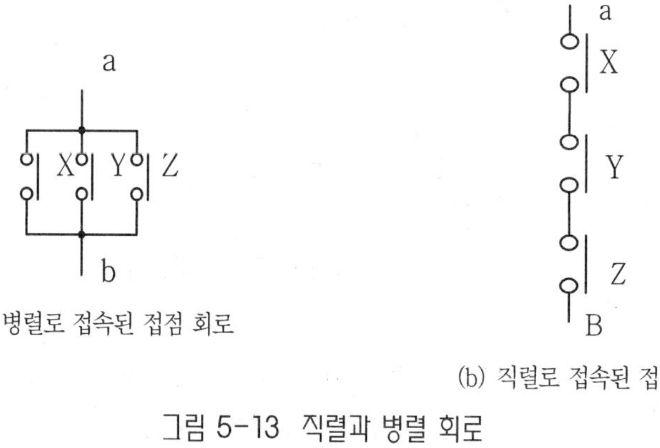

(a) 병렬로 접속된 접점 회로

(b) 직렬로 접속된 접점 회로

그림 5-13 직렬과 병렬 회로

그림 5-13의 (a)와 같이 병렬로 접속된 접점은 X·Y·Z 어느 것이든 하나의 접점이 닫히면 a와 b 사이는 도통 상태가 되나, 한편 (b)와 같이 접점을 직렬로 접속한 경우는 X·Y·Z의 모든 접점이 닫혔을 때만 a와 b 사이가 도통 상태가 된다. 이것은 당연한 것이지만 이러한 것이 복잡한 시퀀스 회로를 구성하기 위한 가장 기본적인 원리인 것이다.

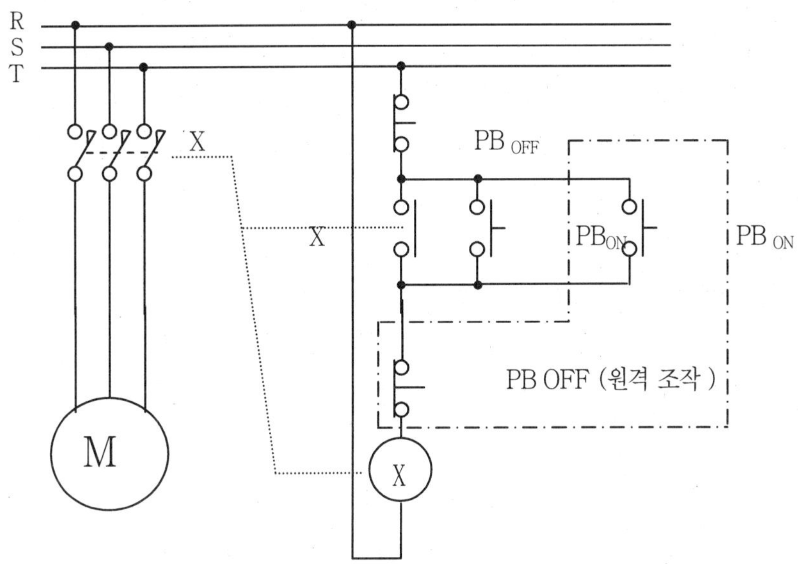

그림 5-14 원격 조작할 수 있는 ON-OFF 회로

그림 5-14는 "두 곳에서 조작할 수 있는 ON-OFF 회로" 로써 직렬과 병렬 회로를 이용함으로 완성한 회로이다.

삼상 유도 전동기의 정역회전 제어 회로는 자기유지 회로 · 인터로크 회로를 넣어 그림 5-15(a), 그림 5-15(b)와 같이 된다. 그림 5-15의 전자 접촉기 F는 주접점 F와 보조 접점 F_a, F_b를 갖고, 전자 접촉기 R은 주접점 R과 보조 접점 R_a, R_b를 갖고 있다.

이 회로의 동작을 추적해보면,

① 푸시 버튼 스위치 SF를 눌러서 전자코일 F를 자화한다.

② 주접점 F와 보조 접점 F_a가 닫혀 전동기는 정회전하고, 푸시 버튼 스위치 SF를 분리해도 전자코일 F의 자화가 복귀되지 않도록 자기유지한다.

③ 동시에 보조 접점 F_b가 열려 전자코일 R이 자화되지 않도록 한다.(인터로크)

④ 회로는 이러한 상태로 운전 상태가 되고 있으며, 정지시킬 때는 푸시 버튼 스위치

STP를 눌러서 전자코일 F의 자화를 일시 중단시키면 모든 접점은 복귀하여 자기유지가 해체된다.

⑤ 역전시킬 때는 푸시 버튼 스위치 SF 대신에 SR을 눌러서 전자코일 R이 자기유지되어 전자코일 F의 회로는 인터로크 회로에 의해 동작되지 않는 상태가 된다.

⑥ 고장이 생겨서 부하에 과잉전류가 흘렀을 때는 열등 과잉전류 계전기의 접점 THR이 열려 정지할 때와 마찬가지로 모든 전자 접촉기의 접점을 복귀시킨다.

⑦ 그림 5-15(b)에서의 Timer인 T의 역할은 전동기의 회전 방향이 바뀔 때 순간적인 회전 방향의 변화로 계속 회전하려고 하는 관성에 의한 회전체축의 부담을 덜어주기 위해서 사용된다.

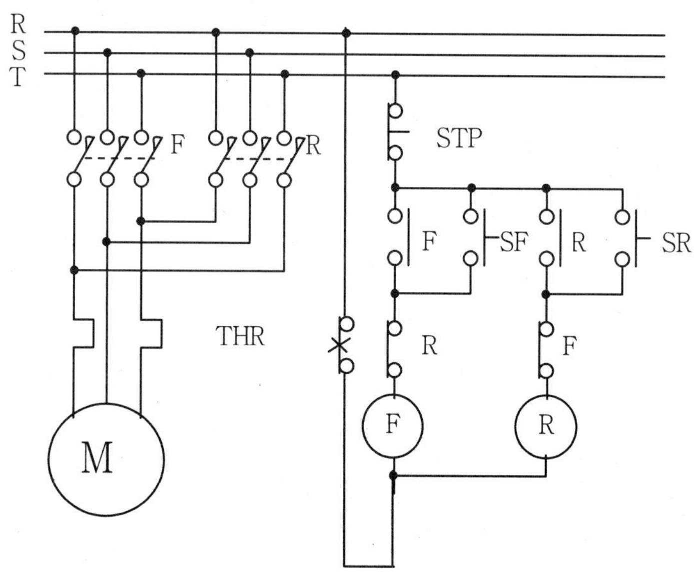

그림 5-15 (a) 삼상 유도 전동기의 정역회전 제어 회로

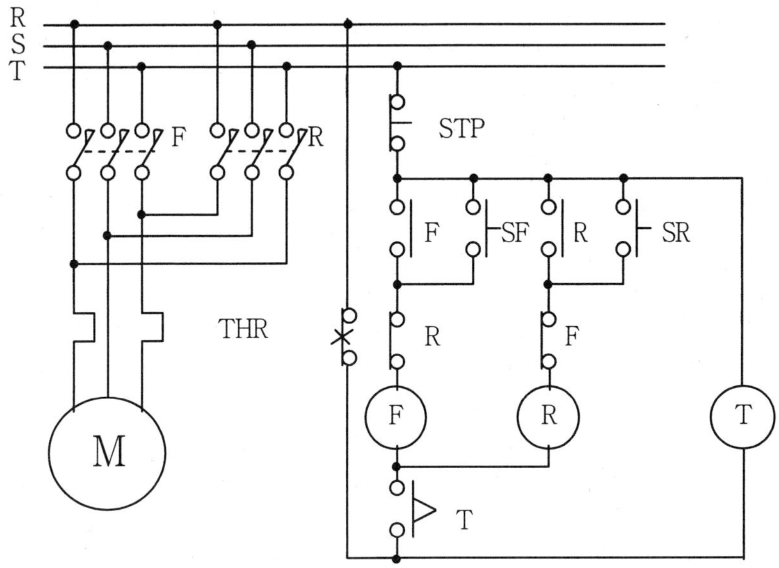

그림 5-15 (b) 삼상 유도 전동기의 정역회전 제어 회로

5.6 타이머 회로

타이머의 접점 기호는 아래의 그림 5-16에 나타낸 바와 같이 a접점과 b접점으로 나누어서 세로 쓰기일 경우와 가로 쓰기일 경우로 나타내었다. 이러한 타이머의 접점은 동작 신호를 준 후에 정해진 시간(Setting Time)만큼 늦게 출력이 발생하여 접점이 동작하도록 제작된 제어 기기로써 시퀀스 제어 회로의 지연 회로에 사용된다.

이러한 지연 회로에는 동작을 지연시키는 한시 동작 회로(On Delay Timer)와 복귀를 지연 시키는 한시 복귀 회로(Off Delay Timer)가 있을 수 있고, a접점과 b접점의 특성을 이용해서 일정 시간만 동작하든가 일정 시간만 동작하지 아니하는 회로를 만들 수 있겠다. 타이머의 응용 회로는 제5장에서 보여주고 있으며, 여기에 사용되는 타이머의 구조와 내부 회로는 그림 5-17에 나타내었다.

명 칭	그림 기호		비 고
	a 접점	b 접점	
한시동작 순시복귀 접점	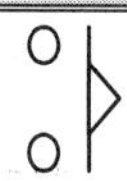		타이머 릴레이 유접점 기호
	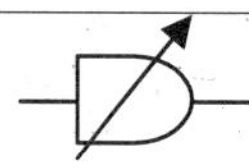	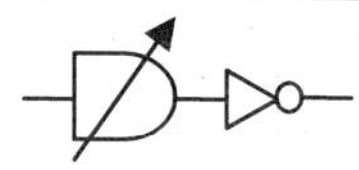	타이머 릴레이 논리 기호
순시동작 한시복귀 접점			타이머 릴레이 접점 기호
	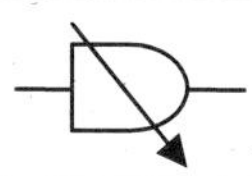	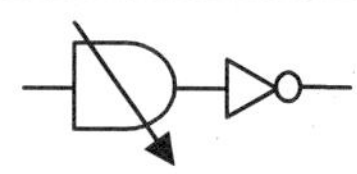	타이머 릴레이 논리 기호

그림 5-16 타이머 릴레이의 접점 기호

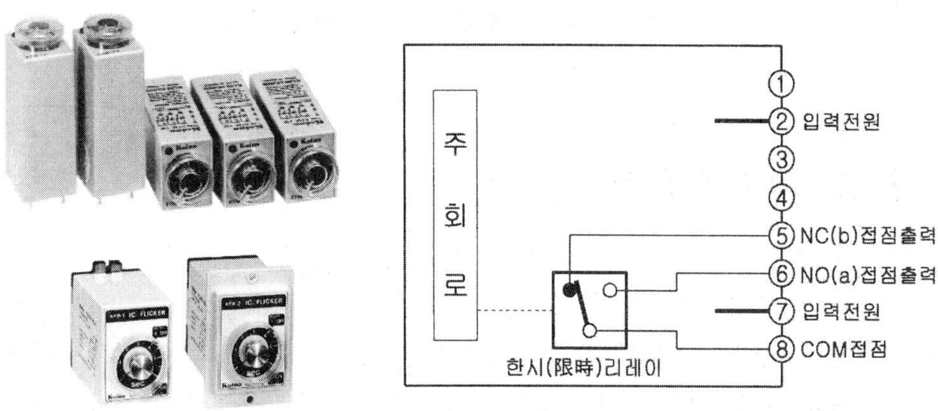

그림 5-17 타이머의 구조 외형과 내부 회로

(1) 동작 지연 타이머(ON Delay Timer)

다음의 그림 5-18은 동작 지연 타이머가 포함된 시퀀스 릴레이 회로와 이에 따른 타임 차트를 나타낸 것으로써 이것들에 대한 동작 관계를 살펴보면 다음과 같다.

〈그림 5-18의 동작순서 설명〉

① 기동 Start 스위치 ST를 누르면 릴레이 X와 타이머 릴레이 T가 동작한다.

② 릴레이 X와 타이머 릴레이 T가 동작하면, 릴레이 X의 a접점이 동작하여 접점이 단

히게 되어 기동 Start 스위치 ST가 복귀되어도 릴레이 X와 타이머 릴레이 T는 계속적으로 전원이 공급되어 릴레이 X의 a접점에 의해 유지되게 된다.(유지 회로)
타이머 릴레이 T에 계속적으로 전원이 공급되는 동안 타이머 릴레이에 설정된 시간 t에 이르게 되면 한시동작 지연 접점인 Ta가 동작하여 램프 L에 불이 들어오게 된다.(한시동작 지연회로)

③ Stop 스위치인 STP를 누르게 되면 릴레이 X에 공급되던 전원이 차단되기 때문에 릴레이 X의 a접점이 열리게 되어 Stop 스위치인 STP가 복귀되어도 릴레이 X와 타이머 릴레이 T에 전원 공급이 중단된다.

④ 타이머 릴레이 T에 전원이 중단되므로 인해 타이머의 a접점인 Ta가 열리게 되고 램프 L은 소등된다.

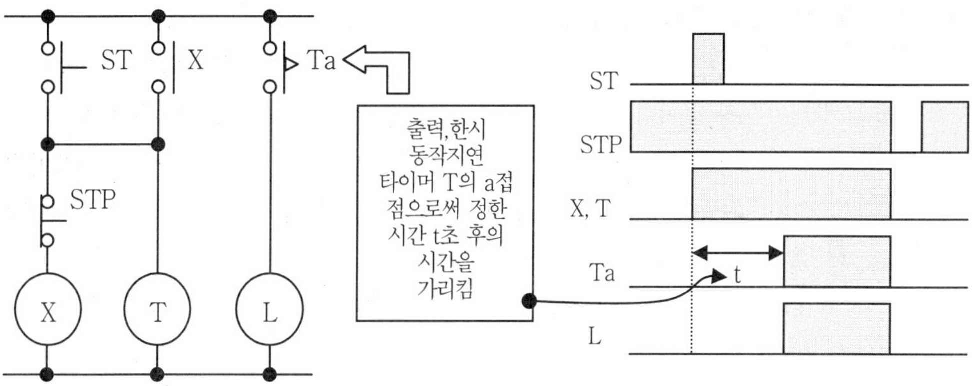

그림 5-18 한시동작 지연회로와 타임 차트

다음의 그림 5-19는 로직 시퀀스 회로이며 OR 게이트 입력으로 기동 Start 스위치 ST와 자기유지 접점 X가 되고 OR 게이트 출력과 Stop 스위치인 STP의 NOT 게이트 신호를 AND 게이트 입력으로 하고 출력을 X로 하는 일반적인 자기유지 회로 로직이 된다. 릴레이 X와 타이머 릴레이 T는 거의 동시에 여자(Excite) 되지만 접점 Ta는 한시동작 지연 접점이므로 한시동작 지연 로직 기호를 첨부한 출력이 램프 L에 연결된 로직 회로이며, 이는 그림 5-18의 시퀀스 회로와 동일한 성능을 가진다.

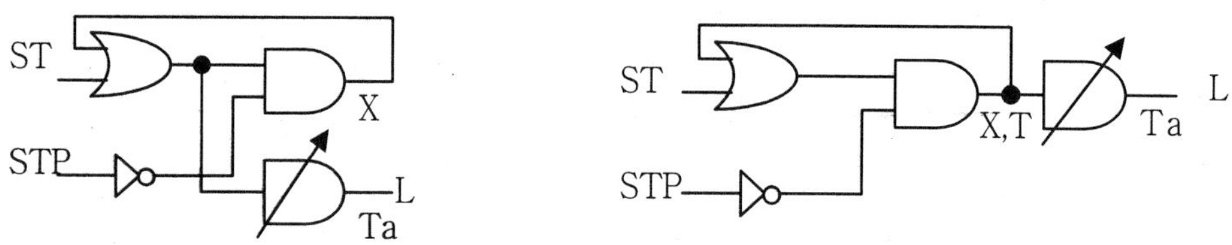

그림 5-19 한시동작 지연의 로직 회로

(2) 복귀지연 타이머(Off Delay Timer)

다음의 그림 5-20은 복귀지연 타이머가 포함된 시퀀스 릴레이 회로와 이에 따른 타임 차트를 나타낸 것으로써 이것들에 대한 동작 관계를 살펴보면 다음과 같다.

〈그림 5-20의 동작 순서 설명〉

① 기동 Start 스위치 ST를 누르면 릴레이 X와 타이머 릴레이 T가 동작한다.

② 릴레이 X와 타이머 릴레이 T가 동작하면, 릴레이 X의 a접점이 동작하여 접점이 닫히게 되어 기동 Start 스위치 ST가 복귀되어도 릴레이 X와 타이머 릴레이 T는 계속적으로 전원이 공급되어 릴레이 X의 a접점에 의해 유지되게 된다(유지회로). 또한 타이머 Ta가 동작하여 부하 출력 램프 L에 불이 들어오게 된다.

③ Stop 스위치인 STP를 누르게 되면 릴레이 X에 공급되던 전원이 차단되기 때문에 릴레이 X의 a접점이 열리게 되어 Stop 스위치인 STP가 복귀되어도 릴레이 X와 타이머 릴레이 T에 전원 공급이 중단된다.

④ 타이머 릴레이 T에 계속적으로 전원이 공급되는 동안 타이머 릴레이에 설정된 시간 t에 이르게 되면 한시복귀 지연 접점인 Ta가 비로소 열리고 램프 L에 불이 들어와 있던 것이 소등하게 된다(한시복귀 지연회로).

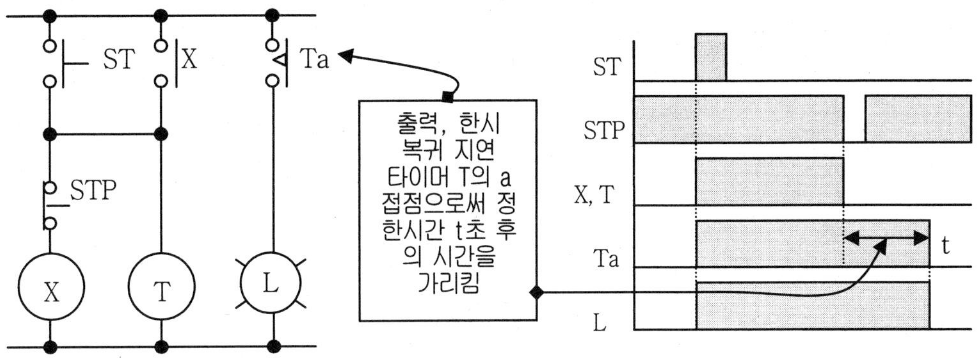

그림 5-20 한시복귀 지연 타이머 회로와 타임 차트

다음의 그림 5-21은 로직 시퀀스 회로이며 OR 게이트 입력으로 기동 Start 스위치 ST와 자기유지 접점 X가 되고 OR 게이트 출력과 Stop 스위치인 STP의 NOT 게이트 신호를 AND 게이트 입력으로 하고 출력을 X로 하는 일반적인 자기유지 회로 로직이 된다. 릴레이 X와 타이머 릴레이 T는 거의 동시에 여자(Excite) 되지만 접점 Ta는 한시복귀 지연 접점이므로 한시복귀 지연 로직 기호를 첨부한 출력이 램프 L에 연결된 로직 회로이며, 이는 그림 5-19의 시퀀스 회로와 동일한 성능을 가진다.

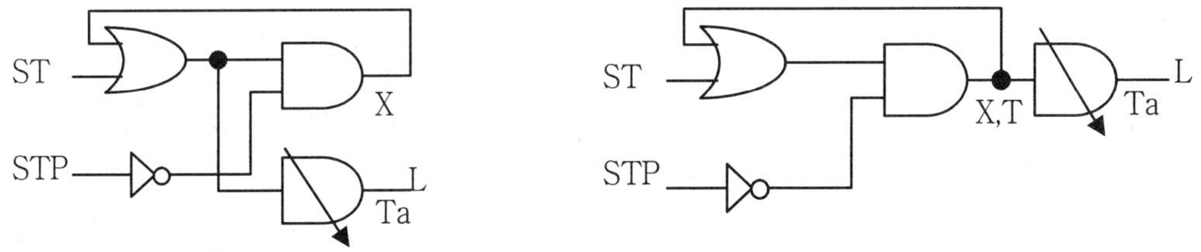

그림 5-21 한시복귀 지연 로직 회로

■ **문제 1 다음의 시퀀스 회로를 (1) 논리 회로도, (2) 타임 차트와 (3) 다음의 운전방법에 대한 설명문을 완성하시오.**

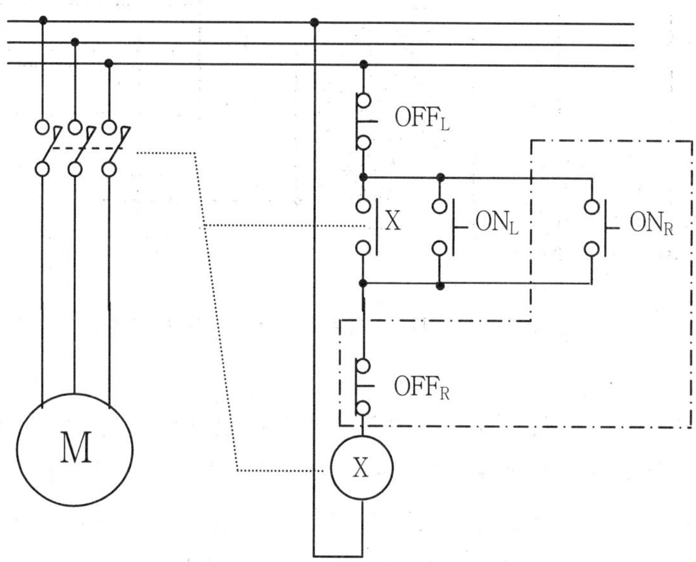

〈운전 방법〉

위의 시퀀스도는 원격에서도 조작할 수 있는 회로이다. 전동기를 회전시키는 전자 접촉기(①)를 여자시키는 것은 (②)인 ON$_L$과 (③)이고 이 (②)를 누르면 전자 접촉기(①)가 여자되어 주 접점과 보조 접점이 동작하여 전동기가 회전하고 (④) 회로가 동작하여, 전자 접촉기(①)가 계속적으로 여자되므로 전동기가 계속 회전하게 된다. 전동기를 정지하려면 전자 접촉기(①)의 코일에 전원 공급을 차단하면 되는데 이 일은 전자 접촉기(①)와 (⑤) 회로인 푸시 버튼인 OFF$_L$이나 (⑥)를 누르면 전자 접촉기(①)의 코일에 전원이 차단되어 접점들이 동작하게 되어 전동기는 정지하게 된다.

☞ 답

(1) 논리 회로도

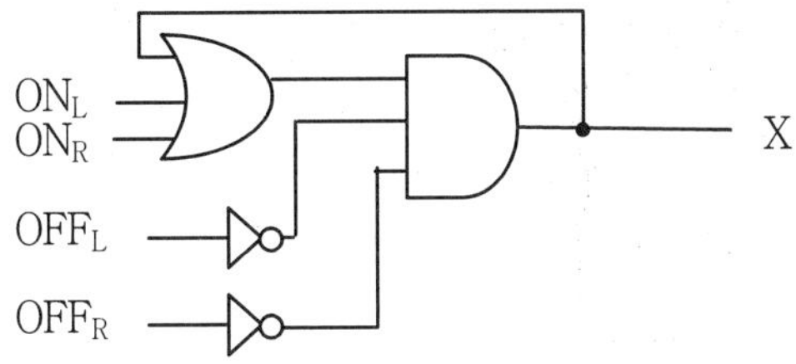

(2) 타임 차트

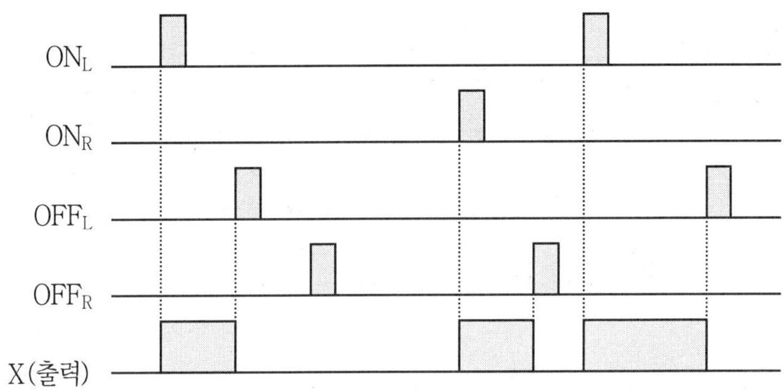

(3) ①: X, ②: 푸시 버튼, ③: ON_R, ④: 자기유지 접점, ⑤: 직렬, ⑥: OFF_R

■ **문제 2 다음의 논리 회로에 대응하는 시퀀스 회로도를 그리고, 타임 차트를 완성하고 이 회로의 이름은 무엇인가?**

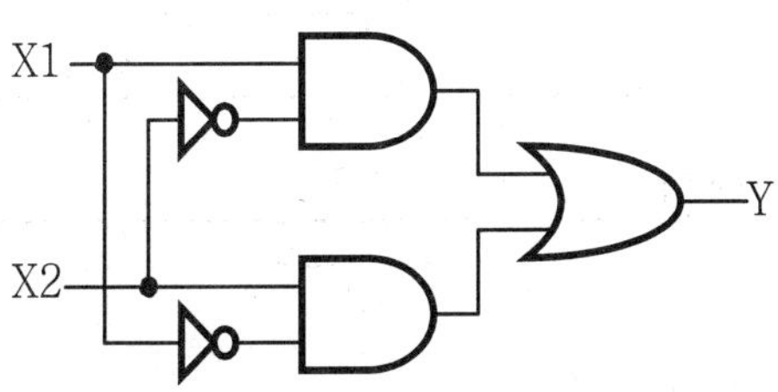

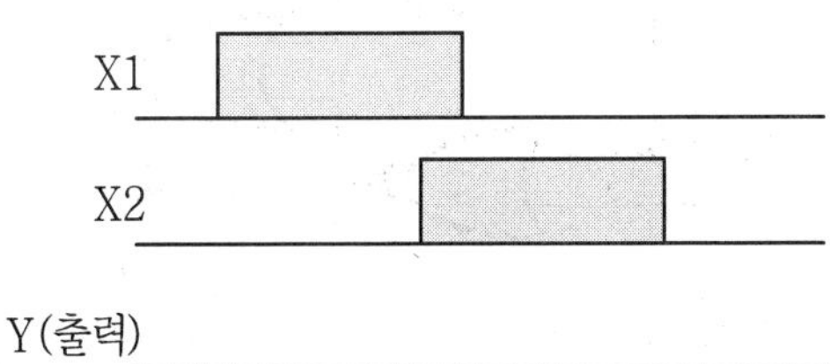

☞ 답

(1) 시퀀스 회로도

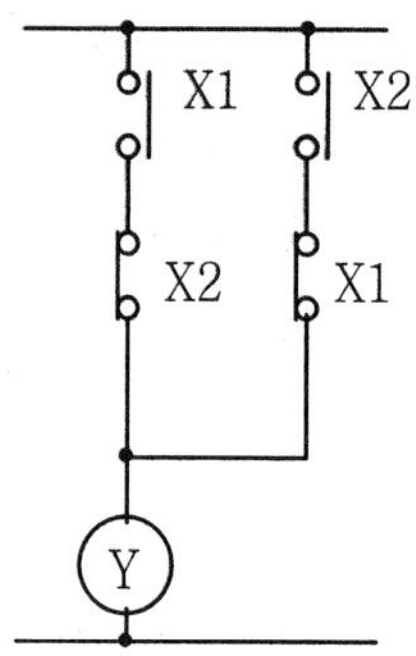

(2) 타임 차트

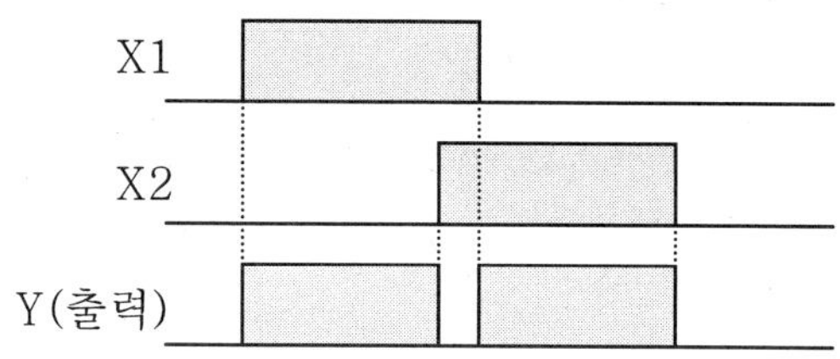

(3) 배타적 OR 회로(Exclusive OR)

■ 문제 3 다음의 논리 회로에 대응하는 시퀀스 회로도를 그리고, 타임 차트를 완성하라. 그리고 이 회로의 이름은 무엇인가?

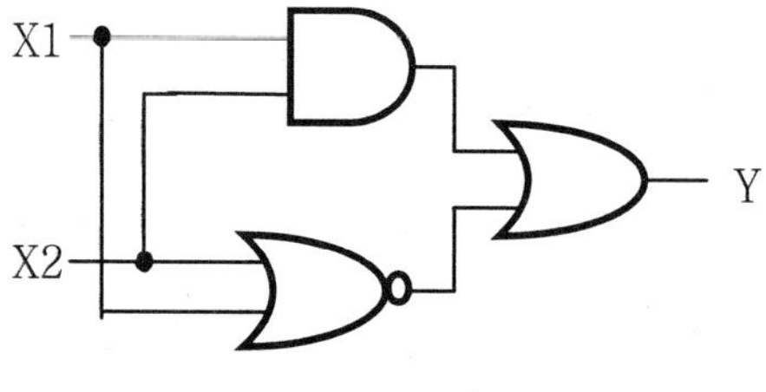

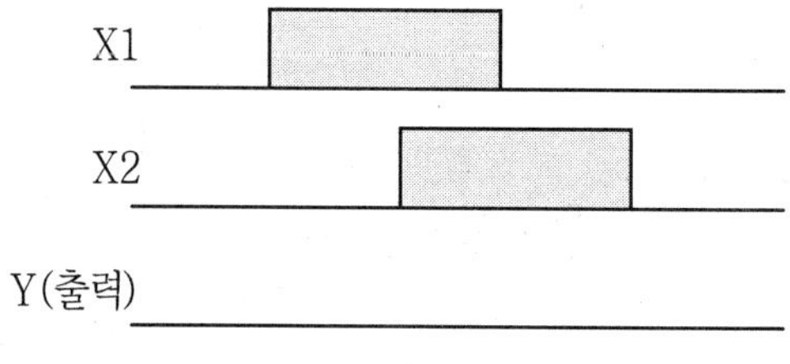

☞ 답

(1) 시퀀스 회로도

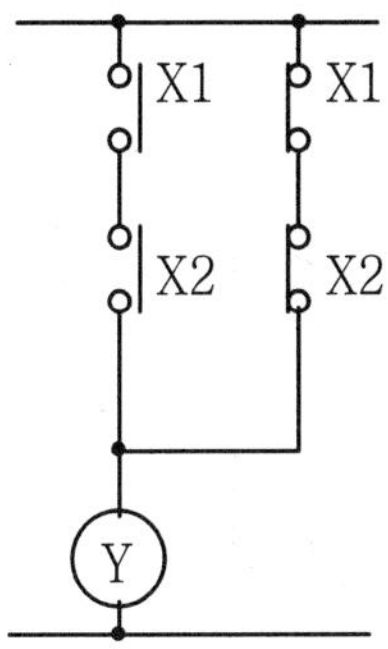

(2) 타임 차트

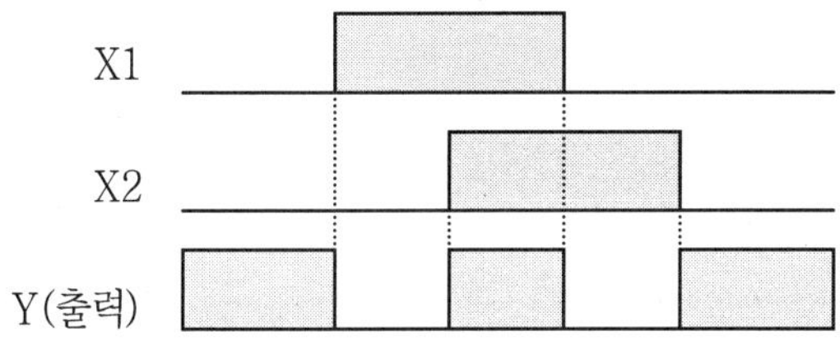

(3) 일치 회로(Exclusive NOR)

■ 문제 4 다음의 시퀀스 회로를 논리 회로와 타임 차트를 완성하시오.

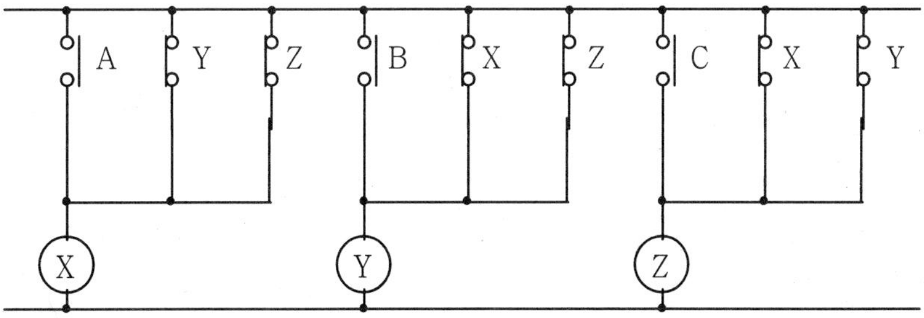

☞ 답

(1) 논리 회로

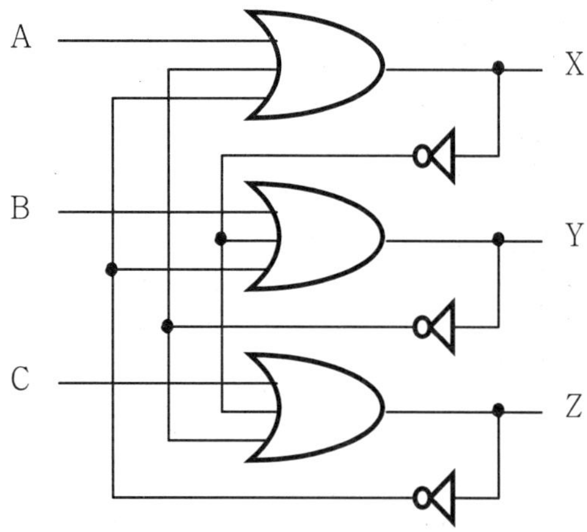

(2) 타임 차트

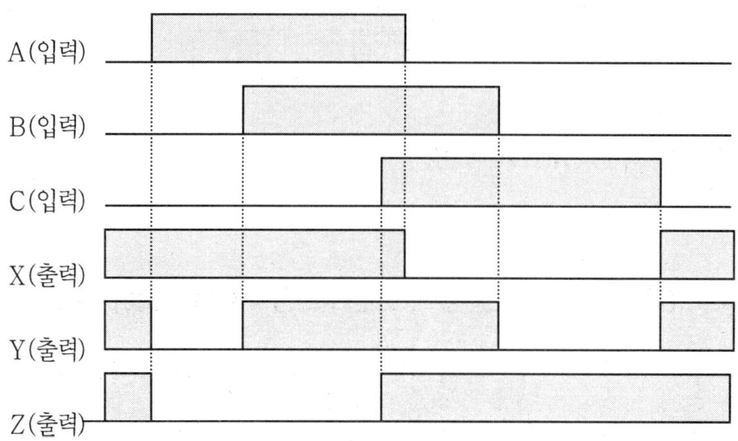

■ 문제 5 입력 신호가 A⇒B⇒C 순서로 있지 않으면 FF2 및 FF3가 동작하지 않는 순서제어 회로이다. 다음 각각의 물음에 답하시오.

(1) 타임 차트를 완성하시오.

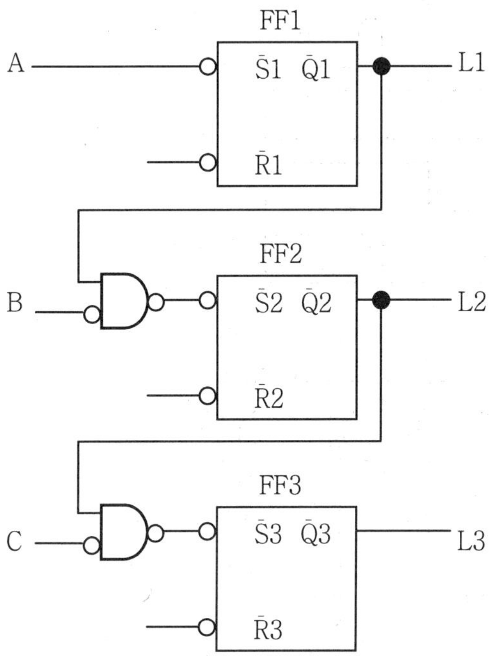

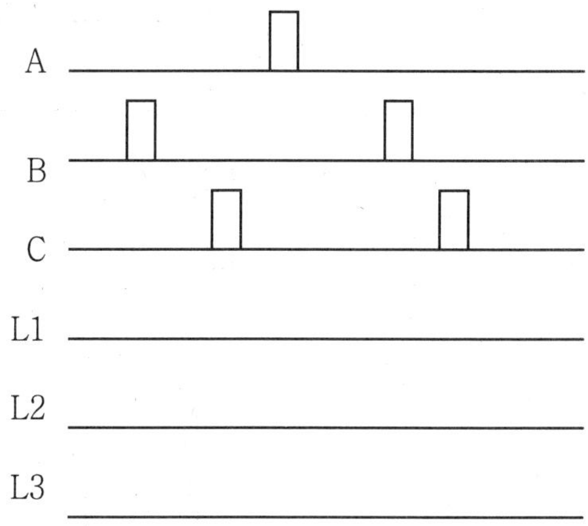

(2) 시퀀스 회로도로 나타내시오.

(3) 회로 동작 설명을 하시오.

☞ 답

(1)

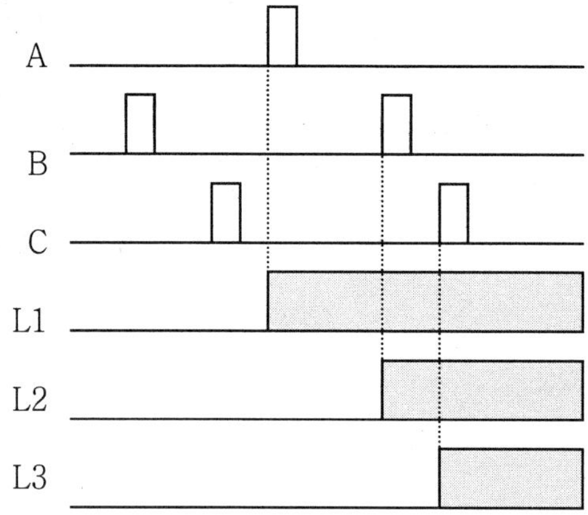

(2)

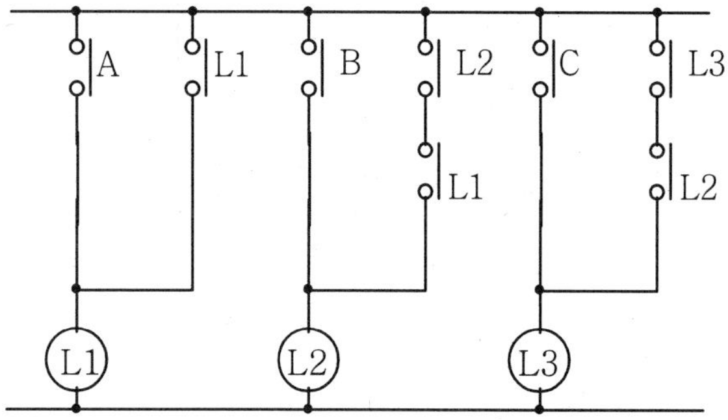

(3) 입력 A가 들어와야만 출력 L1이 동작하고, 출력 L1이 동작된 상태에서 입력 B가 들어와야만 출력 L2가 동작하며 출력 L3가 동작된 상태에서 입력 C가 들어와야만 출력 L3가 동작하는 회로로써, 직렬 우선 회로이다.

■ 문제 6 다음의 논리 회로를 보고 답하여라.

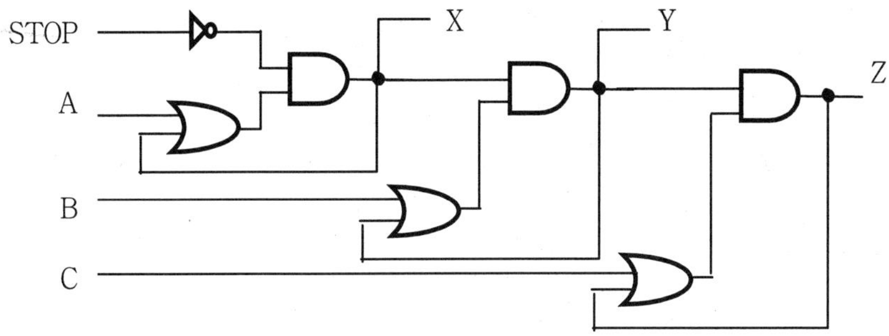

(1) 시퀀스 릴레이 회로로 변환하시오.

(2) 타임 차트를 그리시오.

(3) 동작결과인 Z에 대한 논리식은?

☞ 답

(1) 시퀀스 회로

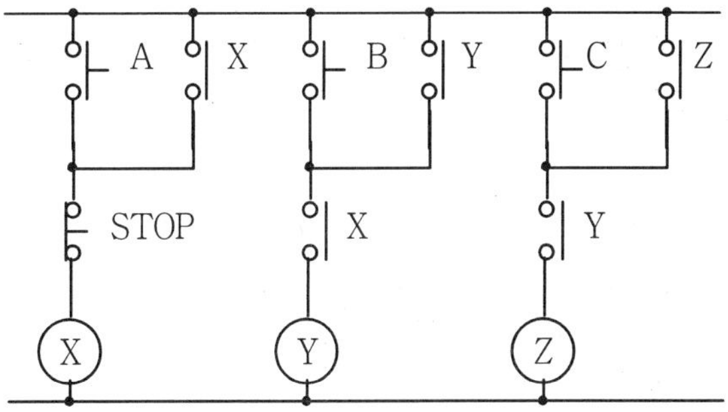

(2) 타임 차트

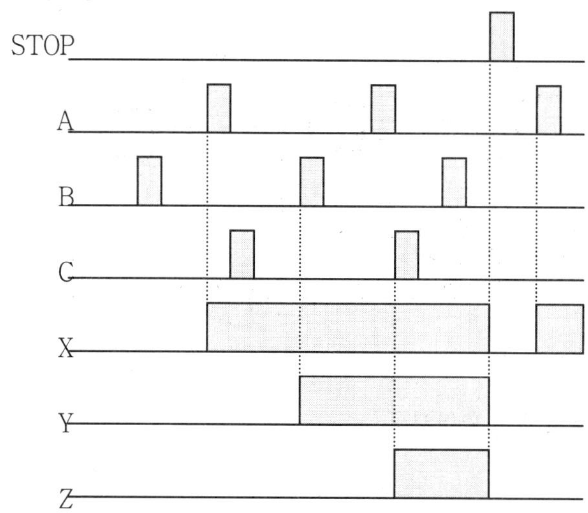

(3) 논리식

$$Z = (A + X) \cdot \overline{STOP} \cdot (B + Y) \cdot (C + Z)$$

문제 7 다음의 시퀀스 릴레이 회로는 두 곳(Lacal과 Remote)에서 조작할 수 있는 회로이다. 다음의 물음에 답하시오.

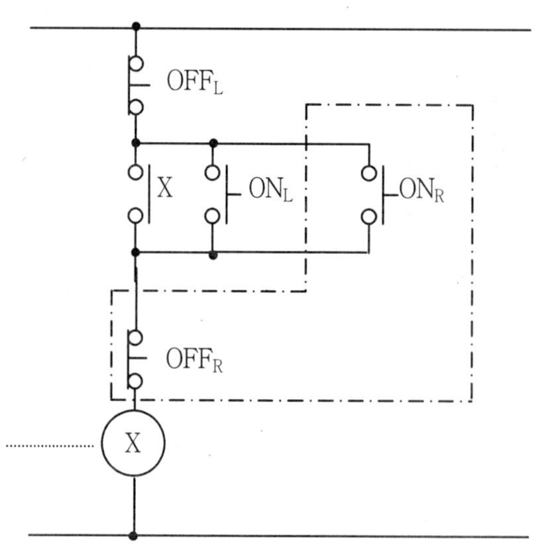

(1) 동작의 결과를 논리식으로 쓰시오.

(2) 무접점 논리 회로도로 변형하시오.

(3) Hand Loader로 PLC 프로그램을 작성할 때의 순서에 따라 열거하라. 단, Hand Loader의 명령어는 다음과 같다.

① STR : 입력 a접점
② STRN : 입력 b접점
③ AND : AND a접점
④ ANDN : AND b접점(AND NOT)
⑤ OR : OR a접점
⑥ ORN : OR b접점(OR NOT)
⑦ END : 끝
⑧ P000~P007 : 번지(입력 신호)
⑨ P008~P0015 : 번지(출력 신호)

(4) Ladder Diagram를 그려라.

☞ 답

(1) 논리식

$$X = (X + ON_L + ON_R) \cdot OFF_L \cdot OFF_R$$

(2) 논리회로도

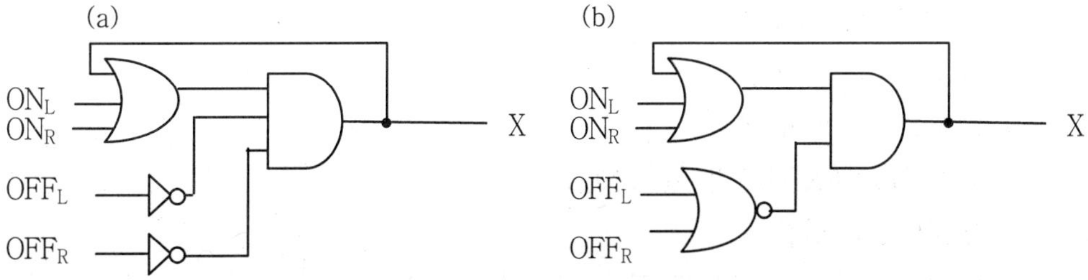

(3) PLC 프로그램 순서

STEP	명령어	번 지	비 고
00	STR	P000	ONL
01	STR	P001	ONR
02	STR	P007	출력X의 내부메모리
03	ANDN	P002	OFFL
04	ANDN	P003	OFFR
05	OUT	P007	출력 X
06	END		끝

(4) Ladder Diagram

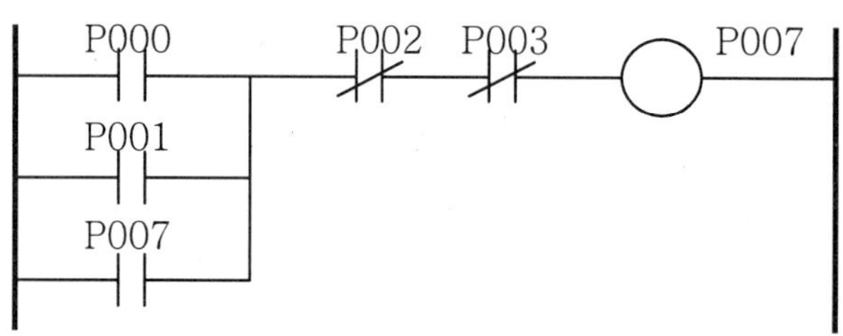

■ **문제 8 다음의 시퀀스 회로도를 PLC 프로그램으로 조작하려고 한다. PLC Ladder Diagram과 Handy Loader로 프로그램 할 때의 순서를 열거하시오. 단, PLC 명령어는 다음과 같다.**

① STR : 입력 a접점
② STRN : 입력 b접점
③ AND : AND a접점
④ ANDN : AND b접점(AND NOT)
⑤ OR : OR a접점
⑥ ORN : OR b접점(OR NOT)
⑦ END : 끝

⑧ P000~P007 : 번지(입력 신호)
⑨ P008~P0015 : 번지(출력 신호)
⑩ T000~T015 : 번지(타이머의 메모리 번지)

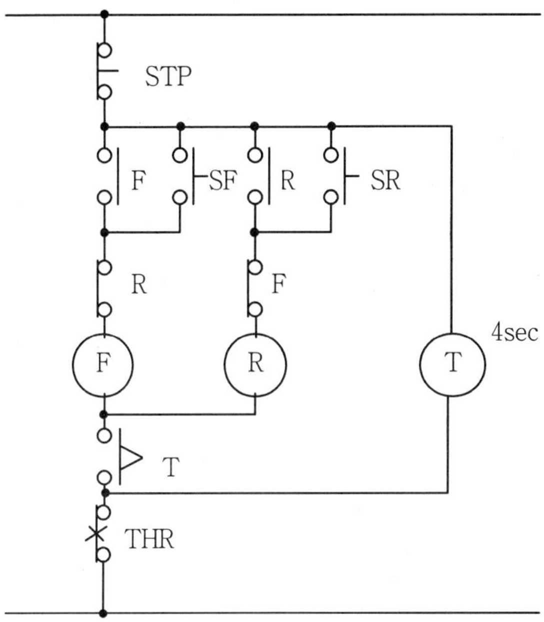

☞ 답

(1) Ladder Diagram

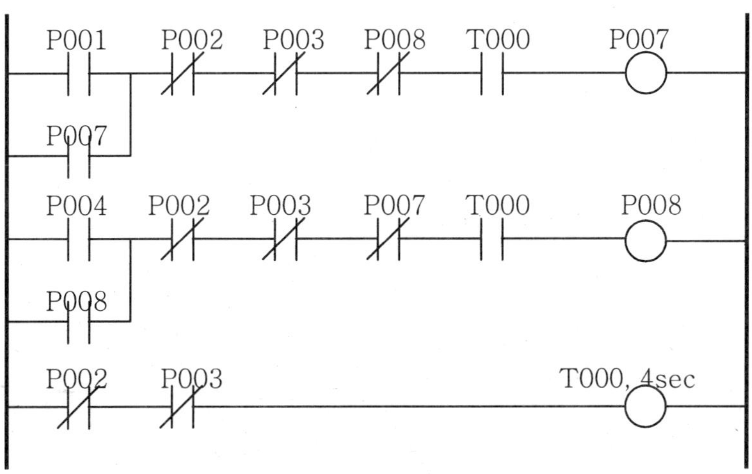

(2) PLC 프로그램 순서

STEP	명령어	번 지	비 고
00	STR	P001	SF, 정회전 START PB
01	STR	P007	F, 정회전 자기유지 접점
02	ANDN	P002	STOP PB
03	ANDN	P003	THR, 과부하 열동 계전기 동작
04	ANDNT	P008	R, 전동기 역회전 인터록크 접점
05	AND	T000	한시동작 순시복귀 타이머 a접점
06	OUT	P007	F, 정회전
07	STR	P004	RF, 역회전 START PB
08	STR	P008	RF, 역회전 자기유지 접점
09	ANDN	P002	STOP PB
10	ANDN	P003	THR, 과부하 열동 계전기 동작
11	ANDNT	P007	F, 전동기 역회전 인터록크 접점
12	AND	T000	한시동작 순시복귀 타이머 a접점
13	OUT	P008	R, 역회전
14	ANDN	P002	STOP PB
15	ANDN	P003	THR, 과부하 열동 계전기 동작
16	OUT	T000	TON, 타이머
17	END		

6

시퀀스 제어의 응용

제 6 장 시퀀스 제어의 응용

6.1 농형유도전동기의 기동제어회로

6.1.1 전동기 ON/OFF 및 원격 운전

삼상 유도전동기의 ON/OFF 운전은 전동기에 전원을 공급하는 주 전원 회로는 배선용 차단기인 MCCB와 전원 공급을 제어하는 MC 그리고 과전류를 검출하는 열동계전기인 Thermal Relay(THR)로 구성되어 전동기에 전원을 공급하게 된다. 이와 같은 구조와 주 전원 회로는 아래의 [그림 6-1]과 같다. [그림 6-2]는 전동기의 시동 시퀀스 동작순서를 나타낸 그림이다.

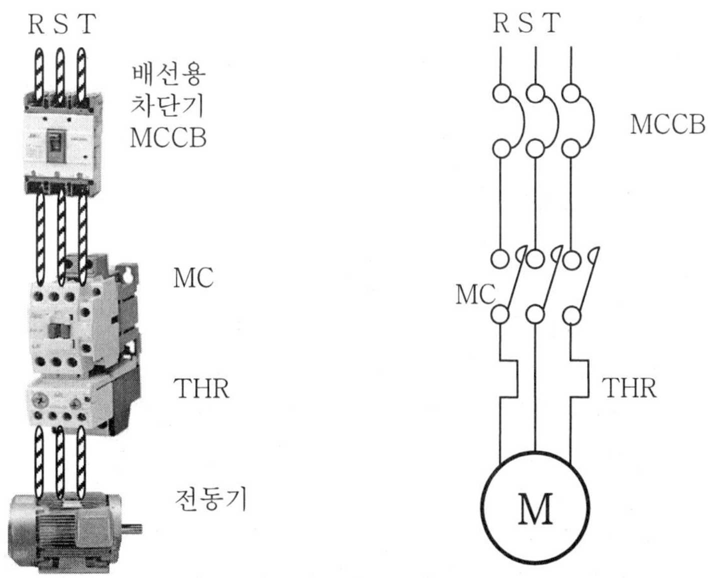

(a) 삼상 주 전원회로 구조 (b) 삼상 주 전원 회로도

[그림 6-1] 삼상 유도 전동기의 주 회로 결선

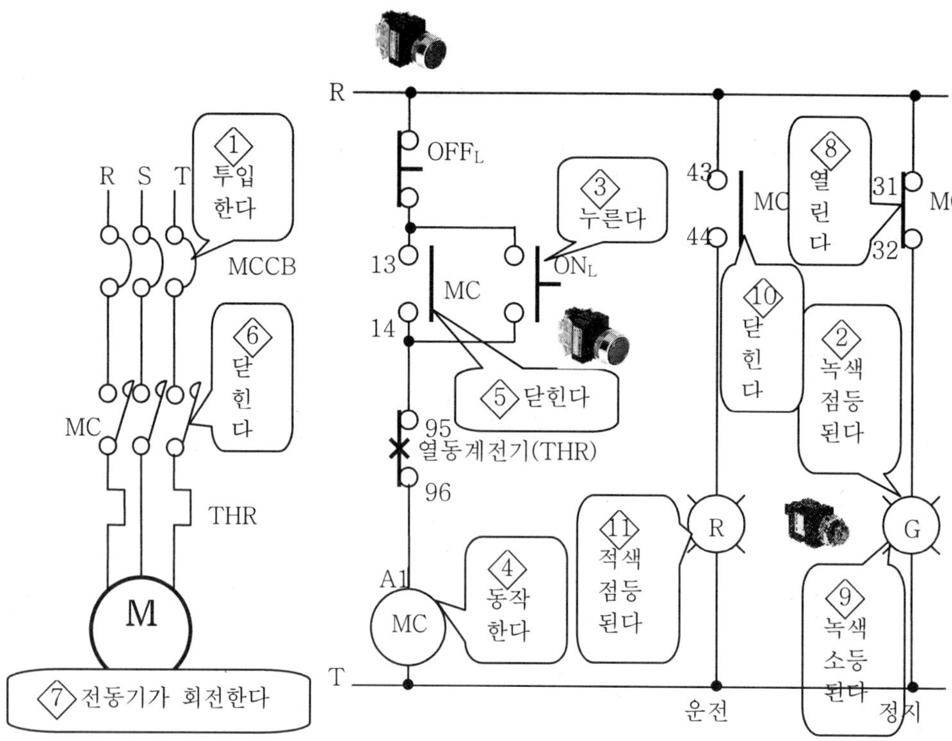

[그림6-2] 전동기의 시동 시퀀스 동작순서

(1) 전동기의 시동 시퀀스 동작순서

① 배선용 차단기인 MCCB를 투입한다.
② 전동기의 정지램프인 Green 램프가 점등한다.
③ 전동기의 ON 푸시 버튼를 누른다.
④ 전자접촉기인 MC가 코일이 여자(Exciting) 되어 동작한다.
⑤ 전자접촉기 MC의 보조 'a' 접점인 자기유지접점이 닫힌다.
⑥ 전자접촉기 MC의 주 접점인 R,S,T 가 닫힌다.
⑦ 전동기가 회전한다.
⑧ 전자접촉기 MC의 보조 'b' 접점이 열린다.
⑨ 전동기의 정지램프인 Green 램프가 소등한다.
⑩ 전자접촉기 MC의 보조 'a' 접점이 닫힌다.
⑪ 전동기의 운전램프인 Red 램프가 점등한다

(2) 전동기의 정지 시퀀스 동작순서

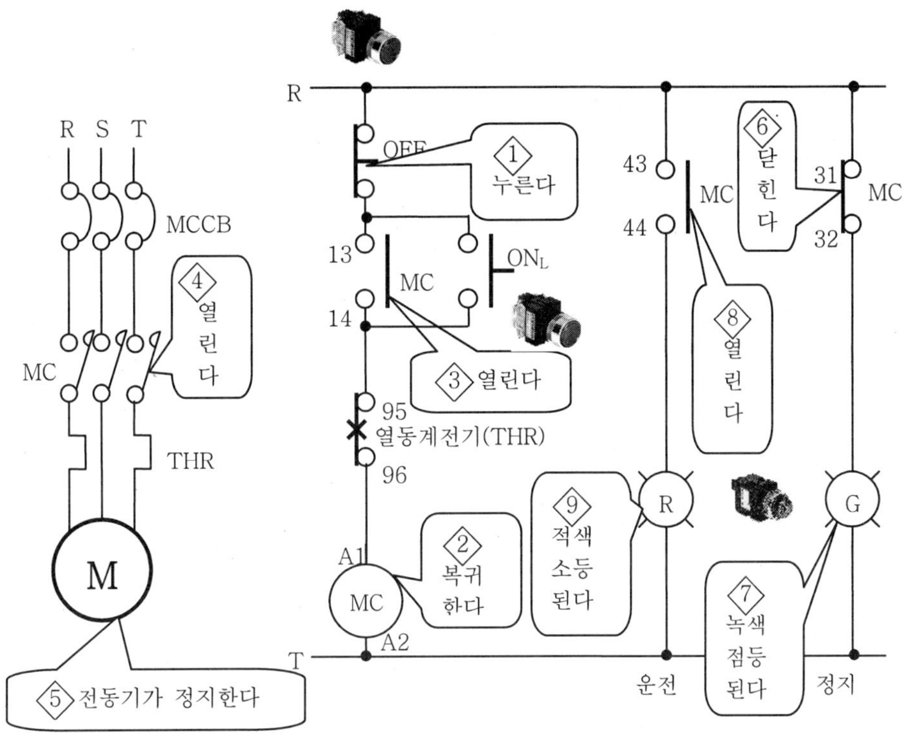

[그림6-3] 전동기의 정지 시퀀스 동작순서

전동기의 정지 시퀀스 동작은 [그림6-3]에서 보여 주고 있으며 동작순서를 서술하면 아래와 같다.

① 전동기 OFF 푸시 버튼을 누른다.
② 전자접촉기인 MC가 코일이 여자(Exciting) 되고 있던 것이 해지되어 복귀한다.
③ 전자접촉기 MC의 보조 'a' 접점인 자기유지접점이 열린다.
④ 전자접촉기 MC의 주 접점인 R,S,T 가 열린다.
⑤ 전동기가 정지한다.
⑥ 전자접촉기 MC의 보조 'b' 접점이 닫힌다.
⑦ 전동기의 정지램프인 Green 램프가 점등한다.
⑧ 전자접촉기 MC의 보조 'a' 접점이 열린다.
⑨ 전동기의 운전램프인 Red 램프가 소등한다

(3) 전동기의 과부하 정지 시퀀스 동작순서

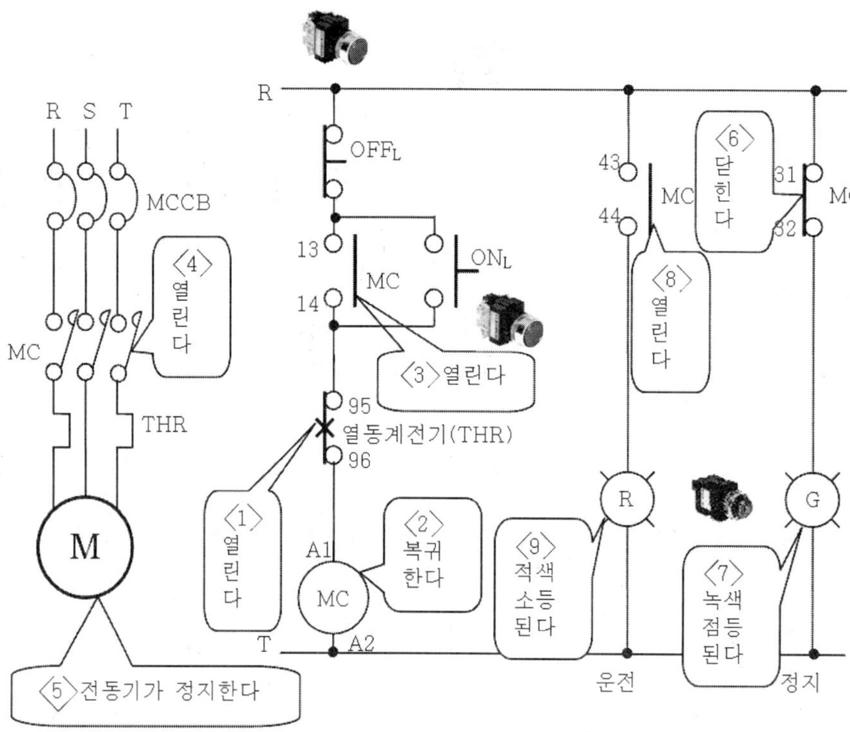

[그림 6-5] 전동기의 원격 시동 시퀀스제어

전동기의 원격 시동 시퀀스 동작은 [그림6-5]에서 보여 주고 있으며 동작순서를 서술하면 아래와 같다.

① 전동기의 정지램프인 Green 램프가 점등한다.
② 전동기의 ON 푸시 버튼를 누른다.
③ 전자접촉기인 MC가 코일이 여자(Exciting) 되어 동작한다.
④ 전자접촉기 MC의 보조 'a' 접점인 자기유지접점이 닫힌다.
⑤ 전자접촉기 MC의 주 접점인 R,S,T 가 닫힌다.
⑥ 전동기가 회전한다.
⑦ 전자접촉기 MC의 보조 'b' 접점이 열린다.
⑧ 전동기의 정지램프인 Green 램프가 소등한다.
⑨ 전자접촉기 MC의 보조 'a' 접점이 닫힌다.
⑩ 전동기의 운전램프인 Red 램프가 점등한다

6.1.2 전동기 정-역 회로

삼상 유도전동기의 정회전과 역회전 운전은 전동기에 전원을 공급하는 주 전원 회로는 배선용 차단기인 MCCB와 전동기에 정회전 전원 공급을 제어하는 F-MC 및 역회전 전원 공급을 제어하는 R-MC 그리고 과전류를 검출하는 열동계전기인 Thermal Relay(THR)로 구성되어 전동기에 전원을 공급하게 된다. 이와 같은 구조와 주 전원 회로는 아래의 [그림 6-6]과 같다. [그림 6-7]은 전동기의 시동 시퀀스 동작순서를 나타낸 그림이다.

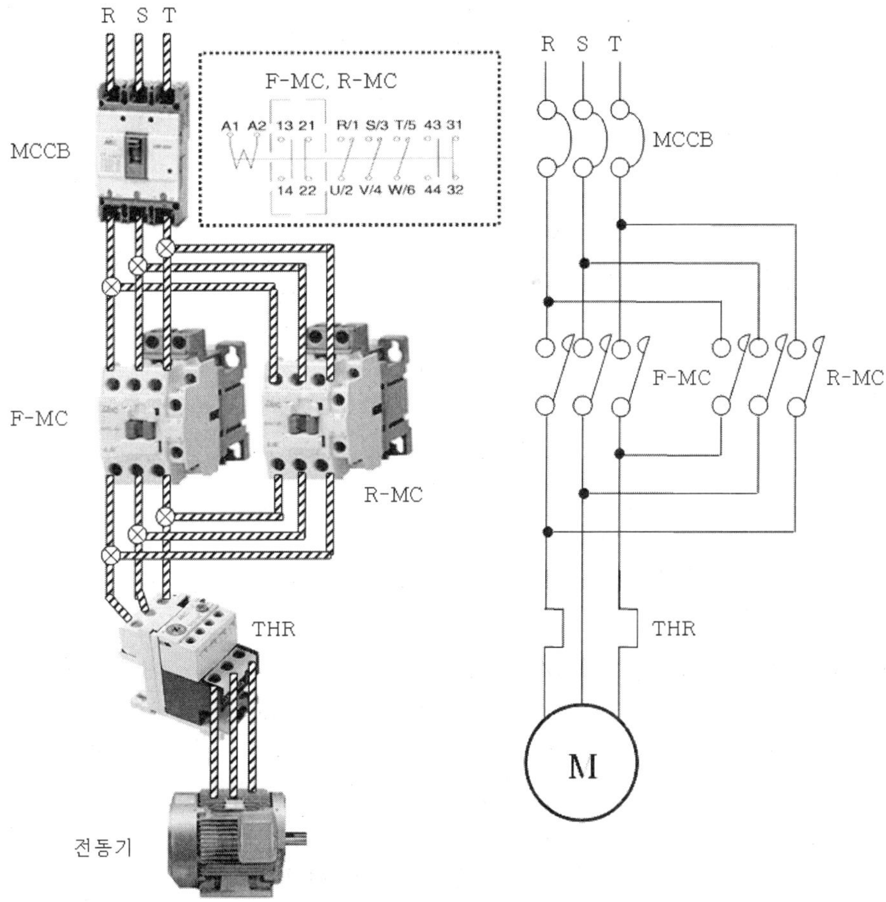

(a) 삼상 정-역회전 주 전원회로 구조 (b) 삼상 정-역회전 주 전원 회로도

[그림 6-6] 삼상 유도 전동기의 정-역회전 주 회로 결선

(1) 전동기의 정회전 시동 운전 시퀀스 동작순서

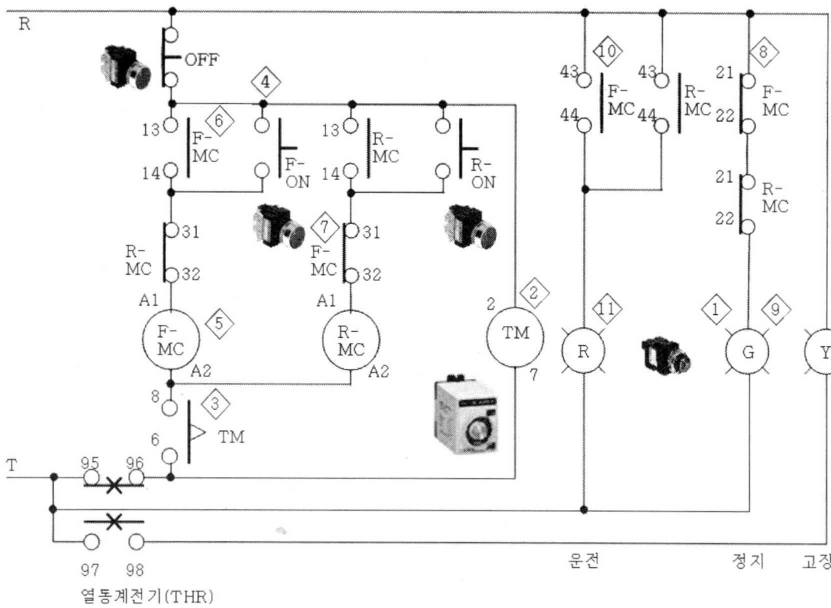

[그림 6-7] 삼상 유도전동기 정-역회전 시동 시퀀스 동작 순서]

① 전동기의 정지램프인 Green 램프가 점등한다.
② 전동기 순간 정회전과 역회전 금지 Timer를 여자(Exciting) 시킨다.
③ 순간 정회전과 역회전 금지 Timer ON Delay(약 5초) 'a' 접점이 닫힌다.
④ 전동기의 정회전 시동 F-ON 푸시 버튼을 누른다.
⑤ 정회전 전자접촉기인 F-MC가 코일이 여자(Exciting) 되어 동작한다.
⑥ 정회전 전자접촉기 F-MC의 보조 'a' 접점인 자기유지접점이 닫힌다.
정회전 전자접촉기 F-MC의 주 접점인 R,S,T 가 닫힌다.
전동기가 정회전한다.
⑦ 정회전 전자접촉기 F-MC의 보조 'b' 인터로크 접점이 열린다.
⑧ 정회전 전자접촉기 F-MC의 보조 'b' 접점이 열린다.
⑨ 전동기의 정지램프인 Green 램프가 소등한다.
⑩ 정회전 전자접촉기 F-MC의 보조 'a' 접점이 닫힌다.
⑪ 전동기의 운전램프인 Red 램프가 점등한다

(2) 전동기의 역회전 시동 운전 시퀀스 동작순서

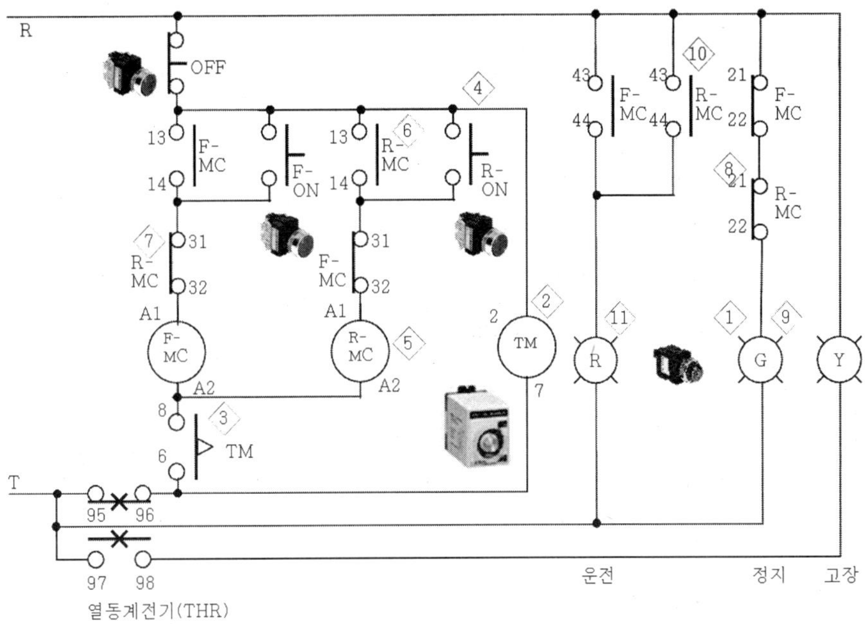

[그림 6-8] 전동기 역회전 시동 시퀀스 동작 순서

전동기의 역회전 시동 시퀀스 동작은 [그림6-8]에서 보여 주고 있으며 동작순서를 서술하면 아래와 같다.

① 전동기의 정지램프인 Green 램프가 점등한다.
② 전동기 순간 정회전과 역회전 금지 Timer를 여자(Exciting) 시킨다.
③ 순간 정회전과 역회전 금지 Timer ON Delay(약 5초) 'a' 접점이 닫힌다.
④ 전동기의 역회전 시동 R-ON 푸시 버튼을 누른다.
⑤ 역회전 전자접촉기인 R-MC가 코일이 여자(Exciting) 되어 동작한다.
⑥ 역회전 전자접촉기 R-MC의 보조 'a' 접점인 자기유지접점이 닫힌다.
역회전 전자접촉기 R-MC의 주 접점인 R,S,T 가 닫힌다.
전동기가 역회전한다.
⑦ 역회전 전자접촉기 R-MC의 보조 'b' 인터로크 접점이 열린다.
⑧ 역회전 전자접촉기 R-MC의 보조 'b' 접점이 열린다.
⑨ 전동기의 역회전램프인 Green 램프가 소등한다.
⑩ 역회전 전자접촉기 R-MC의 보조 'a' 접점이 닫힌다.
⑪ 전동기의 운전램프인 Red 램프가 점등한다

(3) 전동기의 정 ▪ 역 회전 정지 시퀀스 동작순서

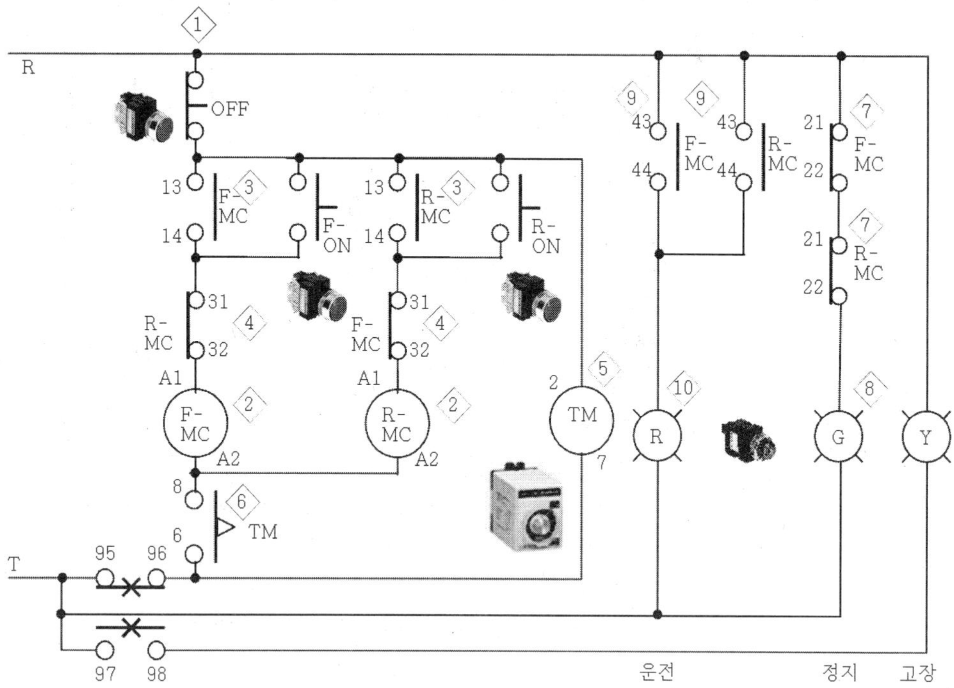

[그림 6-9] 전동기 정 ▪ 역 회전 정지 시퀀스 동작 순서

전동기의 정 ▪ 역 회전 정지 시퀀스 동작은 [그림6-9]에서 보여 주고 있으며 동작순서를 서술하면 아래와 같다.

① 전동기 OFF 푸시 버튼을 누른다.
② 정 ▪ 역 전자접촉기인 F-MC, R-MC가 코일이 여자(Exciting) 되고 있던 것이 해지되어 복귀한다.
③ 정 ▪ 역 전자접촉기 F-MC, R-MC의 보조 'a' 접점인 자기유지접점이 열린다.
정 ▪ 역 전자접촉기 F-MC, R-MC의 주 접점인 R,S,T 가 열린다.
전동기가 정지한다.
④ 정 ▪ 역 전자접촉기 F-MC, R-MC의 보조 'b' 인터로크 접점이 닫힌다.
⑤ 전동기 순간 정회전과 역회전 금지 Timer를 여자(Exciting) 되고 있던 것이 해지되어 복귀한다.
⑥ 순간 정회전과 역회전 금지 Timer ON Delay(약 5초) 'a' 접점이 열린다.

⑦ 정 ▪ 역 전자접촉기 F-MC, R-MC의 보조 'b' 접점이 닫힌다.
⑧ 전동기의 정지램프인 Green 램프가 점등한다.
⑨ 정 ▪ 역 전자접촉기 F-MC, R-MC의 보조 'a' 접점이 열린다.
⑩ 전동기의 운전램프인 Red 램프가 소등한다

(4) 전동기의 정 ▪ 역 회전 과부하 정지 시퀀스 동작순서

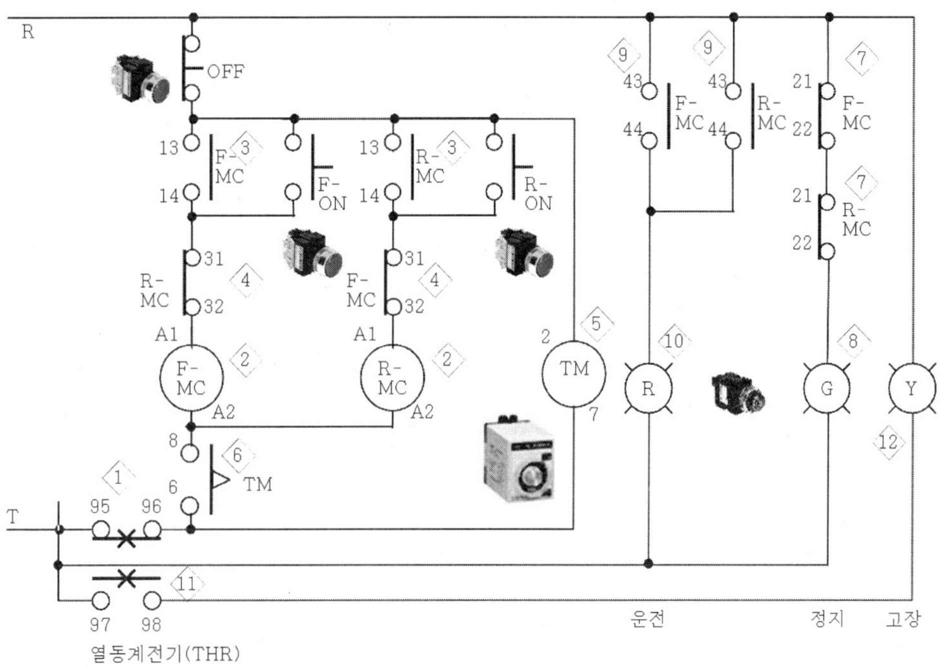

[그림 6-10] 전동기 역 ▪ 역회전 과부하 정지 시퀀스 동작 순서

전동기의 정 ▪ 역 회전 과부하 정지 시퀀스 동작은 [그림6-10]에서 보여 주고 있으며 동작 순서를 서술하면 아래와 같다.

① 전동기 운전 중에 과부하로 인해 열동계전기(THR)가 동작 'b' 접점이 열린다.
② 정 ▪ 역 전자접촉기인 F-MC, R-MC가 코일이 여자(Exciting) 되고 있던 것이 해지되어 복귀한다.
③ 정 ▪ 역 전자접촉기 F-MC, R-MC의 보조 'a' 접점인 자기유지접점이 열린다.
정 ▪ 역 전자접촉기 F-MC, R-MC의 주 접점인 R,S,T 가 열린다.

전동기가 정지한다.

④ 정 ▪ 역 전자접촉기 F-MC, R-MC의 보조 'b' 인터로크 접점이 닫힌다.

⑤ 전동기 순간 정회전과 역회전 금지 Timer를 여자(Exciting) 되고 있던 것이 해지되어 복귀한다.

⑥ 순간 정회전과 역회전 금지 Timer ON Delay(약 5초) 'a' 접점이 열린다.

⑦ 정 ▪ 역 전자접촉기 F-MC, R-MC의 보조 'b' 접점이 닫힌다.

⑧ 전동기의 정지램프인 Green 램프가 점등한다.

⑨ 정 ▪ 역 전자접촉기 F-MC, R-MC의 보조 'a' 접점이 열린다.

⑩ 전동기의 운전램프인 Red 램프가 소등한다

⑪ 전동기 운전 중에 과부하로 인해 열동계전기(THR)가 동작 'a' 접점이 닫힌다.

⑫ 전동기의 과부하 램프인 Yellow 램프가 점등한다

6.1.3 전동기 Y-△ 기동

삼상 유도전동기의 Y- Δ 시동 운전은 전동기에 전원을 공급하는 주 전원 회로는 배선용 차단기인 MCCB와 전원 공급을 제어하는 전자 접촉기로써 Y-MC, Δ-MC 그리고 과전류를 검출하는 열동계전기인 Thermal Relay(THR)로 구성되어 전동기에 전원을 공급하게 된다. 유도전동기를 기동할 때는 Y결선으로 해서 기동하고 충분히 가속된 후에 Δ 결선으로 바꾸게 된다. 물론 소용량의 전동기는 직입 기동(전 전압 기동)을 하게 되는데, 이때는 정격전류의 4 ~ 6배의 기동전류가 흐르게 된다. 따라서 이러한 기동전류를 줄이기 위해서 Y-Δ 기동방법을 택하게 된다. 용량이 큰 전동기인 경우에는 큰 기동전류가 흘러서 전선을 소손하는 경우가 있다. 따라서 Y결선으로 기동할 때의 선 전류는 Δ 결선으로 기동할 때의 선 전류보다 $\frac{1}{3}$로 줄어들기 때문에 과전류에 의한 전동기 권선의 소손 위험을 방지할 수 있으며 토오크도 전압의 2승에 비례하므로 기동 토오크도 $\frac{1}{3}$로 줄어 든다.

이러한 관계를 결선 회로도와 수식으로 나타내면 다음과 같다.

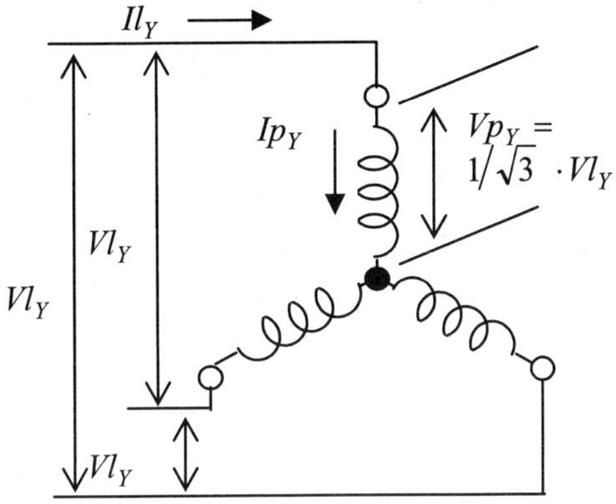

상 전류: $Ip_Y = \frac{Vp_Y}{Z} = \frac{Vl_Y}{\sqrt{3}\cdot Z}$

상 전압: $Vp_Y = \frac{1}{\sqrt{3}}\cdot Vl_Y$

선 전류: $Il_Y = Ip_Y = \frac{Vp_Y}{Z} = \frac{Vl_Y}{\sqrt{3}\cdot Z}$

선 전압: $Vl_Y = \sqrt{3}\cdot Vp_Y$

(a) Y결선에서의 전압과 전류 특성

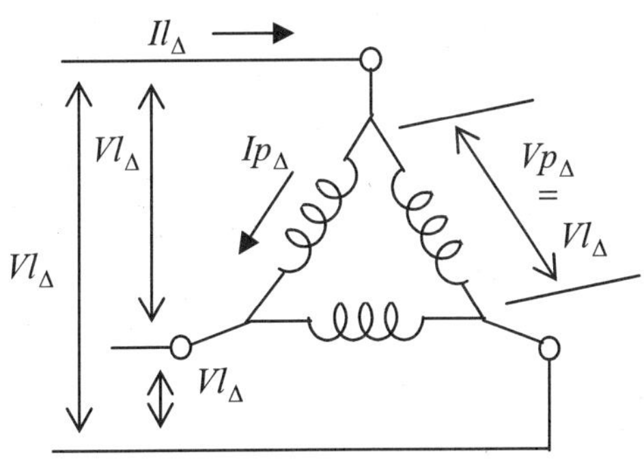

상 전류: $Ip_\Delta = \frac{Vp_\Delta}{Z} = \frac{Vl_\Delta}{Z}$

상 전압: $Vp_\Delta = Vl_\Delta$

선 전류: $Il_\Delta = \sqrt{3}\cdot Ip_\Delta = \frac{\sqrt{3}\cdot Vl_\Delta}{Z}$

선 전압: $Vl_\Delta = Vp_Y$

(b) ⊿ 결선에서의 전압과 전류 특성

$$\frac{I_Y}{I_\Delta} = \frac{\frac{V_l}{\sqrt{3}z}}{\frac{\sqrt{3}V_l}{z}} = \frac{V_l}{\sqrt{3}z}\cdot\frac{z}{\sqrt{3}V_l} = \frac{1}{3} \qquad \frac{V_Y}{V_\Delta} = \frac{\frac{1}{\sqrt{3}}V_\Delta}{V_\Delta} = \frac{1}{\sqrt{3}}$$

(c) ⊿결선 대비 Y결선의 전류와 전압의 관계

[그림 6-11] Y결선과 Δ결선에 의한 전압과 전류의 관계

이와 같은 구조와 주 전원 회로는 이래의 [그림 6-12]과 같다. [그림 6-13]는 전동기의 Y-Δ 시동 시퀀스 동작순서를 나타낸 그림이다.

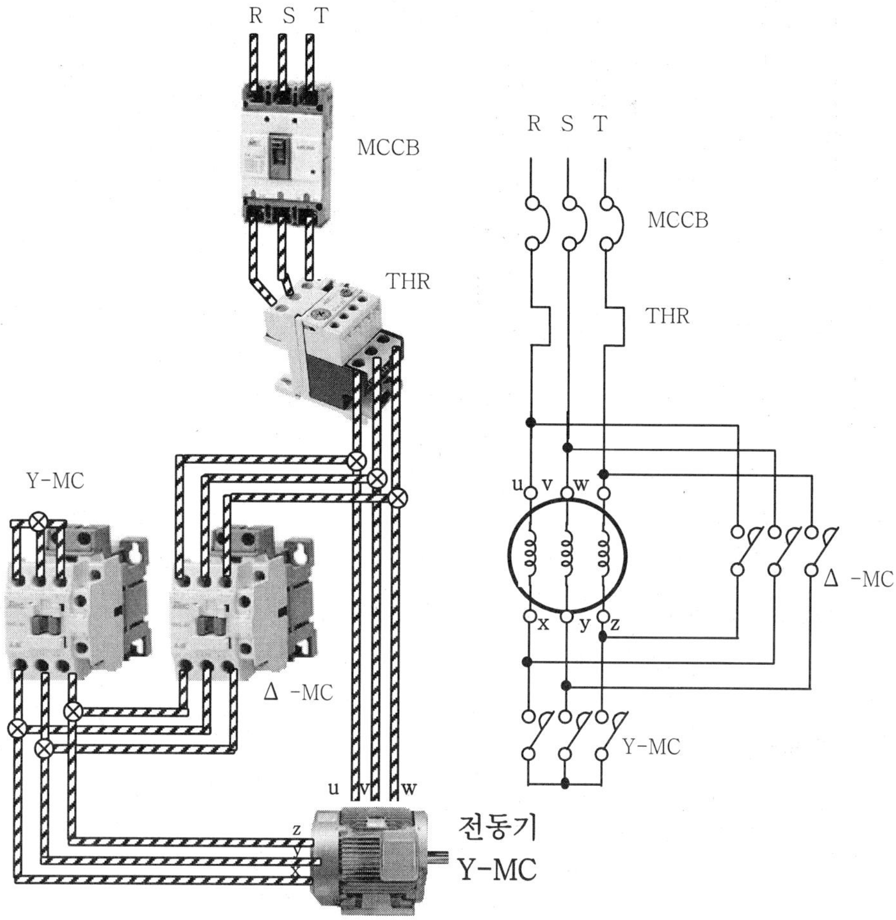

(a) 삼상 Y- Δ 주 전원회로 구조 (b) 삼상 Y- Δ 주 전원회로도

Y결선			Δ결선		
R | u	S | v	T | w	R | u | z	S | v | X	T | W | y
z-x-y					

(c) 전동기의 외부단자 결선

[그림 6-12] 삼상 유도 전동기의 Y- Δ 시동 운전 주 회로 결선

(1) 동기의 전동기 Y- Δ 기동 시퀀스 동작순서

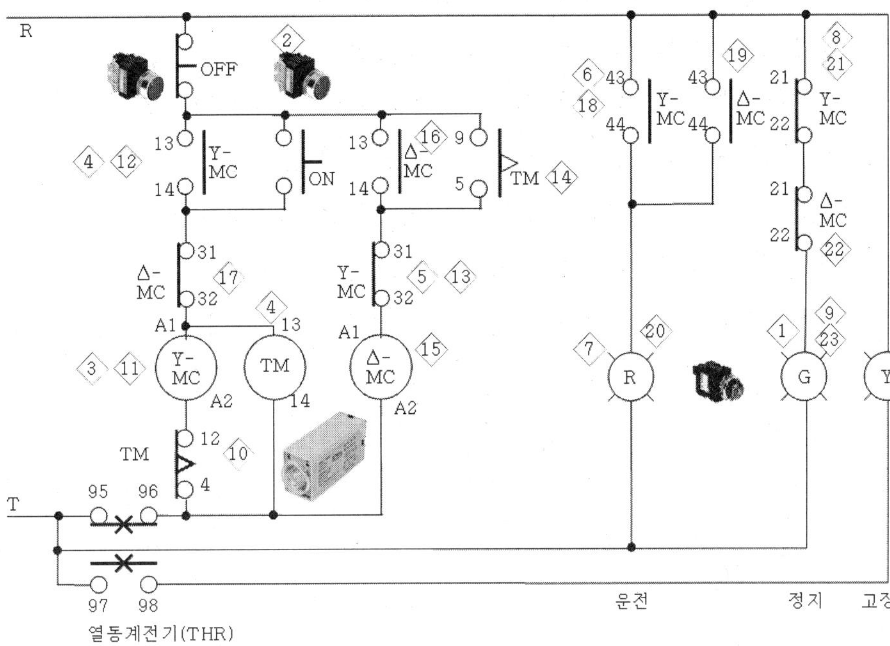

[그림 6-13] 전동기 Y- Δ 기동 시퀀스 동작순서

전동기의 전동기 Y- Δ 기동 시퀀스 동작은 [그림6-13]에서 보여 주고 있으며 동작순서를 서술하면 아래와 같다.

① 전동기의 정지램프인 Green 램프가 점등한다.

② 전동기의 시동 ON 푸시 버튼을 누른다.

③ 전자접촉기인 Y-MC가 코일이 여자(Exciting) 되어 동작한다.

④ 전자접촉기 Y-MC의 보조 'a' 접점인 자기유지접점이 닫힌다.

전자접촉기 Y-MC의 주 접점인 x,y,z 가 닫혀서 전동기의 내부권선을 Y결선시킨다.

전동기가 Y결선 회전한다.

전동기 Y결선에서 Δ결선으로 전환하는 Timer를 여자(Exciting) 시킨다.

⑤ 전자접촉기 Y-MC의 보조 'b' 인터로크 접점이 열린다.

⑥ 전자접촉기 Y-MC의 보조 'a' 접점이 닫힌다.

⑦ 전동기의 운전램프인 Red 램프가 점등한다

⑧ 전자접촉기 Y-MC의 보조 'b' 접점이 열린다.

⑨ 전동기의 정지램프인 Green 램프가 소등한다.

⑩ Y결선에서 Δ결선으로 전환하는 Timer OFF Delay(약 5초) 'b' 접점이 열린다

⑪ 전자접촉기인 Y-MC가 코일이 여자(Exciting) 되어 동작된 것이 복귀한다.

⑫ 전자접촉기 Y-MC의 보조 'a' 접점인 자기유지접점이 열린다.

⑬ 전자접촉기 Y-MC의 보조 'b' 인터로크 접점이 닫힌다.

⑭ Y결선에서 Δ결선으로 전환하는 Timer ON Delay(약 5초) 'a' 접점이 닫힌다.

⑮ 전자접촉기인 Δ-MC가 코일이 여자(Exciting) 되어 동작한다.

⑯ 전자접촉기 Δ-MC의 보조 'a' 접점인 자기유지접점이 닫힌다.
전자접촉기 Δ-MC의 주접점인 x,y,z 가 닫혀서 전동기의 내부권선을 Δ결선시킨다.
전동기가 Δ결선 회전한다.

⑰ 전자접촉기 Δ-MC의 보조 'b' 인터로크 접점이 열린다.

⑱ 전자접촉기 Y-MC의 보조 'a' 접점이 열린다.

⑲ 전자접촉기 Δ-MC의 보조 'a' 접점이 닫힌다.

⑳ 전동기의 운전램프인 Red 램프가 Y-MC의 보조 'a' 접점이 열리고 Δ-MC의 보조 'a' 접점이 닫히면서 계속해서 점등한다

㉑ 전자접촉기 Y-MC의 보조 'b' 접점이 닫힌다.

㉒ 전자접촉기 Δ-MC의 보조 'b' 접점이 열린다.

㉓ 전동기의 정지운전램프인 Green 램프가 Y-MC의 보조 'b' 접점이 닫히고 Δ-MC의 보조 'b' 접점이 열리면서 계속해서 소등한다.

(2) 전동기의 전동기 Y- ⊿ 정지 시퀀스 동작순서

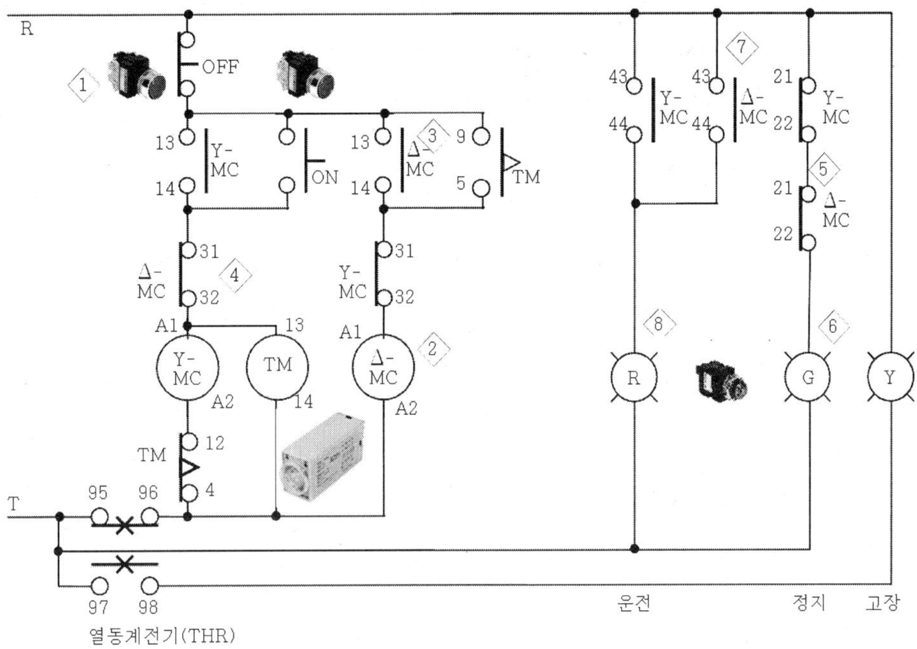

[그림6-14] 전동기 Y- Δ 정지 시퀀스 동작순서

전동기의 전동기 Y- Δ 정지 시퀀스 동작은 [그림6-14]에서 보여 주고 있으며 동작순서를 서술하면 아래와 같다.

① 전동기 OFF 푸시 버튼을 누른다.
② 전자접촉기인 Δ=MC가 코일이 여자(Exciting) 되고 있던 것이 해지되어 복귀한다.
③ 전자접촉기 Δ=MC의 보조 'a' 접점인 자기유지접점이 열린다.
전자접촉기 Δ=MC의 주 접점인 R,S,T 가 열린다.
전동기가 정지한다.
④ 전자접촉기 Δ=MC의 보조 'b' 인터로크 접점이 닫힌다.
⑤ 전자접촉기 Δ=MC의 보조 'b' 접점이 닫힌다.
⑥ 전동기의 정지램프인 Green 램프가 점등한다.
⑦ 전자접촉기 Δ=MC의 보조 'a' 접점이 열린다.
⑧ 전동기의 운전램프인 Red 램프가 소등한다

(3) 전동기의 전동기 Y- Δ 과부하 정지 시퀀스 동작순서

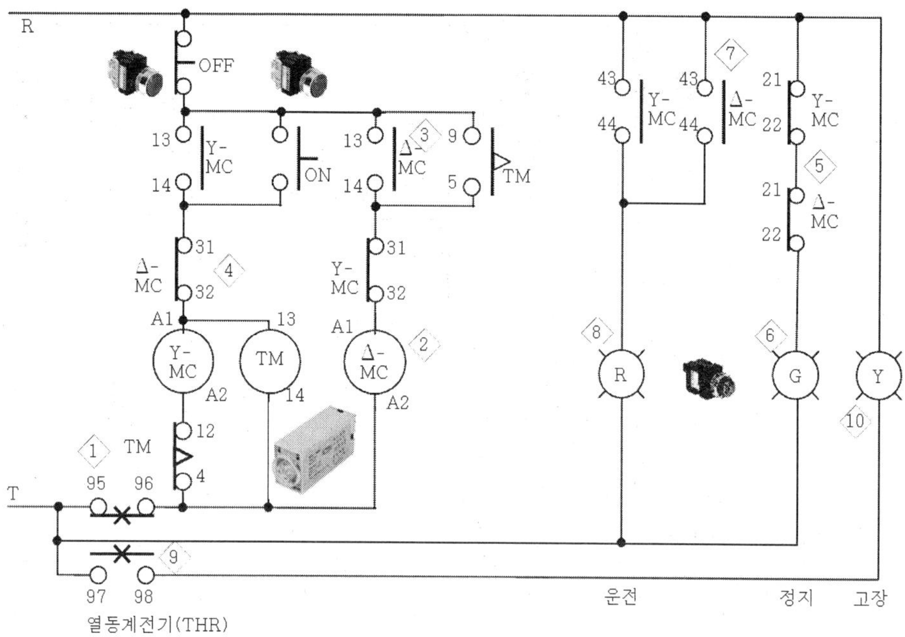

[그림6-15] 전동기 Y- Δ 과부하 정지 시퀀스 동작순서

전동기의 전동기 Y-Δ 과부하 시퀀스 동작은 [그림6-15]에서 보여 주고 있으며 동작순서를 서술하면 아래와 같다.

① 전동기의 운전 중 과부하로 인해 열동계전기인 THR의 'b' 접점이 열린다.
② 전자접촉기인 Δ-MC가 코일이 여자(Exciting) 되고 있던 것이 해지되어 복귀한다.
③ 전자접촉기 Δ-MC의 보조 'a' 접점인 자기유지접점이 열린다.
　 전자접촉기 Δ-MC의 주 접점인 R,S,T 가 열린다.
　 전동기가 정지한다.
④ 전자접촉기 Δ-MC의 보조 'b' 인터로크 접점이 닫힌다.
⑤ 전자접촉기 Δ-MC의 보조 'b' 접점이 닫힌다.
⑥ 전동기의 정지램프인 Green 램프가 점등한다.
⑦ 전자접촉기 Δ-MC의 보조 'a' 접점이 열린다.
⑧ 전동기의 운전램프인 Red 램프가 소등한다

⑨ 전동기의 운전 중 과부하로 인해 열동계전기인 THR의 'a' 접점이 닫힌다.
⑩ 전동기의 고장램프인 Yellow 램프가 점등한다.

6.1.4 전동기제어용 인버터

(1) 인버터 제어 블록도

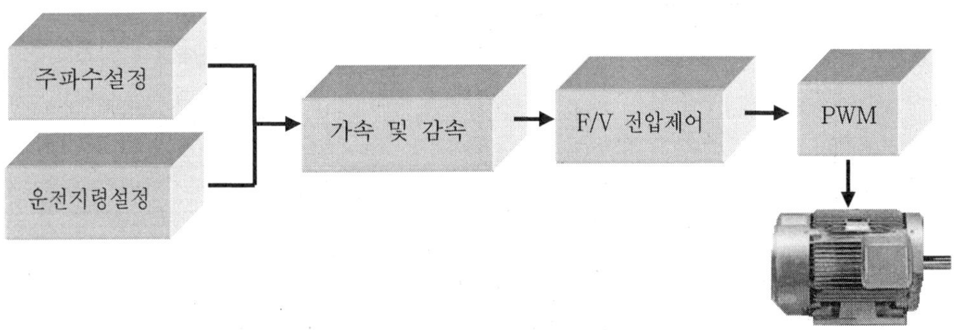

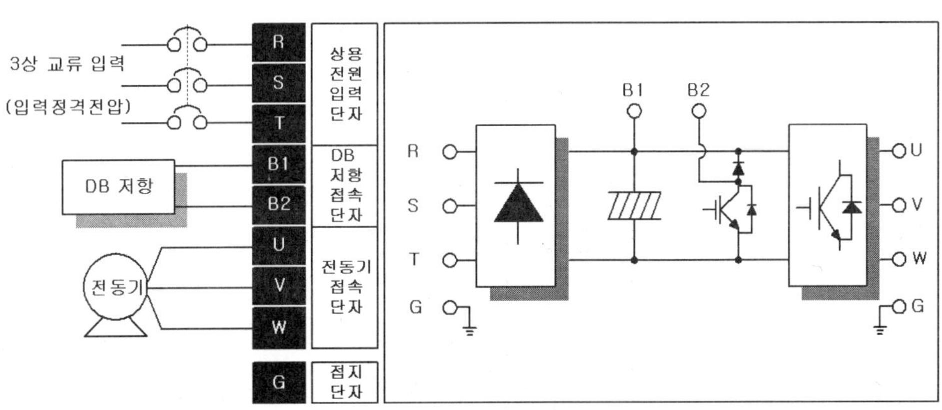

[그림 6-16] 인버터 운전 위한 제어 블록도와 주 전원 결선도

(2) 단자 결선도

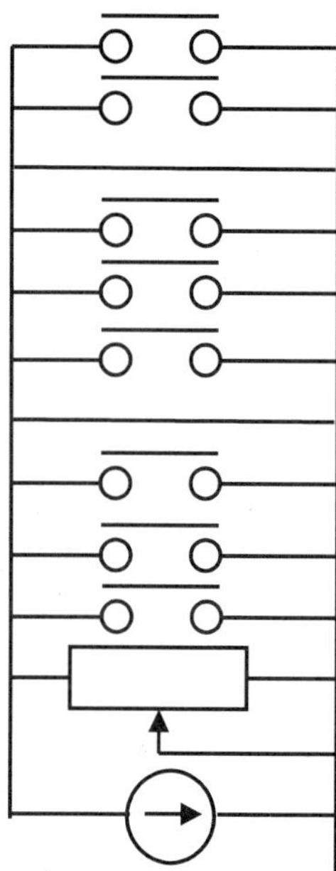

단자이름	기능설명	
MO	다기능 오픈 콜렉터 출력 단자	
MG	MO 공통단자	
24	24V 출력	
P1	다기능입력 단자 (초기 설정)	FX:정방향 운전지령
P2		RX:역방향 운전지령
CM	입력신호 공통단자	
P3	다기능입력 단자 (초기 설정)	EST:비상정지
P4		RST:트립해제신호
P5		JOG:조그주파수운전
CM	입력신호 공통단자	
P6	다기능입력 단자 (초기 설정)	다단속주파수-하
P7		다단속주파수-중
P8		다단속주파수-상
VR	볼륨 저항용 10V 출력 단자	
V1	주파수 설정용 전압 신호 입력 :-10~10V	
I	주파수 설정용 전류 신호 입력 :0~20mA	
AM	다기능 아날로그 출력 신호 단자:0~10V	
3A	다기능 릴레이 출력 단자	A 접점 출력
3B		B 접점 출력
3C		접점 공통단자
S+	RS485통신 신호 연결 단자	
S-		

[그림6-17] 인버터 운전 위한 제어단자 결선도

※ 리모트 옵션 연결

파라메터 Copy나 원격 조작을 위한 리모트 옵션을 연결할 때 사용

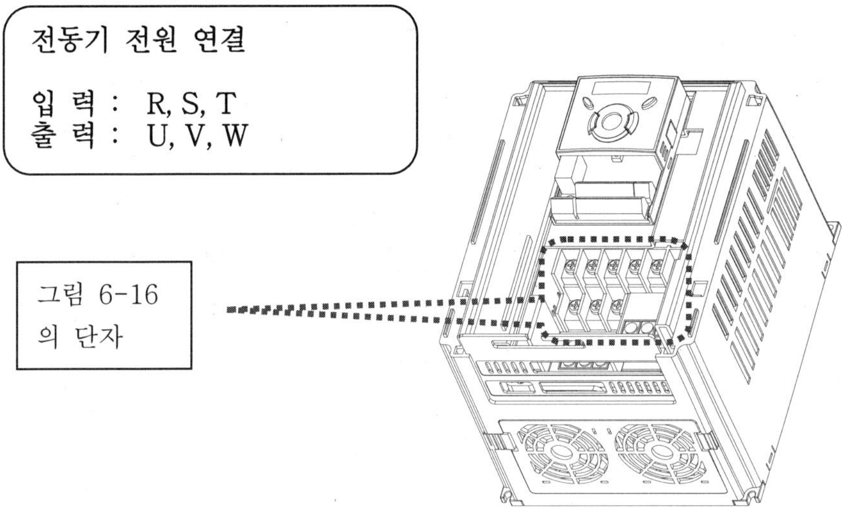
전동기 전원 연결
입 력 : R, S, T
출 력 : U, V, W
그림 6-16
의 단자

(3) 로더 사용법

- 로더 구성

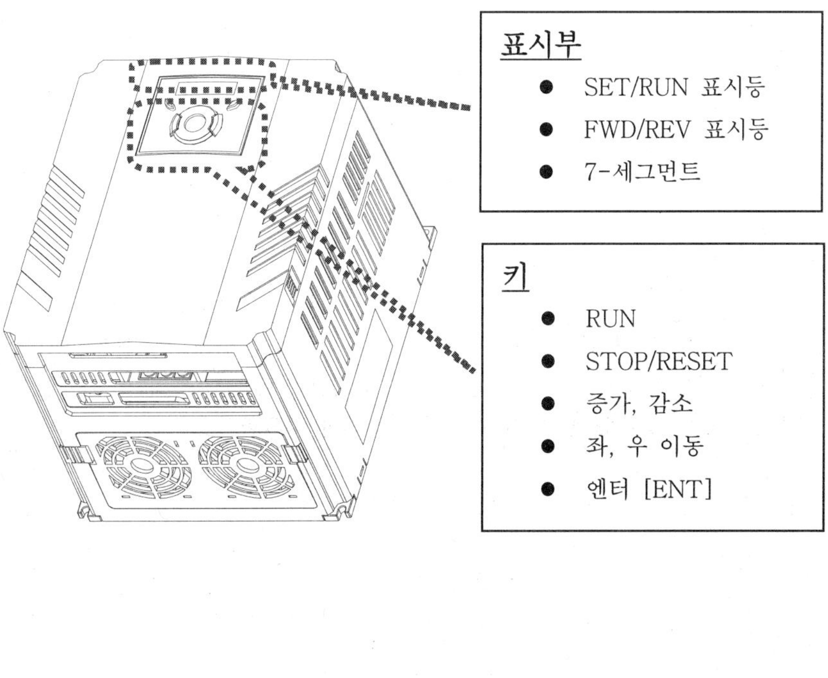
표시부
SET/RUN 표시등
FWD/REV 표시등
7-세그먼트
키
RUN
STOP/RESET
증가, 감소
좌, 우 이동
엔터 [ENT]

표시부			
FWD		정방향 운전시 점등	고장시 점멸
REV		역방향 운전시 점등	
RUN		운전시 점등	
SET		파라미터 설정시 점등	
7-세그먼트		운전상태 및 파라미터 역보 표시	
키			
RUN		운전 지령	
STOP/RESET		STOP : 운전시 정지 지령, RESET : 고장시 리셋 지령	
▲	업	코드를 이동하거나 파라미터 설정값을 증가 시킬 때 사용	
▼	다운	코드를 이동하거나 파라미터 설정값을 감소 시킬 때 사용	
◀	좌 쉬프트	그룹간의 이동이나 파라미터 설정시 자리 수를 좌측으로 이동할 때 사용	
▶	우 쉬프트	그룹간의 이동이나 파라미터 설정시 자리 수를 우측으로 이동할 때 사용	
●	엔터[ENT]	파라미터 값을 변경할 때나 변경된 파라미터를 저장하고자 할 때 사용	

(4) 기본운전

☞주 의 : 다음의 설명들은 모든 파라미터가 공장 출하치로 설역되어 있는 상태를 기준으로 하고 있습니다. 따라서 사용자가 제품 구입 후 파라미터를 변경하였다면 아래의 내용과 일부 일치 하지 않을 수도 있다. 이런 경우에는 파라미터를 공장 출하치로 모두 초기화 후 아래의 설명에 맞추어 운전한다.

● 로더로 주파수 설정을 하고 인버터 단자대에서 운전 지령을 하는 경우

1		-. 인버터에 전원을 인가 한다.
2	0.00	-. 인버터 표시부에 왼쪽과 같은 표시를 확인 한다. -. 사방향 키의 엔터 키(●)를 누른다.
3	0.00	-. 왼편 그림과 같이 표시부의 0.0에서 우측에 있는 0 이 밝게 나타난다. -. 좌 쉬프트 키(◀)를 3번 누른다.
4	00.00	-. 00.00을 표시하며 가장 좌측에 있는 0 이 밝게 나타난다. -. 업 키(▲)를 누른다.
5	10.00	-. 10.00을 확인한 후 엔터 키(●)를 누른다. -. 10.00이 점멸을 하면 엔터 키(●)를 누른다.
6	10.00	-. 10.00 이 점멸을 멈추면 운전 주파수가 10.00 Hz로 설정 완료된다. -. 아래 결선도에 있는 P1(FX) 단자와 CM 단자사이의 스위치를 온(ON)한다.
7	10.00	-. 인버터 표시부의 RUN(운전중) 표시등은 점멸을 하고, FWD(정방향 운전) 표시등은 점등 되어 있으며, 숫자 표시부에서는 가속중인 주파수를 표시한다. -. 운전 주파수가 10 Hz 에 도달하면 왼편과 같이 표시된다. -. P1(FX)과 CM 단자 사이의 스위치를 오프(OFF) 한다.
8	10.00	-. 인버터 표시부의 RUN(운전중) 표시등은 다시 점멸을 하고, 숫자 표시부에서는 감속중인 주파수를 표시한다. -. 운전 주파수가 0 Hz에 도달하면 왼편 그림과 같이 RUN(운전중) 및 FWD(정방향 운전) 표시등이 꺼지고 숫자 표시부에서는 10.00을 표시한다.

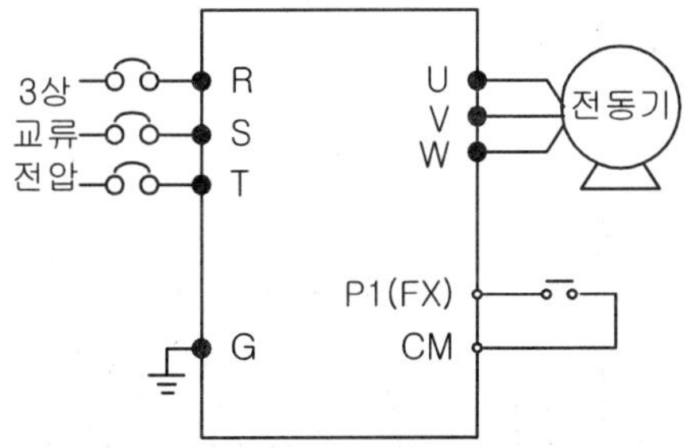	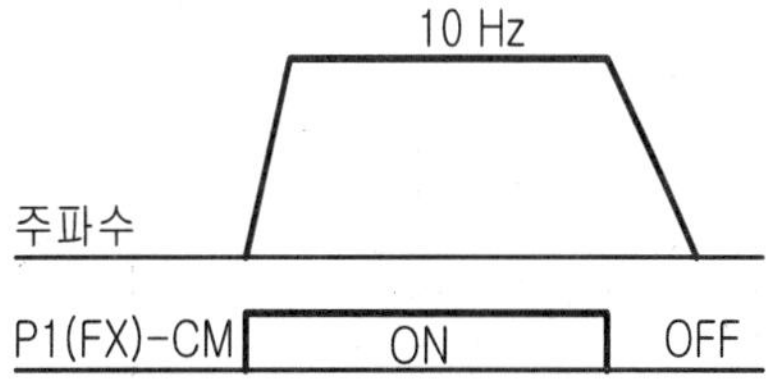
결선도	운전 패턴

● **볼륨 저항으로 주파수 설정을 하고 인버터 단자대에서 운전 지령을 하는 경우**

1		-. 인버터에 전원을 인가한다.
2		-. 인버터 표시부에 왼쪽과 같은 표시를 확인한다. -. 업 키(▲)를 4번 누른다.
3		-. 주파수 설정 방법을 변경 할 수 있는 코드로 이동 하였다. -. 엔터 키(●)를 누른다.
4		-. 현재 주파수 설정 방법이 0 번(로더를 이용한 주파수 설정)으로 되어 있다. -. 업 키(▲)를 3번 누른다.
5		-. 3 (볼륨저항으로 주파수 설정)을 확인 한 후 -. 엔터 키(●)를 누른다.
6	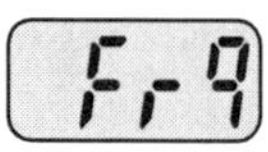	-. 3이 점멸을 하면 엔터 키(●)를 한 번 더 누른다. -. Frq 를 표시하면 주파수 설정 방법이 볼륨저항으로 변경된다. -. 볼륨저항을 회전시켜 10.00 Hz로 조역한다.
7		-. 아래 결선도에 있는 P1(FX) 단자와 CM 단자사이의 스위치를 온(ON)한다. -. 인버터 표시부의 RUN(운전중) 표시등은 점멸을 하고, FWD(정방향 운전) 표시등은 점등 되어 있으며, 숫자 표시부에서는 가속중인 주파수를 표시한다. -. 운전 주파수가 10 Hz 에 도달하면 왼편과 같이 표시된다. -. P1(FX)과 CM 단자 사이의 스위치를 오프(OFF) 한다.
8		-. 인버터 표시부의 RUN(운전중) 표시등은 다시 점멸을 하고, 숫자 표시부에서는 감속중인 주파수를 표시한다. -. 운전 주파수가 0 Hz에 도달하면 왼편 그림과 같이 RUN (운전중) 및 FWD(정방향 운전) 표시등이 꺼지고 숫자 표시부에서는 10.00을 표시한나.

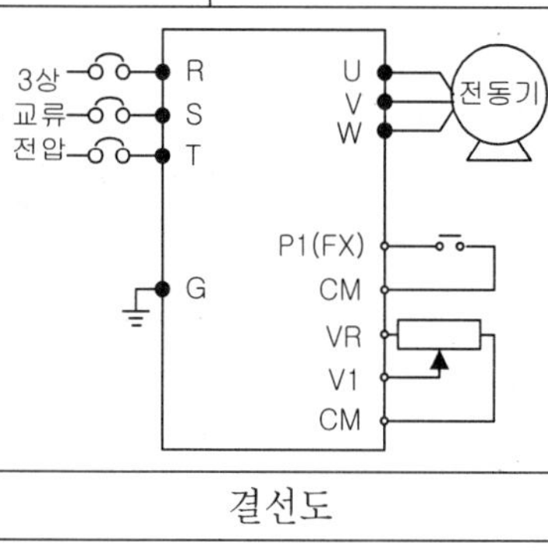

결선도

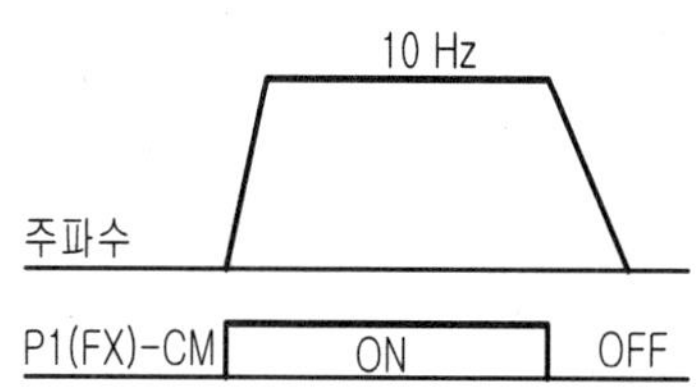

운전 패턴

● 볼륨 저항으로 주파수를 설정하고 로더의 런(RUN) 키로 운전 지령을 하는 경우

1		-. 인버터에 전원을 인가 한다.
2		-. 인버터 표시부에 왼쪽과 같은 표시를 확인 한다. -. 업 키(▲)를 3번 누른다.
3		-. 운전 지령 방법을 변경할 수 있는 코드로 이동하였다. -. 엔터 키(●)를 누른다.
4	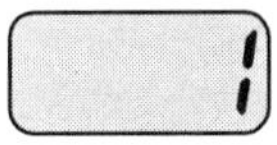	-. 운전 지령 방법이 현재 1 번(인버터 단자대)으로 설정되어 있다. -. 다운 키(▼)를 누른다.
5		-. 0번을 확인 한 후 엔터 키(●)를 누른다. -. 0번이 점멸하고 있는 상태에서 엔터 키(●)를 한 번 더 누른다.
6		-. drv를 표시하면 운전 지령 방법이 로더의 런(RUN) 키로 변경 된다. -. 업 키(▲)를 1 번 누른다.
7	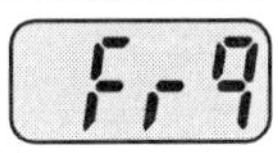	-. 주파수 설정 방법을 변경 할 수 있는 코드로 이동 하였다. -. 엔터 키(●)를 누른다.
8		-. 현재주파수 설정방법이 0번(로더를 이용한 주파수설정)으로 되어 있다. -. 업 키(▲)를 3번 누른다.
9		-. 3(볼륨저항으로 주파수 설정)을 확인한 후 엔터 키(●)를 누른다. -. 3이 점멸 상태에서 엔터 키(●)를 한번 더 누른다.
10	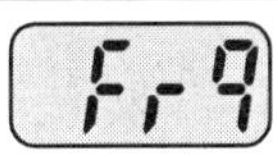	-. Frq를 표시하면 주파수설정 방법이 로더볼륨으로 변경된다. -. 볼륨저항을 회전하여 10.00 Hz 로 조절 한다.
11		-. 인버터 로더의 런(RUN) 키를 누른다. -. 인버터 표시부의 RUN(운전중) 표시등은 점멸을 하고, FWD(정방향 운전) 표시등은 점등되어 있으며, 숫자표시부에서는 가속중인 주파수를 표시한다. -. 운전 주파수인 10 Hz에 도달하면 왼편과 같이 표시된다. -. 인버터 로더의 스톱(STOP/RST) 키를 누른다.
12		-. 인버터 표시부의 RUN(운전중) 표시등은 다시 점멸을 하고, 숫자 표시부에서는 감속중인 주파수를 표시한다. -. 운전 주파수가 0 Hz에 도달하면 왼편 그림과 같이 RUN(운전중) 및 FWD (정방향 운전) 표시등이 꺼지고 숫자 표시부에서는 10.00을 표시한다.

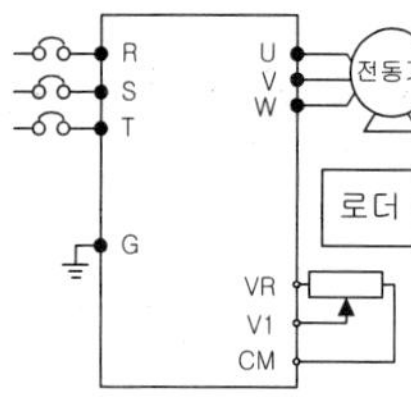

결선도

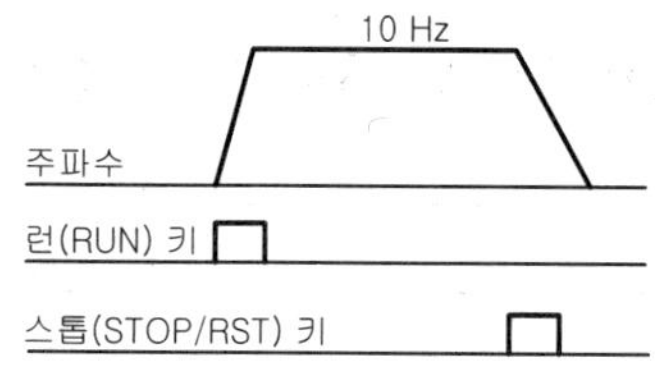

운전 패턴

● 조그 운전

그룹	코드	명 칭	설정치	설정 범위	초기치	단위
기능 그룹 1	F20	조그 주파수	-	0 ~ 400	10.00	Hz
입출력 그룹	I21	다기능 입력단자 P5기능 선택	4	0 ~ 25	4	

- 기능 그룹 1 의 F20 코드에서 운전 하고자 하는 조그 주파수를 설정한다.
- 다기능 입력 단자 (P1 ~ P8) 중 조그 운전으로 사용할 단자를 선택한다.
- P5 단자를 조그 운전 단자로 선택 한다면 위와 같이 입출력 그룹의 I21 코드에서 4번(조그 운전)을 설정한다.
- 조그 주파수의 설역 범위는 최대 주파수(F21)와 시작 주파수(F23) 사이에서 설정 가능 하다.

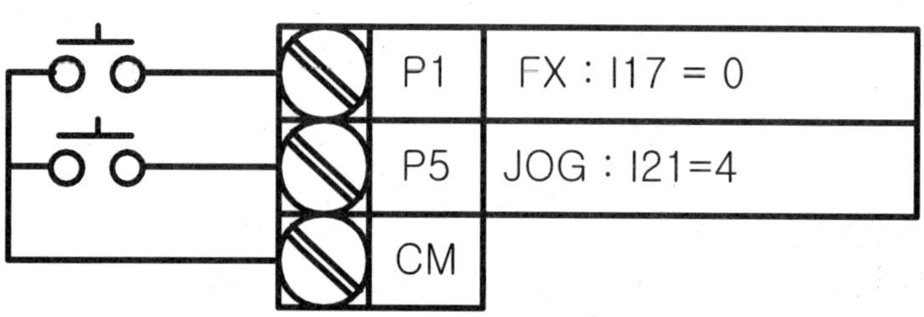

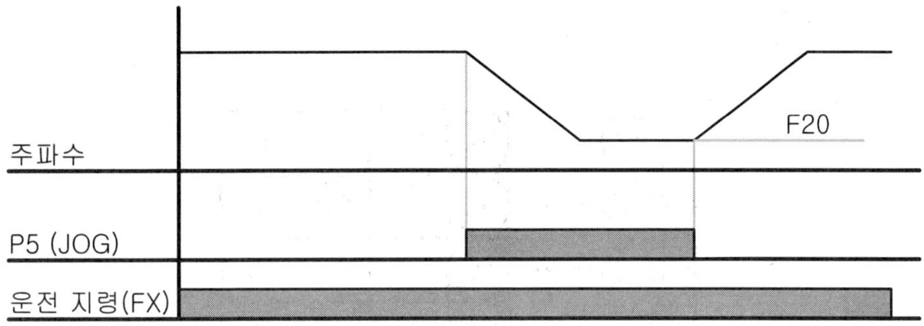

- 조그 운전은 드웰 운전을 제외하고는 우선 순위가 가장 높은 운전 이다.
  따라서 다단속 운전이나 업-다운, 3-Wire 운전 등 임의의 속도로 운전 중일 때 조그 단자가 입력되면 조그 주파수로 운전한다.
- 위의 그림은 다기능 입력을 NPN 모드로 하였을 때의 예이다.

● 업(UP) - 다운(DOWN) 운전

그룹	코드	명 칭	설역치	설역 범위	초기치	단위
입출력 그룹	I17	다기능 입력단자 P1기능 선택	0	0 ~ 25	0	
	~	~				
	I22	**다기능 입력단자 P6기능 선택**	**25**		5	
	I23	**다기능 입력단자 P7기능 선택**	**15**		6	
	I24	**다기능 입력단자 P8기능 선택**	**16**		7	

다기능 입력단자 (P1 ~ P8) 중 업-다운 운전으로 사용할 단자를 선택한다.
P7 와 P8 단자를 업-다운 운전 단자로 선택 한다면 위와 같이 입출력 그룹의 I23, I24 코드에서 15 번(주파수 증가 지령) 16 번(주파수 감소 지령)을 각각 선택한다.
P6 단자를 업-다운 주파수 저장 초기화 단자로 선택 한다면 위와 같이 입출력 그룹의 I22 코드에서 25번(업-다운 주파수 저장 초기화)를 선택한다.

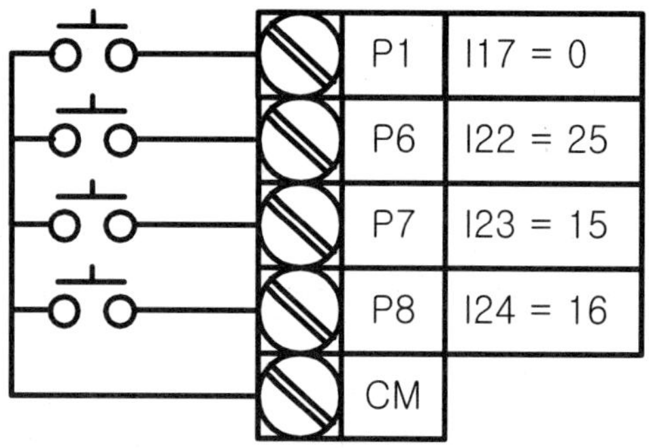

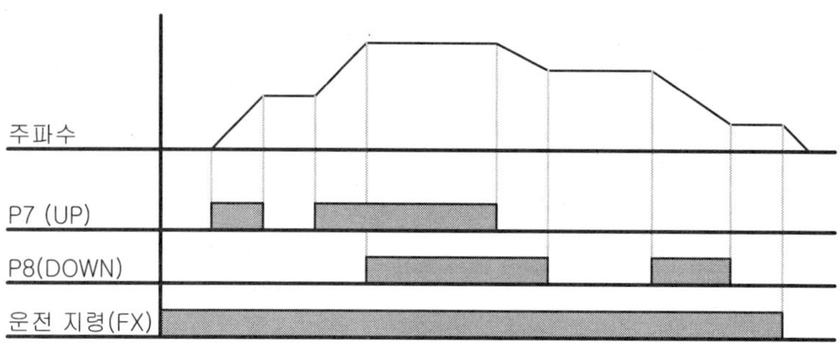

▸ 업-다운 저장 기능 : 업-다운 저장 기능은 F63의 업-다운 주파수 저장 기능을 선택(F63을 1로 설정)하면, 인버터는 역이지 혹은 감속 전의 주파수를 F64에 저장한다.

F63	업-다운 주파수 저장 선택	0	업-다운 주파수 저장 해제
		1	업-다운 주파수 저장 설정
F64	업-다운 주파수 저장	업-다운 주파수가 저장됨	

▸ 업-다운 저장 운전 시, 사용자가 다기능 입력단자를 업-다운 주파수 저장 초기화로 설정함으로서 저장된 업-다운 주파수를 초기화 할 수 있다.

▸ 다기능 입력 "업" 혹은 "다운" 기능이 입력된 상태에서 다기능 입력 "업-다운 주파수 저장 초기화" 신호가 인가되면 이 신호는 무시된다.

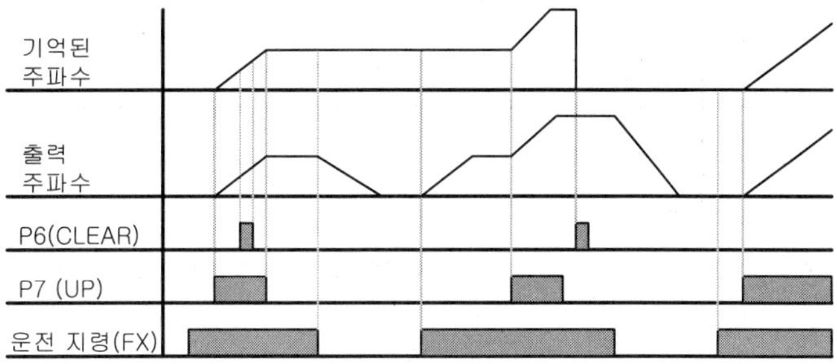

● 3-Wire 운전

그 룹	코드	명 칭	설역치	설역 범위	초기치	단위
입출력 그룹	I17	다기능 입력단자 P1기능 선택	0	0 ~ 25	0	
	~	~				
	I24	**다기능 입력단자 P8기능 선택**	**17**		7	

다기능 입력단자 (P1 ~ P8) 중 3-Wire 운전으로 사용할 단자를 선택한다.
P8 단자를 3-Wire 운전 단자로 선택 한다면 위와 같이 입출력 그룹의 I24 코드에서 17 번(3-Wire 지령)을 설정한다.

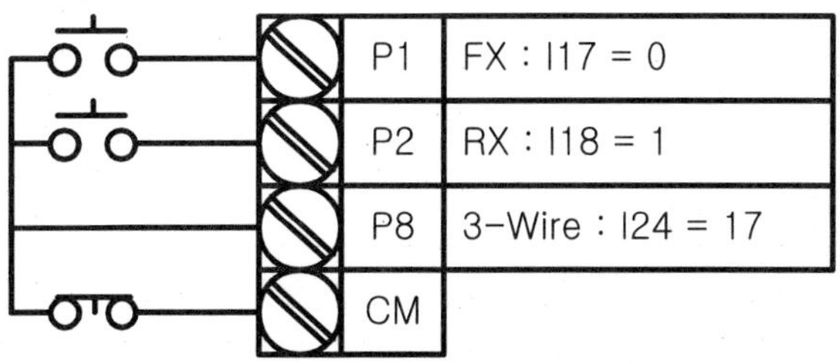

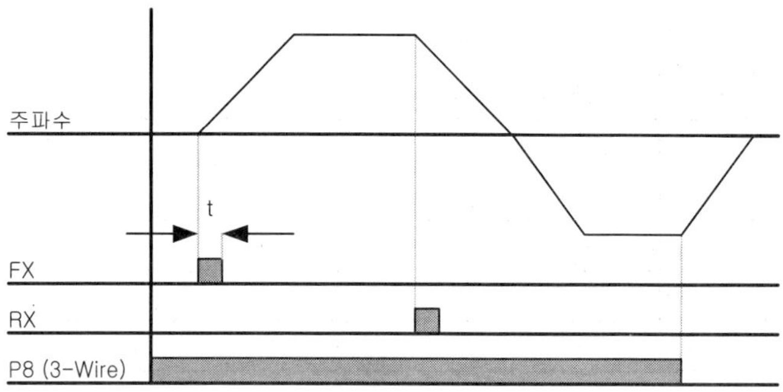

- -Wire 운전은 위의 그림에서와 같이 입력된 신호를 기억(latch)하여 운전 할 수 있는 기능이다. 따라서 푸쉬 버튼 스위치 등을 이용하여 인버터를 운전할 수 있다.
- 위 그림에서 운전 지령의 펄스 폭(t)은 최소 50msec 이상이어야 한다.

(5) 파라미터 설정을 위한 그룹간의 이동 방법

SV-iG5A 시리즈의 파라미터는 다음과 같이 4개의 그룹으로 구성되어 있다.

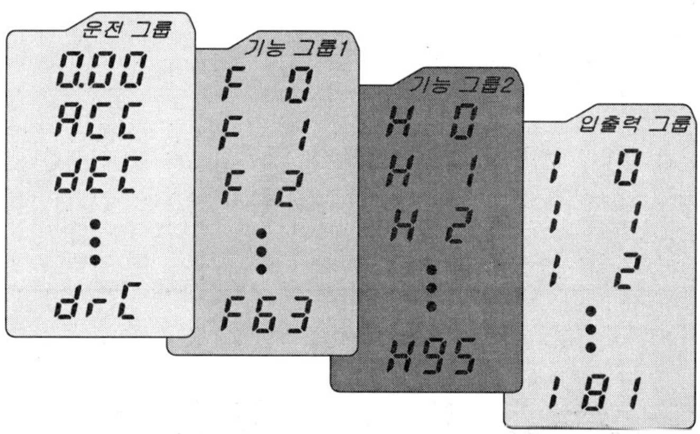

운전 그룹	목표 주파수, 가,감속 시간 등 운전에 필요한 가장 기본적인 파라미터
기능 그룹 1	출력 주파수 및 전압을 조정할 수 있는 기본 기능 파라미터
기능 그룹 2	PID운전 및 제 2 전동기 설정 등 응용 기능 파라미터
입출력 그룹	다기능 단자 설정 등 시퀀스 구성에 필요한 파라미터

그룹간의 이동은 아래 그림에서와 같이 각 그룹의 첫 번째 코드에서만 이동이 가능 하다.

우 쉬프트 키(▶)를 이용하는 경우	좌 쉬프트 키(◀)를 이용하는 경우
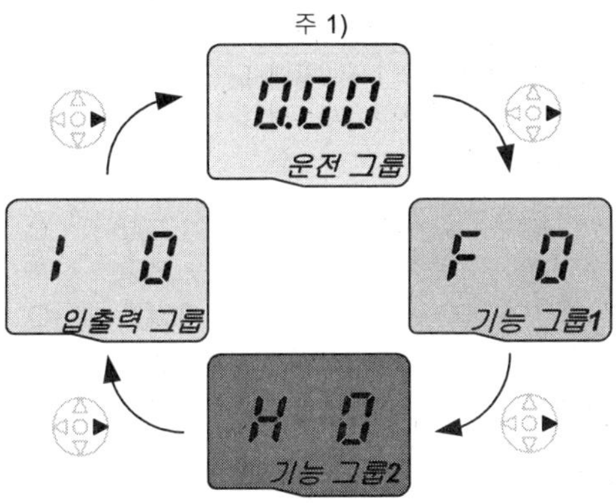	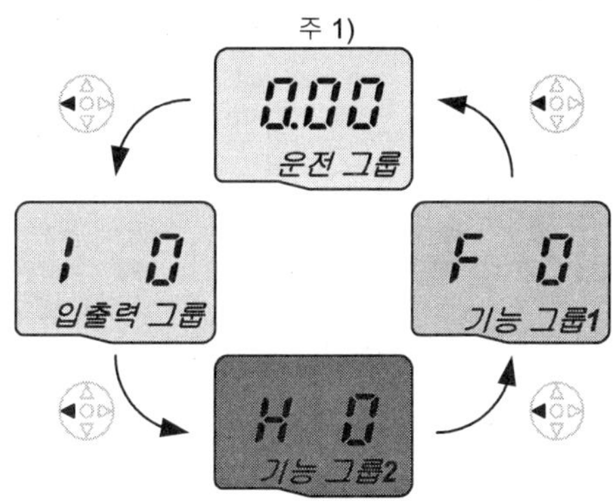

주 1) 운전 그룹의 첫 번째 코드는 목표 주파수를 설정할 수 있는 곳이다. 따라서 공장 출하 시에는 0.00으로 설정되어 있으나 사용자가 운전 주파수를 변경한 경우에는 변경된 운전 주파수를 표시한다.

(6) 운전 그룹

표시	명 칭	설정범위	설 명			공장 출하치	운전중 변경
0.00	지령 주파수	0 ~ 400 [Hz]	운전 주파수를 설정할 수 있다. 정지중에는 지령 주파수를 표시하며, 운전중에는 출력 주파수를 표시합니다. 다단속 운전인 경우 0속 주파수가 된다. 기능 그룹 1의 최대 주파수(F 21)이상으로 설정 할 수 없다.			0.00	O
ACC	가속시간	0~6000[초]	다단 가감속 사용시 0번 가감속 시간이 된다.			5.0	O
dEC	감속시간					10.0	O
drv	운전 지령 방법	0 ~ 3	0	로더의 런키와 스톱키로 운전		1	X
			1	단자대운전	FX : 정방향 운전 지령 RX : 역방향 운전 지령		
			2		FX : 운전, 정지 지령 RX : 역회전 방향 선택		
			3	RS485통신으로 운전			

Frq	주파수 설정 방법	0 ~ 7	0	디지털	로더 디지털 주파수 설정1	0	X
			1		로더 디지털 주파수 설정2		
			2	아날로그	단자대의 V1 단자 설정 1 : -10 ~ +10 [V]		
			3		단자대의 V1 단자 설정 2 : 0 ~ +10 [V]		
			4		단자대의 I 단자: 0 ~ 20 [mA]		
			5		단자대 V1 단자 설정1+단자대 I		
			6		단자대 V1 단자 설정2+단자대 I		
			7		RS485 통신으로 설정		
St1	다단속 주파수1	0 ~ 400 [Hz]	다단속 운전 시 1속 주파수 설정			10.00	O
St2	다단속 주파수2		다단속 운전 시 2속 주파수 설정			20.00	O
St3	다단속 주파수3		다단속 운전 시 3속 주파수 설정			30.00	O
CUr	출력 전류		출력 전류 표시			-	-
rPM	전동기 회전수		전동기 회전수(rPM) 표시			-	-

(7) 파라미터 초기화 (변경된 파리미터를 공장 출하치로 초기화하는 방법)

그 룹	코드	명 칭	설정 범위		초기치
기능 그룹 2	H93	파라미터 초기화	0	-	0
			1	4개 그룹 모두 초기화	
			2	운전 그룹 초기화	
			3	기능 그룹 1 초기화	
			4	기능 그룹 2 초기화	
			5	입출력 그룹 초기화	

▸ 93 코드에서 초기화 값을 입력한 후 엔터(●) 키를 누르면 초기화가 완료된 후 다시 H93을 표시한다.

6.1.5 리액터 기동 회로

리액터 기동 방법은 전동기의 저전압 기동법의 일종으로 그 회로를 그림 6-18에 나타내었으며 전동기의 1차측 회로에 직렬로 기동 리액터를 삽입하여 기동시에 전동기에 가해지는 전압을 낮추어서 기동을 시키고, 속도가 상승하면 기동 리액터를 단락시켜서 전 전압이 전동기에 인가하도록 하는 기동 방법이다.

그림 6-18의 리액터 기동 시퀀스 회로를 설명하면 다음과 같다.

① 배선용 차단기 MCCB를 닫으면 제어 회로에 전원이 인가되면서 정지 신호인 GL 램프가 점등된다.
② 기동 스위치 ST(ON)을 누르면 전자 접촉기 MC1이 동작하게 되어서, 주전원 회로 접점 MC1이 닫히게 되어 전동기가 회전하기 시작한다.
③ MC1 a접점이 닫혀서 자기유지 회로 동작
④ MC1 a접점이 닫혀서 운전표시등 RL 램프가 점등
⑤ MC1 b접점이 열려서 정지표시등 GL 램프가 소등
⑥ 타이머 TLR이 동작되면서 설정 시간(전동기의 속도가 회복된 시간)에 도달하면, 접점 TLRa가 닫혀서 전자 접촉기 MC2가 동작한다.
⑦ MC2가 동작하면 주전원 회로 접점 MC2가 닫혀서 전동기는 전 전압에 의해 운전된다.
⑧ 정지 스위치 STP(OFF)를 누르면, 모든 기기는 처음 상태로 원위치 된다.
(전동기 정지, MC1복귀, 타이머 TLR 복귀, MC2 복귀, RL 소등, GL 점등)

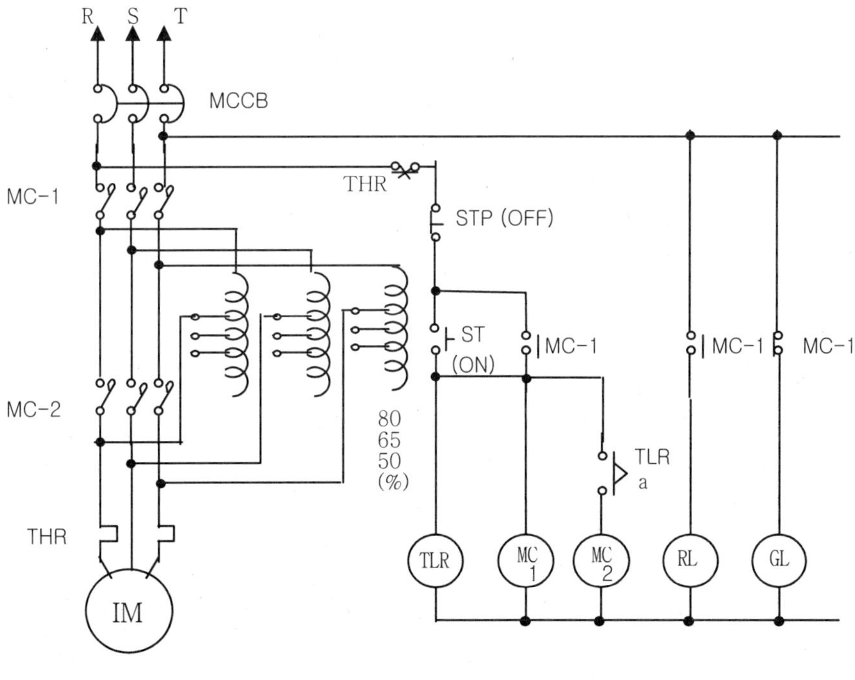

그림 6-18 리액터 기동 시퀀스 회로

6.1.6 기동 보상기에 의한 기동 회로

이 방법은 감전압(減電壓) 시동법의 한 종류이다. 정격전압의 50~65~80%의 전압을 인가(印加)하여 시동하고, 시동전류가 정격전류 부근까지 내려왔을 때에 정격전압을 인가하여 기동하는 방법으로써 그림 6-19의 시퀀스도면에 나타내었으며, 시퀀스 동작 회로 설명은 다음과 같다.

① 배선용 차단기 MCCB를 닫으면 제어 회로의 전원이 인가되면서, 정지 신호인 GL램프가 점등된다.
② 기동용 버튼 스위치 ST를 누른다.
③ 기동용 전자 접촉기 MC1과 MC3 및 타이머 TLR이 여자된다.
④ 기동용 전자 접촉기 MC1의 a접점은 닫히고 b접점은 열려 주전원 접점 MC1에 의해 전동기가 기동기를 경유해서 기동하며, 기동기 중에서 전류가 흐르진 않는 부분은 MC3에 의해 Common 된다.
⑤ MC1 a접점이 닫혀서 자기유지 회로 동작
⑥ MC1 a접점이 닫혀서 운전표시등 RL 램프가 점등
⑦ MC1 b접점이 열려서 정지표시등 GL 램프가 소등
⑧ 타이머 TLR이 동작되면서 설정 시간(전동기의 속도가 회복된 시간)에 도달하면, 접점 TLRa가 닫혀서 전자 접촉기 MC2가 동작하며, MC3가 열리게 되고 또한 주전원 회로 접점 MC2가 닫혀서 전동기는 전 전압에 의해 운전된다.
⑨ 정지 스위치 STP(OFF)를 누르면, 모든 기기는 처음 상태로 원위치 된다.
(전동기 정지, MC1 복귀, 타이머 TLR 복귀, MC2 복귀, RL 소등, GL 점등)

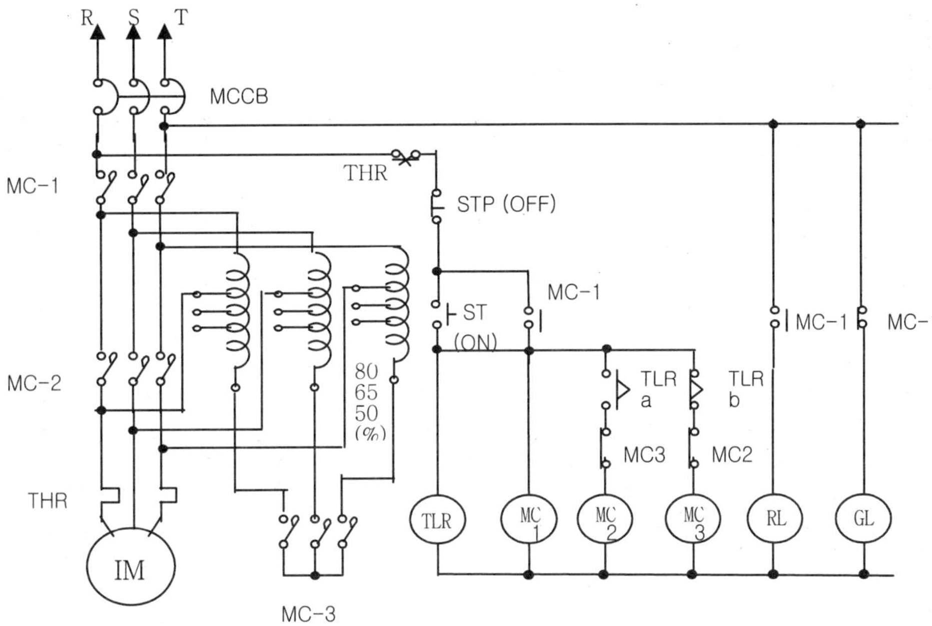

그림 6-19 기동 보상기에 의한 시퀀스 제어 회로

6.2 권선형 유도 전동기의 시동제어 회로

권선형 유도 전동기는 회전자인 2차 권선에 직렬로 저항을 넣음으로써 전류를 제어하여 시동한다.

6.2.1 권선형 유도 전동기의 저항 시동 회로

이 시동 방법의 장점은 시동토크가 크다는 것과 다소의 속도 조정이 가능하다는 것이며, 그림 6-6에 시퀀스 회로를 나타내었다.

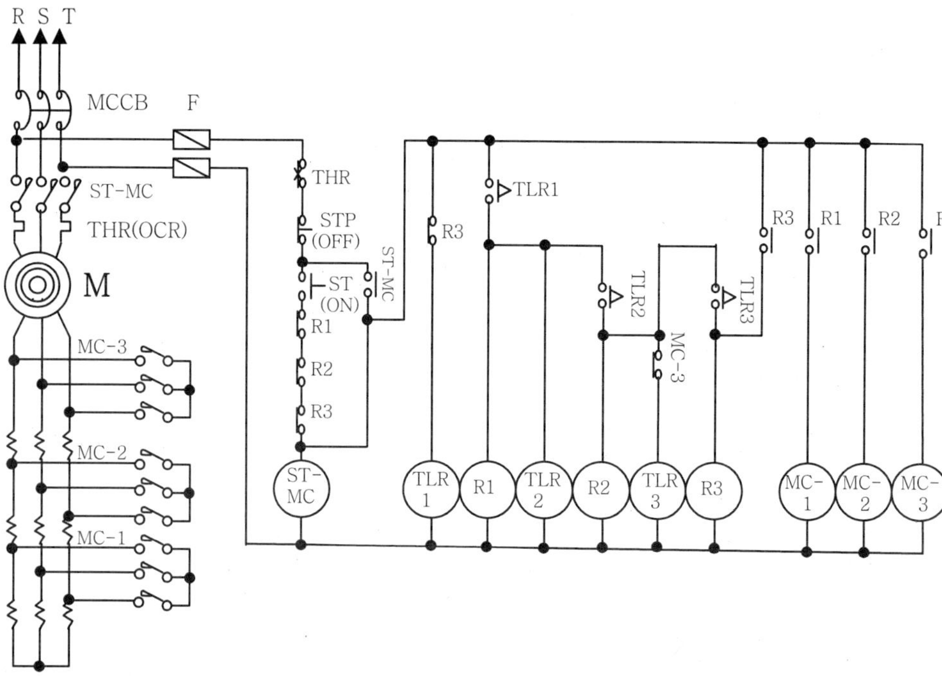

그림 6-20 권선형 유도 전동기의 시동 시퀀스 회로

동작의 개략을 살펴보면 다음과 같다. 우선 시동용 푸시 버튼을 누르면 전자 개폐기 ST-MC가 여자 되어 타이머의 작동에 의해 MC-1, MC-2, MC-3의 순으로 여자되고, 그 접점이 차례로 닫히게 됨으로써 저항을 단락(短絡)하여 운전 상태에 들어간다. 수동조작에서는 2차 권선에 접속되어 있는 저항의 핸들을 조작하여 시동-운전을 하게 된다.

6.2.2 권선형 유도 전동기 저항 시동 회로의 시퀀스 동작

그림 6-21과 그림 6-22의 회로 시퀀스 회로 동작도를 보고 다음의 순서에 따라서 조작하게 되면 전동기가 기동하게 된다.

① 시동을 위해 버튼 스위치 ST를 누른다.
② 전자 개폐기 ST-MC가 여자된다.
③ 접점 ST-MC가 닫혀 자기유지를 행함과 동시에 제어 회로 전체를 전원에 접속하며, 동시에 전동기가 전원에 접속되어 전동기의 2차 저항기가 모두 직렬로 들어간 상태에서 시동한다.

④ 접점 R3-b를 통하여 타이머 TLR1이 여자되고, 타이머 TLR1이 설정한 시간이 되면 접점 TLR1이 닫히며, 릴레이 R1과 타이머 TLR2가 여자된다.
⑤ 접점 R1-a가 닫히면, 접점 R1-b는 열리고, MC-1이 여자된다.
⑥ 접점 MC-1이 닫히고 전동기의 2차 저항기의 첫째 단이 단락된다.
⑦ 타이머 TLR2에 의해 설정된 시간이 되면 접점 TLR2가 닫히고, 전자 릴레이 R2와 타이머 TLR3이 여자된다.
⑧ 접점 R2-a가 닫히면, MC-2가 여자되고, 전동기의 2차 저항기의 둘째 단이 단락 된다.
⑨ 타이머 TLR3에 의해 설정된 시간이 지나면 접점 TLR3이 닫히고, 전자 릴레이 R3이 여자 되면, 접점 R3-a가 닫히고 접점 R3-b가 열린다.
⑩ 접점 R3-a가 닫히면 전자 접촉기 MC-3이 여자된다.
⑪ 접점 MC-3이 닫혀서 2차 저항기를 전부 단락한다.
⑫ 전동기는 정상 운전에 들어간다.

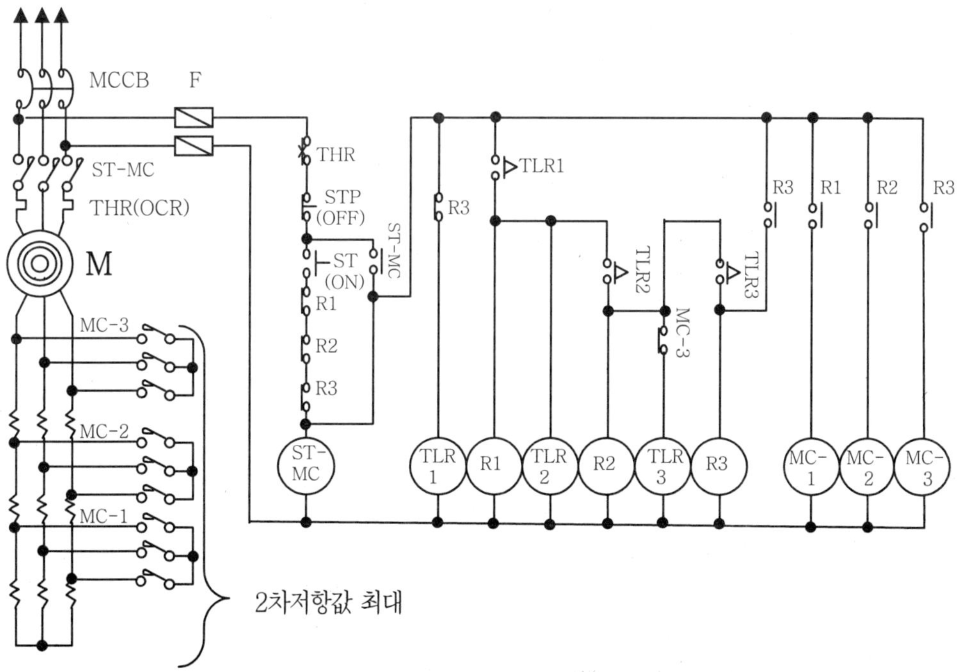

그림 6-21 권선형 유도 전동기의 기동시 회로도면

〈정지의 경우〉

① 정지용 푸시 버튼 스위치를 누른다.
② 전자 개폐기 ST-MC의 여자가 끊어진다.
③ 접점 ST-MC가 열린다.
④ 전동기가 정지한다.

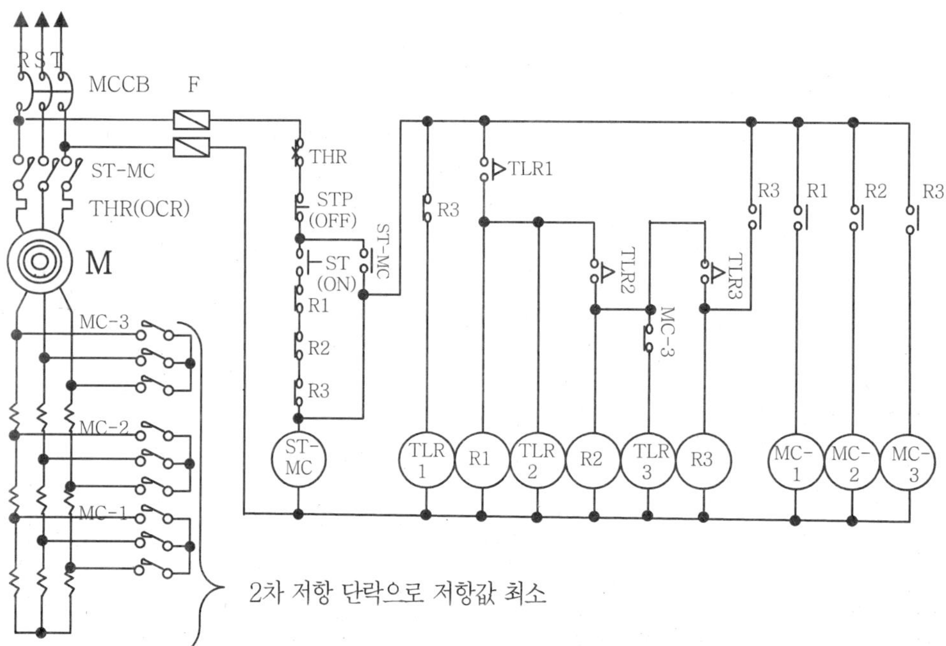

그림 6-22 권선형 유도 전동기의 운전시의 시퀀스 도면

〈이상(과부하) 정지의 경우〉

① 열동 과전류(熱動過電流) 계전기 THR이 열린다.
② 이하 정지의 경우와 같다.

6.3 전원 설비의 시퀀스 제어

공장 등의 전원 설비에도 시퀀스 제어는 이용되고 있다. 여기서는 수변전 설비(受變電設備) 및 비상용 전원 회로 절환 시퀀스 제어에 대해 학습해보기로 한다.

6.3.1 자가용 수변전 설비

자가용(自家用) 수변전 설비란 공장이나 빌딩 등의 수요자가 전력 회사로부터 보내오는 고압을 그대로 수전하여 수요자의 전력 부하 설비의 사용 전압에 맞는 낮은 전압으로 변환하기 위한 설비이다. 높은 전압에서 낮은 전압으로 하기 위해서는 수변전 설비가 필요하다. 수변전 설비는 고압배전반, 고압 변압기, 고압 개폐기, 계측 장치 등으로 구성되어 있으며 그림 6-23에 수변전 설비에 대한 주 회로 결선도를 나타내었다.

(1) 개방형 고압 수변전 설비

이 방식은 보호 계전기와 차단기(CB)와의 조합에 의해 과부하, 단락, 지락(地絡), 그 외의 고장 보호를 완전히 행하는 CB형이 일반적으로 이용된다. 차단기는 주로 유입 차단기가 많이 이용되고 있지만, 진공 차단기, 기중(氣中) 차단기, 자기 차단기 등도 이용된다.

이외에 PF.CB형 및 PF.S형이 있다. PF.CB형은 커다란 차단 용량을 필요로 하는 경우 전력용 한류(限柳) 퓨즈(PF)와 차단기(CB)의 병용에 의해 차단기(CB)의 저 용량화를 한다. 또 확률적으로 적은 단락 보호를 전력용 한류 퓨즈(PF)에 분담시켜 단락시의 보호협조를 정확히 행하기 위한 것이다. 차단 장치는 전력용 한류 퓨즈(PF)와 차단기(CB)를 조합한 것으로서, 퓨즈로 단락을 보호하고 차단기로 과부하와 지락을 보호하고자 하는 것이다. 이 때 차단기(CB)의 투입 용량은 전력용 한류 퓨즈(PF)의 단락 용량에 대한 한류값 이상의 것이어야만 한다. PF.S형은 전력용 한류 퓨즈(PF)와 교류부하 개폐기(S)를 조합한 것으로서, 가장 경제적이지만 보호 기능이 일부 생략되어 있다.

(2) 수변전 설비의 기기와 그 기능

수변전 설비는 일반적으로 사용되는 제어기기 외에 특유의 기능을 필요로 한다. 그 대표적인 기기의 구조와 동작에 대하여 학습해보기로 하자.

① 단로기(DS)

이것은 단지 충전된 전로(電路)를 개폐하는 것으로서, 전류가 흐르고 있을 때의 개폐는 불가능하지만 외부에서 개폐의 상태를 분명히 알 수 있으므로 안전에 이용된다. 예를 들어 점검, 수리할 때에 단로기(斷路器)를 열어두면 차단기가 잘못 투입되어도 안전이 확보된다.(그림 6-24의 (k) 참조)

② 전력용 퓨즈(PF)

통 모양의 고압 퓨즈로, 자기제(磁器製) 원통의 양끝에 금속의 꼭지쇠를 덮어씌워 통 안에 석영입자 등의 소호재(消弧材)를 충전하고 있다. 주로 단락 보호용으로서 이용된다. 단로기를 겸한 단로기형 전류 퓨즈가 일반적이다.(그림 6-24의 (b)와 (k) 참조)

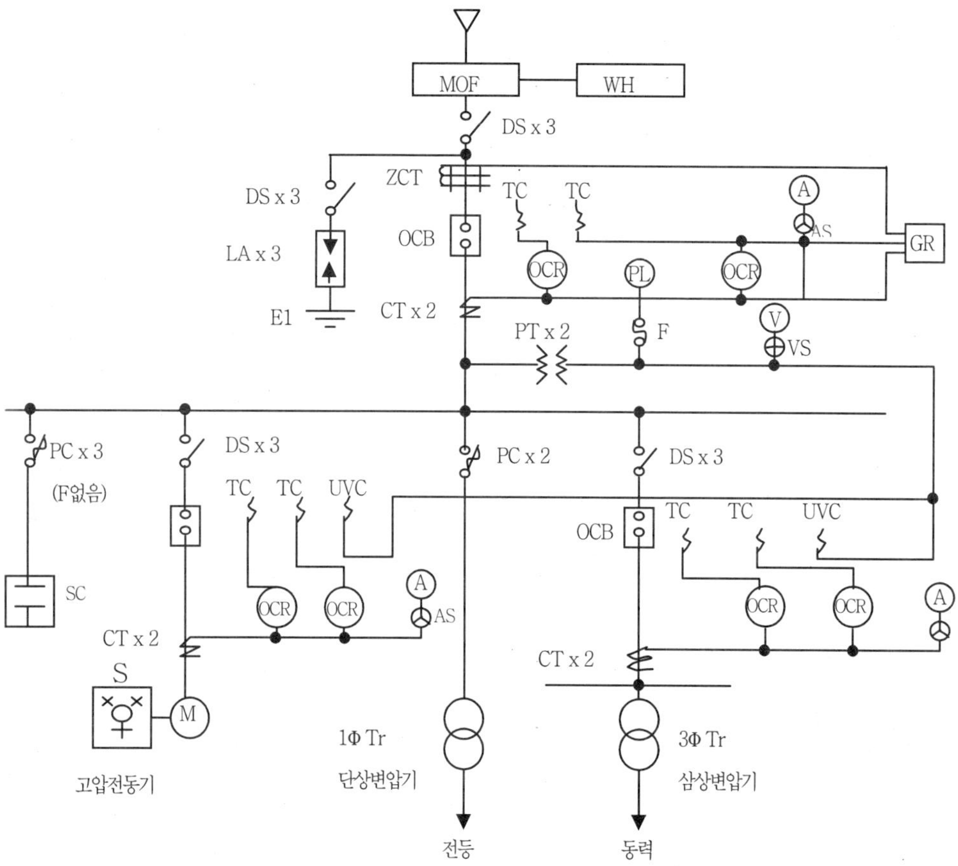

그림 6-23 개방형 고압 수변전 설비의 주회로 결선도의 예

〈문자 기호〉

MOF : 전력 수급용 변성기(變成期)	LA: 피뢰기	CT : 변류기
WH : 전력 수급용 계량장치	OCB: 유입 차단기	PT : 계기용 변압기
DS : 단로기	TC : 과전류 제거코일	PC : 고압 개폐기
ZCT : 영상(零相) 변류기	UVC: 부족 전압 제거코일	SC : 전력 콘덴서

(a) 진공 차단기의 외형

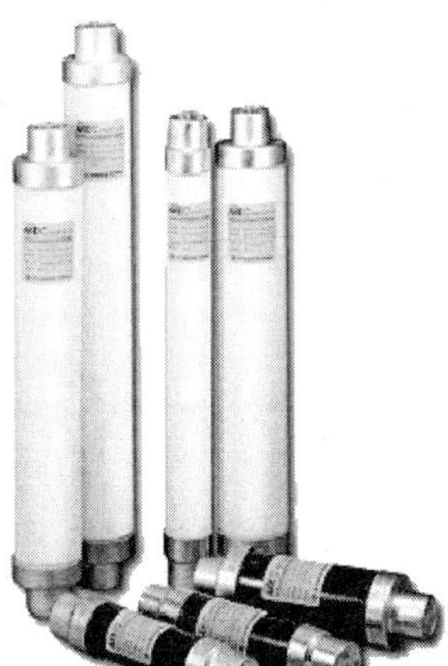

(b) 전력용 퓨즈

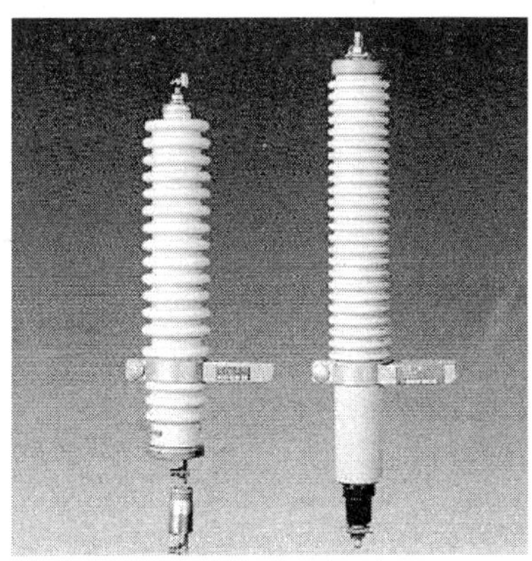

(c) 피뢰기의 파형

(d) 전력용 변성기(CT)

(e) 전력용 전압기(PT)

(f) 계기용 변압변류기 (MOF)

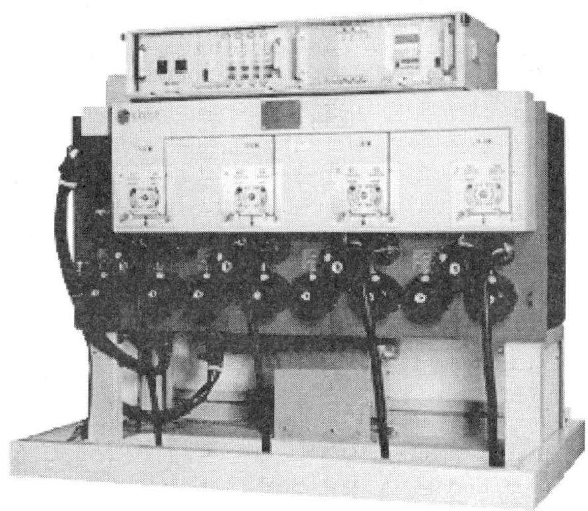

(g) 배전자동화용 가스절연 부하개폐기

(h) 보호계전기의 외형

(i) 전력용 콘덴서(SC)

(j) INT. 스위치

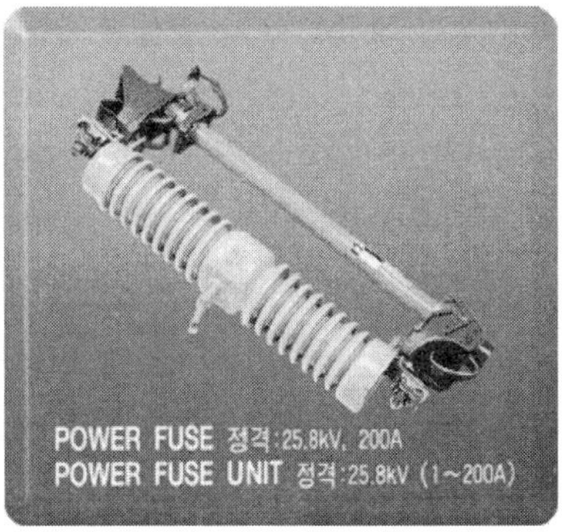

(k) C.O.S, 파워 퓨즈유니트(PC)
(* 퓨즈가 없으면 단로기(DS)가 된다.)

그림 6-24 고압 수변전 설비에 사용되는 전력 고압 기기들의 외형

③ 차단기(Circuit Breaker)

차단기(CB)는 단로기와 틀려서 전류가 흐르고 있는 상태에서도 개폐할 수 있다. 특히 단락시에는 계전기와 합쳐져 진로를 자동적으로 개방하고 기기를 보호한다. 여기에는 유입 차단기(OCB), 자기 차단기(MBB), 진공 차단기(VCB) 등이 있다.(그림 6-24의 (a) 참조)

④ 고압 지락 계전기 장치(GR)

고압 전로가 지락되었을 때 동작시키는 전로를 개방하고 사고를 방지하는 장치이다. 영상(零相) 변류기에서 검출한 지락 전류를 증폭기로 증폭하고, 이 전류로 계전기를 동작시켜 차단기(CB)를 빼내는 장치이다.(그림 6-24의 (h) 참조)

⑤ 유도형 과전류 계전기(OCR)

이 계전기는 전류코일이 교류기의 2차 전류를 주고, 계전기의 최소 동작 전류 이상의 과전류가 흐르면 얼마간의 시간 후에 접점이 닫혀 차단기(CB)를 개방하는 것이다. 한시 정정 장치(限時整正裝置)를 가진 유도형의 것이 일반적으로 사용되고 있다.(그림 6-24의 (h) 참조)

⑥ 전자 조작 방식 차단기

이 차단기는 조작 핸들을 "입(入)"으로 맞춤으로써 투입코일이 여자 되어 전자력에 의해 투입된다. 반대로 "절(切)"로 맞추면 제거코일이 여자 되어 래치(latch) 기구가 떨어져 차단 동작을 한다.(그림 6-24의 (a) 참조)

(3) 직류식 전자 방식에 의한 차단기의 제어 회로

고압 수변전 설비의 차단기(CB)는 일반적으로 직류식 조작 방식이 이용된다. 사고시 차단은 고장 계전기(51), 지락 과전류 계전기(51G), 부족 전압 계전기(27) 등에 의해 검출하고, 차단기를 차단시킨다.(그림 6-24의 (a)와 (f) 참조)

차단기(CB)의 제어 회로는 투입 보조 회로, 투입 회로, 제거 회로 등으로 구성된 내부 회로와, 투입 및 제거의 명령을 주는 외부 회로로 이루어진다.

전자 조작 차단기의 제어 동작은 다음과 같다.

a. 1회의 투입 지령에 대하여 한 번만 투입 동작을 한다.(반복 동작 방지)
b. 투입 동작이 완료되면 기계적으로 보지(保持)되어 투입 회로 자신은 개로(開路)한다.
c. 투입 동작 중에 제거 지령 신호가 들어오면 제거가 우선한다.

(4) 직류식 전자 방식 차단기의 동작

그림 6-25에 직류식 전자 방식 차단기 회로를 나타내었다.

〈투입〉

a. 조작 핸들을 "입(入)으로 하면 3-52입(入)이 닫힌다.
b. 투입코일을 보조 릴레이 코일 52X가 여자 되어 ⑤의 52X-a 접점이 닫힌다.
c. 52X의 a접점이 닫히면 52C가 여자된다.
d. 52C가 여자 되면 차단기 52가 투입되어 기계적으로 유지한다.

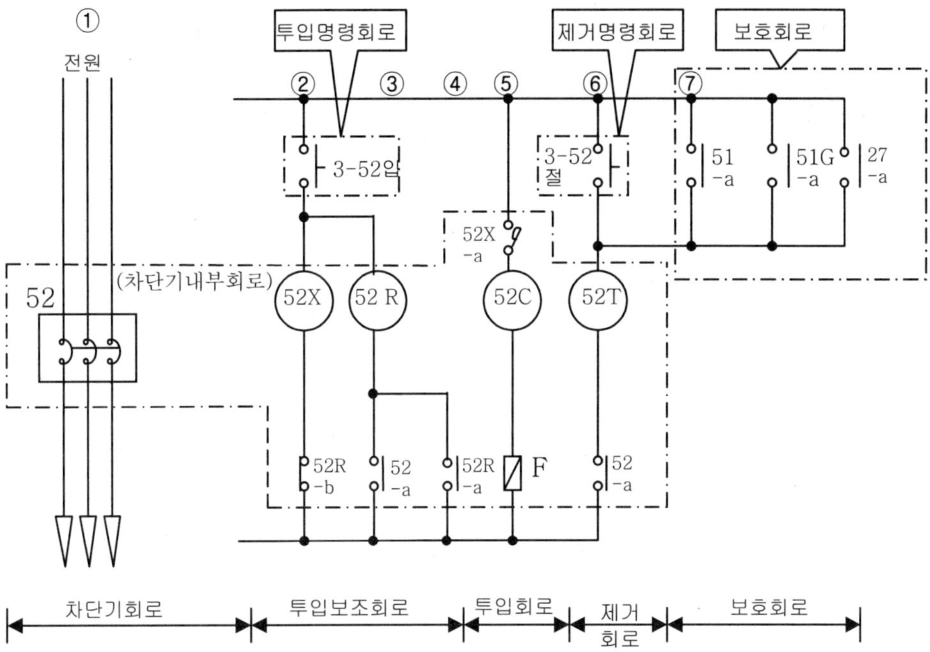

그림 6-25 직류식 전자 방식 차단기

① 차단기 52가 동작하면 ③의 52−a 접점과 ⑥이 52−a 접점이 닫힌다.
② 접점 52−a가 닫히면 ③의 제거 자유 릴레이의 코일 52R이 여자된다.
③ 52R이 여자 되면 ②의 52R−b 접점이 열려 ④의 52R−a 접점이 닫힌다.
④ 접점 52R−b가 열리면 투입 코일용 보조 릴레이의 코일 52X의 여자가 끊긴다.
⑤ 52X의 여자가 끊기면 ⑤의 52X−a 접점이 열려 52C의 여자가 끊긴다.

〈정상적인 제거〉

① 조작 핸들을 "절(切)" 로 맞추면 ⑥의 3−52절(切)이 닫힌다.
② 접점 3−52절(切)이 닫히면 제거코일 52T가 여자된다.
③ 52T가 여자 되면 기계적 holding이 떨어져 차단기 52가 차단된다.
④ 접점 52−a가 열리면 ⑥의 52T의 여자가 끊긴다.

〈이상시의 제거〉

- 과전류 계전기(51), 지락 계전기(51G), 부족 전압 계전기(27) 등이 작용한 경우

① 과전류 계전기 51이 작용하면 ⑦의 점접 51-a가 닫히게 되고, 제거코일 52T가 여자된다.

② 그 다음은 위의 "<제거>(조작 핸들을 절(切)로 맞춘 경우)" 와 같다.

※ 지락 계전기(51G), 부족 전압 계전기(27)의 경우도 동일하다.

〈제거 자유 릴레이(52R)의 작용〉

조작 핸들을 "입(入)" 에 맞추고 차단기가 투입됨과 동시에 보호 계전기가 작용하면 차단 동작하여 차단하지만, 조작 핸들이 "입(入)" 의 상태에 있으므로 다시 투입되어 채터링(Chattering)을 일으켜 위험한 상태가 된다. 그래서 이와 같은 상태가 일어나지 않도록 제거 자유 코일 52R을 이용하여 그 b점접에서 투입 코일용 보조 릴레이 52X의 회로를 열어두어 여자 되지 않도록 해둔다.

(5) 교류식 전자 조작 방식에 의한 차단기의 제어 회로

전자 조작 방식에 의한 차단기의 제어 전원에는 일반적으로 직류가 이용되지만, 교류 전원밖에 얻어지지 않는 경우에는 변압기, 정류기에 의해 직류로 변환하여 투입용 전원으로 한다. 제거에는 콘덴서 제거 방식을 이용한다.

6.4 수송 설비의 시퀀스 제어 회로

생산공장 등에서 이용되고 있는 수송 설비는 아주 많은 종류가 있지만, 대표적인 것으로 컨베이어가 있다. 여기서는 간단한 컨베이어의 예에 대하여 학습해 보기로 한다.

6.4.1 컨베이어의 시퀀스

그림 6-26와 같이 직렬로 배치된 컨베이어 계통의 제어로서, 운반을 원활히 하기 위해서는 운반물의 이동 방향, 컨베이어의 운전 순서를 합리적으로 제어해야 한다. 이동 방향은 NO.3 → NO.2 → NO.1이며, 운전 순서는 모든 컨베이어가 동작하고 난 후 수송을 시작한다. 정지할 때는 보내는 방향측에서 컨베이어를 정지한다. 그림 6-27에 시퀀스 제어 회로도를 나타내었다.

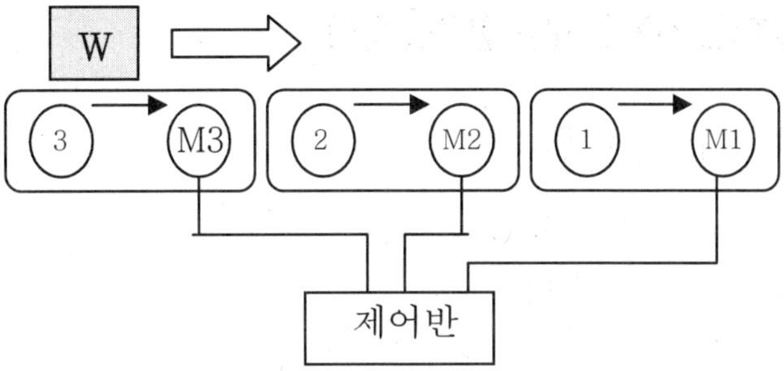

그림 6-26 컨베이어의 순서 동작도

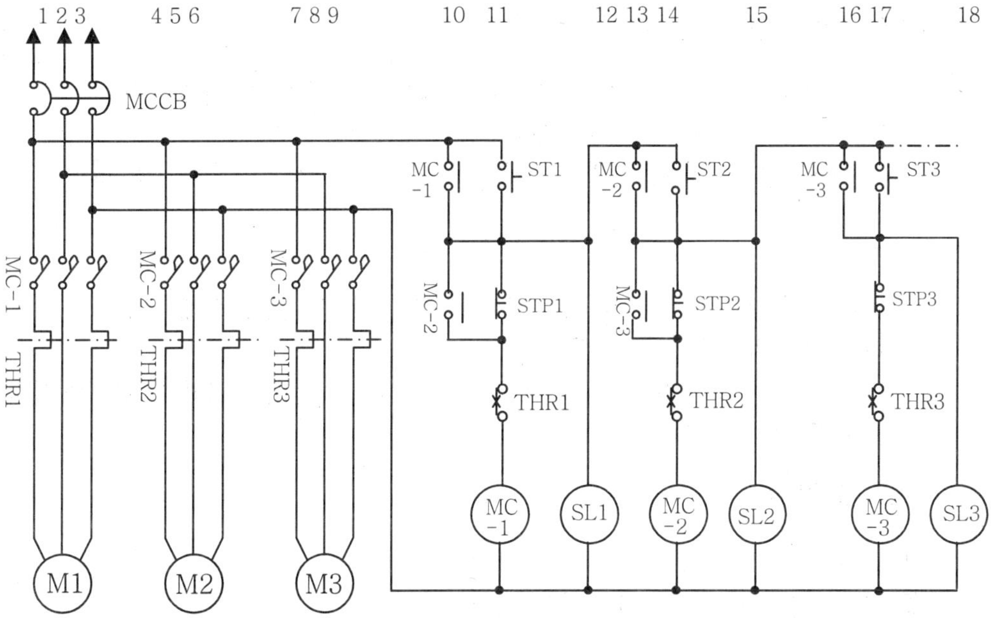

그림 6-27 컨베이어의 시퀀스 제어 회로

6.4.2 동작 순서

〈시동〉

- 전동기 M1 시동
- 전동기 M2 시동
- 전동기 M3 시동

〈정지〉

- 전동기 M3 정지
- 전동기 M2 정지
- 전동기 M1 정지

6.4.3 컨베이어의 시퀀스 제어 회로의 동작

〈 NO. 1 컨베이어의 시동 동작〉

① 컨베이어의 전원 스위치 MCCB를 닫는다.
② 11의 시동 버튼 스위치 ST1를 누른다.
③ 11의 전자 개폐기의 코일 MC−1이 여자된다.
④ MC−1이 여자 되면, 1,2,3의 MC−1의 a접점 및 10의 자기 보지용 a접점 MC−1이 닫힌다.
⑤ 컨베이어 NO.1의 전동기 M1이 시동하고, 운전 표시 램프 SL1이 점등된다.

〈NO. 2 컨베이어의 시동 동작〉

① 10의 전자 개폐기 MC−1의 자기보지접점 MC−1이 닫혀있는 상태에서,
② 14의 시동 버튼 스위치 ST2를 누른다.
③ 그 다음엔 NO.1 컨베이어의 시동 동작과 마찬가지로 전동기 M2가 시동된다.

〈NO. 3 컨베이어의 시동 동작〉

① 12의 전자 개폐기 MC−2의 자기보지접점 MC−2가 닫혀있는 상태에서,
② 17의 시동 버튼 스위치 ST3F를 누른다.
③ 그 다음은 NO.1 컨베이어 및 NO.2 컨베이어의 시동 동작과 마찬가지로 전동기 M3가 시동된다.

〈NO. 3 컨베이어의 정지〉

① 17의 정지 버튼 스위치 STP를 누른다.
② 17의 전자 개폐기 MC−3의 여자가 끊긴다.
③ MC−3의 여자가 끊기면 7,8,9의 a접점 및 16의 자기 보지용 a접점이 열린다.
④ NO.3의 전동기 및 운전표시램프 SL3이 소등한다.

※<NO.1 컨베이어의 정지>, <NO.2 컨베이어의 정지>, <NO.3 컨베이어의 정지>와 같다.

〈NO. 1, NO. 2, NO. 3 컨베이어 사고 방지의 경우〉

① NO.1의 컨베이어의 사고가 일어나 THR1이 작용한 경우는 전자 개폐기 MC−1의 여자가 끊겨 전동기 M1을 정지시킴과 동시에 그 자기보지접점 MC−1을 열기 때문에, 전자 개폐기 MC−2, MC−3에 전원이 공급되지 않게 되고 접점 MC−2, MC−3을 열어 NO.2, NO.3의 컨베이어를 정지시킨다.

② NO.2의 컨베이어에 사고가 일어난 경우는 전자 개폐기 MC-2의 여자가 끊겨 자기보지 접점 MC-2가 열려, 전자 개폐기 MC-3의 전원이 끊겨 NO.3의 컨베이어도 정지하고 운반물이 정체하는 일은 없다.

이상의 것은 수동이지만, 그림 6-14와 같이 캠 스위치를 써서 대부분 자동화할 수 있다.

〈그림 6-28의 시퀀스 동작〉

그림 6-28의 회로는, 그림 6-27의 회로에 있어서 하나하나의 전동기를 푸시버튼 스위치에 의해 기동했던 것을 한 개의 캠 스위치로 이루어지도록 한 것이다.

캠 스위치의 스텝을 1~4까지 순서대로 진행하면 전동기의 운전 순서에 신경을 쓰지 않아도 쉽게 시동된다. 또 정지의 경우에는 4~1로 진행하면 나쁜 상태가 발생하지 않는 순서로 전동기가 정지한다.

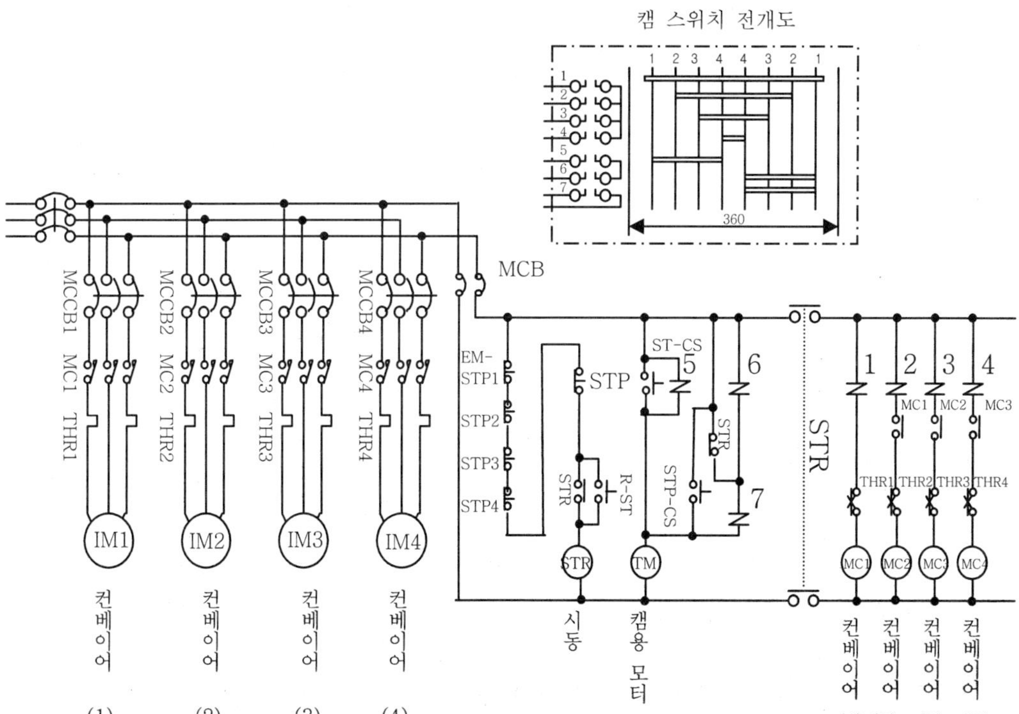

그림 6-28 캠 스위치를 사용한 순서 시동, 정지 시퀀스 회로도

6.5 급.배수 설비의 시퀀스 제어 회로

급.배수 설비에도 간단한 시퀀스 제어가 이용되고 있다. 여기서는 플로트 레스(floatless) 액면 릴레이를 사용한 급.배수 설비의 시퀀스 제어에 대하여 학습해 보기로 한다.

6.5.1 급수의 시퀀스 제어

플로트 레스 액면 릴레이를 이용하여 수위를 검출하고, 급수 펌프의 운전.정지를 하게 되며 그림 6-29에서 수조와 펌프의 시동 정지에 관한 그림을 나타내었다.

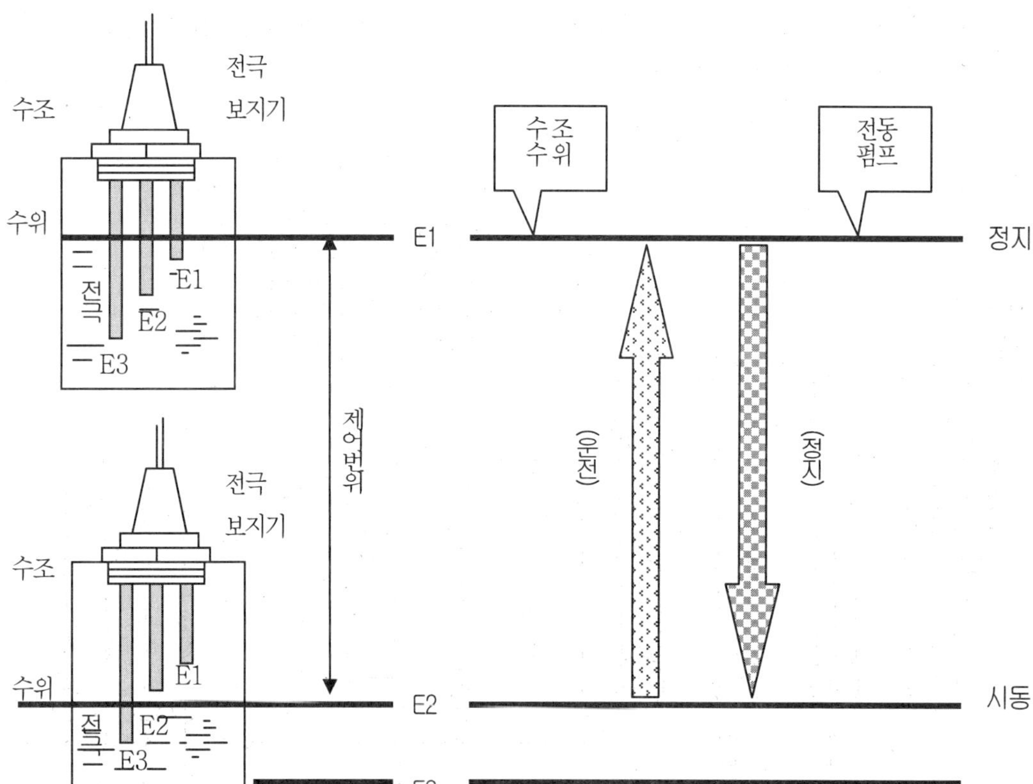

그림 6-29 수조와 전동 펌프의 시동. 정지

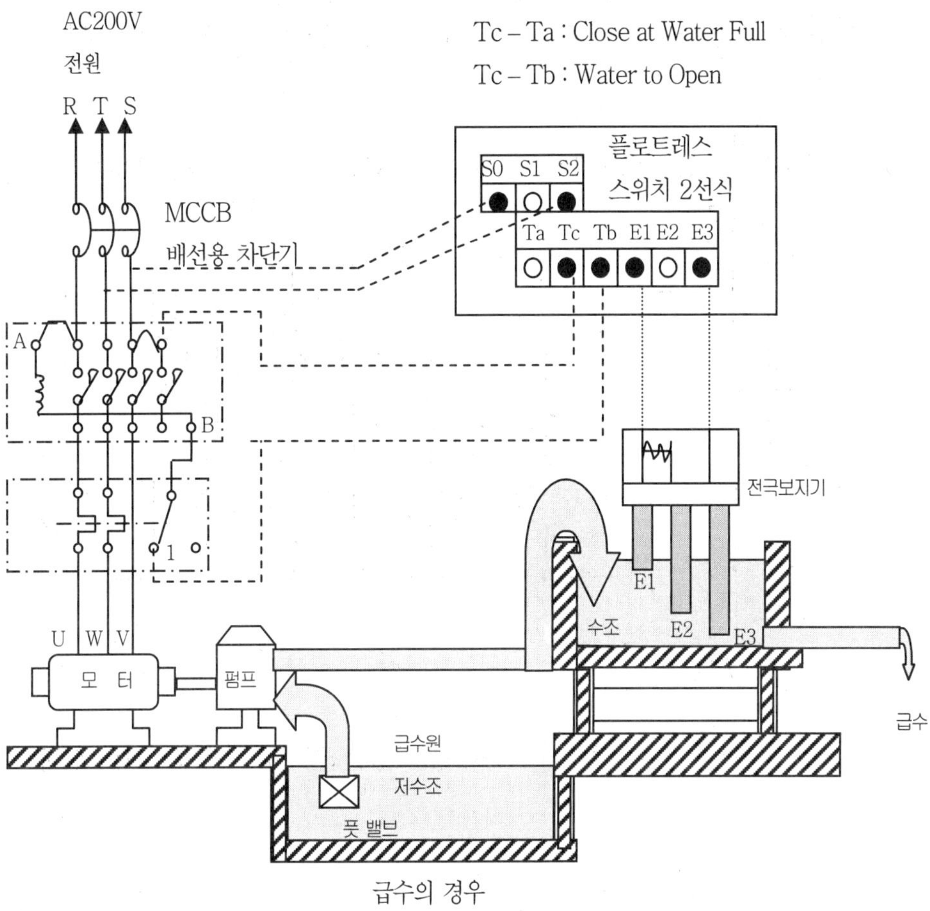

그림 6-30 급수 시퀀스 제어

(1) 플로트레스 액면 릴레이의 동작

그림 6-30, 6-31과 같은 결선(結線)이 되어 있어서, 수위가 올라가면 전극 E1과 E3이 물에 의해 도통(導通)하여 접점 WLR을 닫고, 수위가 내려가면 전극 E2가 수면을 떠나게 되어 WLR을 연다.

(2) 급수의 시퀀스 동작

① 차단기 MCCB를 닫는다.
② 수위기 낮고 WLR이 열려 있으면 보조 릴레이 X1은 동작하지 않는다.
③ 접점 X1-b가 닫혀 있으므로 보조 릴레이 X2가 동작한다.

④ 접점 X2-a가 닫혀 전자 개폐기 MC가 동작하고, 펌프용 전동기가 시동한다.
⑤ 물탱크가 가득 차게 되고, 접점 WLR이 닫힐 때까지 펌프의 운전은 계속된다.

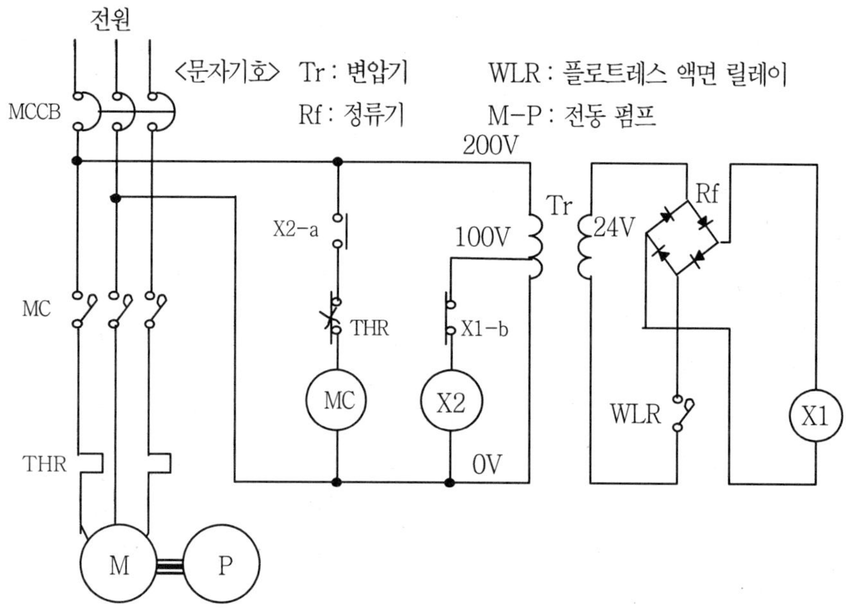

그림 6-31 플로트 레스 액면 릴레이를 이용한 급수 제어 회로의 시퀀스 회로도

6.5.2 배수의 시퀀스 제어

급수와 마찬가지로 플로트레스 액면 릴레이를 사용하여 배수를 하게 된다.

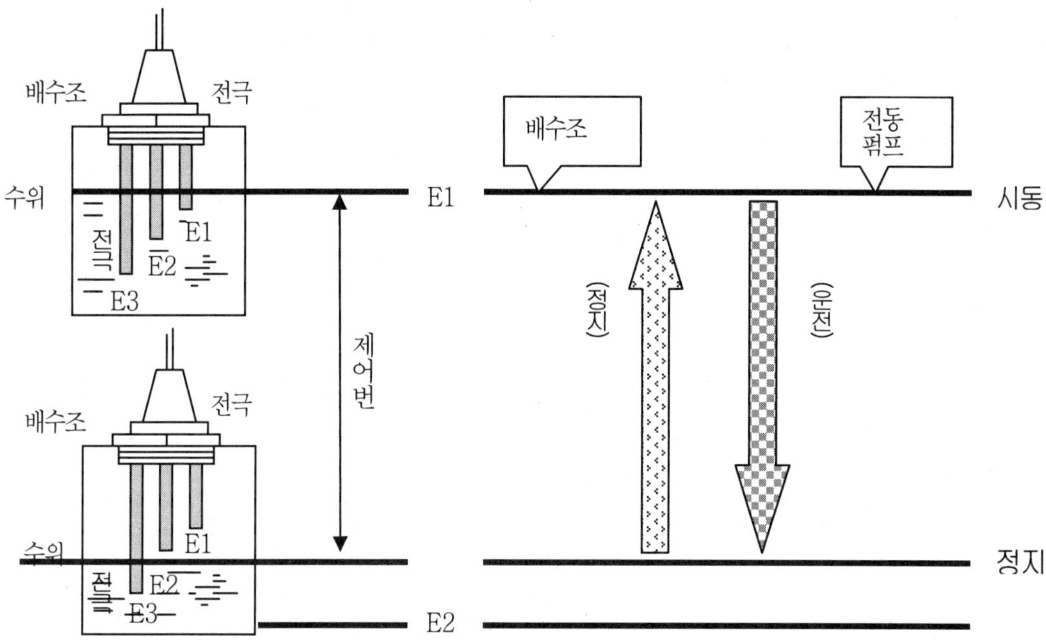

그림 6-32 배수조 수위와 전동 펌프의 시동 · 정지

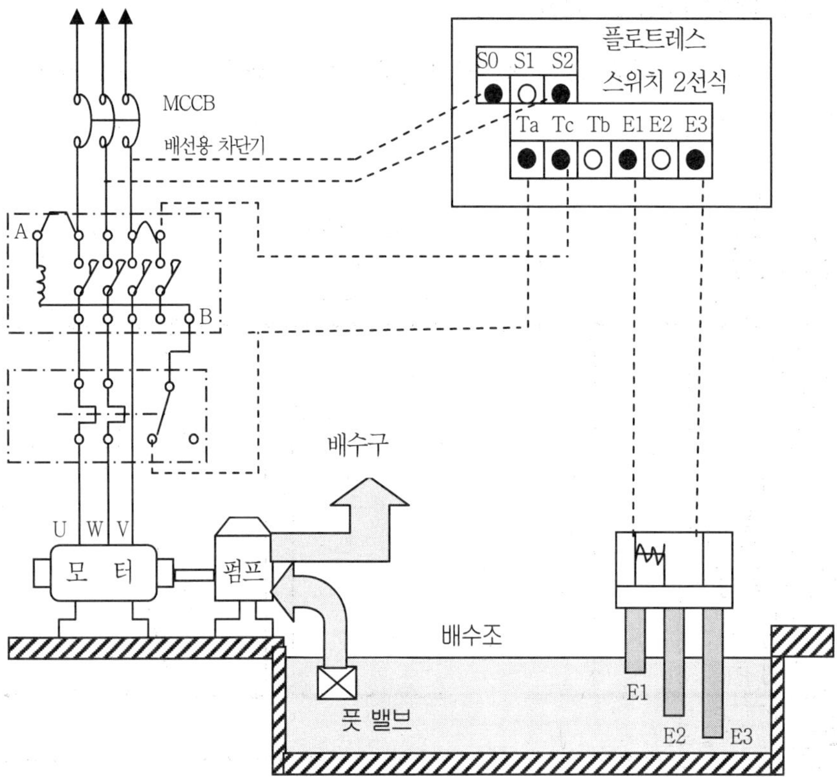

그림 6-33 배수의 시퀀스 제어 회로도

(1) 플로트레스 액면 릴레이의 동작

급수 때와 아주 똑같은 동작을 하는 플로트레스 액면 릴레이를 그 접점의 이용 방법만 바꾸어 사용한다.

(2) 배수의 시퀀스 동작(그림 6-34)

① 차단기 MCCB를 닫는다.
② 수위가 전극 E1보다 높고, 접점 WLR이 닫히면 보조 릴레이 X1이 동작한다.
③ 접점 X1-b가 열리고 보조 릴레이 X2의 여자가 끊긴다.
④ 접점 X2-b가 복귀하여 전자 개폐기 MC가 동작한다.
⑤ 펌프용 전동기가 시동하여 배수가 이루어진다.
⑥ 수위가 전극 E3보다 내려가면 접점 WLR이 열려 펌프용 전동기는 정지한다.

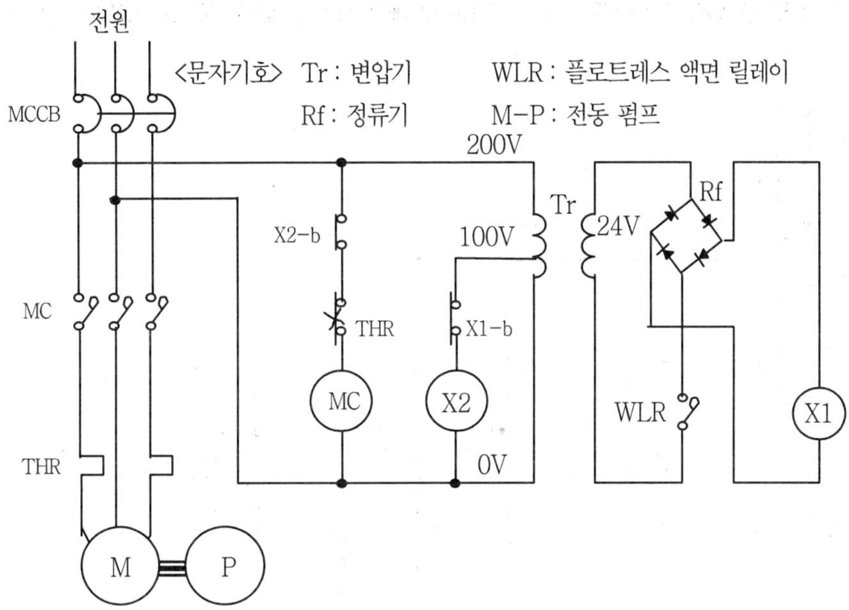

그림 6-34 플로트레스 액면 릴레이를 이용한 배수 제어 회로의 시퀀스 회로도

■ 문제 1 다음은 유도 전동기의 Y-△ 기동할 때의 시퀀스 회로도이다. 물음에 답하시오.

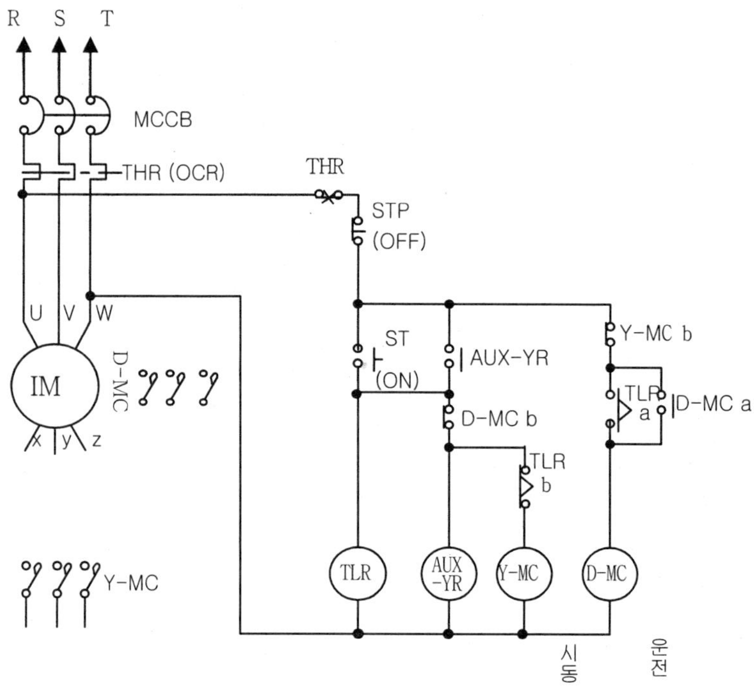

(1) 유도 전동기의 Y-△ 기동을 하는 이유는?

(2) 유도 전동기의 Y-△ 기동할 때의 생기는 현상과 기동 순서에 대한 설명이다. ( )안을 채우시오.

유도 전동기를 Y-△ 기동할 때에 발생하는 현상으로, Y결선으로 기동할 때의 선 전류는 Δ 결선으로 기동할 때의 선 전류보다(①)로 줄어들기 때문에 과전류에 의한 전동기 권선의 소손 위험을 방지할 수 있으며 (②)도 전압의 2승에 비례하므로 기동 토오크도 $\frac{1}{3}$로 줄어 든다. Y-△ 기동의 시퀀스 동작을 설명하면 다음과 같다. 기동용 푸시 버튼 스위치 (③)를 누르면 (④)과 (⑤)과 (⑥)의 코일이 여자된다. 타이머 TLR, Y운전용 전자 접촉기 Y-MC, 보조 릴레이 AUX-YR은 (⑦)에 의해 (⑧)된다. Y운전용 전자 접촉기 Y-MC의 주접점이 동작하여 닫히고, 전동기는 (⑨) 결선에서 시동한다. 동시에 (⑩)의 b접점이 열려서 운전 회로는 (⑪)된다. 타이머의 설정 시간이 지나면 타이머 TLR의 (⑫) 접점 (⑬)가 열리고 한시동작 순시복귀 접점 (⑭)는 닫힌다. Y운전용 전자 접촉기 Y-MC의 여자가 끊어져 그 (⑮) TLR-a가 복귀하고, 전동기의 Y운전은 종료하며, 동시에 Y-MC의 b접점도 복귀하므로 △운전 회로의 인터로크가 풀어지고, 이미 동작하고 있는 타이머 TLR의 한시동작 순시복귀 접점 TLR-a를 통하여 (⑯ △) 운전용 전자 접촉기 D-MC의 b접점이 열려 Y운전 회로를 (⑰)한 상태에서 운전하게 된다.

(3) 이 시퀀스 회로도를 무접점 논리 회로를 그려라.

(4) PLC 프로그램인 Ladder Diagram를 그려라.

(5) Handy Loader로 프로그램 할때의 순서를 열거하시오. 단, PLC 명령어는 다음과 같다.

① STR : 입력 a접점
② STRN : 입력 b접점
③ AND : AND a접점
④ ANDN : AND b접점(AND NOT)
⑤ OR : OR a접점
⑥ ORN : OR b접점(OR NOT)
⑦ END : 끝
⑧ P000~P007 : 번지(입력신호)
⑨ P008~P0015 : 번지(출력 신호)
⑩ T000~T015 : 번지(타이머의 메모리 번지)
⑪ M000~M015 : 번지(내부 메모리)

(6) 문제의 그림 중에서 전동기의 주전원 회로인 Y-Δ 결선을 완성하시오.

(7) 답란의 타임 차트를 완성하시오.

☞ 답

(1) 유도 전동기가 기동할 때는 정격 전류의 4~6배의 기동 전류가 흐르게 되므로, 이러한 기동 전류를 줄이기 위해서 Y-Δ 기동 방법을 택하게 되며, 용량이 큰 전동기인 경우에는 큰 기동 전류가 흘러서 전동기가 소손되는 경우가 있다.

(2) ① : $\frac{1}{3}$, ② : 토오크, ③ : ST(ON), ④ : 타이머 TLR, ⑤ : 보조 릴레이 AUX-YR
⑥ : Y용 전자 접촉기 Y-MC, ⑦ : 접점 AUS-YR, ⑧ : 자기유지, ⑨ : Y, ⑩ :Y-MC
⑪ : 인터로크, ⑫ : 한시동작 순시복귀, ⑬ : TLR-b, ⑭ : TLR-a, ⑮ : 한시동작 순시 복귀 접점, ⑯ : △, ⑰ : 인터로킹

(3) 논리 회로도

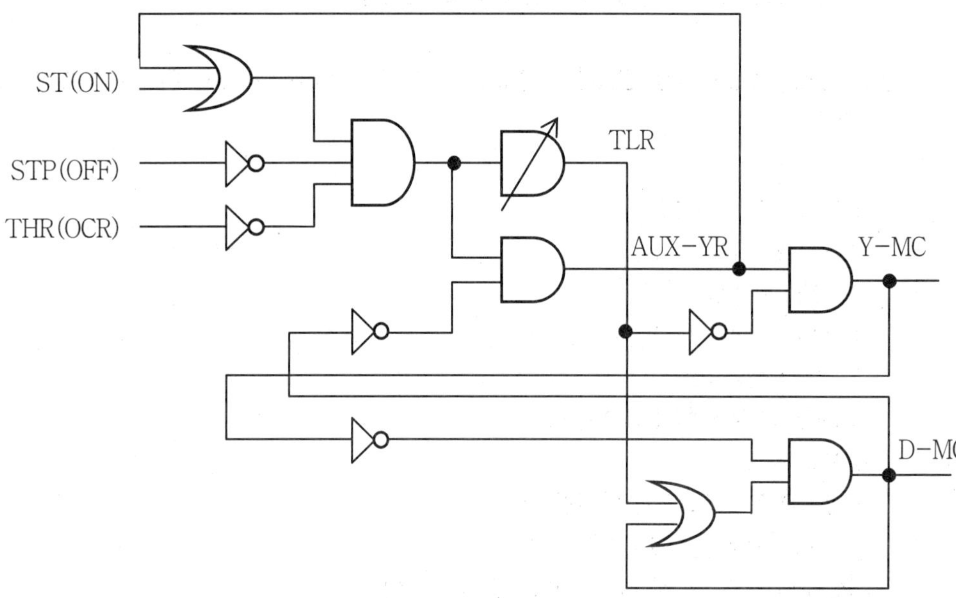

(4) Ladder diagram

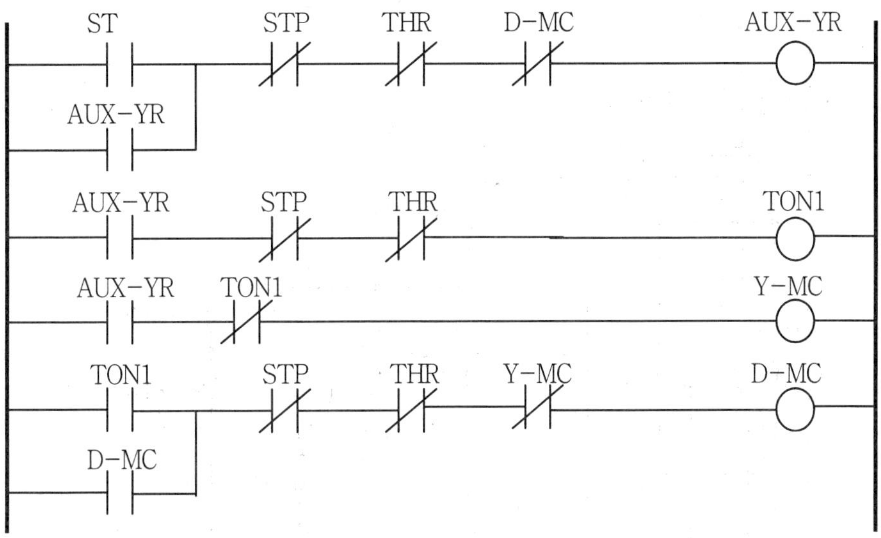

(5) 프로그램 순서

STEP	명령어	번지	비 고	STEP	명령어	번지	비 고
00	STR	P000	START, PB	10	STR	M000	자기유지 접점
01	STR	M000	자기유지 접점	11	ANDN	T000	타이머 b접점
02	ANDN	P001	STOP, PB	12	OUT	P008	Y결선용 MC
03	ANDN	P002	THR, 과부하	13	STR	T000	타이머 a접점
04	ANDN	P008	D-MC,인터록	14	STR	P009	자기유지 접점
05	OUT	M001	AUX-YR, 내부 메모리	15	ANDN	P001	STOP, PB
06	STR	M000	자기유지 접점	16	ANDN	P002	THR, 과부하
07	ANDN	P001	STOP, PB	17	ANDN	P008	Y-MC, 인터록
08	ANDN	P002	THR, 과부하	18	OUT	P009	Y결선용 MC
09	OUT	T000	ON Delay 타이머	19	END		

(6) 주전원 회로인 Y-Δ 결선도

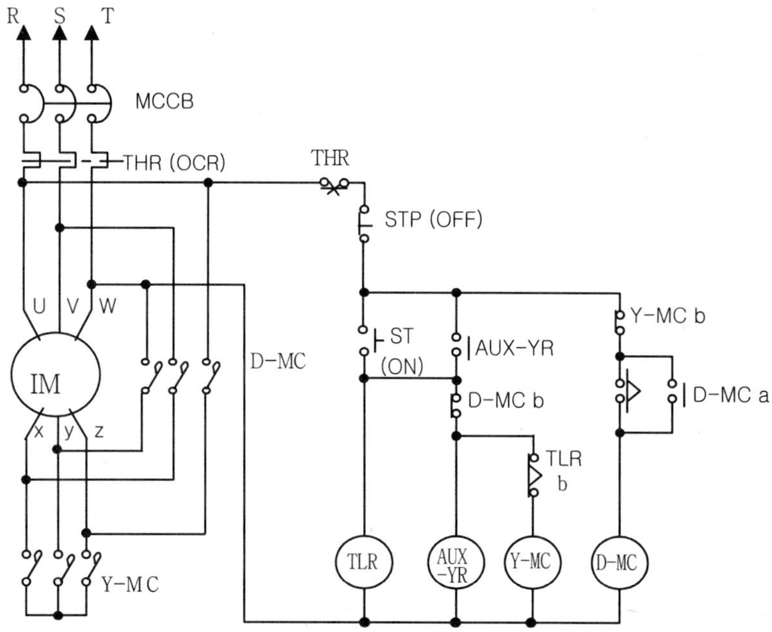

(7) 타임차트

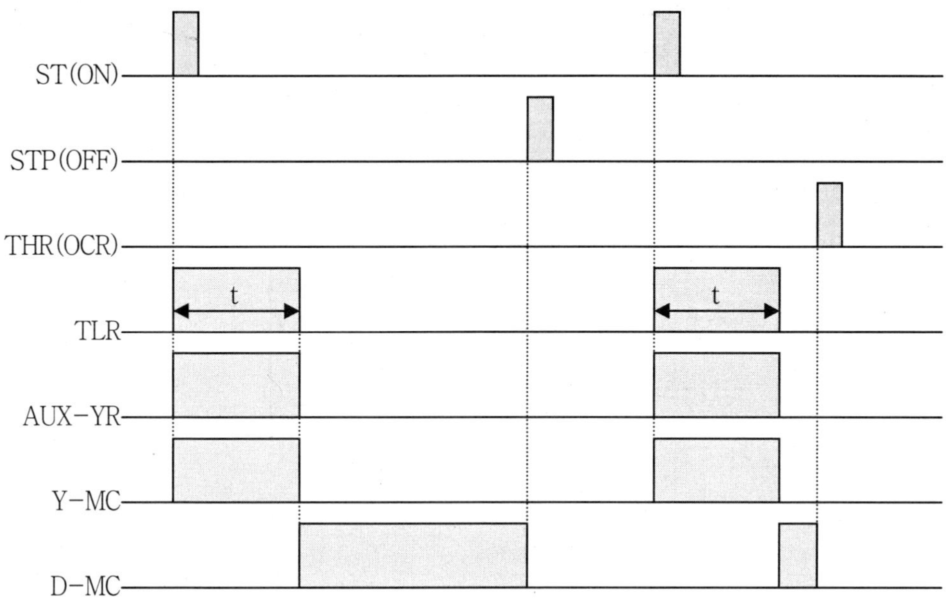

■ 문제 2 다음의 회로도는 3상 유도 전동기 3대의 순차 수동운전 회로도이다. 다음 물음에 답하여라.

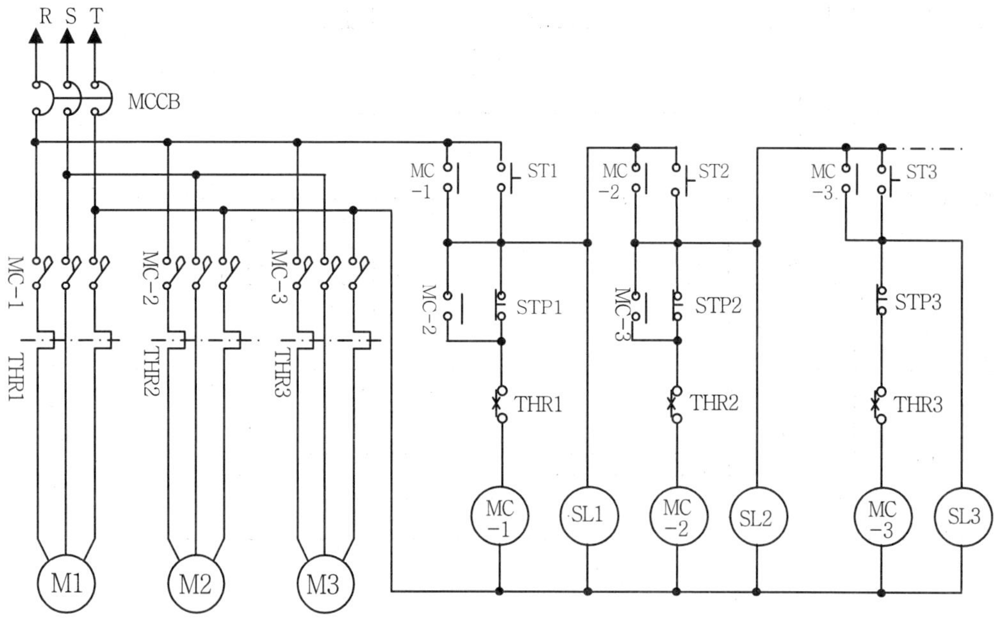

(1) 답란의 타임 차트를 완성하시오.

(2) 문제의 시퀀스 회로를 논리로직 회로로 변환하시오.

(3) 문제의 시퀀스 회로에 대한 동작 설명도이다. ( )안을 채우시오.

전동기의 기동 순서가 (①), (②), (③)이고, 정지 순서는 (④), (⑤), (⑥)이다. NO.3 컨베이어의 시동 동작은 전자 개폐기 MC-2의 (⑦)가 닫혀있는 상태에서, (⑧)를 누르면 전동기 M3가 기동된다. 또한 컨베이어의 정지 동작은 (⑨)를 누르면서 시작된다. NO.1, NO.2, NO.3 컨베이어 사고 방지의 경우에는 NO.1의 컨베이어의 사고가 일어나 (⑩)이 작용한 경우는 전자 개폐기 MC-1의 여자가 끊겨 전동기 M1을 정지시킴과 동시에 그 자기보지 접점 MC-1을 열기 때문에, 전자 개폐기 MC-2, MC-3에 전원이 공급되지 않게 되고 접점 MC-2, MC-3을 열어 NO.2, NO.3의 컨베이어를 정지시킨다.

(4) 문제의 시퀀스 회로는 수동으로 컨베이어를 기동하는 회로이다. 이 회로를 타이머를 이용해서 STSRT PB 1개와 STOP PB 1개로 운전하는 회로로 수정하시오.

☞ 답

(1) 타임 차트

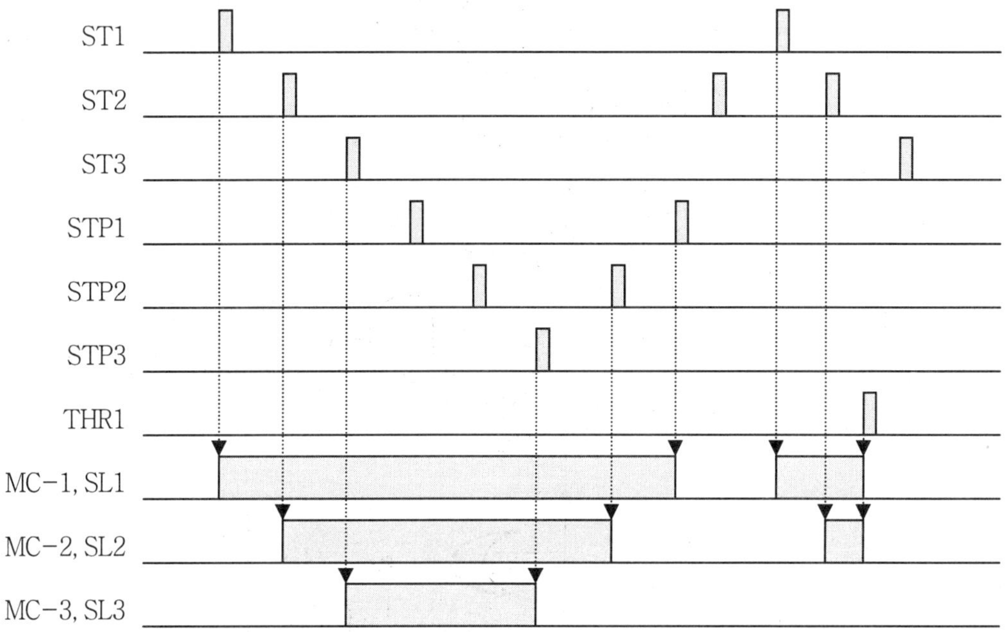

(2) 논리로직 회로

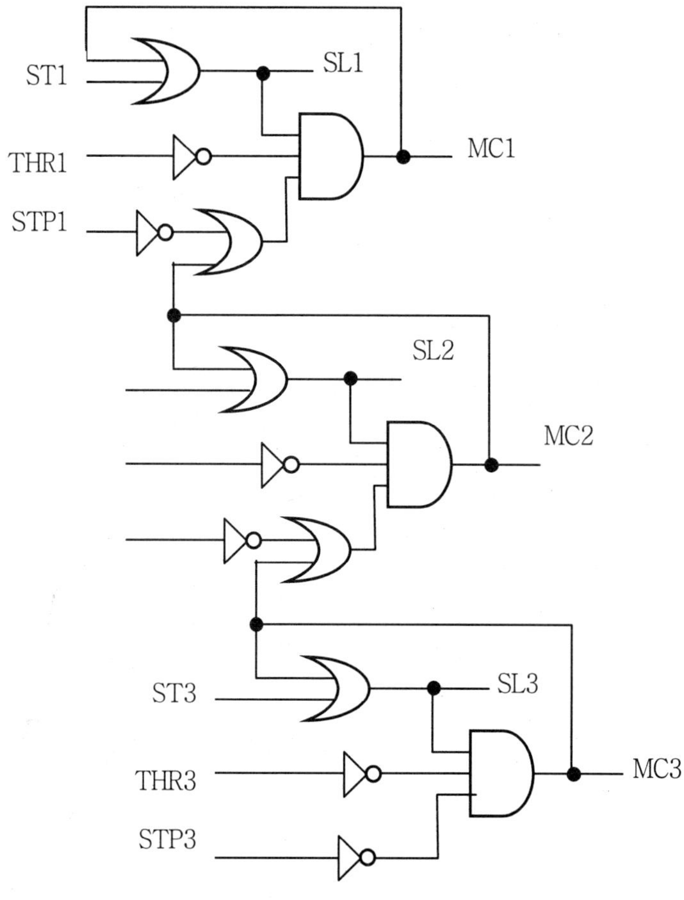

(3) ① : M1, ② : M2, ③ : M3, ④ : M3, ⑤ : M2, ⑥ : M1, ⑦ : 자기유지 접점 MC−2, ⑧ : 시동 버튼 스위치 ST3F, ⑨ : 정지 버튼 스위치 STP3, ⑩ : THR1

(4) START PB(ST) 1개와 STOP PB(STP) 1개로 순차기동 순차정지를 하는 시퀀스 회로도

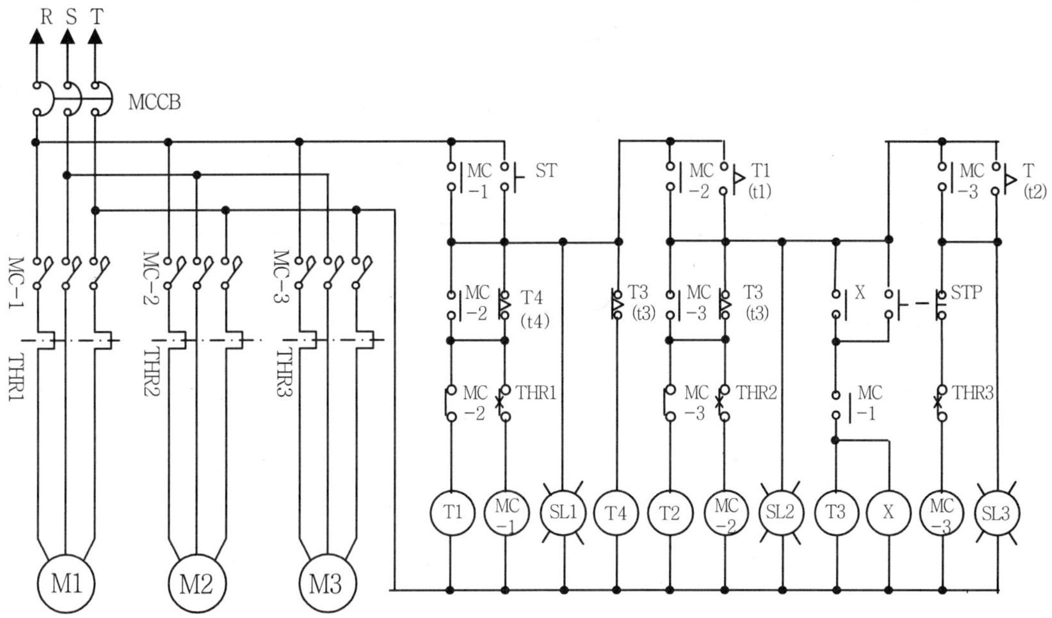

Appendix

>>> 부록 1 SEQUENCE TRANING KIT 및 전동기 구동 INVERTER TRAINING KIT 외형도

부록 2 과년도 전기(산업)•전기공사(산업)기사 실기 시험문제와 풀이

부록 3 입력신호인 센서의 적용

부록 4 한국산업규격 KS C0102-1980

부록 1

SEQUENCE TRAINING KIT 및 전동기 구동 INVERTER TRAINING KIT 외형도

A. SEQUENCE TRAINING KIT

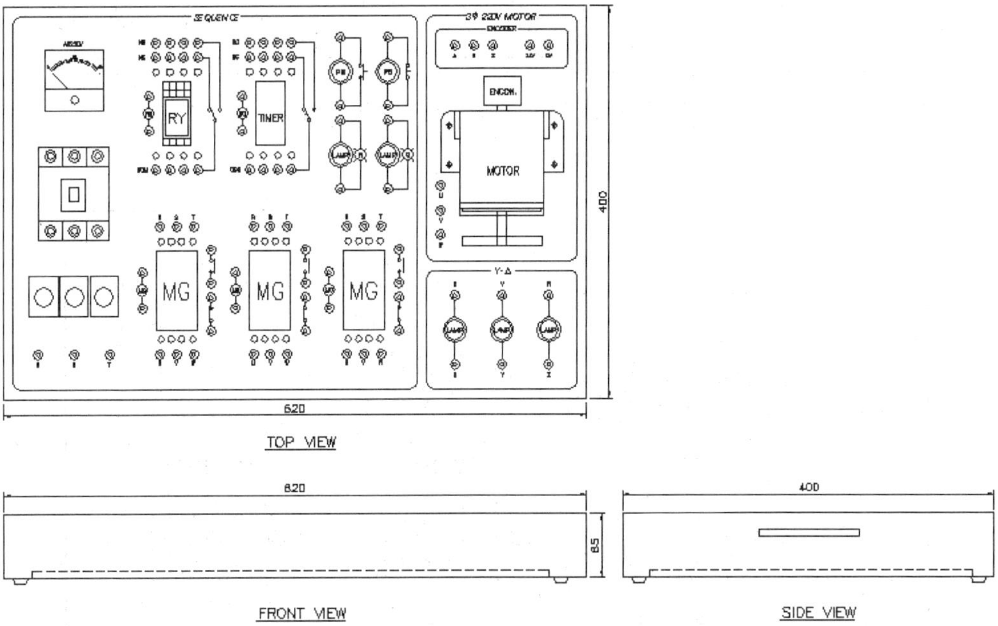

〈SEQUENCE TRAINING KIT 외형도〉

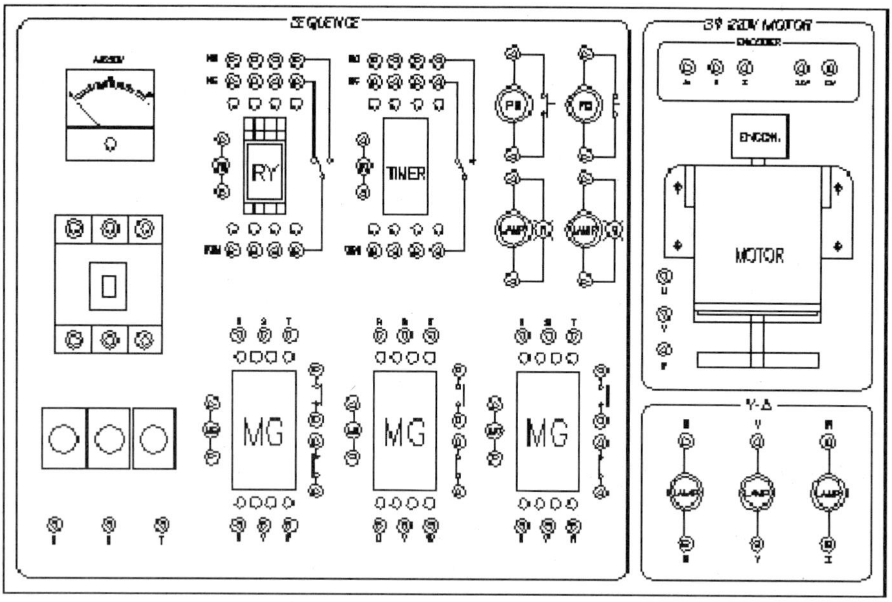

〈SEQUENCE TRAINING KIT 전면 상세도〉

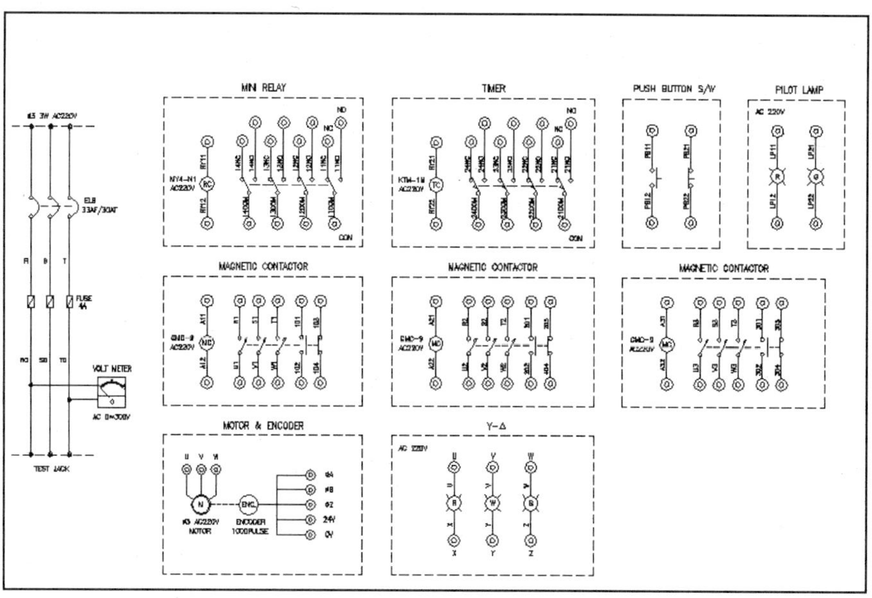

〈SEQUENCE TRAINING KIT 내부 결선도〉

B. INVERTER TRAINING KIT

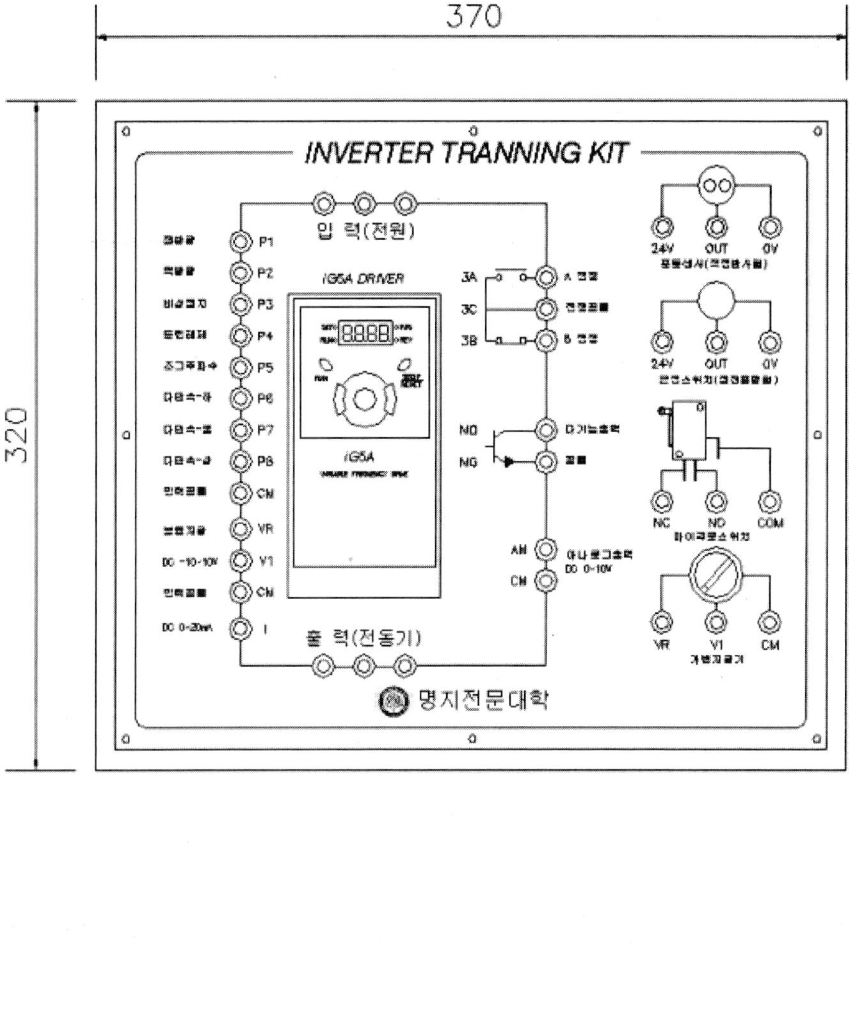

부록 2

과년도 전기(산업)·전기공사(산업)기사 실기시험 문제와 풀이

전기기사

1. 도면은 전동기 A, B, C 3대를 기동시키는 제어 회로이다. 이 회로를 보고 다음 각 물음에 답하시오. 단, MA : 전동기 A의 기동 정지 개폐기, MB : 전동기 B의 기동 정지 개폐기, MC : 전동기 C의 기동 정지 개폐기이다.

   (1) 전동기를 기동시키기 위하여 PB(ON)을 누르면 전동기는 어떻게 기동되는지 그 기동 과정을 상세히 설명하시오.

   (2) SX-1의 역할에 대한 접점 명칭은 무엇인가?

   (3) 전동기를 정지시키고자 PB(OFF)를 눌렀을 때, 전동기가 정지되는 순서는 어떻게 되는가?

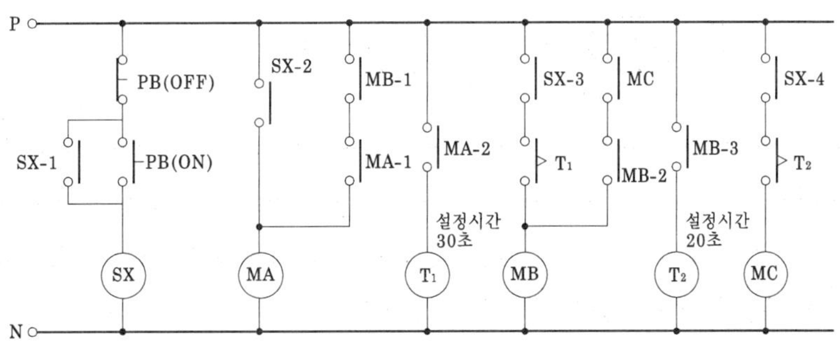

• **답안작성**

(1) (SX)가 동작되어 SX 접점에 의해 (MA)가 동작되고 이어서 (T_1)이 여자되어 30초 후에 (MB)가 동작된다. 이어서 (T_2)가 여자되고 20초 후 (MC)가 동작된다.

(2) 자기 유지

(3) C → B → A

2. 그림과 같은 회로의 출력을 입력변수로 나타내고 AND 회로 1개, OR 회로 2개, NOT 회로 1개를 이용한 등가회로를 그리시오.

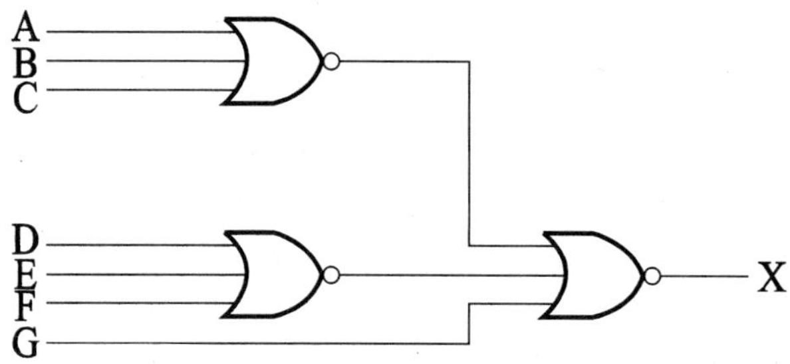

• 출력식 • 등가회로

• 답안작성

• 출 력 식 : $X = (A + B + C) \cdot (D + E + F) \cdot \overline{G}$

• 등가회로 :

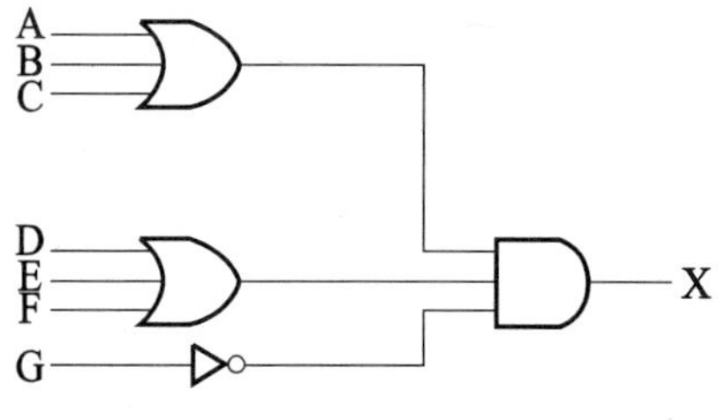

3. 다음은 어느 계전기 회로의 논리식이다. 이 논리식을 이용하여 다음 각 물음에 답하시오. 단, 여기에서 A, B, C는 입력이고, X는 출력이다.

논리식 : $X = (A + B) \cdot \overline{C}$

(1) 이 논리식을 로직을 이용한 시퀀스도(논리회로)로 나타내시오.

(2) 물음 (1)에서 로직 시퀀스도로 표현된 것을 2입력 NAND gate만으로 등가 변환하시오.

(3) 물음 (1)에서 로직 시퀀스도로 표현된 것을 2입력 NOR gate만으로 등가 변환하시오.

• **답안작성**

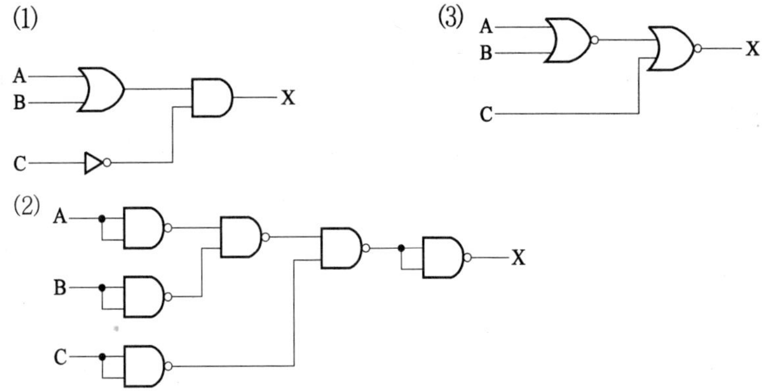

4. 도면과 같은 시퀀스도는 기동 보상기에 의한 전동기의 기동제어 회로의 미완성 도면이다. 이 도면을 보고 다음 각 물음에 답하시오.

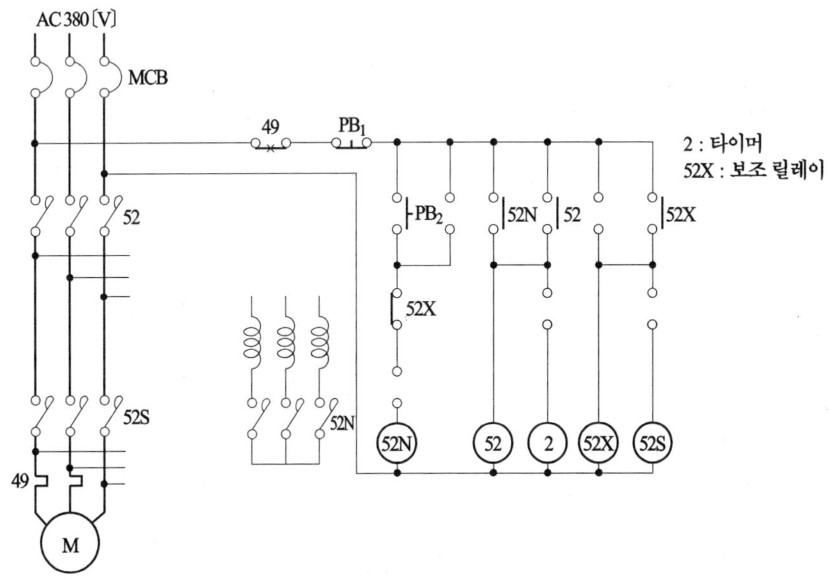

(1) 전동기의 기동 보상기 기동제어는 어떤 기동 방법인지 그 방법을 상세히 설명하시오.

(2) 주회로에 대한 미완성 부분을 완성하시오.

(3) 보조 회로의 미완성 접점을 그리고 그 접점 명칭을 표기하시오.

(4) 이 전동기의 접지공사는 몇 종 접지공사를 실시하여야 하는가?

• 답안작성

(1) 기동시 전동기에 대한 인가전압을 단권 변압기로 감압하여 공급함으로써 기동전류를 억제하고 기동 완료 후 전전압을 가하는 방식

(2) (3)

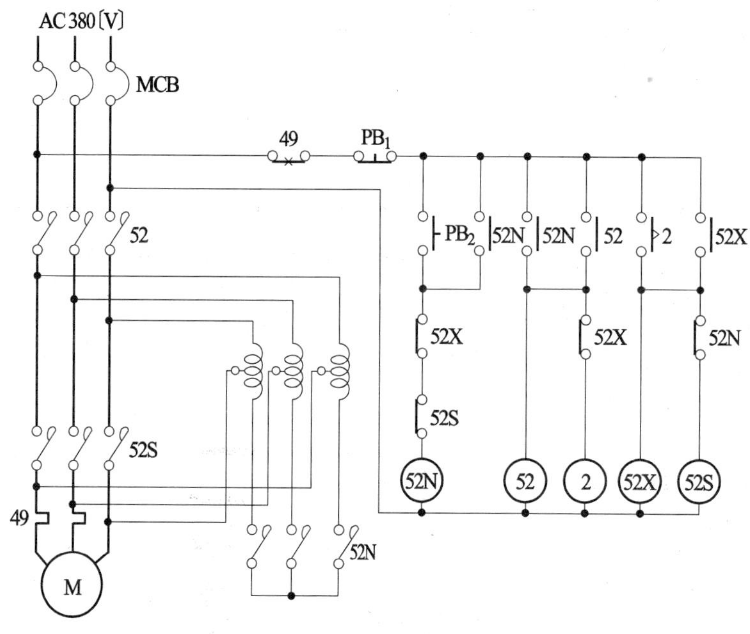

(4) 제3종 접지공사

---

5. 다음 논리식에 대한 물음에 답하시오.

$$X = A + B\overline{C}$$

(1) 무접점 시퀀스로 그리시오.

(2) NAND GATE로 그리시오.

(3) NOR GATE를 최소로 이용하여 그리시오.

• **답안작성**

(1)

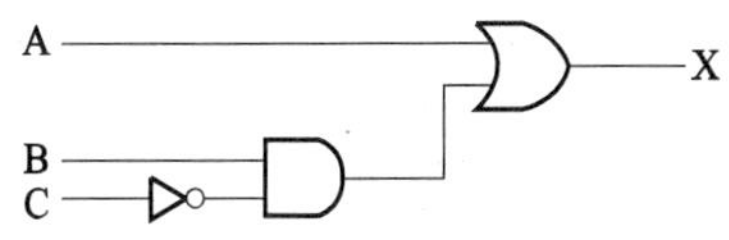

(2)

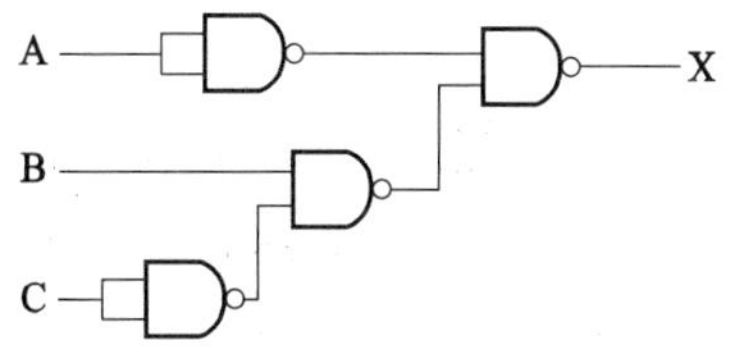

(3)

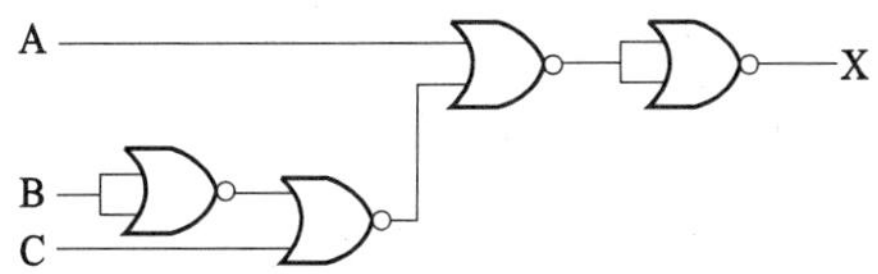

---

6. 다음은 수중 PUMP로 자동제어 운전하는 회로도이다. 다음 각 물음에 답하시오.

(1) 수동 자동으로 제어가 가능한 시퀀스 회로를 작성하시오.

【조건】

① 전환개폐기 사용

② 리미트 S/W나 플로우트 스위치 사용

③ MOTOR 정지시 G 램프

MOTOR 운전시 R 램프

과부하 트립시 Y 램프

④ 제어반과 현장에서 모두 제어 가능

(2) 현장 조작용 스위치에 사용되는 케이블은 어떤 종류인가?

(3) 위의 회로에서 사용할 수 있는 차단기 중 가장 적당한 차단기의 명칭을 쓰시오.

• **답안작성**

(1)

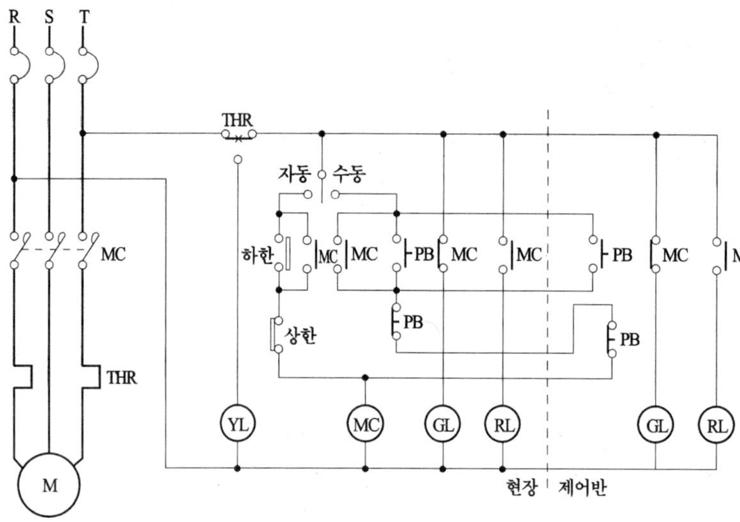

(2) CVV(제어용 비닐절연 비닐외장케이블)

(3) 배선용 차단기

7. 답안지의 그림은 전동기의 정•역 운전 회로도의 일부분이다. 동작 설명과 미완성 도면을 이용하여 주회로 부분과 보조 회로 부분을 완성하시오.

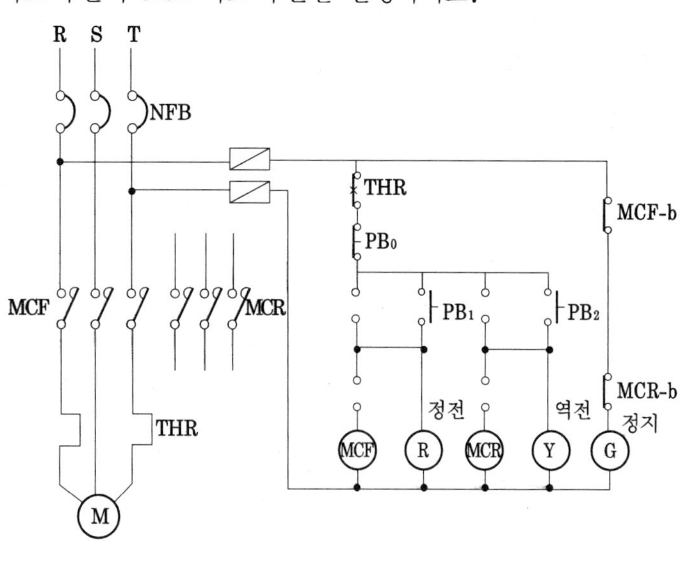

【동작설명】

- NFB를 투입하여 전원을 인가하면 Ⓖ등이 점등 되도록 한다.
- 누름 버튼 스위치 PB_1(정)을 ON하면 MCF가 여자 되며, 이 때 Ⓖ등은 소등되고 Ⓡ등은 점등 되도록 하며, 또한 정회전한다.
- 누름 버튼 스위치 PB_0를 OFF하면 전동기는 정지한다.
- 누름 버튼 스위치 PB_2(역)을 ON하면 MCR가 여자되며, 이 때 Ⓨ등이 점등되게 된다.
- 과부하시에는 열동계전기 THR이 동작되어 THR의 b접점이 개방되어 전동기는 정지된다.

※ 위와 같은 사항으로 동작되며, 특이한 사항은 MCF나 MCR 어느 하나가 여자되면 나머지 하나는 전동기가 정지 후 동작시켜야 동작이 가능하다.

※ MCF, MCR의 보조 접점으로는 각각 a 접점 2개, b 접점 2개를 사용한다.

● 답안작성

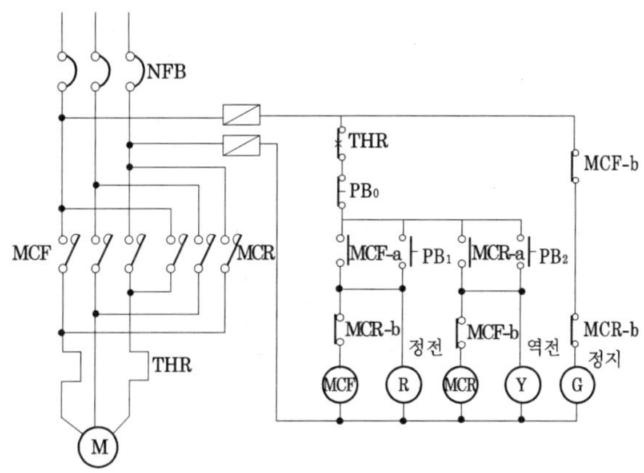

8. 다음의 시퀀스도를 보고 타임 차트를 완성하시오.

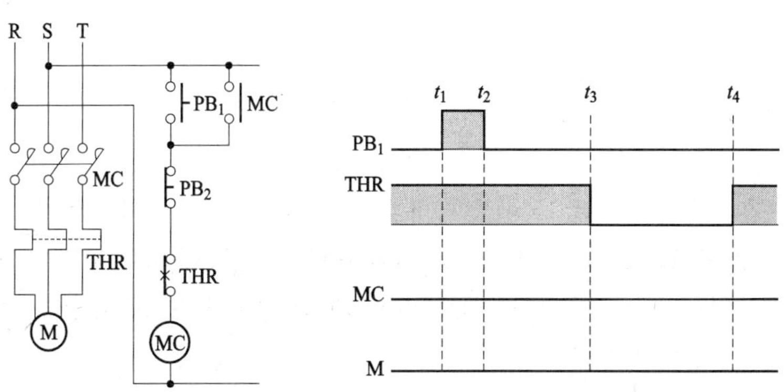

• **답안작성**

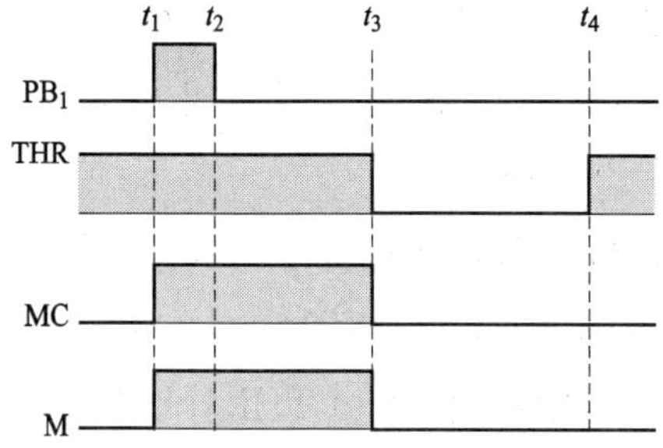

9. 도면은 유도 전동기 IM의 정회전 및 역회전용 운전의 단선 결선도이다. 이 도면을 이용하여 다름 각 물음에 답하시오. 단, 52F는 정회전용 전자접촉기이고, 52R은 역회전용 전자접촉기이다.

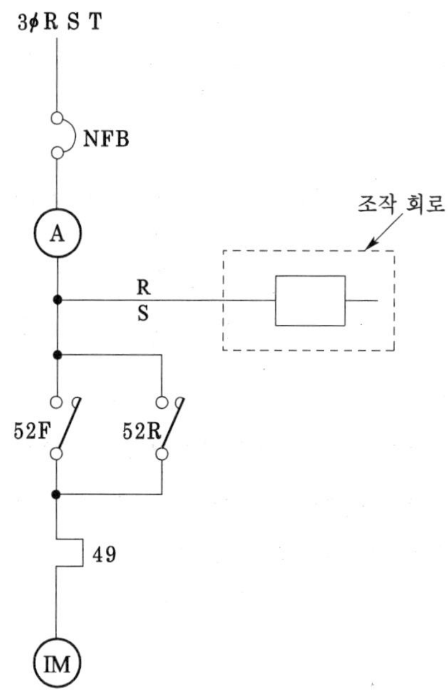

(1) 단선도를 이용하여 3선 결선도를 그리시오. 단, 점선내의 조작회로는 제외하도록 한다.

(2) 주어진 단선 결선도를 이용하여 정 · 역회전을 할 수 있도록 조작 회로를 그리시오. 단, 눌름버튼 스위치 OFF 버튼 2개, ON 버튼 2개 및 정회전 표시램프 RL, 역회전 표시램프 GL도 사용하도록 한다.

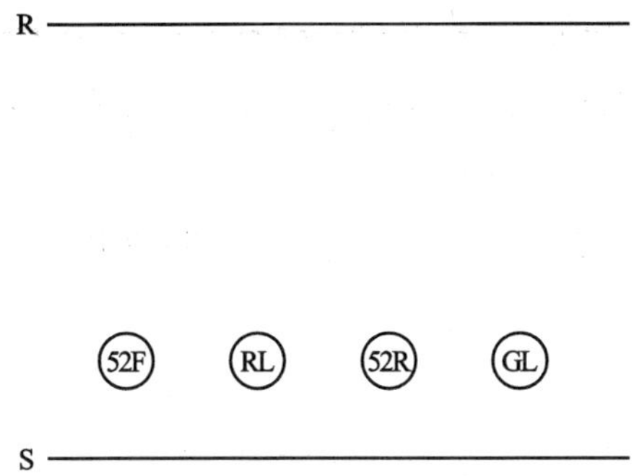
R
52F
RL
52R
GL
S

• **답안작성**

(1)

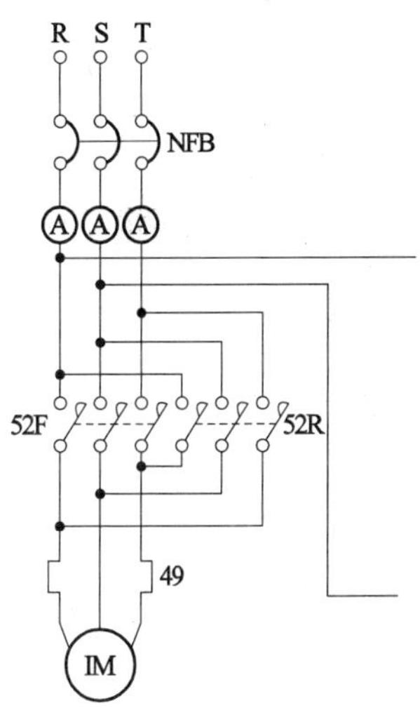
R S T
NFB
A A A
52F
52R
49
IM

(2)

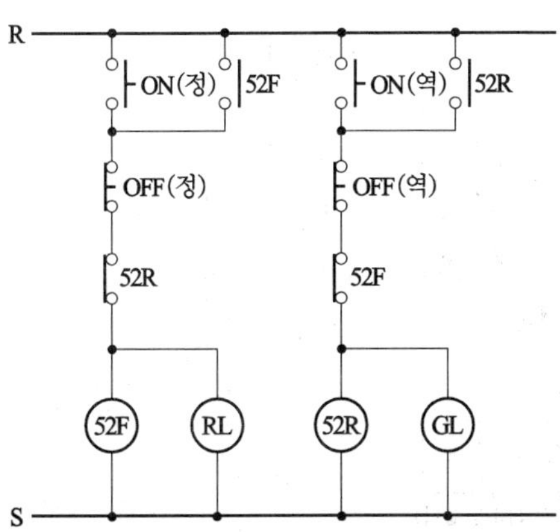
R
ON(정)
52F
ON(역)
52R
OFF(정)
OFF(역)
52R
52F
52F
RL
52R
GL
S

10, 그림과 같은 전자 릴레이 회로를 미완성 다이오드매트릭스 회로에 다이오드를 추가시켜 다이오드매트릭스로 바꾸어 그리시오.

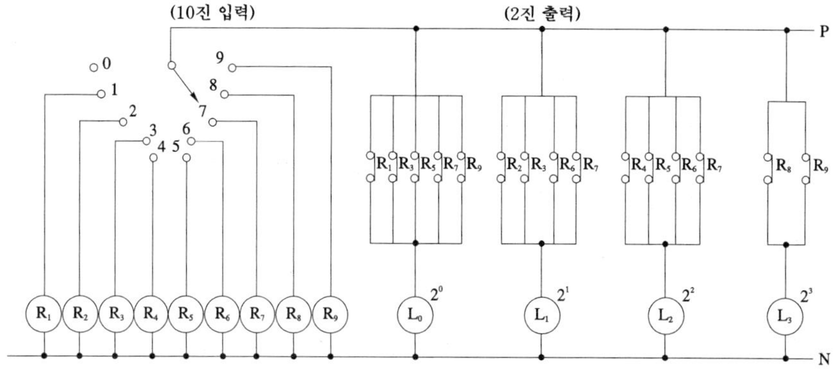

(전자 릴레이 회로)

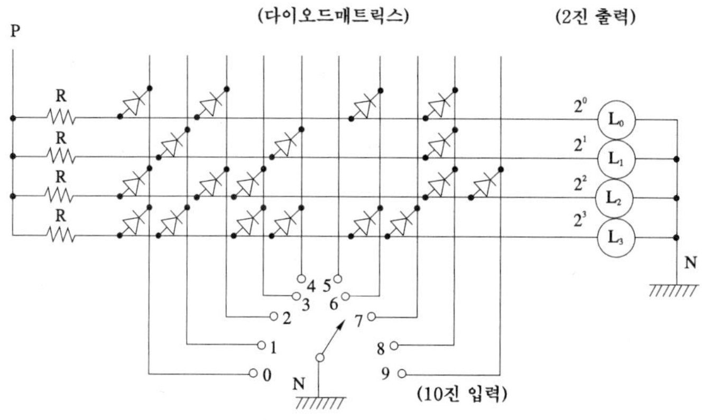

• 답안작성

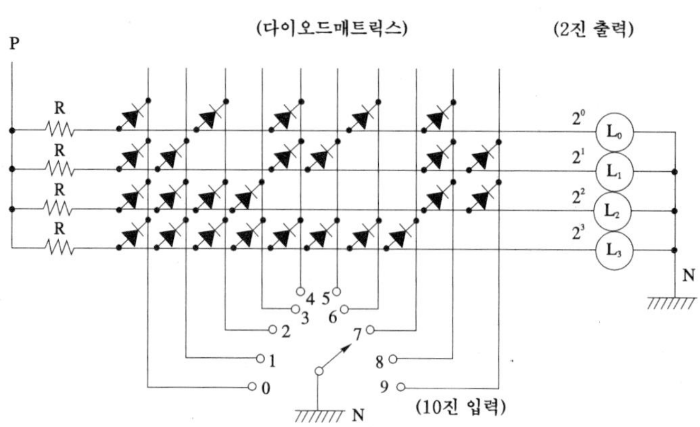

11. 그림과 같은 릴레이 스퀀스도를 이용하여 다음 각 물음에 답하시오.

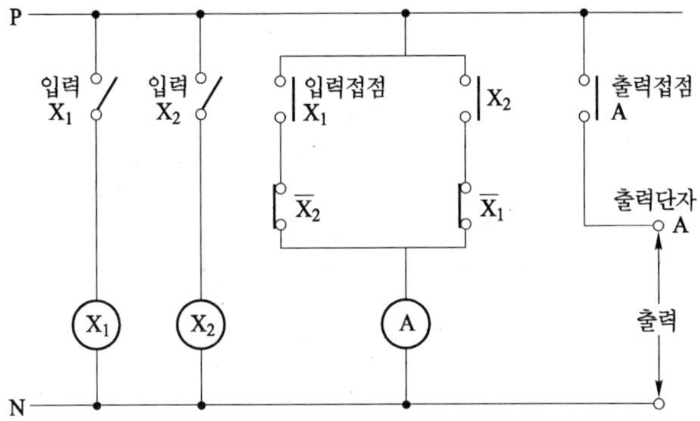

(1) AND, OR, NOT 등의 논리심벌을 이용하여 주어진 릴레이 스퀀스도를 논리회로로 바꾸어 그리시오.

(2) 물음 "(1)"에서 작성된 회로에 대한 논리식을 쓰시오.

(3) 논리식에 대한 진가표를 완성하시오.

X_1	X_2	X_3
0	0	
0	1	
1	0	
1	1	

(4) 진가표를 만족할 수 있는 로직회로(logic circuit)를 간소화하여 그리시오.

(5) 주어진 타임차트를 완성하시오.

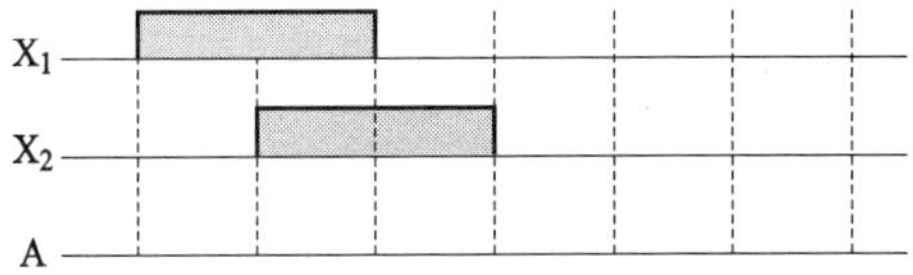

• **답안작성**

(1)

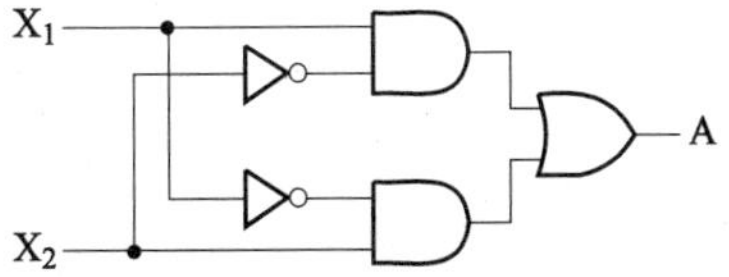

(2) $A = X_1\overline{X}_2 + \overline{X}_1X_2$

(3)

X_1	X_2	X_3
0	0	0
0	1	1
1	0	1
1	1	0

(4)

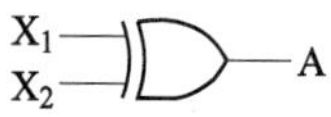

(5)

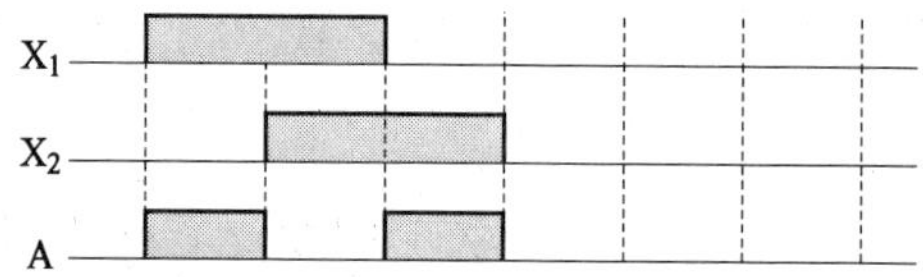

12. 그림의 회로는 Y-△ 기동 방식의 주회로 부분이다. 도면을 보고 다음 각 물음에 답하시오.

(1) 주회로 부분의 미완성 회로에 대한 결선을 완성하시오.

(2) Y-△ 기동시와 전전압 기동 시의 기동 전류를 수치를 제시하면서 비교 설명하시오.

(3) 전동기를 운전할 때 Y-△ 기동에 대한 기동 및 운전에 대한 조작 요령을 설명하시오.

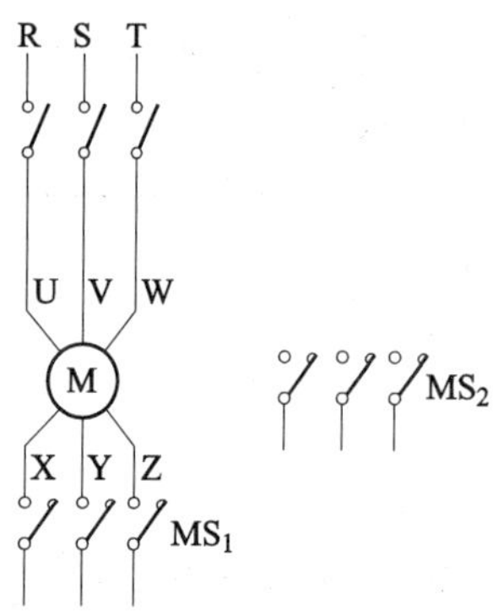

• 답안작성

(1)

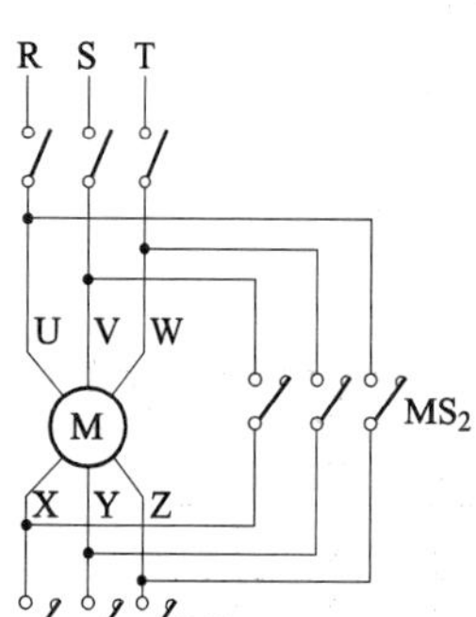

(2) Y-△ 기동 전류는 전전압 기동 전류의 1/3배이다.

(3) Y결선으로 기동한 후 타이머 설정 시간이 지나면 △결선으로 운전한다. 이 때 Y와 △는 동시투입이 되어서는 안된다.

13. 답란의 그림은 농형 유도 전동기의 Y-△ 기동 회로도이다. 이중 미완성 부분을 완성하시오. 단, 접점등에는 접점 기호를 반드시 쓰도록 하며, $MC_{\triangle}$, MC_{Y}, MC_{L}은 전자접촉기, Ⓞ, Ⓡ, Ⓖ는 각 경우의 표시등이다.

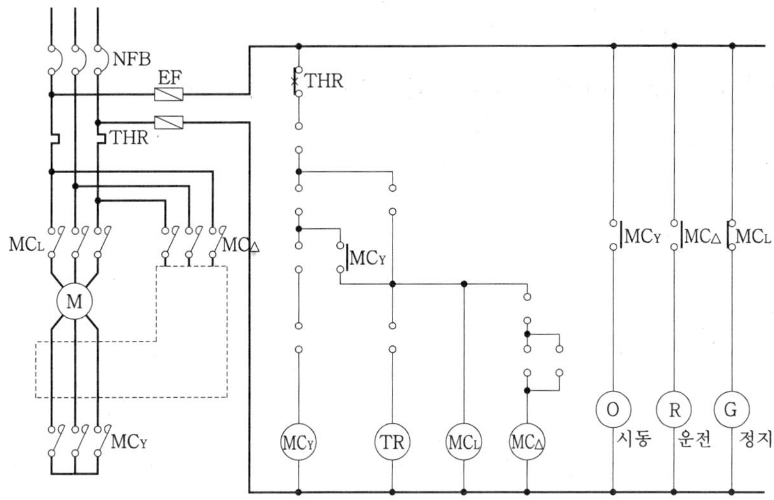

• 답안작성

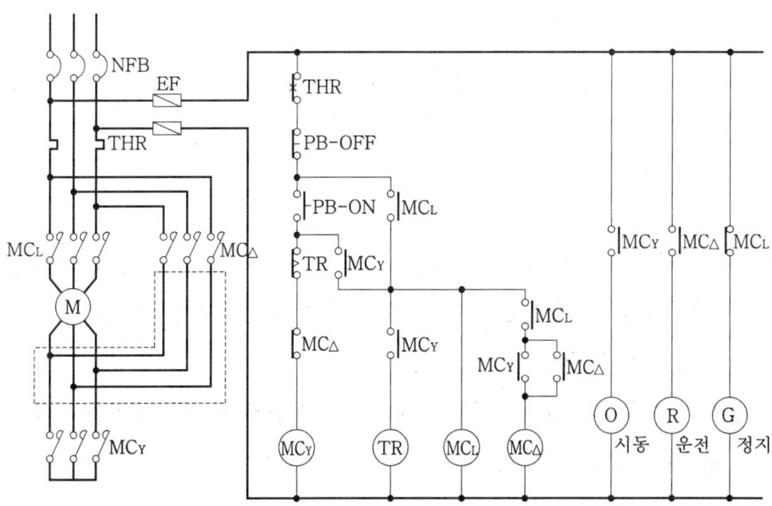

14. 그림과 같은 무접점의 논리 회로도를 보고 다음 각 물음에 답하시오.

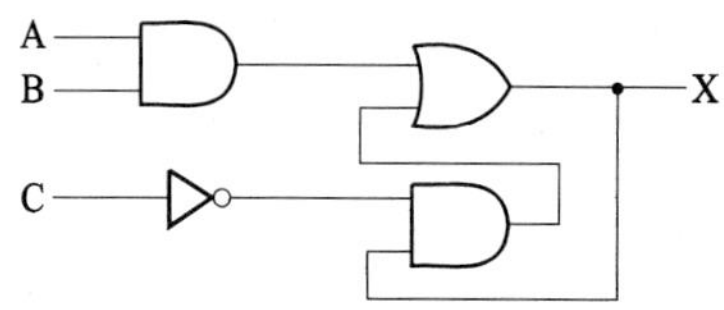

(1) 출력식을 나타내시오.

(2) 주어진 무접점 논리회로를 유접점 논리회로로 바꾸어 그리시오.

• 답안작성 ....

(1) $X = (AB + \overline{C}X)$

(2)

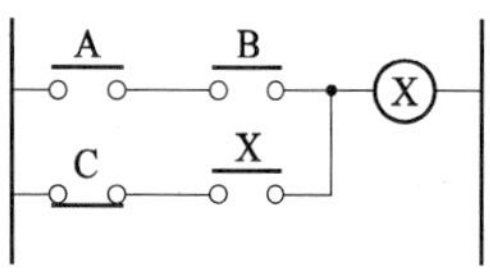

15. 그림과 같은 로직 시퀀스 회로를 보고 다음 각 물음에 답하시오.

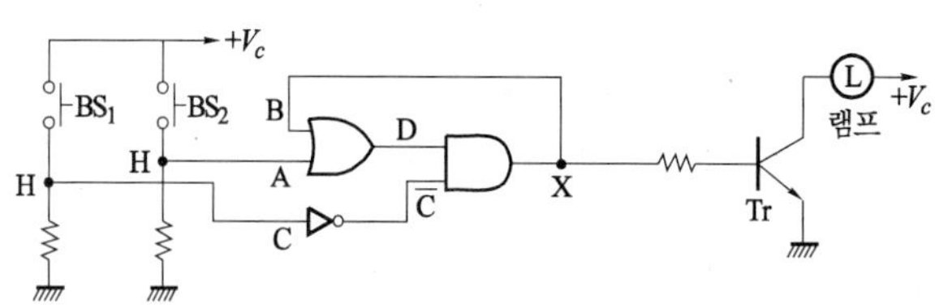

(1) 주어진 도면을 점선으로 구획하여 3단계로 구분하여 표시하되, 입력회로부분, 제어회로부분, 출력회로 부분으로 구획하고 그 구획단 하단에회로의 명칭을 쓰시오.

(2) 로직 시퀀스 회로에 대한 논리식을 쓰시오.

(3) 주어진 미완성 타임챠트와 같이 버튼 스위치 BS_1과 BS_2를 ON 하였을 때의 출력에 대한 타임 챠트를 완성하시오.

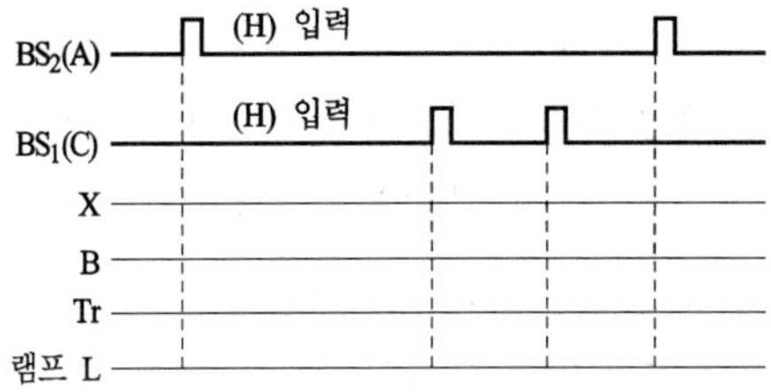

• 답안작성 ....

(1)

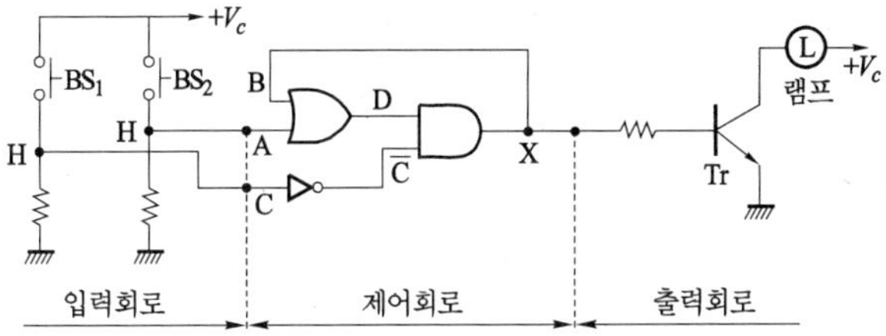

(2) $X = (BS_2 + X) \cdot \overline{BS_1}$

(3)

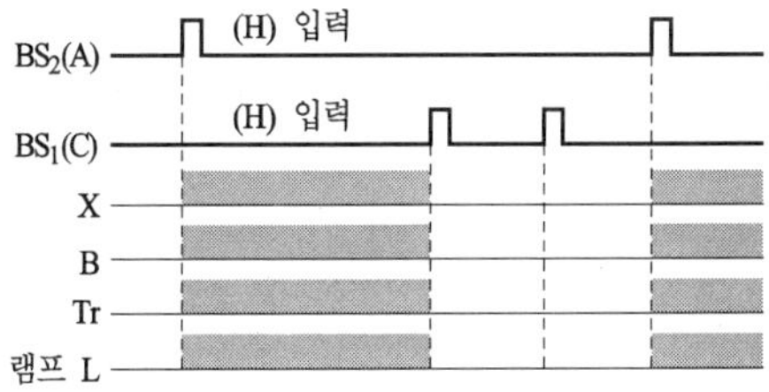

16. 유도 전동기 IM을 정 · 역 운전하기 위한 시퀀스 도면을 그리려고 한다. 주어진 조건을 이용하여 유도 전동기의 정 · 역 운전 시퀀스 회로를 그리시오.

【기구】

- 기구는 누름 버튼 스위치 PBS ON용 2개, OFF용 1개, 정전용 전자접촉기 MCF 1개, 역전용 전자접촉기 MCR 1개, 열동계전기 THR 1개를 사용한다.
- 접점의 최소 수를 사용하여야 하며, 접점에는 반드시 접점의 명칭을 쓰도록 한다.
- 과전류가 발생할 경우 열동계전기가 동작하여 전동기가 정지하도록 한다.
- 정회전과 역회전의 방향은 고려하지 않는다.

• 답안작성 ....

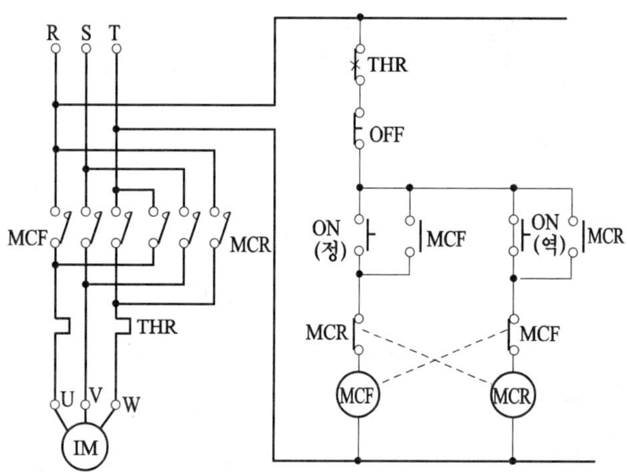

---

17. 그림과 같은 회로의 출력을 입력변수로 나타내고 AND 회로 1개, OR 회로 2개, NOT 회로 1개를 이용한 등가회로를 그리시오.

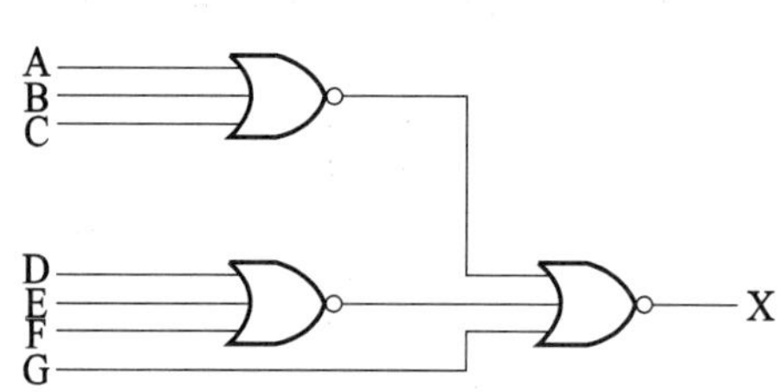

- 출력식
- 등가회로

• 답안작성 ....

• 출 력 식 : $X = (A + B + C) \cdot (D + E + F) \cdot \overline{G}$

• 등가회로 :

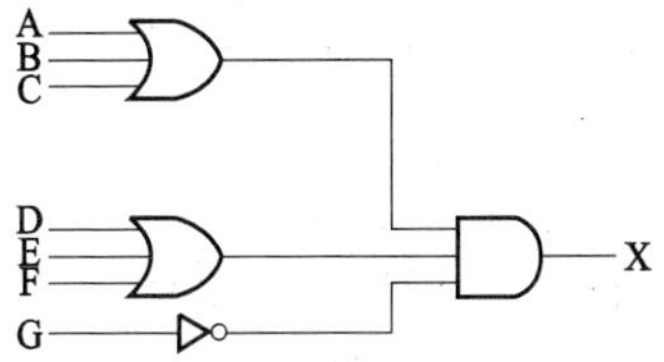

18. 다음은 수중 펌프용 전동기의 MCC(Moter Control Center)반 미완성 회로도이다. 다음 각 물음에 답하시오.

(1) 펌프를 현장과 중앙 감시반에서 조작하고자 한다. 다음 조건을 이용하여 미완성 회로도를 완성하시오.

【조건】

① 절체 스위치에 의하여 자동, 수동 운전이 가능하도록 작성

② 자동운전은 리미트 스위치 또는 플로우트 스위치에 의하여 자동운전이 가능하도록 작성

③ 표시등은 현장과 중앙감시반에서 동시에 확인이 가능하도록 설치

④ 운전등은 Ⓡ, 정지등은 Ⓖ등, 열동 계전기 동작에 의한 등은Ⓨ등으로 작성

(2) 현장 조작반에서 MCC반 까지 전선은 어떤 종류의 케이블을 사용하여 것이 적합한지 그 케이블의 종류를 쓰시오.

(3) 차단기는 어떤 종류의 차단기를 사용하는 것이 가장 좋은지 그 차단기의 종류를 쓰시오.

• **답안작성** ....

(1)

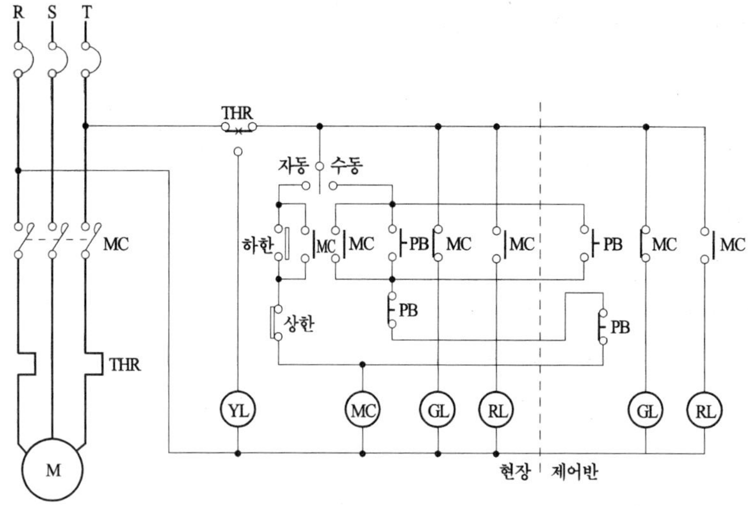

(2) CVV(제어용 비닐절연 비닐외장케이블)

(3) 배선용 차단기

---

19. 그림과 같은 논리회로를 이용하여 다음 각 물음에 답하시오.

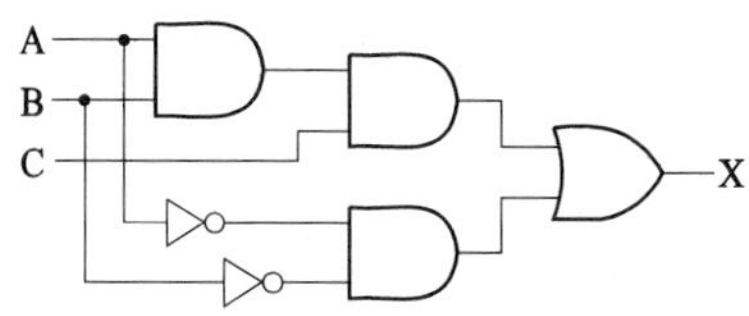

(1) 주어진 논리회로를 논리식으로 표현하시오.

(2) 논리회로의 동작 상태를 다음의 타임차트에 나타내시오.

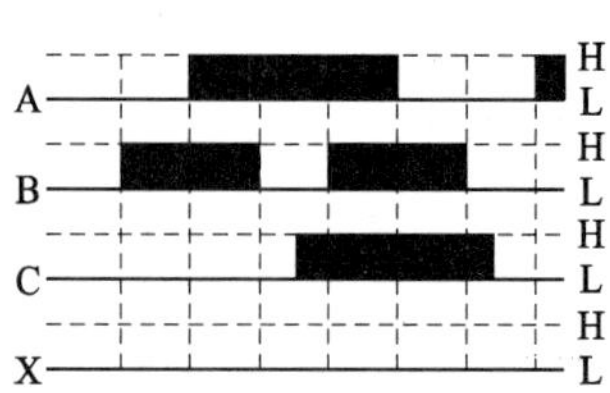

(3) 다음과 같은 진리표를 완성하시오. 단, L은 Low이고, H는 High 이다.

A	L	L	L	L	H	H	H	H
B	L	L	H	H	L	L	H	H
C	L	H	L	H	L	H	L	H
X								

• 답안작성 ....

(1) $X = A \cdot B \cdot C + \overline{A} \cdot \overline{B}$

(2)

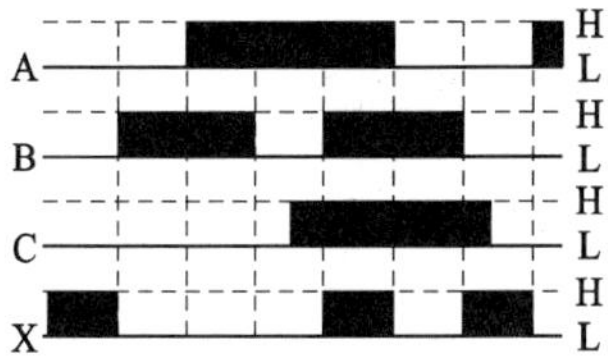

(3)

A	L	L	L	L	H	H	H	H
B	L	L	H	H	L	L	H	H
C	L	H	L	H	L	H	L	H
X	H	H	L	L	L	L	L	H

20. 그림은 한시 계전기를 사용한 유도 전동기의 Y－△ 기동회로의 미완성 회로이다. 이 회로를 이용하여 다음 각 물음에 답하시오.

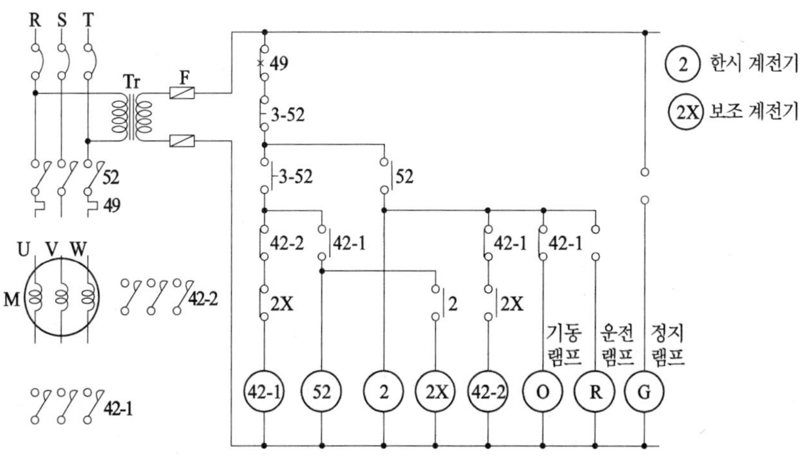

(1) 도면의 미완성 회로를 완성하시오. 단, 주회로 부분과 보조 회로 부분
(2) 기동 완료시 열려(open) 있는 접촉기를 모두 쓰시오.
(3) 기동 완료시 닫혀(close) 있는 접촉기를 모두 쓰시오.

• 답안작성 ....

(1)

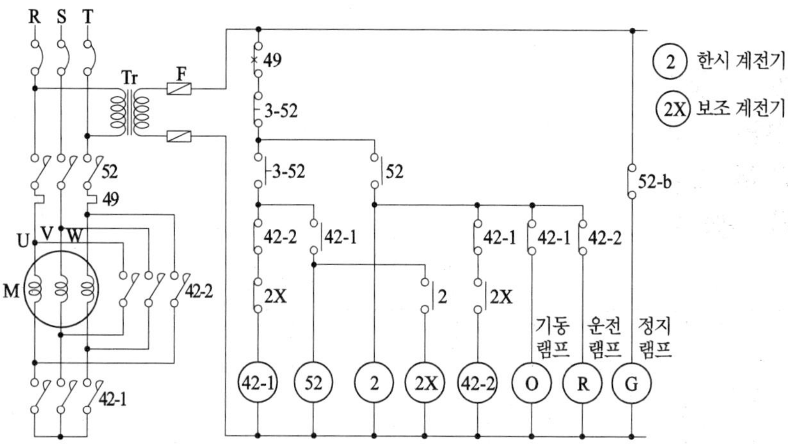

(2) 42−1

(3) 52, 42−2

전기산업기사

1. 그림과 같은 무접점 릴레이 회로의 출력식 Z를 구하고, 이것을 전자 릴레이 회로로 바꾸어 그리시오.

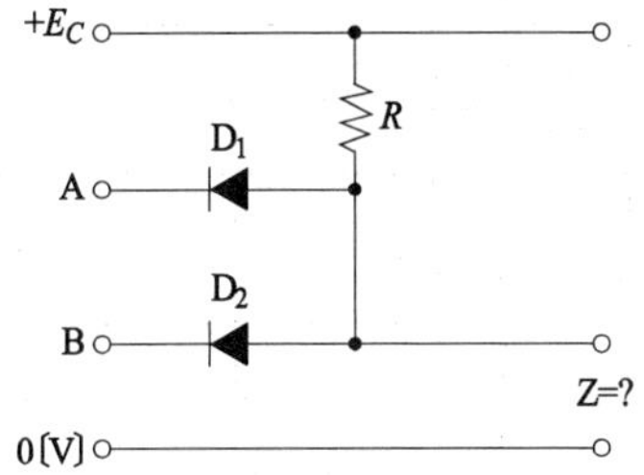

• 답안작성

• 출력식 : $Z = A \cdot B$

• 전자 릴레이 회로(유접점 회로)

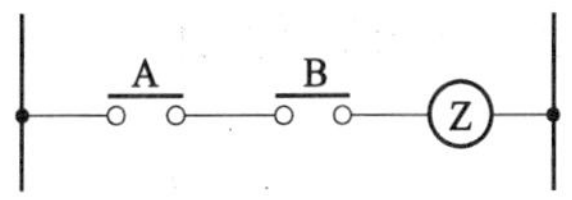

2. 어느 회사에서 한 부지에 A, B, C의 세 공장을 세워 3대의 급수 펌프 P_1(소형), P_2(중형), P_3(대형)으로 다음 계획에 따라 급수 계획을 세웠다. 이 계획을 잘 보고 다음 물음에 답하시오.

【조건】

① 모든 공장 A B, C가 휴무일 때 또는 그 중 한 공장만 가동할 때에는 펌프 P_1만 가동시킨다.

② 모든 공장 A, B, C중 어느 것이나 두 개의 공장만 가동할 때에는 P_2만 가동시킨다.

③ 모든 공장 A, B, C가 모두 가동할 때에는 P_3만 가동시킨다.

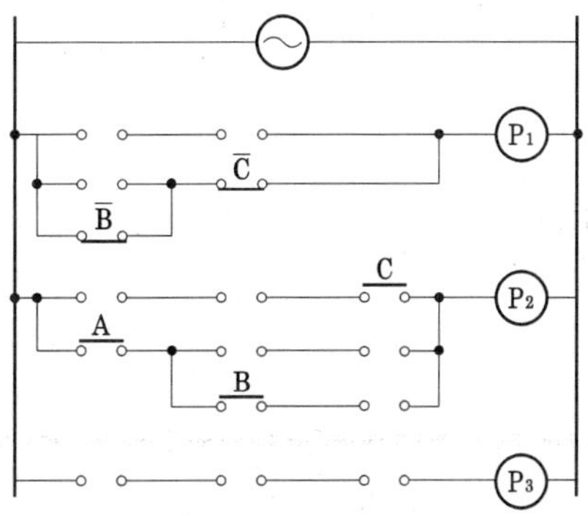

(1) 조건과 같은 진리표를 작성하시오.

A	B	C	P_1	P_2	P_3
0	0	0			
1	0	0			
0	1	0			
0	0	1			
1	1	0			
1	0	1			
0	1	1			
1	1	1			

(2) 미완성 시퀀스 도면에 접점과 그 기호를 삽입하여 도면을 완성하시오.

(3) P_1, P_2, P_3의 출력식을 가장 간단한 식으로 표현하시오.

※ 접점 심벌을 표시할 때는 A, B, C, $\overline{A}$, $\overline{B}$, $\overline{C}$등 문자 표시도 할 것

• 답안작성

(1)

A	B	C	P_1	P_2	P_3
0	0	0	1	0	0
1	0	0	1	0	0
0	1	0	1	0	0
0	0	1	1	0	0
1	1	0	0	1	0
1	0	1	0	1	0
0	1	1	0	1	0
1	1	1	0	0	1

(2)

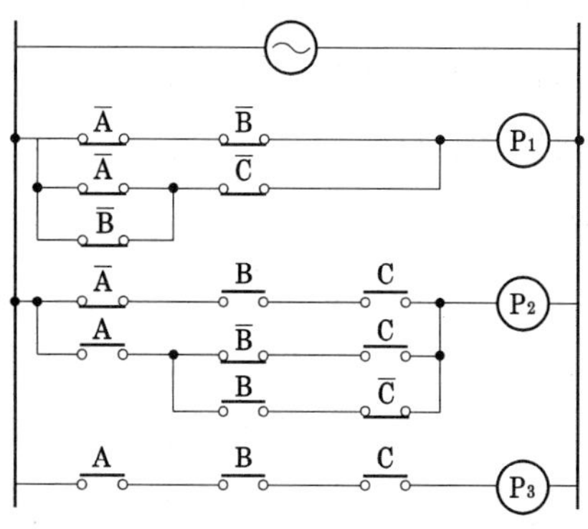

(3) $P_1 = \overline{A}\,\overline{B} + (\overline{A} + \overline{B})\overline{C}$

$P_2 = \overline{A}BC + A(\overline{B}C + B\overline{C})$

$P_3 = ABC$

3. 유도 전동기 (IM)을 유도 전동기가 있는 현장과 현장에서 조금 떨어진 제어실의 어느 쪽에 서든지 기동 및 정지가 가능하도록 전자 접촉기 (MC)와 눌름 버튼 스위치 PBS-ON용 및 PBS-OFF용을 이용하여 제어회로를 구성하시오.

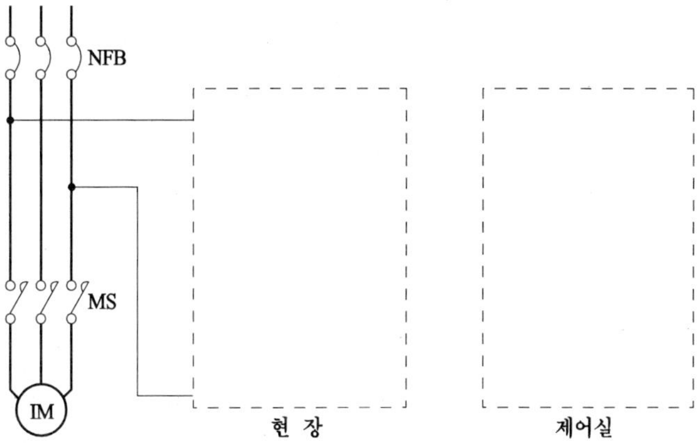

• **답안작성**

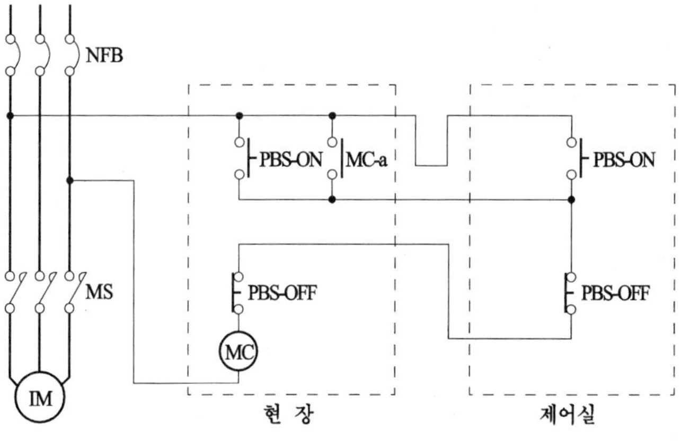

4. 눌름버튼 스위치 BS_1, BS_2, BS_3에 의하여 직접 제어되는 계전기 X_1, X_2, X_3가 있다. 이 계전기 3개가 모두 소자(복귀)되어 있을 때만 출력램프 L_1이 점등되고, 그 이외에는 출력램프 L_2가 점등되도록 계전기를 사용한 시퀀스 제어회로를 설계하려고 한다. 이 때 다음 각 물음에 답하시오.

(1) 본문 요구조건과 같은 진리표를 작성하시오.

입 력			출 력	
X_1	X_2	X_3	L_1	L_2
0	0	0		
0	0	1		
0	1	0		
0	1	1		
1	0	0		
1	0	1		
1	1	0		
1	1	1		

(2) 최소 접점수를 갖는 논리식을 쓰시오.

$L_1 =$ $L_2 =$

(3) 논리식에 대응되는 계전기 시퀀스 제어회로(유접점 회로)를 그리시오.

• 답안작성

(1)

입 력			출 력	
X_1	X_2	X_3	L_1	L_2
0	0	0	1	0
0	0	1	0	1
0	1	0	0	1
0	1	1	0	1
1	0	0	0	1
1	0	1	0	1
1	1	0	0	1
1	1	1	0	1

(2) $L_1 = \overline{X_1} \cdot \overline{X_2} \cdot \overline{X_3}$ $L_2 = X_1 + X_2 + X_3$

(3)

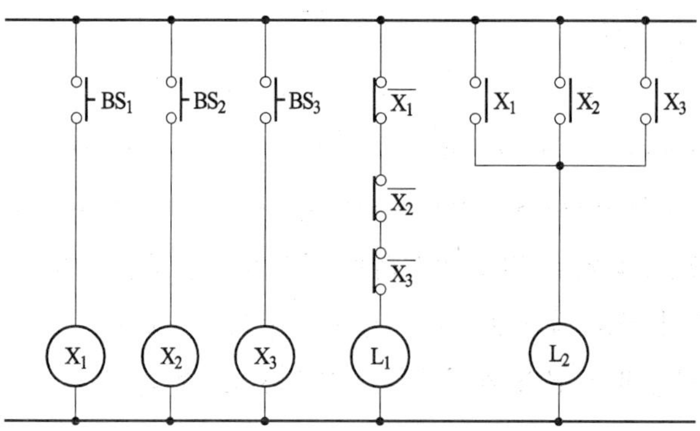

5. 그림과 같은 유도 전동기의 미완성 시퀀스 회로도를 보고 다음 각 물음에 답하시오.

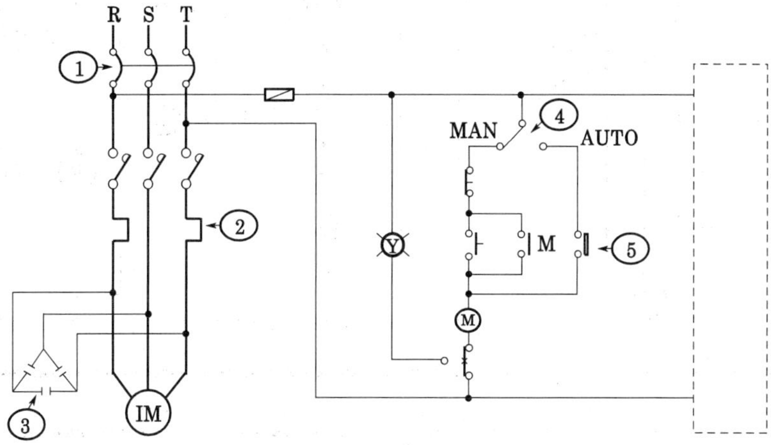

(1) 도면에 표시된 ①~⑤의 명칭을 쓰시오.

(2) 도면에 그려져 있는 Ⓨ등은 어떤 역할을 하는 등인가?

(3) 전동기가 정지하고 있을 때는 녹색등 Ⓖ가 점등되고, 전동기가 운전중일 때는 녹색등 Ⓖ가 소등되고 적색등 Ⓡ이 점등되도록 표시등 Ⓖ, Ⓡ을 회로의 ☐ 내에 설치하시오.

• 답안작성

(1) ① 배선용 차단기

② 열동 계전기

③ 전력용 콘덴서

④ 셀렉터 스위치

⑤ 리밋 스위치 접점

(2) 과부하 동작 표시 램프

(3)

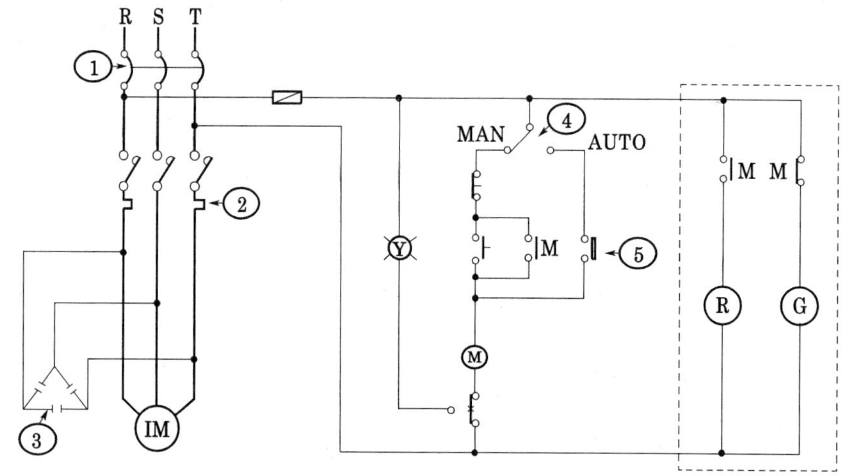

6. 다음 회로는 전동기의 정·역 변환 시퀀스 회로이다. 전동기는 가동 중 정·역을 곧바로 바꾸면 과전류와 기계적 손상이 오기 때문에 지연 타이머로 지연 시간을 주도록 하였다. 다음 각 물음에 답하시오.

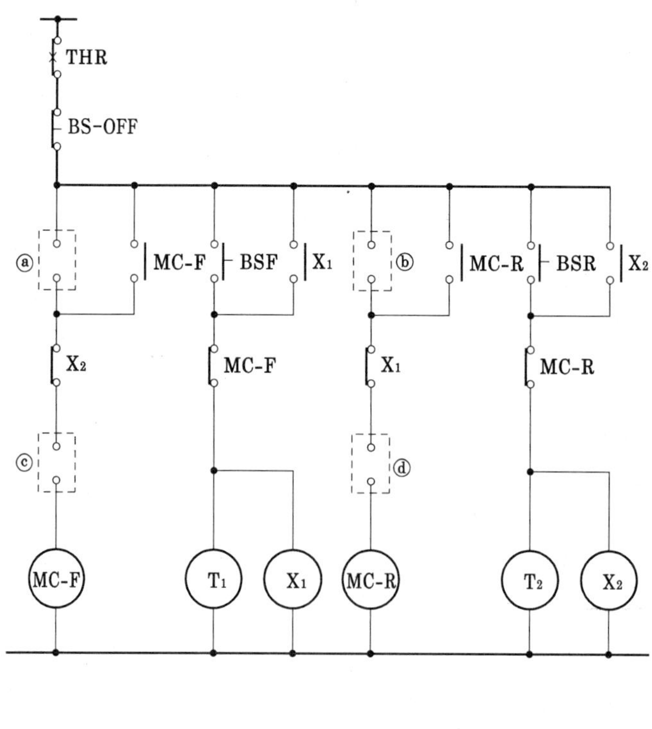

(1) ⓐ, ⓑ, ⓒ, ⓓ에 들어갈 접점을 그리고 접점 옆에 접점 기호를 표시하시오.

(2) 주 회로 부분을 그리시오.

(3) 약호 THR은 무엇인가?

• **답안작성**

(1) 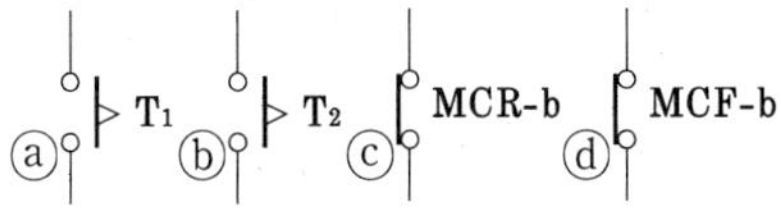

(2) 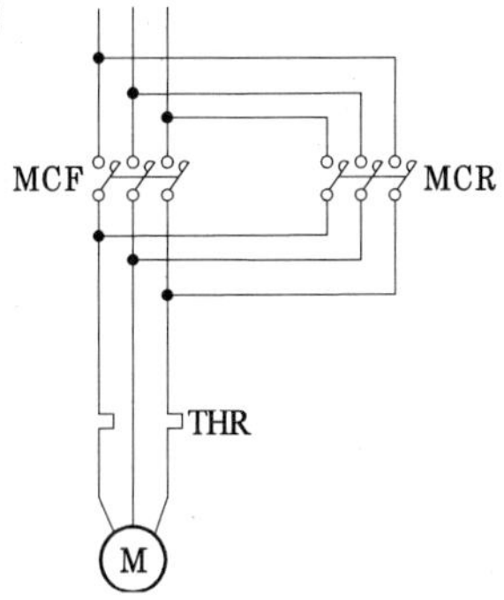

(3) 열동계전기

---

7. 주어진 다음 표를 이용하여 물음에 답하시오.

LS_1	LS_2	LS_3	X
0	0	0	0
0	0	1	0
0	1	0	0
0	1	1	1
1	0	0	0
1	0	1	1
1	1	0	1
1	1	1	1

(1) 카르노 도표를 작성하시오.

(2) 논리식을 쓰시오.

(3) 무접점 회로를 완성하시오.

• **답안작성**

(1)

LS_3 \ LS_1, LS_2	0 0	0 1	1 1	1 0
0	0	0	1	0
1	0	1	1	1

(2) $X = \overline{LS_1}LS_2LS_3 + LS_1\overline{LS_2}LS_3 + LS_1LS_2\overline{LS_3} + LS_1LS_2LS_3$

$= LS_2LS_3 + LS_1LS_3 + LS_1LS_2$

$= LS_1(LS_2 + LS_3) + LS_2LS_3$

(3)

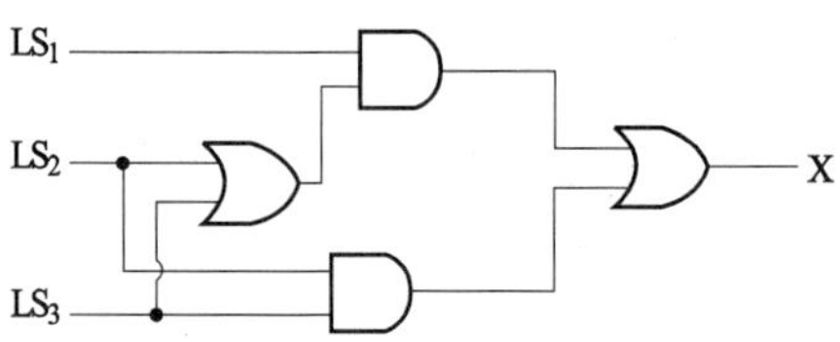

8. 그림은 오락실의 스퀀스 회로도이다. 다음 물음에 답하시오. 단, 코인을 2개 투입하면 1시간만큼 동작하는 회로이다.

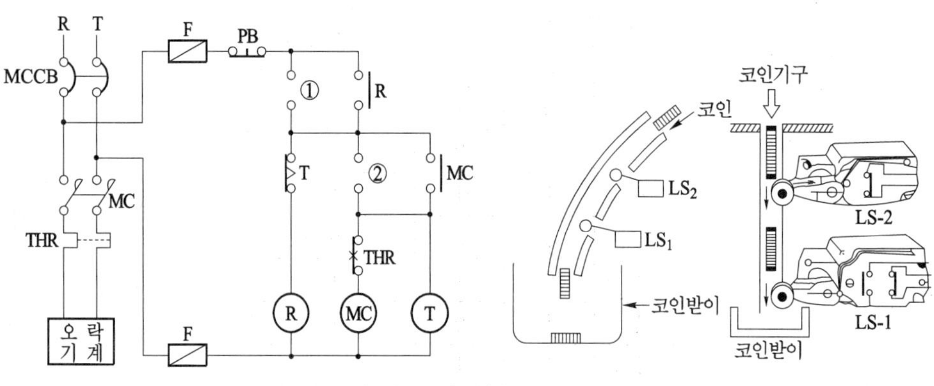

(1) 그림의 스퀀스 회로를 보고 ①, ② 접점을 완성하시오.

(2) 동작 · 정지를 순서대로 ①, ②, ③, ④로 설명하여라.

(3) 다음 타임 차트를 완성하여라.

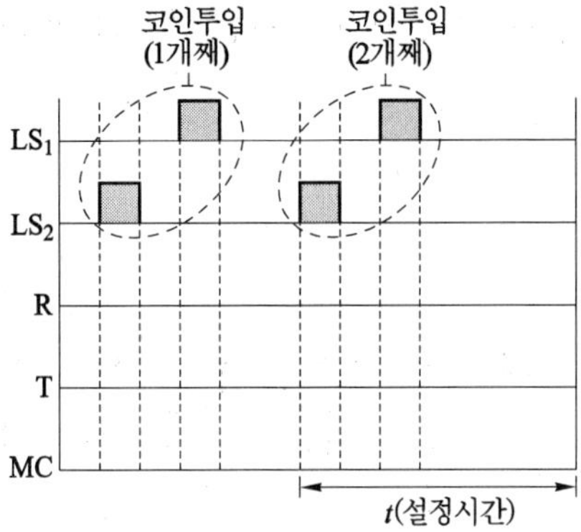

• 답안작성

(1) ①　　　　　　　　　②

(2) ① 코인(동전)한개를 투입하면 LS_2 → LS_1의 순으로 동작되는데, LS_2가 동작하여도 회로는 동작하지 않고 LS_1이 동작되어야만 릴레이 Ⓡ이 여자된다.

② 릴레이 Ⓡ의 a접점에 의해 자기 유지되어 있는 상태에서 두 번째 코인을 투입하면 LS_2가 동작되어 전자 접촉기 MC가 여자된다.

③ MC의 a접점에 의해 MC가 자기 유지되어 오락기계가 작동한다.

④ 타이머 T의 설정시간 동안 릴레이 Ⓡ이 여자되다가 설정 시간 후에는 타이머의 한시동작 순시복귀 b접점이 떨어져 정지하고, PB를 눌러도 정지된다.

(3)

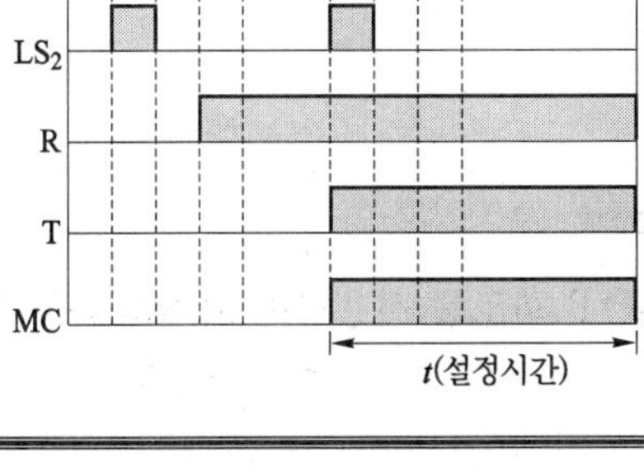

9. 그림은 중형 환기 팬의 수동 운전 및 고장 표시등 회로의 일부이다. 이 회로를 이용하여 다음 각 물음에 답하시오.

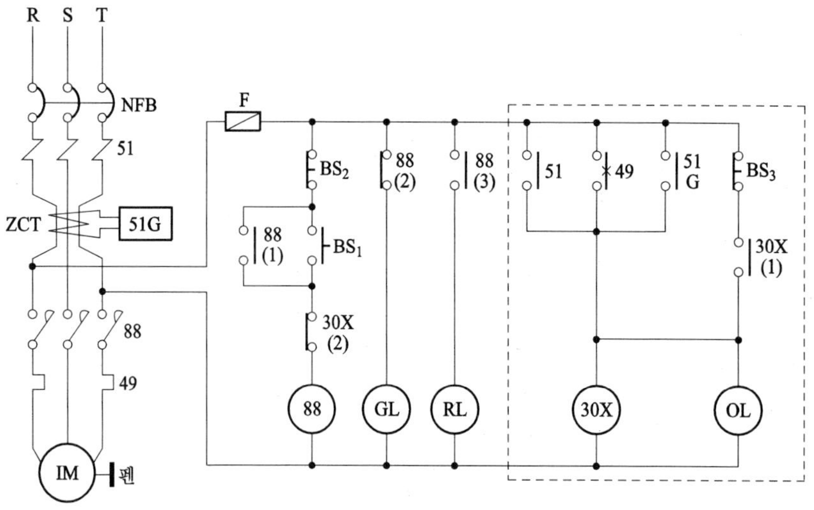

(1) 88은 MC로서 도면에서는 출력기구이다. 도면에 표시된 기구에 대하여 다음과 해당되는 명칭을 그약호로 쓰시오. 단, 중복은 없고, NFB, ZCT, IM 팬은 제외하며, 해당되는 기구가 여러 가지일 경우에는 모두 쓰도록 한다.

① 고장표시기구 :

② 고장회복 확인기구 :

③ 기동기구 :

④ 정지기구 :

⑤ 운전표시램프 :

⑥ 정지표시램프 :

⑦ 고장표시램프 :

⑧ 고장검출기구 :

(2) 그림의 점선으로 표시된 회로를 AND, OR, NOT 회로를 사용하여 로직회로를 그리시오. 로직소자는 3입력 이하로 한다.

• **답안작성**

(1) ① 30X

② BS_3

③ BS_1

④ BS_2

⑤ RL

⑥ GL

⑦ OL

⑧ 51, 51G, 49

(2)

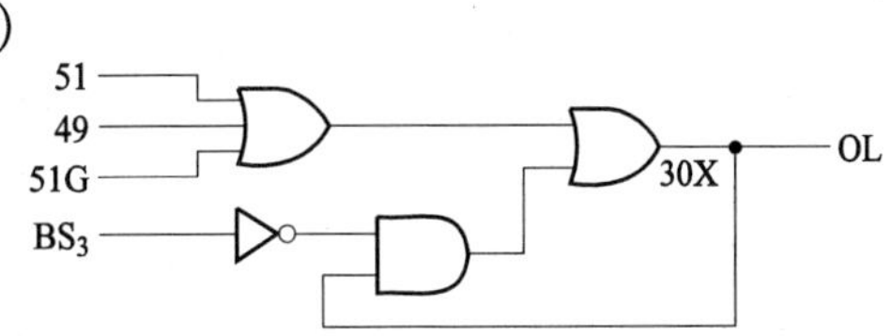

---

10. 그림은 릴레이 인터록 회로이다. 이 그림을 보고 다음 각 물음에 답하시오.

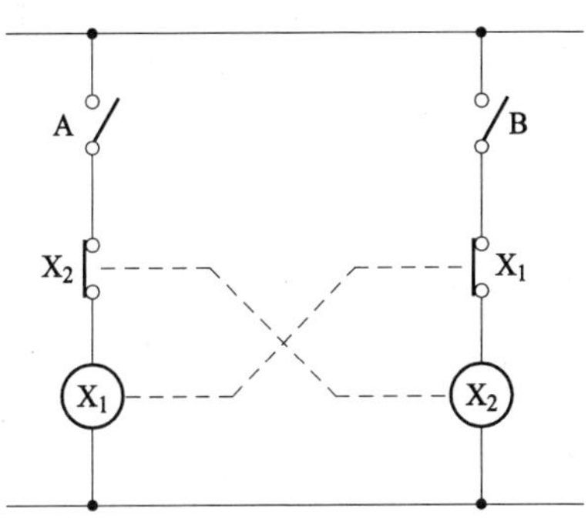

(1) 이 회로를 논리회로로 고쳐서 그리고, 주어진 타임챠트를 완성하시오.

• 논리회로

• 타임차트

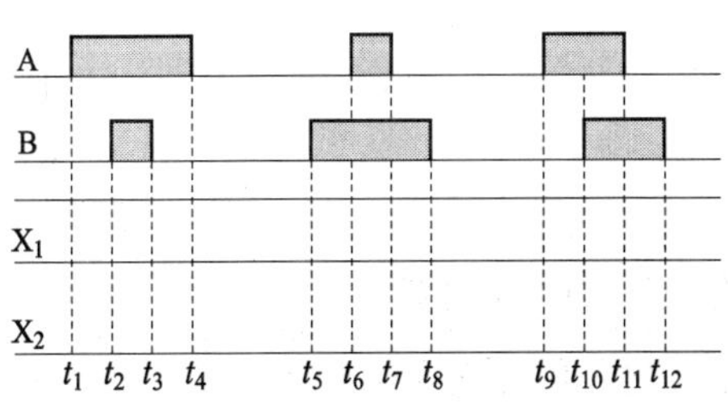

(2) 인터록회로는 어떤 회로인지 상세하게 설명하시오.

• **답안작성**

(1) • 논리회로

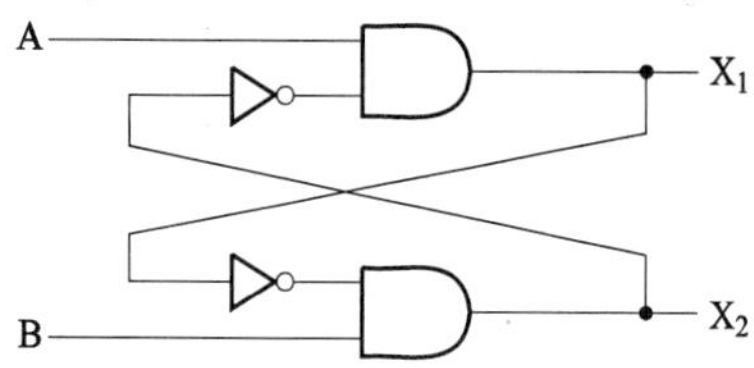

• 타임차트

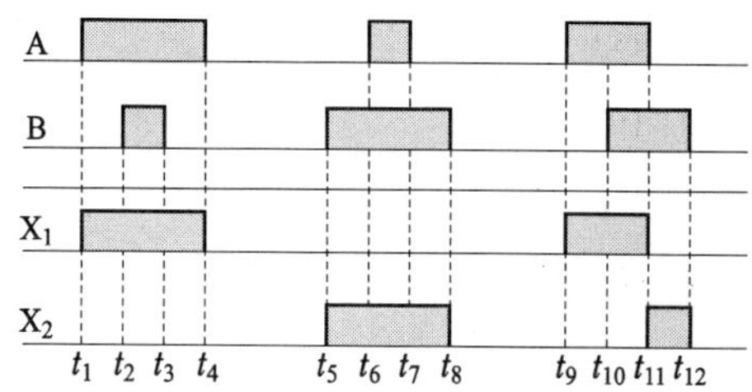

(2) 기기의 보호와 조작자의 안전을 목적으로 기기의 동작상태를 나타내는 접점을 사용하여 관련된 기기의 동작을 금지시키는 회로

---

11. 주어진 도면은 3상 유도전동기의 플러깅(plugging)회로에 대한 미완성 도면이다. 이 도면을 보고 다음 각 물음에 답하시오.

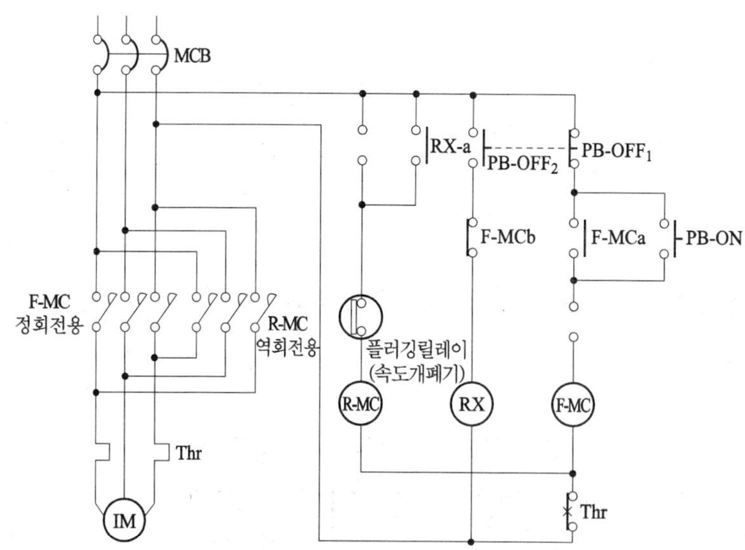

(1) 동작이 완전하도록 도면을 완성하시오.

(2) (RX) 계전기를 사용하는 이유를 설명하시오.

(3) 전동기가 정회전하고 있는 중에 PB-OFF를 누를 때의 동작과정을 상세하게 설명하시오.

(4) 플러깅에 대하여 간단히 설명하시오.

• **답안작성**

(1)

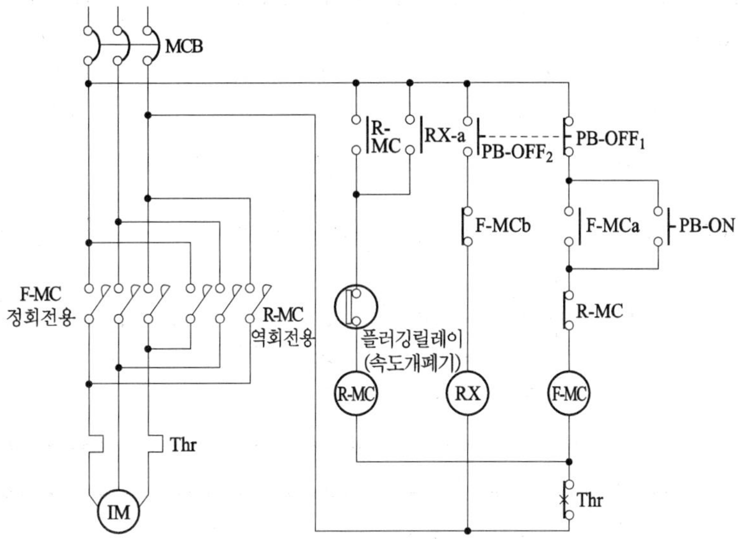

(2) 인터록 시간 지연과 제동시 과전류를 방지하는 시간적인 여유를 얻기 위함

(3) ① PB-OFF를 누르면 F-MC 소자, RX 계전기 여자

② RX-a에 의해 R-MC 여자에 의해 전동기 역회전 토크 발생하여 전동기 속도 급저하

③ 전동기 속도가 0에 가까워지면 플러깅 릴레이에 의해 전동기는 전원에서 분리되어 정지

(4) 역상제동에 의한 전동기의 급제동법

12. 그림과 같은 로직 시퀀스 회로를 보고 다음 각 물음에 답하시오.

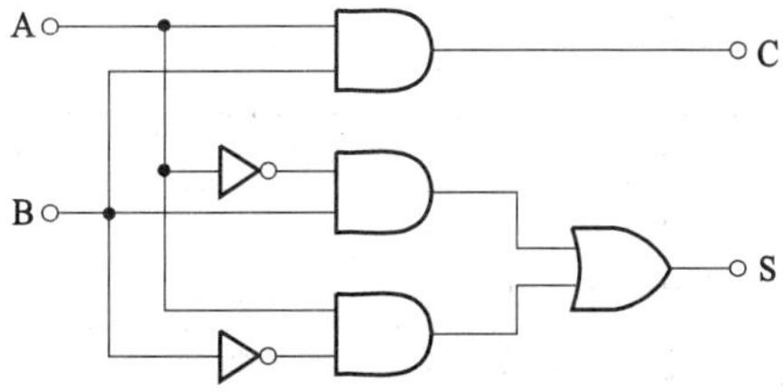

(1) 출력 S와 C의 논리식을 쓰시오.

• S :

• C :

(2) NAND gate와 NOT gate만 사용하여 로직 시퀀스 회로를 바꾸어 그리시오.

(3) 2개의 논리소자(Exclusive OR gate 및 AND gate)를 사용하여 등가 로직 시퀀스 회로를 그리시오.

• 답안작성

(1)

$S = \overline{A}B + A\overline{B}$

$C = AB$

(2)

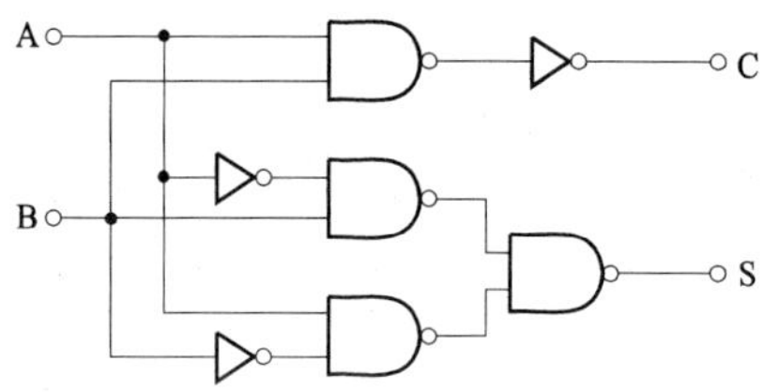

(3)

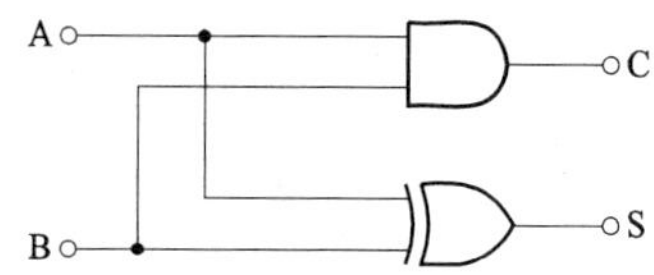

13. 이 그림을 보고 다음 각 물음에 답하시오.

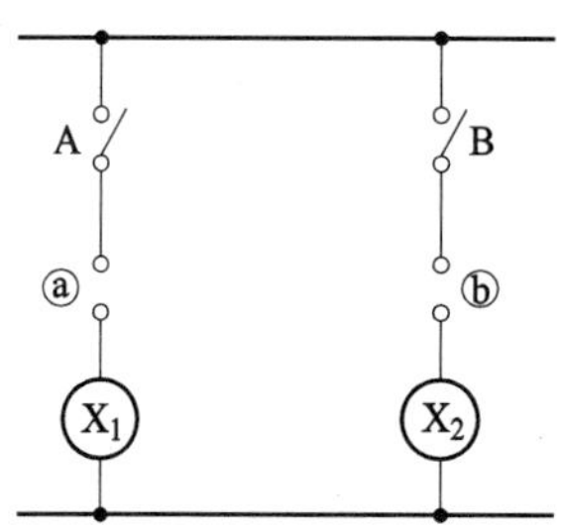

(1) ⓐ와 ⓑ에 해당되는 접점의 명칭을 쓰시오.

(2) 진리표를 완성하시오.

A	B	X_1	X_2
0	0		
0	1		
1	0		

(3) 이 회로를 논리회로로 고쳐 그리시오.

(4) 주어진 타임챠트를 완성하시오.

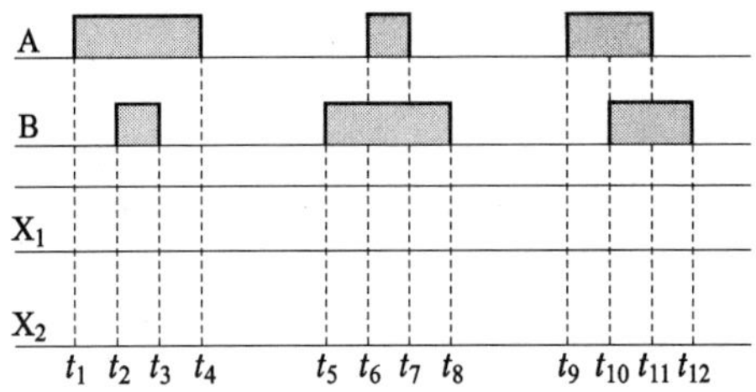

(5) 이러한 회로를 무슨 회로라 하는가?

• **답안작성**

(1)

ⓐ : X_2－b

ⓑ : X_1－b

(2)

2)

A	B	X_1	X_2
0	0	0	0
0	1	0	1
1	0	1	0

(3)

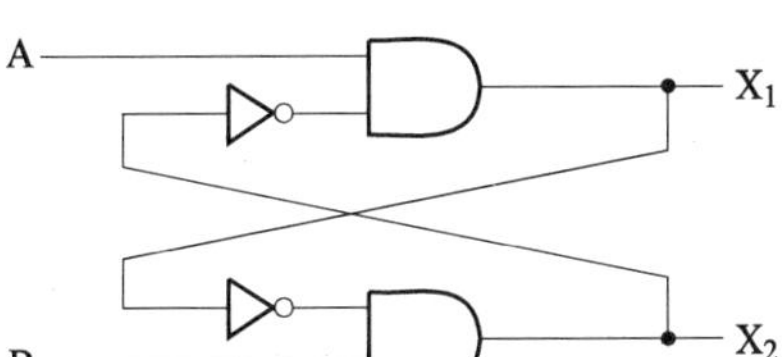

(4)

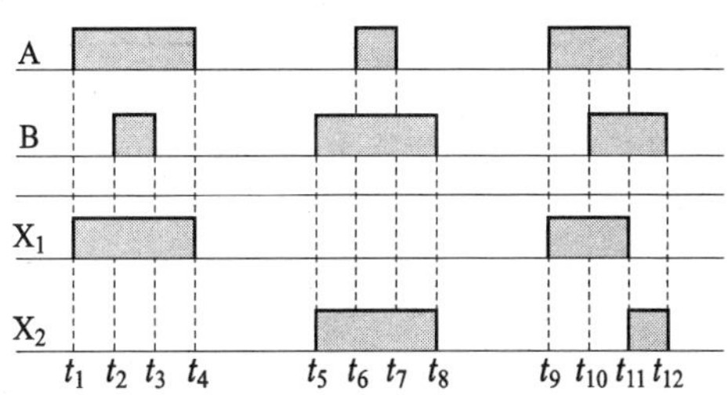

(5) 인터록 회로

14. 답안지의 그림은 전동기의 정·역 운전 회로도의 일부분이다. 동작 설명과 미완성 도면을 이용하여 주회로 부분과 보조 회로 부분을 완성하시오.

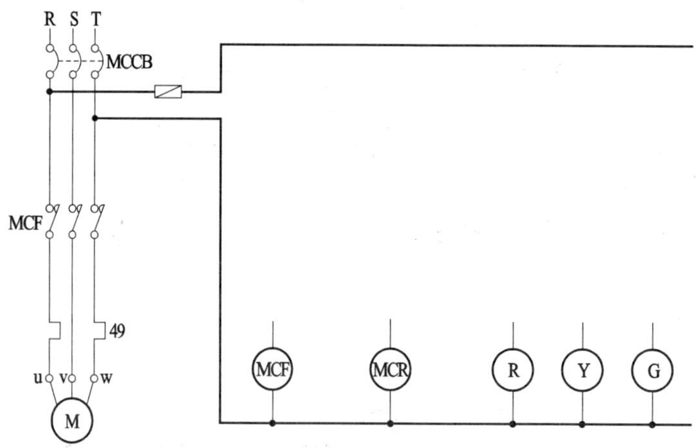

【동작설명】

- NFB를 투입하여 전원을 인가하면 Ⓖ등이 점등 되도록 한다.

- 누름 버튼 스위치 ON(정)을 ON하면 MCF가 여자 되며, 이 때 Ⓖ등은 소등되고 Ⓡ등은 점등 되도록 하며, 또한 정회전한다.

- 누름 버튼 스위치 OFF를 OFF하면 전동기는 정지한다.

- 누름 버튼 스위치 ON(역)을 ON하면 MCR가 여자 되며, 이 때 Ⓖ등은 소등되고 Ⓨ등이 점등되도록 하며, 전동기는 역회전한다.

- 과부하시에는 열동계전기 49가 동작되어 49의 b접점이 개방되어 전동기는 정지된다.

※ 위와 같은 사항으로 동작되며, 특이한 사항은 MCF나 MCR 어느 하나가 여자되면 나머지 하나는 전동기가 정지 후 동작시켜야 동작이 가능하다.

※ MCF, MCR의 보조 접점으로는 각각 a 접점 2개, b 접점 2개를 사용한다.

• **답안작성**

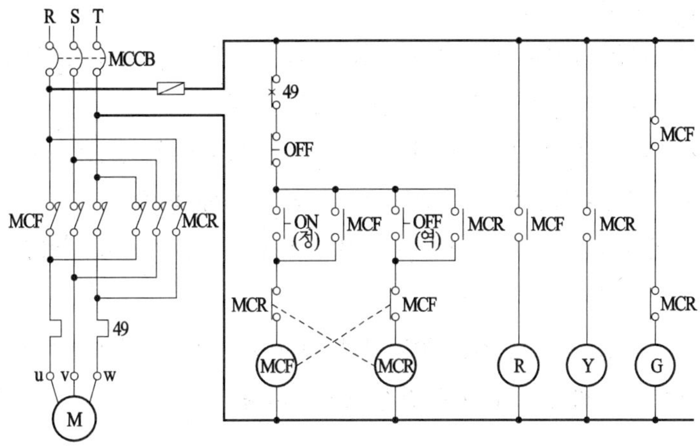

15. 답안지의 도면은 유도 전동기 M의 정 · 역회전 회로의 미완성 도면이다. 이 도면을 이용하여 다음에 답하시오. 단, 주 접점 및 보조 접점을 그릴 때에는 해당되는 접점의 명칭도 함께 쓰도록 한다.

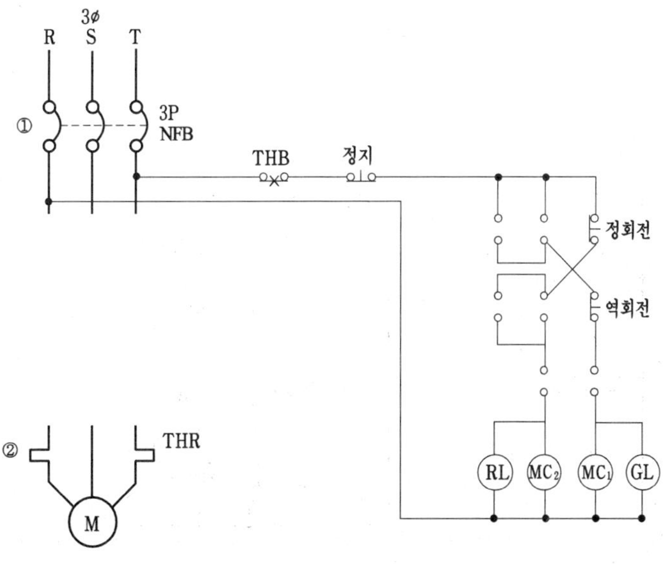

(1) 도면의 ①, ②에 대한 우리말 명칭(기능)은 무엇인가?

(2) 정회전과 역회전이 되도록 주 회로의 미완성 부분을 완성하시오.

(3) 정회전과 역회전이 되도록 다음의 동작조건을 이용하여 미완성된 보조 회로를 완성하시오.

[동작조건]

- NFB를 투입한 다음
- 정회전용 누름 버튼 스위치를 누르면 전동기 M이 정회전하며, GL 램프가 점등된다.
- 정지용 누름 버튼 스위치를 누르면 전동기 M은 정지한다.
- 역회전용 누름 버튼 스위치를 누르면 전동기 M이 역회전하며, RL 램프가 점등된다.
- 과부하시에는 —o×o— 접점이 떨어져서 전동기가 멈추게 된다.

※ 정회전 또는 역회전 중에 회전 방향을 바꾸려면 전동기를 정지시킨 다음 회전 방향을 바꾸어야 한다.

※ 누름 버튼 스위치를 누르는 것은 눌렀다가 즉시 손을 떼는 것을 의미한다.

※ 정회전과 역회전의 방향은 임의로 결정하도록 한다.

• 답안작성

(1) ① 배선용 차단기

② 열동계전기

(2) (3)

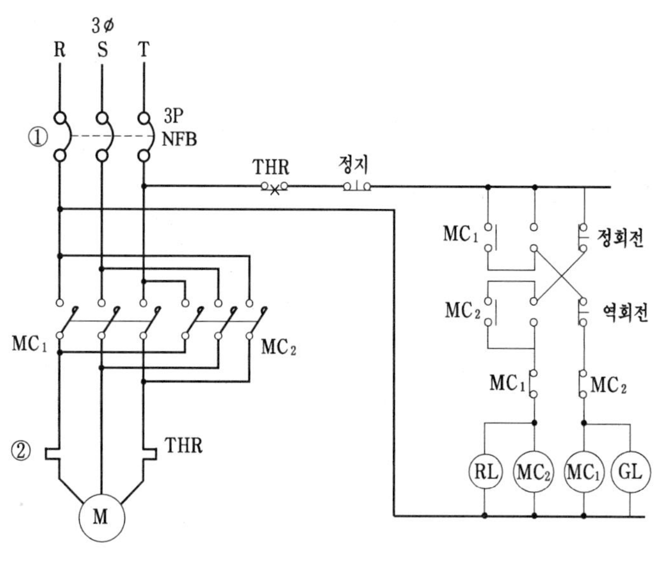

16. 다음 그림과 같은 회로에서 램프 Ⓛ의 동작을 답지의 타임 차트에 표시하시오. 단, 타임 차트 상단에서 선의 상단의 표시는 a접점으로 ON 상태를 나타내며, 하단에 있는 것은 b접점으로 OFF를 나타낸다.

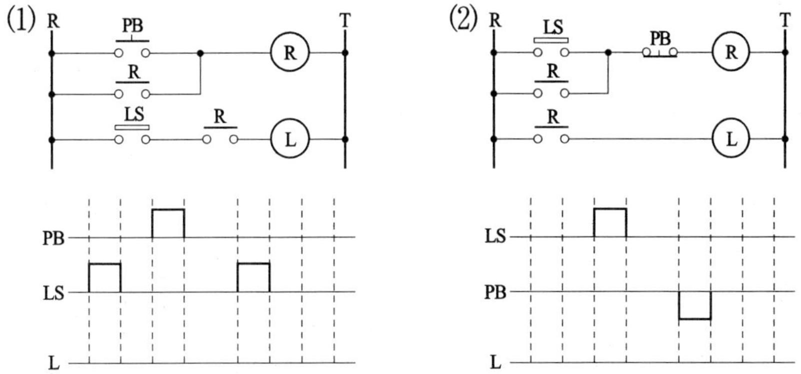

• 답안작성

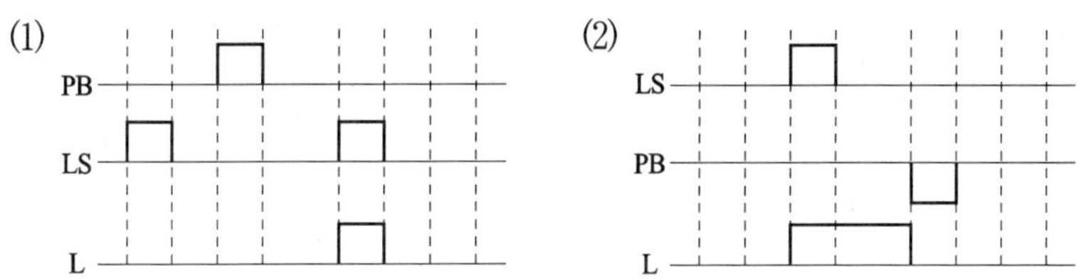

17. 그림과 같은 무접점 논리 회로의 래더 다이어그램(ladder diagram)의 미완성 부분(점선 부분)을 그리시오. 단, 입·출력 번지의 할당은 다음과 같다.

입력 : Pb_1 (01), Pb_2 (02), 출력 : GL (30), RL (31), 릴레이 : X (40)

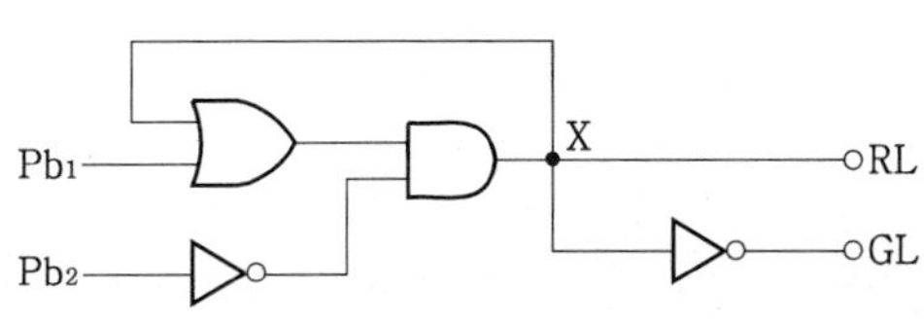

• **답안작성**

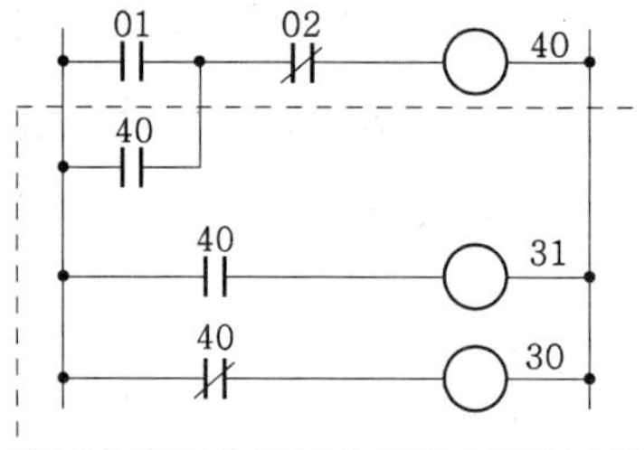

18. 그림은 3상 유도 전동기의 역상 제동 시퀀스회로이다. 물음에 답하시오. 단, 플러깅 릴레이 Sp는 전동기가 회전하면 접점이 닫히고, 속도가 0에 가까우면 열리도록 되어 있다.

(1) 회로에서 ①~④에 접점과 기호를 넣고 MC_1, MC_2의 동작 과정을 간단히 설명하시오.

(2) 보조 릴레이 T와 저항 r에 대하여 그 용도 및 역할에 대하여 간단히 설명하시오.

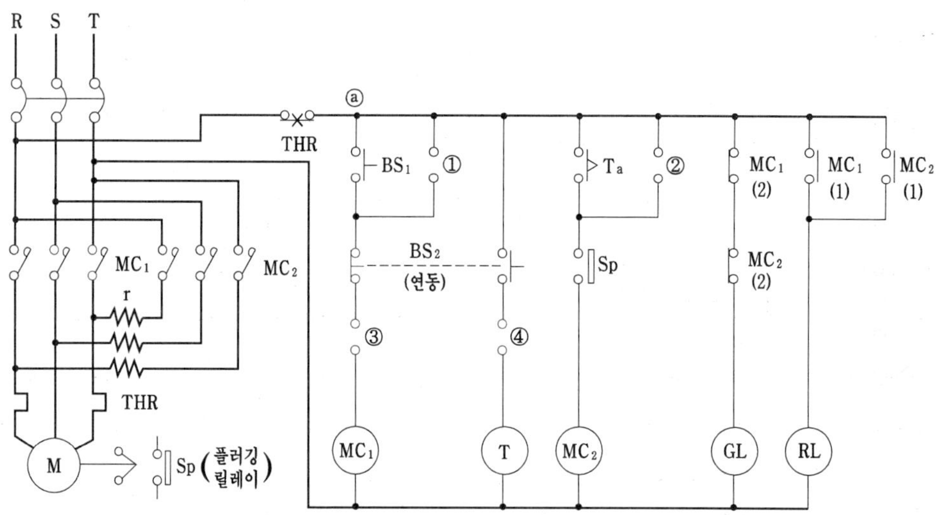

• **답안작성**

(1) ①　②　③　④

【동작과정】

① BS_1으로 MC_1을 여자시켜 전동기를 직입 기동한다. (자기 유지)

② BS_2을 누르면 MC_1이 소자되면 전동기는 전원에서 분리되나 회전자 관성모멘트로 인하여 회전은 계속한다.

③ 이때 BS_2의 연동접점으로 T가 MC_1 소자 즉시 여자되며, BS_2를 누르고 있는 상태에서 설정 시간 후 MC_2가 여자되어 전동기는 역회전하려고 한다. (자기 유지)

④ 전동기의 속도가 급격히 감소하여 0에 가까워지면 플러깅 릴레이에 의하여 전동기는 전원에서 완전히 분리되어 급정지한다. (플러깅 제동)

(2) T : 시간 지연 릴레이를 사용하여 제동시 과전류를 방지하는 시간적인 여유를 주기 위함
r : 역상 제동시 저항의 전압 강하로 전압을 줄이고 제동력을 제한함

---

19. 그림과 같은 논리회로를 보고 다음 각 물음에 답하시오.

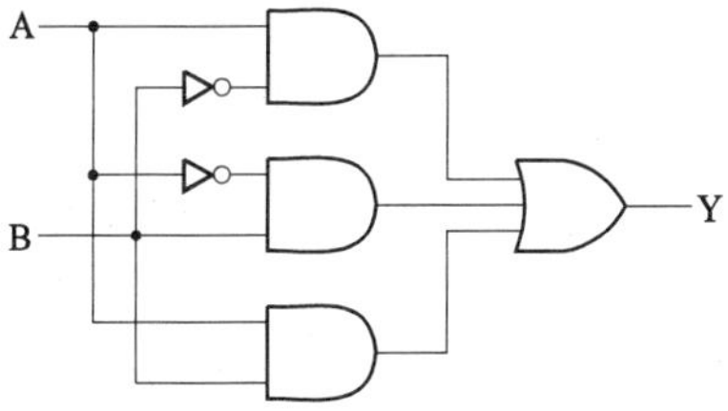

(1) 각 논리소자를 모두 사용할 때 부울대수의 초기식을 쓰고 이 식을 가장 간단하게 정리하여 표현하시오.

① 초기식 :

② 정리식 :

(2) 주어진 논리회로에 대한 부울 대수식의 초기식("(1)"번 문제의 초기식)을 유접점 회로(계전기 접점회로)로 바꾸어 그리시오.

(3) 입력 A, B와 출력 Y에 대한 진리표를 만드시오.

입력		출력
A	B	Y
0	0	
0	1	
1	0	
1	1	

• **답안작성**

(1)

① 초기식 : $Y = A\overline{B} + \overline{A}B + AB$

② 정리식 : $Y = A\overline{B} + \overline{A}B + AB = A(B + \overline{B}) + \overline{A}B$

$= (A + \overline{A})(A + B) = A + B$

(2)

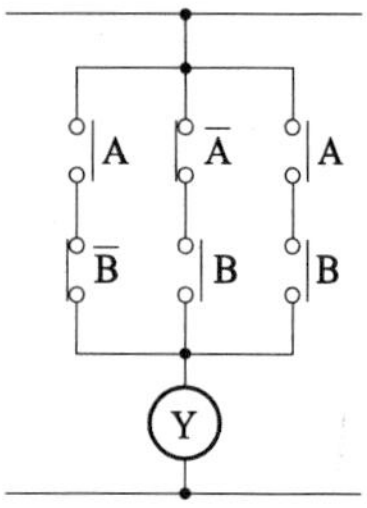

(3)

입력		출력
A	B	Y
0	0	0
0	1	1
1	0	1
1	1	1

20. 다음 그림의 회로는 어느 것인가 먼저 ON 조작된 측의 램프만 점등하는 병렬 우선 회로 (PB1 ON 시 L_1이 점등된 상태에서 L_2가 점등되지 않고, PB_2 ON 시 L_2가 점등된 상태에서 L_1이 점등되지 않는 회로)로 변경하여 그리시오. 단, 계전기 R_1, R_2의 보조 접점을 사용하되 최소 수를 사용하여 그리도록 한다.

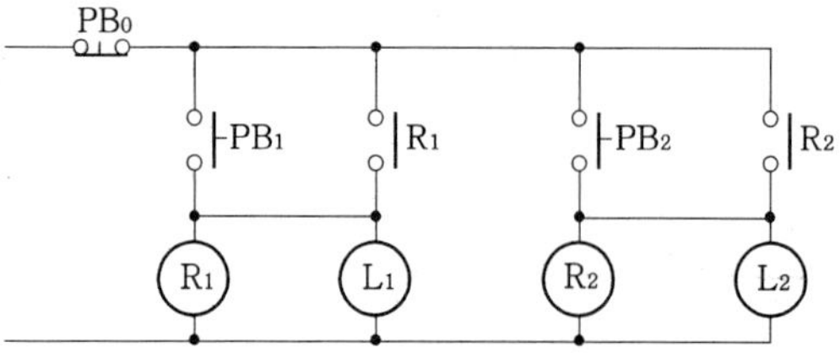

• **답안작성**

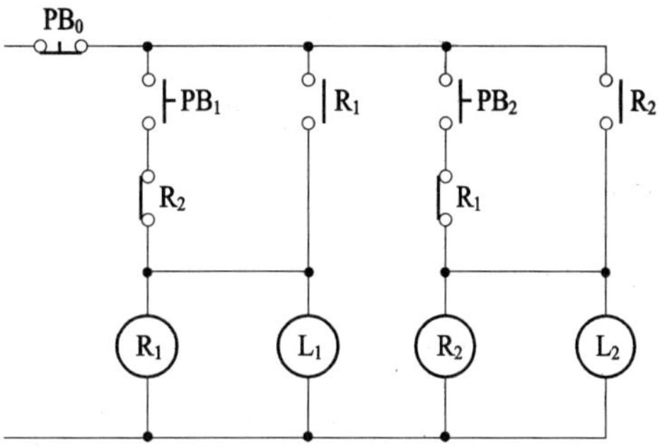

21. 무접점 릴레이 회로가 그림과 같을 때 출력 Z 값을 구하고 그것의 전자 릴레이(유접점) 회로와 논리 회로를 그리시오.

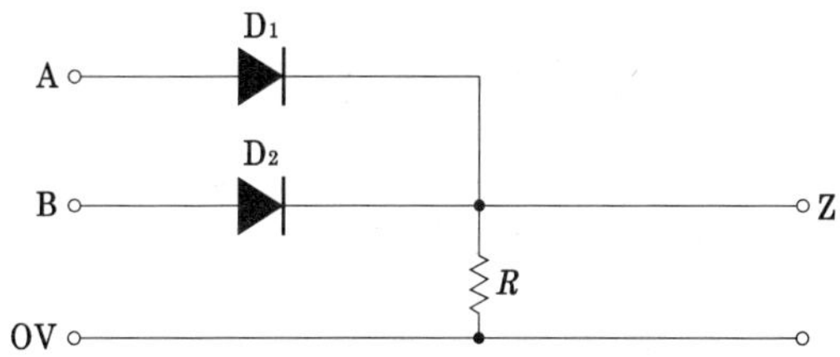

• **답안작성**

① 출력 : Z＝A＋B

② 유접점 회로

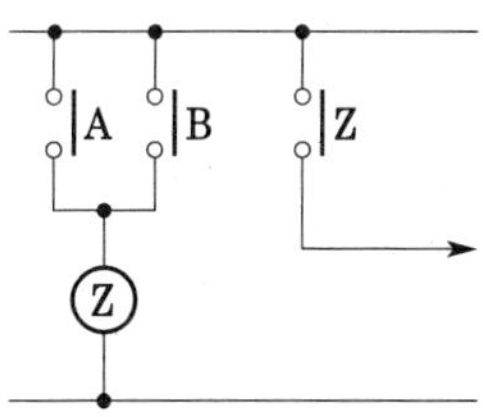

③ 무접점 회로

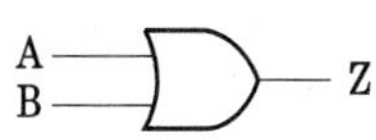

22. 주어진 도면은 3상 유도 전동기의 플러깅(plugging) 회로에 대한 미완성 도면이다. 이 도면을 보고 다음 각 물음에 답하시오.

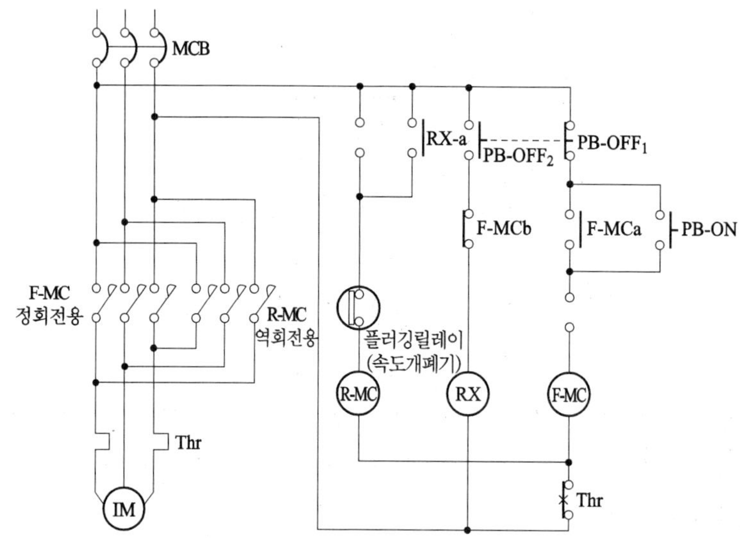

(1) 동작이 완전하도록 도면을 완성하시오. 사용 접점에 대한 기호를 반드시 기록하도록 한다.

(2) (RX) 계전기를 사용하는 이유를 설명하시오.

(3) 전동기가 정회전하고 있는 중에 PB-OFF를 누를 때의 동작 과정을 상세하게 설명하시오. 단, PB-OFF$_1$, PB－OFF$_2$는 연동 스위치로 PB-OFF$_1$을 누르는 것을 PB-OFF를 누른다고 한다.

(4) 플러깅에 대하여 간단히 설명하시오.

• **답안작성**

(1)

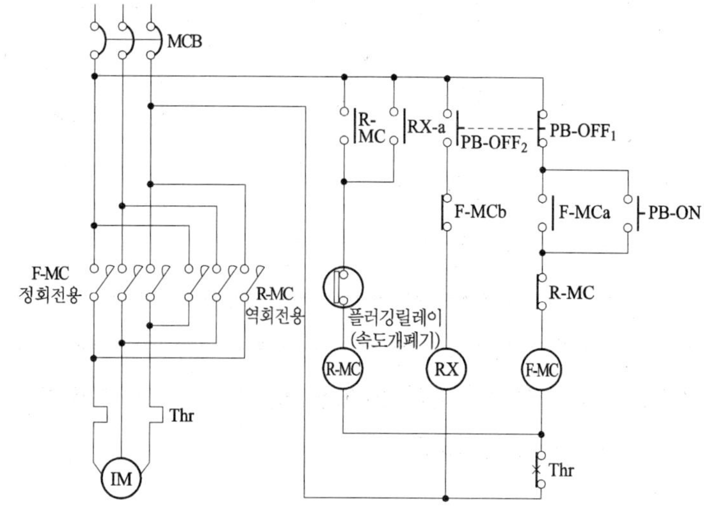

(2) 인터록 시간 지연과 제동시 과전류를 방지하는 시간적인 여유를 얻기 위함

(3) ① PB-OFF를 누르면 F-MC 소자, RX 계전기 여자

② RX-a에 의해 R-MC 여자에 의해 전동기 역회전 토크 발생하여 전동기 속도 급저하

③ 전동기 속도가 0에 가까워지면 플러깅 릴레이에 의해 전동기는 전원에서 분리되어 정지

(4) 역상제동에 의한 전동기의 급제동법

---

23. 주어진 진리값 표는 3개의 리미트 스위치 LS_1, LS_2, LS_3에 입력을 주었을 때 출력 X와의 관계표이다. 이 표를 이용하여 다음 각 물음에 답하시오.

진리값 표

LS_1	LS_2	LS_3	X
0	0	0	0
0	0	1	0
0	1	0	0
0	1	1	1
1	0	0	0
1	0	1	1
1	1	0	1
1	1	1	1

(1) 진리값 표를 이용하여 다음과 같은 Karnaugh도를 완성하시오.

LS_3 \ LS_1, LS_2	0 0	0 1	1 1	1 0
0				
1				

(2) 물음 (1)항의 Karnaugh 도에 대한 논리식을 쓰시오.

(3) 진리값과 물음 (2)항의 논리식을 이용하여 이것을 무접점 회로도로 표시하시오.

• **답안작성**

(1)

LS_3 \ LS_1, LS_2	0 0	0 1	1 1	1 0
0			1	
1		1	1	1

(2) $X = LS_1LS_2 + LS_2LS_3 + LS_1LS_3$

(3)

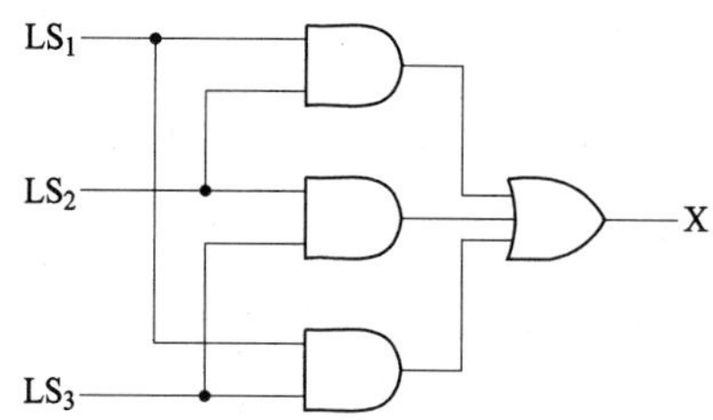

24. 그림은 사장과 공장장의 출·퇴근 표시를 수위실과 비서실에서 스위치로 동시에 조작할 수 있고 작업장과 사무실에 동시에 표시되는 장치를 나타낸 것이다. 그림에서 ①, ②, ③으로 표시되는 전선관에 들어가는 전선의 최소 가닥수는 몇 가닥인지를 표시하고 실체 배선도를 그려서 표현하시오. 단, 접지선은 제외하며, S_1, L_1은 사장의 출·퇴근 스위치 및 표시등이고, B는 축전지, S_2, L_2는 공장장의 출·퇴근 스위치 및 표시등이다.

• 배선 가닥수 : ①　　　②　　　③

• 실체 배선도

• **답안작성**

• 배선 가닥수 : ① 4　　　② 3　　　③ 3

• 실체 배선도

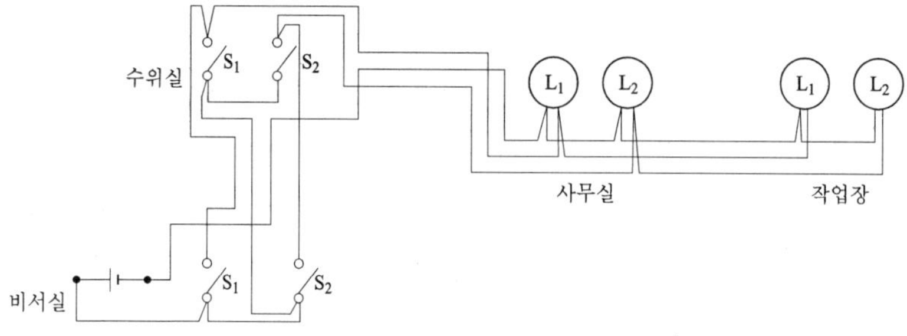

25. 그림과 같은 로직 시퀀스 회로를 보고 다음 각 물음에 답하시오.

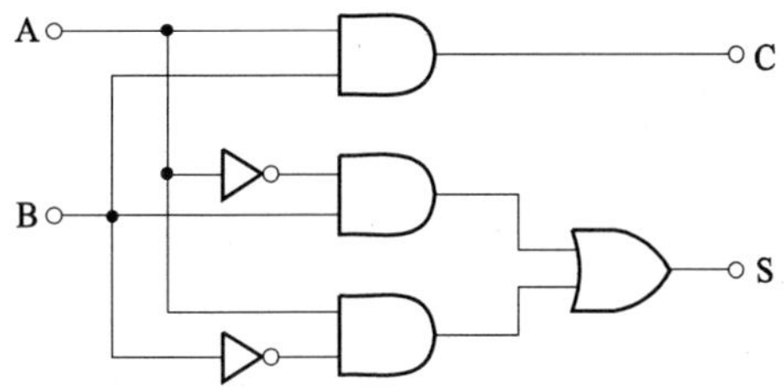

(1) 출력 S와 C의 논리식을 쓰시오.

- 출력 S에 대한 논리식 :
- 출력 C에 대한 논리식 :

(2) NAND gate와 NOT gate만 사용하여 로직 시퀀스 회로를 바꾸어 그리시오.

(3) 2개의 논리소자(Exclusive OR gate 및 AND gate)를 사용하여 등가 로직 시퀀스 회로를 그리시오.

• **답안작성**

(1) $S=\overline{A}B+A\overline{B}$, $C=AB$

(2)

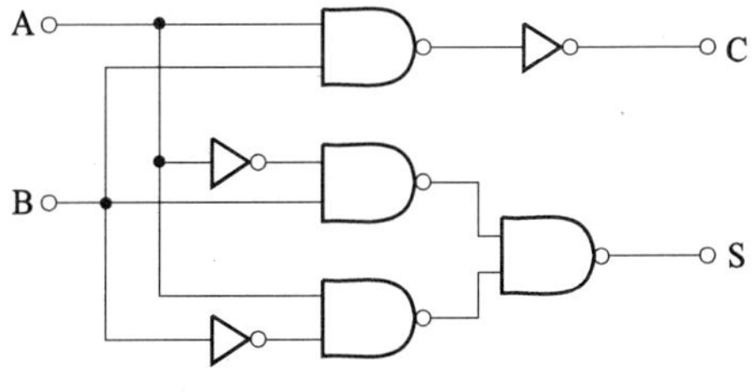

(3)

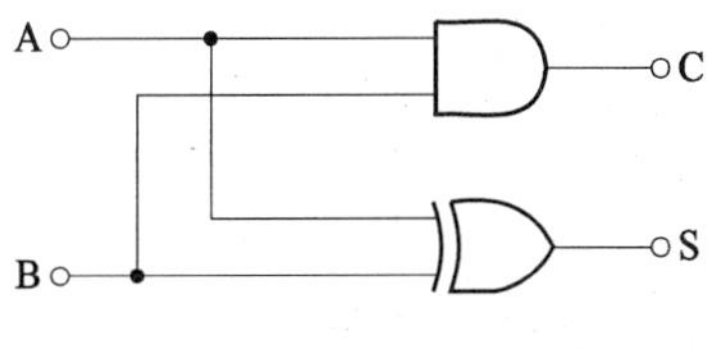

26. 다음 그림은 전동기의 정·역회전 제어 회로도의 미완성 회로도이다. 다음 물음에 답하시오.

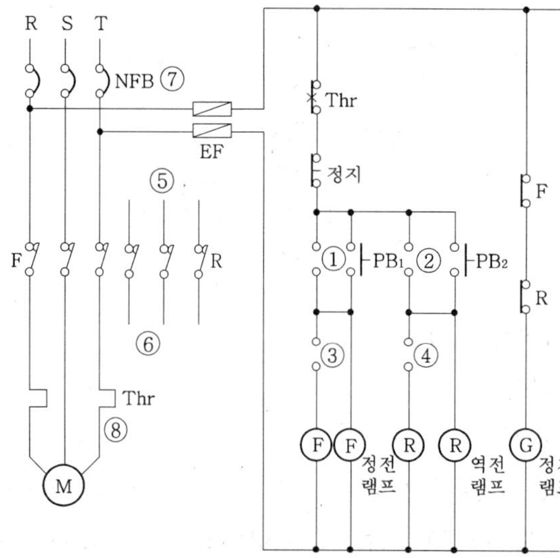

(1) 미완성 부분 ①~⑥을 완성하시오. 또 ⑦, ⑧의 명칭을 쓰시오.

(2) 자기 유지 접점을 도면의 번호로 답하시오.

(3) 인터록 접점은 어느 것들인가, 도면의 번호를 답하고 인터록에 대하여 설명하시오.

(4) 전동기의 과부하 보호는 무엇이 하는가?

(5) PB_1을 ON하여 전동기가 정회전하고 있을 때 PB_2를 ON하면 전동기는 어떻게 되는가?

• **답안작성**

(1)

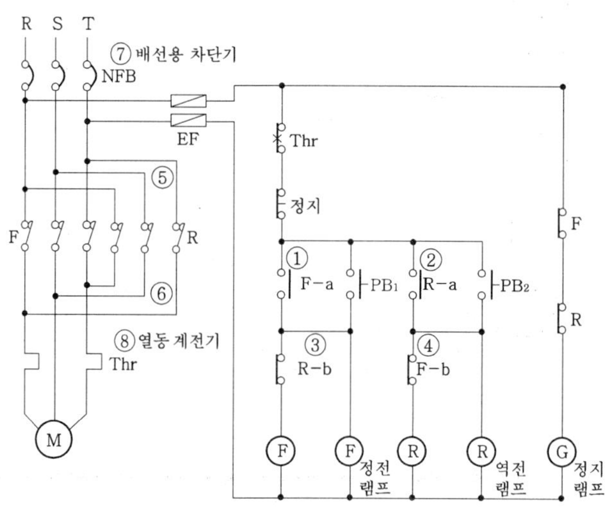

(2) ①, ②

(3) ③, ④, F가 동작 중 R이 동작할 수 없고, 또 R이 동작 중 F가 동작할 수 없다. 즉, F(정)와 R(역)의 두 MC가 동시에 동작되지 못하게 한다.

(4) 열동계전기(Thr)

(5) 계속 정회전한다.

• **해 설**

(1) R선과 T선의 접속을 바꾼다.

(2) ①과 ②는 유지 접점, ③과 ④는 인터록 접점이다.

전기공사기사

1. 다음은 PLC 프로그램의 Ladder도를 Mnemonic으로 변환하여 나타낸 것이다. 이때, 프로그램상의 빈 칸을 채우시오. 단, 명령어는 LD(논리연산 시작), AND(직렬), OR(병렬), NOT(부정), OUT(출력), D(Positive Pulse), MCS(Master Control Set), MCSCLR(Master Control Set Clear)로 한다.

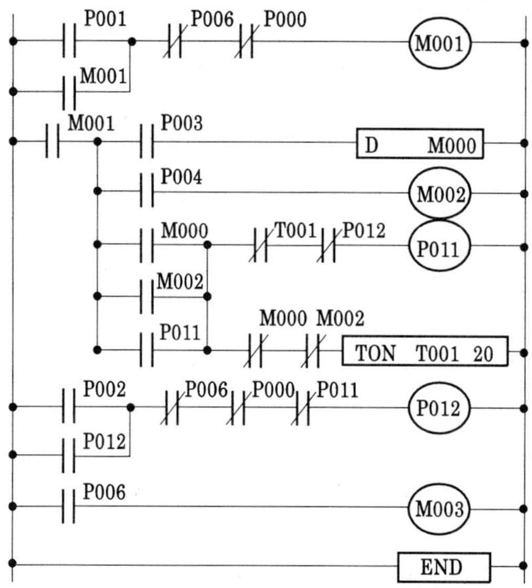

스텝	명령어	디바이스	스텝	명령어	디바이스	스텝	명령어	디바이스
0	①	P001	12	LD	M000	24	⑧	P002
1	②	M001	13	⑤	M002	25	OR	P012
2	AND NOT	P006	14	OR	⑥	26	⑨	P006
3	AND NOT	P000	15	AND NOT	T001	27	AND NOT	P000
4	OUT	M001	16	AND NOT	P012	28	AND NOT	P011
5	LD	M001	17	OUT	P011	29	OUT	P012
6	MCS		18	AND NOT	M000	30	LD	P006
7	LD	P003	19	AND NOT	M002	31	OUT	M003
8	D	③	20	⑦	T001	32	⑩	
10	LD	P004			20			
11	OUT	④	23	MCSCLR				

• **답안작성**

① LD	② OR	③ M000	④ M002
⑤ OR	⑥ P011	⑦ TON	⑧ LD
⑨ AND NOT	⑩ END		

2. 다음 동작 조건에 가장 적합한 회로를 설계하여 미완성 회로를 점선 안에 완성하시오.

[동작]

2-1. S를 OFF해 놓고 전원이 투입된 상태에서 SS를 L쪽으로 전환하면 동작되는 것이 아무것도 없다. 이때 S를 ON하면 타이머 T_{OF}에 전원이 공급되고 동시에 전등 L_1이 즉시 점등된다. 이때 S를 OFF하면 T_{OF} 전원이 차단되고 T_{OF}초 후에 L_1이 소등된다.

2-2. 전원이 투입된 상태에서 SS를 H쪽으로 전환하면 L_2가 즉시 점등된다. 이때 BS를 누르면(눌렀다 놓으면) FR과 T_{ON}에 전원이 공급되고 동시에 L_3가 명멸되고 T_{ON} 시간 후에 FR, T_{ON} 및 L3에 전원이 차단된다. SS를 L쪽으로 전환하기 전까지는 L_2는 계속 점등된다.

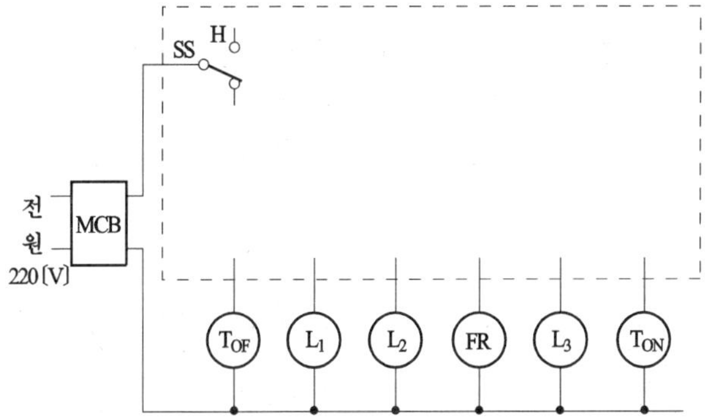

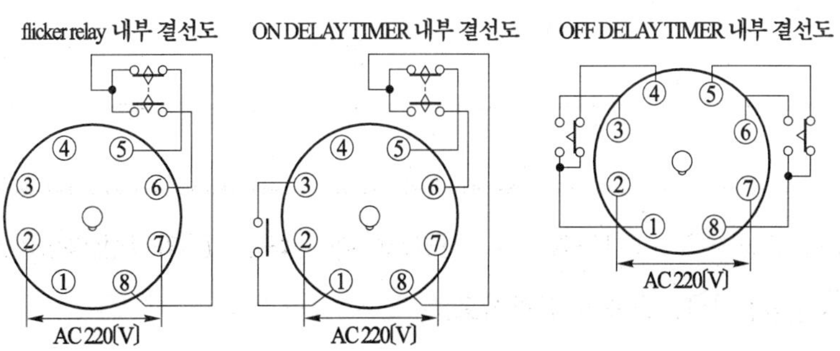

• **답안작성**

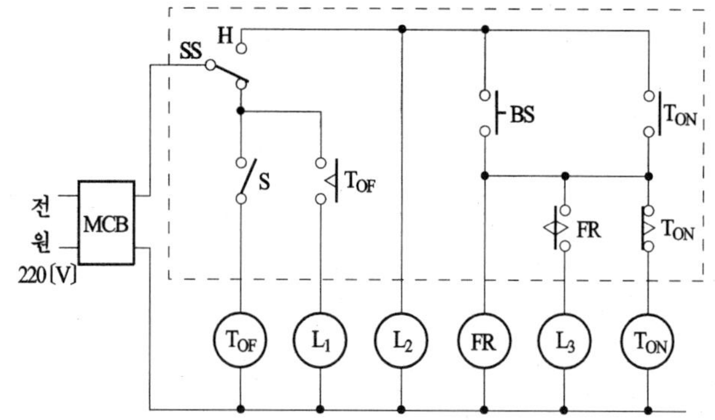

3. 농형 유도 전동기의 기동법에서 Y-△ 기동, 리액터 기동 회로도를 전기적으로 그리시오.

• **답안작성**

• Y-△ 기동 회로도

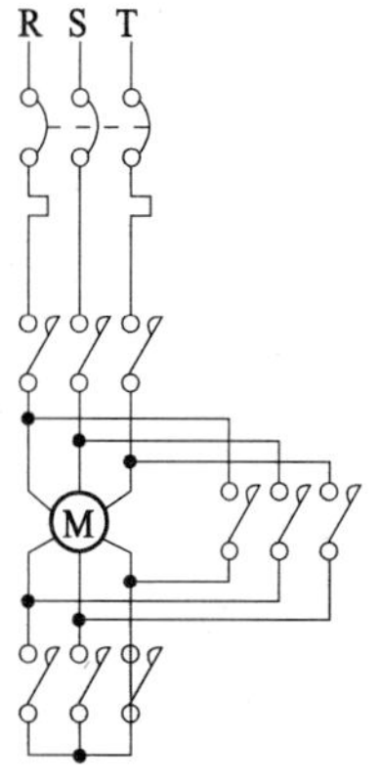

• 리액터 기동 회로도

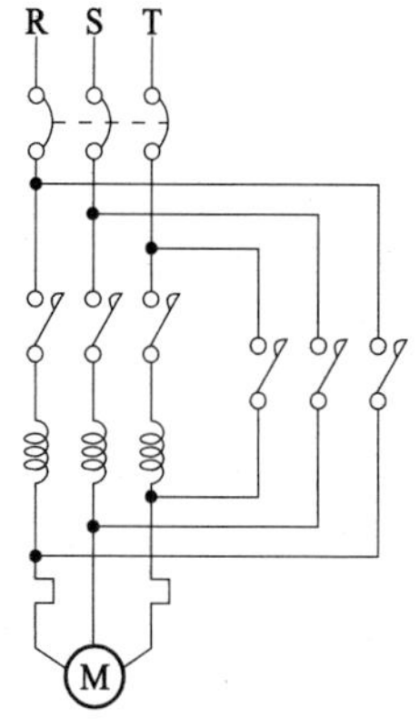

4. 그림은 유도 전동기 Y-△기동의 로직 시퀀스이다. BS는 “L”입력형(타임차트 참조)이고 FF는 $\overline{R}\,\overline{S}$-latch이다. 물음에 답하시오.

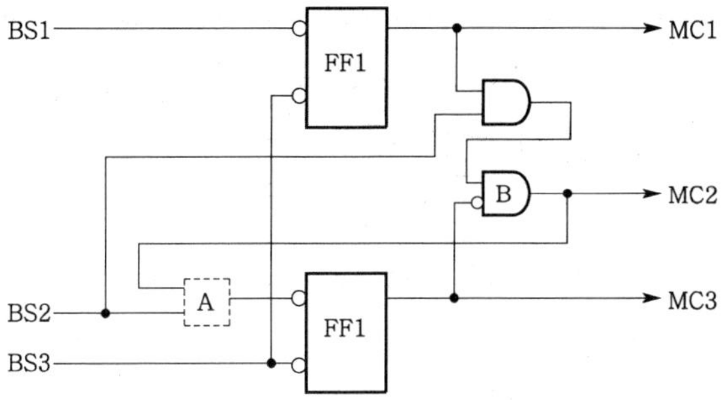

(1) BS_1을 누르면 (①)과 (②)가 동작하여 Y권선 기동하고, BS_2를 누르면 (③)이 복귀한 후 (④)가 동작하여 △운전한다. ①~④에 MC_1, MC_2, MC_3 중에 골라 넣어라.

(2) 그림에서 A와 B의 기능을 한마디로 쓰시오.

(3) 그림에서 A에 알맞은 회로를 그리시오. (예 : 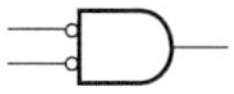)

(4) 타임차트의 MC_1, MC_2, MC_3를 그려 넣으시오.

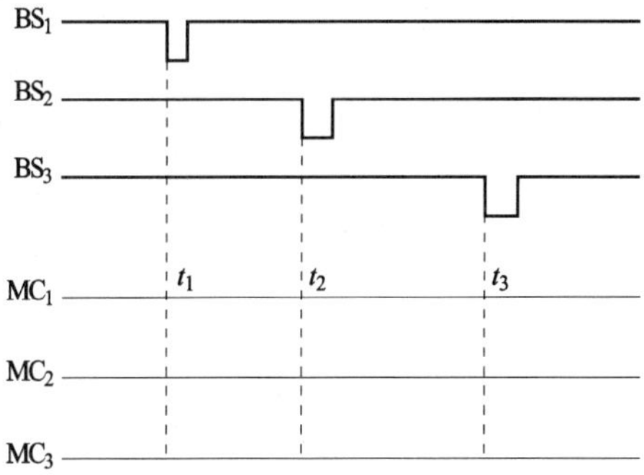

• **답안작성**

(1) ① MC_1 ② MC_2 ③ MC_2 ④ MC_3

(2) 인터록

(3)

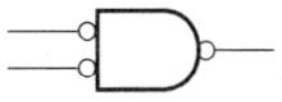

(4)

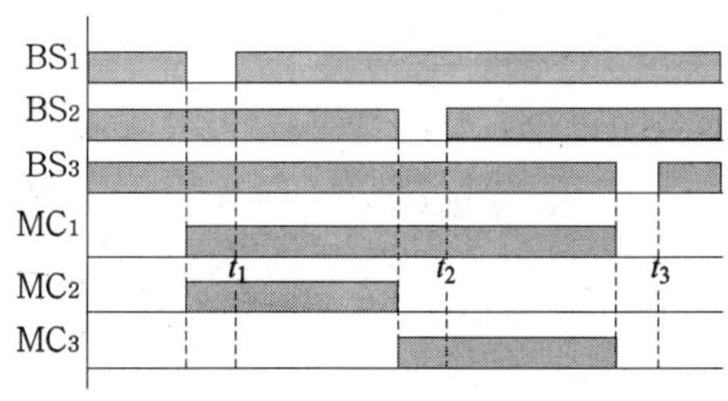

5. 다음의 전등 점멸에 대한 동작 설명을 읽고 답안지의 미완성 회로를 완성하시오.

① 전등 L_1, L_2, L_3가 모두 소등된 상태에서 누름 버튼 스위치 BS_1, BS_2, BS_3 중 어느 하나를 한번 누르면(눌렀다 놓으면) 전등 L_1, L_2, L_3가 동시에 점등되고 다시 한번 누르면 전등 L_1, L_2, L_3는 동시에 소등된다. 이런 동작이 계속 반복된다.

② X_1 및 X_2는 8Pin Relay(2a 2b), X_3는 14Pin Relay(4a 4b)를 사용하시오.

③ 도면에 일부 표시한 회로를 최대한 활용하시오.

④ 사용될 Relay 접점은 도면에 제시한 것 외에 추가로 사용될 것이 다음과 같으며 회로를 정확히 구성하시오.

전등 점멸 회로 미완성 결선도

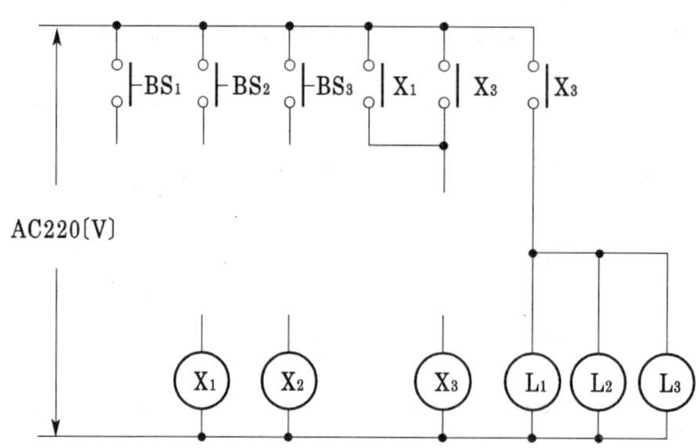

8핀 릴레이 내부 접속도

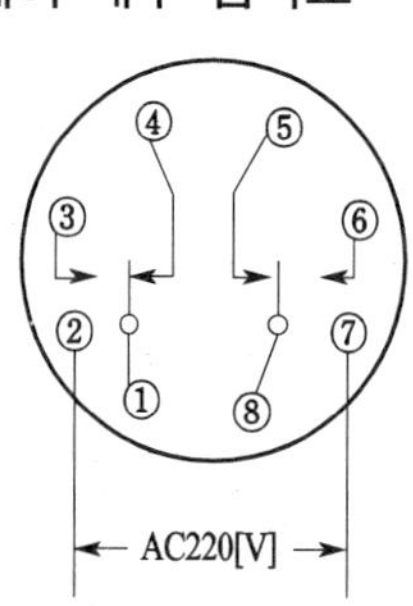

14핀 Relay 내부 결선도

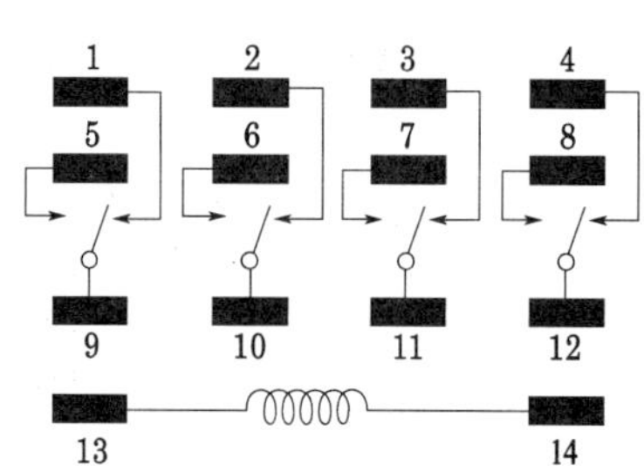

• **답안작성**

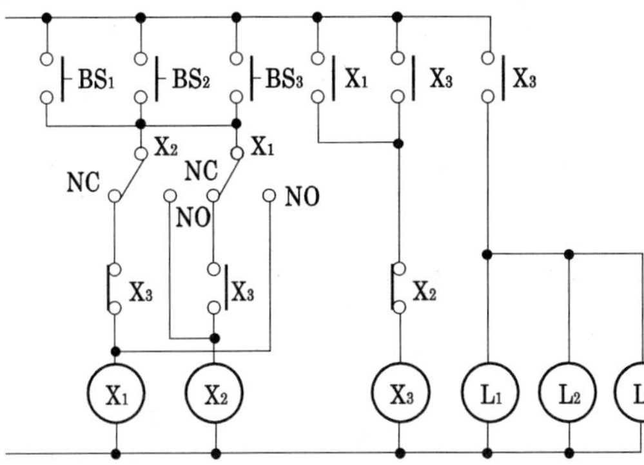

6. 다음 그림은 전동기의 정역 운전 회로이다. 다음 물음에 답하시오.

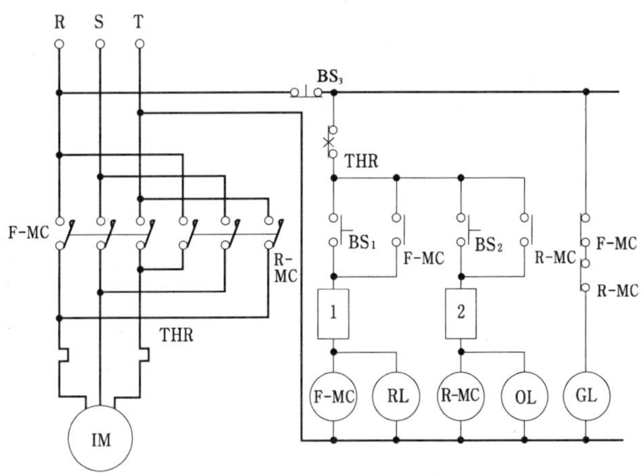

(1) 도면에서 점선의 빈칸에 알맞은 접점기호를 쓰시오.

(2) F-MC와 R-MC의 논리식을 쓰시오.

(3) 다음 논리회로를 완성하시오.

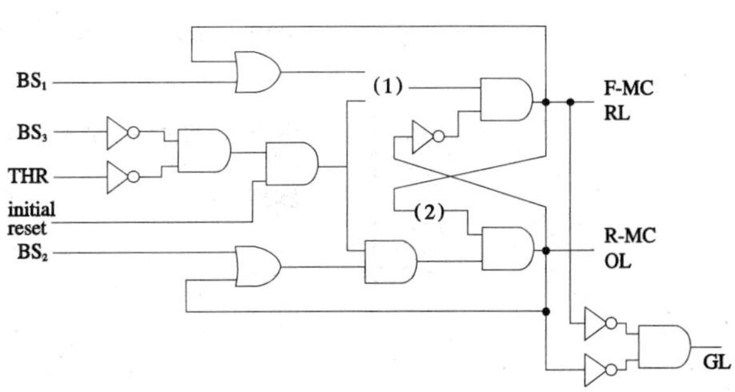

• **답안작성**

(1) 1)

2)

(2) $F\text{-}MC = \overline{BS_3} \cdot \overline{THR} \cdot (BS_1 + F\text{-}MC) \cdot \overline{R\text{-}MC}$

$R\text{-}MC = \overline{BS_3} \cdot \overline{THR} \cdot (BS_2 + R\text{-}MC) \cdot \overline{F\text{-}MC}$

(3) 1)

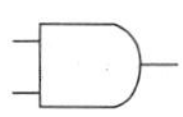

2)

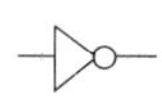

---

7. 다음 미완성 회로에 제시한 기구를 사용하여 신입력 우선회로를 완성하시오. 단, 해당 번호의 기구가 연관되도록 접점을 이용하여 도면을 완성하시오.

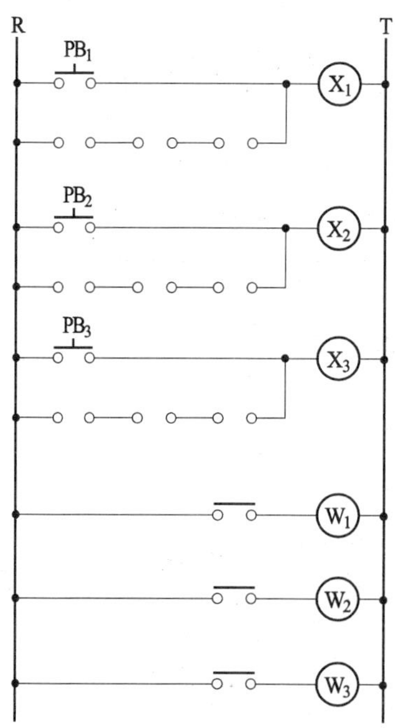

범례
$PB_1 \sim PB_3$: 누름 버튼 스위치
$X_1 \sim X_3$: 14pin 릴레이(4a 4b relay)
$W_1 \sim W_3$: 출력(부하)

14핀 Relay 내부 결선도

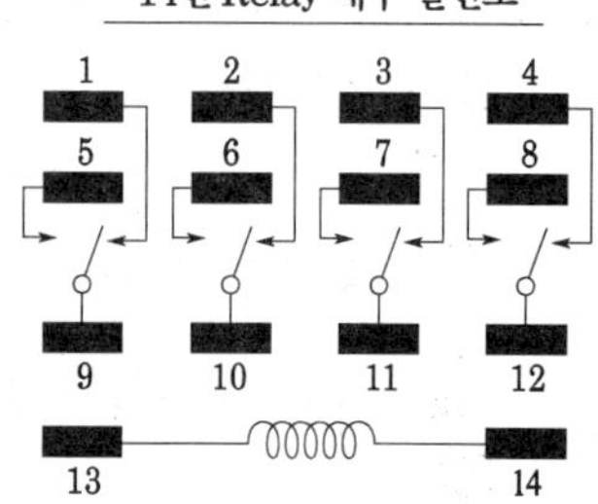

● **답안작성**

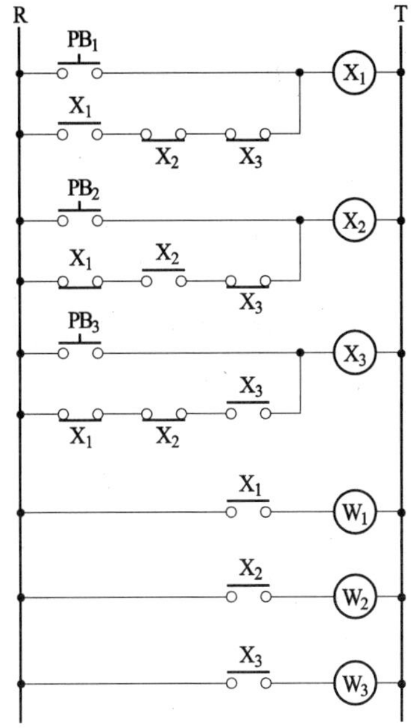

8. 그림은 3대의 전동기를 순서에 따라 기동정지를 하는 시퀀스 회로의 일부이다. 물음에 답하시오.

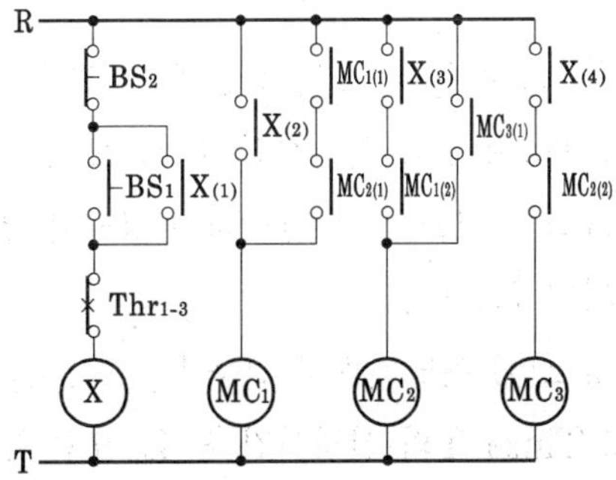

step	명령	번지
생략	R	㉮
	㉯	3.1
	A	㉰
	O	MRG
	W	3.1
	R	8.0
	A	㉱
	O	㉲
	W	3.2

【참고】
BS_1(0.1)
BS_2(0.2)
MC_1(3.1)
MC_2(3.2)
MC_3(3.3)
X(8.0)
R : (입력)
W : (출력)
A : (직렬)
O : (병렬)

(1) 주어진 답안지 로직회로를 각각 2입력 AND, OR 회로로 완성하시오.

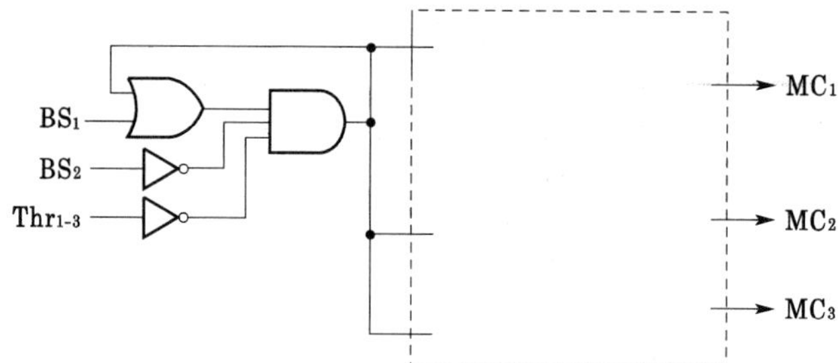

(2) (b)의 PLC 프로그램을 ㉮~㉲항까지를 완성하시오.

(3) MC_1~MC_3의 정지 순서를 차례로 쓰시오.

• **답안작성**

(1)

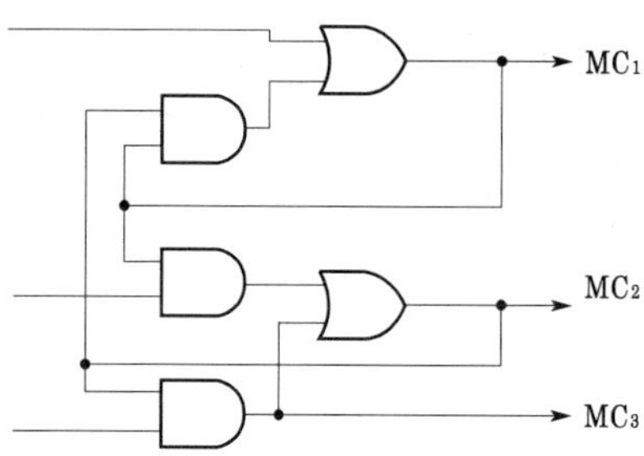

(2) ㉮ 8.0　㉯ R　㉰ 3.2　㉱ 3.1　㉲ 3.3

(3) $MC_3 \rightarrow MC_2 \rightarrow MC_1$

9. 다음 조건을 만족하는 회로를 구성하여 미완성 도면을 완성하시오.

【조건】

① Button Switch B_1 또는 B_2를 누르면(눌렀다 놓으면) 해당번호의 전등 L_1 또는 L_2가 점등되고 동시에 Buzzer BZ가 일정시간 동작하고 Timer T의 설정시간 후 L_1 또는 L_2와 BZ는 동시에 정지한다. L_1이 점등되고 있을 때 B_2를 눌러도 L_2는 점등되지 않는다. L_2가 점등되고 있을 때에도 B_1을 눌러도 L_1은 점등되지 않는다.

② 정지한 후 다시 B_1 또는 B_2를 누르면(눌렀다 놓으면) 해당번호의 전등 L_1 또는 L_2가 점등되고 동시에 Buzzer BZ가 일정시간 동작하고 Timer T의 설정시간 후 L_1 또는 L_2와 BZ는 동시에 정지한다

③ 다음 Time Chart를 참고하시오.

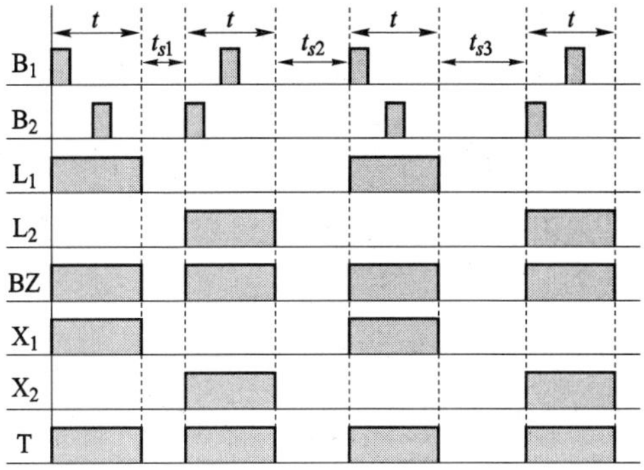

- t는 T의 설정 시간
- t_{s1}, t_{s2}, t_{s3}는 L_1, L_2 및 Buzzer가 동작하지 않고 정지하고 있는 시간 (문제와는 상관이 없으며 참고로 표시한 것임)

TIMER 내부 결선도

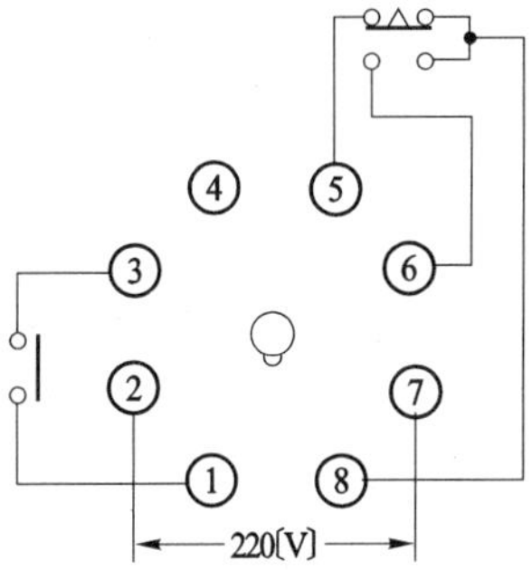

Minipower Relay 내부 결선도(14pin)

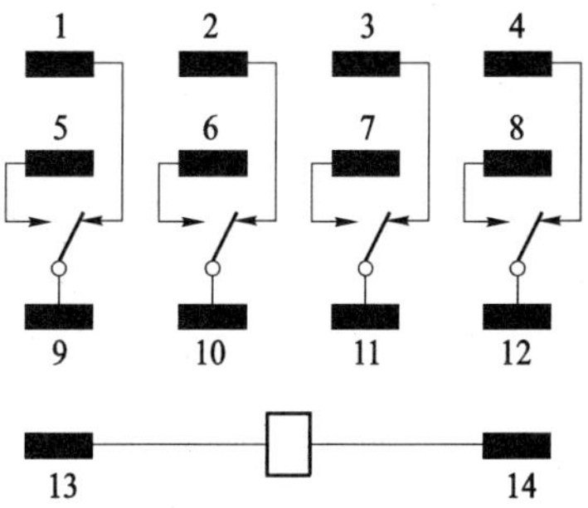

④ 미완성 도면

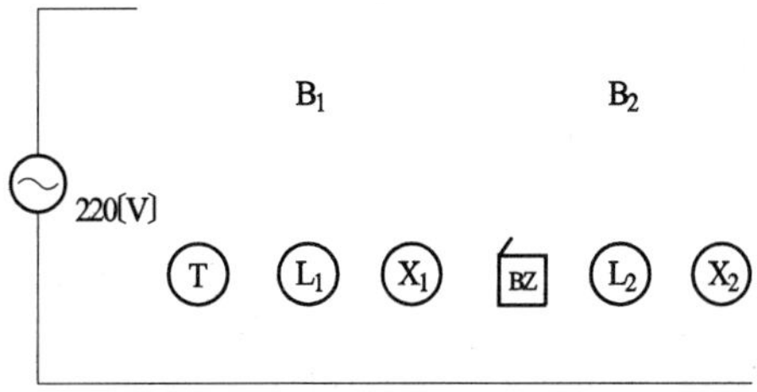

【범례】

- X_1, X_2 : Minipower Relay 내부 결선도(14 pin)
- T : TIMER(8 pin)

• **답안작성**

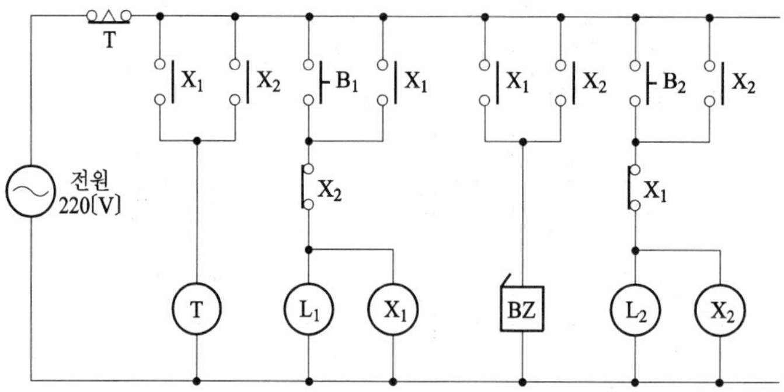

10. 아래의 PLC 프로그램은 유도 전동기의 Y-△기동 운전 회로의 일부를 나타낸 것이다. 2입력 AND소자, 2입력 OR소자 및 NOT소자를 이용하여 로직 회로를 그리시오. 또 Y 기동용과 △ 운전용의 MC는 어느 것인지 그림상에(Y 기동), (△운전)으로 표시하시오.
명령어는 회로시작 입력 : STR, 출력 : OUT, 직렬 : AND, 병렬 : OR, 부정 : NOT을 사용하였다.

차 례	명 령	번 지	차 례	명 령	번 지
생략	STR OR AND NOT OUT STR AND NOT AND NOT	14 31 16 31 31 15 33	생략	OUT STR OR AND NOT AND NOT OUT	32 15 33 16 32 33

• **답안작성**

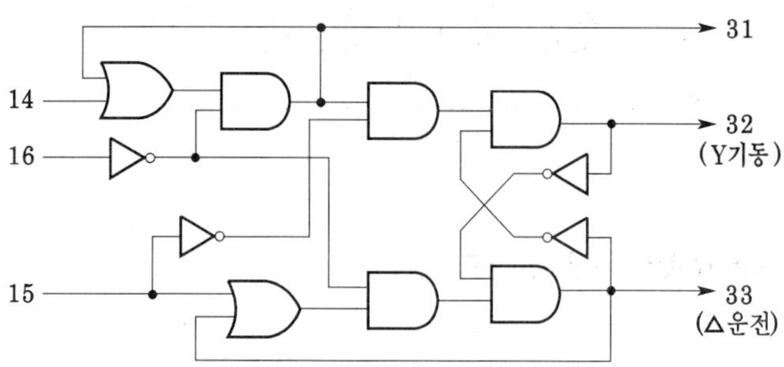

11. 도면을 보고 주어진 답안지의 릴레이 시퀀스 회로도를 완성하시오.

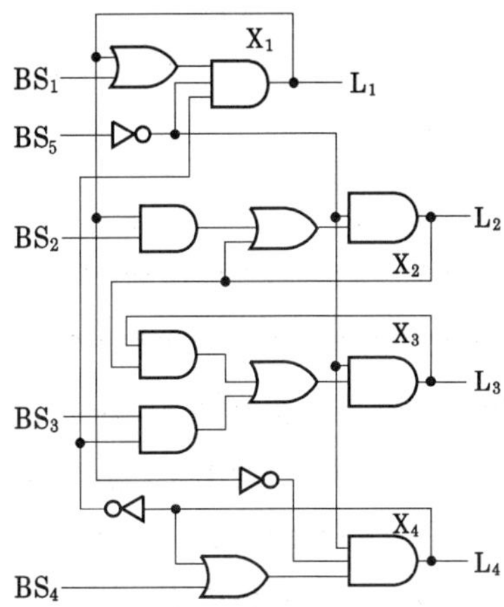

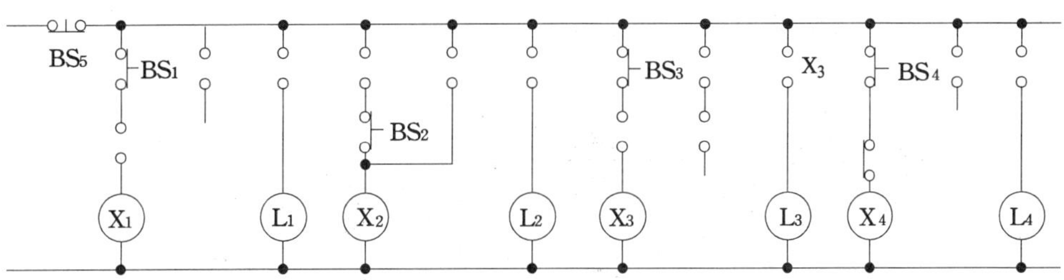

• 답안작성

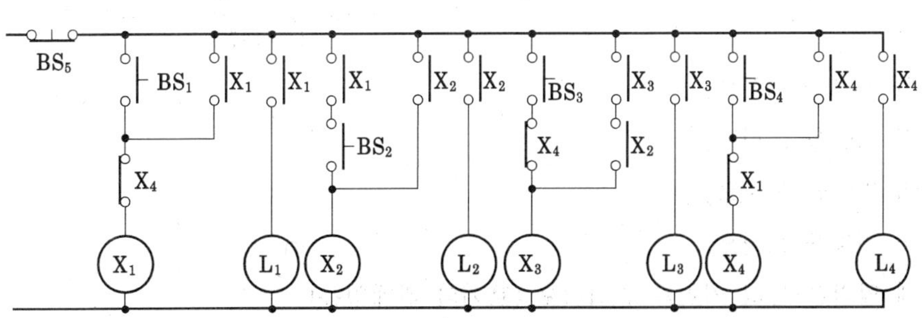

• 해 설

출력식

$X_1 = (BS_1 + X_1) \cdot \overline{BS_5} \cdot \overline{X_4}$

$X_2 = (BS_2 \cdot X_1 + X_2) \cdot \overline{BS_5}$

$X_3 = (BS_3 \cdot \overline{X_4} + X_2 \cdot X_3) \cdot \overline{BS_5}$

$X_4 = (BS_4 + X_4) \cdot \overline{X_1} \cdot \overline{BS_5}$

---

12. 그림은 3상 유도 전동기의 Y-△ 기동 운전 회로의 일부이다. BS는 "H" 입력형이고, RL와 GL은 LED로 대체하고 입·출력 회로, 기타는 생략한다. BS_1을 주면 MC_1이 동작, Y 기동하고 타이머 기구 동작, t초 후에 MC_1이 복구하면 MC_2(RL)가 동작하며 △운전된다. 운전 중에는 MC_2(RL)만 작동하고 있다. 물음에 보기의 내용으로 답하시오.

【보기】

기동, 유지, 정지, 인터록, 소스, 싱크

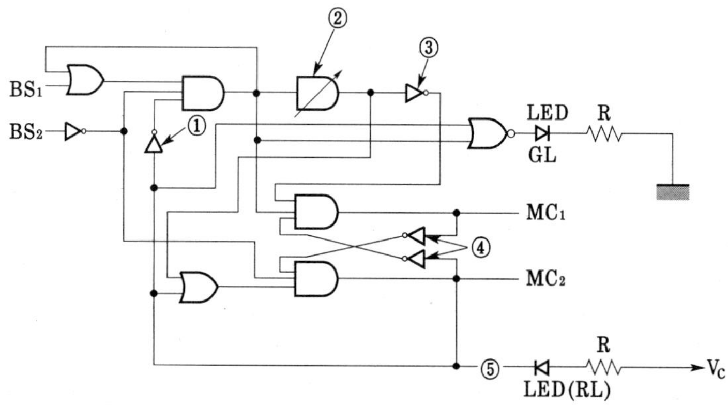

(1) ①의 기능을 쓰시오.

(2) ②의 기능을 쓰시오.

(3) ③의 기능을 쓰시오.

(4) ④의 기능을 쓰시오.

(5) ⑤에 알맞은 논리 기호를 그리시오.(보기와 관계없음)

(6) LED(RL)에 흐르는 전류를 무슨 전류라 하는가?

• 답안작성

(1) 정지 (2) 기동 (3) 정지 (4) 인터록

(5) 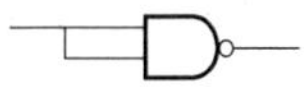 (6) 싱크 전류

13. 도면과 동작사항을 참고하여 회로도(스퀀스도)를 그리시오.

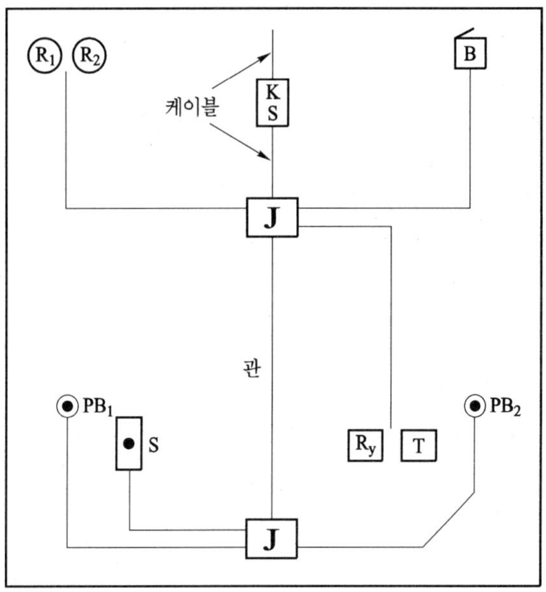

배치도

릴레이 내부 회로

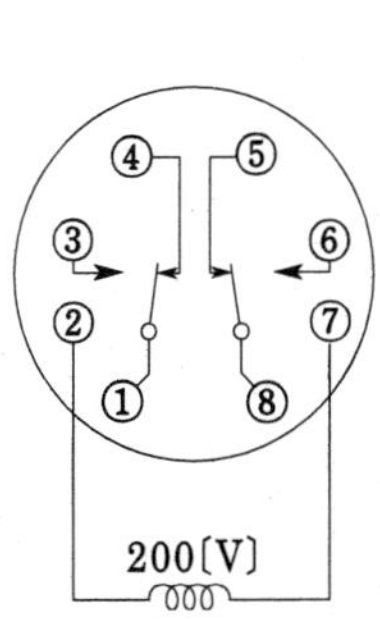

타이머 내부 회로도

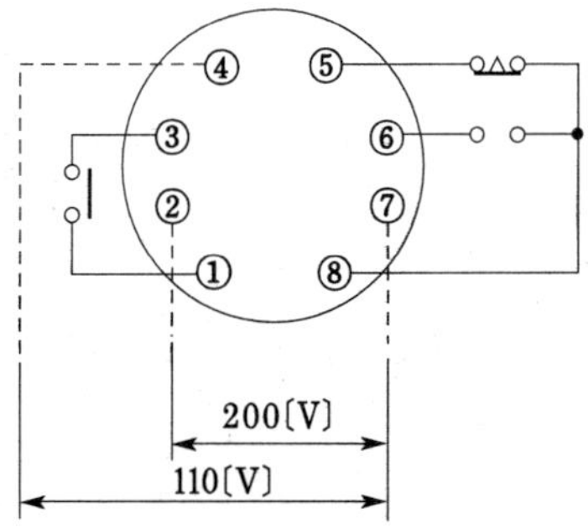

【동작사항】

① 스위치 S를 ON 상태에서 PB_1 또는 PB_2중 어느 하나를 누르면 T가 여자가 되어 R_1, R_2의 전등은 직렬 점등되며 버저 B가 울린다. 다음 시간경과(t초)후 B가 정지됨과 동시에 R_y가 여자 되어 R_1과 R_2의 전등은 병렬 점등된다.

② 스위치 S를 OFF하면 모든 동작이 정지된다.

• 답안작성

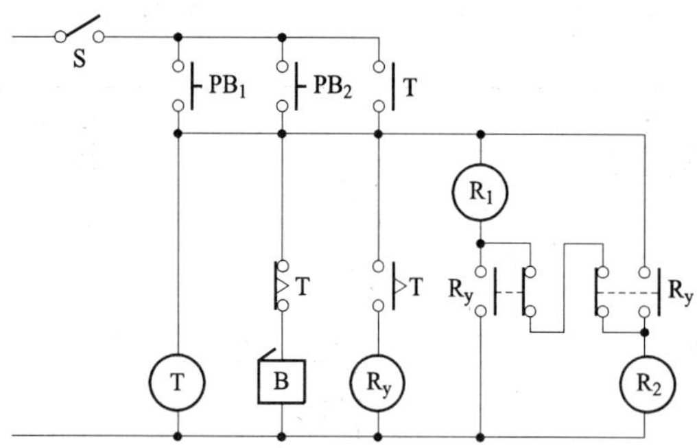

---

14. 다음 그림은 대단위 아파트의 급 배수 설비의 일부분이다. 기계실(변전실, 급수 펌프실, 보일러실 등)의 침수를 예방하기 위한 설비를 하고자 한다. 다음 사항을 잘 이해하고 이에 접합한 경보장치를 보기에 제시한 기구와 각종 Relay를 사용하여 미완성 회로를 완성하시오.

〈급·배수장치 계통도〉

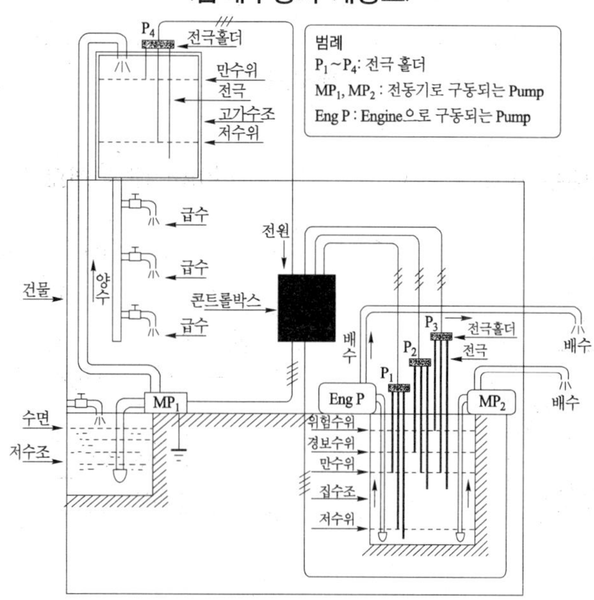

(1) 배수 펌프의 작동이 만수위가 되었을 때 자동으로 동작하지 않을 경우 수동으로 동작 시킬 수 있도록 하기 위한 미완성 sequence diagram을 그림 1의 점선안에 완성하고 수조의 전극에는 전극기호를 (   )안에 써 넣으시오.

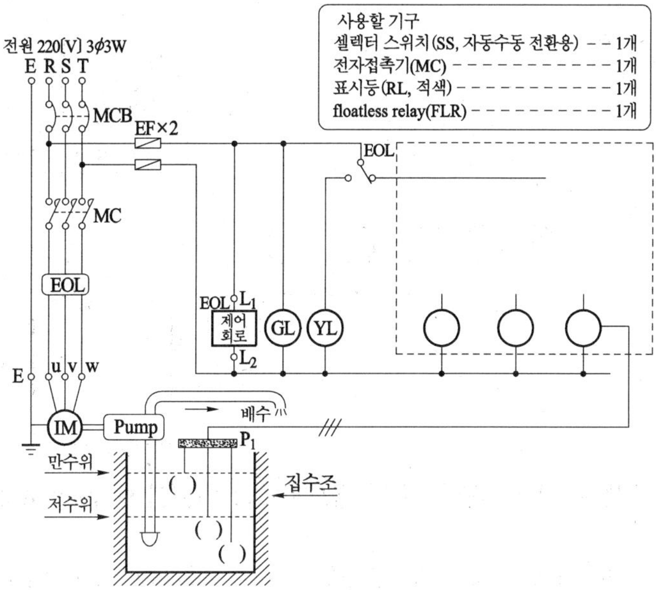

〈그림 1〉 배수펌프의 미완성 sequence diagram

(2) 어떤 원인으로 배수 펌프가 동작하지 않아 집수조의 수위가 경계 수위에 도달했을 때 경보를 할 수 있는 경보회로를 그림 2의 점선안에 완성하시오. 이때 경보음은 지속되도록 하고, 경보용 Lamp는 명멸되도록 하며, 수조의 전극에는 전기기호를 ( )안에 써 넣으시오.

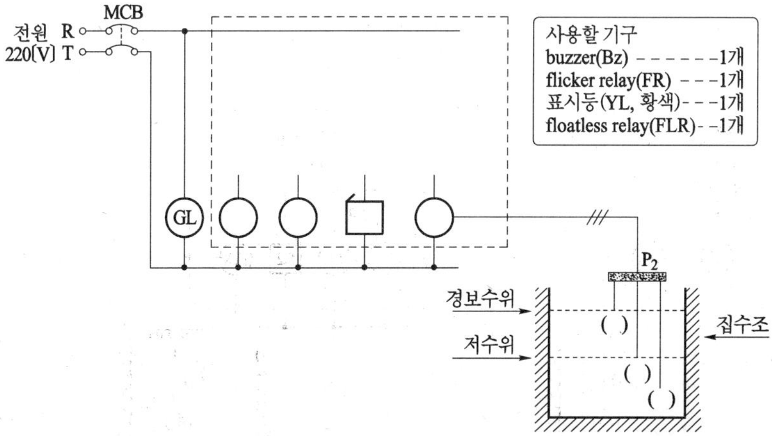

〈그림 2〉 배수장치의 정보회로의 미완성 sequence diagram

(3) 어떤 원인으로 배수 펌프가 동작하지 않아 집수조의 수위가 위험 수위에 도달했을 때 경보를 할 수 있는 경보회로를 그림 3의 점선안에 완성하시오. 이 경우에는 경보음이 단속되도록 하고, 경보용 Lamp도 명멸되도록 하고 수조의 전극에는 전극기호를 ( )에 써 넣으시오.

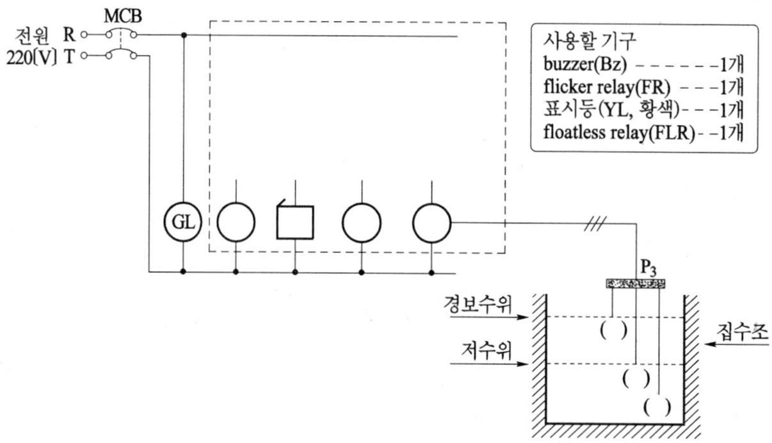

〈그림 3〉 배수장치의 위험수위의 경보회로의 미완성 sequence diagram

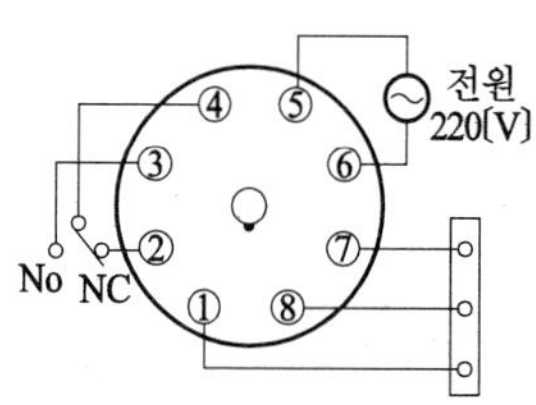

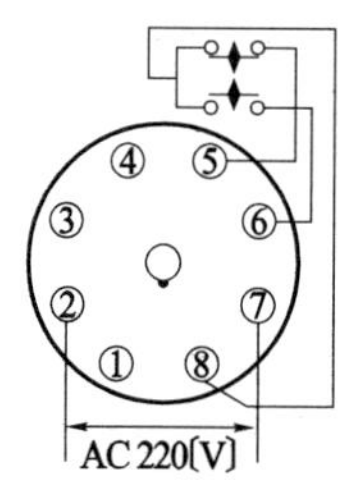

• **답안작성**

(1)

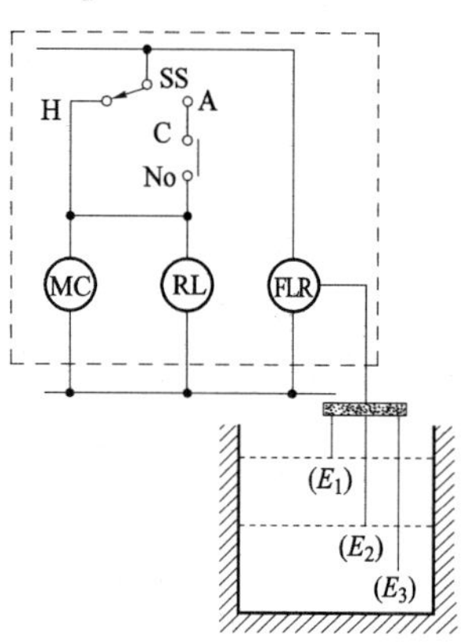

(2)

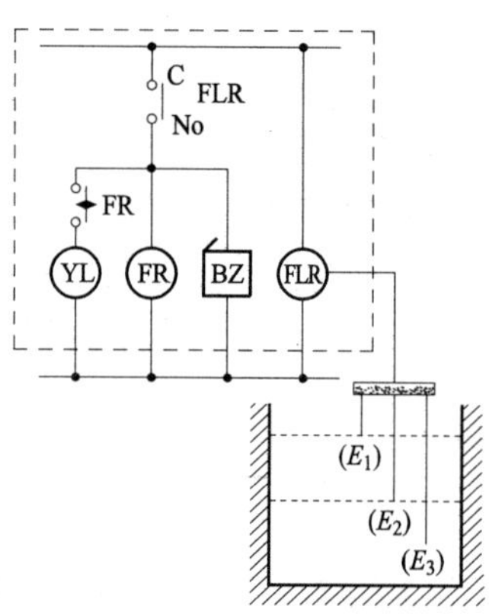

(3)

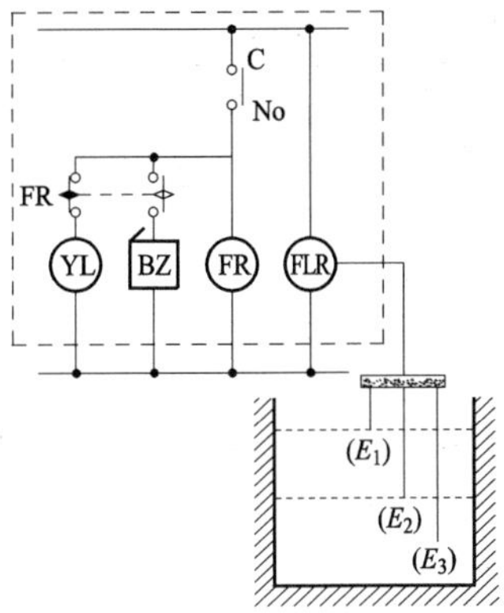

---

15. 어느 회사에서 한 부지에 A, B, C의 세 공장을 세워 3대의 급수 펌프 P_1(소형), P_2(중형), P_3(대형)으로 다음 계획에 따라 급수 계획을 세웠다. 이 계획을 잘 보고 다음 물음에 답하시오.

【계획】

① 모든 공장 A B, C가 휴무일 때 또는 그 중 한 공장만 가동할 때에는 펌프 P_1만 가동시킨다.

② 모든 공장 A, B, C중 어느 것이나 두 개의 공장만 가동할 때에는 P_2만 가동시킨다.

③ 모든 공장 A, B, C가 모두 가동할 때에는 P_3만 가동시킨다.

(1) 조건과 같은 진리표를 작성하시오.

번 호	공장상태			펌프상태			비고
	A	B	C	P_1	P_2	P_3	
1							P_1 작동중
2							P_1 작동중
3							P_1 작동중
4							P_1 작동중
5							P_2 작동중
6							P_2 작동중
7							P_2 작동중
8							P_3 작동중

(2) P_1의 출력식을 구하시오.

(3) P_2의 출력식을 구하시오.

(4) P_3의 출력식을 구하시오.

(5) 공장 A, B, C의 상태를 계전기 A, B, C로 대체하고 이를 계전기 접점을 이용하여 계전기회로를 완성하시오. (A계전기의 a접점 2개, b접점 3개, B계전기의 a접점 3개, b접점 3개, C계전기 a접점 3개, b접점 2개만 사용한다.)

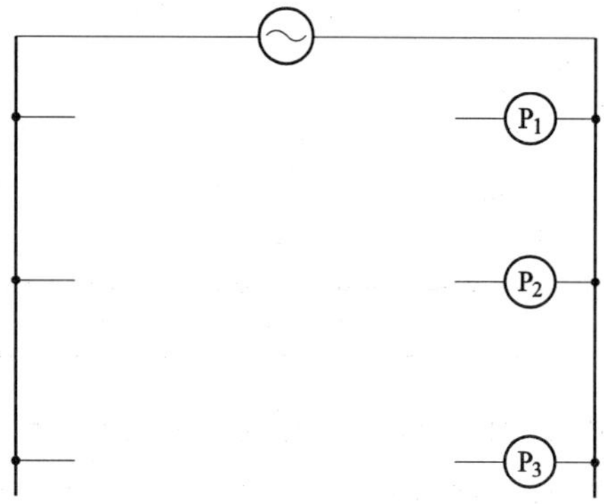

• **답안작성**

(1)

번 호	공장상태			펌프상태			비고
	A	B	C	P_1	P_2	P_3	
1	0	0	0	1	0	0	P_1 작동중
2	0	0	1	1	0	0	P_1 작동중
3	0	1	0	1	0	0	P_1 작동중
4	1	0	0	1	0	0	P_1 작동중
5	0	1	1	0	1	0	P_2 작동중
6	1	0	1	0	1	0	P_2 작동중
7	1	1	0	0	1	0	P_2 작동중
8	1	1	1	0	0	1	P_3 작동중

(2) $P_1 = \overline{A}\,\overline{B}\,\overline{C} + \overline{A}\,\overline{B}C + \overline{A}B\overline{C} + A\overline{B}\,\overline{C}$

$= \overline{A}\,\overline{B} + \overline{A}\,\overline{C} + \overline{B}\,\overline{C} = \overline{A}\,\overline{B} + (\overline{A} + \overline{B})\overline{C}$

(3) $P_2 = \overline{A}BC + A\overline{B}C + AB\overline{C} = \overline{A}BC + A(\overline{B}C + B\overline{C})$

(4) $P_3 = ABC$

(5)

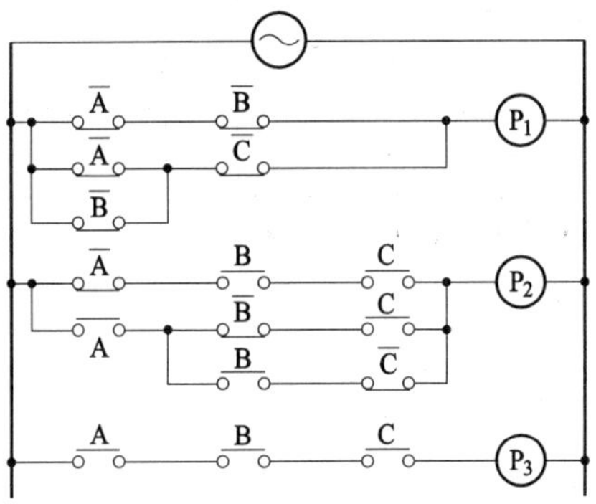

16. 다음 회로도는 전동기의 Y−△ 회로도이다. 회로도를 보고 배치도에 표시된 (A) 부분의 전선관 속에는 접지선을 제외하고 최소 몇 가닥의 전선이 들어가야 되는지 답안지에 답하시오.

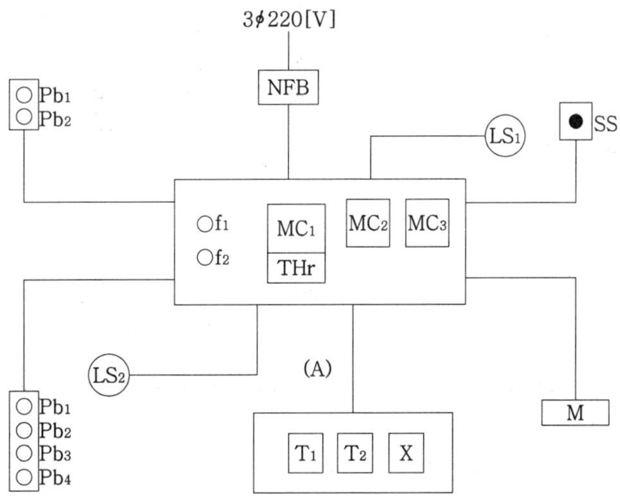

릴레이 내부 회로도

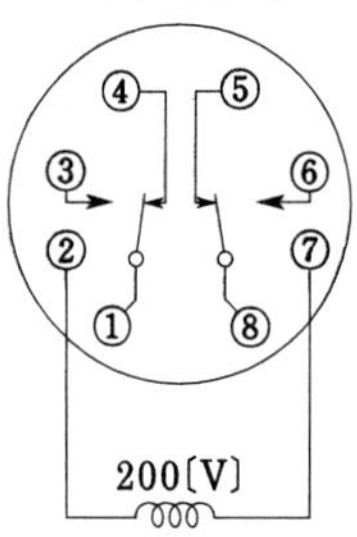

타이머 내부 접속도

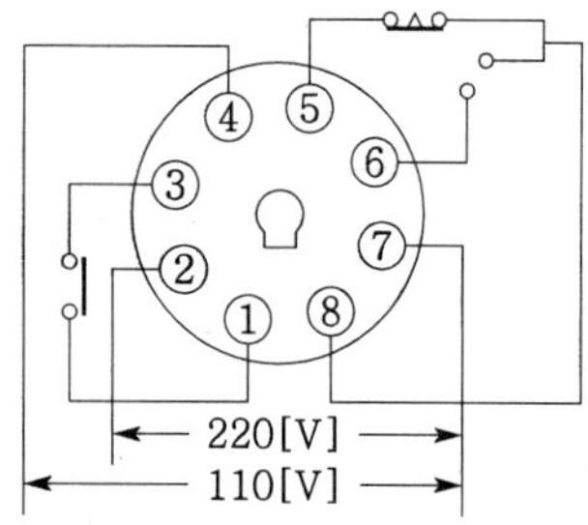

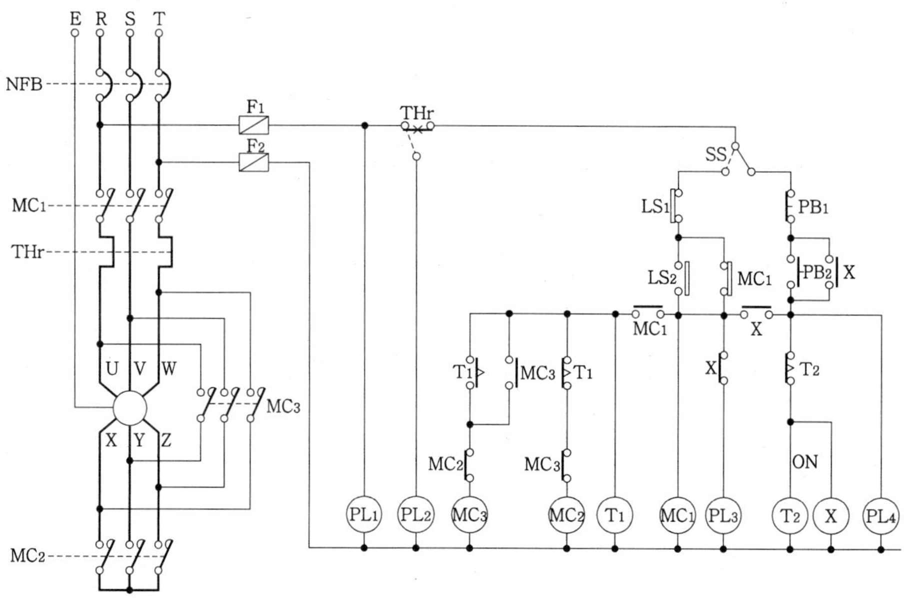

• **답안작성**

8가닥

17. 도면은 옥내 배선의 배치도(가상)이다. 범례와 동작 설명을 이해하고 결선도(시퀀스)를 주어진 답안지에 그리시오.

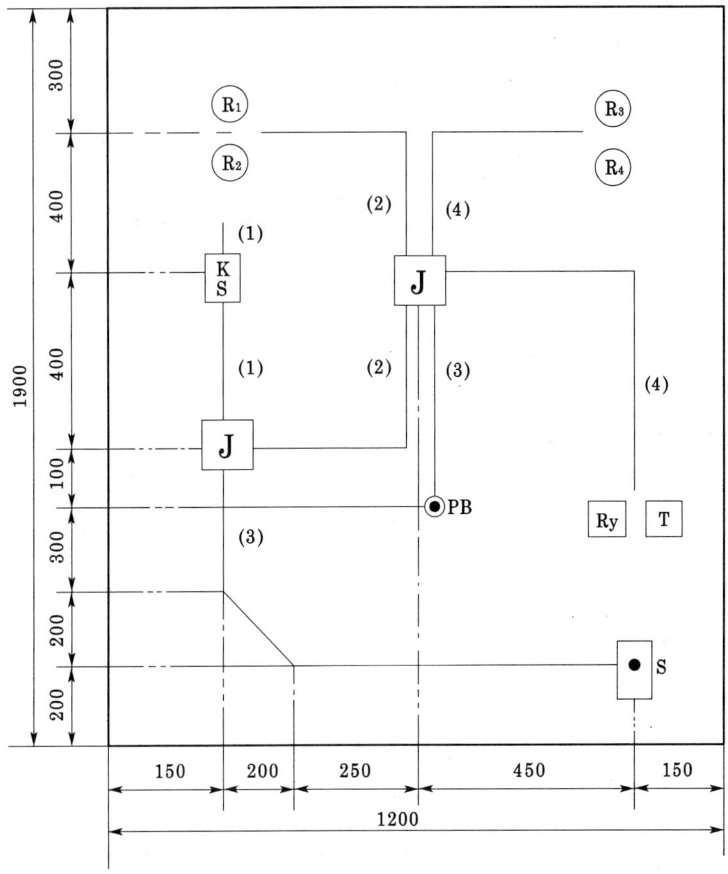

릴레이 내부 회로

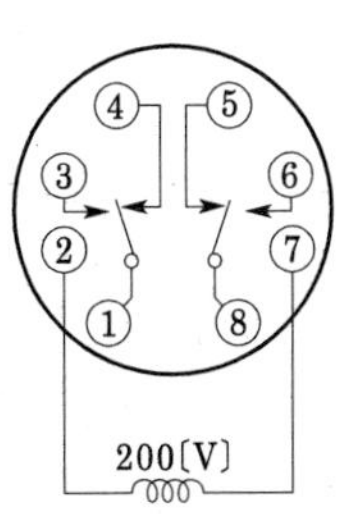

타이머 내부 회로도

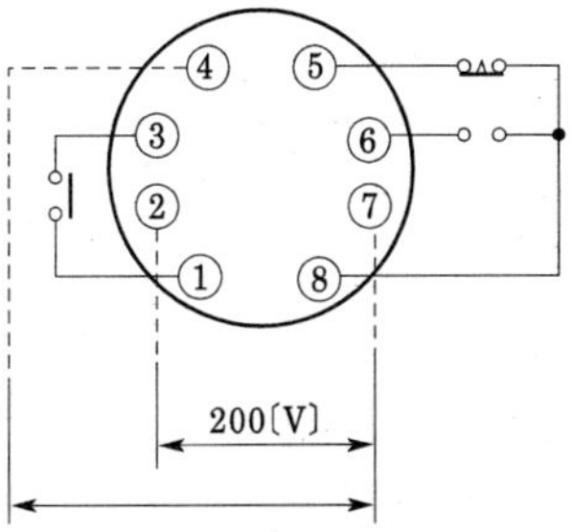

【동작사항】

(가) 스위치 S를 ON하면 R_3 점등

(나) 스위치 S를 ON하고 PB를 누르면 릴레이(Ry)와 타이머(T)가 여자됨과 동시에 R_3는 소등되고 R_1, R_2 전등은 점등된다. 시간 경과 t초 후 R_2는 소등되고, R_4는 점등되며 R_1은 계속 점등된다.

(다) 스위치 S를 OFF하면 모든 동작이 정지된다.

【범례】

T : 타이머, Ry : 릴레이, S : 스위치, PB : 누름 버튼, R : 램프
KS : 단투 커버 나이프, J : 정크션 박스이고 기타는 생략한다

• **답안작성**

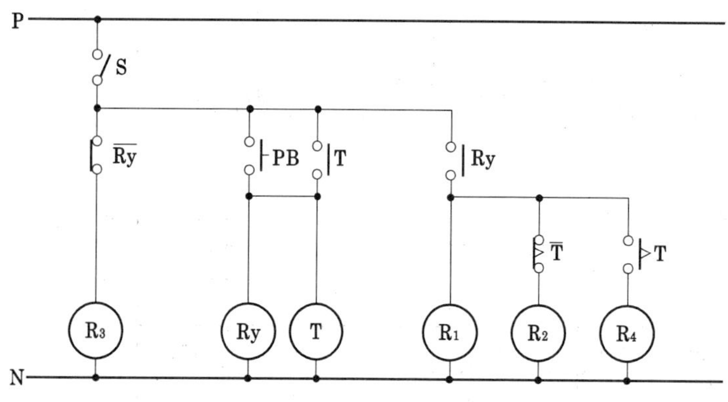

18. 그림은 벨트 컨베이어 회로의 일부이다. FF는 $\overline{R}\,\overline{S}$-latch SMV는 단안정 IC소자이다. BS_1으로 벨트 $B_1(MC_1)$이 가동하고 t_1초 후에 벨트 $B_2(MC_2)$가 움직이며 BS_2로 벨트 $B_3(MC_3)$이 움직인다. 또, BS_3으로 벨트 B_3이 정지하고 t_2초 후에 벨트 B_2가 정지하며 BS_4로 B_1 벨트가 정지한다. 물음에 답하여라. 단, BS는 "L" 입력형이다.

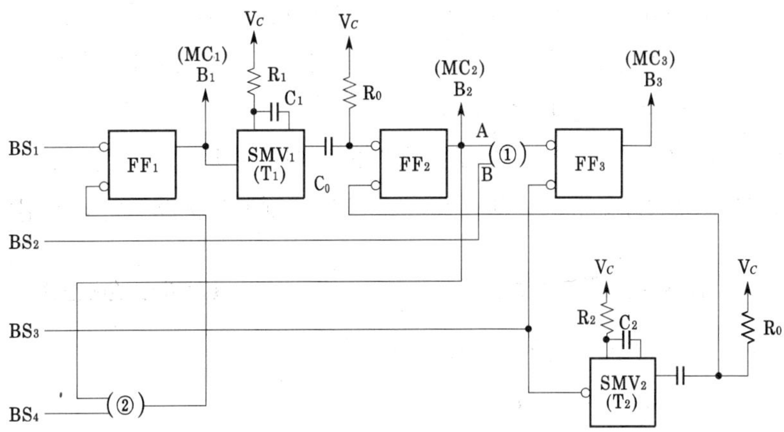

(1) 그림의 ①, ②에 알맞은 논리 기호를 예시와 같이 그리시오.

(예 : 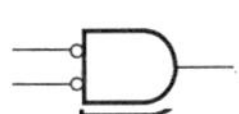)

①

②

(2) 공정 순서를 예시 $(B_2 - B_1 - B_3)$와 같이 쓰시오.

(3) $R_1 = 500$〔kΩ〕, $C_1 = 50$〔μF〕, 상수 0.6일 때 t_1은 몇 초인가?

(4) $\overline{R}\,\overline{S}$-latch 회로(FF)를 NAND 회로(　　　　) 2개로 나타내시오.

● **답안작성**

(1)

① 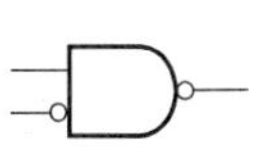

② 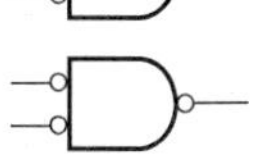

(2) 운전 : $B_1 - B_2 - B_3$

정지 : $B_3 - B_2 - B_1$

(3) 15〔sec〕

(4)

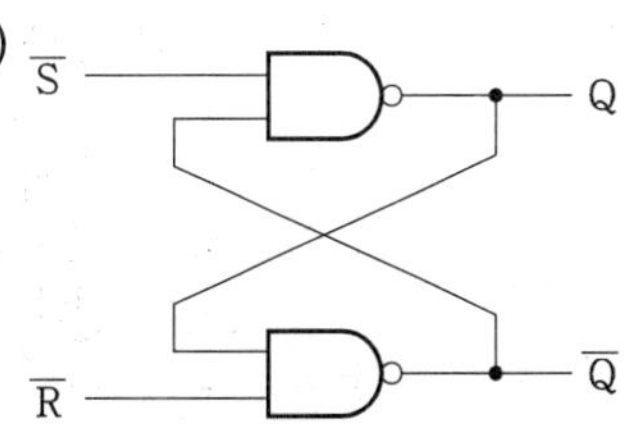

19. 주어진 동작설명과 타이머 내부 회로도를 이용하여 동작 설명에 맞는 시퀀스 회로도를 작성하시오.

【동작설명】

- 배선용 차단기를 넣는 순간 콘센트에 전압이 걸리도록 한다.
- 단로 스위치 S_1을 ON하고 누름 버튼 스위치 PB를 누르면 타이며 T가 동작하여 PB를 놓아도 타이머 T는 계속 동작하고 램프 R_1이 점등되고 일정시간 (타이머 설정시간)이 지나면 R_1은 소등되고 램프 R_2가 점등된다.
- 단로스위치 S_1을 OFF하면 타이머 T가 동작을 정지하여 R_2가 소등된다.
- 콘센트의 그림기호는 임의로 그려도 되나 반드시 콘센트임을 명시하도록 한다.

【타이머 내부 회로도】

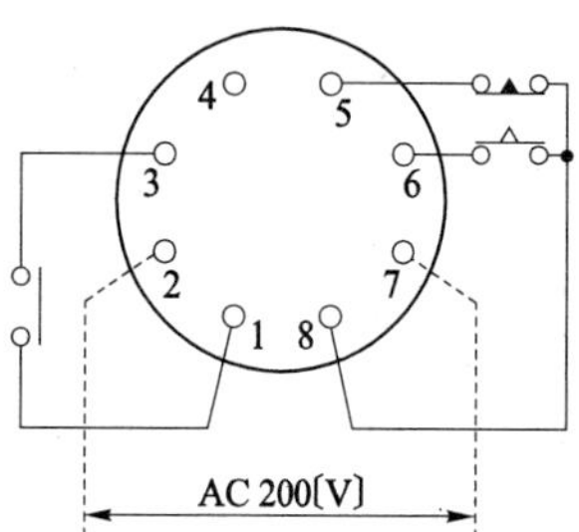

【시퀀스 회로도】

- **답안작성**

시퀀스 회로도

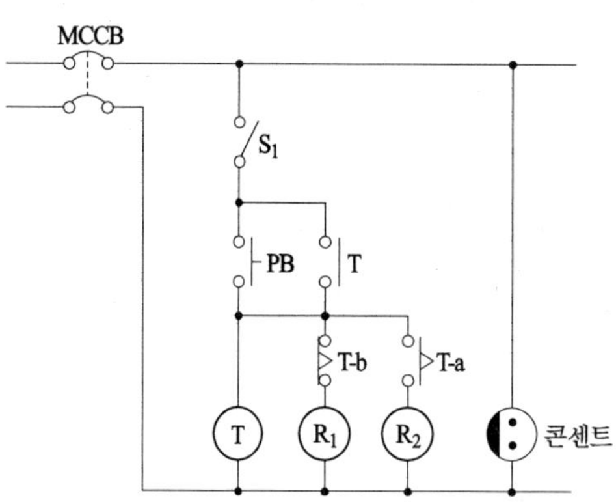

전기공사산업기사

1. 그림은 신호 회로를 조합한 시퀀스 회로이다. 누름 버튼 스위치(PB)는 20초 동안 누르고, 접점 F는 전원 투입 3초 후 동작하며 10초 동안 유지하며 설정시간은 T_1은 7초, T_2는 5초이고, 기타의 시간 늦음은 없다. 다음 물음에 답하여라.

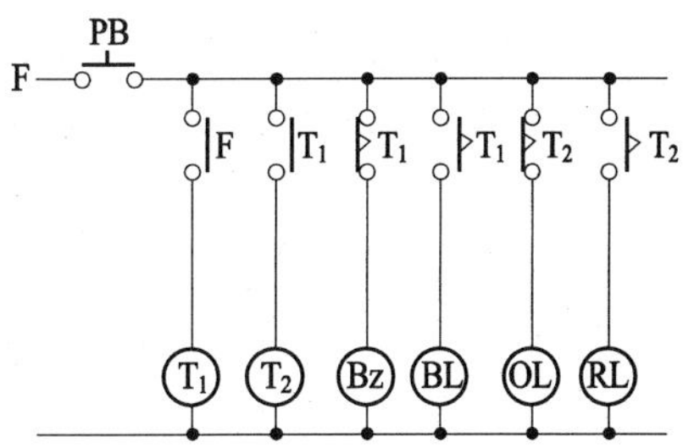

(1) 답란에 주어진 타임 차트를 그려라.

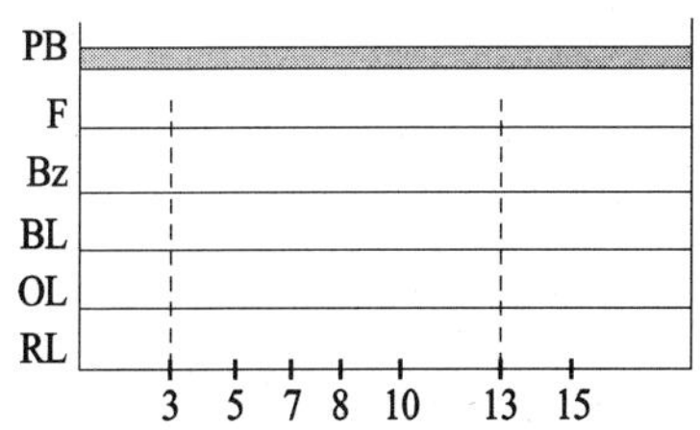

(2) 답란에 주어진 기호로 회로를 그리고 논리식을 써라.

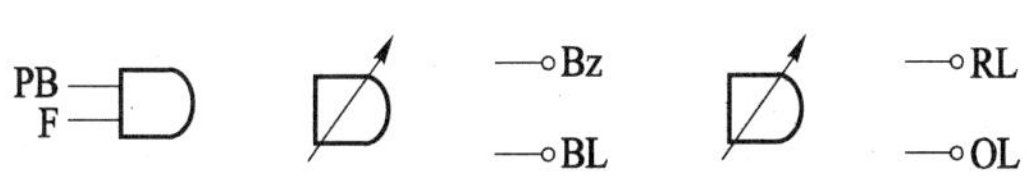

• **답안작성**

(1)

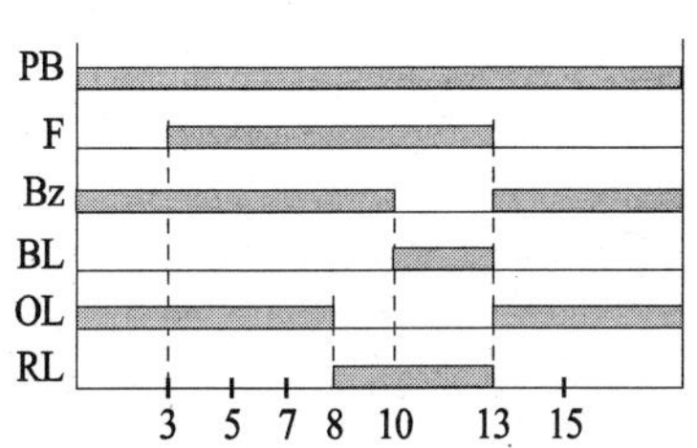

(2)

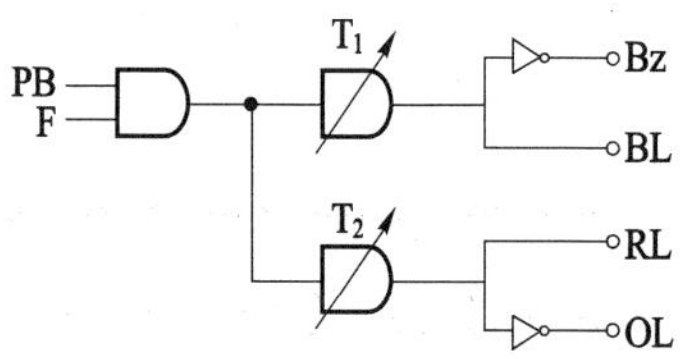

$T_1 = PB \cdot F$,
$T_2 = T_1$(여자)$= PB \cdot F$
$Bz = \overline{T}_1$, $BL = T_1$
$RL = T_2$, $OL = \overline{T}_2$

---

2. 아래 회로는 압력 스위치(PS)를 이용한 경보 회로로 압력 스위치가 닫히면 부저(BZ)가 울리고 타이머에 의하여 부저가 정지한다. 다음 물음에 답하여라.

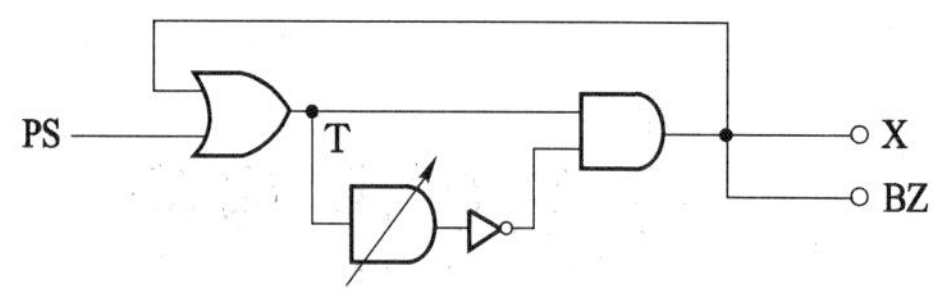

(1) 주어진 회로를 완성하시오.

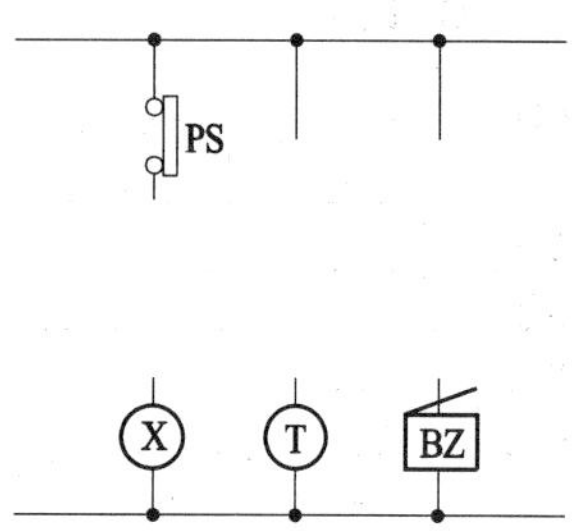

(2) 주어진 식을 쓰시오.

① $X = \quad \cdot \overline{T}$

② $T =$

③ $Bz =$

• 답안작성

(1)

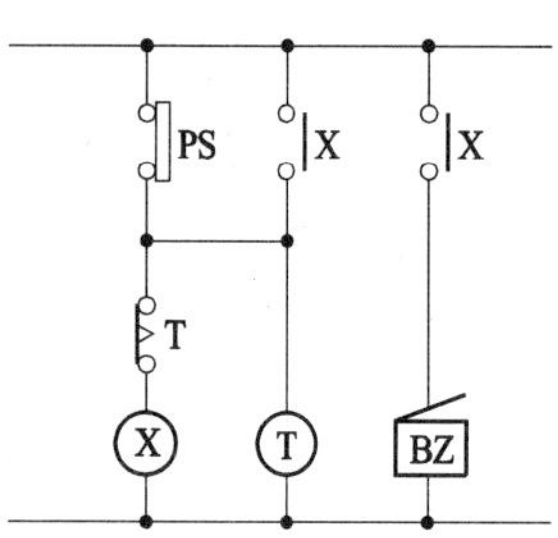

(2) ① $X = (PS + X) \cdot \overline{T}$

② $T = PS + X$

③ $BZ = X$

3. 전원이 단상 2선식 220〔V〕 주택 배선공사의 도면이다. 동작사항과 도면을 보고 다음 물음에 답하시오.

【동작사항】

3-1. S_{3-1}과 S_{3-2}에 의해서 R_1과 R_2를 병렬로 2개소 점멸을 한다.

3-2. PB를 누르면 타이머 T가 작동하여 R_3가 점등되었다가 T초 후 R_3와 타이머가 모두 소등한다.

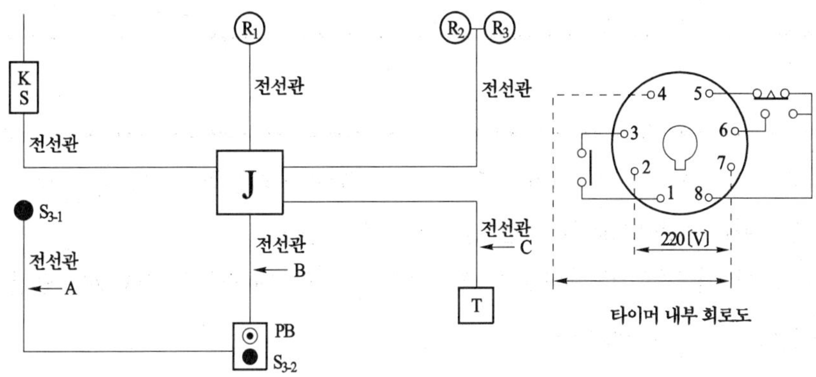

(1) 동작사항과 도면을 보고 시퀀스도를 완성하시오.

전압선 ―――――――――――――――――――――――――

접지선 ―――――――――――――――――――――――――

(2) 도면에 표시된 A전선 관에는 최소 몇 가닥이 들어가는가?

(3) 도면에 표시된 B전선 관에는 최소 몇 가닥이 들어가는가?

(4) 도면에 표시된 C전선 관에는 최소 몇 가닥이 들어가는가?

• **답안작성**

(1) 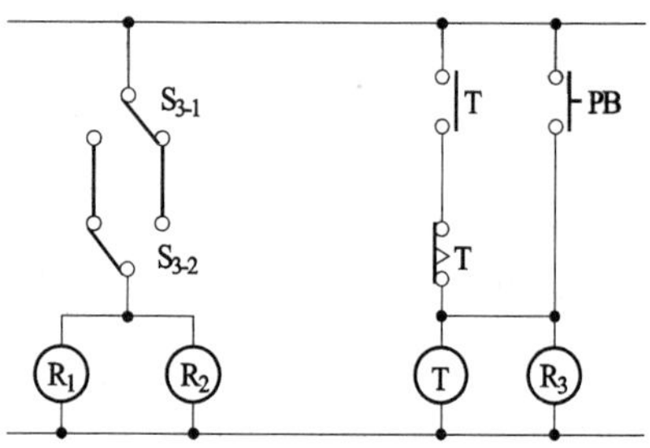

(2) 3가닥
(3) 3가닥
(4) 3가닥

---

4. 그림은 Y-△ 기동회로의 일부이다. BS_1을 주면 MC_1으로 Y결선 기동하고 t초 후 MC_2로 △결선 운전된다. BS_2(Thr)를 주면 전동기는 정지한다.
BS_1, BS_2, Thr이 L(접지) 입력형일 때 ( )에 알맞는 회로는? 단, SMV는 단안정 타이머 소자이고 FF는 $\overline{R}\,\overline{S}$-latch이다.

【예】 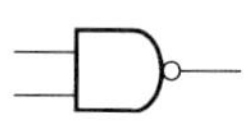

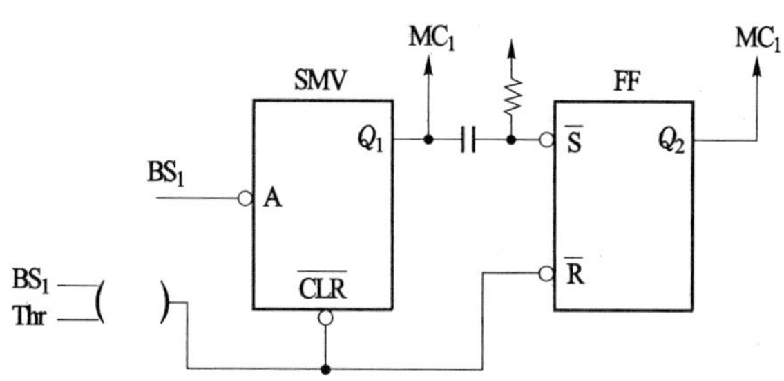

• **답안작성**

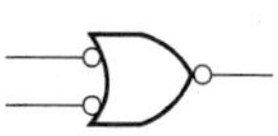

5. 다음 동작설명을 참고하여 시퀀스 제어도 및 결선도를 그리시오.

【동작설명】

5-1. 3로 스위치 S_{3-1}을 ON, S_{3-2}를 ON했을 시 R_1, R_2가 직렬 점등되고, S_{3-1}을 OFF, S_{3-2}를 OFF했을 시 R_1, R_2가 병렬 점등한다.

5-2. 푸시버튼 스위치 PB를 누르면 R_3와 B가 병렬로 동작한다.

(1) 시퀀스 제어도

(2) 결선도(모든 결선은 4각 박스를 경유하여야 한다.)

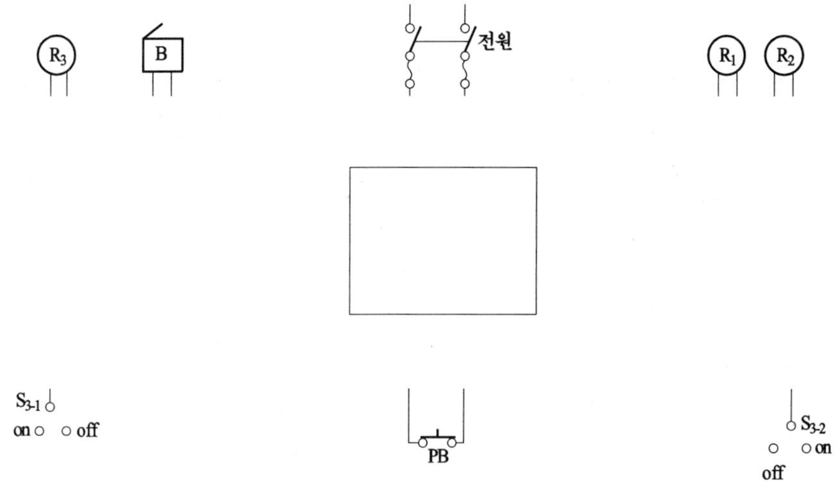

• 답안작성

(1)

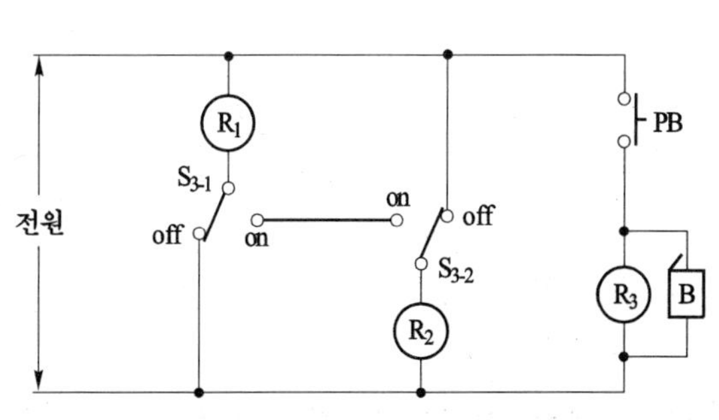

(2)

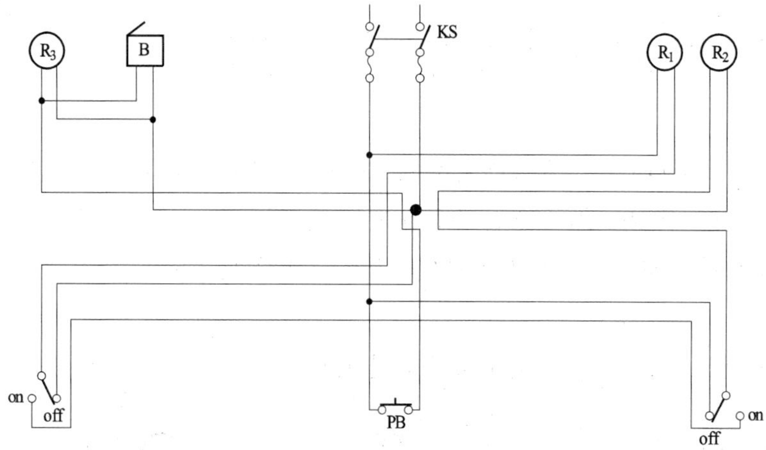

6. 그림은 직류 전동기의 기동 회로도이다. 다음 물음에 답하시오.

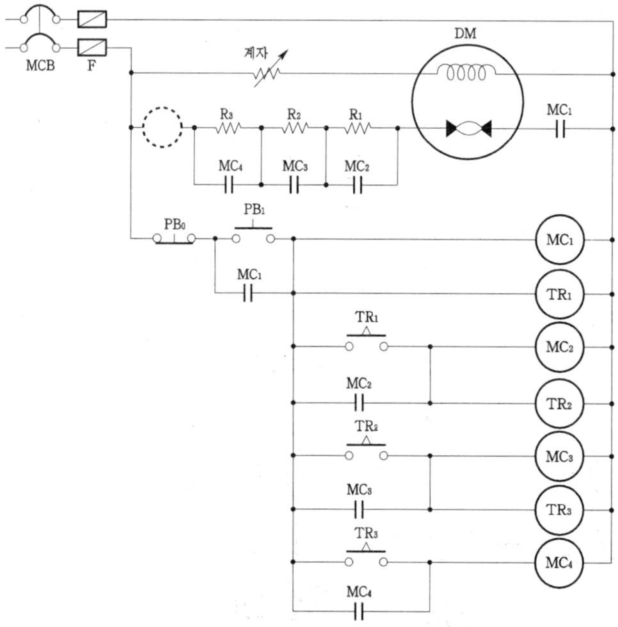

(1) 그림에서 ◌으로 표시한 곳에 올바른 도면이 되도록 접점을 그리고 기호를 쓰시오.
(예 : —⧸⧸— MC4, —| |— MC3)

(2) 답란의 타임 차트에서 미완성 부분을 완성하시오.

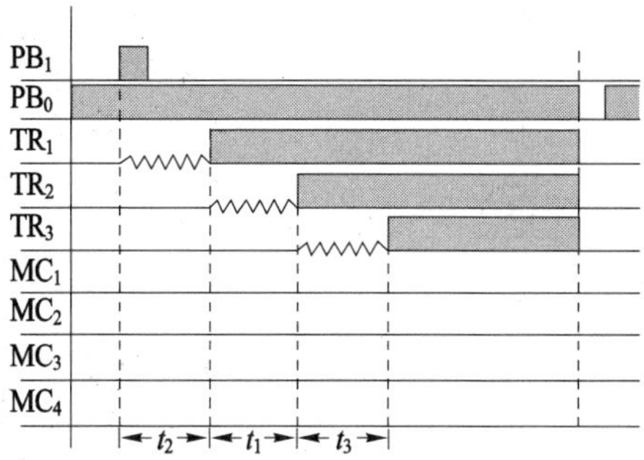

• **답안작성**

(1) 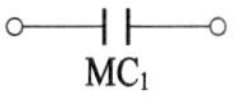

(2)

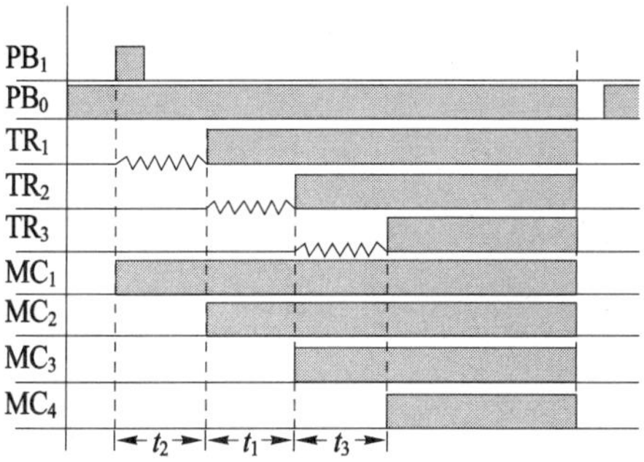

---

7. 배치도 및 동작 설명과 시퀀스를 보고 실체도를 그리시오. 단, 모든 결선은 정션 박스를 경유하여야 한다.

【동작 설명】

① $S_{3\text{-}1}$에 의해 R_1, $S_{3\text{-}2}$에 의해 R_2, $S_{3\text{-}3}$에 의해 R_3 점등된다.

② $S_{3\text{-}1}$, $S_{3\text{-}2}$, $S_{3\text{-}3}$가 OFF 상태일 때, S_1에 의해서 R_1, R_2, R_3가 병렬 점등된다.

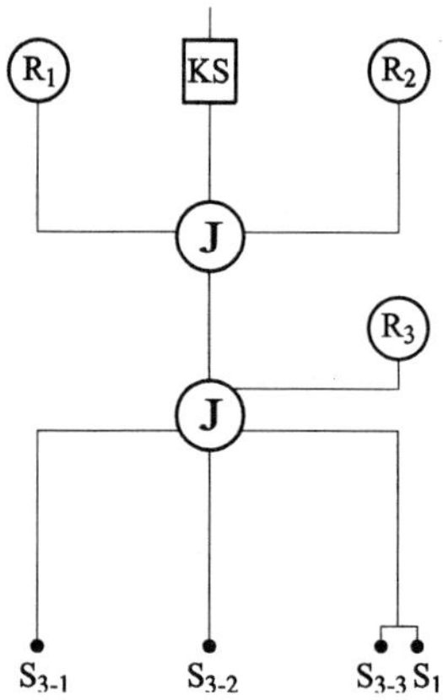

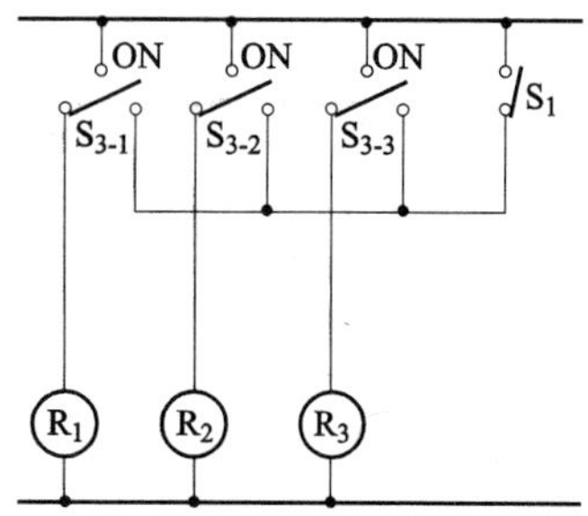

• **답안작성**

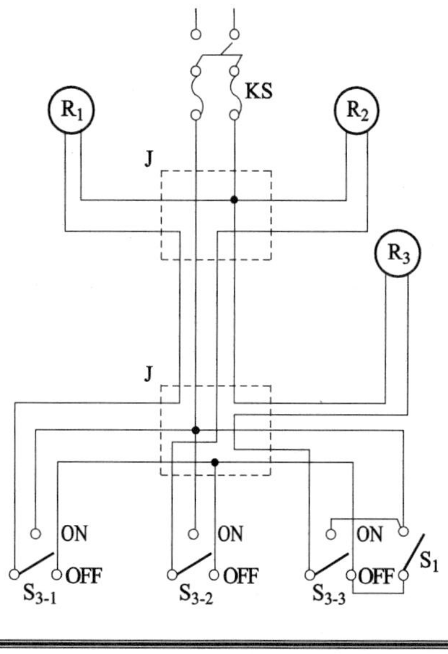

8. 그림은 램프 회로의 일부로서 서로 등가이다.

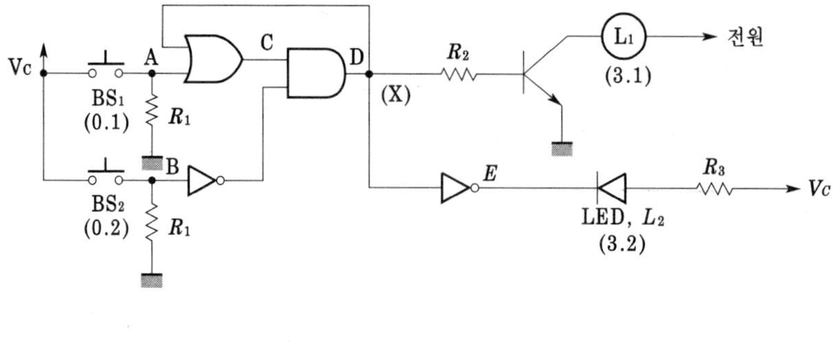

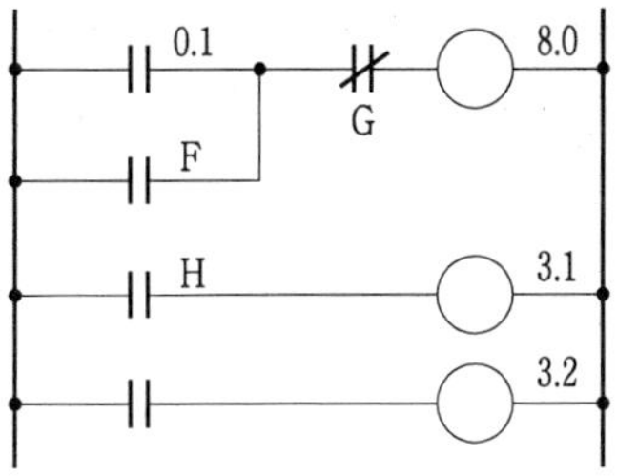

스텝	명령	번지	스텝	명령	번지
0	R	0.1	5	W	3.1
1	(가)	(나)	6	R	(사)
2	(다)	(라)	7	(아)	3.2
3	W	8.0			
4	(마)	(바)			

(1) X의 논리식을 찾으시오.

① BC ② $(A+D)\overline{B}$ ③ $B+C$ ④ $AD+\overline{B}$

(2) PLC 프로그램을 완성하시오. 단, 명령은 입력 시작(R), 출력(W), AND(A), OR(O), NOT(N)이다.

(3) 전원을 넣은 상태(정지 상태)에서 A~E 중 H레벨인 점을 찾으시오.

(4) 램프 L_1, L_2가 점등 상태에서 A~E 중 H레벨인 점을 찾으시오.

(5) PLC 시퀀스에서 F, G, H의 번지를 차례로 적으시오.

(6) BS_1을 눌렀다 놓으면 램프 L_1, L_2가 점등한다.

① C점의 레벨은

② E점의 레벨은

(7) L_1, L_2가 점등 중 BS_2를 눌렀다 놓았다. 이후 C, E, D점의 레벨 상태를 차례로 표시하시오.(예 HLH 등) 단, 전압 상태를 H레벨, 접지상태를 L레벨로 표시할 때 H, L등의 형태로 답하시오.

• 답안작성

(1) ②

(2) (가) O (나) 8.0 (다) AN (라) 0.2
(마) R (바) 8.0 (사) 8.0 (아) W

(3) E

(4) C 또는 D

(5) 8.0, 0.2, 8.0

(6) ① H ② L

(7) L, H, L

9. 도면은 단상 220〔V〕 금속관 공사로 내선공사를 하려고 한다. 도면과 타임차트를 정확히 이해하고 답란에 다음 물음에 답하시오. 단, SW는 OFF상태임.

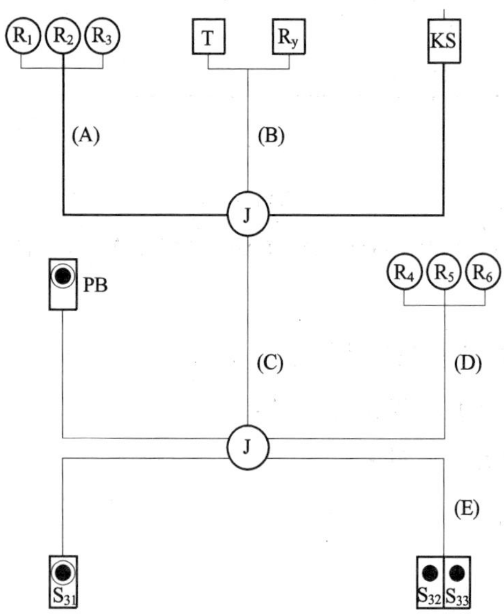

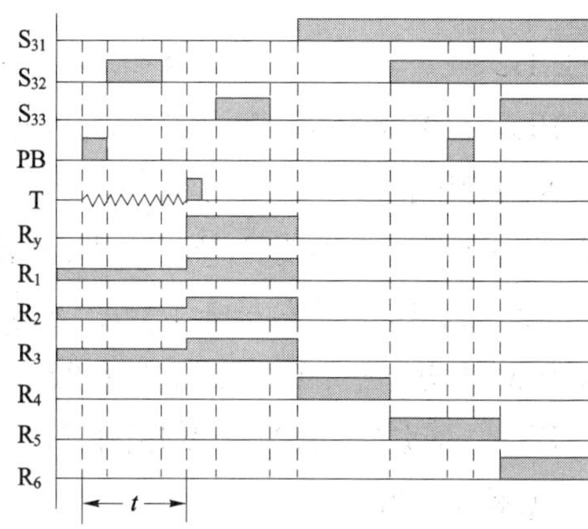

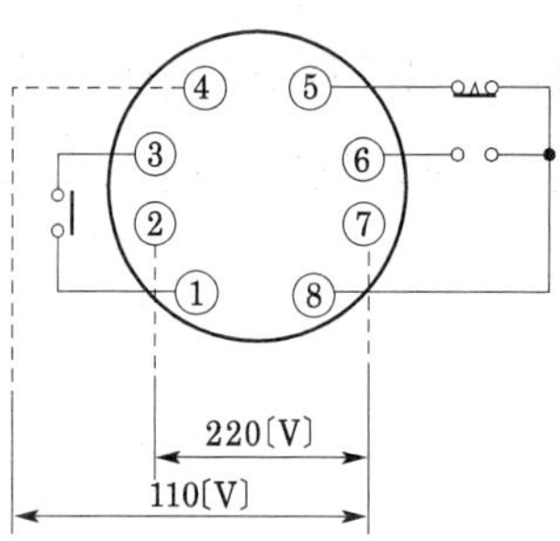

타이머 내부 회로도

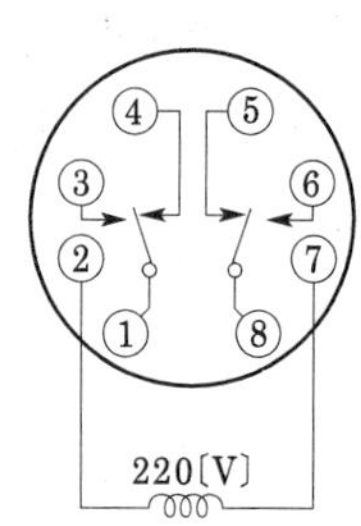

릴레이 내부 결선도

(1) 답란의 미완성된 회로도를 타임차트와 같이 동작되도록 회로도를 완성하시오.

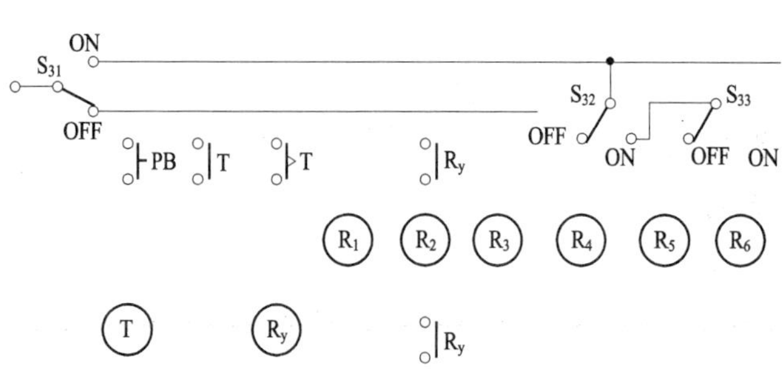

(2) 도면에서 A로 표시된 전선관에 최소 몇 가닥 들어가는가?

(3) 도면에서 B로 표시된 전선관에 최소 몇 가닥 들어가는가?

(4) 도면에서 C로 표시된 전선관에 최소 몇 가닥 들어가는가?

(5) 도면에서 D로 표시된 전선관에 최소 몇 가닥 들어가는가?

(6) 도면에서 E로 표시된 전선관에 최소 몇 가닥 들어가는가?

• 답안작성

(1)

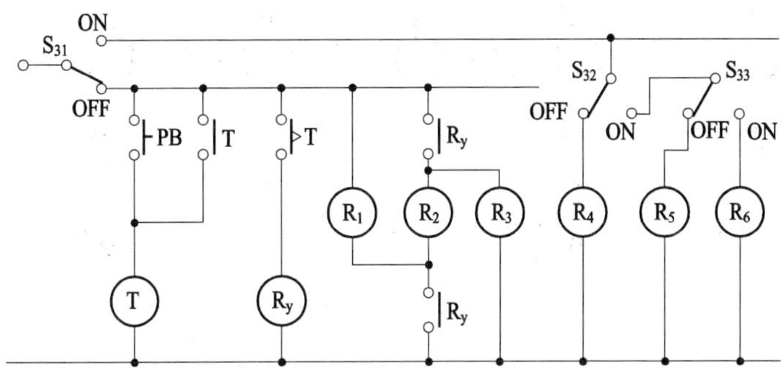

(2) 4가닥

(3) 5가닥

(4) 4가닥

(5) 4가닥

(6) 4가닥

---

10. 그림은 LED 점등회로이다. 물음에 답하시오. 단, 여기서 H 5〔V〕 레벨, L 0〔V〕 레벨이다.

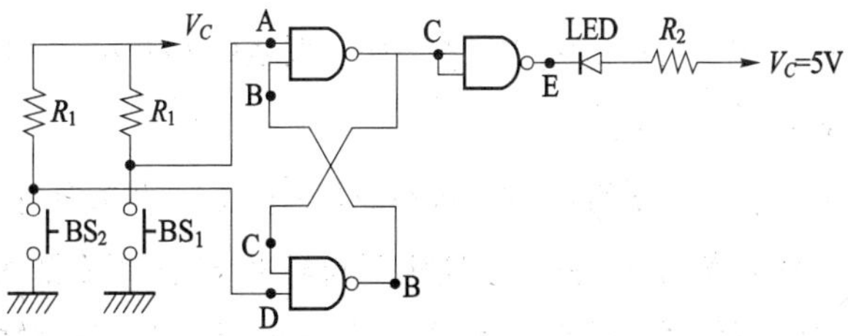

(1) 전원 (V_c)를 연결한 상태에서 LED는 소등상태이다. A~E중 "L" 레벨인 점을 1곳만 쓰시오.

(2) BS_1을 눌렀다. 이때 LED가 점등했다. A~E중 "L" 레벨인 점 2곳을 쓰시오.

• **답안작성**

(1) C (2) E, B

---

11. 다음 그림은 옥내 전등 배선도의 일부를 표시한 것이다. ①~④까지의 전선(가닥)수를 기입하시오. 단, 접지선은 제외하고 최소가닥 수를 기입하시오.

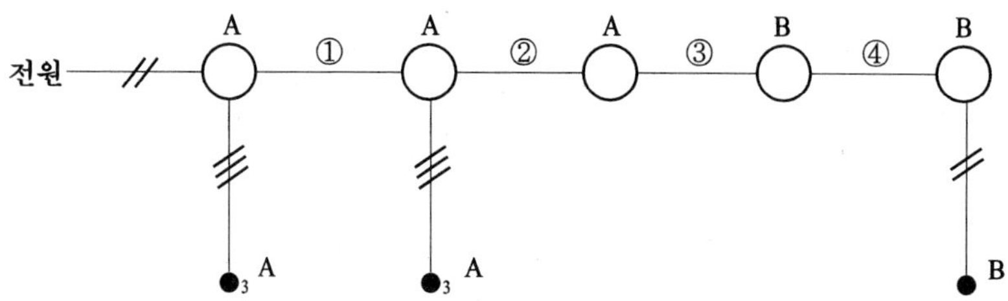

•: 단로 스위치

$\bullet_3$: 3로 스위치

○ : 전등기구

A, B : 점멸 기호 표시

• **답안작성**

① 5 ② 3 ③ 2 ④ 3

---

12. 다음 그림은 3상 유도 전동기의 운전 및 촌동제어 회로의 미완성 도면이다. 운전과 촌동이 확실하도록 도면을 완성하시오.

- 푸시 버튼 스위치와 계전기 접점은 보기에서 제시한 것을 적합하게 사용하시오.
- 기동 푸시 버튼과 촌동 푸시 버튼이 동시에 조작되지 않는 것으로 한다.
- 과부하가 되었을 때 열동 계전기에 의하여 전동기가 정지되도록 한다.
- 푸시 버튼과 계전기 접점은 반드시 문자 기호를 표하시오.
- 전선이 접속되는 접속점에는 반드시 접속점 표시를 하시오.

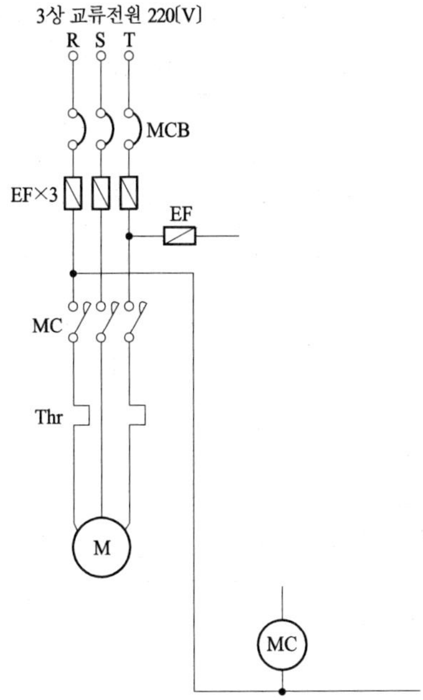
3상 교류전원 220[V]
R S T
MCB
EF×3
EF
MC
Thr
M
MC

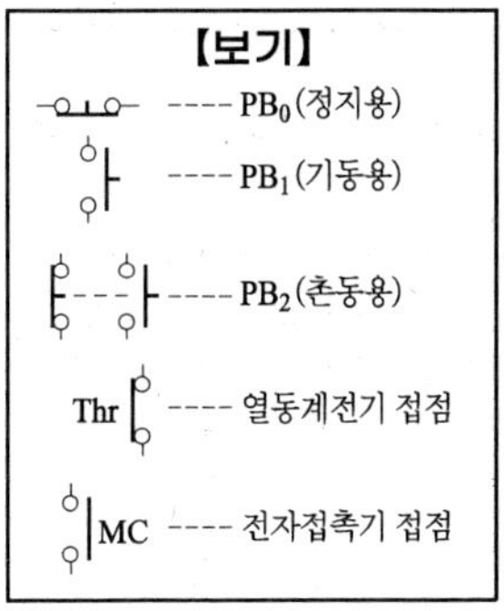
【보기】
---- PB_0(정지용)
---- PB_1(기동용)
---- PB_2(촌동용)
Thr ---- 열동계전기 접점
MC ---- 전자접촉기 접점

• **답안작성**

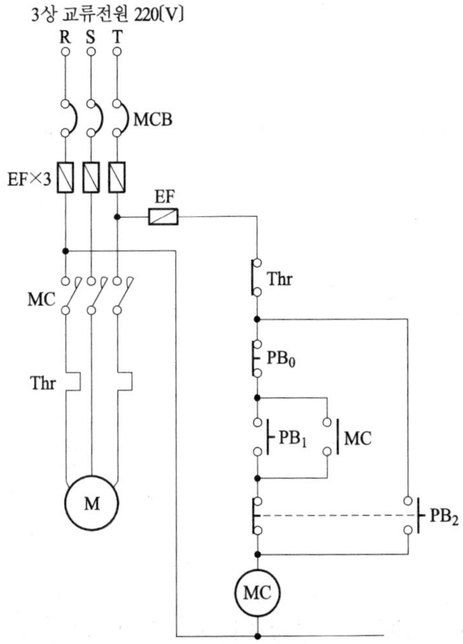
3상 교류전원 220[V]
R S T
MCB
EF×3
EF
MC
Thr
M
Thr
PB_0
PB_1
MC
PB_2
MC

13. 도면은 리액터 기동회로의 일부를 그린 것이다. 물음에 답하시오.

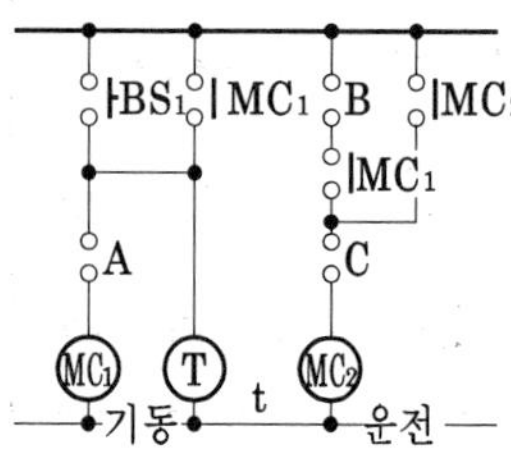

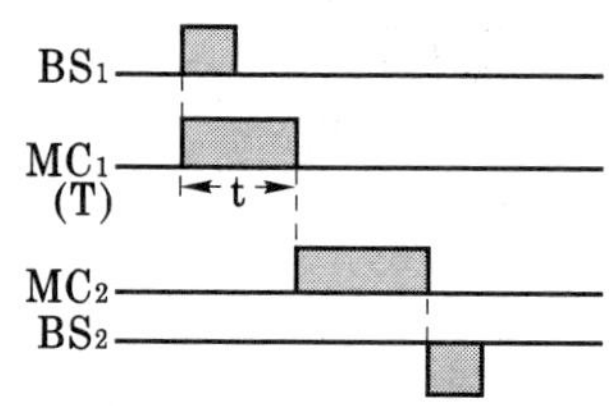

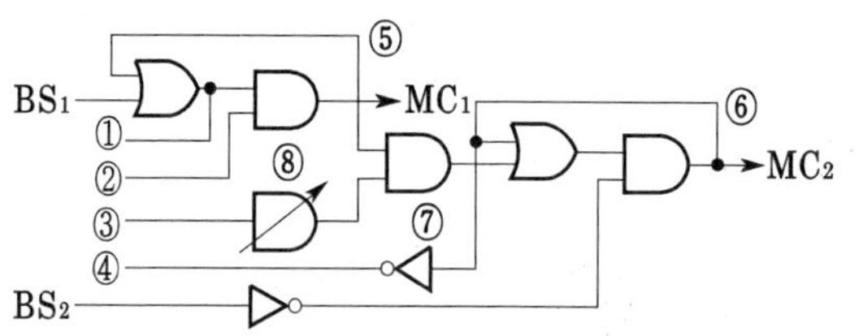

(1) 릴레이 회로의 A, B, C를 각각의 접점기구를 그리고 이름을 쓰시오.

(2) 로직회로의 ①~④중에서 서로 연결하여 회로를 완성하시오.

(3) 로직회로의 ⑤~⑧과 같은 기능을 릴레이 회로에서 찾아 접점 이름(예 $MC_{1(a)}$, A)를 각각 쓰시오.

(4) 릴레이 회로의 접점기구는 7개이다. 여기서 기동 기능은 (가), (나) 정지기능은 (다), (라) 유지기능은 (마), (바) 기동준비 기능은 (사)이다. (   )안에 각각 접점 이름을 쓰시오. (예 $MC_{1(a)}$, A)

• **답안작성** ....

(1)

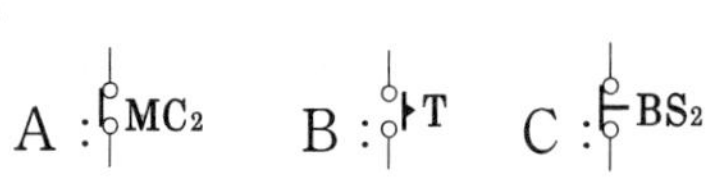

(2) ① – ③, ② – ④

(3) ⑤ $MC_{1(a)}$ ⑥ $MC_{2(a)}$ ⑦ $MC_{2(b)}$ ⑧ $T_{(a)}$

(4) (가) BS_1 (나) B (다) A (라) C (마) $MC_{1(a)}$ (바) $MC_{2(a)}$ (사) $MC_{1(a)}$

14. 다음의 옥내 조명 배선도를 보고 물음에 답하시오.

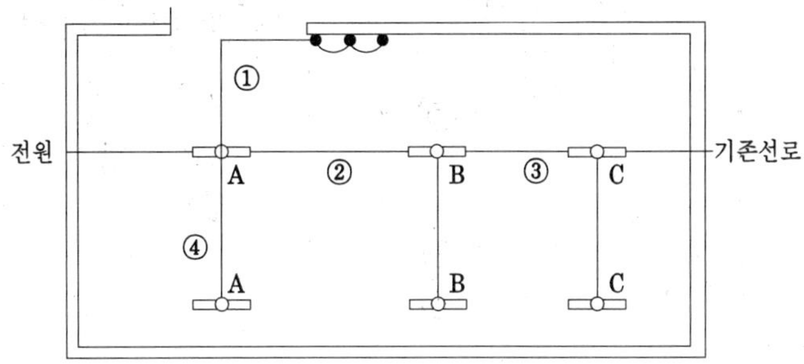

(1) 심벌(▭○▭, ●⌒●⌒●, ______)의 명칭을 순서대로 쓰시오.

(2) 배선 ①, ②, ③, ④의 가닥수를 순서대로 쓰시오. 단, 접지선은 제외한다.

• 답안작성 ....

(1) 형광등, 단극 스위치, 천장 은폐배선

(2) ① 4가닥　　② 4가닥　　③ 3가닥　　④ 2가닥

15. 다음 그림은 컨베어 회로의 일부이다. 부품이 조립 위치에 도달하면 LS에 의해 정지 되었다가 조립시간(1시간)후 콘베어에 의해 이동된다. 다시 부품이 콘베어에 의해서 조립 위치에 도달하면 위와 같은 동작이 반복된다. 다음 타임챠트를 참고하여 미완성 sequence diagram을 완성하시오.

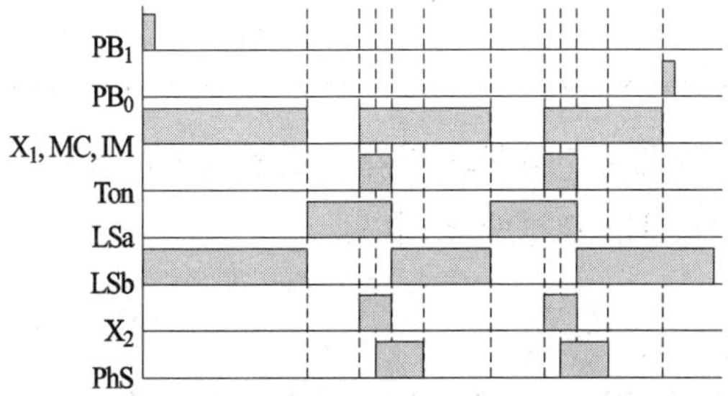

범례
PB_1, PB_0 : 누름버튼스위치
X_1, X_2: 보조계전기(relay)
MC : 전자접촉기
Ton : delay time
LS : 제한스위치(limit switch)
PhS : 광전스위치(photo sw.)
TR : Transformer

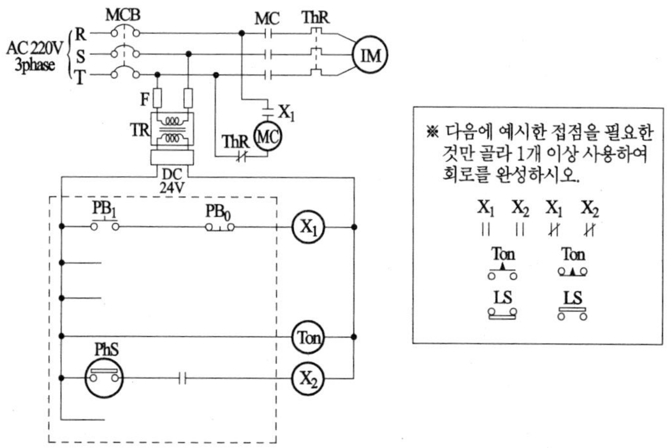

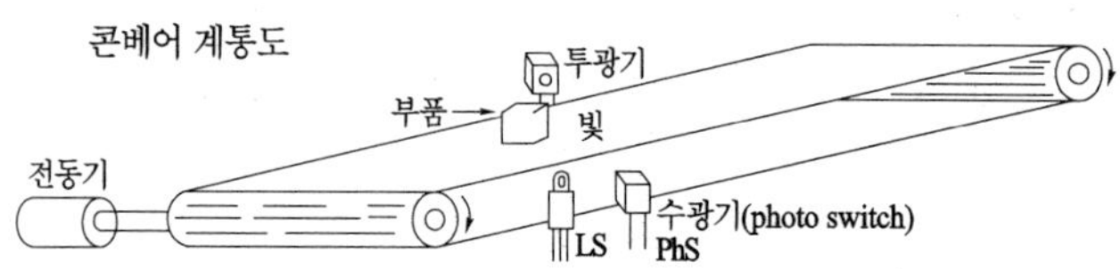

• **답안작성** ....

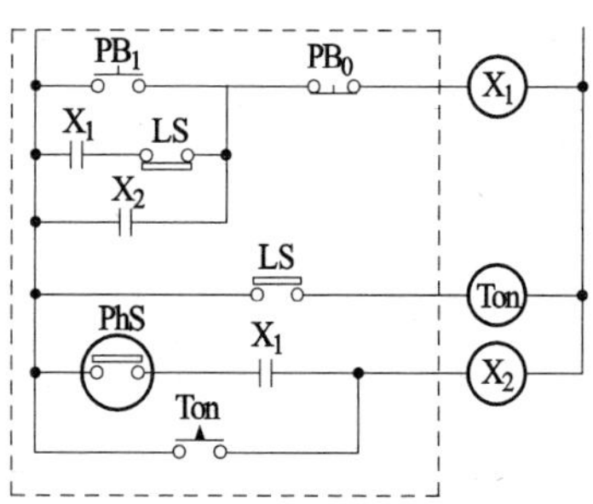

16. 도면은 옥내배선의 배치도이다. 동작설명을 이해하고 미완성 결선도(시퀀스)를 완성하시오. 단, KS는 단투 커버 나이프 스위치, J는 경션박스 이다.

【동작설명】

• 스위치 S를 ON하고 누름 버튼 스위치 PB_1을 누르면 릴레이 Ry_1이 여자되고 부저 B가 울

림과 동시에 전등 R_1, R_2가 직렬로 점등된다. 다음 누름 버튼 스위치 PB_2를 누르면 릴레이 Ry_2가 여자되고 부저 B가 정지함과 동시에 릴레이 Ry_1이 소자되어 전등 R_1, R_2가 병렬 점등된다.

• 스위치 S를 OFF하면 모든 동작이 정지된다.

【도면】

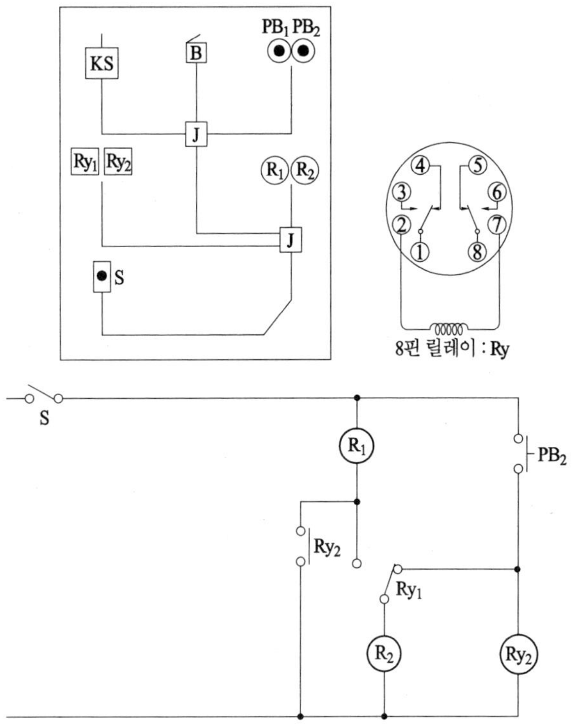

• **답안작성**

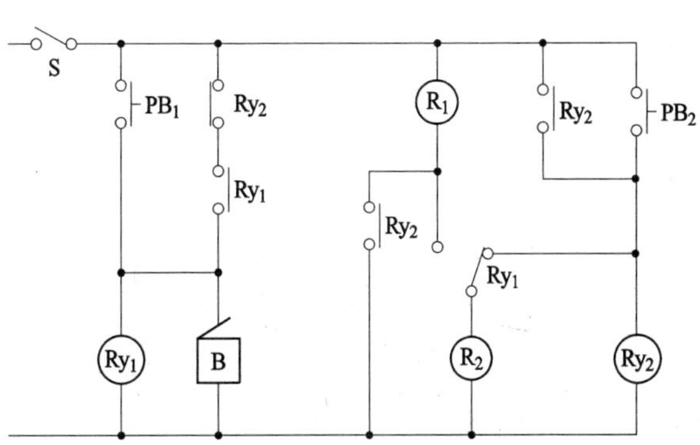

17. 전기공사의 배치도 및 시퀀스도와 동작설명을 보고 공사를 시행하기 위한 실체 배선도를 그리시오.

【배치도】

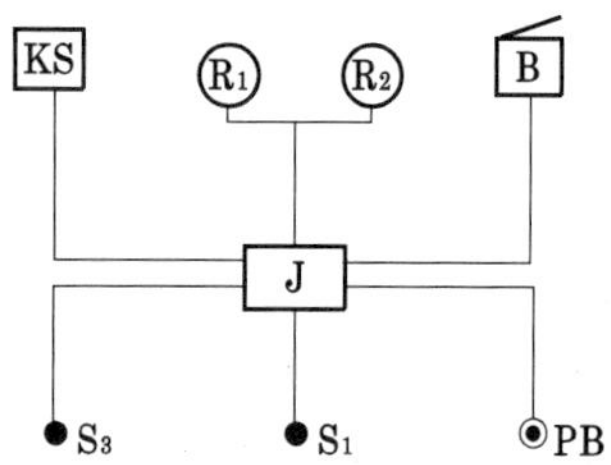

【시퀀스도】

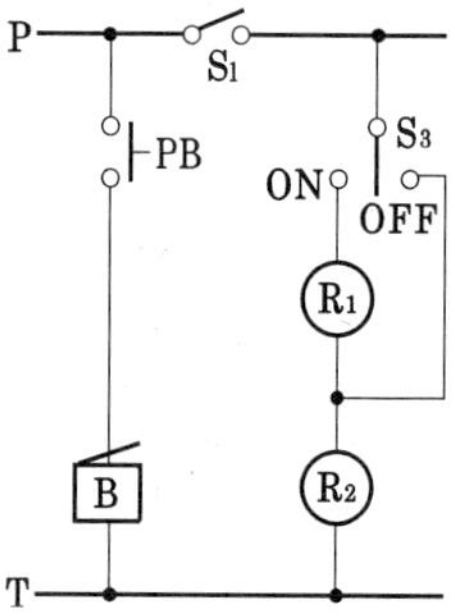

【동작 설명】

① 나이프스위치 KS에 의해서 회로가 개폐된다.

② 스위치 S_1을 ON하고 스위치 S_3를 ON하면 램프 Ⓡ1, Ⓡ2가 직렬 점등하고, 스위치 S_3를 OFF하면 Ⓡ2만 점등한다.

③ 누름버튼 스위치 PB를 ON하고 있는 동안에 부저 B가 울린다.

• **답안작성**

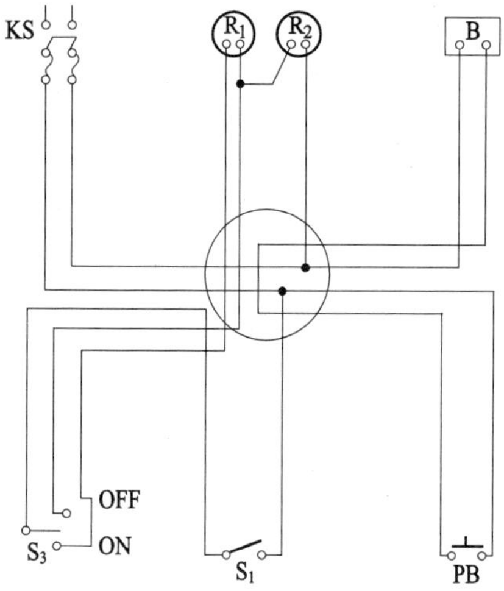

18. 그림은 어떤 보안장치 회로의 일부분이다. 주어진 동작조건에 의하면 도면의 (1)~(9)에는 어떤 계전기의 접점이 기록되어야 하는지 접점 기호 X_1, X_2, X_3로 답하시오.

【동작조건】

누름버튼 스위치를 $PB_3-PB_1-PB_2-PB_4$의 순서로 눌러야 Door Lock (DL)이 열리도록 하고자 한다. 이 순서가 바뀌면 DL은 열리지 않으며, DL이 열리면 Limit Switch가 open 되어 전원이 차단된다.

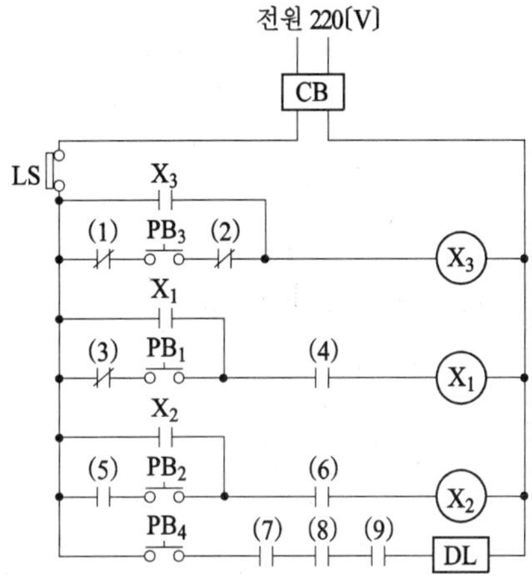

(1) (2) (3) (4) (5)
(6) (7) (8) (9)

• 답안작성

(1) X_1 (2) X_2 (3) X_2 (4) X_3 (5) X_3 (6) X_1 (7) X_1 (8) X_2 (9) X_3

19. 다음의 논리식을 모두 포함한 유접점 회로도를 그리시오.

- $X_1 = A \cdot \overline{B} + (\overline{A} + B) \cdot \overline{C}$
- $X_2 = \overline{A} \cdot B + A \cdot \overline{B} + C$

- $X_3 = A \cdot B \cdot C$
- $X_4 = \overline{A} + \overline{B} + \overline{C}$

• 답안작성

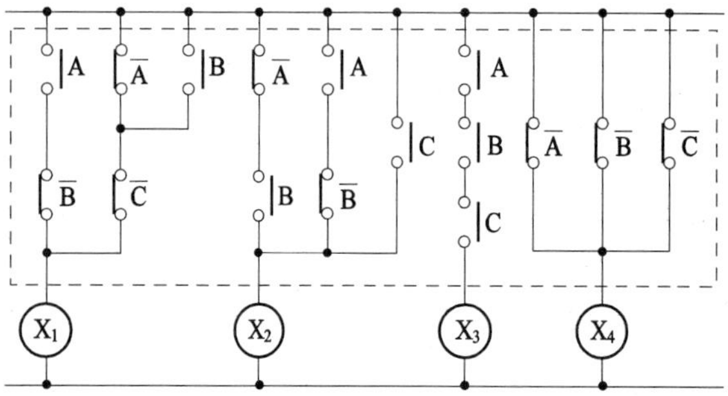

20. 그림은 BS를 눌렀다 놓으면 t_1 초 후에 MC가 작동하고 T_1이 복구하며 t_2초 후에 MC와 T_2가 복구한다. A~C에는 어떤 논리기호가 들어가야 할지 보기에서 알맞은 논리기호를 찾아 답란에 그리도록 하시오.

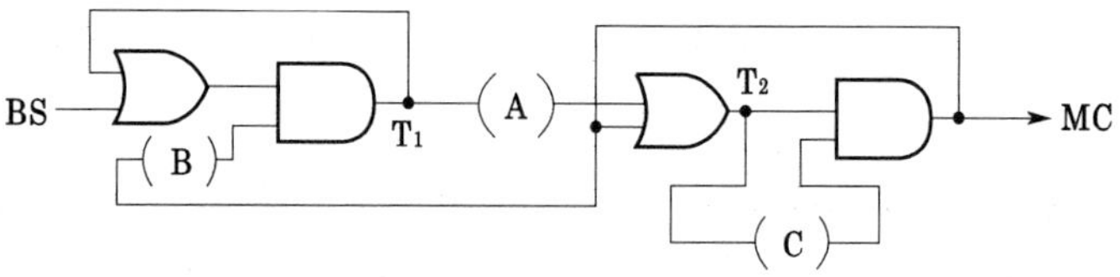

【보기】

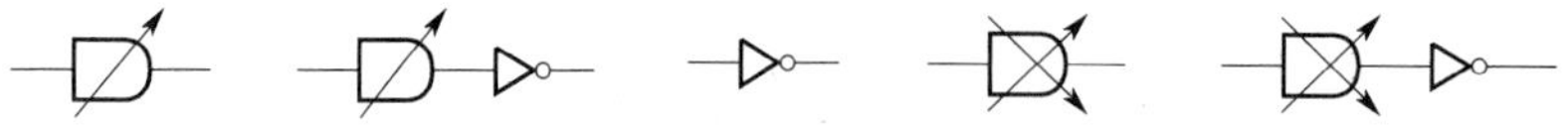

• **답안작성**

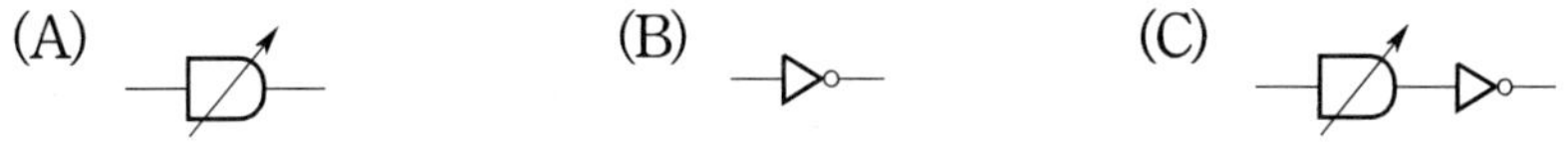

21. 다음의 조건과 옥내배선 도면을 보고 실제 결선도를 그리시오. 단, 전원은 단상 2선식 220〔V〕로 한다.

【조건】

- 나이프 스위치 KS를 ON하면 콘센트 C에 전원이 공급된다.
- KS를 ON한 상태에서 3로 스위치 S_{3-1}과 S_{3-2}에 의하여 전등 L을 2개소에서 점멸할 수 있다.
- 결선은 정크션 박스를 경유하도록 한다.

【도면】

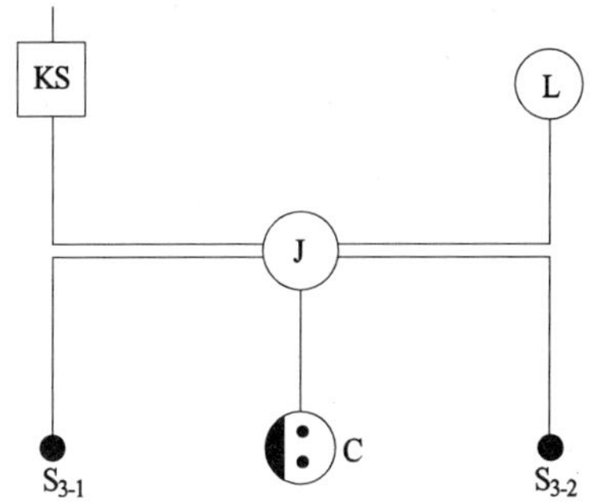

• **답안작성**

실제 결선도

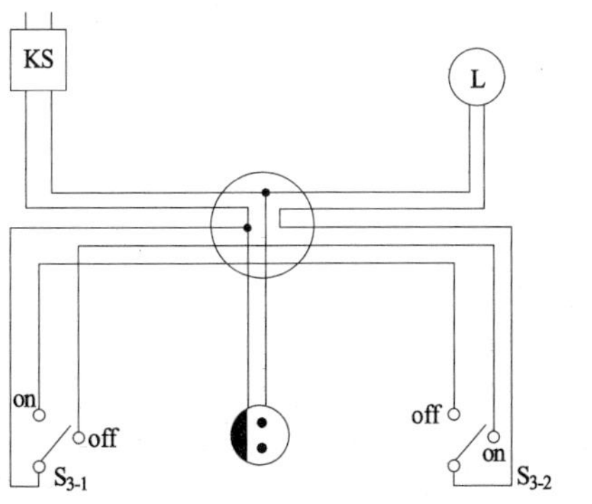

22. 다음 동작설명과 같이 동작이 될 수 있는 시퀀스 제어도를 그리시오.

【동작설명】

22−1. 3로 스위치 S_{3-1}을 ON, S_{3-2}를 ON했을 시 R_1, R_2가 직렬 점등되고, S_{3-1}을 OFF, S_{3-2}를 OFF했을 시 R_1, R_2가 병렬 점등한다.

22−2. 푸시 버튼 스위치 PB를 누르면 R_3와 B가 병렬로 동작한다.

【시퀀스 제어도】

• **답안작성**

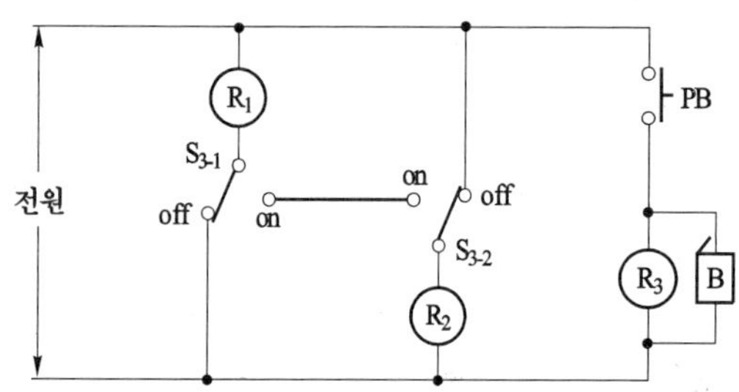

부록 3 입력신호인 센서의 적용

〈나사못의 높이 판별〉

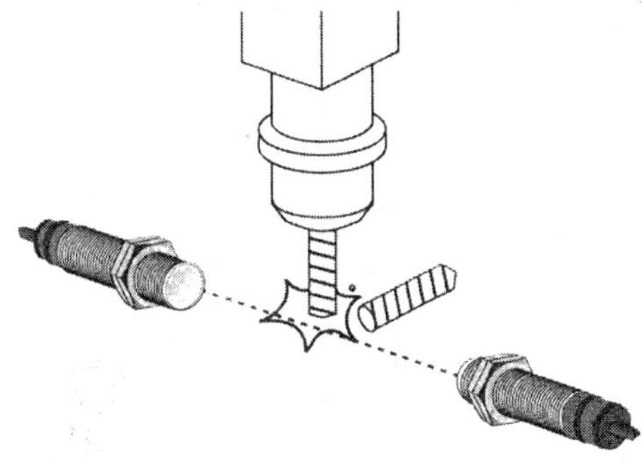

〈드릴날의 부러짐 검사〉

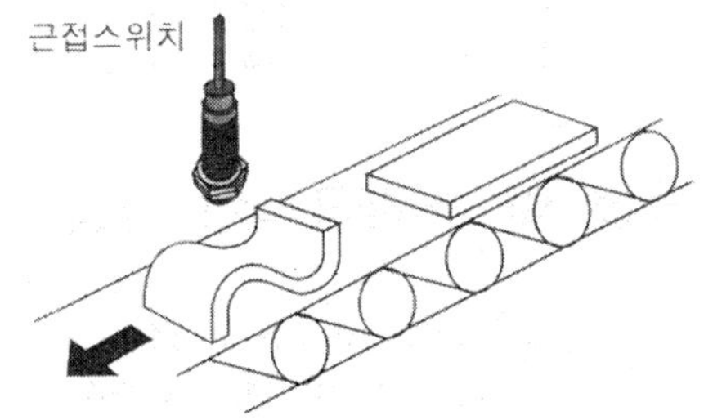

〈물체의 변형 검출〉

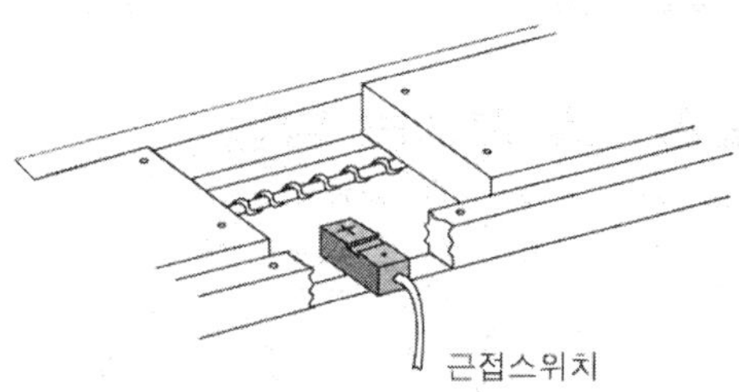

〈물체의 위치 검출〉

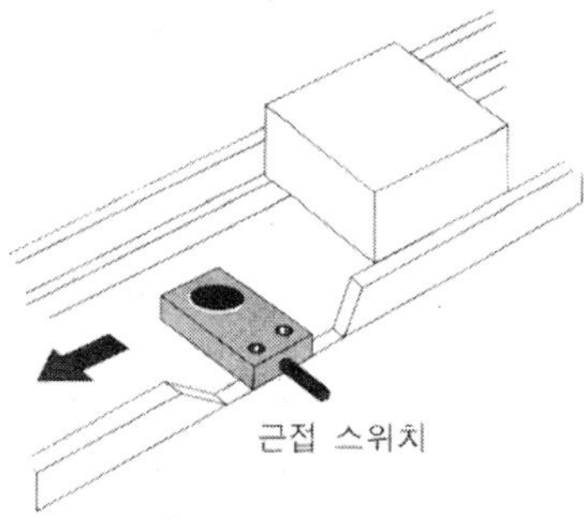

〈물체의 위치 검출(PFM25)〉

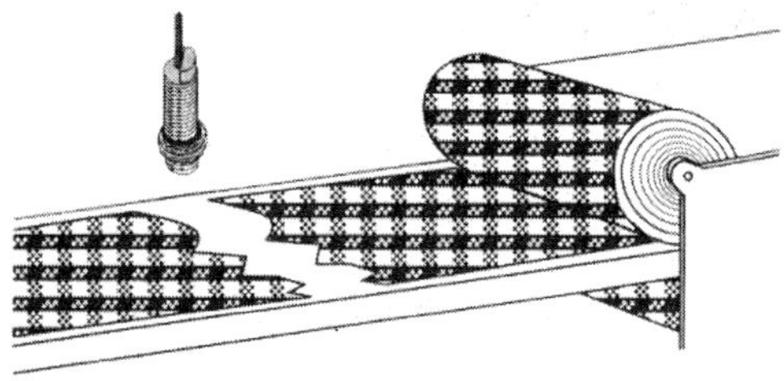

<밴드의 이상 유무 검출(정전)〉

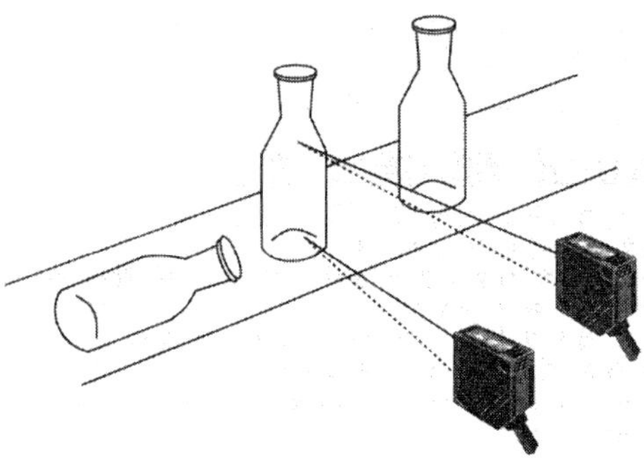

〈병 이송라인에서 병의 넘어짐〉

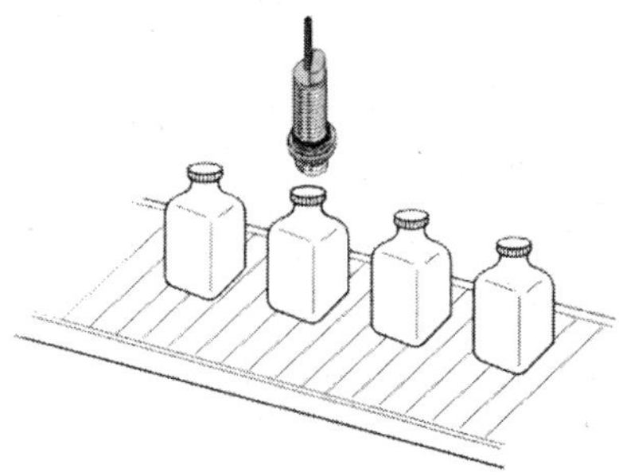

〈병마개의 유무 검출(정전용량〉

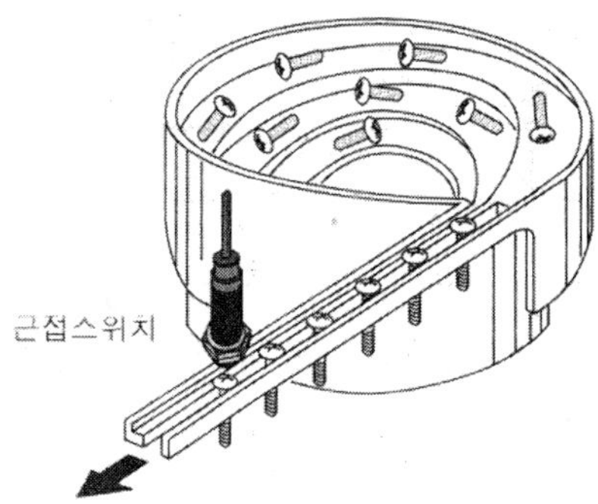

〈볼트의 수량 검출〉

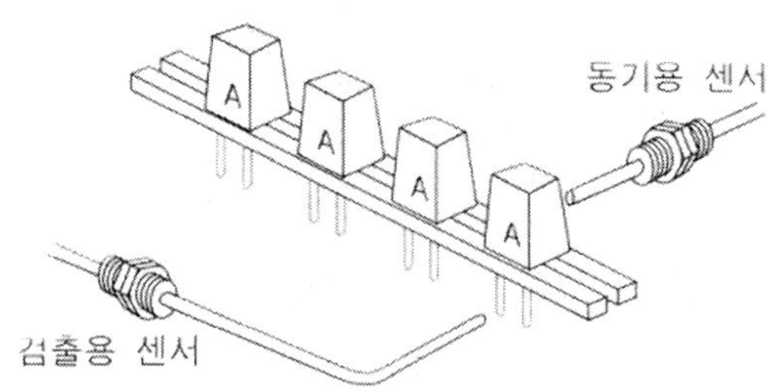

〈부품의 리드 검출〉

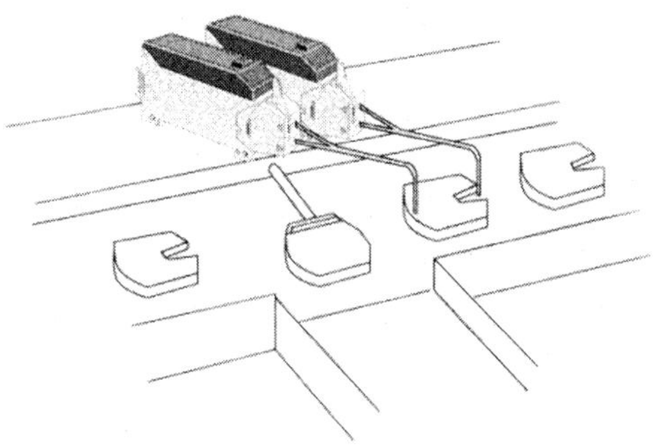

〈부품의 형태 판별〉

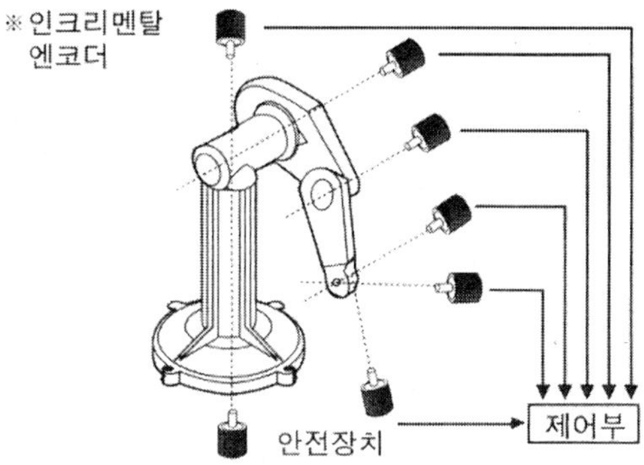

〈산업용 Robort의 Arm각도, 위〉

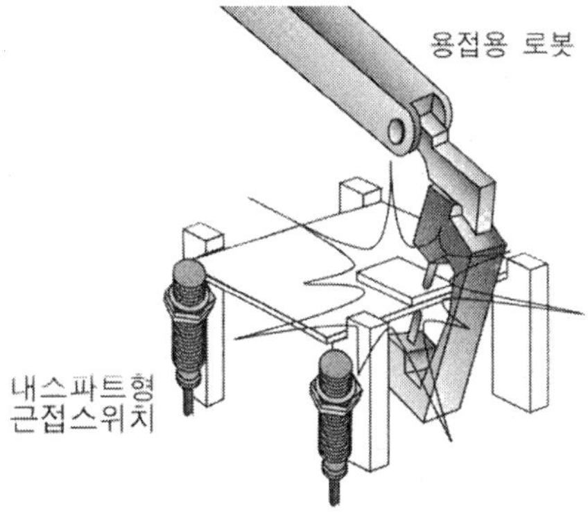

〈스포트용접시 워크안착 확인〉

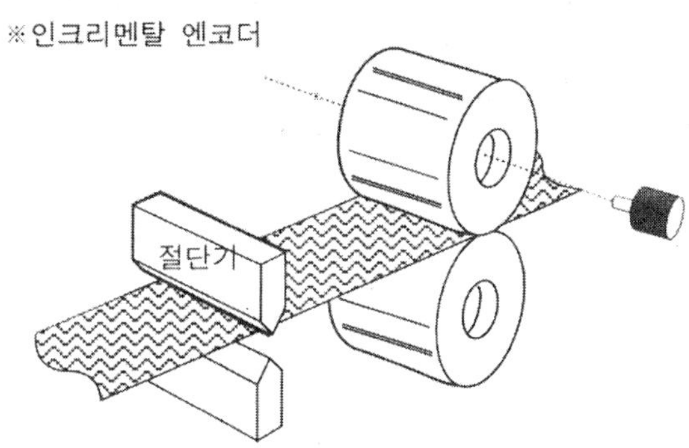

〈시트류의 길이 측정 절단용〉

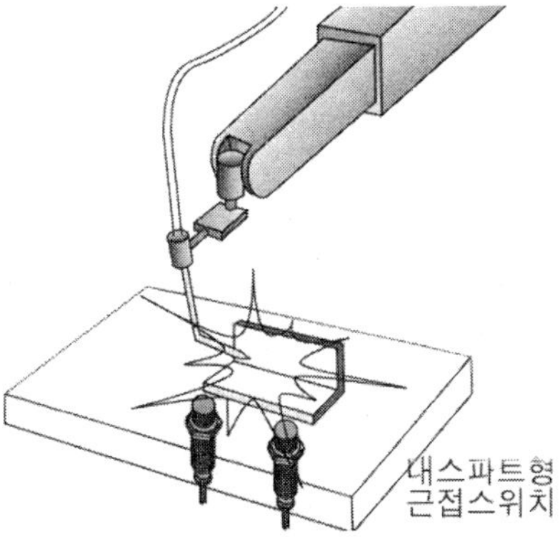

〈아크용접시 작업위치 결정〉

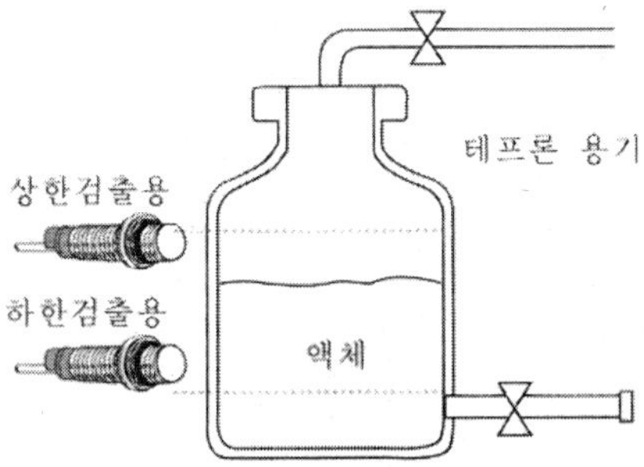

〈액체의 레벨 검출(정전용량형)〉

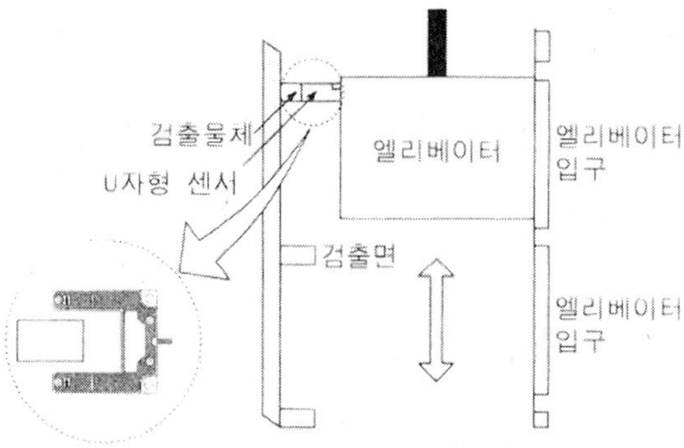

〈엘리베이터의 위치 검출〉

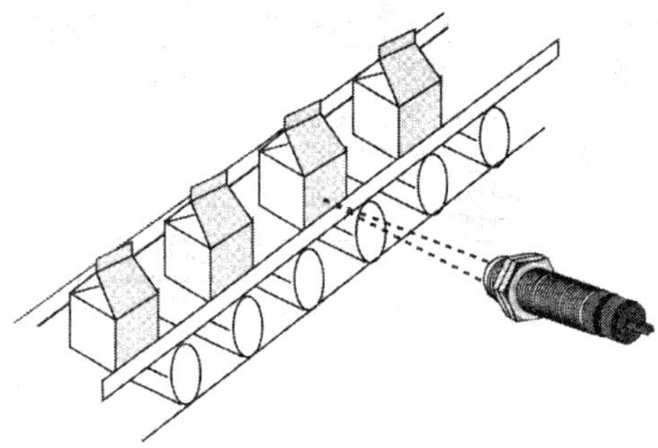

〈우유팩의 검출〉

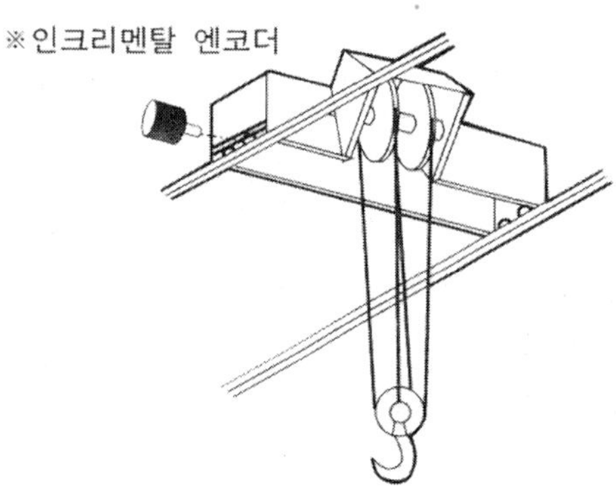

〈운반기기의 자동 위치제어〉

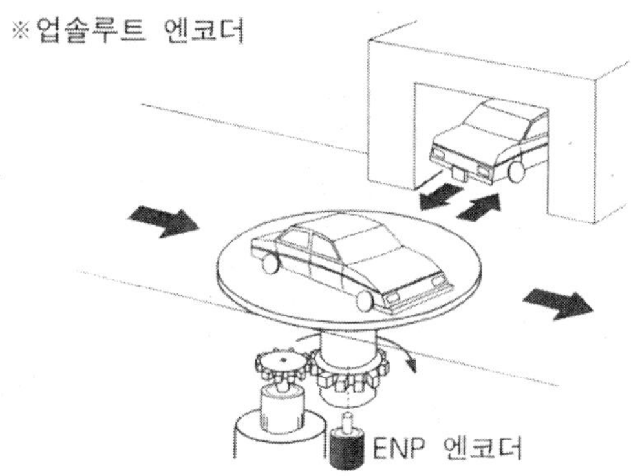

〈자동 주차 위치제어〉

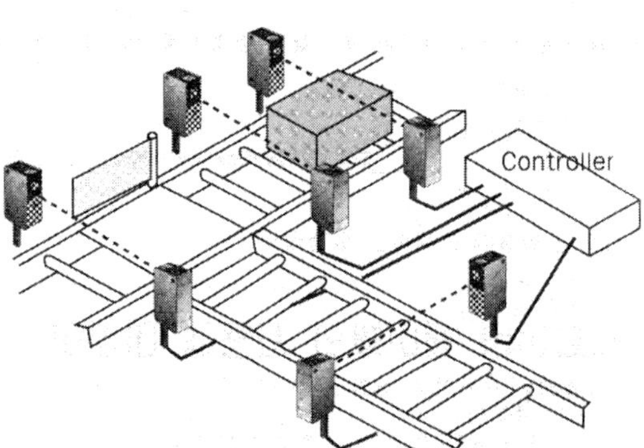

〈재품출고 자동화 확인〉

〈정위치 정지제어〉

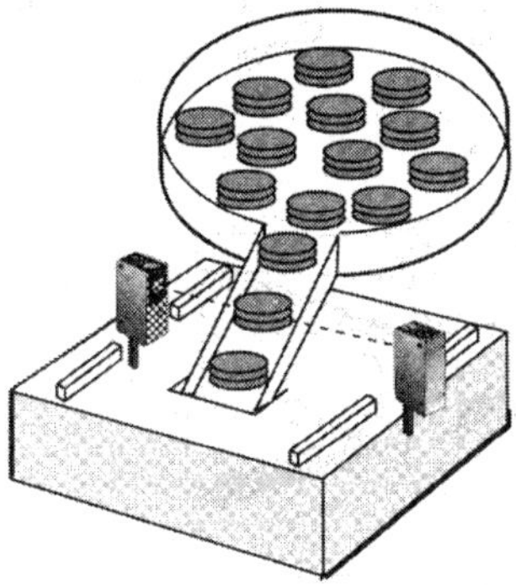

〈좁은 통로 사이로 이동되는 수량검출〉

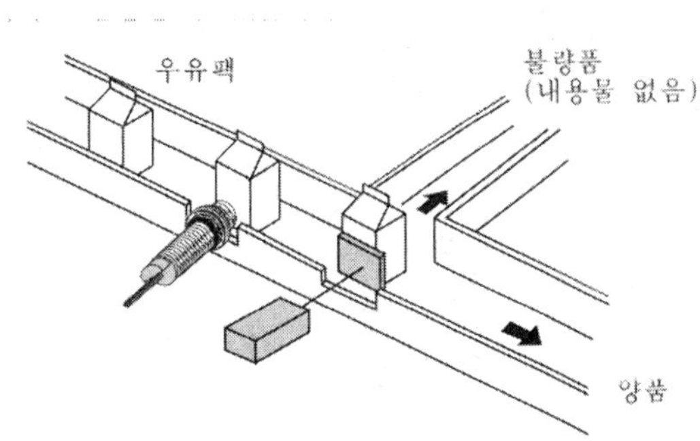

〈종이팩 내의 우유 유무 검출〉

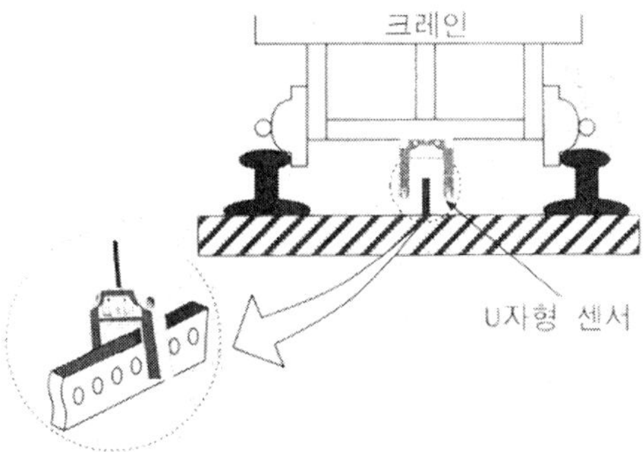

〈주행위치의 확인 및 번호 검출〉

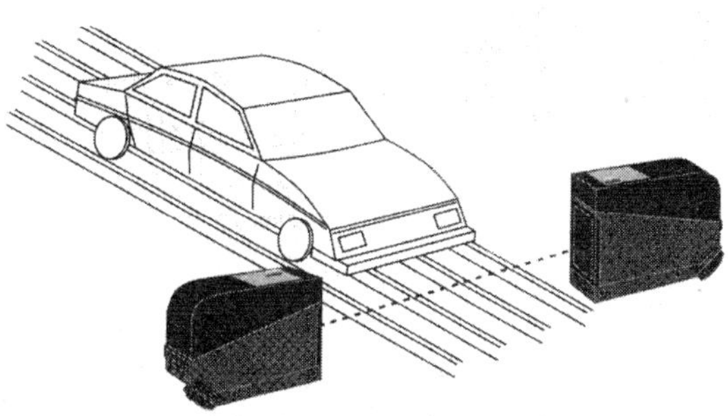

〈차량의 통과 유무 검출〉

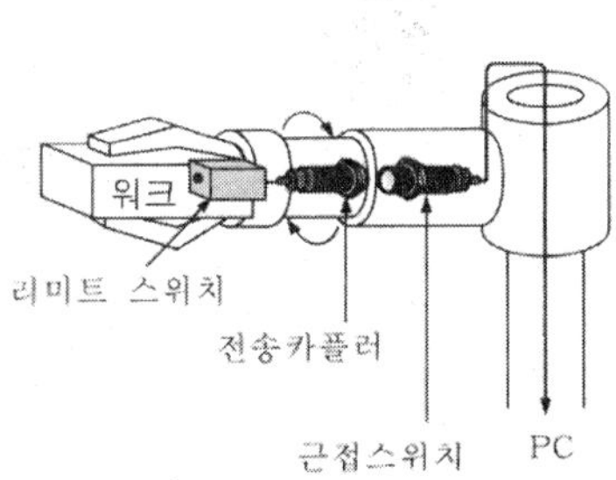

〈체크 확인 신호의 전송〉

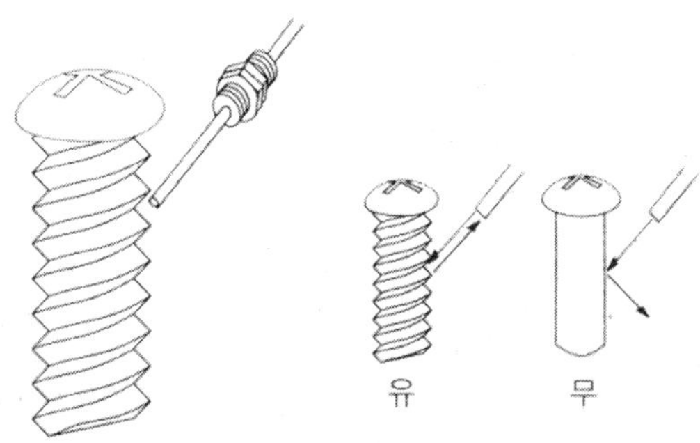

〈탭의 유무 판별〉

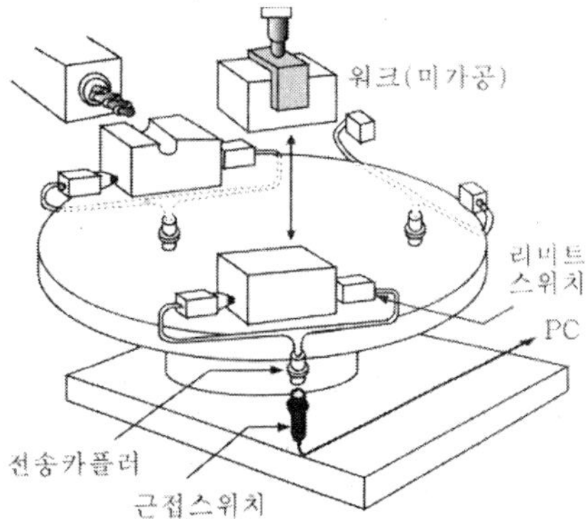

〈턴 테이블(전송카플러)〉

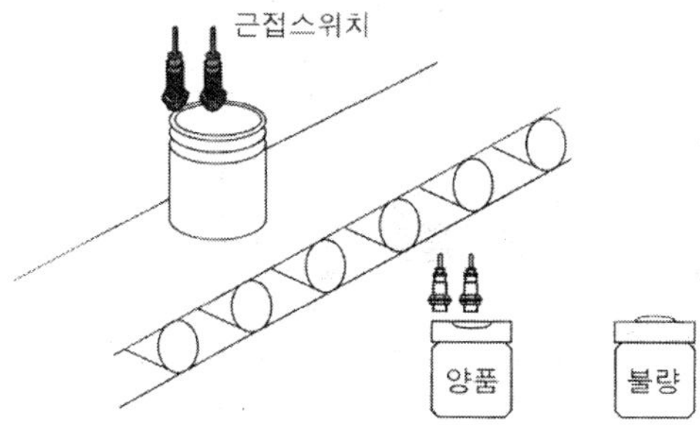

〈통조림의 양품, 불량 판별〉

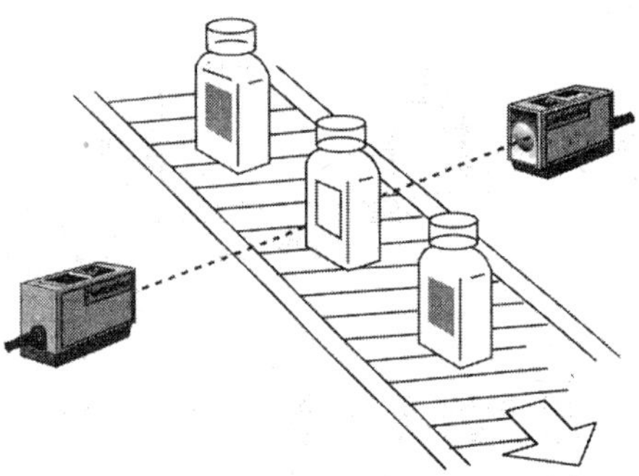

〈투명병의 라벨 부착 유무 검사〉

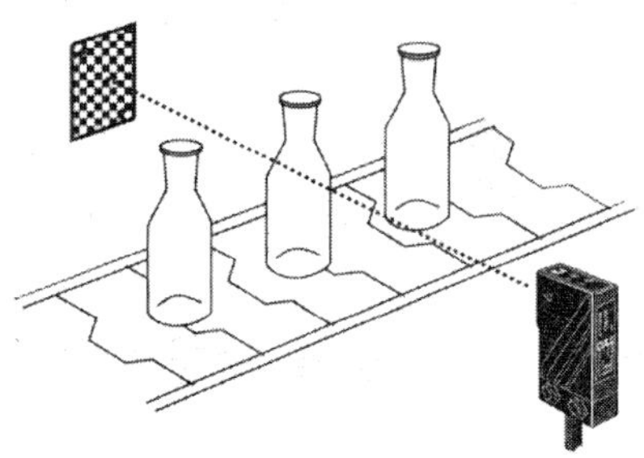

〈투명병의 유무 검출〉

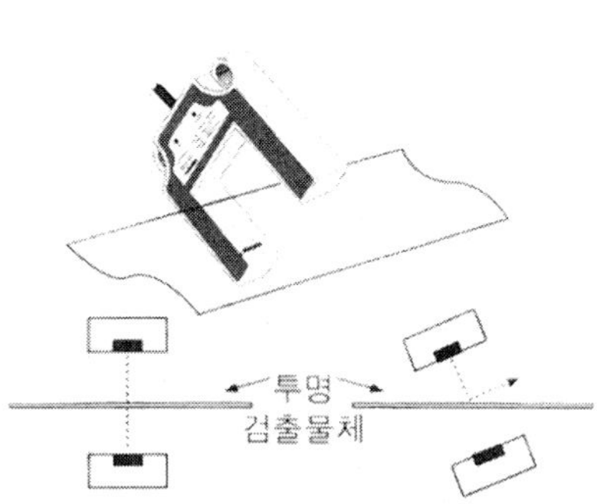

〈투명비닐의 검출〉

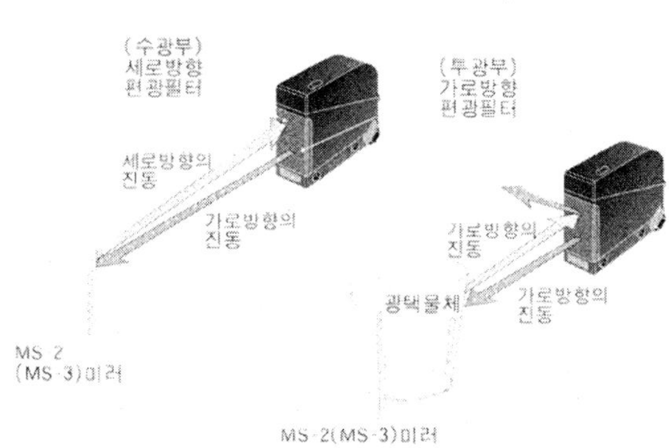

〈편광필터 내장형〉

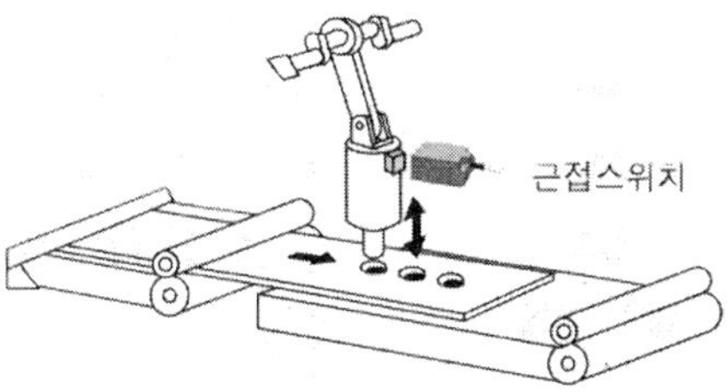

〈프레스 제어〉

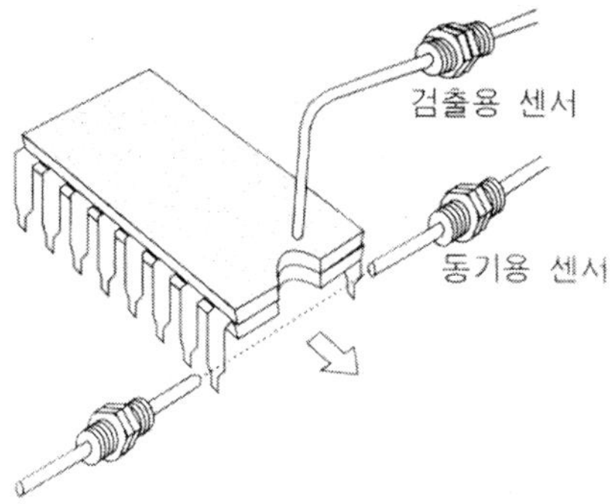

〈IC의 방향 판별〉

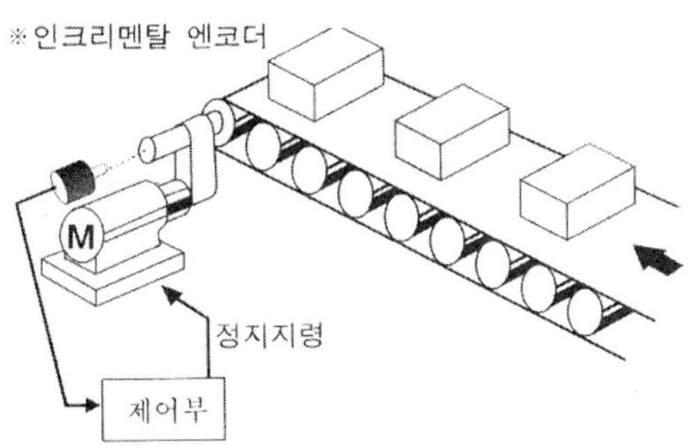

〈Motor의 정위치 정지〉

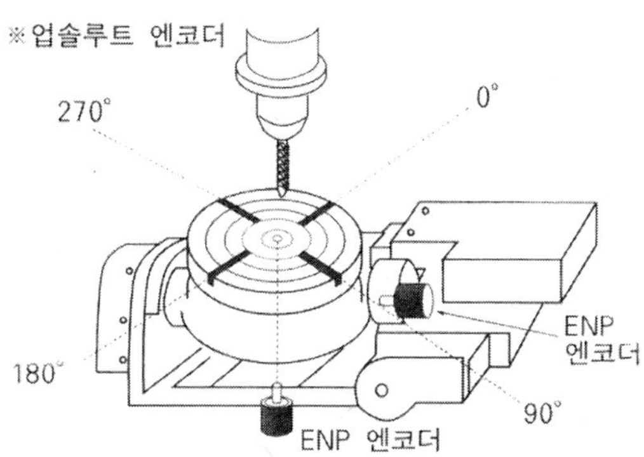

〈NC 공작기의 테이블 각도 제어〉

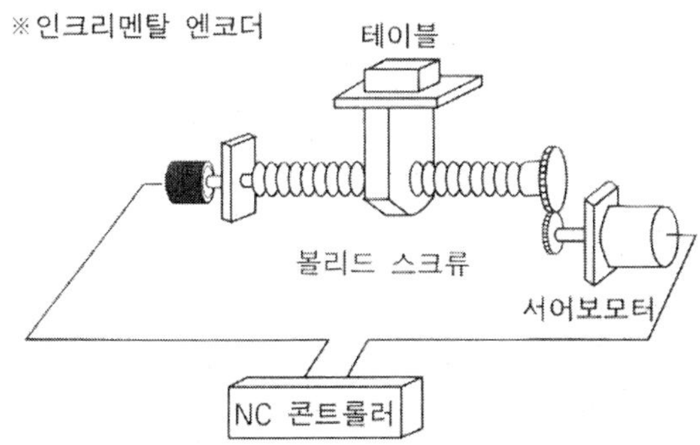

〈NC 공작기의 X, Y 테이블 위치〉

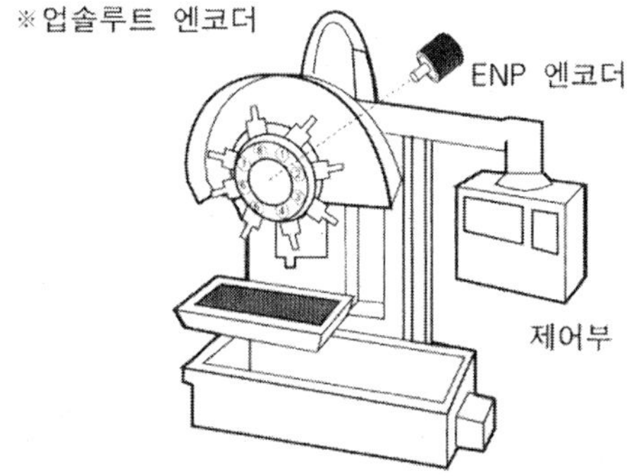

〈NC 선반의 드릴 위치 제어〉

부록 4

한국산업규격 KS C0102-1980

전기용 기호

Graphical Symbols for Electrical Apparatus

1. 적용범위

이 규격은 전기 회로의 접속 관계를 나타내는 도면에 사용하는 도식 기호(이하 심벌이라 한다)를 정한 것으로서, 기본 심벌은 널리 일반적으로 전기 회로도에 적용하며, 그 외의 심벌은 주로 전기 기계 기구를 사용하는 장소(발전소, 변전소, 개폐소 및 공장 등)에서의 회전기 변압기, 정류기, 계기용 변압기 및 변류기, 배전반 부착 기구, 커패시터 및 리액턴스 보호 장치, 계전기 및 접점계기, 발전변전소 전선로 지지물 및 부속품, 고장 표시 등을 표시하는 도면에 대하여 규정한다.

비고 1. 심벌의 크기는 마음대로 바꿀 수 있으나, 되도록 닮은 꼴이 되어야 한다. 다만 선의 굵기를 바꿔서 용도를 구별하여도 무방하다.

2. 같은 내용에 대하여 두 개 이상의 심벌이 정해져 있을 경우에는, 동일 도면에서는 동일 계열의 심벌을 사용하여야 한다. 특히, 심벌 중 (1), (2)라고 기재한 것은 (1)의 사용을 권장한다.

3. 단선도용 혹은 복선도용의 어느 한쪽 심벌이 정해져 있을 경우에는, 필요에 따라서 다른 쪽을 준용하는 것을 권장한다.

4. 복선도용 심벌의 상수 혹은 선수가 실제로 적용하는 상수 혹은 선수와 다를 경우에는, 이를 변경하여 적용하는 것으로 한다.

5. 개폐 접점이 있는 심벌이 있는 경우에는, 이 규격에 정해진 접점의 가동부 상태를 기준으로 하여, 다음 상태 중 어느 하나를 나타내는 것으로 한다.

(1) 그 접점부가 전기 등의 에너지에 의하여 구동되는 경우에는, 그 구동부의 전원

및 기타의 에너지원이 전부 끊어진 상태.

(2) 그 접점부가 수동으로 조작되는 경우에는, 그 조작부에 손이 닿지 않은 상태.

(3) (1) 또는 (2)의 상태라도 그 접점부가 두 개 이상의 서로 다른 상태를 취할 수 있는 경우에는, 복귀된 상태 혹은 정지 상태에서 통상적으로 있을 수 있는 상태. 보기를 들면, 고장 표시기인 경우에는 그 복귀된 상태, 운전 중 주접점이 닫혀진 차단기에서는 그 주접점이 열린 상태.

(4) 보기를 들면 제어 방식을 자동과 수동으로 바꾸는 교환 접점과 같이 (3)에 기술한 두 개 이상의 서로 다른 상태가 거의 대등한 내용을 가지며, 정지 상태에서는 어느 상태에 놓아도 지장이 없는 것은 임의의 상태.

6. 일반적으로 도면에서 특히 특정 상태를 지정하지 않는 경우, 가령 그 도면에서 전 원(보기를 들면 전지, 발전기 등)이 접속된 상태로 그려져 있어도, 개폐 접점의 표현 등을 포함한 심벌은 비고 5.의 상태, 즉 이 규격에 정해진 심벌로 나타내는 것으로 한다. 다만, 비고 5.(4)의 교환 접점과 같은 것은 임의의 상태로 표시할 수 있으나, 동일 기기 부분은 동일 상태를 표시하여야 하며, 또한 그것이 어떤 상태에 있는가를 명시하여야 한다.

또한, 보기를 들면 리밋 스위치가 달린 다이얼형 가변 저항기의 리밋 스위치와 저항기와의 상호 관계를 나타내기 위하여 양자의 심벌을 조합시켜 나타낼 경우, 가변 저항기의 가동부 역시 비고 5.(3)의 상태를 나타내야 한다.

7. 계열 2에서 동작 과정을 설명하는 도면 등과 같이 개폐 접점의 표현을 나타내는 심벌을 사용하면서 비고 6.의 상태와 다른 상태를 나타낼 경우에는, 그 도면에 직접 원하는 상태를 명시하여야 한다. 이러한 도면에서는 그것이 나타내는 상태에 따라서, 이 규격에 정해진 심벌의 가동 접점부의 위치를

보기를 들면 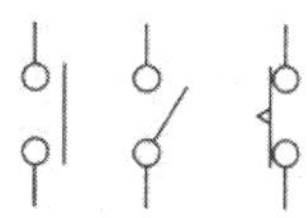 등을 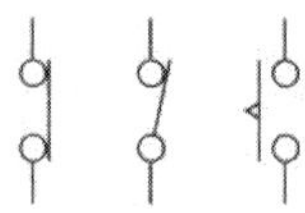 등과 같이 적당히 변경하여 사용한다.

8. 필요에 따라서 심벌에 번호 등을 병기하고, 별도로 대조표를 만들어, 그 구별을 명시하여도 좋다.

9. 심벌은 성능이 유사한 다른 것에 준용할 수도 있지만, 이 경우에는, 부호 또는 기타 적당한 방법에 따라서 그 성능을 명백하게 할 필요가 있다.

10. 이 규격에 정하여져 있지 않은 것 또는 이 규격에서 불충분한 것에 대하여는 기본 심벌의 조합에 따르거나, 또는 새로이 기타 심벌과의 조합, 글자나 기호 등의 병기에 따라 표시하는 것을 권장한다.

I 기본 심벌

1. 전류

번 호	명 칭	심 벌	적 요
1.1.1	직류		보기 : 
1.1.2	교류		보기 : 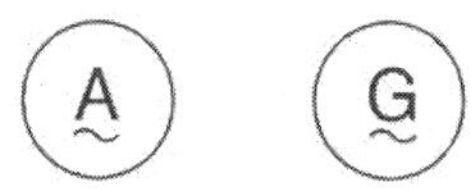
1.1.3	고주파	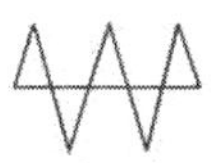	보기 : 

2. 도선 및 접속

번 호	명 칭	심 벌	적 요
1.2.1	도선		1. 전선 및 모선 등에 널리 사용된다. 2. 필요에 따라서 굵기를 구별한다. 3. 도체의 가닥수를 명시하고 싶을 때는 다음와 같이 표시할 수 있다. ① 2가닥인 경우  ② 3가닥인 경우  ③ n가닥인 경우 
1.2.2	속(束)선	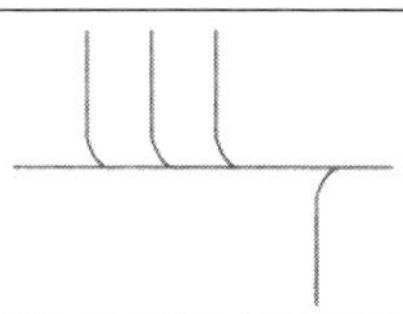	1. 원호의 부분을 사선으로 해도 된다. 2. 꺾어진 방향은 배선의 방향을 표시한다.
1.2.3	연결선	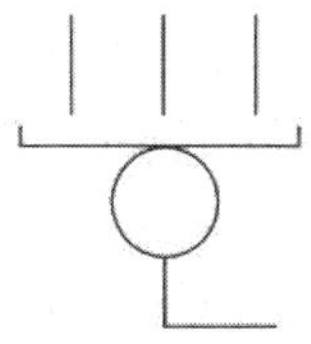	1. ○속에 대조번호를 기입한다. 2. 번호가 불필요할 때는 ○를 생략한다.
1.2.4	단자	(a)  (b) 	보기 : 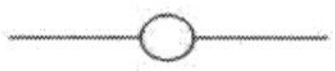

번 호	명 칭	심 벌	적 요
1.2.5	도선의 분기	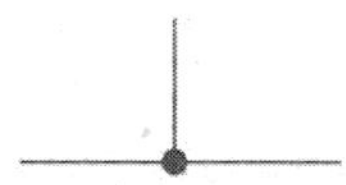	
1.2.6	도선의 접속	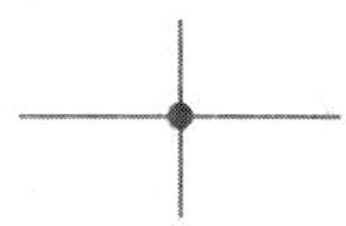	아래의 그림과 같이 표시해도 된다. 
1.2.7	도선이 접속하지 않는 경우	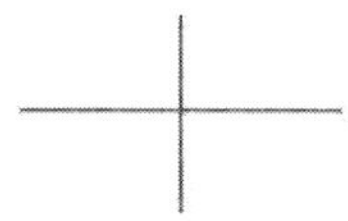	
1.2.8	접지		
12.9	케이스에 접속	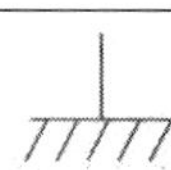	착오가 생길 염려가 없을 때에는 사선의 일부 또는 전부를 생략할 수 있다.

3. 가변 및 연동

번 호	명 칭	심 벌	적 요
1.3.1	가변을 나타내는 일반 심벌	(a) (b) (c) 	1. (b)는 특히 반고정을 나타낼 경우에 사용한다. 2. (c)는 특히 탭절환을 나타낼 경우에 사용한다. 3. 특히 비직선성을 나타낼 경우에는 아래 그림과 같이 표시한다. 
1.3.2	연동을 나타내는 일반 심벌	— — — —	보기 : I 4.10의 적요를 참조

4. 저항·인덕턴스 및 커패시터

번 호	명 칭	심 벌	적 요
1.4.1	저항 또는 저항기	(a)  (b) 	1. 특히 필요할 경우에는 산의 수를 바꿀 수 있다. 2. (b)는 특히 무유도를 나타낼 때 사용한다.
1.4.2	가변저항 또는 가변저항기	(a) 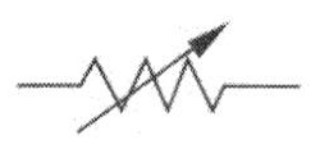 (b) 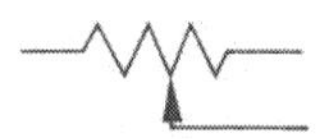 (c) 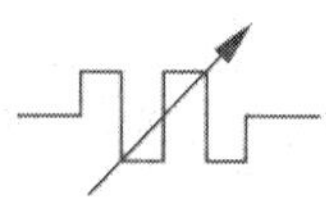 (d) 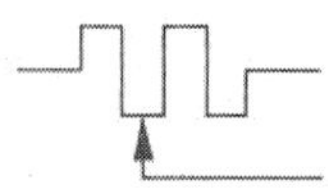	1. 특히 필요할 때에는 산의 수를 바꿀 수 있다. 2. (c) 및 (d)는 특히 무유도를 나타낼 때 사용한다.
1.4.3	탭 붙이 저항기	(a) 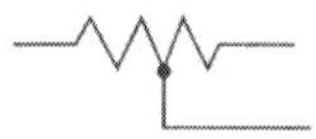 (b) 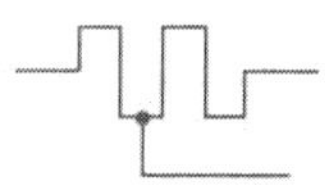	1. 특히 필요할 때는 산의 수를 바꿀 수 있다. 2. (b)는 특히 무유도를 나타낼 경우에 사용된다.
1.4.4	인덕턴스 또는 코일	(a)  (b) 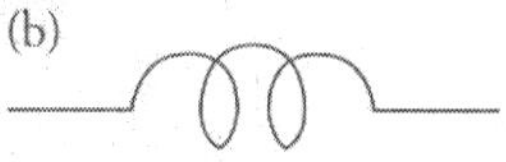 (c) 	1. 특히 필요할 때는 산의 수를 바꿀 수 있다. 2. (c)는 저항과 혼동될 우려가 없을 경우에는 코일을 표시하는 데 사용해도 된다. 3. 전력용 부분에서, 코일을 표기할 때는 아래 그림을 사용해도 된다. 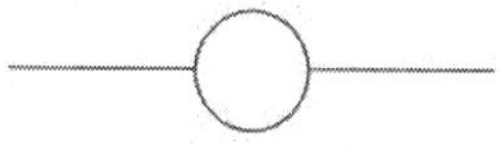 또는 

번 호	명 칭	심 벌	적 요
1.4.4			4. 특히 철심이 들어있는 것을 표시할 필요가 있는 경우에는 아래 그림과 같이 표시한다. 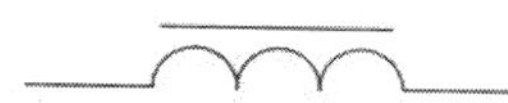 또한 압분 철심이 들어있는 것을 나타낼 필요가 있는 경우에는 ——— 을 ---- 으로 해도 된다.
1.4.5	가변 인덕턴스	(a)  (b) 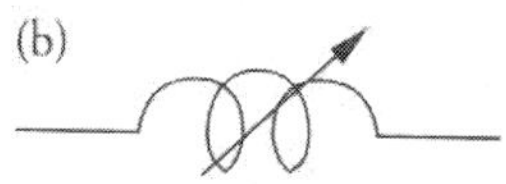	특히 필요한 경우에는 산의 수를 바꿀 수 있다.
1.4.6	탭 붙이 인덕턴스	(a)  (b) 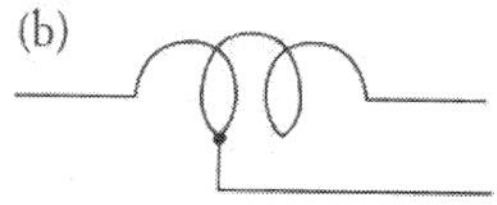	
1.4.7	상호 인덕턴스 또는 변압기(변성기)	(a) 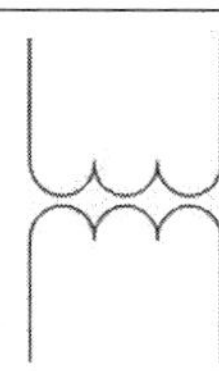 (b) 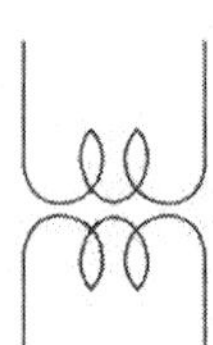 (c) 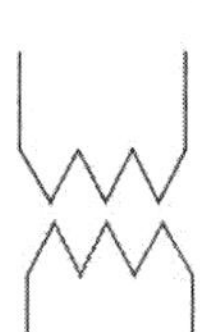	1. 특히 필요할 경우에는 산의 수를 바꿀 수 있다. 2. 특히 철심이 들어있는 것을 나타낼 필요가 있는 경우에는 다음과 같이 나타낸다. 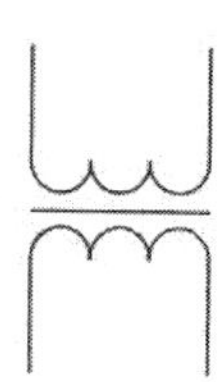 3. (c)는 변압기를 표시하는 경우에 한해서 사용해도 된다.

번 호	명 칭	심 벌	적 요
1.4.8	가변 상호 인덕턴스	(a) 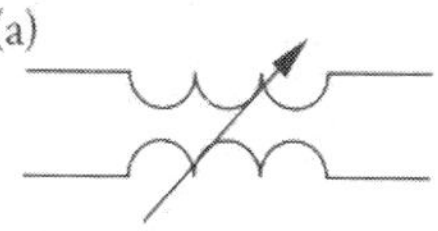 (b) 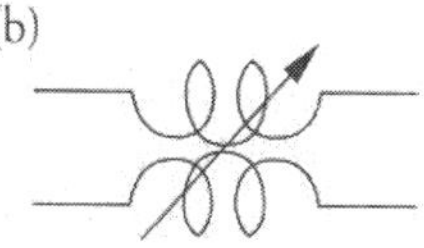	특히 필요할 경우에는 산의 수를 바꿀 수가 있다.
1.4.9	전정용량 또는 커패시터	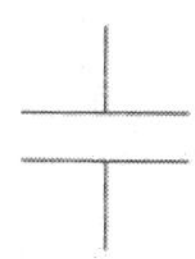	1. 단선도에 사용되지 않는 선은 생략하고  으로 해도 된다. 2. 커패시터의 전극을 구별할 필요가 있을 때에는 저전위의 소자를 곡선으로 나타내어  로 해도 된다.
1.4.10	가변 정전용량 또는 가변 커패시터		1. 특히 로터를 구별할 필요가 있을 경우에는 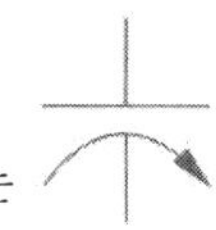 와 같이 표시한다. 2. 특히 가변 평형형 커패시터를 표시할 경우에는 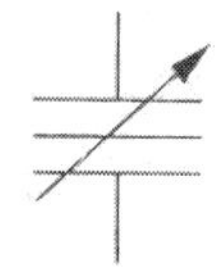 을 사용한다. 3. 특히 가변 차동 정전용량 또는 커패시터를 표시할 때에는 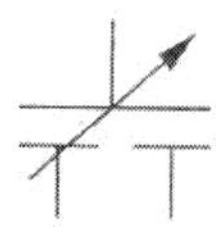 을 사용한다.
1.4.10			4. 특히 연동가변 정전용량 또는 커패시터를 나타낼 경우에는 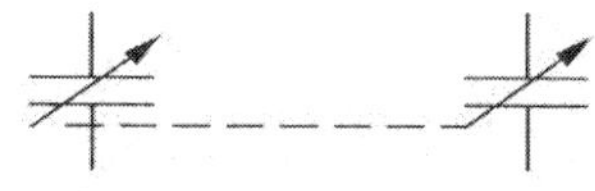 을 사용한다.

번 호	명 칭	심 벌	적 요
1.4.11	반고정 커패시터	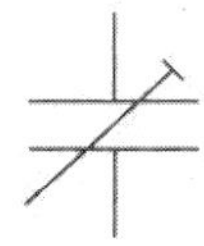	
1.4.12	전해 커패시터	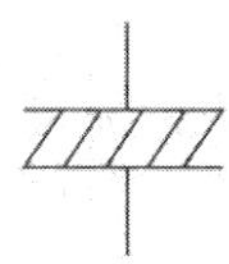	1. 극성을 명시하고 싶을 때에는 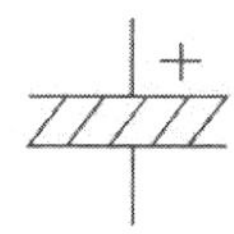 로 할 수 있다. 2. 특히 전해 커패시터라는 것이 명확할 때는 사선을 생략하고 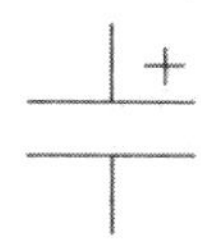 으로 해도 된다.
1.4.13	임피던스	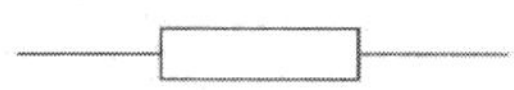	
1.4.14	가변 임피던스	(a) 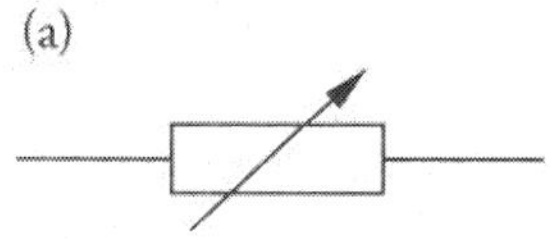 (b) 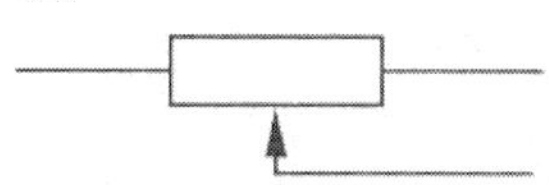	

5. 전원 및 장치

번 호	명 칭	심 벌	적 요
1.5.1	전지 또는 직류 전원	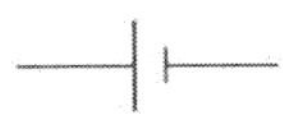	1. 혼동될 때에는 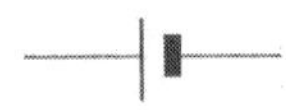 으로 해도 된다. 2. 극성은 긴 선을 양극, 짧은 선을 음극으로 한다. 3. 다수 연결할 때는 (a)  (3개인 경우) (b)  으로 해도 된다.
1.5.2	정류기	(a) 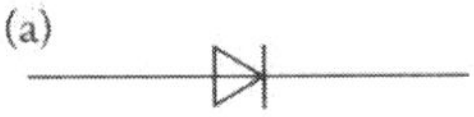 (b) 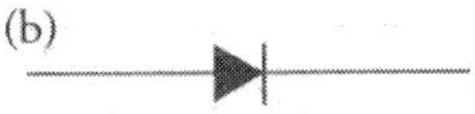	화살표는 정삼각형으로 하고, 직류가 통하는 방향을 나타낸다.
1.5.3	교류 전원	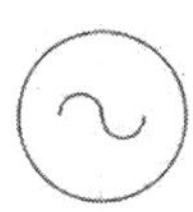	상수 및 주파수를 나타낼 경우에는 다음에 따른다. 보기 : 3ø~60Hz (상수)(주파수)
1.5.4	전원 플러그	(a) 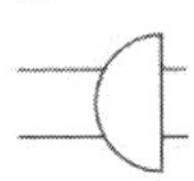 (b) 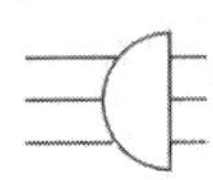	1. (a)는 2극을 나타낸다. 2. (b)는 3극을 나타낸다.
1.5.5	회전기		1. ○속에 종류를 표시하는 기호를 넣는다. 보기 : 발전기 전동기 발전 전동기 (가역형) 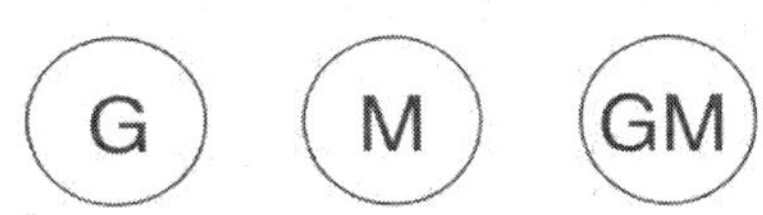 2. 특히 교류·직류의 구별을 필요로 할 때는 아래 그림에 따른다. 교류인 경우 직류인 경우 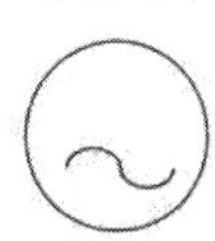 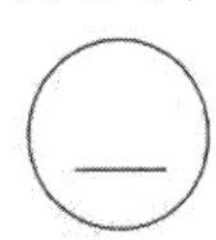

번 호	명 칭	심 벌	적 요
1.5.6	기기 또는 장치	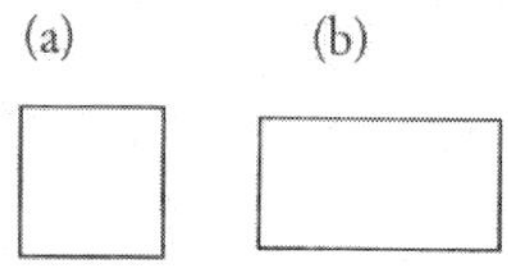	□속에 종류를 나타내는 문자 또는 심벌을 넣는다
1.5.7	차폐(실드)		보기 : 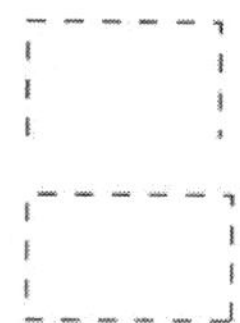

6. 개폐기류

번 호	명 칭	심 벌	적 요
1.6.1	개폐기	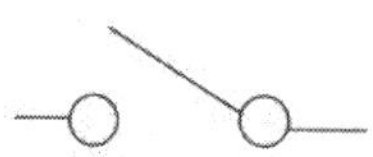	
1.6.2	절환 개폐기	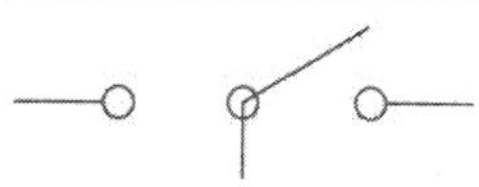	
1.6.3	회전 개폐기	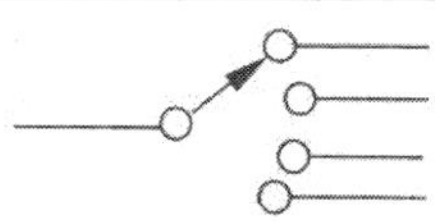	
1.6.4	잘린 조각 붙이 로터리 스위치	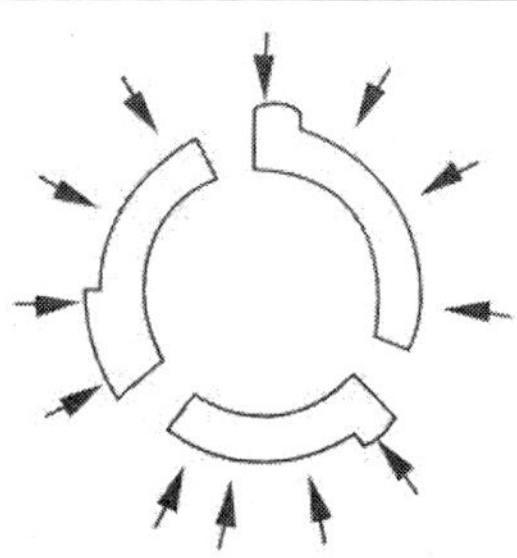	1. 잘린 조각의 모양은 한 보기를 나타낸다. 2. 스위치의 절환접점(화살표)의 위치는 절환개시의 접점 위치로 한다.

7. 계측기 및 열전대

번 호	명 칭	심 벌	적 요
1.7.1	계기 또는 측정기		1. ○속에 종류를 나타내는 문자 또는 심벌을 넣는다. 보기 : 전류계  전압계  전력계  오실로스코프  오실로그래프  2. 특히 직류 · 교류 · 고주파의 경우를 구별할 때는 아래 그림과 같이 한다 직류 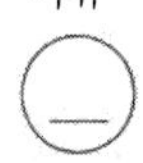 교류  고주파 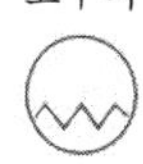 3. 지침의 한쪽 진동 또는 양쪽 진동을 나타낼 경우에는 다음과 같이 한다. 한쪽 진동인 경우  양쪽 진동인 경우 
1.7.2	열전대		1. 특히 직열형 열전대를 표시하는 경우  2. 특히 방열형 열전대를 표시하는 경우 

번 호	명 칭	심 벌	적 요
1.7.2			3. 특히 진공 직열형 열전대를 표시하는 경우 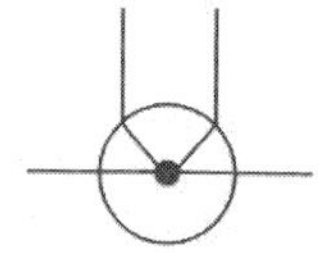 4. 특히 진공 방열형 열전대를 표시하는 경우 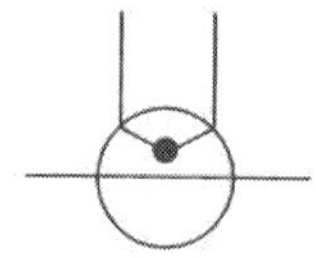

8. 보호장치 및 램프

번 호	명 칭	심 벌	적 요
1.8.1	피뢰기 (접지할 경우)	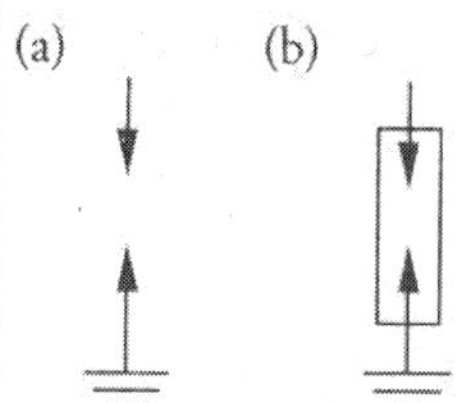	3극 피뢰기는 아래 그림과 같이 표시한다. 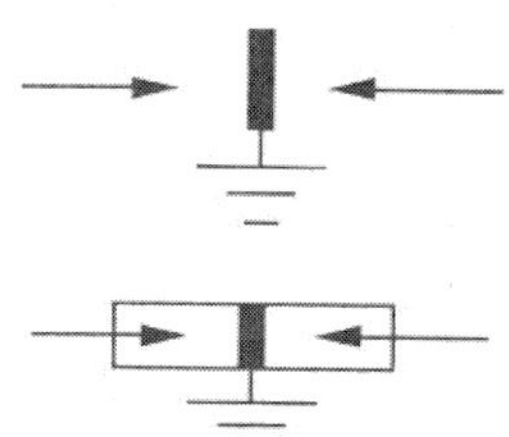
1.8.2	방전 캡	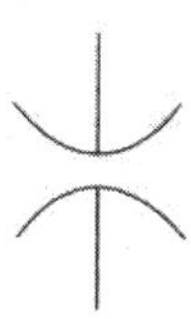	특히 전극의 모양을 구별하고 싶을 경우에는 아래 그림의 보기에 따른다. 보기 : 각형 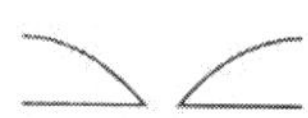 침형  구 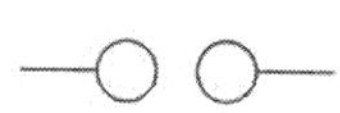
1.8.3	퓨즈		특히 개방형·포장형을 구별하고 싶을 경우에는 다음과 같이 한다. 개방형 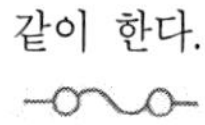 포장형 

번 호	명 칭	심 벌	적 요
1.8.4	경보 퓨즈	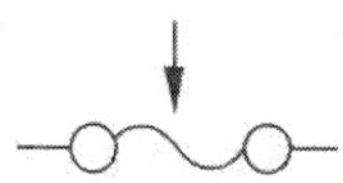	특히, 개방형·포장형을 구별하고 싶을 때에는 다음과 같이 한다. 개방형 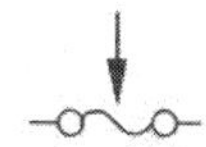 포장형 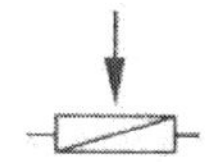
1.8.5	히트 코일	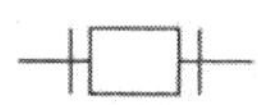	히트코일형 퓨즈를 포함한다.
1.8.6	램프	(a) 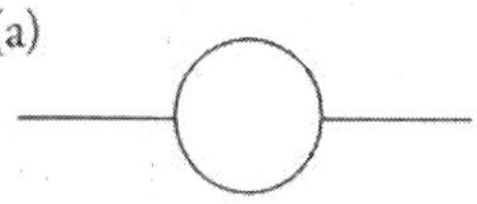 (b) 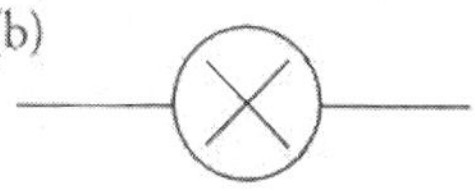 (c) 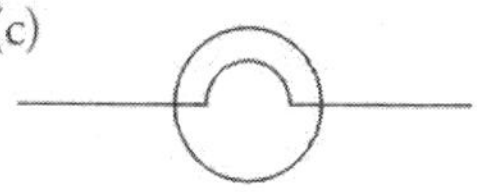	특히 색이나 용도를 구별할 경우에는 보기에 따라야 하고, 아래 그림고 같이 기입한다. 보기 : 적색RL, 황적OL, 녹색GL, 청색BL, 백색WL, 황색Y, 투명TC, 파일럿PL 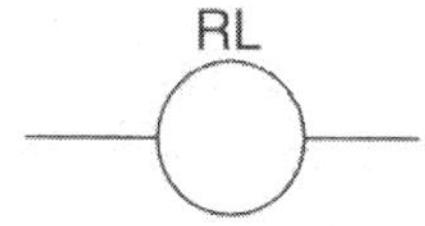
1.8.7	저항관	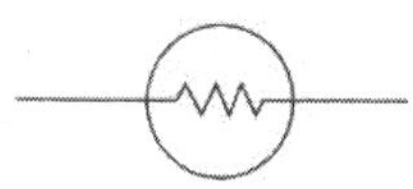	안정저항관(바레터를 포함한다.)을 표시할 경우는 아래 그림과 같이 표시한다. 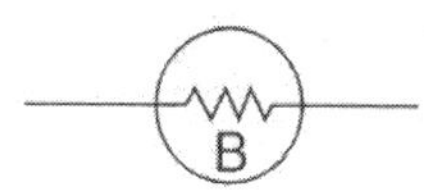

II 전력용 심벌

1. 회전기

(1) 심벌 중에 조합해서 사용하는 코일은 기본 심벌 I 4.4(인덕턴스 또는 코일)의 (a), (b) 또는 (c)에 따라야 한다. 또한, 이하의 심벌에서는 보기로서 (c)를 사용한 것을 나타낸다.

(2) 동일 심벌 속에서 2개 이상의 코일을 사용하고 있는 것으로, 코일의 크기를 특별히 구별하고 싶을 때는 코일의 산 수를 바꿔서 나타낼 수 있다.

번 호	명 칭	심 벌		적 요
		단선도용	복선도용	
II1.1	직류 분권 발전기	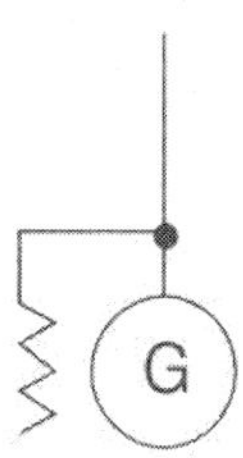	(1) 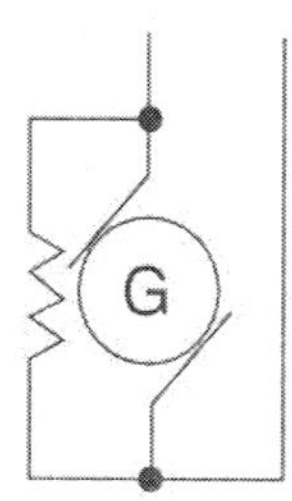 (2) 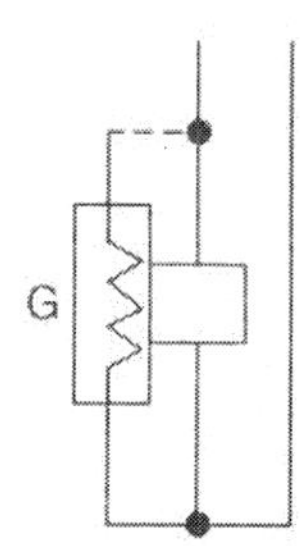	1. 타 여자일 경우에는 다음에 따른다. 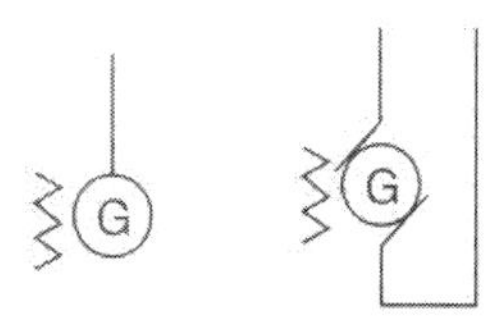 2. 파선부는 저항기류를 접속할 경우를 나타내고, 그것이 없을 때는 실선으로 한다. 3. 여자기임을 표시할 때는 G대신 Ex를 사용한다. 4. 보극권선 또는 보상권선은 필요에 따라서 추가한다.
II1.2	직류 분권 발전기	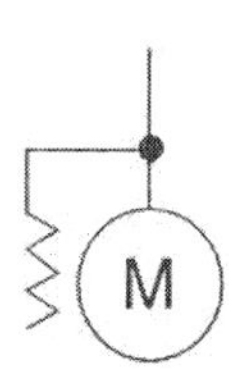	(1) 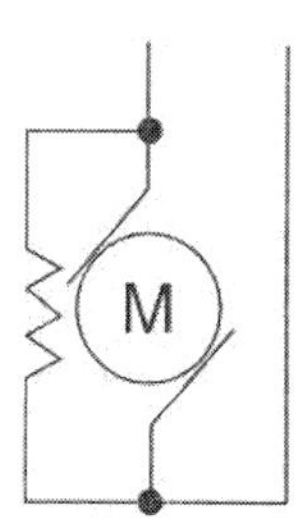	1. 타 여자일 경우에는 다음에 따른다. 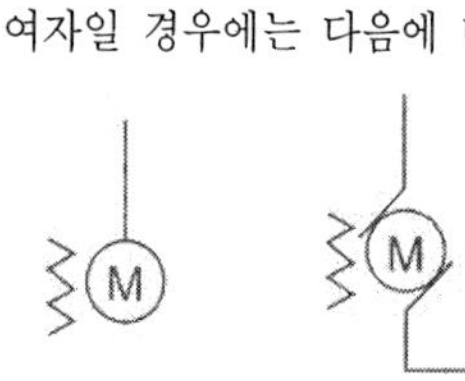

번 호	명 칭	심 벌		적 요
		단선도용	복선도용	
Ⅱ1.2			(2) 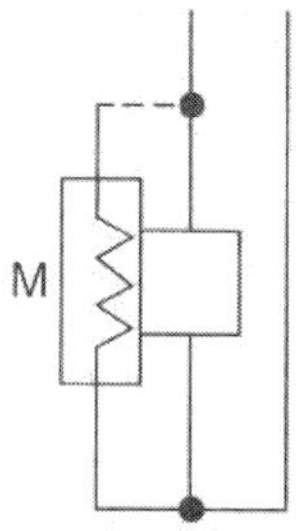	2. 파선부는 저항기류를 접속할 경우를 나타내고, 그것이 없을 때는 실선으로 한다. 3. 보극권선 또는 보상권선은 필요에 따라서 추가한다.
Ⅱ1.3	직류 직권 발전기		(1) 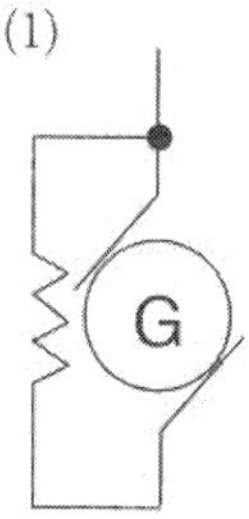 (2) 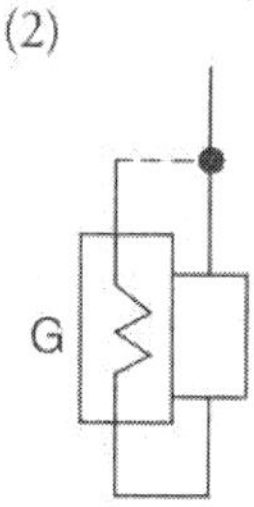	보극권선 또는 보상권선은 필요에 따라서 추가한다.
Ⅱ1.4	직류 직권 전동기		(1) 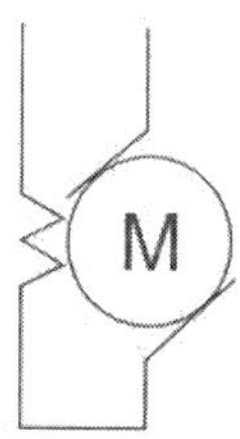 (2) 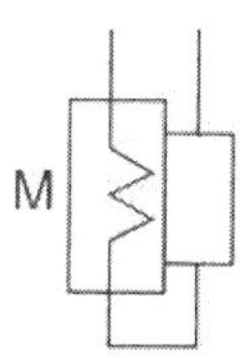	보극권선 혹은 보상권선은 필요에 따라서 추가한다.
Ⅱ1.5	직류 복권 발전기	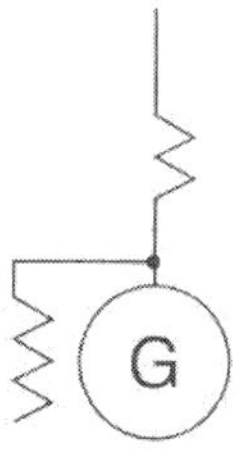	(1) 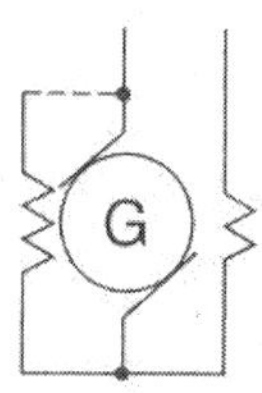 (2) 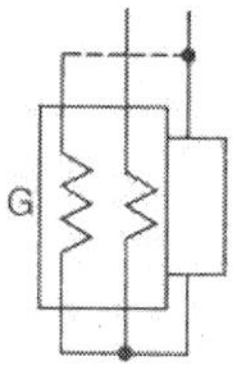	1. 파선부는 저항기류를 접속할 경우를 나타내고, 그것이 없을 때는 실선으로 한다. 2. 보극권선 또는 보상권선은 필요에 따라서 추가한다.
Ⅱ1.6	직류 복권 전동기	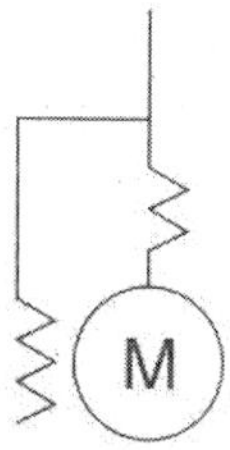	(1) 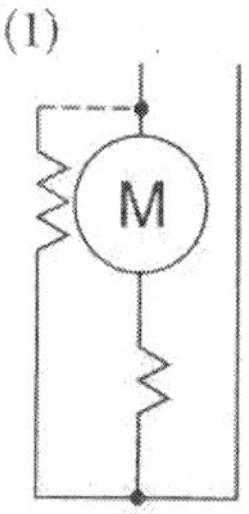 (2) 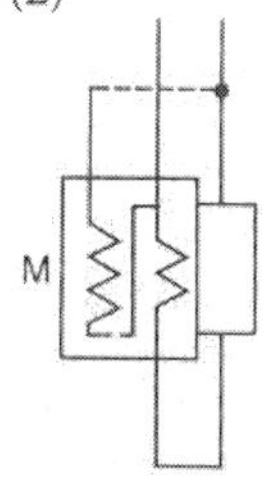	

번 호	명 칭	심 벌		적 요
		단선도용	복선도용	
II1.7	동기 발전기	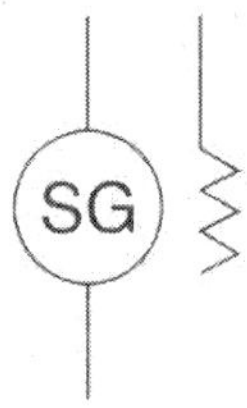	(1) 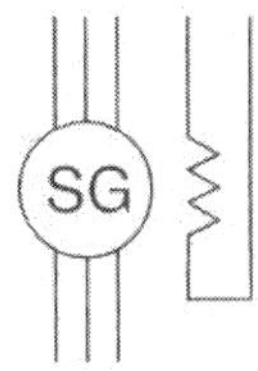 (2) 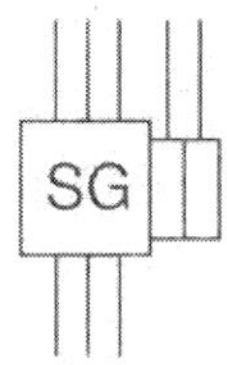	1. 동기 발전기라는 것이 명확할 때는 단순히 G로 기입해도 된다. 2. 전기자의 아래쪽에 표시한 선은 중성점측 인출을 나타낸다. 3. 단선도에서 계자 코일의 기호를 필요로 하지 않을 때에는 생략해도 된다. 4. 복선도용은 3상일 경우를 나타낸다.
II1.8	동기 전동기	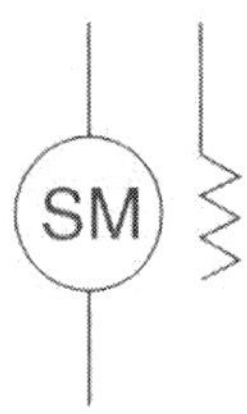	(1) 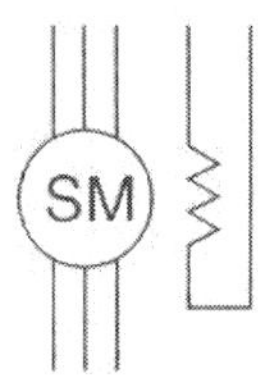 (2) 	
II1.9	동기 발전 전동기(가역형)		(1)  (2) 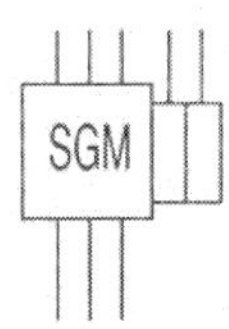	단선도에서 계자 코일의 기호를 필요로 하지 않을 경우에는 생략해도 된다.
II1.10	동기 조상기	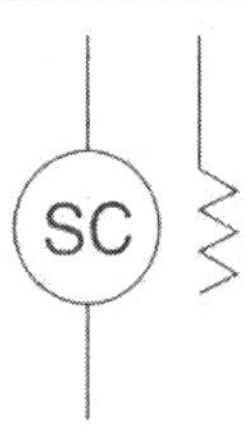	(1) 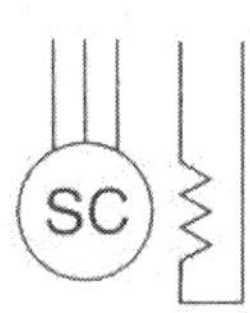 (2) 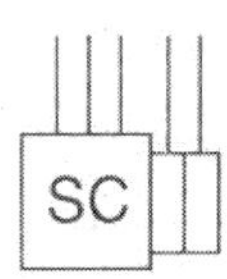	

<table>
<tr><th rowspan="2">번 호</th><th rowspan="2">명 칭</th><th colspan="2">심 벌</th><th rowspan="2">적 요</th></tr>
<tr><th>단선도용</th><th>복선도용</th></tr>
<tr><td>Ⅱ1.11</td><td>유도 전동기
(일반)</td><td>
</td><td>(1) (2)
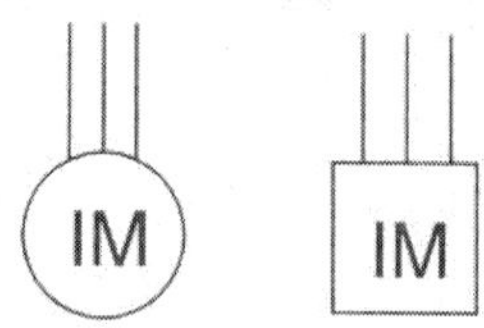
</td><td>1. 유도 전동기란 것이 명확할 때에는 M이라고 기입해도 된다.
2. 복선도용은 3상일 경우를 나타낸다.</td></tr>
<tr><td>Ⅱ1.12</td><td>6선식 3상농형
유도 전동기</td><td></td><td>(1) (2)
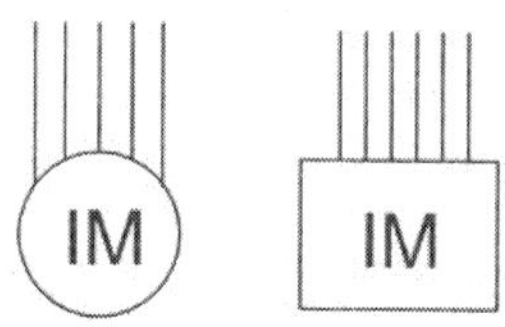
</td><td></td></tr>
<tr><td>Ⅱ1.13</td><td>권선형
유도 전동기</td><td>
</td><td>(1) (2)
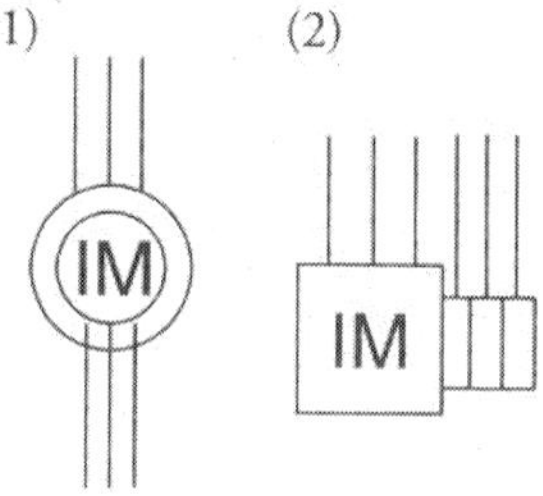
</td><td></td></tr>
<tr><td>Ⅱ1.14</td><td>유도 발전기</td><td>
</td><td>(1) (2)
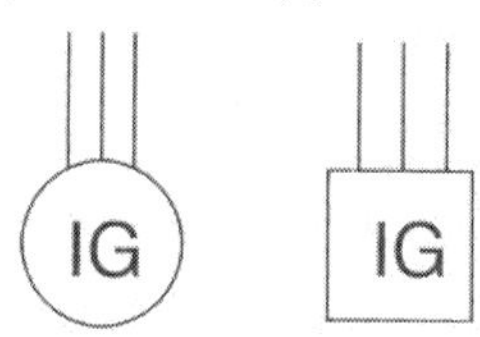
</td><td></td></tr>
<tr><td>Ⅱ1.15</td><td>단상 반발
전동기</td><td></td><td>(1) (2)
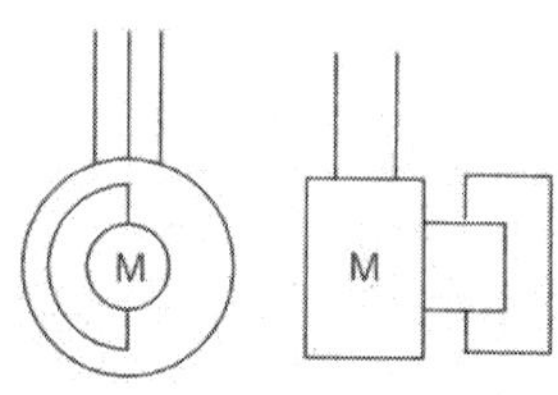
</td><td></td></tr>
</table>

번 호	명 칭	심 벌		적 요
		단선도용	복선도용	
Ⅱ1.16	직권 정류자 전동기	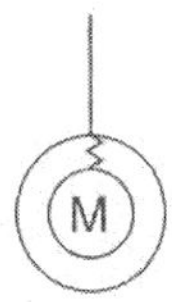	(1) 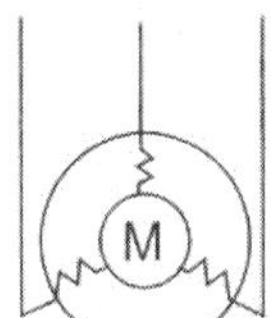 (2) 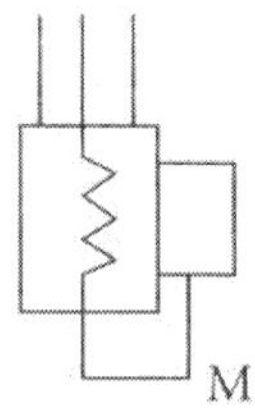	복권도용은 3상인 경우를 나타낸다.
Ⅱ1.17	3상 분권 정류자 전동기		(1) 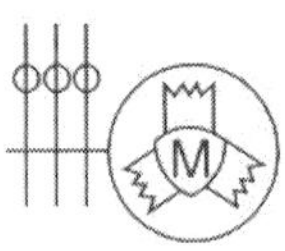 (2) 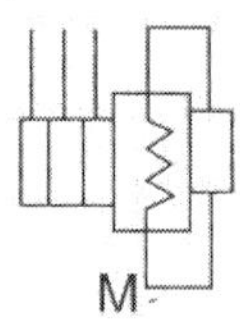	
Ⅱ1.18	회전 변류기		(1) 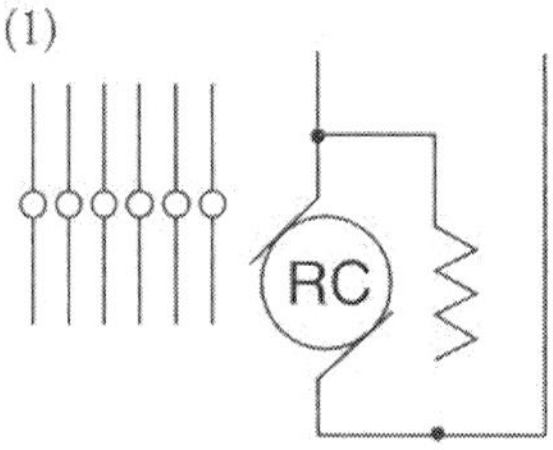 (2) 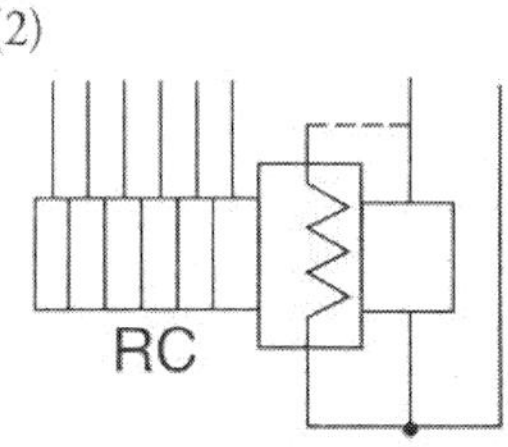	1. 단선도용에서 상부는 교류측, 하부는 직류측을 나타낸다. 2. 단선도에서 계자 코일은 필요할 때에만 붙인다. 3. 복권도용은 6상 분권일 경우를 나타낸다.
Ⅱ1.19	전동 발전기 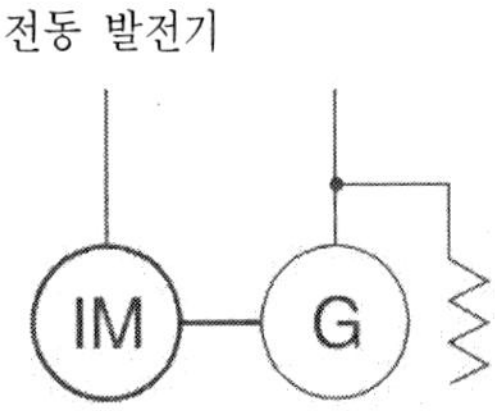		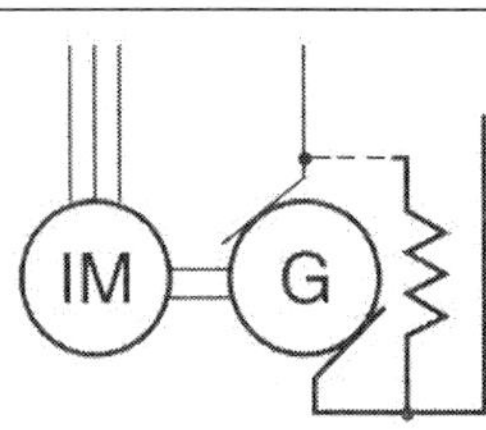	1. 유도 전동기에서 직류분권 발전기를 구동할 경우를 나타낸다. 2. 단선도에서 계자 코일은 필요할 경우에 붙인다.

번 호	명 칭	심 벌		적 요
		단선도용	복선도용	
Ⅱ1.19			(2) 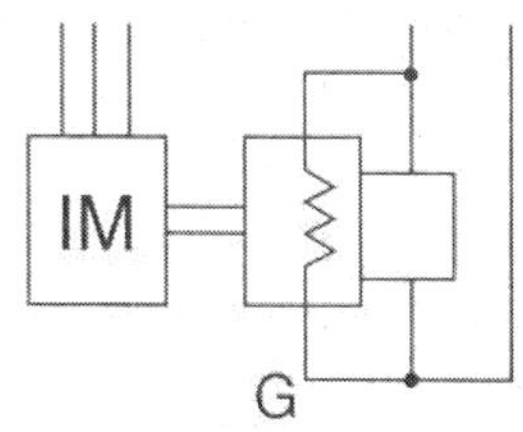	
Ⅱ1.20	주파수 변환기	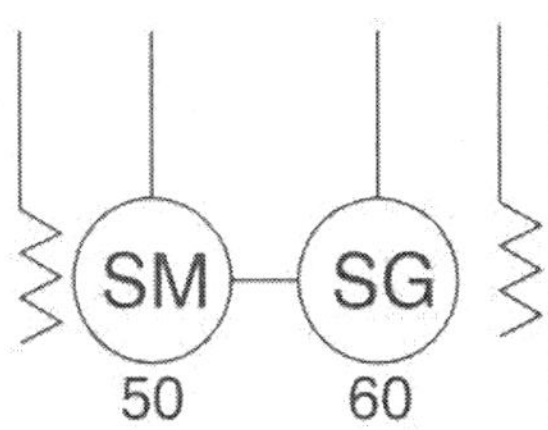	(1) 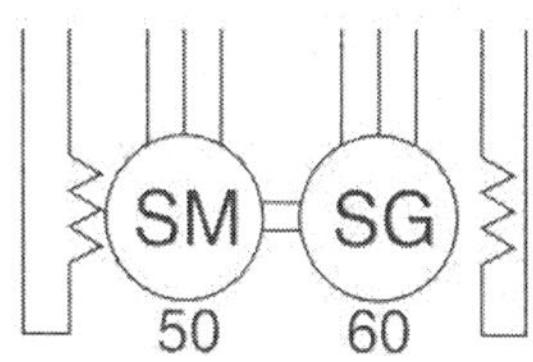 (2) 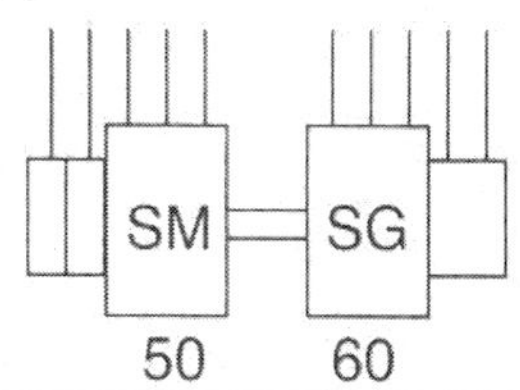	1. 동기 전동기에서 동기 발전기를 구동해서 50Hz를 60Hz로 변환할 경우를 나타낸다. 2. 단선도에서 계자 코일은 필요할 경우에 붙인다.
Ⅱ1.21	회전기용 원동기	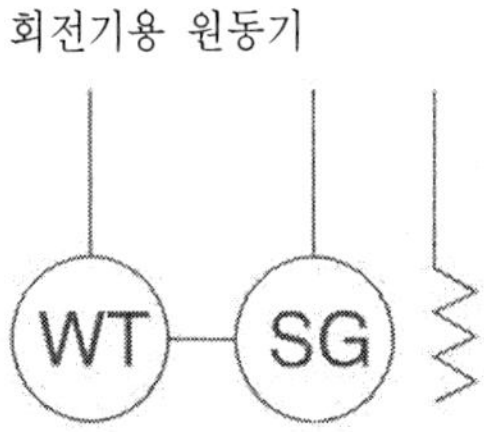	(1) 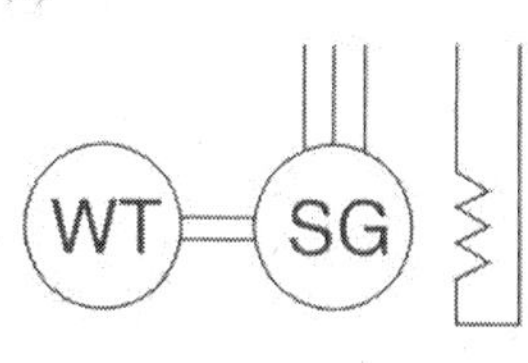 (2) 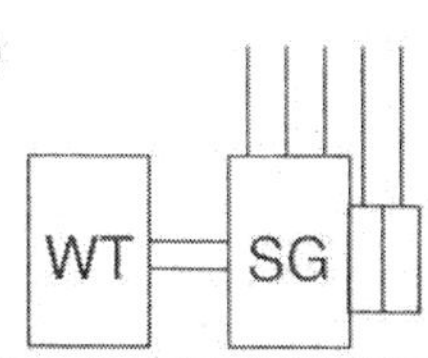	원동기 종별은 다음에 따른다. 수차 WT 펌프터빈 PT 증기터빈 ST 가스터빈 GT 디젤엔진 DE

2. 변압기

번 호	명 칭	심 벌		적 요
		단선도용	복선도용	
II2.1	변압기 (일반)	(a) 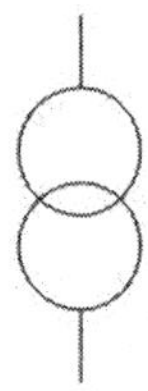 (b) 		혼촉 방지판이 붙은 것은 다음에 따른다. 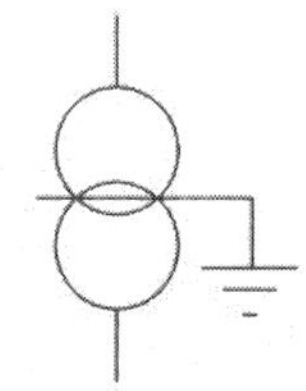 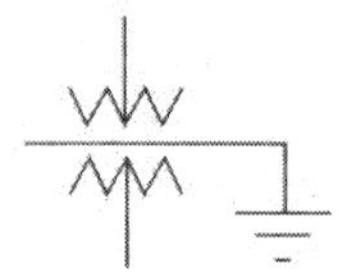
II2.2	단상 변압기	(a) 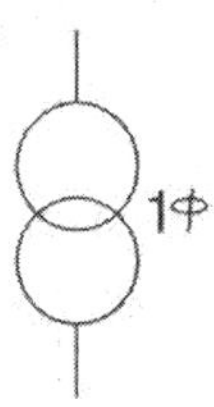 (b) 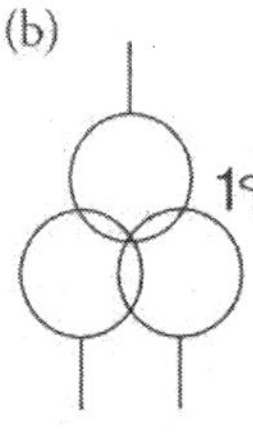 (c)  (d) 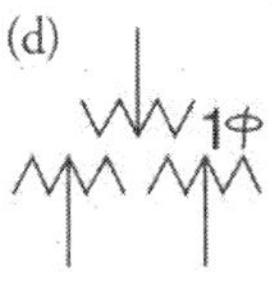	(a)  (b) 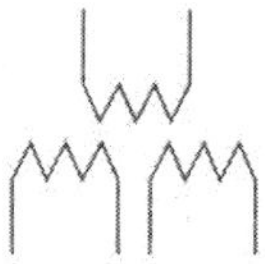 (c) 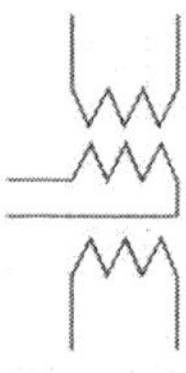	단선도용 (b), (d), (e) 및 복선도용 (b), (c)는 3권선 변압기일 경우를 표시한다.

번 호	명 칭	심벌		적 요
		단선도용	복선도용	
II2.2		(e) 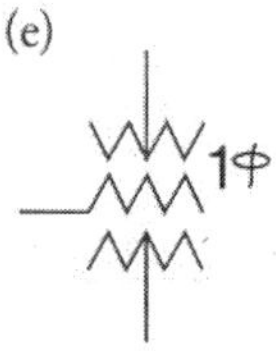		
II2.3	3상 변압기	(a) 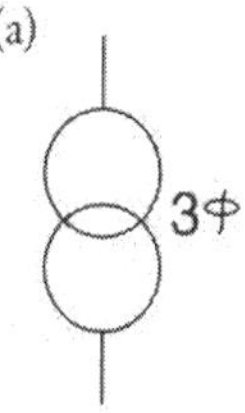 (b) 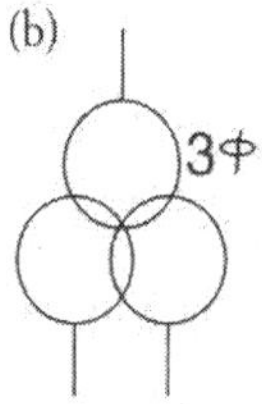 (c) 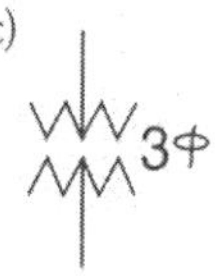 (d) 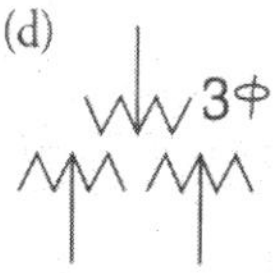 (e) 	(a) 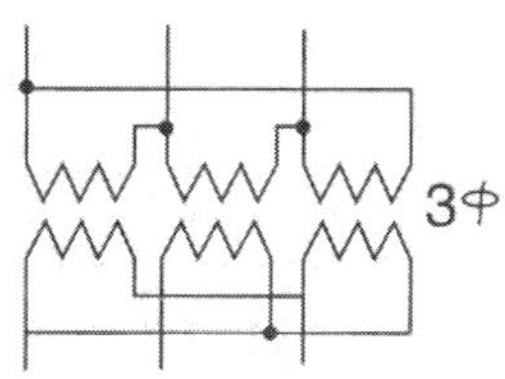 (b) 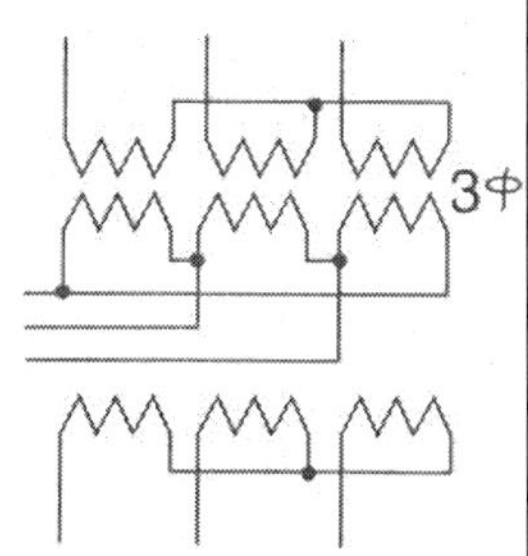	1. 단선도용 (b), (d), (e) 및 복선도용 (b)는 3권선 변압기일 경우를 표시한다. 2. 단선도용 (a)는 △人접속, (b)는 人△人접속일 경우를 표시한다.

번 호	명 칭	심 벌		적 요
		단선도용	복선도용	
II2.4	변압기 접속 보기	보기 1 (a) (b) 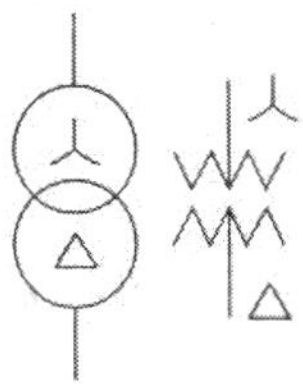	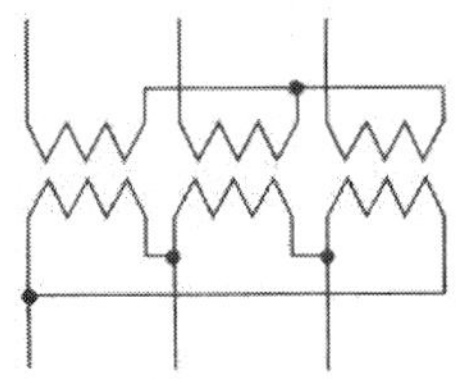	1. 人△ 접속일 경우를 표시한다. 2. 특히 3상 변압기를 표시할 필요가 있을 경우는 옆에 3ϕ로 기입한다.
		보기 2 (a) (b) 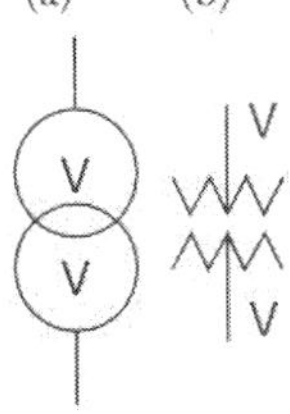	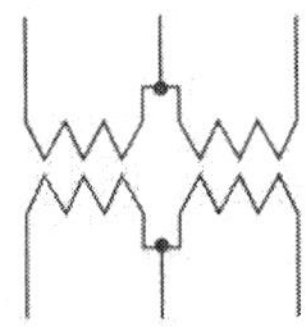	1. V접속일 경우를 표시한다. 2. 특히 3상 변압기를 표시할 필요가 있는 경우에는 옆에 3ϕ로 기입한다.
		보기 3 (a) 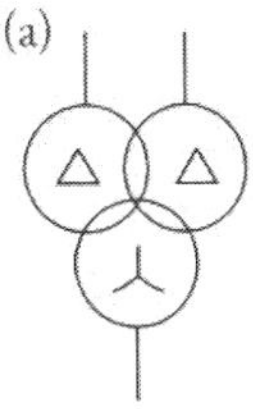 (b) 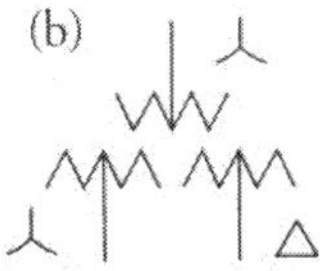	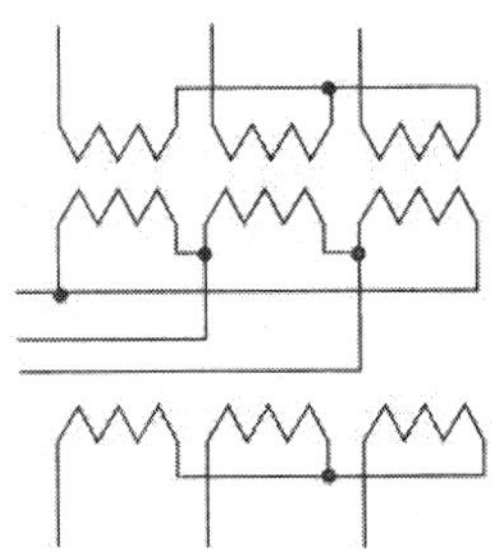	1. 3권선 변압기일 경우를 표시한다. 2. 특히 3상 변압기를 표시할 필요가 있을 경우에는 옆에 3ϕ로 기입한다.
		보기 4 (a) 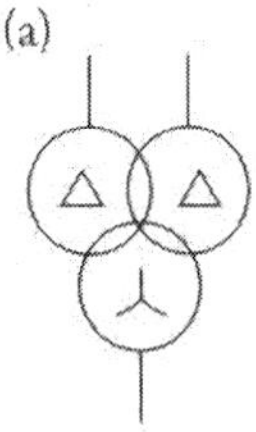	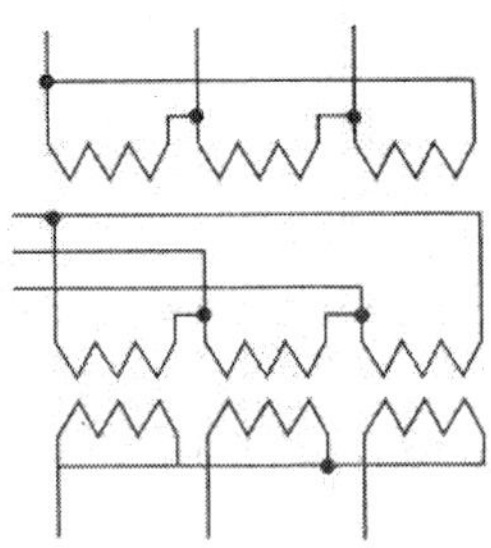	

번 호	명 칭	심 벌		적 요
		단선도용	복선도용	
		보기 4 (b) 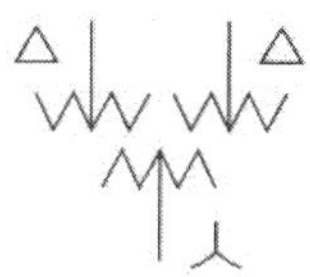		
II2.4		보기 5 (a) 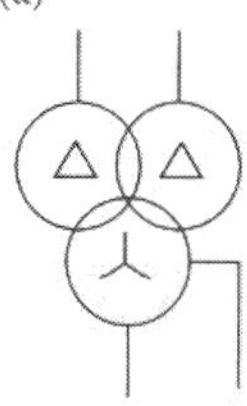 (b) 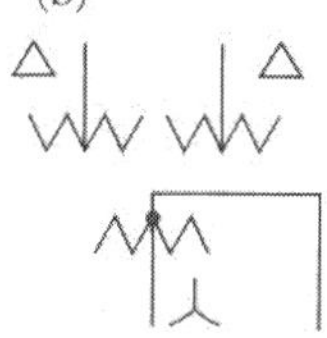	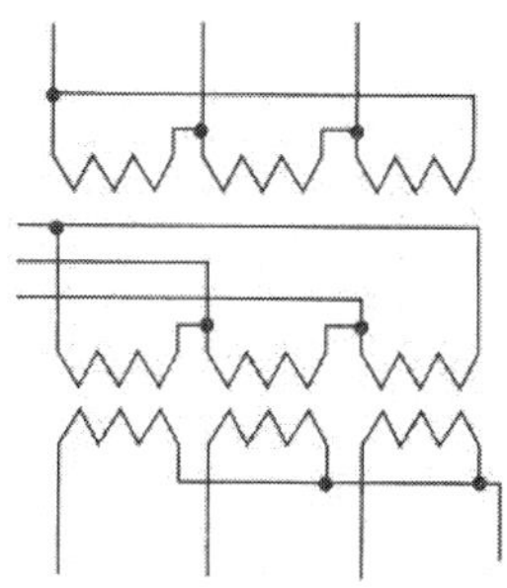	1. 3권선 변압기에서 중성점측 인출인 경우를 표시한다. 2. 특히 3상 변압기를 표시할 필요가 있을 경우는 옆에 3ϕ로 기입한다.
		보기 6 (a)  (b) 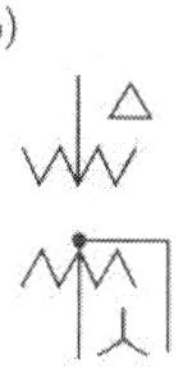	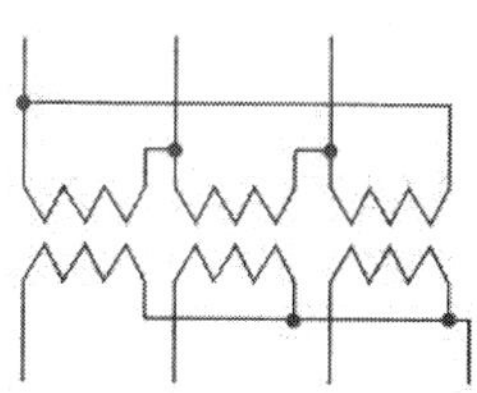	1. △人접속에 변압기에서 중성점측 인출인 경우를 표시한다. 2. 특히 3상 변압기를 표시할 필요가 있을 경우는 옆에 3ϕ로 기입한다.

번 호	명 칭	심벌		적 요
		단선도용	복선도용	
II2.4		보기 7 (a) 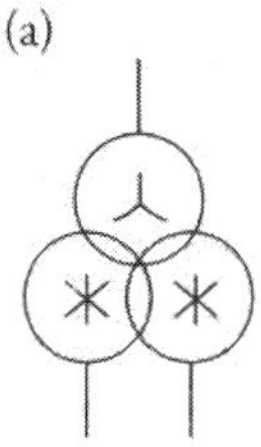 (b) 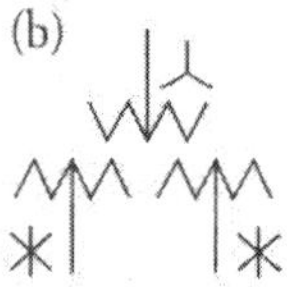	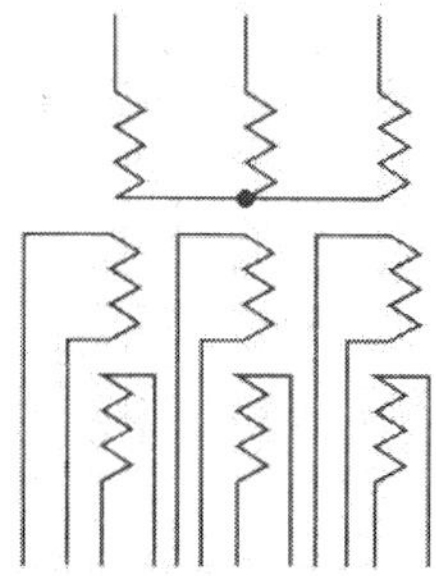	6상 회전 변류기 2대용인 경우를 표시한다.
		보기 8-1 (a)  (b) 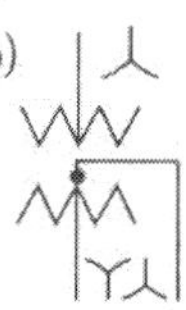	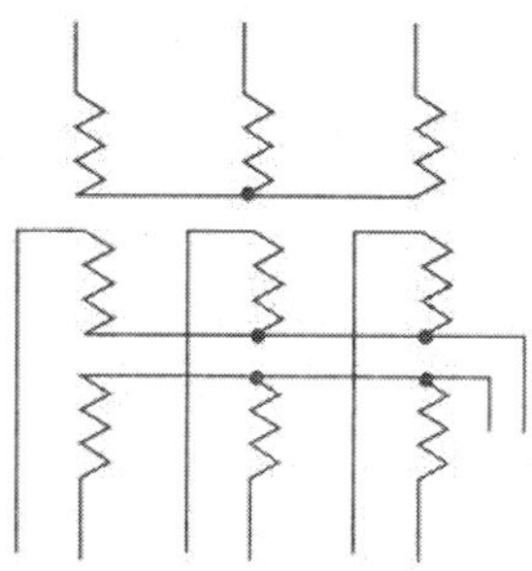	6상 6극 수은 정류기용인 경우를 표시한다.
			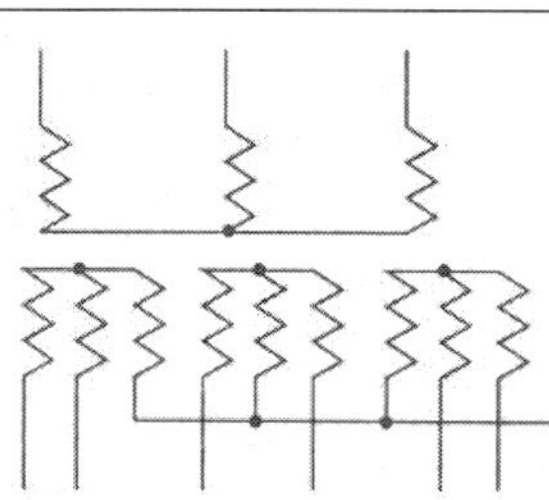	

번 호	명 칭	심 벌		적 요
		단선도용	복선도용	
II2.4	변압기 접속 보기	보기 9 (a) (b) 	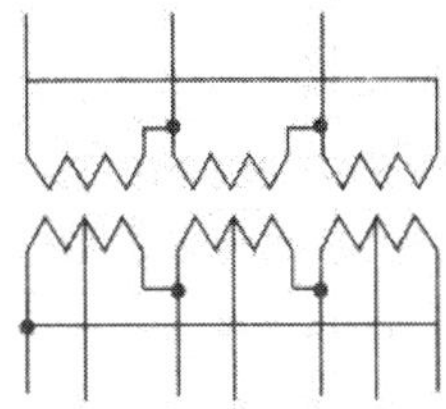	1. 2중 탭 변압기에서 △ 접속인 경우를 표시한다. 2. 단선도용에서 경사 인출선은 중간 인출선을 표시한다.
		보기 10-1 (a) 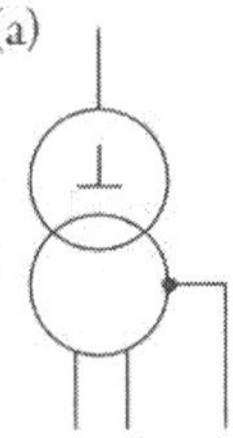 (b) 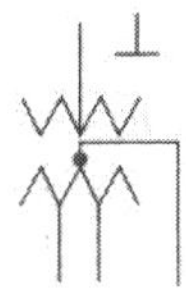	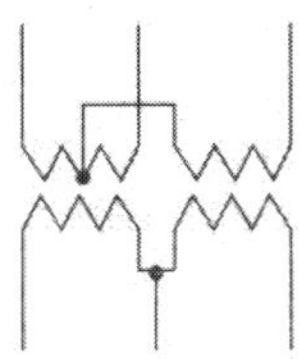	교류 전철용 스코트 결선기전용 변압기인 경우를 표시한다.
		보기 10-2 (a) 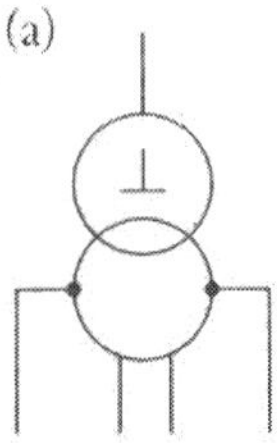 (b) 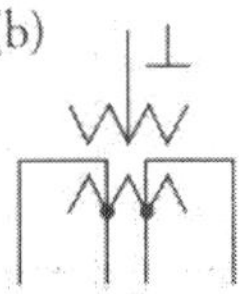	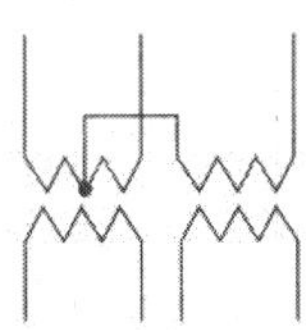	

번 호	명 칭	심 벌		적 요
		단선도용	복선도용	
Ⅱ2.5	3상 부하시 전압 조정 변압기	(a) 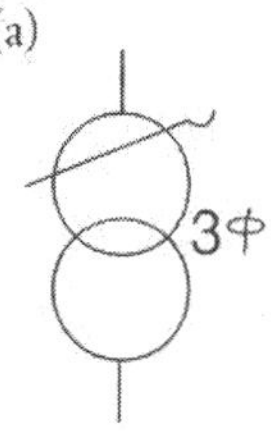 (b) 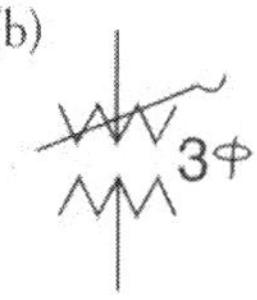 	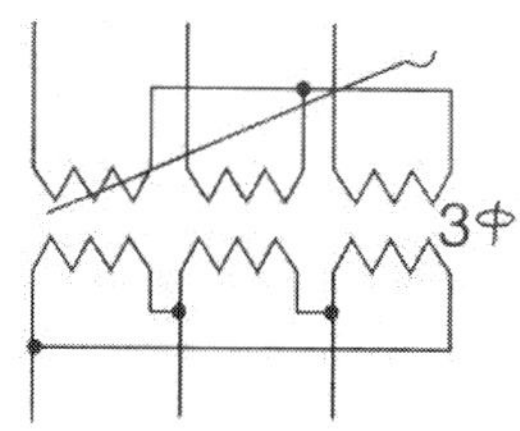 	1. 는 조정장치가 있는 쪽에 붙인다. 2. 복선도용 2차측 △ 접속인 경우를 표시한다. 3. 특히 조정장치가 별치형인 것을 나타내는 경우는, 그 취지를 부기한다.
Ⅱ2.6	단상 단권 변압기	(a) 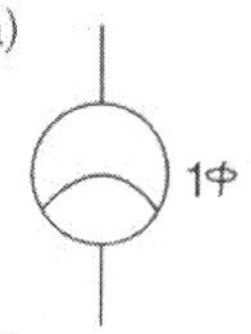 (b) 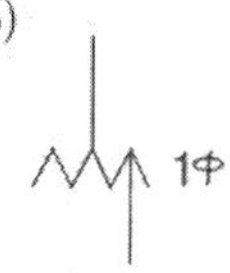 (c) 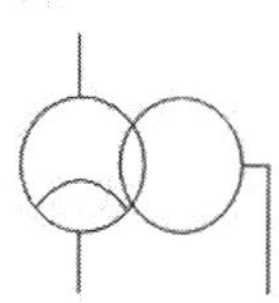 (d) 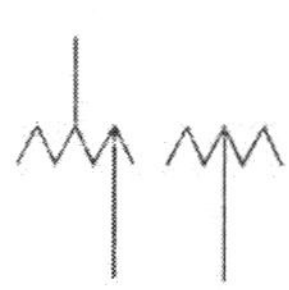	(a)  (b) 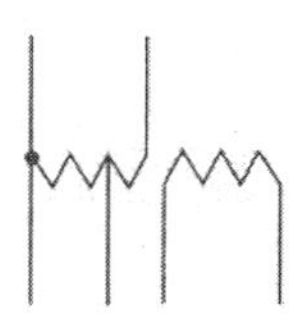	1. 상부는 고전압측, 하부를 저전압측을 표시한다. 2. 역인 경우는 아래와 같다. 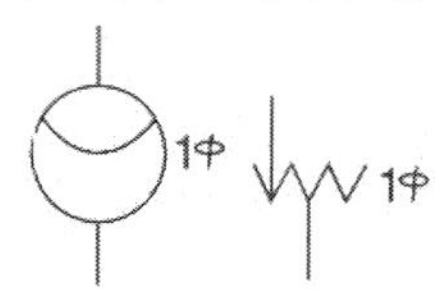 3. 단선도용 (c), (d) 및 복선도용 (b)는 3차권선 붙이인 경우를 표시한다. 4. 부하시 전압 조정기 붙이인 경우는 아래와 같다. 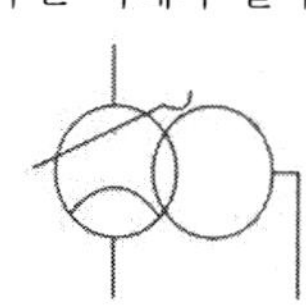 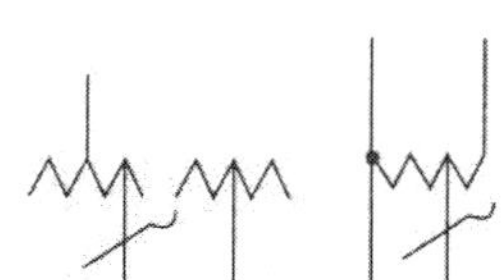

번 호	명 칭	심 벌		적 요
		단선도용	복선도용	
Ⅱ2.7	3상 단권 변압기	(a) 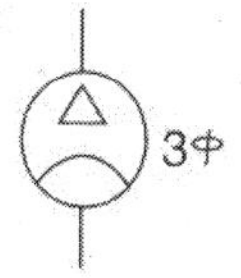 (b) 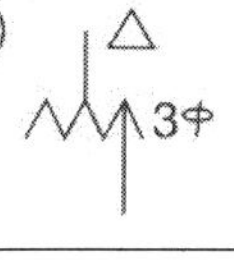	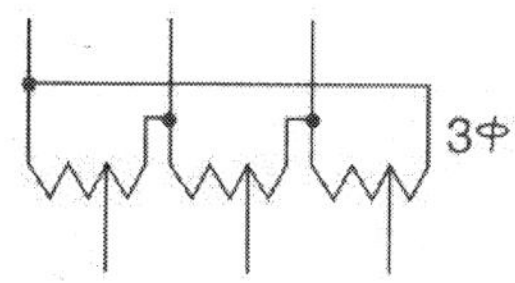	△ 접속인 경우를 표시한다.
Ⅱ2.8	접지 변압기	(a) 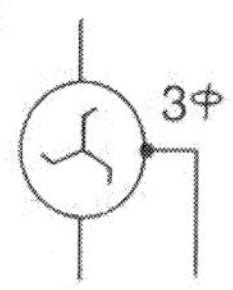 (b) 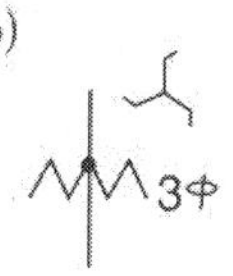	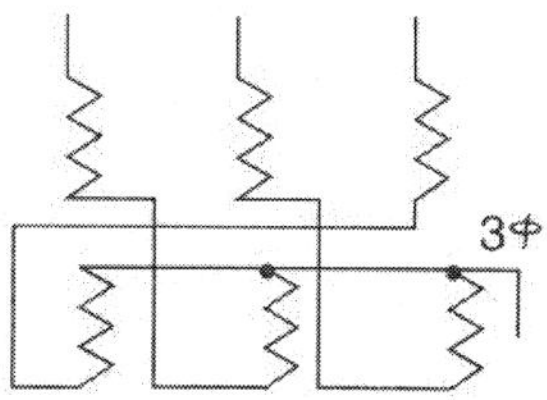	3상 지그재그 접속인 경우를 표시한다.
Ⅱ2.9	소호 변압기	(a) 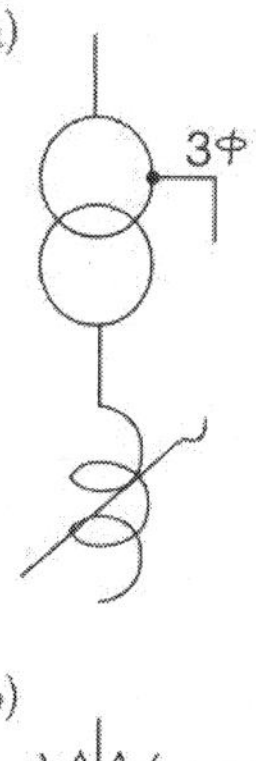 (b) 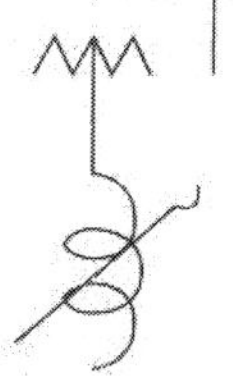	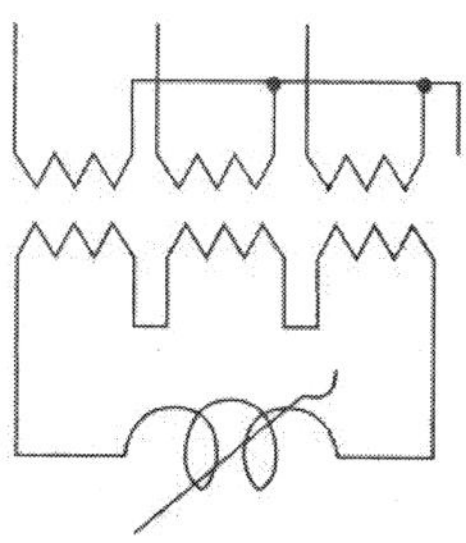	리액터 부분은 아래와 같이 나타낼 수 있다. 

번 호	명 칭	심 벌		적 요
		단선도용	복선도용	
II2.10	단상 유도 전압 조정기	(a) 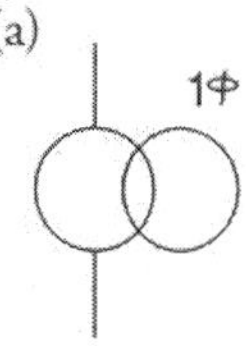 (b) 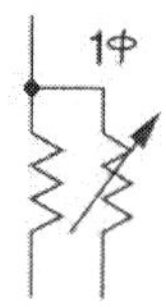	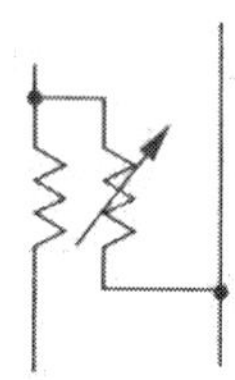	 은 생략할 수 있다.
II2.11	3상 유도 전압 조정기	(a) 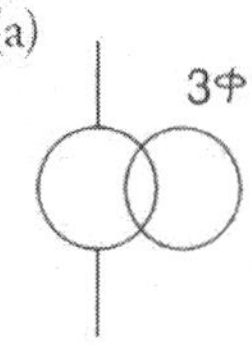 (b) 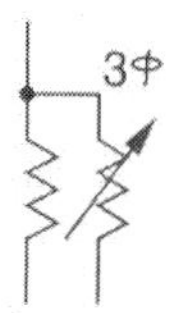	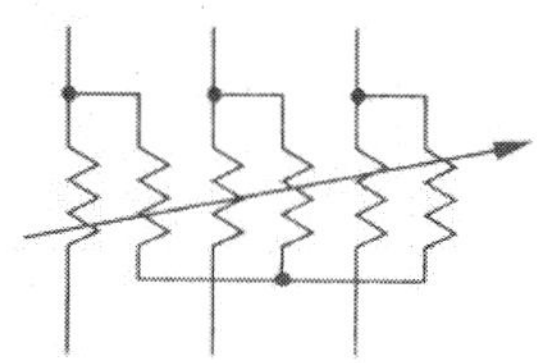	
II2.12	3상 부하시 전압 조정기	(a) 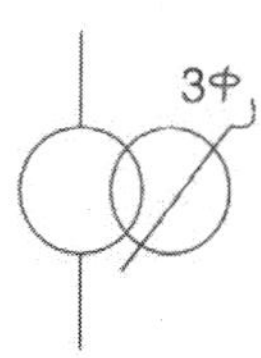 (b) 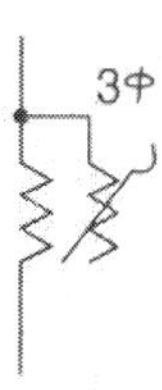	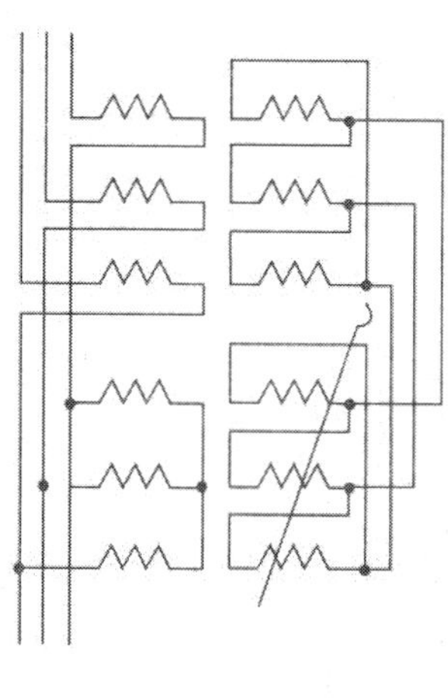	복선도용은 접속의 한 보기를 표시한다.

번 호	명 칭	심 벌		적 요
		단선도용	복선도용	
II2.13	3상 이상기	(a) 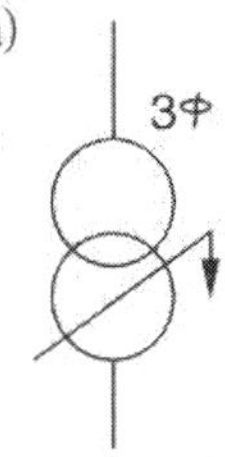 (b) 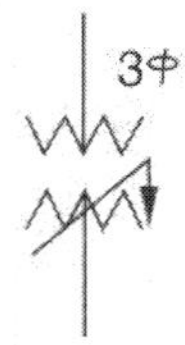	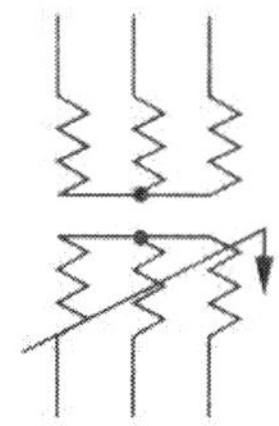	

3. 정류기

번 호	명 칭	심 벌		적 요
		단선도용	복선도용	
II3.1	정류기(일반)	(a) 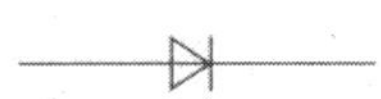 (b) 		화살표는 정삼각형으로 하고 직류가 통하는 방향을 나타낸다.
II3.2	정류기 (브리지형 접속)	(a) 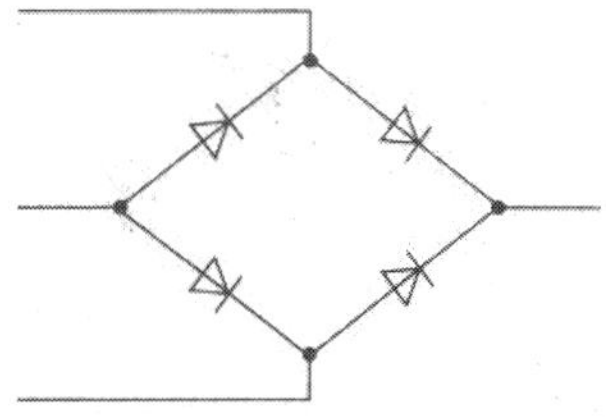 (b) 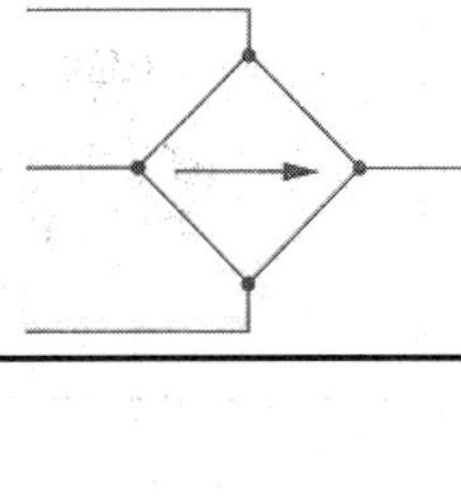		(b)의 화살표는 직류가 통하는 방향을 나타낸다.

번 호	명 칭	심 벌		적 요
		단선도용	복선도용	
II3.3	제어 정류 소자	(a) 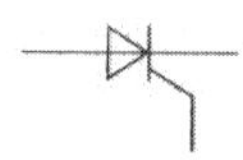	(b) 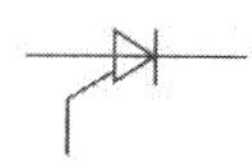	(a)는 P게이트를 표시한다. (b)는 N게이트를 표시한다.
II3.4	수은 정류기(일반)	(a) 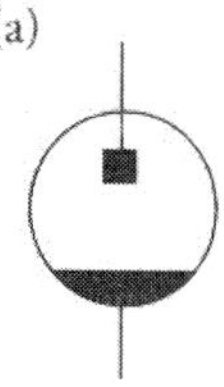 (b) 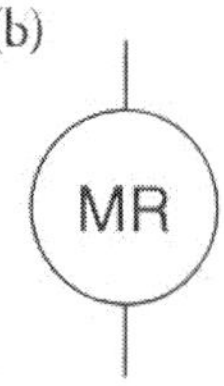	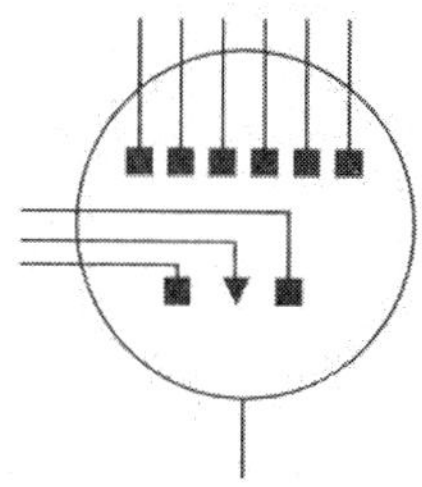	1. 유리제 수은 정류기에는 이것을 사용한다. 2. 전극 및 수은은 도장을 하지 않아도 된다.
II3.5	철제 수은 정류기	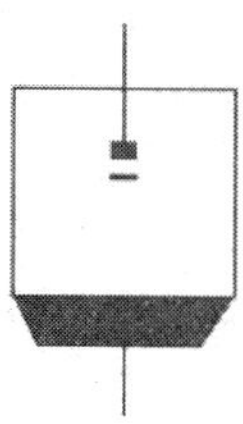	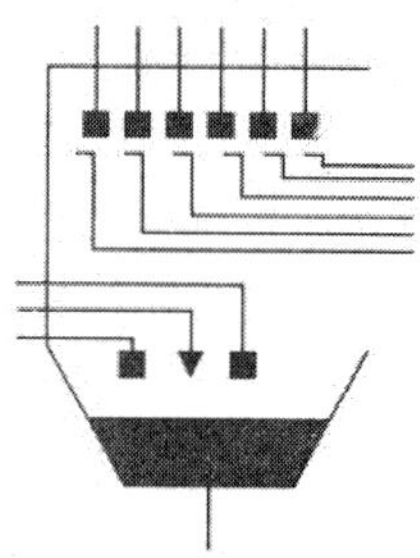	1. 격자붙이의 보기를 표시한다. 2. 전극 및 수은은 도장을 하지 않아도 된다.
II3.6	기계적 정류기	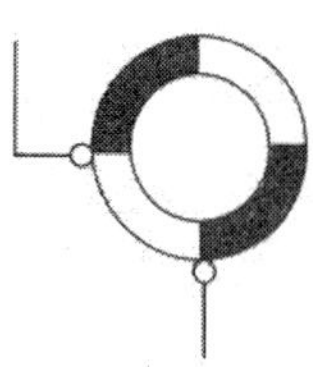	(a) 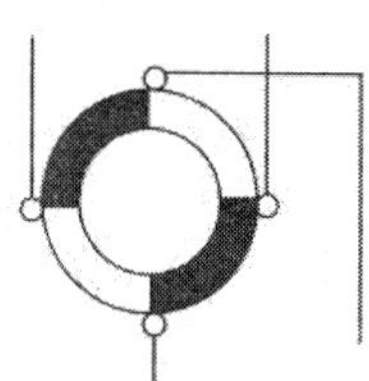 (b) 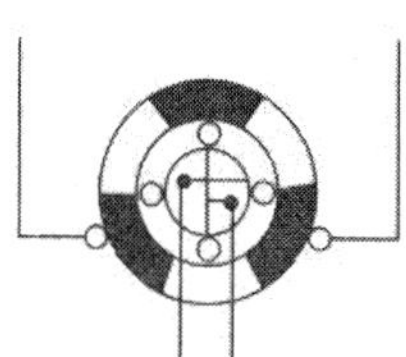	단선도용은 단상, 3상 어느 경우에도 쓰인다.

4. 계기용 변압기 및 변류기

번 호	명 칭	심 벌		적 요
		단선도용	복선도용	
II4.1	계기용 변압기(일반)	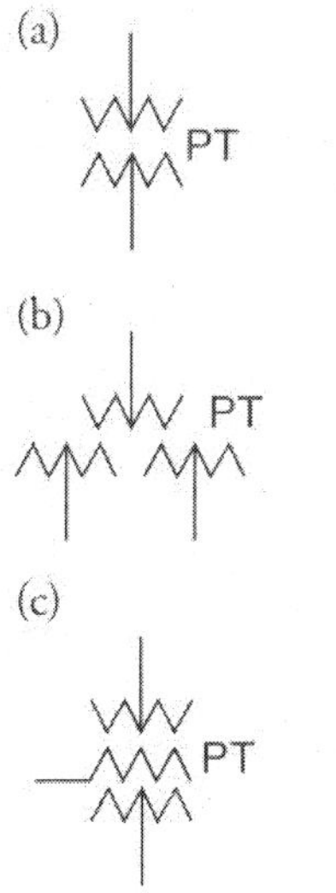	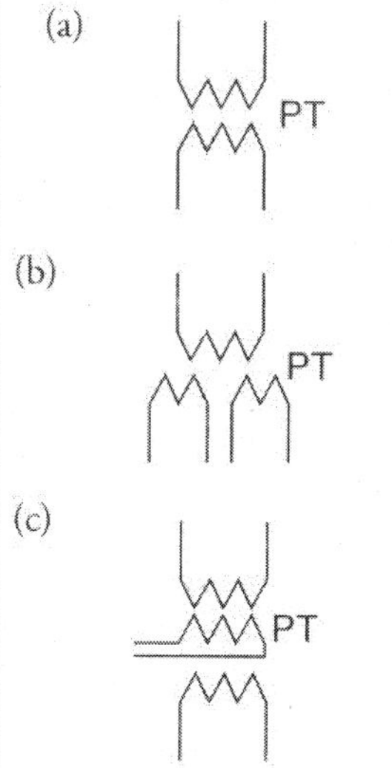	1. 주변압기와 구별하기 위해 그것보다 가늘게 그릴 수 있다. 2. (a)는 2권선인 경우를 표시한다. 3. (b), (c)는 3권선인 경우를 표시한다. 4. 혼동할 우려가 없는 한, II2.1 변압기(일반)의 (a)의 기호를 사용할 수 있다. 조합은 II2.의 보기와 같다.
II4.2	단상 계기용 변압기	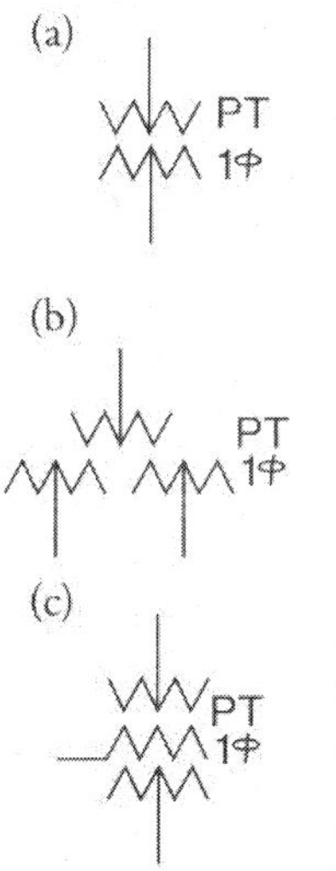	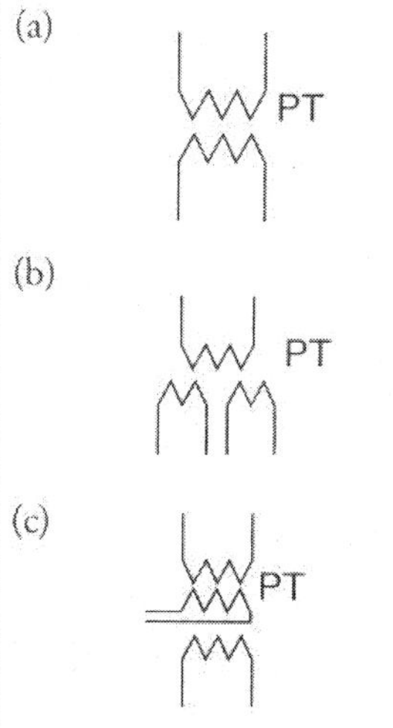	1. 주변압기와 구별하기 위해 그것보다 가늘게 그릴 수 있다. 2. 단선도에서는 필요에 따라 접속을 옆에 기입한다. 3. (a)는 2권선, (b), (c)는 3권선인 경우를 표시한다.
II4.3	3상 계기용 변압기	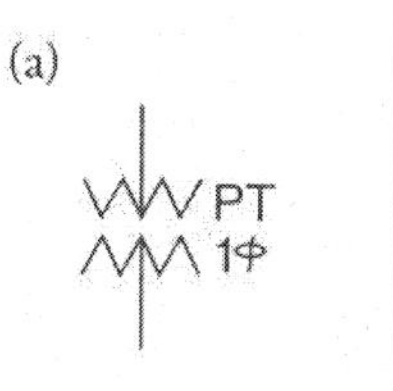	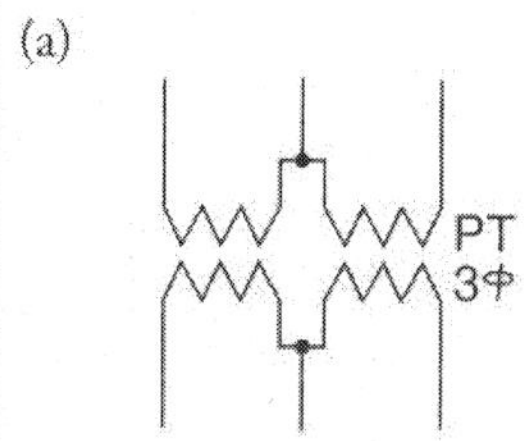	1. 주변압기와 구별하기 위해 그것보다 가늘게 그릴 수 있다. 2. 복선도용의 (a), (b)는 V접속인 경우 (c)는 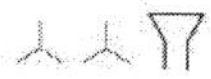 인 경우를 표시한다.

번 호	명 칭	심벌 단선도용	심벌 복선도용	적 요
Ⅱ4.3		(b) 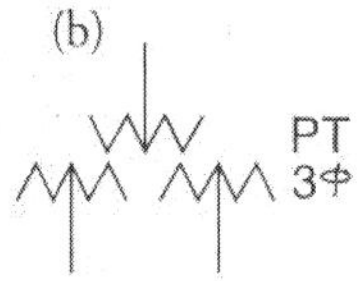 (c) 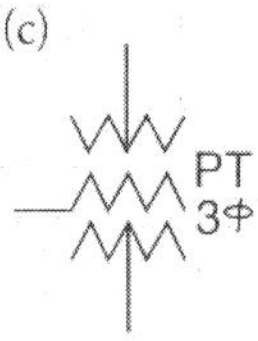	(b) 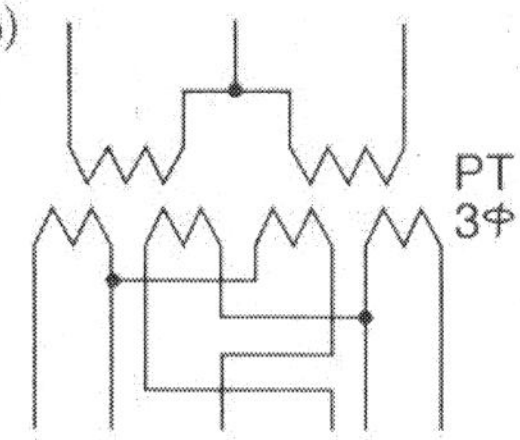 (c) 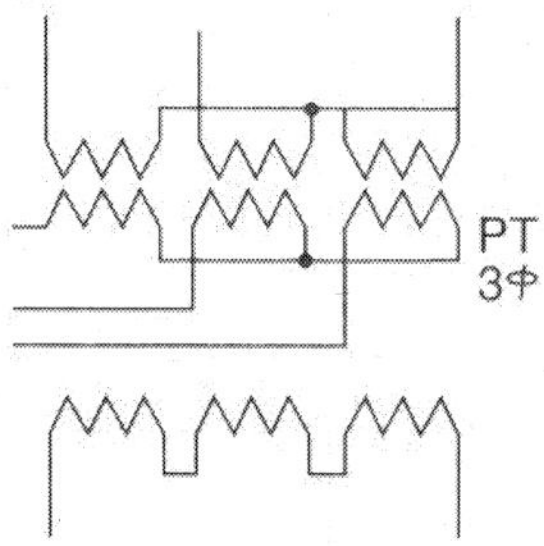	3. 단선도용에서는 필요에 따라 접속을 옆에 기입한다. 4. (a)는 2권선, (b), (c)는 3권선인 경우를 표시한다.
Ⅱ4.4	부상형 계기용 변압기	(a) 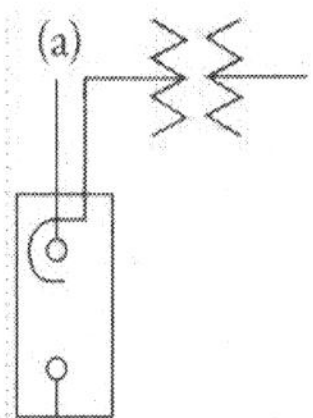 (b) 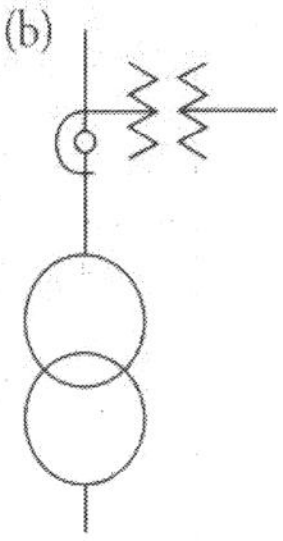 (c) 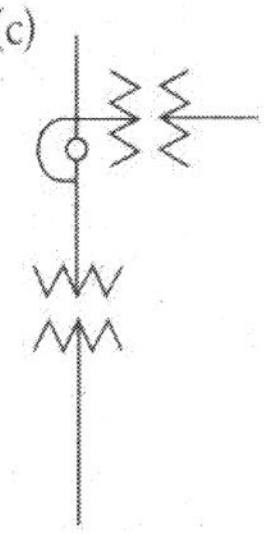	(a) 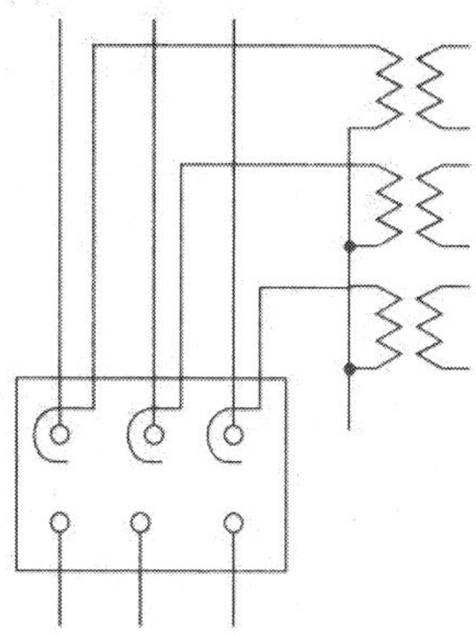 (b) 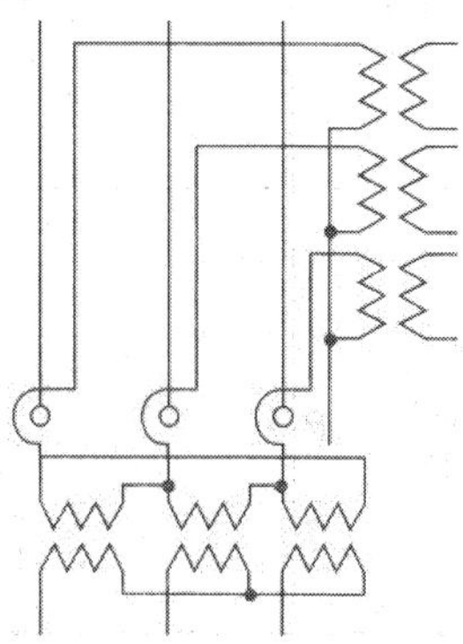	1. 주변압기와 구별하기 위해 그것보다 가늘게 그릴 수 있다. 2. (a)는 교류 차단기에 장치한 경우를 나타낸다. 3. (b), (c)는 변압기에 장치한 경우를 나타낸다. 4. 복선도용 (b)는 3상 변압기에 장치한 경우를 나타낸다.

<table>
<tr><th rowspan="2">번 호</th><th rowspan="2">명 칭</th><th colspan="2">심 벌</th><th rowspan="2">적 요</th></tr>
<tr><th>단선도용</th><th>복선도용</th></tr>
<tr><td>Ⅱ4.5</td><td>커패시터형
계기용
변압기</td><td>(a)
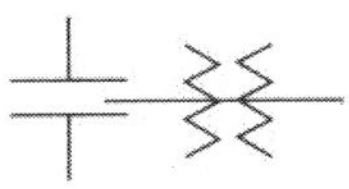
(b)
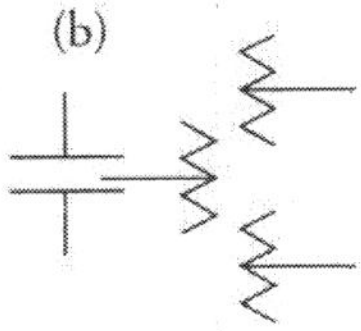
(c)
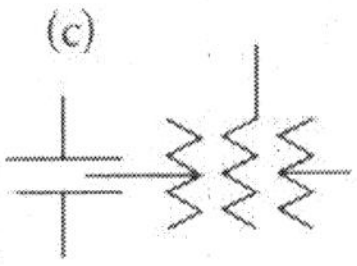</td><td>(a)
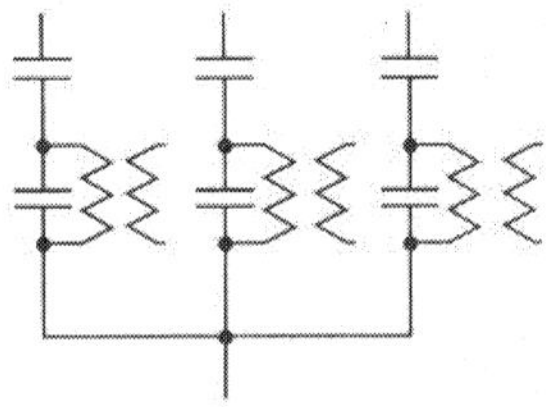
(b)
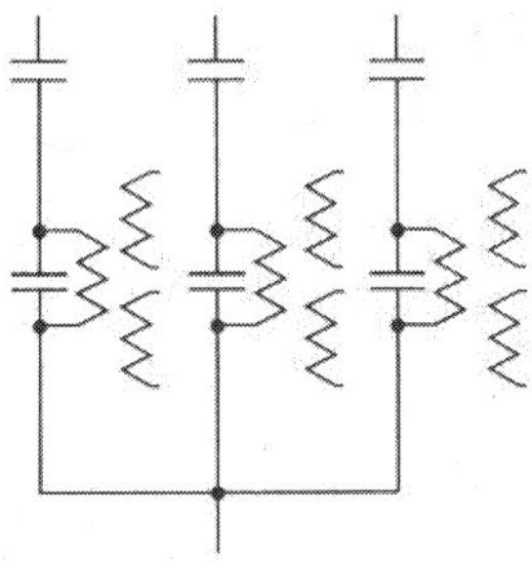
(c)
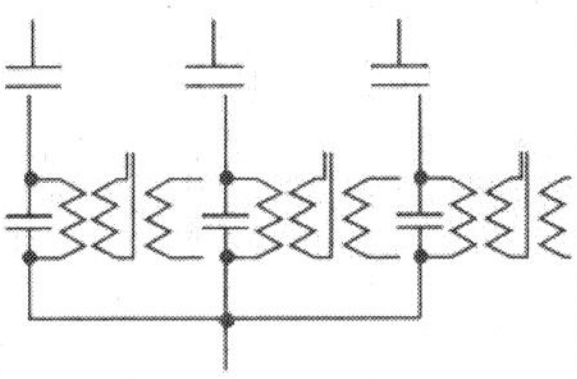</td><td>1. 주변압기와 구별하기 위해 그것보다 가늘게 그릴 수 있다.
2. (a)는 2권선인 경우를 나타낸다.
3. (b), (c)는 3권선인 경우를 나타낸다.
4. 송전 계통도 등에서 (a), (b), (c)가 특히 그리기 곤란할 경우에는
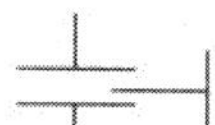
와 같이 표시할 수 있다.</td></tr>
<tr><td>Ⅱ4.6</td><td>변류기</td><td>(a)

(b)
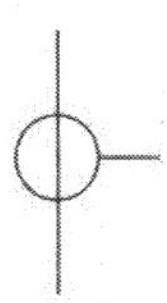
(c)
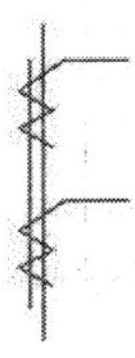</td><td>(a)
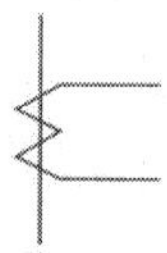
(b)
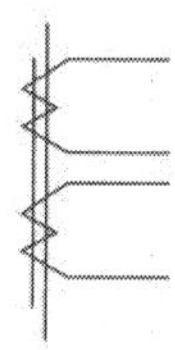
(c)
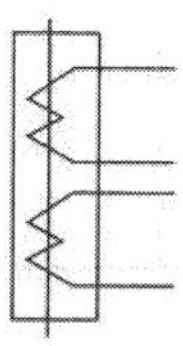</td><td>1. 단선도용의 (a), (b) 및 복선도용의 (a)는 2권선인 경우를 표시한다.
2. 단선도용의 (c), (d) 및 복선도용의 (b)는 3권선인 경우를 표시한다.
3. 단선도용의 (e) 및 복선도용의 (c)는 2중 철심인 경우를 표시한다.</td></tr>
</table>

번 호	명 칭	심 벌		적 요
		단선도용	복선도용	
II4.6		(d) 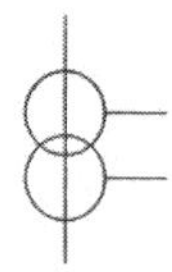 (e) 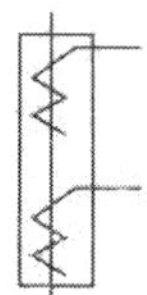		
II4.7	부싱형 변류기	(a) 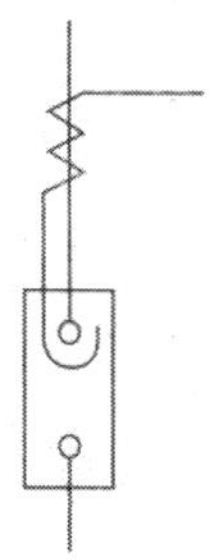 (b) 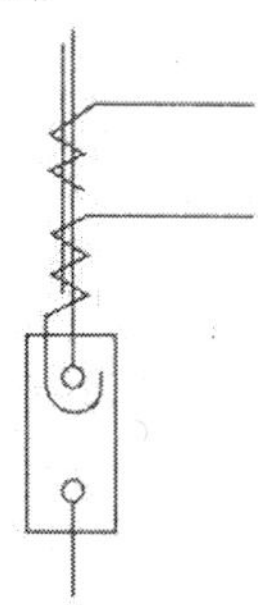 (c) 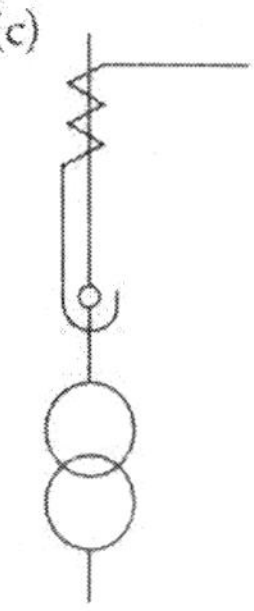	(a) 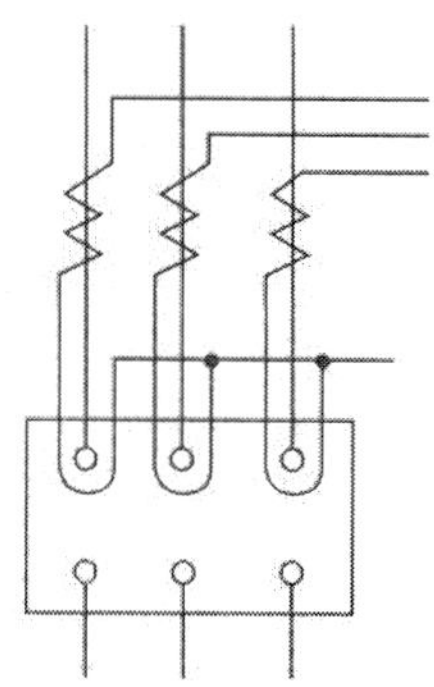 (b) 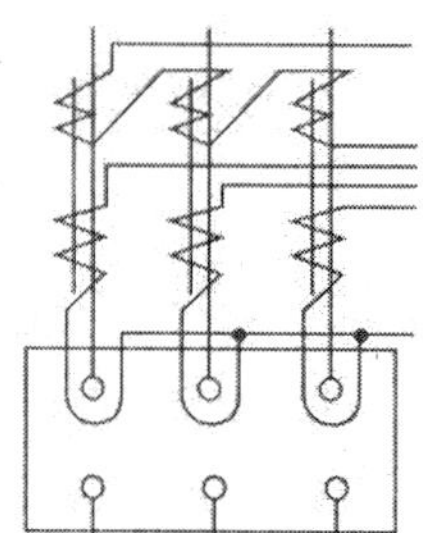	1. (a), (b), (e), (f)는 교류차단기에 장치한 경우를 표시한다. 2. (c), (d)는 변압기에 장치한 경우를 나타낸다. 3. (b), (f)는 3권선인 경우를 표시한다. 4. (g)는 2중 철심인 경우를 표시한다.

번 호	명 칭	심 벌		적 요
		단선도용	복선도용	
II4.7		(d) 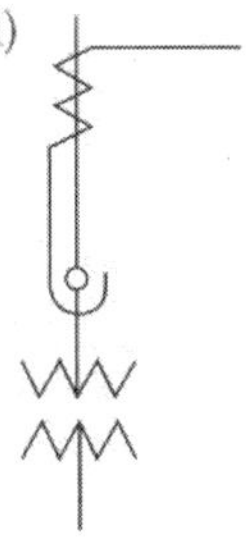 (e) 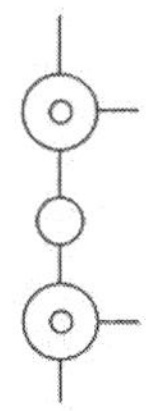 (f) 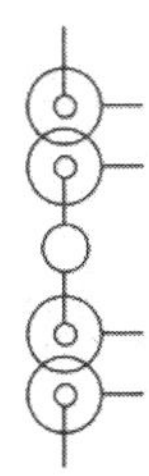 (g) 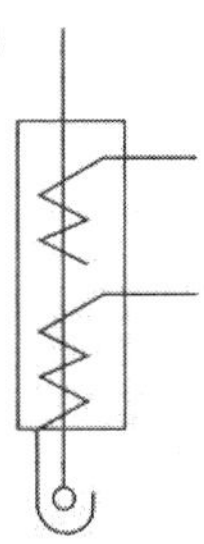	(c) 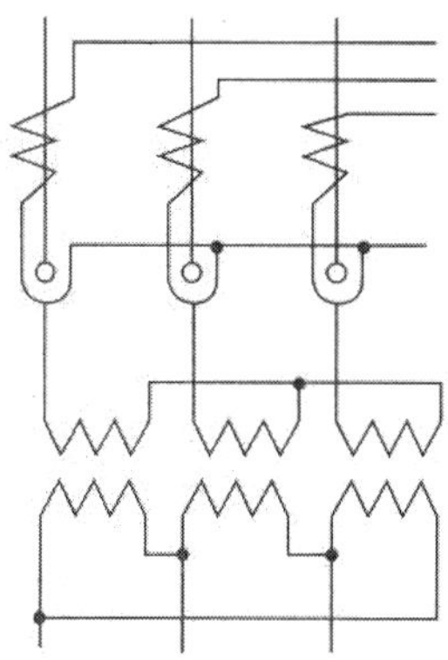	
II4.8	계기용 변압 변류기	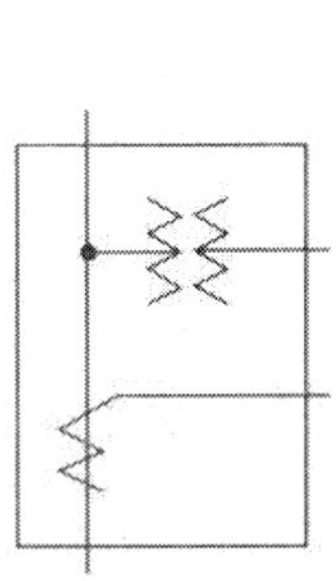	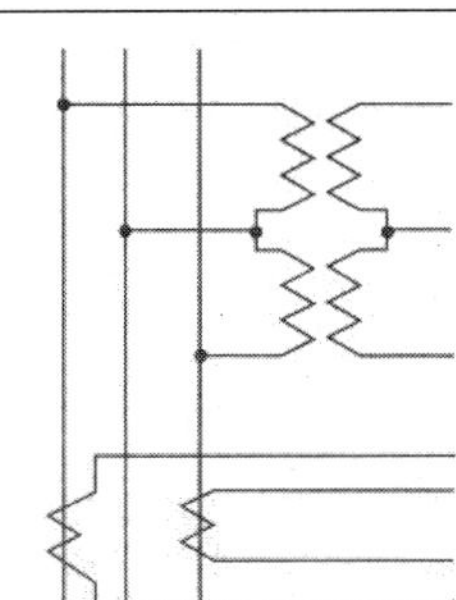	주변압기와 구별하기 위하여 그것보다 가늘게 그릴 수 있다.

번 호	명 칭	심 벌		적 요
		단선도용	복선도용	
II4.9	0상 계기용 변압기	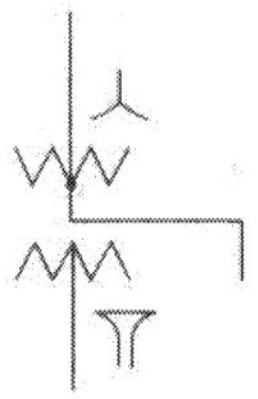	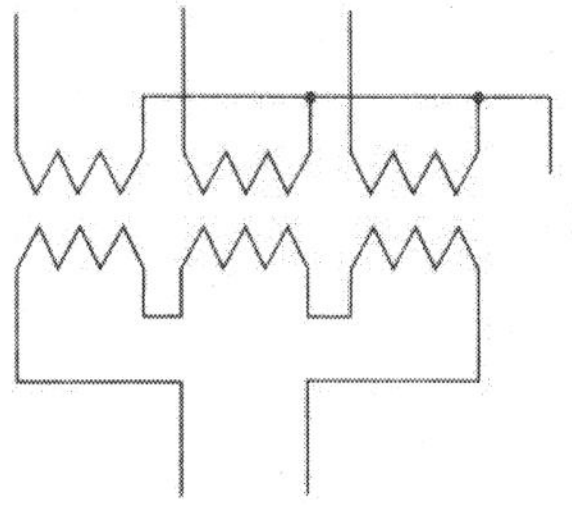	
II4.10	0상 변류기	(a) 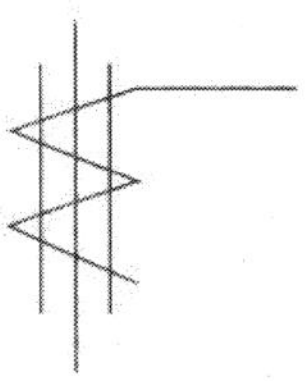 (b) 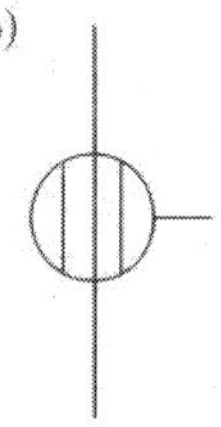	(a) 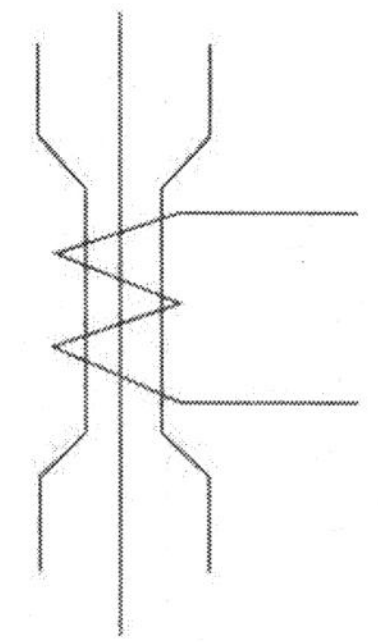 (b) 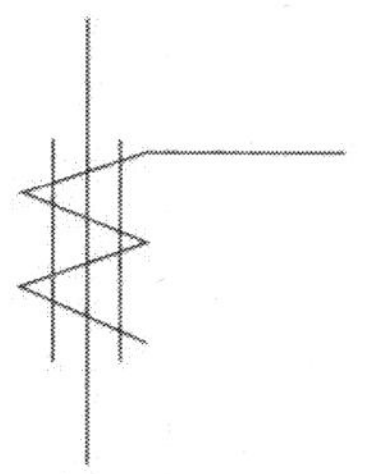	복선도용 (b)는 3심 케이블용을 나타낸다.

5. 배전반 부착기구

번 호	명 칭	심 벌		적 요
		단선도용	복선도용	
II5.1	계기용 절환 개폐기	(a) 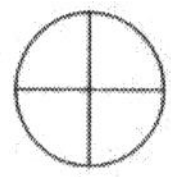 (b) 		1. (a)는 전압 회로용에 쓰인다. 2. (b)는 전류 회로용에 쓰인다.
II5.2	전류계용 분류기	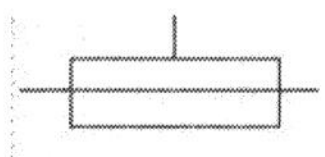	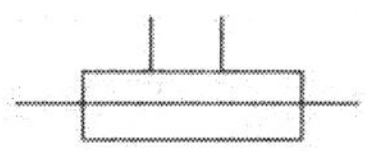	
II5.3	시험용 전압 단자	(a)  (b)  (c) 		보기 : (a)  (b)  (c) 
II5.4	시험용 전류 단자			보기 : 

6. 전력용 접점

(1) 이 규격의 「적용 범위 비고 5」에 표시한 상태에서 개로하는 것에 대하여는 가동부분을 오른쪽 혹은 위쪽에 나타내고, 폐로하는 것에 대해서는 가동부분을 왼쪽 혹은 아래 쪽에 나타낸다.

(2) 이 규격의 「적용 범위 비고 5」 이외의 상태를 나타내는 경우에는 보기를 들면

II6.5의 a접점을 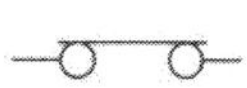 b접점을  와 같이 나타낼 수 있다.

번 호	명 칭	심 벌		적 요
		단선도용	복선도용	
II6.1	접점(일반) 또는 수동 접점	(a)  (b) 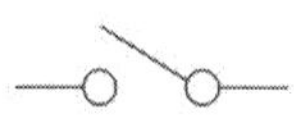	(a)  (b) 	
II6.2	수동 조작 자동복귀 접점	(a) 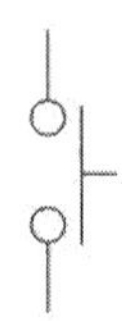 (b) 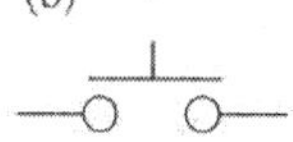	(a) 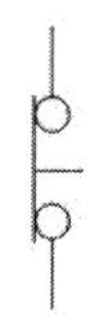 (b) 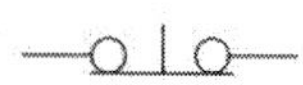	손을 떼면 복귀하는 접점(누름형, 인장형, 비틀림형에 공통)이며, 단추 스위치, 조작 스위치 등의 접점에 쓰인다.
II6.3	기계적 접점	(a) 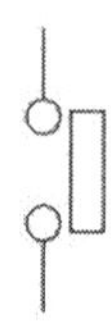 (b) 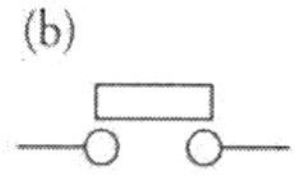	(a) 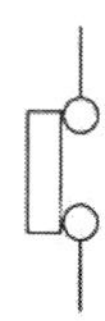 (b) 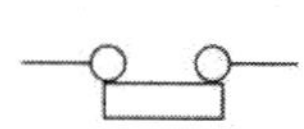	리밋 스위치와 같이 접점의 개폐가 전기적 이외의 원인에 의해서 이루어지는 것에 쓰인다.
II6.4	조작 스위치 잔류 접점	(a) 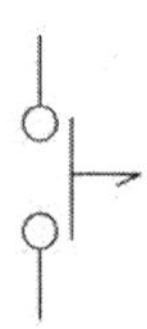 (b) 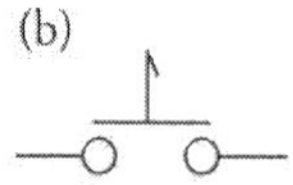	(a)  (b) 	

번 호	명 칭	심 벌		적 요
		단선도용	복선도용	
Ⅱ6.5	계전기 접점 또는 보조 스위치 접점	(a) 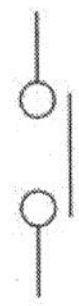 (b) 	(a)  (b) 	
Ⅱ6.6	한시(限時) 동작 접점	(a) 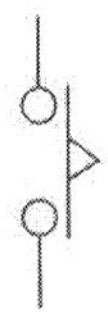 (b) 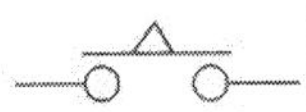	(a) 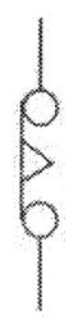 (b) 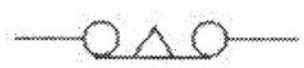	특히 한시 접점임을 나타낼 필요가 있는 경우에 사용한다.
Ⅱ6.7	한시 복귀 접점	(a) 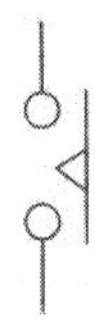 (b) 	(a)  (b) 	
Ⅱ6.8	수동 복귀 접점	(a)  (b) 	(a)  (b) 	인위적으로 복귀시키는 것으로 전자석으로 복귀시키는 것도 포함된다. 보기를 들면, 수동 복귀의 열동 계전기 접점, 전자 복귀식 벨 계전기 접점 등

번 호	명 칭	심 벌		적 요
		단선도용	복선도용	
II6.9	전자 접촉기 접점	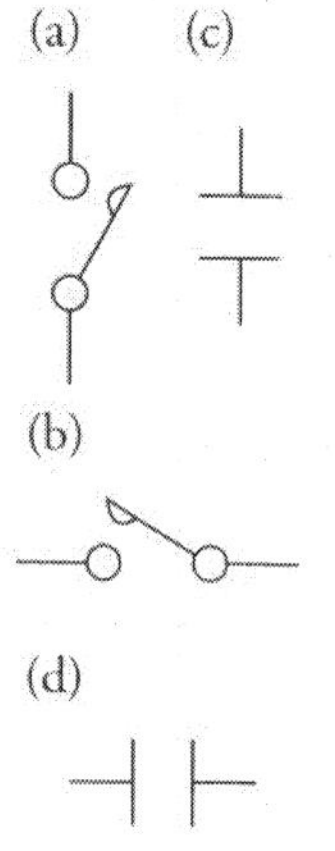	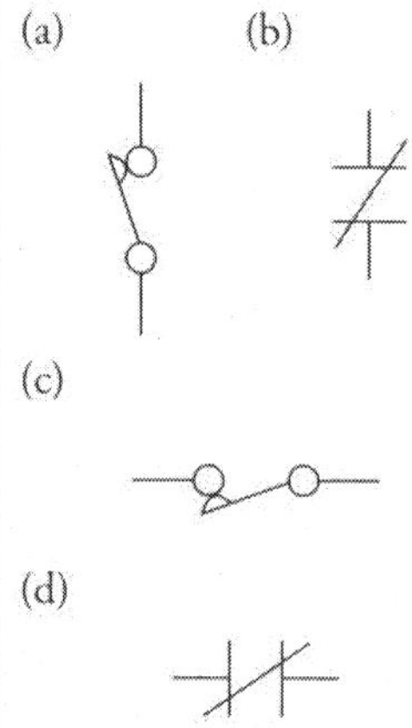	착오가 생길 우려가 없는 경우에는 II 6.5와 같은 심벌을 써도 좋다.
II6.10	제어기 접점 (드럼형 또는 캠형)			그림은 한 접점을 나타낸다.

7. 개폐기 및 제어장치

번 호	명 칭	심 벌		적 요
		단선도용	복선도용	
II7.1	개폐기(일반)	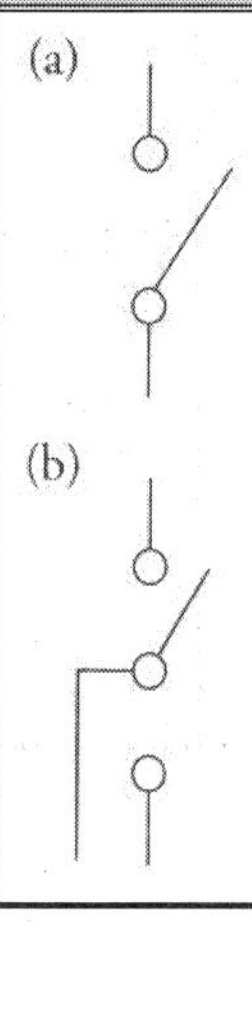		(b)는 단극 쌍투의 경우에 쓰인다.

번 호	명 칭	심 벌		적 요
		단선도용	복선도용	
Ⅱ7.2	단로기(일반)	(a)  (b)  (c)  (d) 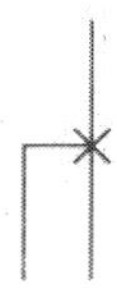 (e) 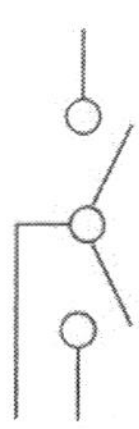	(a) 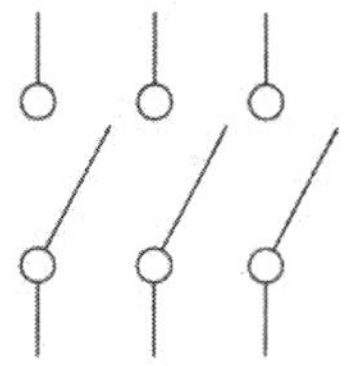 (b) 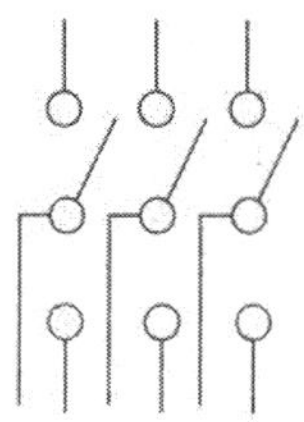 (c) 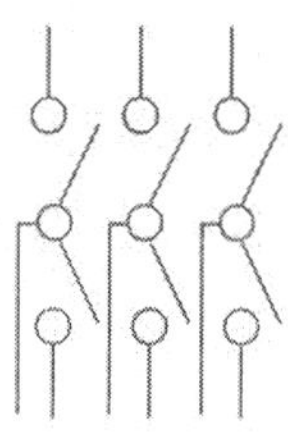	1. 단선도용 (b), (d)는 특히 간단하게 나타낼 필요가 있는 경우에 쓰인다. 2. 단선도용 (c), (d) 및 복선도용 (b)는 쌍투형인 경우에 쓰인다. 3. 단선도용 (e), 복선도용 (c)는 쌍투쌍날형인 경우에 쓰인다.
Ⅱ7.3	링크(link) 기구에 의한 수동 조작의 단로기	(a) 	(a) 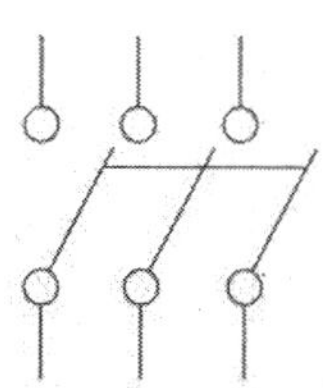	1. 단선도용 (b), (d), (f)는 특히 간단하게 나타낼 필요가 있는 경우에 쓰인다. 2. 단선도용 (c), (d) 및 복선도용 (b)는 쌍투형인 경우에 쓰인다.

번 호	명 칭	심 벌		적 요
		단선도용	복선도용	
II7.3		(b) 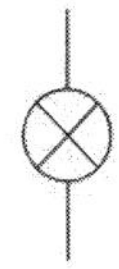 (c)  (d) 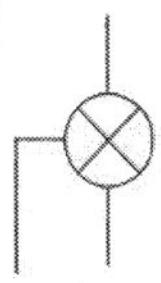 (e) 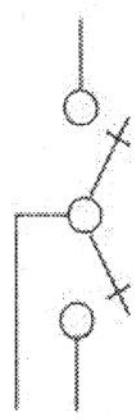 (f) 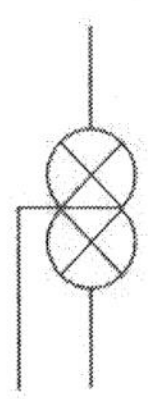	(b) 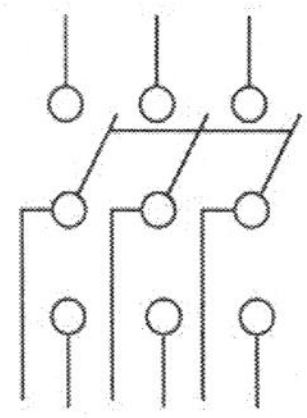 (c) 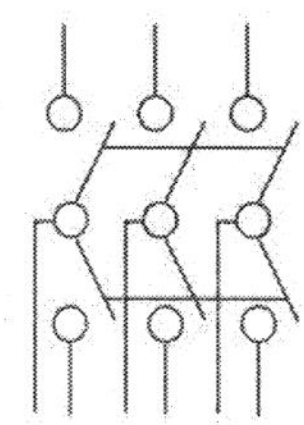	3. 단선도용 (e), (f) 및 복선도용 (c)는 쌍투쌍날형인 경우에 쓰인다. 4. 단선도에 있어서 팬터 그래프형 또는 직립 투입형을 나타낼 필요가 있는 경우에는 다음과 같다. 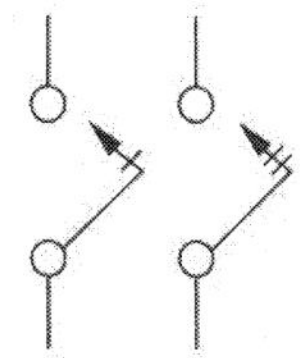 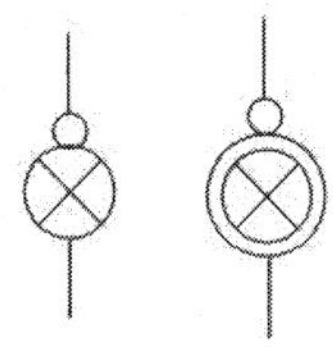 "O"는 고정 접촉부 쪽에 부착한다. 5. 접지 기구 붙이를 나타낼 필요가 있는 경우에는 다음과 같다. 접지기구의 수동동작 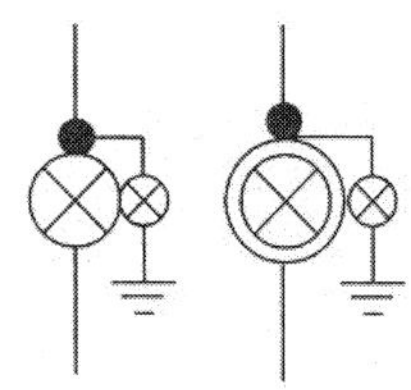 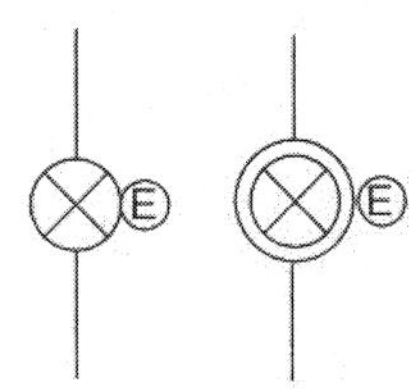
II7.4	동력 조작의 단로기	(a)  (b) 	(a) 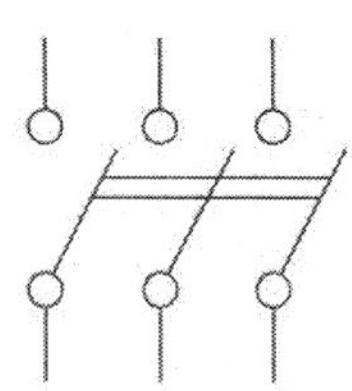	

번 호	명 칭	심 벌		적 요
		단선도용	복선도용	
II7.4		(c) 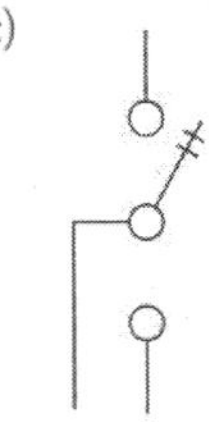 (d) 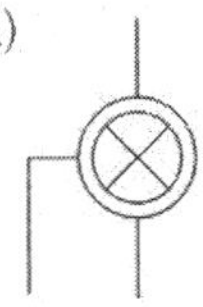 (e) 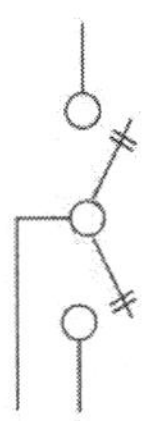 (f) 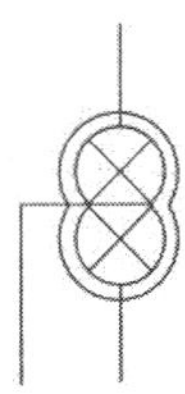	(b) 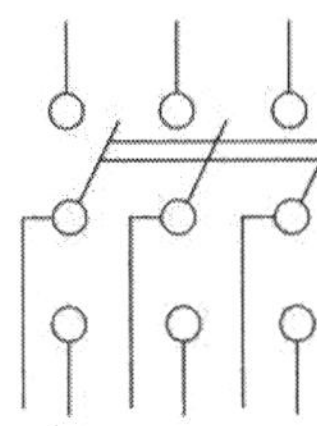 (c) 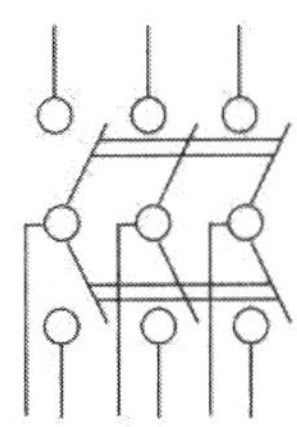	접지기구의 동력 조작 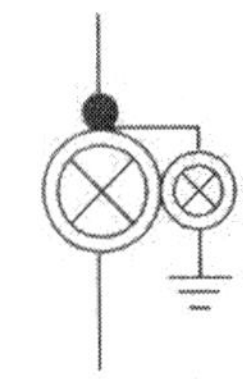 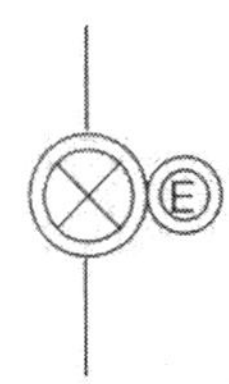
II7.5	수동 조작의 단로기형 부하 개폐기	(a)  (b) 	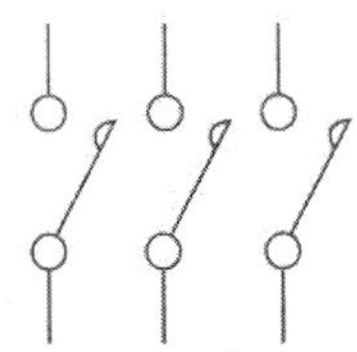	(b)는 특히 간단하게 나타낼 필요가 있는 경우에 쓰인다.
II7.6	동력 조작 단로기형 부하 개폐기	(a)  (b) 	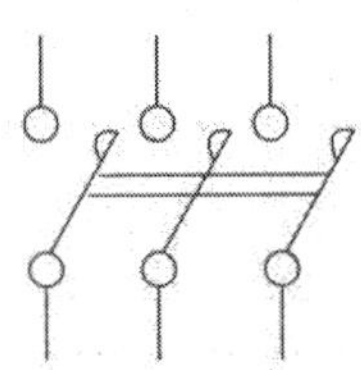	(b)는 특히 간단하게 표시할 필요가 있는 경우에 쓰인다.

번 호	명 칭	심 벌		적 요
		단선도용	복선도용	
II7.7	플러그형 단로기			
II7.8	나이프 스위치		(a) (b) 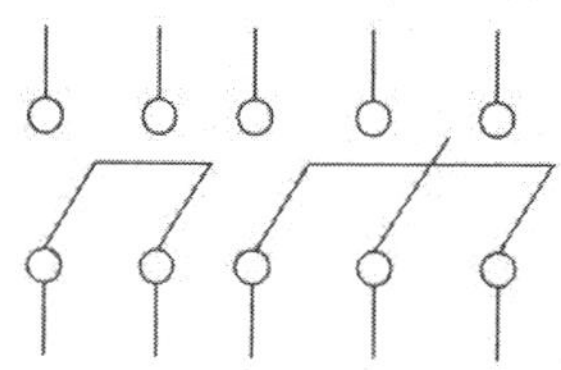	1. (a)는 2극인 경우를 나타낸다. 2. (b)는 3극인 경우를 나타낸다.
II7.9	2극 계자 개폐기	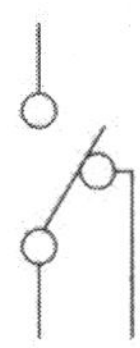	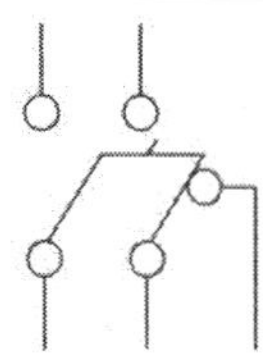	
II7.10	기중 차단기(일반)		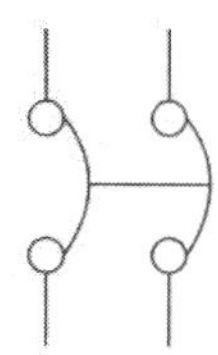	1. 배선용 차단기도 포함한다. 2. 복선도용은 2극인 경우를 나타낸다.
II7.11	기중 차단기 트립 코일 붙이의 보기 (단극인 경우를 나타낸다.)	보기 1 : 		직렬 트립 코일 붙이인 경우를 나타낸다.
		보기 2 : 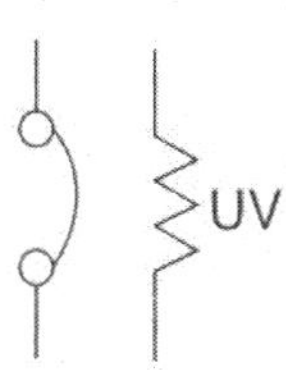		부족 전압 트립 코일 붙이인 경우를 나타낸다.

번 호	명 칭	심 벌		적 요
		단선도용	복선도용	
II7.11		보기 3 : 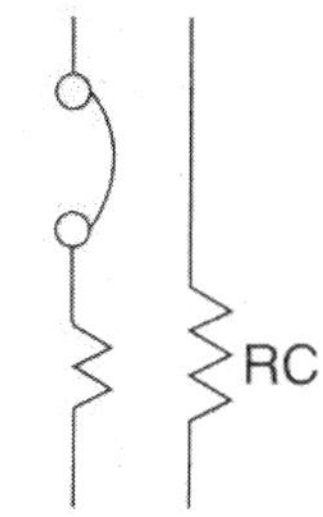		역류 트립 코일 붙이인 경우를 나타낸다.
		보기 4 : 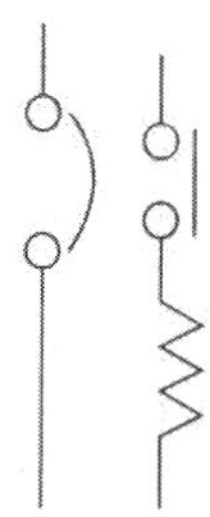		트립 코일에 보조 스위치가 있는 경우를 나타낸다.
II7.12	직류 고속도 차단기	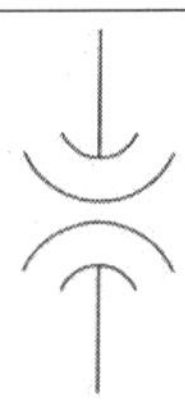		
II7.13	교류 차단기(일반)	(a) 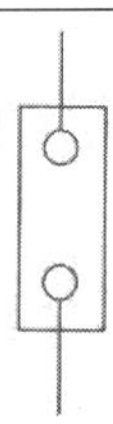 (b) 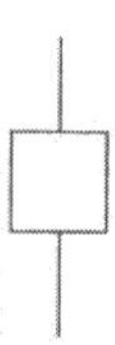 (c) 	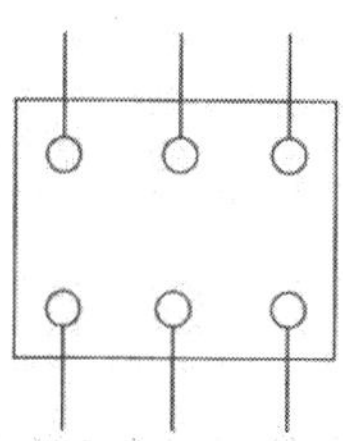	1. 종류를 나타내는 경우에는 옆에 다른 글자를 부기한다. 기름차단기 OCB 진공차단기 VCB 공기차단기 ABB 가스차단기 GCB 자기차단기 MBB 등 2. (b)는 간단히 나타낼 경우에 쓰인다. 3. (c)는 잘못된 우려가 없는 경우에 한해 사용할 수 있다.

번 호	명 칭	심 벌		적 요
		단선도용	복선도용	
II7.14	교류 차단기 트립 붙이의 보기	보기 1 : 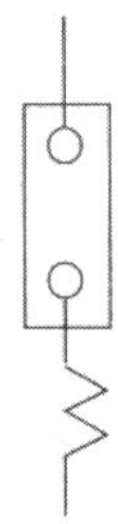	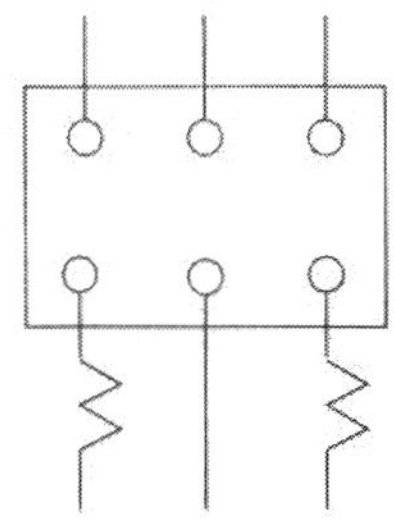	직렬 트립 코일 붙이인 경우를 나타낸다.
		보기 2 : 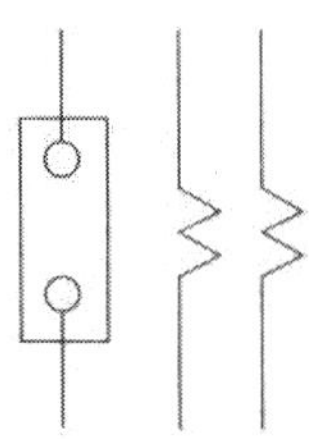	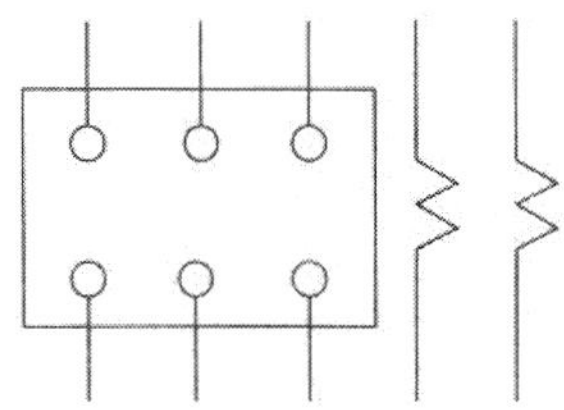	변류기 2차 전류 트립인 경우를 나타낸다.
		보기 3 : 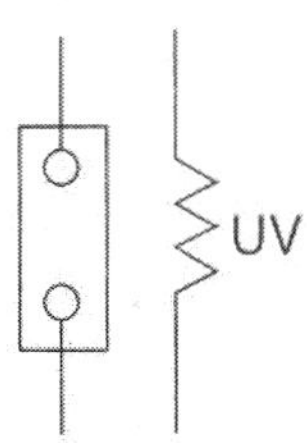	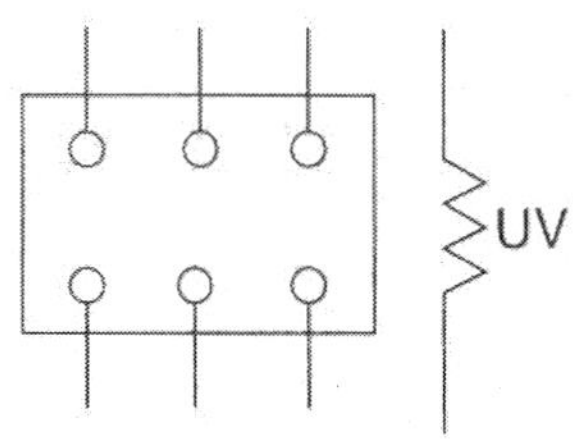	부족 전압 트립 코일 붙이인 경우를 나타낸다.
		보기 4 : 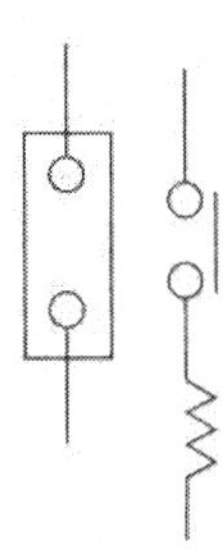	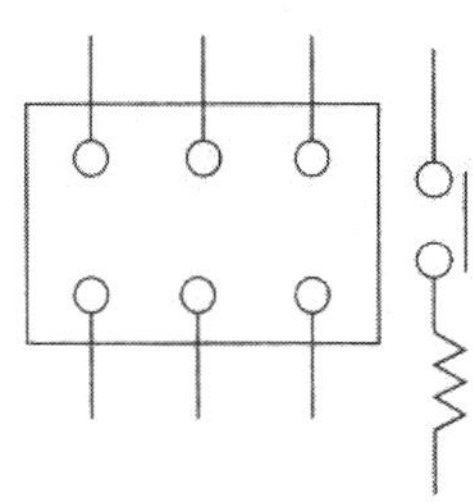	트립 코일에 보조 스위치 붙이인 경우를 나타낸다.

번 호	명 칭	심 벌		적 요
		단선도용	복선도용	
II7.15	고압 교류 부하 개폐기(일반)	(a) 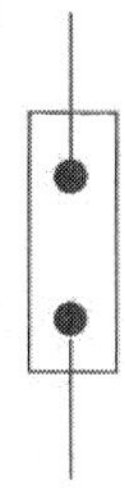 (b)  (c) 	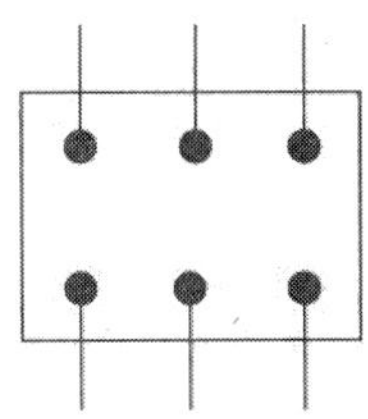	1. 종류를 나타낼 경우에는 옆에 다음의 문자를 기입한다. 기름부하 개폐기 OS 기중 개폐기 AS 진공 개폐기 VS 가스 개폐기 GS 등 2. (b)는 간단히 표시할 경우에 쓰인다. 3. (c)는 잘못될 염려가 없는 경우에 한하여 쓸 수 있다.
II7.16	보조 스위치(일반)	(a-가)  (a-나) 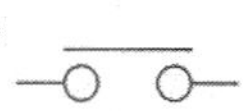	(b-가)  (b-나) 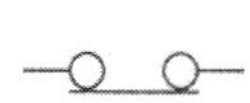	
II7.17	누름 단추 스위치	(a-가) 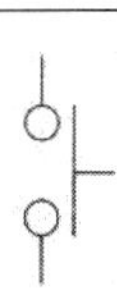 (a-나) 	(b-가)  (b-나)	1. a는 누르는 조작에 따라 폐로가 되는 경우에 쓰인다. 2. b는 누르는 조작에 따라 개로가 되는 경우에 쓰인다.

번호	명칭	심벌 단선도용	심벌 복선도용	적요
II7.18	인장 단추 스위치	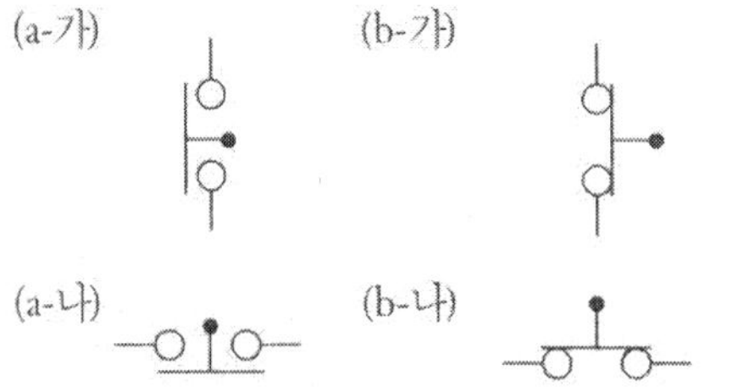		1. a는 당기는 조작에 따라 폐로가 되는 경우에 쓰인다. 2. b는 당기는 조작에 따라 개로가 되는 경우에 쓰인다.
II7.19	쌍누름 단추 스위치	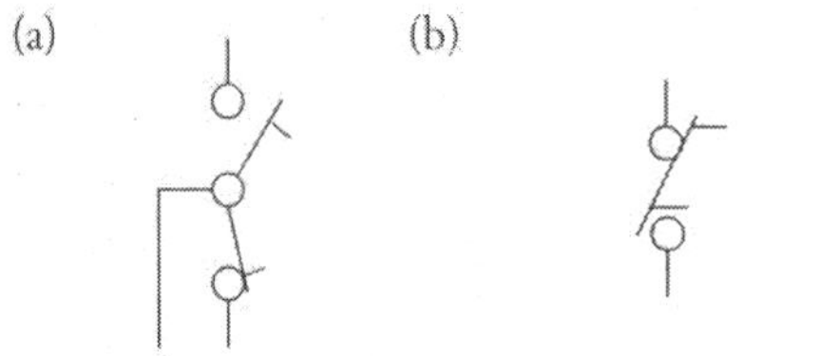		1. (a)는 쌍투에 쓰인다. 2. (b)는 단투에 쓰인다.
II7.20	전자 접촉기	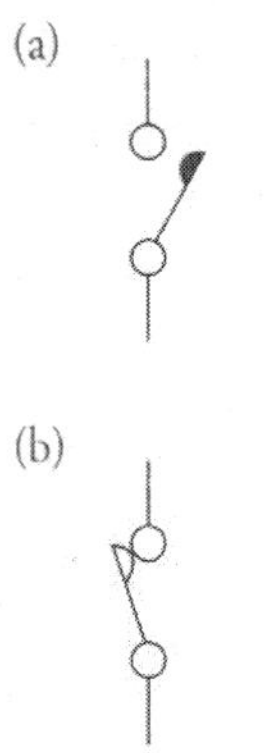	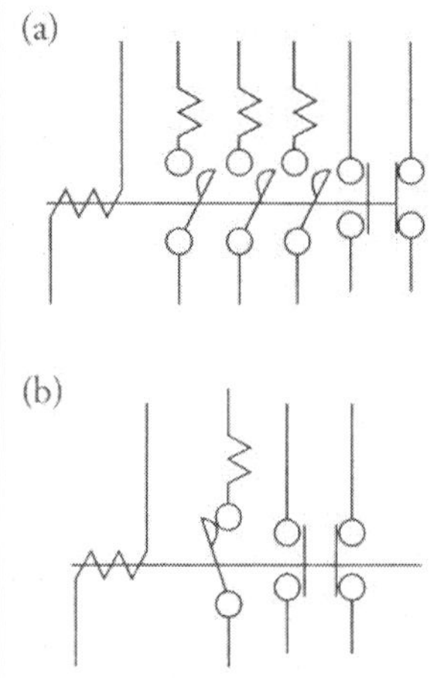	1. (a)는 휴지(rest) 상태에서 여는 경우를 나타내고, 복선도용에서는 3극에서 블로아웃 코일 및 보조 스위치 붙이의 보기를 나타낸다. 2. (b)는 휴지 상태에서 닫는 경우를 나타내고, 복선 도용에서는 단극에서 블로아웃 코일 및 보조 스위치 붙이의 보기를 나타낸다.
II7.21	열동 과전류 계전기의 히터	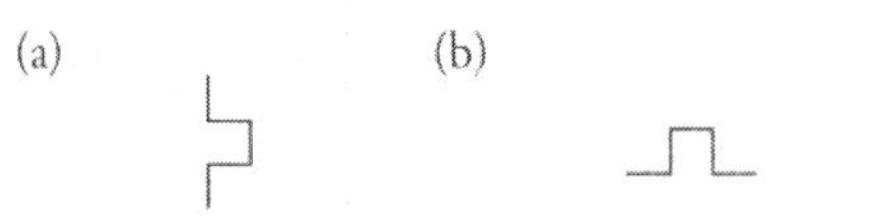		
II7.22	제어기 (일반)	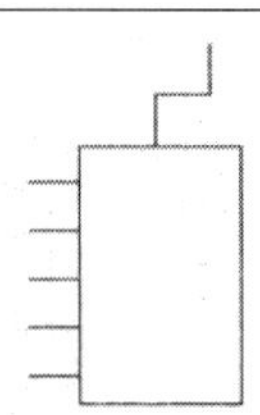		

번 호	명 칭	심 벌		적 요
		단선도용	복선도용	
Ⅱ7.23	드럼형 제어기(전개)	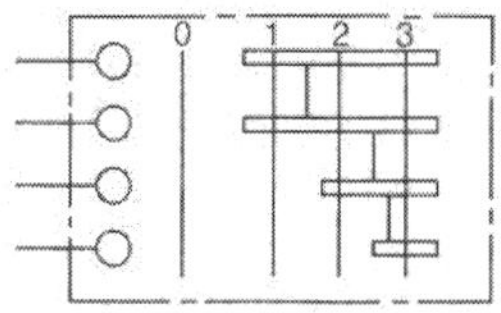		
Ⅱ7.24	캠 제어기(전개)	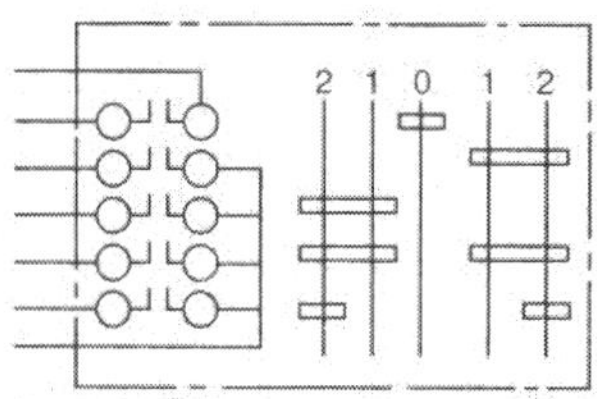		귀선이 공통인 경우를 나타낸다.
Ⅱ7.25	리밋 스위치	(a) (b) 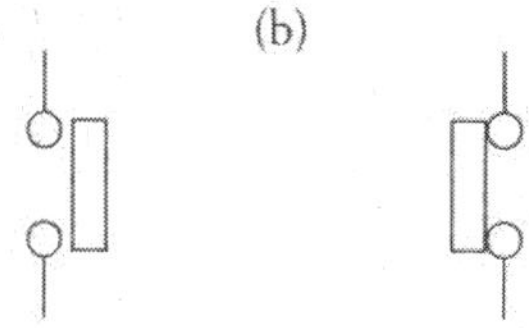		1. (a)는 동작할 경우에 폐로되는 경우에 쓰인다. 2. (b)는 동작할 경우에 개로되는 경우에 쓰인다.
Ⅱ7.26	텀블러 스위치 혹은 로터리형 스위치	(a) (b) (c) 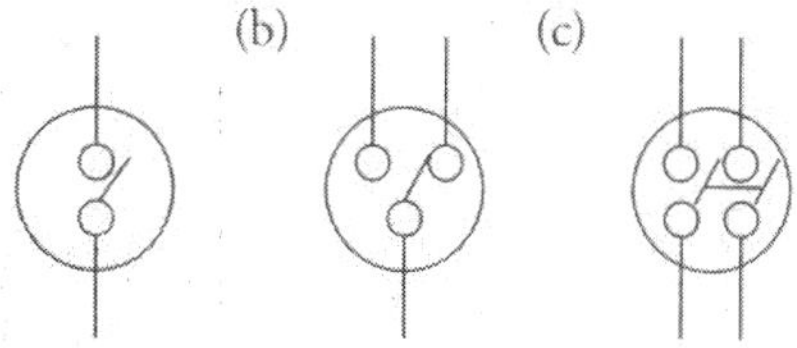		1. (a)는 단극 단투에 쓰인다. 2. (b)는 단극 쌍투에 쓰인다. 3. (c)는 쌍극 단투에 쓰인다.
Ⅱ7.27	부동 스위치 압력 스위치 등	(a) (b) (c) 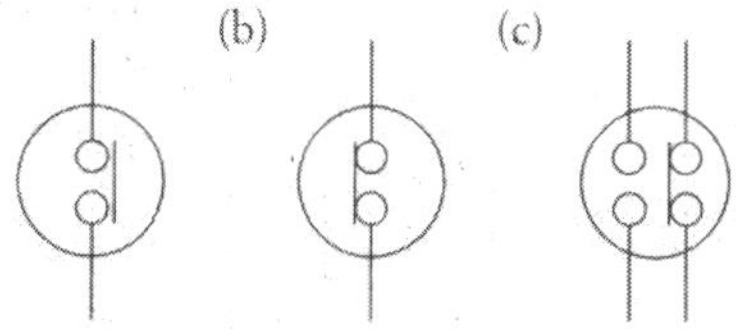		1. (a)는 동작하면 폐로되는 것에 쓰인다. 2. (b)는 동작하면 개로되는 것에 쓰인다. 3. (c)는 단극 절환용에 쓰인다.
Ⅱ7.28	속도 개폐기	(a) (b) 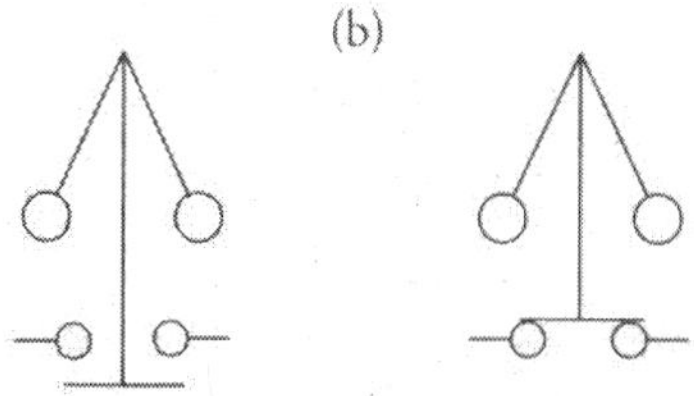		1. 특히 원심력 스위치임을 나타내고 싶을 때 쓰인다. 2. (a)는 동작하면 폐로가 되는 것에 쓰인다. 3. (b)는 동작하면 개로가 되는 것에 쓰인다.

번 호	명 칭	심벌		적 요
		단선도용	복선도용	
Ⅱ7.29	다이얼형 스위치	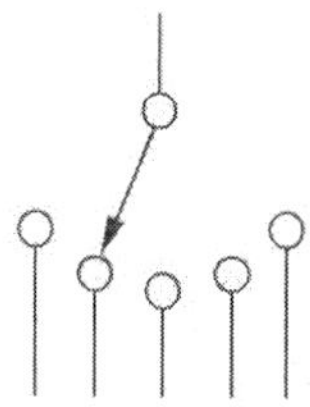		쌍극 단투인 경우
Ⅱ7.30	캐노피 스위치	(a) 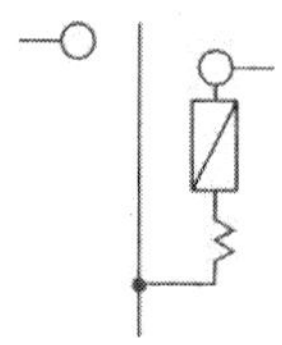 (b) 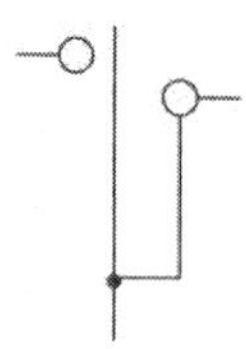 (c) 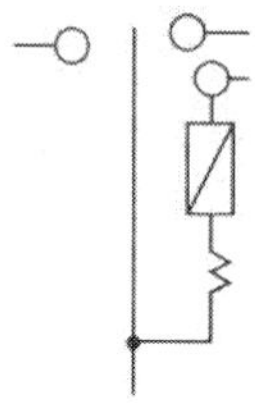		1. (a)는 단투로서 블로아웃 코일 및 퓨즈 붙이의 보기를 나타낸다. 2. (b)는 단투로서 블로아웃 코일 및 퓨즈가 없는 보기를 나타낸다. 3. (c)는 쌍투로서 블로아웃 코일 및 퓨즈 붙이의 보기를 나타낸다.
Ⅱ7.31	다이얼형 가변 저항기	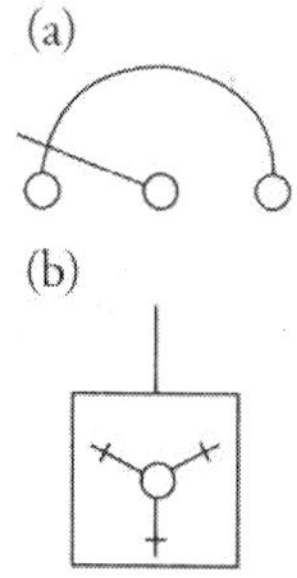	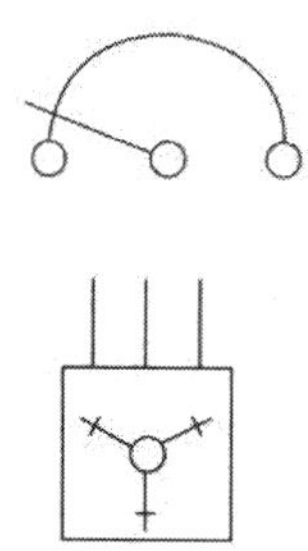	1. 단선도용 (a)에 있어서 단자를 필요로 하지 않는 부분의 ○은 생략해도 좋다. 2. 복선도용 (b)는 3상용인 것을 나타낸다.
Ⅱ7.32	액체 저항기	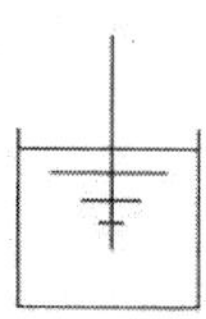	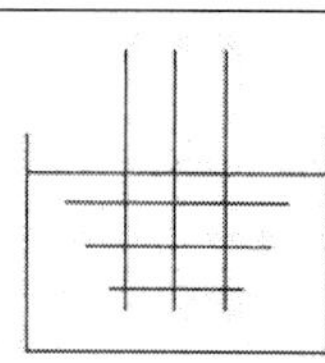	
Ⅱ7.33	시동 보상기	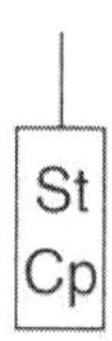	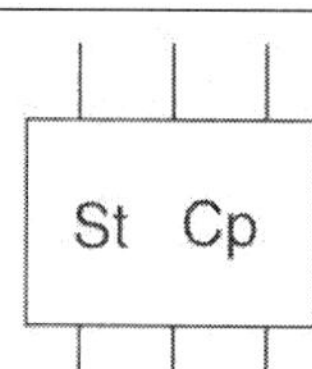	

번 호	명 칭	심 벌		적 요
		단선도용	복선도용	
II7.34	스타델타 시동기	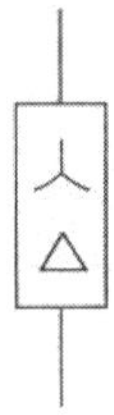	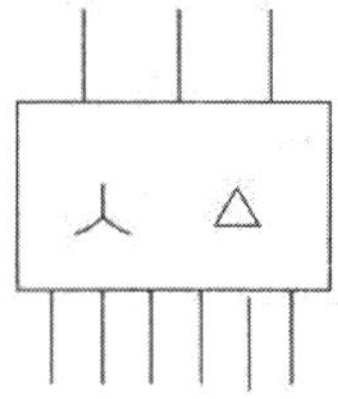	
II7.35	자동 조정기			1. 그림은 자동 전압 조정기의 보기이다. 이외의 경우에는 다음 문자를 사용한다. 자동 전류 조정기 ACR 자동 무효 전력 조정기 AQR 자동 역률 조정기 APFR 자동 부하 조정기 ALR 2. 교류·직류를 구별할 필요가 있는 경우에는 다음과 같다 교류  직류 
II7.36	팬터그래프	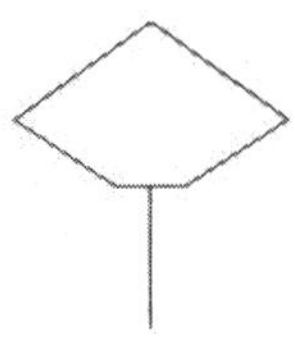		
II7.37	집전자		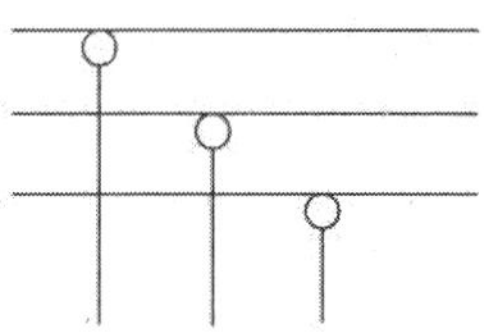	복선도용은 3개인 경우를 나타낸다.

번 호	명 칭	심 벌		적 요
		단선도용	복선도용	
II7.38	슬립링		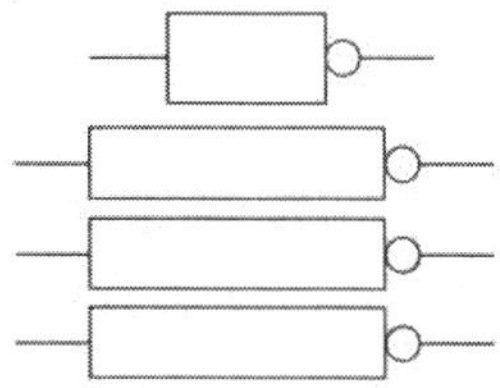	복선도용은 4개인 경우를 나타낸다.
II7.39	플러그 접속기	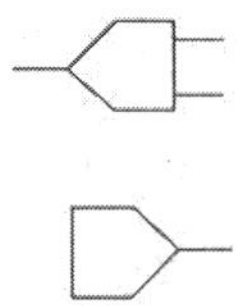	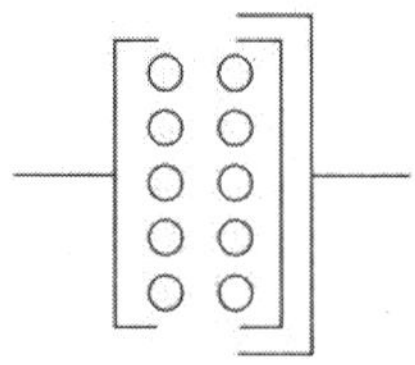	1. 도선도용의 왼쪽은 플러그, 오른쪽은 플로그 받이임을 나타낸다. 2. 복선도용의 ○의 수는 단자의 수를 나타낸다.
II7.40	제어용 전자 코일	(a) 	(b) 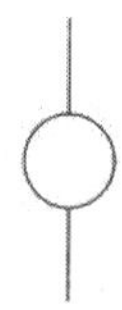	용도를 나타낼 경우, 다음 보기와 같이 글자를 부기할 수 있다. 보기 1 : 브레이크용 전자석의 경우 (a)는 전압 코일에 의한 경우 (b)는 전류 코일에 경우를 나타낸다. (a) (b) (c) 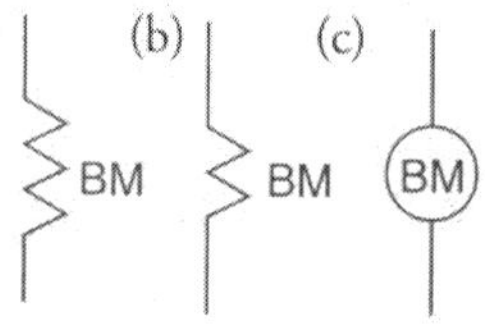 보기 2 : 투입 코일인 경우 (a) (b) 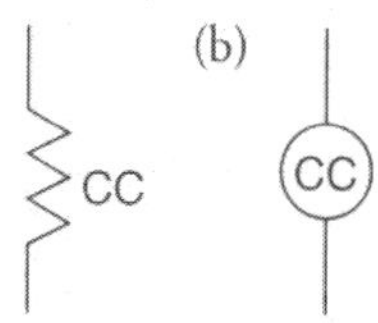 보기 3 : 트립 코일인 경우 (a) (b) 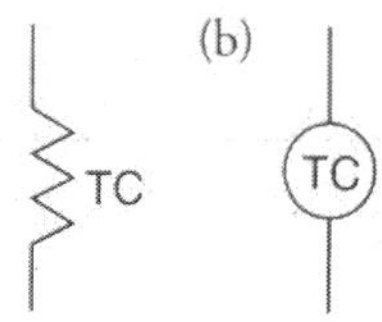

8. 커패시터 및 리액터

번 호	명 칭	심 벌		적 요
		단선도용	복선도용	
II8.1	전력용	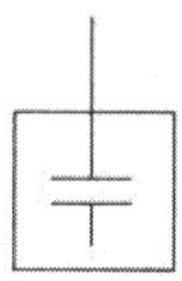	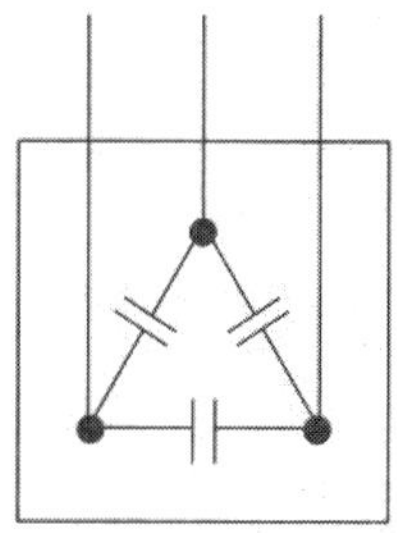	1. 단선도의 도면상에서 접속되어 있지 않은 경우에는, 다음과 같이 그 선은 생략해도 좋다. 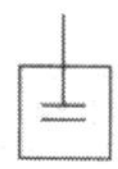 2. 복선도용은 △결선의 보기를 나타낸다. 3. 간편 표시인 경우, 다음과 같은 심벌을 사용해도 좋다. 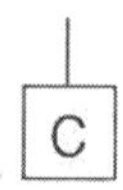
II8.2	전력용 분로 리액터	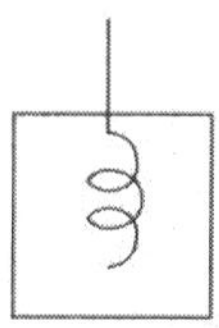	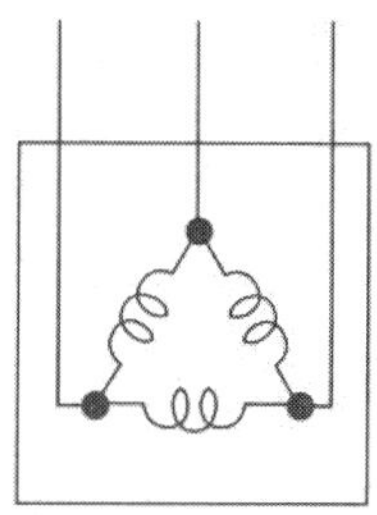	1. 복선도용은 △결선의 보기를 나타낸다. 2. 간편 표시인 경우, 다음과 같은 심벌을 사용해도 좋다. 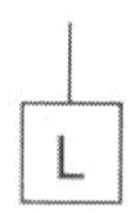

9. 보호 장치

번 호	명 칭	심 벌		적 요
		단선도용	복선도용	
II9.1	피뢰기	(a) (b) 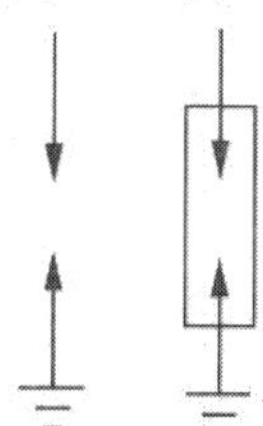	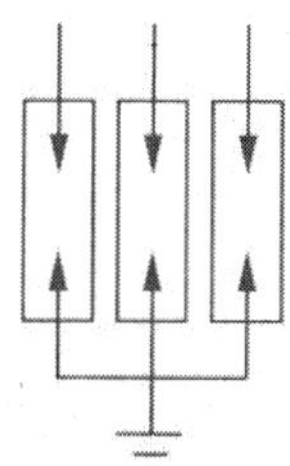	방전캡의 유무에 상관없이 이것으로 나타낸다.

번 호	명 칭	심 벌		적 요
		단선도용	복선도용	
II9.2	피뢰기 방전 전류 측정기			
II9.3	정전 방전기	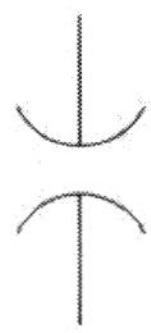		
II9.4	퓨즈(일반)	(a) 	(b) 	실 퓨즈, 판 퓨즈를 포함한다.
II9.5	포장 퓨즈	(a) 	(b) 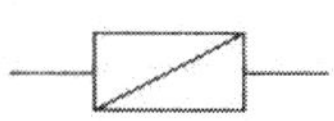	1. 통형 퓨즈, 전력 퓨즈, 플러그 퓨즈를 포함한다. 2. 사선은 우상(右上)으로 한다.
II9.6	퓨즈 붙이 단로기	(a) 	(b) 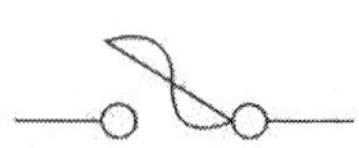	
II9.7	한류(限流) 리액터	(a) 	(b) 	

번 호	명 칭	심 벌		적 요
		단선도용	복선도용	
II9.8	소호(消弧) 리액터	(a)  (b)  (c) 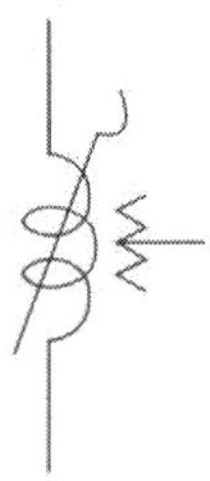	(a) (b) (c) 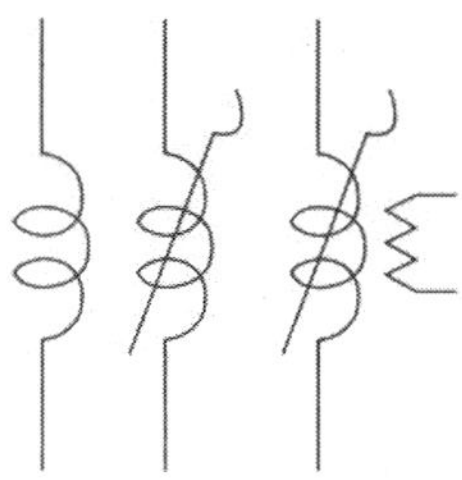	1. (b), (c)는 탭을 가진 것을 나타낸다. 2. (c)는 2차 코일을 가진 것을 나타낸다. 3. 리액터의 부분은 아래와 같이 그려도 좋다.  4. 소호 변압기는 II2.9에 표시한다.

10. 계전기 및 접점

10.1 계전기

(1) 다른 기기와 혼동될 우려가 없는 경우에는 ▭ 대신에 ○을 사용해도 좋다.

(2) 이들의 심벌은 계전 방식을 나타내는 경우에도 사용할 수 있다.

(3) 계전 방식과 계전기를 조합해서 나타낼 필요가 있는 경우, 아래의 보기에 따른다.

비고 : 단락 방향 계전 방식용의 과전류 계전기 $\boxed{\text{DS-OC}}$

반송 계전 방식용의 방향 거리 계전기 $\boxed{\text{Cr-DZ}}$

계통 분리 계전 방식용의 부족 주파수 계전기 $\boxed{\text{DI-UF}}$

(4) 특히 교류, 직류의 구별을 할 경우에는 $\boxed{\underset{\sim}{\text{OC}}}$ $\boxed{\underset{-}{\text{OC}}}$로 구별한다.

(5) 다음 표의 적요란의 ① ②는 다음을 뜻한다.

①은 O(과, 過), U(부족) 혹은 OU(과부족)을 달 수 있는 것(보기 : Ⅱ10.4, Ⅱ10.18 등)

②는 S(단락) 혹은 G(지락)을 끝에 달 수 있는 것(보기 : Ⅱ10.20, Ⅱ10.26 등)

(6) 고속도인 경우 표의 글자의 선두에 H를 첨가한다.(보기 : Ⅱ10.4를 [HC] 로)

(7) 전압 억제 붙이인 것은 표의 글자의 끝에 v를 첨가한다. 다만, S 혹은 G보다 앞에 단다.

보기 : 전압 억제붙이 단락 과전류 계전기 [OCvS]

번 호	명 칭	심 벌	적 요
Ⅱ10.1	계전기(일반)	[ ]	
Ⅱ10.2	단락 계전기	[S]	
Ⅱ10.3	지락 계전기	[G]	
Ⅱ10.4	전류 계전기	[C]	①
Ⅱ10.5	과전류 계전기	(a) [OC] (b) ○	
Ⅱ10.6	지락 과전류 계전기	(a) [OCG] (b) ●	
Ⅱ10.7	부족 전류 계전기	[UC]	
Ⅱ10.8	역류 계전기	[RC]	
Ⅱ10.9	과부하 계전기	[OL]	
Ⅱ10.10	한류 계전기	[CL]	
Ⅱ10.11	반상(反相) 전류 계전기	[RΦC]	[RPhC] 로 해도 좋다.

번 호	명 칭	심 벌	적 요
Ⅱ10.12	섬락 계전기	FO	
Ⅱ10.13	전압 계전기	V	①
Ⅱ10.14	과전압 계전기	(a) OV (b) 	
Ⅱ10.15	지락 과전압 계전기	(a) OVG (b) 	
Ⅱ10.16	부족 전압 계전기	(a) UV (b) 	
Ⅱ10.17	반상 전압 계전기	RΦV	RPhV 로 해도 좋다.
Ⅱ10.18	주파수 계전기	F	①
Ⅱ10.19	극성 계전기	Pℓ	
Ⅱ10.20	방향 계전기	D	②
Ⅱ10.21	단락 방향 계전기	(a) DS (b) △	
Ⅱ10.22	지락 방향 계전기	(a) DG (b) ▲	
Ⅱ10.23	전력 계전기	P	①
Ⅱ10.24	역전력 계전기	RP	
Ⅱ10.25	무효 전력 계전기	Q	①
Ⅱ10.26	차동 계전기	(a) Df (b) ⊖	②

번 호	명 칭	심 벌	적 요
II 10.27	비율 차동 계전기	(a) RDf (b) 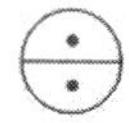	②
II 10.28	위상 비교 계전기	Φ	② Ph 로 해도 좋다.
II 10.29	평형 계전기	B	
II 10.30	단락 회선 선택 계전기	(a) SS (b) 	
II 10.31	지락 회선 선택 계전기	(a) SG (b) 	
II 10.32	전류 평형 계전기	CB	
II 10.33	전압 평형 계전기	VB	
II 10.34	상평형 계전기	ΦB	PhB 로 해도 좋다.
II 10.35	상선별 계전기	ΦSℓ	② PhSℓ 로 해도 좋다.
II 10.36	비율 계전기	R	
II 10.37	거리 계전기	(a) Z (b) 	②
II 10.38	방향 거리 계전기	(a) DZ (b) 	②
II 10.39	동기 투입 계전기	Sy	동기 검출 계전기를 포함한다.
II 10.40	탈조 계전기	SO	
II 10.41	계자 지락 계전기	FG	

번 호	명 칭	심 벌	적 요
Ⅱ10.42	계자 상실 계전기	(a) LF (b) 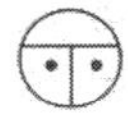	
Ⅱ10.43	계통 분리 계전기	DI	②
Ⅱ10.44	모선 계전기	BP	②
Ⅱ10.45	열동 계전기	Th	
Ⅱ10.46	열동 과전류 계전기	ThOC	
Ⅱ10.47	열동 과부하 계전기	ThOL	
Ⅱ10.48	한시 계전기	(a) TL (b) 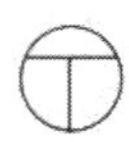	
Ⅱ10.49	보조 계전기	(a) Ax (b) 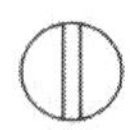	
Ⅱ10.50	다접촉 계전기	(a) MC (b) 	
Ⅱ10.51	폐쇄 계전기	L	
Ⅱ10.52	연동 계전기	Iℓ	
Ⅱ10.53	자유 트립 계전기	TF	
Ⅱ10.54	재폐로 계전기	(a) Rec (b) 	
Ⅱ10.55	노칭 계전기	Nch	
Ⅱ10.56	플리커 계전기	Fc	

번 호	명 칭	심 벌	적 요
Ⅱ10.57	고장 표시기	FI	
Ⅱ10.58	온도 계전기	T	①
Ⅱ10.59	압력 계전기	Pr	①
Ⅱ10.60	흐름 계전기	Fℓ	①
Ⅱ10.61	유류 계전기	OℓFℓ	①
Ⅱ10.62	기류 계전기	ArFℓ	①
Ⅱ10.63	수류 계전기	WtFℓ	①
Ⅱ10.64	위치 계전기	Po	
Ⅱ10.65	속도 계전기	Sp	①
Ⅱ10.66	진공 계전기	Vc	
Ⅱ10.67	부호홀츠 계전기	BH	
Ⅱ10.68	고정 검출 계전기	FDt	②
Ⅱ10.69	반송 계전기	Cr	
Ⅱ10.70	반송 수신 계전기	CrRe	
Ⅱ10.71	방향 비교식 반송 계전기	CrD	②
Ⅱ10.72	위상 비교식 반송 계전기	CrΦ	② CrPh 로 하여도 좋다.
Ⅱ10.73	전송 트립식 반송 계전기	CrTT	②

번 호	명 칭	심 벌	적 요
Ⅱ10.74	표시선 계전기	Pw	②
Ⅱ10.75	방향 비교식 표시선 계전기	PwD	②
Ⅱ10.76	차동식 표시선 계전기	PwDf	②
Ⅱ10.77	전송 트립식 표시선 계전기	PwTT	②
Ⅱ10.78	표시선 감시 계전기	PwMo	②
Ⅱ10.79	마이크로파 계전기	M	
Ⅱ10.80	방향 비교식 마이크로파 계전기	MD	②
Ⅱ10.81	위상 비교식 마이크로파 계전기	MΦ	② MPh 로 해도 좋다.
Ⅱ10.82	전송 트립식 마이크로파 계전기	MTT	②
Ⅱ10.83	전송 트립 계전기	TT	②

10.2 계전기 접점 심벌

(1) 이 규격의 「적용 범위 비고 5」에서 기술된 상태에서 개로되는 것에 대하여는 가동부분을 오른쪽 혹은 위쪽에 쓰고, 폐로된 것에 대하여는 가동부분을 왼쪽 혹은 아래쪽에 쓴다.

(2) 이 규격의 「적용 범위 비고 5」 이외의 상태를 나타내는 경우에는 보기를 들면 Ⅱ10.84의 a접점을 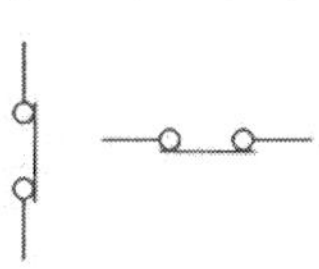 Ⅱ10.85의 b접점을 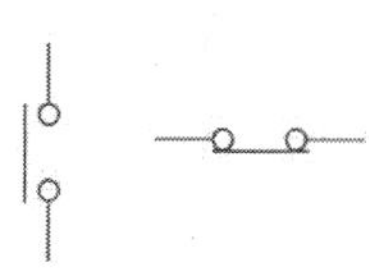 와 같이 표시할 수 있다.

번 호	명 칭	심 벌	적 요
Ⅱ10.84	a 접점	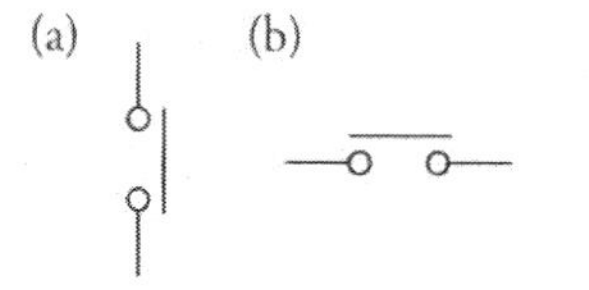	
Ⅱ10.85	b 접점	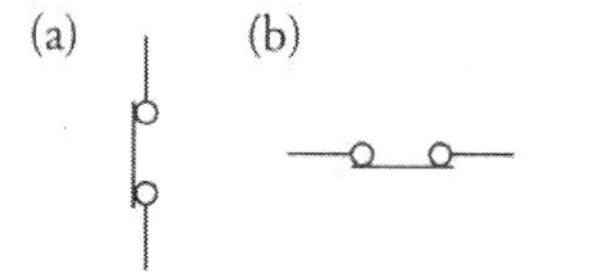	
Ⅱ10.86	c 접점	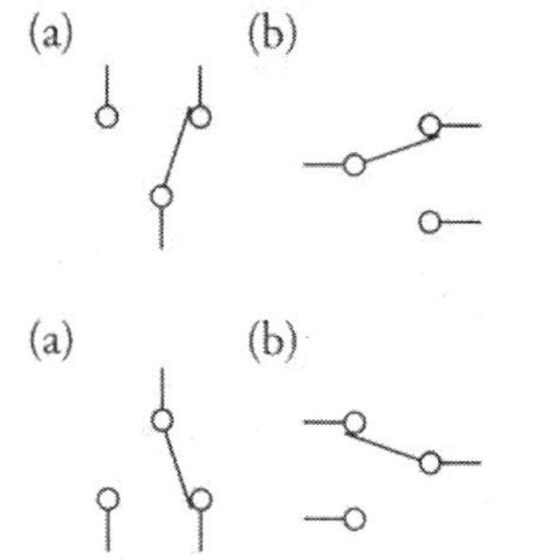	
Ⅱ10.87	*l* 접점	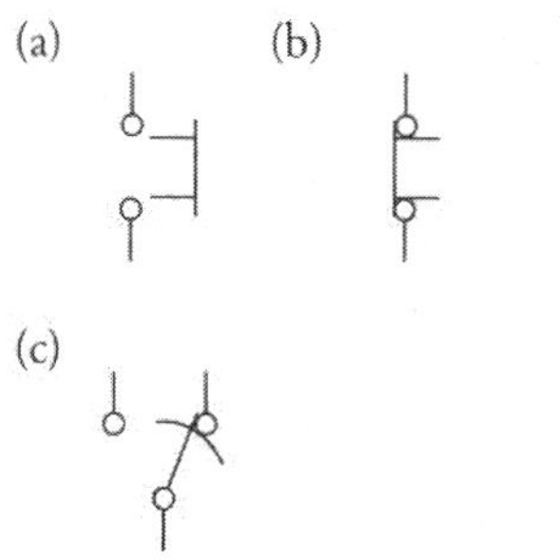	계전기의 동작 또는 복귀시 개로 접점이 개로하기 전에 폐로 접점이 폐로하여, 일시적으로 쌍방의 접점이 폐로상태를 유지하는 질환 접점을 말한다. (a)는 a*l*접점, (b)는 b*l*접점, (c)는 c*l*접점
Ⅱ10.88	쌍방향 접점	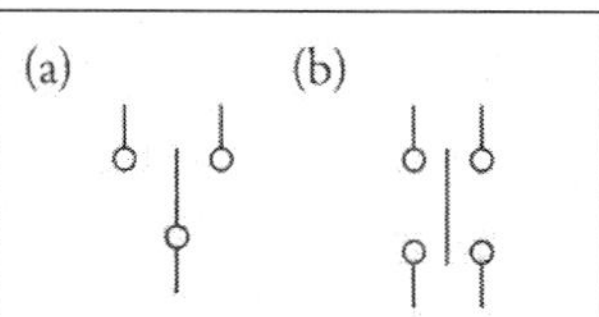	a접점인 경우를 나타낸다.
Ⅱ10.89	3단자 접점	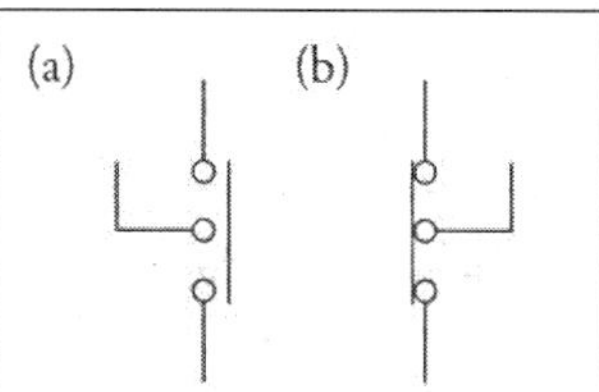	(a)는 3단자 a접점 (b)는 3단자 b접점

번 호	명 칭	심 벌	적 요
II10.90	수동 복귀 계전기 및 전기 복귀 계전기의 접점	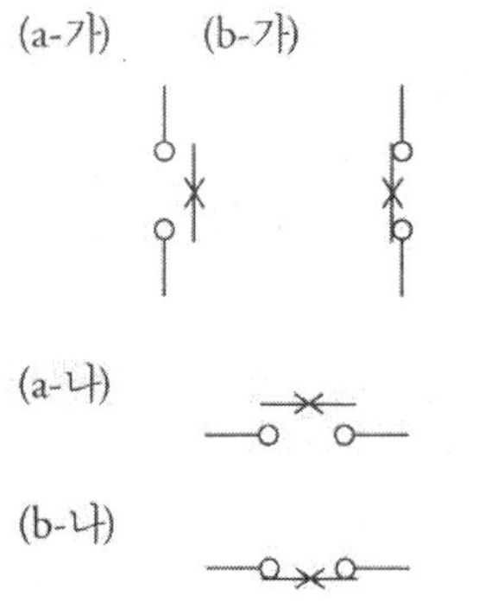	
II10.91 한시접점	폐로하는 경우에 한시(限時)가 있는 접점	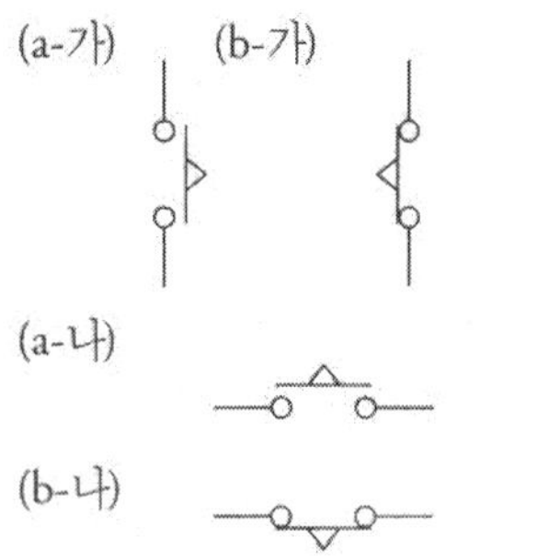	
	개로하는 경우에 한시가 있는 접점	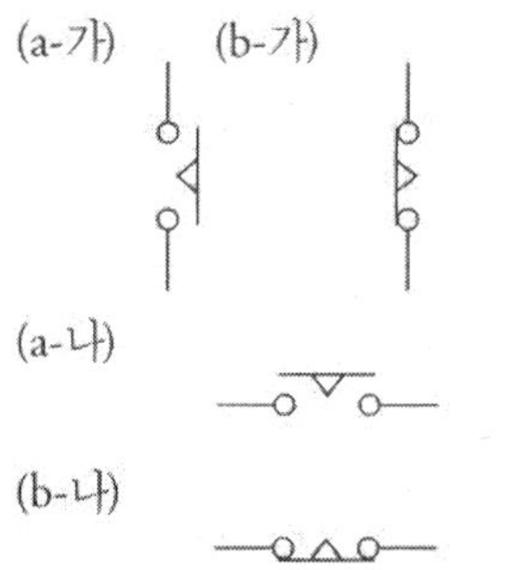	(a-가)(a-나)는 a접점 (b-가)(b-나)는 b접점
	폐로 및 개로하는 경우에 한시가 있는 접점	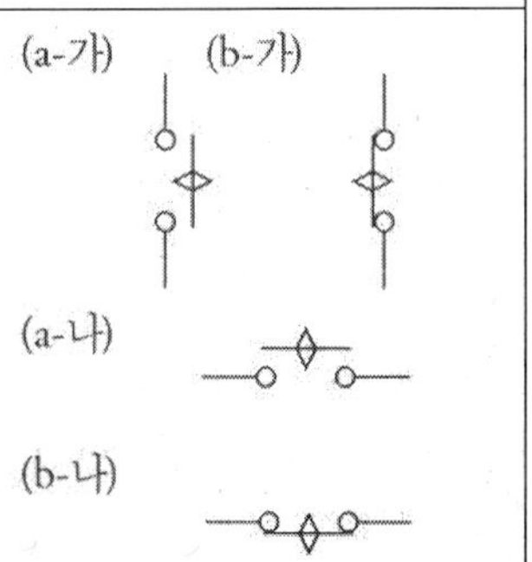	

11. 계기 심벌

(1) 기록형은 심벌 글자의 첫머리에 R자를 붙인다.

(2) 종합형은 심벌 글자의 첫머리에 T자를 붙인다.

(3) 인자형은 심벌 글자의 첫머리에 Pt자를 붙인다.

(4) 최대 · 최소를 표시할 수 있는 것은 심벌 글자의 첫머리에 M자를 붙인다.

번 호	명 칭	심 벌	적 요
II11.1	계기(일반)		○속에 종류를 나타내는 글자를 넣는다. 특히, 직류, 교류, 고주파의 구별을 하는 경우는 다음과 같다. 직류 교류 고주파  지침의 한쪽 흔들림 또는 양쪽 흔들림을 나타낼 경우는 다음과 같다. : 한쪽 방향으로 지침이 흔들림  : 양쪽 방향으로 지침이 흔들림
II11.2	전류계	Ⓐ	
II11.3	기록 전류계	(RA)	
II11.4	적산 전류계	(AH)	
II11.5	전압계	Ⓥ	
II11.6	기록 전압계	(RV)	

번 호	명 칭	심 벌	적 요
II11.7	저항계	Ω	
II11.8	하이로 전압계	HLV	
II11.9	전력계	W	
II11.10	기록 전력계	RW	
II11.11	종합 전력계	TW	
II11.12	기록 종합 전력계	RTW	
II11.13	최대 수요 전력계	MDW	최대 수요 전류계(최대, 최소 지침붙이 포함)인 경우는 MDA 로 한다.
II11.14	전력량계	(a) WH (b) WH	(b)는 특히 검정필한 것을 나타내는 경우에 쓰인다.
II11.15	무효 전력계	VAR	
II11.16	전산 무효 전력계	VARH	
II11.17	역률계	PF	

번 호	명 칭	심 벌	적 요
Ⅱ11.18	무효율계	Sn	
Ⅱ11.19	주파수계	F	
Ⅱ11.20	속도계	S	
Ⅱ11.21	회전계	N	
Ⅱ11.22	위치 지시계	PI	
Ⅱ11.23	수위계	WLI	
Ⅱ11.24	검루기	GD	
Ⅱ11.25	검전기	VD	발광 검전기를 포함한다.
Ⅱ11.26	동기 검정기	Sy	
Ⅱ11.27	온도계	T	
Ⅱ11.28	최대 전류계	MA	

번 호	명 칭	심 벌	적 요
Ⅱ11.29	최대·최소 전압계 또는 최대 전압계	MV	
Ⅱ11.30	0상 전류계	A_0	
Ⅱ11.31	0상 전압계	V_0	
Ⅱ11.32	최대 0상 전압계	MV_0	
Ⅱ11.33	시간계	H	1. 용도를 명시할 경우, 보기를 들면 고장 시간계를 FH 와 같이 적당한 글자를 부기한다. 2. 적산 시간계에도 이것을 사용한다.
Ⅱ11.34	유량계	$F\ell$	
Ⅱ11.35	적산 유량계	$F\ell H$	
Ⅱ11.36	인자형(印字形) 전략량계	PtWH	
Ⅱ11.37	송량기(일반)	Tm	송량기임이 확실할 경우, 측정 요소의 종류를 구별할 때는 다음에 따른다. 전류 송량기 AT 전압 송량기 VT

번 호	명 칭	심 벌	적 요
Ⅱ11.37			전력 송량기 (WT) 무효 전력 송량기 (VART) 주파수 송량기 (FT) 전압 주파수 송량기 (VFT)
Ⅱ11.38	배전선 고장 구간 표시기		

12. 발변전소

번 호	명 칭	심 벌	적 요
Ⅱ12.1	발전소(일반)		
Ⅱ12.2	수력 발전소	(a) (b) 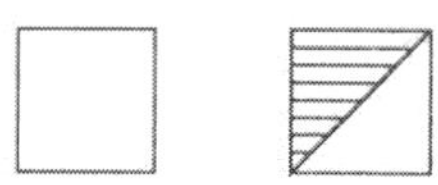	(b)는 심벌 속에 기입사항이 없는 경우에 사용할 수 있다.
Ⅱ12.3	화력 발전소	(a) (b) 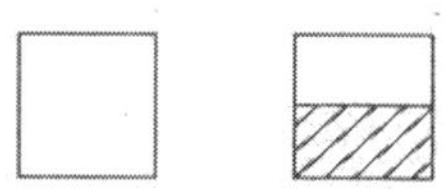	
Ⅱ12.4	원자력 발전소	(a) (b) 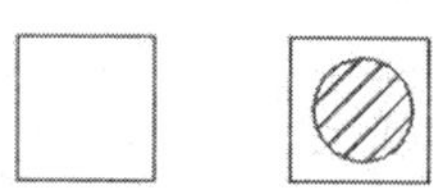	
Ⅱ12.5	변전소		

번 호	명 칭	심 벌	적 요
Ⅱ12.6	변환소	(a) (b) 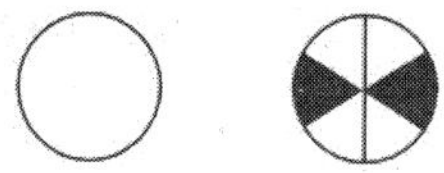	(b)는 심벌 속에 기입사항이 없는 경우에 사용할 수 있다.
Ⅱ12.7	개폐소	(a) (b) 	

13. 전선로

번 호	명 칭	심 벌	적 요
Ⅱ13.1	전선로(일반)		
Ⅱ13.2	가공 전선로		1. 특히, 전압을 구별할 필요가 있는 경우에는 전압에 따라서 선의 굵기를 굵게 하고, kV로 나타낸 전압을 부기한다. 최선수를 특히 나타낼 경우에는 회선수를 부기한다. 2. 미완성 전선로 또는 타소속 전선로와 같이 특히 구별할 필요가 있는 경우에는 파선을 사용할 수 있다.
Ⅱ13.3	지중 전선로	(a) (b) 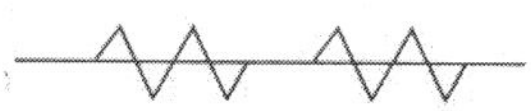	1. 가공 전선로에 준한다. 2. (b)에서 지그재그의 기호는 적당한 간격을 두고 기입할 수가 있다. 3. 타종의 전선로와 혼동되지 않는 경우에는, Ⅱ13.1의 심벌을 사용할 수가 있다. 4. 특히, 관의 종류를 명기할 경우에는 Ⅱ14.9의 적요를 준용한다.
Ⅱ13.4	보안용 통신선		이 심벌은 주로 첨가 통신선에 쓰인다.

14. 전선로 지지물 및 부속품

번 호	명 칭	심 벌	적 요
Ⅱ14.1	지지물(일반)	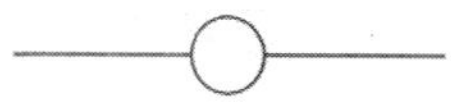	1. 타소속 지지물과 같이 특히 구별할 필요가 있는 경우에는 파선을 사용할 수가 있다. 2. 통신선을 공가할 때는 다음과 같이 표시한다. 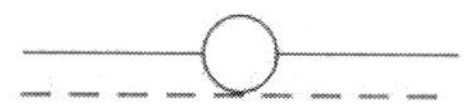
Ⅱ14.2	철탑		
Ⅱ14.3	철주	(a) 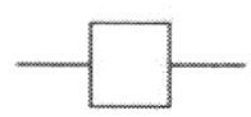 (b) 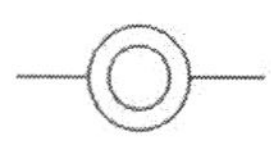	(b)의 심벌은 전차선로의 지지주로 사용하는 경우에 한한다.
Ⅱ14.4	콘크리트주		
Ⅱ14.5	목주	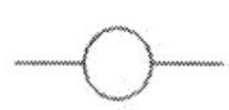	
Ⅱ14.6	지선		특히, 복잡한 것을 나타내고자 할 때는 이들을 조합하여 표시하든가 또는 병기한다.
Ⅱ14.7	지주		
Ⅱ14.8	지선주		
Ⅱ14.9	관(일반)		관의 종류 관의안지름 관의 개수 R · 100×(6) CL 145.5 인공 중심 간격 관 종류 기호의 보기 C : 무근 콘크리트관 R : 철근 콘크리트관 A_s : 석면 시멘트관 I : 주철관 S : 강관 V : 경질 비닐관 P : 도관

번 호	명 칭	심 벌		적 요
		단선도용	복선도용	
Ⅱ14.10	전용교	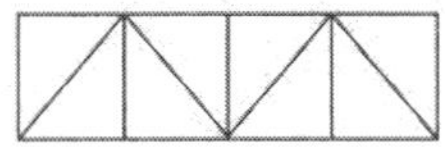		
Ⅱ14.11	교량 첨가	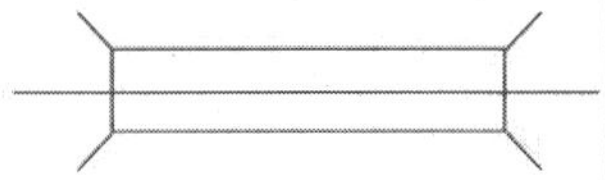		
Ⅱ14.12	등도			
Ⅱ14.13	공동구	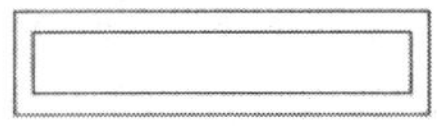		
Ⅱ14.14	맨홀	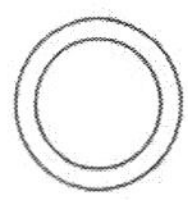		
Ⅱ14.15	핸드홀			
Ⅱ14.16	케이블 헤드		(a)  (b) 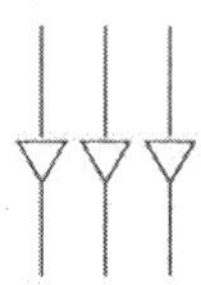	1. 복선도용 (a)는 3심 케이블, (b)는 단심 케이블인 경우를 나타낸다. 2. 케이블 헤드를 사용하지 않고, 단말처리 만인 경우는 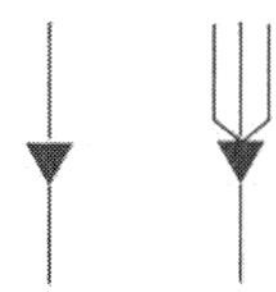 로 나타내도 좋다.
Ⅱ14.17	접속함 (2케이블용)	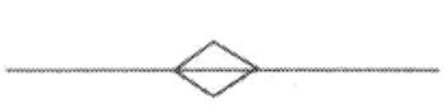		접속함을 사용하지 않고 접속할 경우는  로 나타내도 좋다.

번 호	명 칭	심 벌		적 요
		단선도용	복선도용	
II14.18	접속함 (3케이블용 및 4케이블용)	(a) (b) 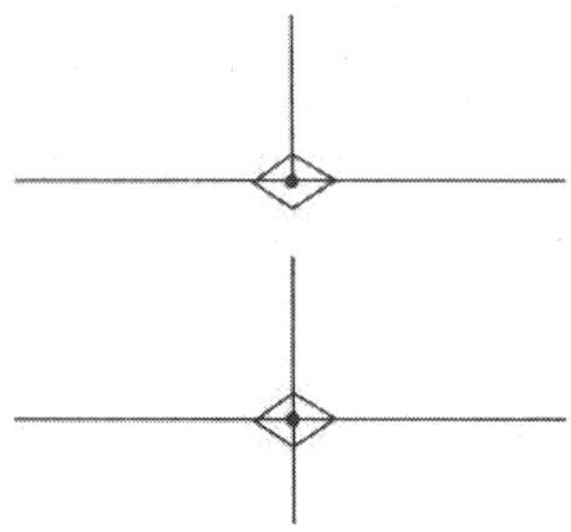		접속함을 사용하지 않고 접속할 경우는 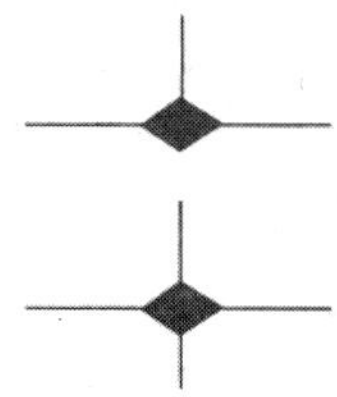 로 나타내도 좋다.
II14.19	활선용 단자			보기 : 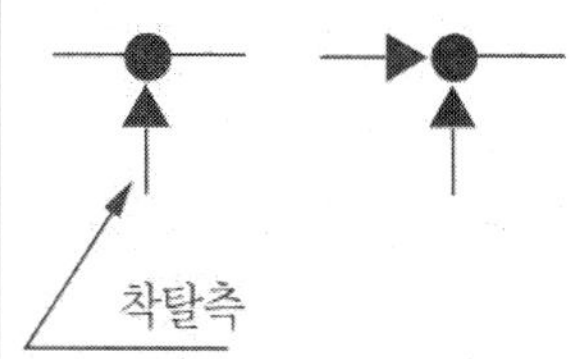

15. 고장 표시

번 호	명 칭	심 벌		적 요
		단선도용	복선도용	
II15.1	고장(일반)	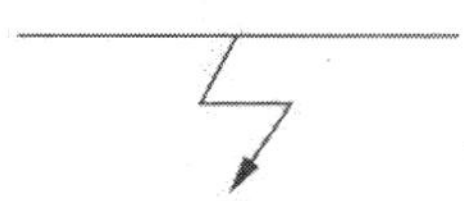		
II15.2	1선 지락	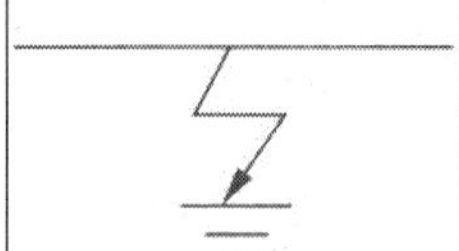	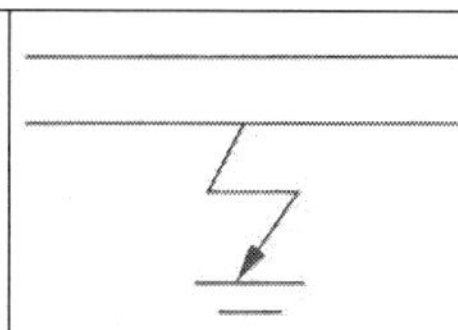	
II15.3	2선 지락	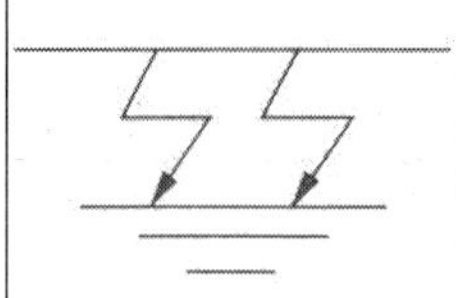	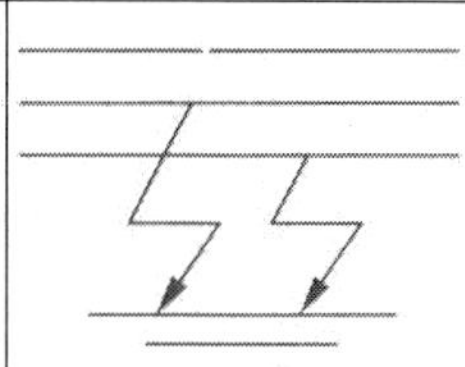	

번 호	명 칭	심 벌		적 요
		단선도용	복선도용	
II15.4	3선 지락	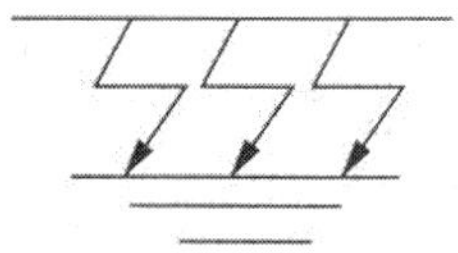	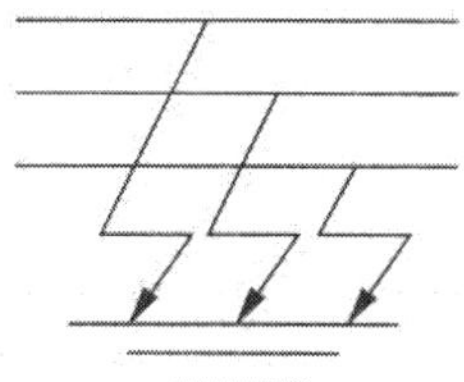	
II15.5	2선 단락	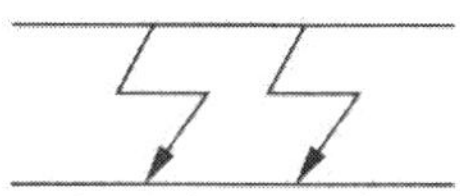	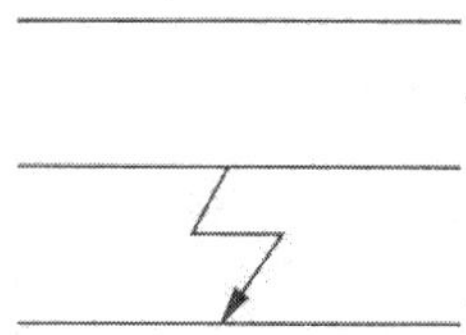	
II15.6	3선 단락	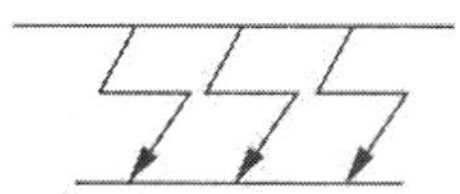	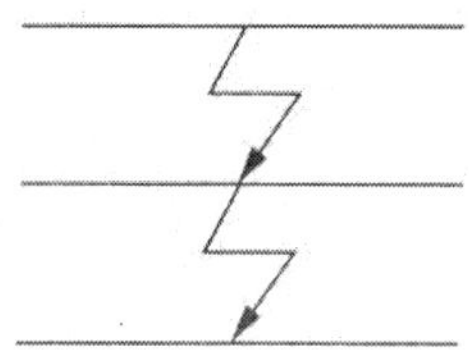	
II15.7	단선	(a)  (b) 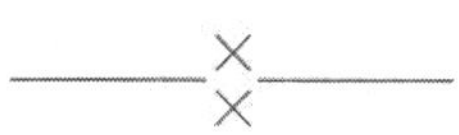	(a)  (b) 	(a)는 1선, (b)는 2선인 경우를 나타낸다.
II15.8	1선 단선 지락	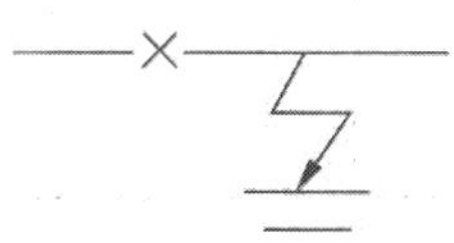	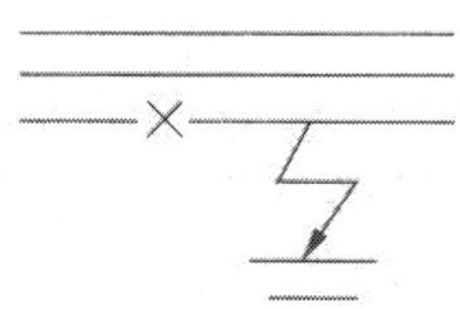	

Ⅲ 전기 통신용 심벌

1. 회로요소

1.1 전자관

1.1.1 음극

번 호	명 칭	심 벌	적 요
Ⅲ1.1.1(1)	직렬 음극 및 방열 음극용 히터	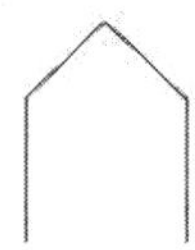	탭을 가졌을 때는 다음 그림과 같이 표시한다. 
Ⅲ1.1.1(2)	방열 음극		
Ⅲ1.1.1(3)	냉 음극		이온 가열 음극을 포함한다.
Ⅲ1.1.1(4)	계수 방전과의 공통전극		
Ⅲ1.1.1(5)	광전 음극		
Ⅲ1.1.1(6)	수은 음극		

1.1.2 제어전극

번 호	명 칭	심 벌	적 요
Ⅲ1.1.2(1)	그리드		전자총 관계의 전극, 마이크로파 관의 집적 전극, 가속 전극, 제어 전극, 변조 전극 및 빔 형성 전극을 포함한다.
Ⅲ1.1.2(2)	헬 릭스 (0형 지파 회로용)	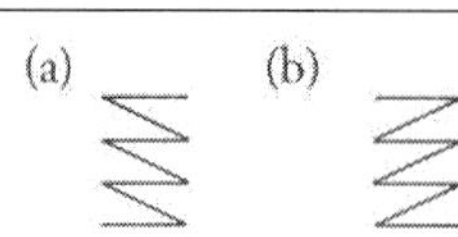	(a)는 진행파용, (b)는 후진파용

번 호	명 칭	심 벌	적 요
Ⅲ1.1.2(3)	반사 전극		반사형 클라이스트론의 리펠러에도 사용한다.
Ⅲ1.1.2(4)	편향 전극 (브라운관)	(a)  (b) 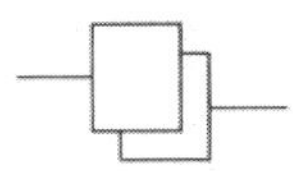	(b)는 베이스 접속인 경우에만 사용한다.
Ⅲ1.1.2(5)	점호 전극	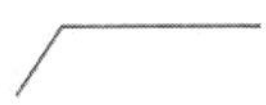	
Ⅲ1.1.2(6)	솔 전극		
Ⅲ1.1.2(7)	M형 전극		

1.1.3 집전극

번 호	명 칭	심 벌	적 요
Ⅲ1.1.3(1)	플레이트(양극) 또는 애노드	(a)  (b) 	1. (b)는 수은 정류기의 양극 및 여호극에만 사용한다. 2. 비디콘의 신호 전극 및 마이크로파 관의 컬렉터 전극은 (a)를 사용한다.
Ⅲ1.1.3(2)	타깃		
Ⅲ1.1.3(3)	다이오드		

1.1.4 관구

번 호	명 칭	심 벌	적 요
Ⅲ1.1.4(1)	진공관 (일반)	(a)  (b)  (c) 	1. Ⅲ1.1.8(응용보기) 참조 2. (c)는 복합관을 분리해서 표시하는 경우에 사용한다. 3. 혼란해질 우려가 없을 때에는 관구를 표시하는 원을 생략할 수 있다.
Ⅲ1.1.4(2)	전자관 (가스들이 또는 증기들이)	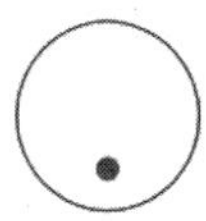	· 표의 위치는 원내에서 변경해도 된다. 필요에 따라서 봉입 가스의 화학 기호를 병기한다.
Ⅲ1.1.4(3)	브라운관	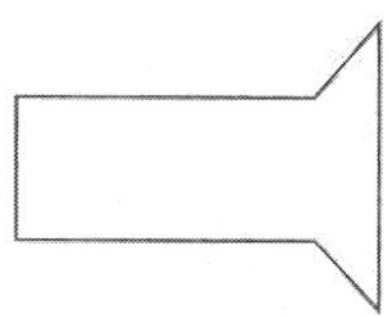	

1.1.5 공진기 및 결합

번 호	명 칭	심 벌	적 요
Ⅲ1.1.5(1)	마그네트론의 공동	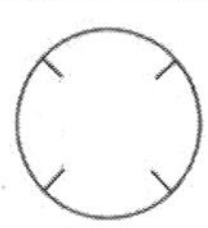	
Ⅲ1.1.5(2)	클라이스트론, TR관 및 ATR관의 공동	(a) 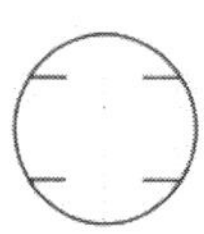 (b) 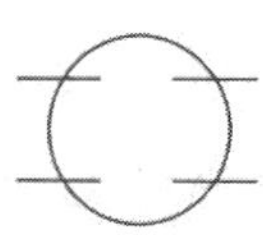	(a)는 공동 내장, (b)는 공동 바깥붙이

번 호	명 칭	심 벌	적 요
Ⅲ1.1.5(3)	다공동 클라이스트론의 공동	(a) 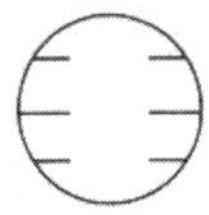 (b) 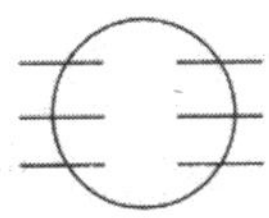	(a)는 2공동 내장, (b)는 2공동 바깥붙이
Ⅲ1.1.5(4)	다간격 클라이스트론의 공동	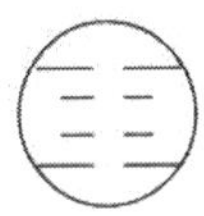	간격 수에 따르지 않는다.
Ⅲ1.1.5(5)	가변 공동		
Ⅲ1.1.5(6)	동축 입출력	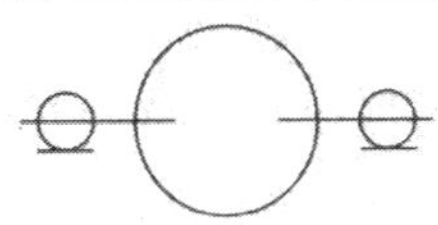	좌측을 입력으로 한다.
Ⅲ1.1.5(7)	도파관 입출력	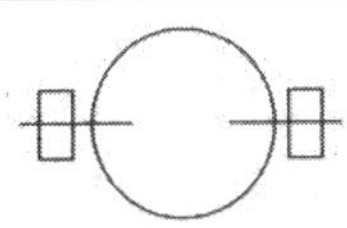	좌측을 입력으로 한다.
Ⅲ1.1.5(8)	창결합	(a) 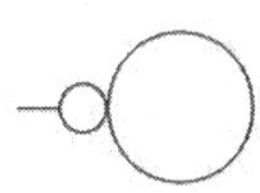 (b) 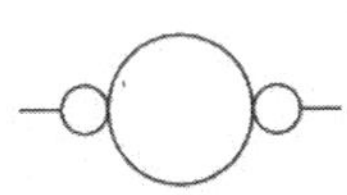	1. (a)는 결합창 1개일 때 사용한다. 2. (b)는 결합창 2개일 때 사용한다.
Ⅲ1.1.5(9)	고주파 입력	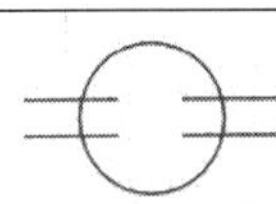	좌측을 입력으로 한다.

1.1.6 베이스의 위치

번 호	명 칭	심 벌	적 요
Ⅲ1.1.6(1)	키 붙이		
Ⅲ1.1.6(2)	베이어닛 핀 (사이드 핀) 또는 대응 마크		Ⅲ1.1.9(8), Ⅲ1.1.9(9) 참조

1.1.7 단자

번 호	명 칭	심 벌	적 요
Ⅲ1.1.7(1)	관구 단자		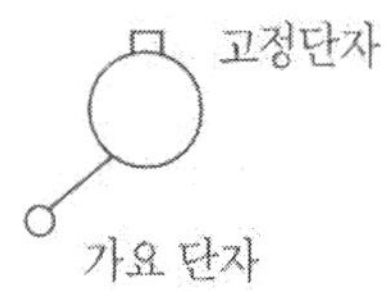
Ⅲ1.1.7(2)	베이스 핀	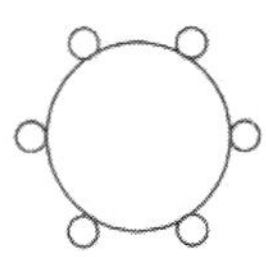	필요에 따라서 베이스 핀의 굵기를 바꿀 수가 있다. 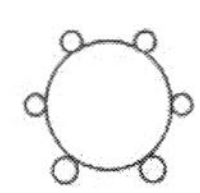
Ⅲ1.1.7(3)	고리 봉합 단자	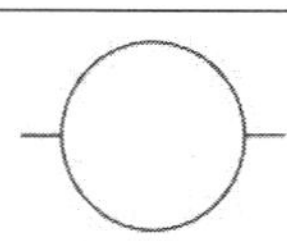	
Ⅲ1.1.7(4)	동축 단자		

1.1.8 응용 보기(1)

번 호	명 칭	심 벌	적 요
Ⅲ1.1.8(1)	3극관(직렬 음극)	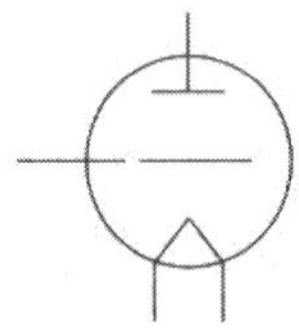	혼란해질 우려가 없을 때는 관구를 표시하는 원을 생략할 수가 있다.(이하 같음)
Ⅲ1.1.8(2)	3극관(방열 음극)	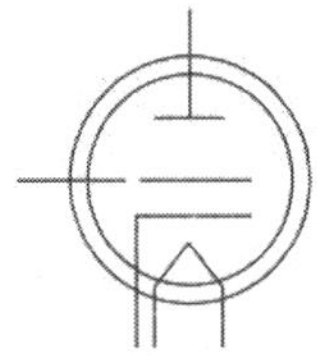	점선은 실드한 경우를 표시한다. 히터의 심벌은 특히 혼동될 때에는 생략할 수가 있다.
Ⅲ1.1.8(3)	양단형 수랭관	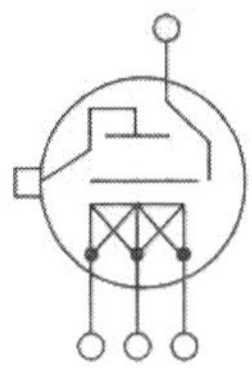	3극 가열일 경우를 표시한다.
Ⅲ1.1.8(4)	주파수 변환관	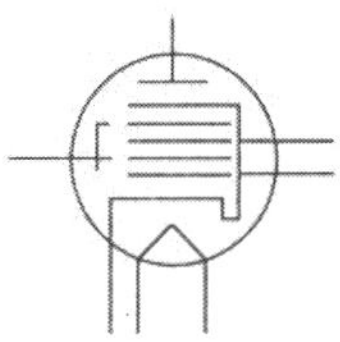	
Ⅲ1.1.8(5)	5극관 및 빔 출력관	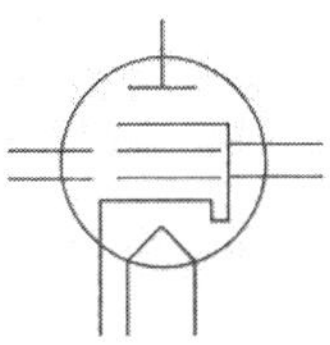	
Ⅲ1.1.8(6)	냉음극 2극 방전관 및 정전압 방전관	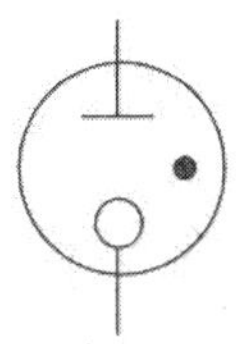	
Ⅲ1.1.8(7)	네온 전구	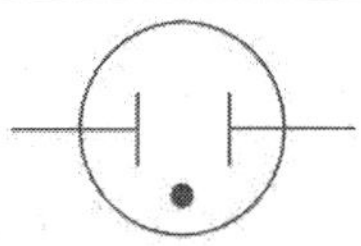	

번 호	명 칭	심 벌	적 요
Ⅲ1.1.8(8)	냉음극 3극 방전관	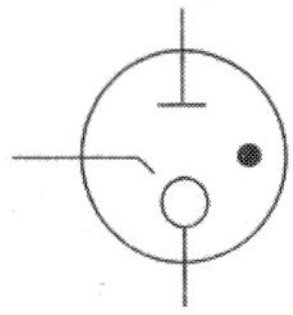	
Ⅲ1.1.8(9)	이그나이트론	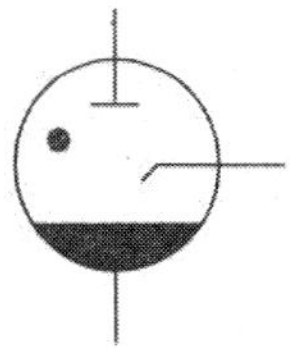	
Ⅲ1.1.8(10)	광전관	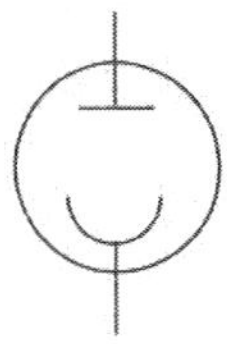	
Ⅲ1.1.8(11)	광전자 증배관	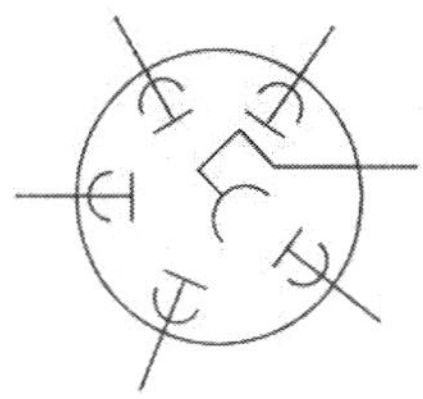	
Ⅲ1.1.8(12)	브라운관	(a) 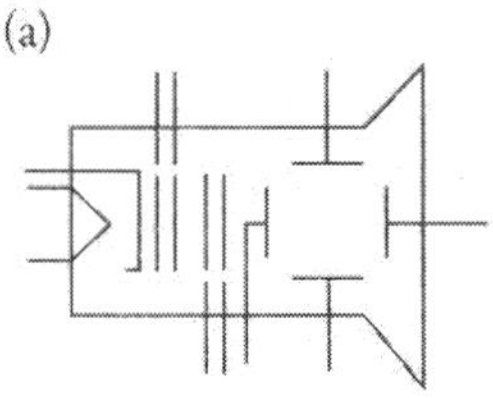 (b) 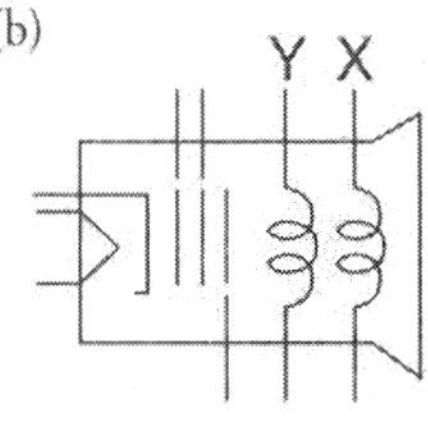	1. 편향코일은 형광면에 가까운 쪽을 X축용, 음극에 가까운 쪽을 Y축용으로 한다. 2. 편향 코일을 분리해서 쓸 필요가 있을 때 및 다른 전극을 부가할 필요가 있을 때에는 아래 그림처럼 해도 된다. 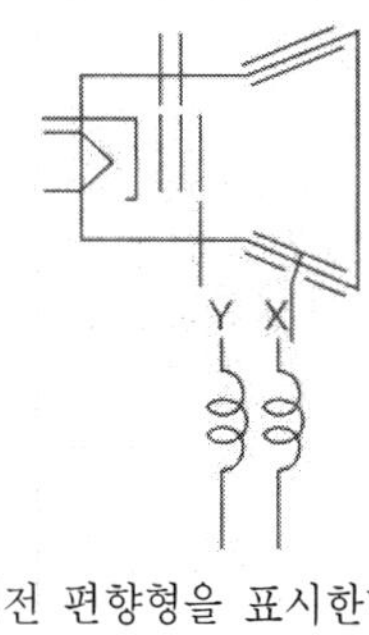 3. (a)는 정전 편향형을 표시한다. 4. (b)는 전자 편향형을 표시한다.

번 호	명 칭	심 벌	적 요
Ⅲ1.1.8(13)	마그네트론	(a) 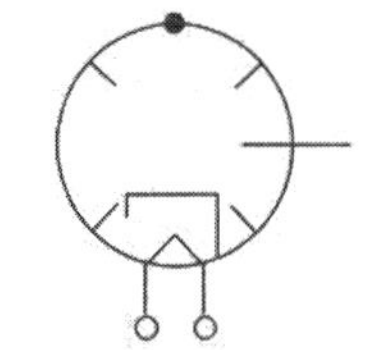 (b) 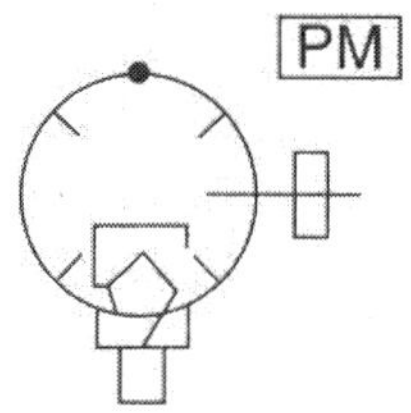	1. (a)는 자계 바깥 붙이를 표시한다. 2. (b)는 자계 내장을 표시한다. 3. PM 은 영구 자석을 표시한다.
Ⅲ1.1.8(14)	플라티노트론	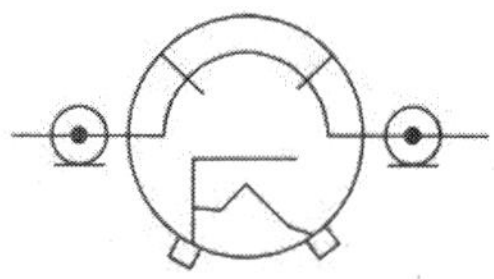	자계 바깥 붙이를 표시한다.
Ⅲ1.1.8(15)	진행파관	(a) 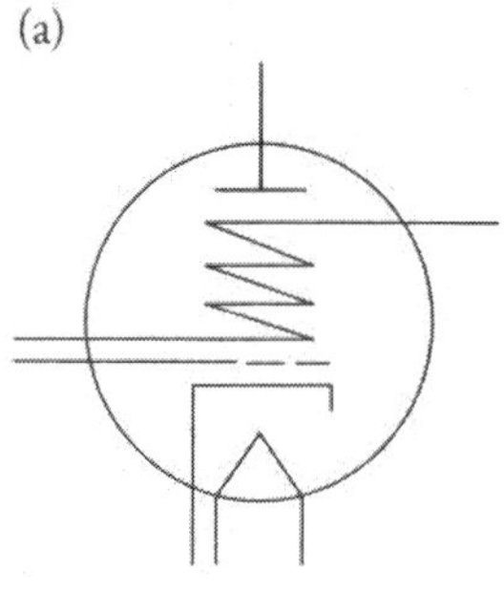 (b) 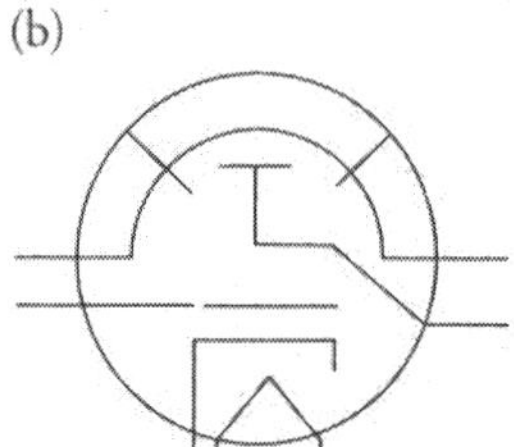	1. (a)는 O형을 표시한다. 2. (b)는 M형을 표시한다.

번 호	명 칭	심 벌	적 요
Ⅲ1.1.8(16)	후진파관	(a) 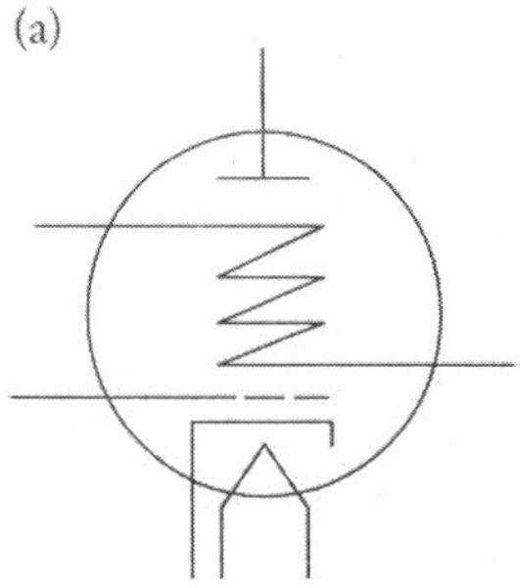 (b) 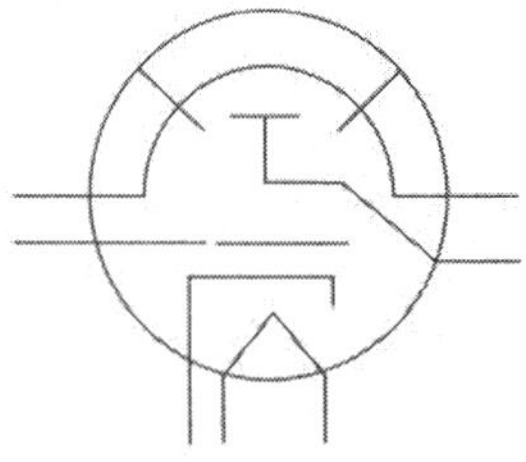	1. (a)는 O형을 표시한다. 2. (b)는 M형을 표시한다.
Ⅲ1.1.8(17)	직진형 다공동 클라이스트론	(a) 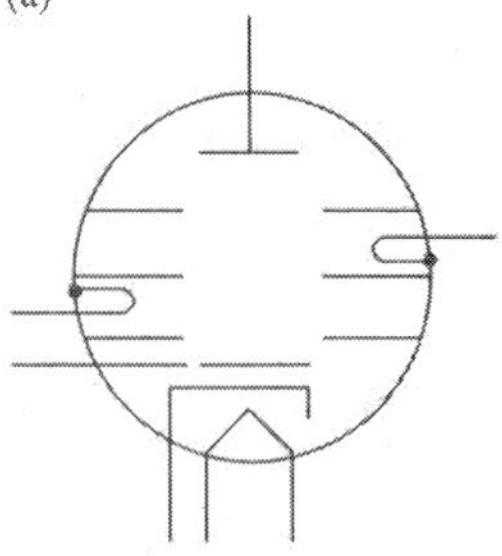 (b) 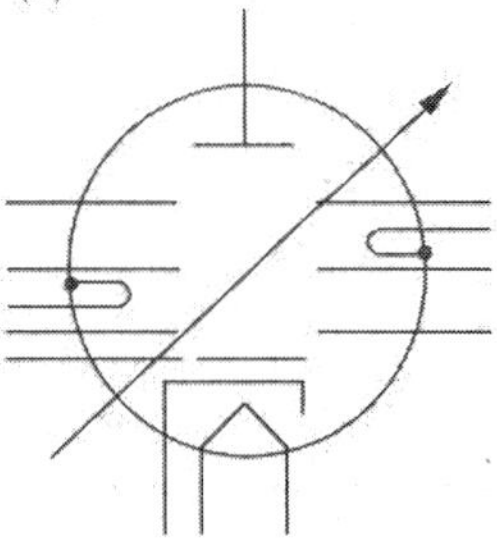	1. (a)는 공동 공진기 내장을 표시한다. 2. (b)는 공동 공진기 바깥 붙이로 가변 공동을 표시한다.

번 호	명 칭	심 벌	적 요
Ⅲ1.1.8(18)	반사형 클라이스트론	(a) 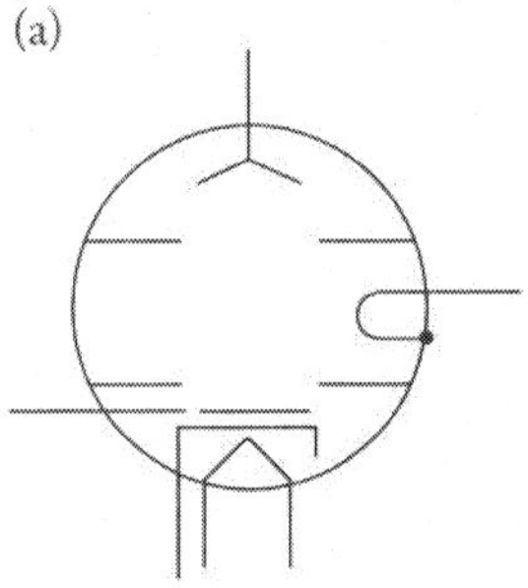 (b) 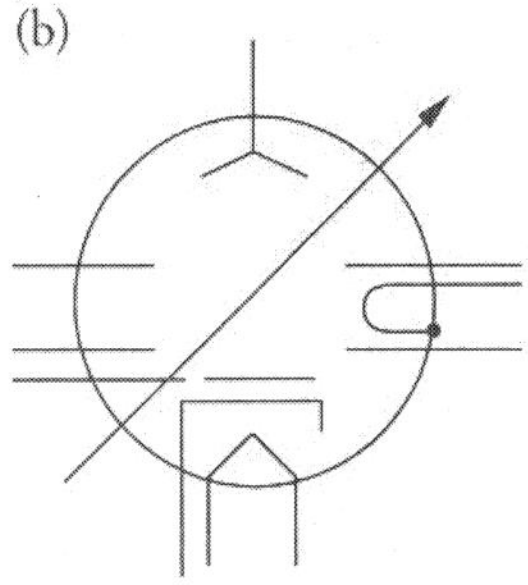	1. (a)는 공동 공진기 내장을 표시한다. 2. (b)는 공동 공진기 바깥 붙이로 가변 공동을 표시한다.
Ⅲ1.1.8(19)	직진형 다간격 클라이스트론	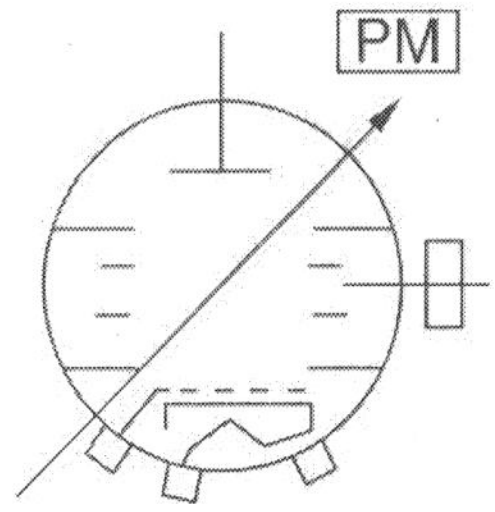 	자계 내장으로 가변 공동을 표시한다.
Ⅲ1.1.8(20)	전환 방전관	(a) 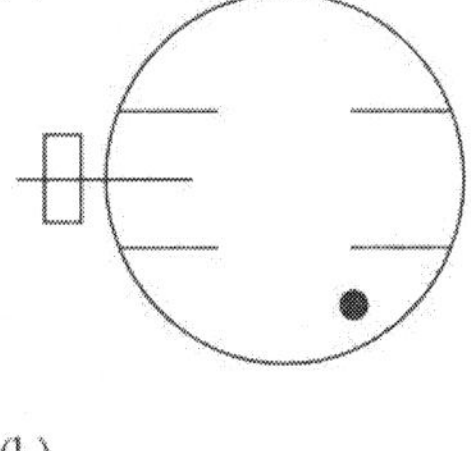 (b) 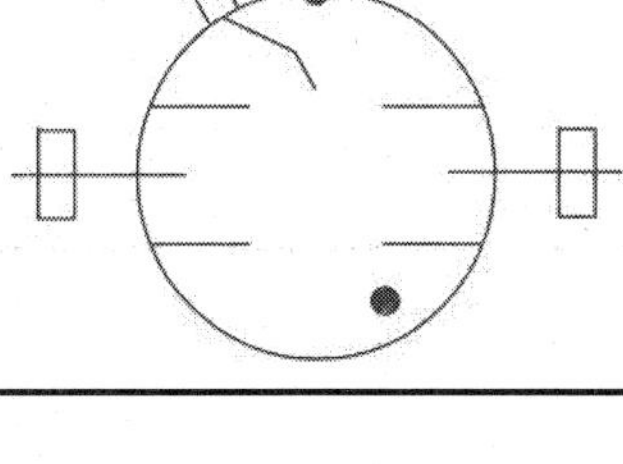	1. (a)는 ATR관, 공동 내장을 표시한다. 2. (b)는 TR관, 공동 내장을 표시한다.

번호	명 칭	심 벌	적 요
Ⅲ1.1.8(21)	가이거 · 뮐러 계수관	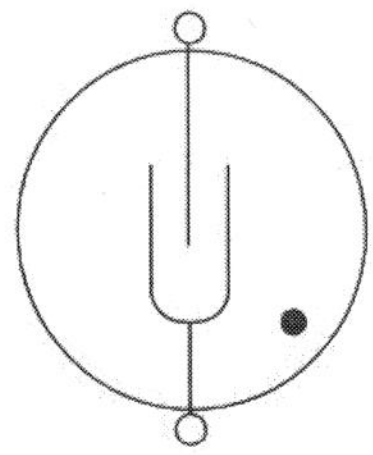	
Ⅲ1.1.8(22)	2극 X선관	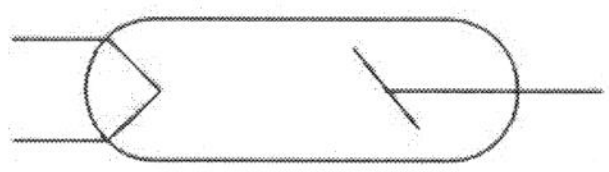	회전 양극인 경우는 다음 그림에 따른다. 보기 : 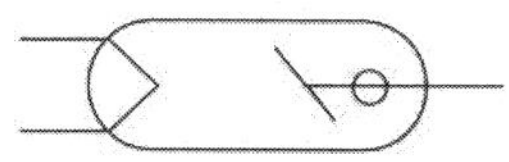
Ⅲ1.1.8(23)	3극 X선관	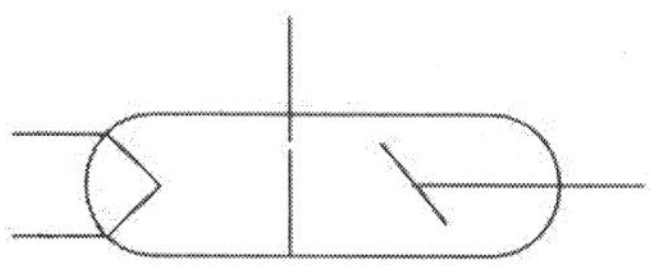	방열형 2극관의 보기를 표시한다.
Ⅲ1.1.8(24)	가스레이저관	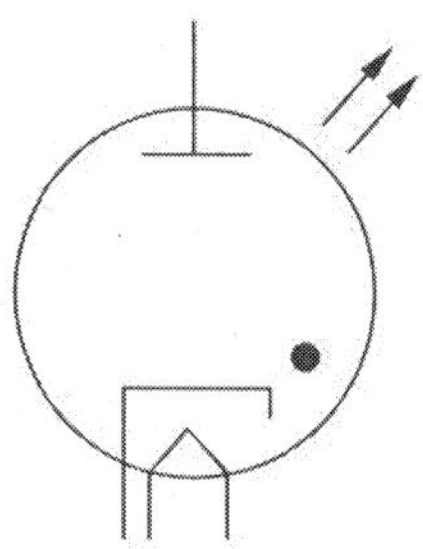	
Ⅲ1.1.8(25)	형광 지시관	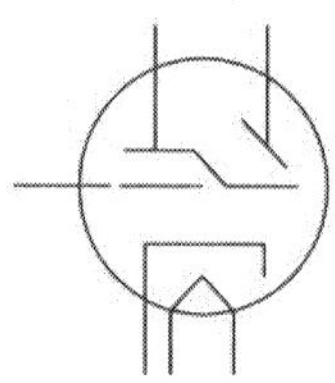	
Ⅲ1.1.8(26)	복합관		3극관부를 분리해서 표시했을 때를 나타낸다.

1.1.9 응용 보기(2)
베이스 밑면 접속도

번 호	명 칭	심 벌	적 요
Ⅲ1.1.9(1)	3극관	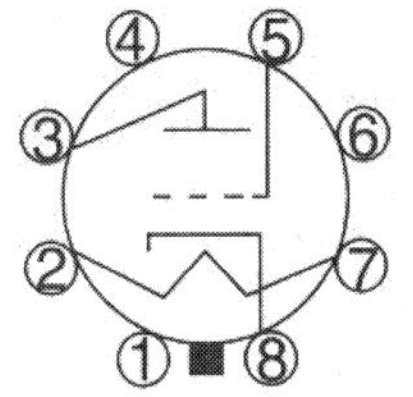	
Ⅲ1.1.9(2)	5극관	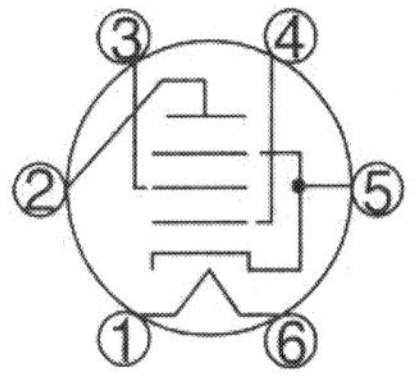	
Ⅲ1.1.9(3)	3극 7극관	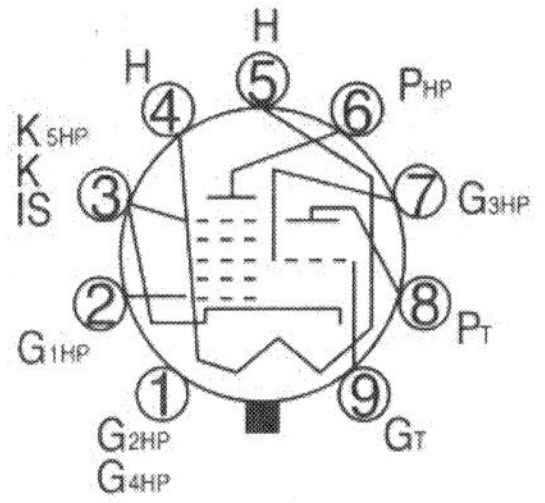	
Ⅲ1.1.9(4)	2극 쌍 2극 3극관	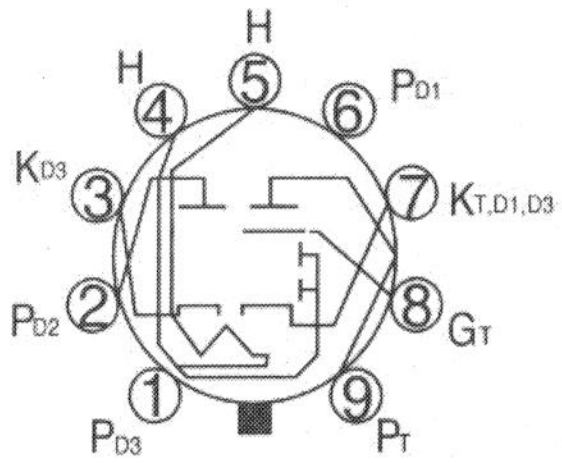	

<table>
<tr><th>번 호</th><th>명 칭</th><th>심 벌</th><th>적 요</th></tr>
<tr><td>Ⅲ1.1.9(5)</td><td>브라운관</td><td>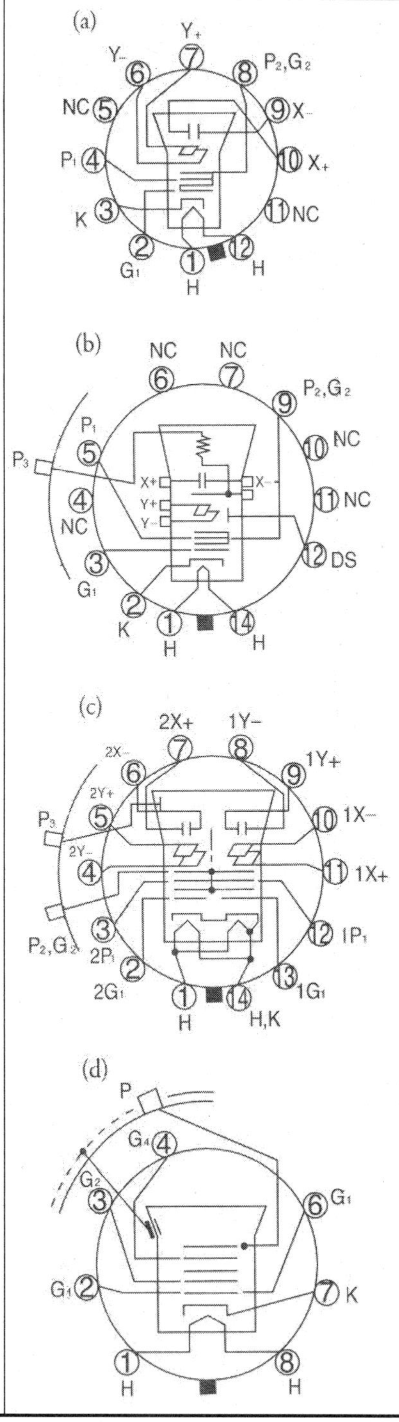
</td><td>1. (a)는 관측용(정전편향, 정전집속)의 보기를 표시한다.
2. (b)는 관측용(헬리컬 후단 가속)의 보기를 표시한다.
3. (c)는 관측용(후단 가속, 2요소)의 보기를 표시한다.
4. (d)는 흑백 텔레비전용의 보기를 표시한다.
5. (e)는 컬러 텔레비전용(전자 편향, 정전 집속, 전자 집중, 섀도마스크형 3전자총)의 보기를 표시한다.</td></tr>
</table>

번 호	명 칭	심 벌	적 요
Ⅲ1.1.9(5)		(e) 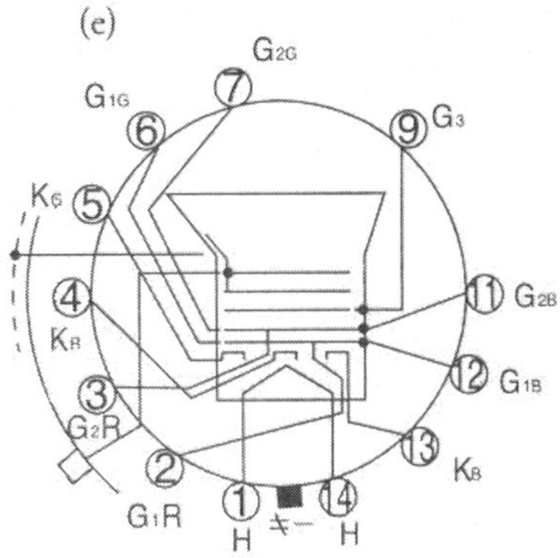	
Ⅲ1.1.9(6)	송신관	(a) 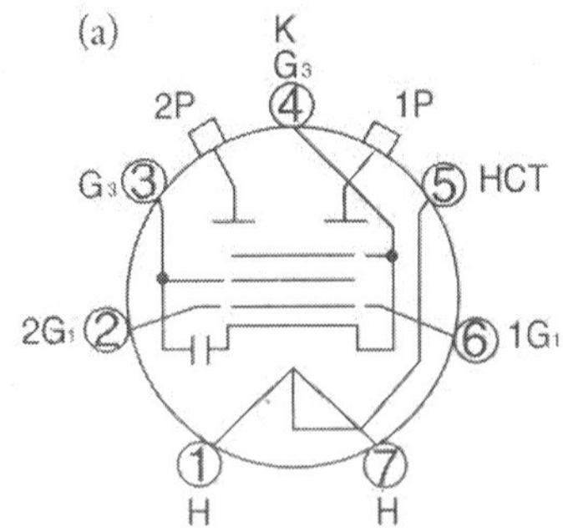 (b) 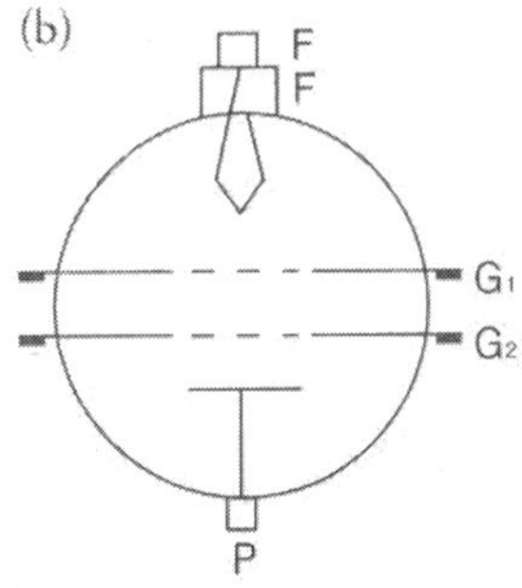	1. (a)는 쌍 빔관의 보기를 표시한다. 2. (b)는 고리봉합단자의 보기를 표시한다.
Ⅲ1.1.9(7)	정류관	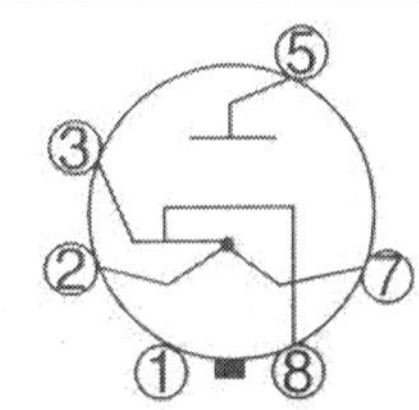	히터 탭 붙이의 보기를 표시한다.

번 호	명 칭	심 벌	적 요
Ⅲ1.1.9(8)	이미지 오르티콘	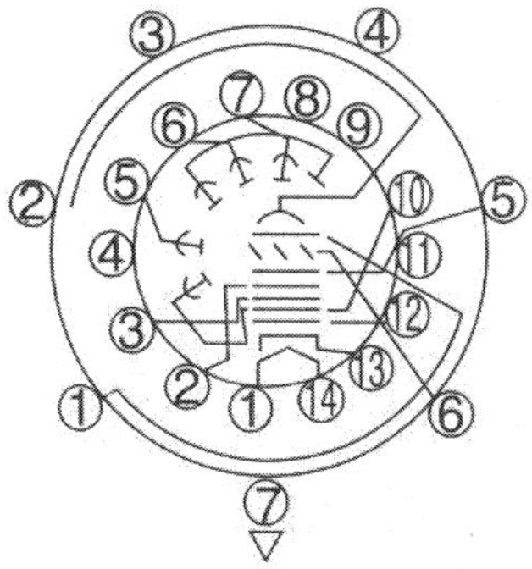	
Ⅲ1.1.9(9)	비디콘	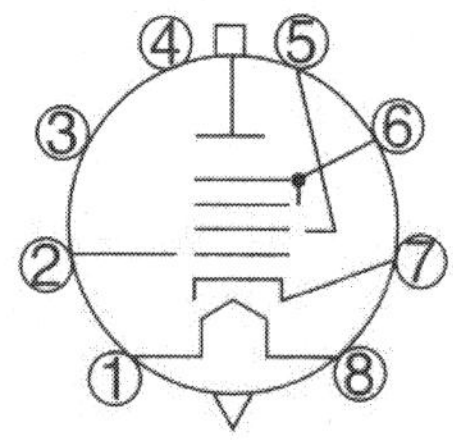	
Ⅲ1.1.9(10)	암시관	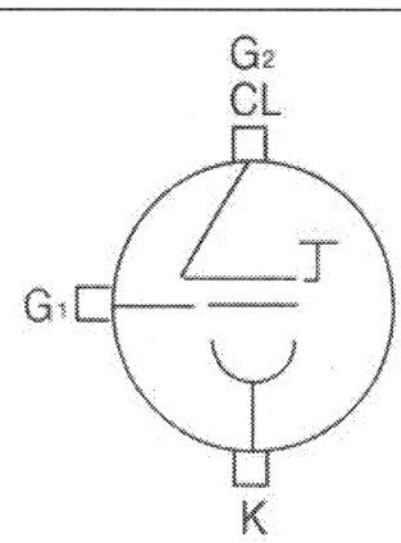	
Ⅲ1.1.9(11)	표시 방전관	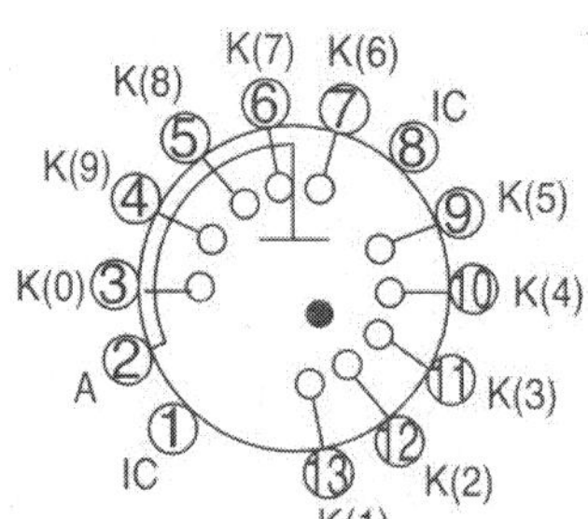	1. 0~9 머리부 표시 광사각형을 표시한다. 2. 표시 숫자 또는 글자 아래쪽의 위치를 표시할 때는 다음 그림과 같이 화살표를 붙인다. 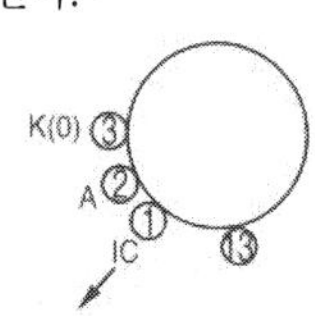

번 호	명 칭	심 벌	적 요
Ⅲ1.1.9(12)	계수 방전관	(a) 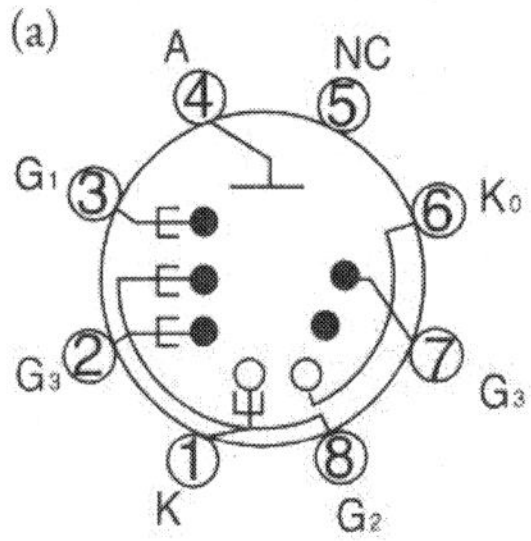 (b) 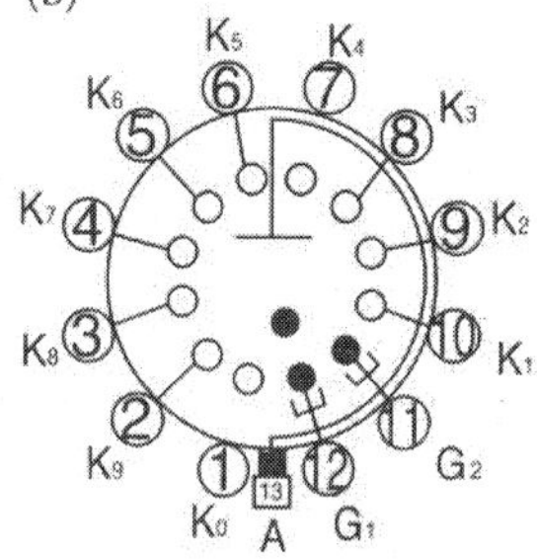	1. (a)는 단출력형으로 DK11인 경우를 표시한다. 2. (b)는 다출력형으로 DK12인 경우를 표시한다. 3. 제로 위치 방향을 표시할 때는 아래 그림과 같이 화살표를 붙인다. 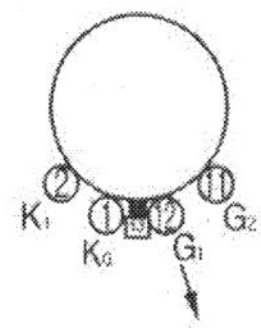
Ⅲ1.1.9(13)	진행파관	(a) 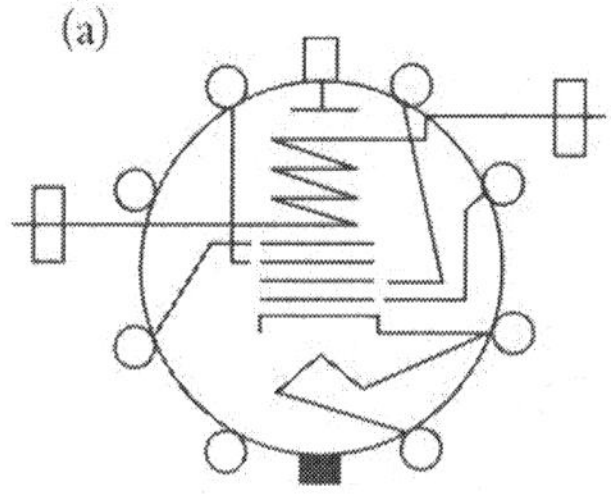 (b) 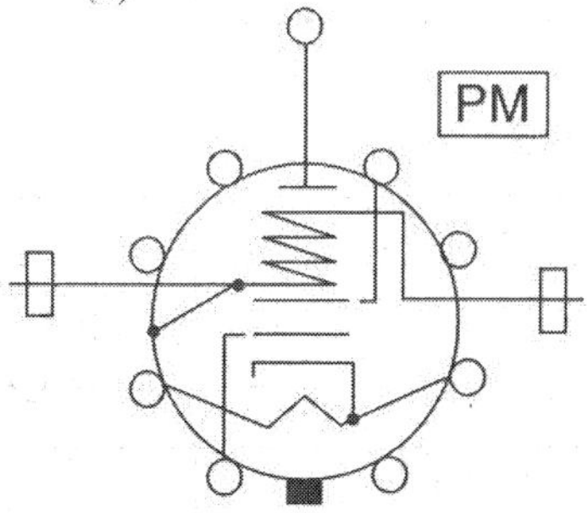	1. (a)는 집속 자계 바깥 붙이를 표시한다. 2. (b)는 접속 자계 내장을 표시한다.

번 호	명 칭	심 벌	적 요
Ⅲ1.1.9(14)	후진파관	(a) 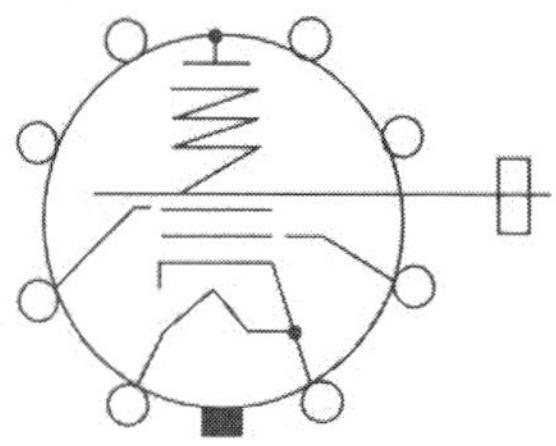 (b) 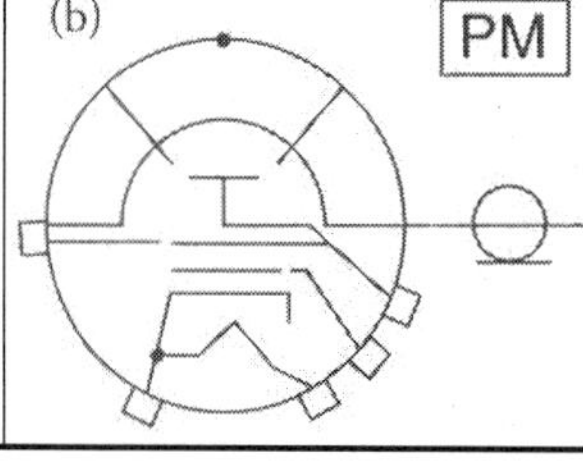	1. (a)는 O형, 집속자계 바깥붙이를 표시한다. 2. (b)는 M형, 자계 내장을 표시한다.

1.2 반도체 소자

1.2.1 일반 사항

번 호	명 칭	심 벌	적 요
Ⅲ1.2.1(1)	정류 기능	(a) 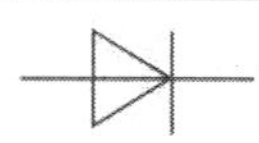 (b) 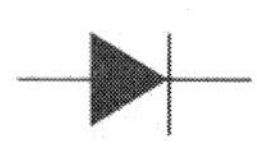	
Ⅲ1.2.1(2)	정류 이외의 기능	(a) 	

1.2.2 반도체 영역에의 저항성 접속

번 호	명 칭	심 벌	적 요
Ⅲ1.2.2(1)	반도체 영역에의 1개의 저항성 접속	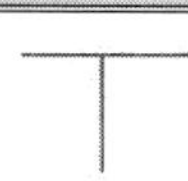	수평선은 반도체 영역, 수직선은 저항성 접속을 표시한다.
Ⅲ1.2.2(2)	반도체 영역에의 2개의 저항성 접속	(a) 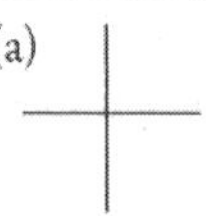 (b) 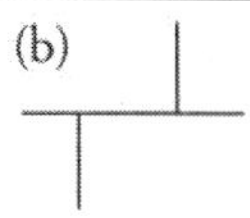 (c) 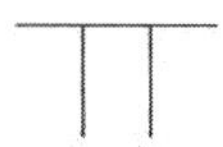	

1.2.3 전도 채널

번 호	명 칭	심 벌	적 요
Ⅲ1.2.3(12)	디플레이션형 디바이스의 전도 채널	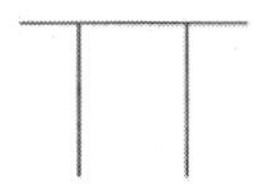	
Ⅲ1.2.3(13)	인핸스먼트형 디바이스의 전도 채널	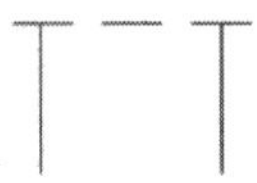	

1.2.4 정류 접합

번 호	명 칭	심 벌	적 요
Ⅲ1.2.4	정류 접합	(a) 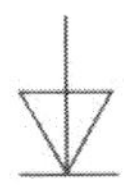 (b) 	

1.2.5 전계에 의해 반도체층에 영향을 미치는 접합

번 호	명 칭	심 벌	적 요
Ⅲ1.2.5(1)	N층에 영향을 미치는 P영역	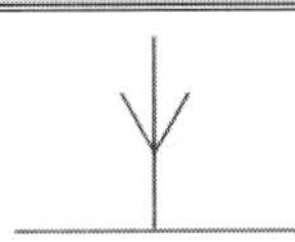	접합형 전계 효과 트랜지스터 등에 적용한다.
Ⅲ1.2.5(2)	P층에 영향을 미치는 N영역	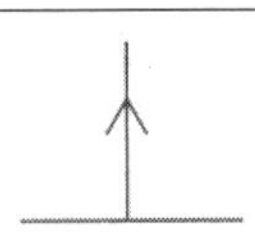	접합형 전계 효과 트랜지스터 등에 적용한다.

1.2.6 절연 게이트형 전계 효과 트랜지스터의 채널 형식에 의한 전도 방향

번 호	명 칭	심 벌	적 요
Ⅲ1.2.6(1)	P형 기관 위의 N채널	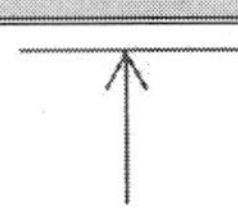	디플레이션형에 대해서 표시하고 있다.
Ⅲ1.2.6(2)	N형 기관 위의 P채널	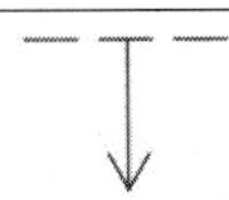	인핸스먼트형에 대해서 표시하고 있다.

1.2.7 절연 게이트

번 호	명 칭	심 벌	적 요
Ⅲ1.2.7	절연 게이트		

1.2.8 반도체 영역상 다른 도전형 이미터

번 호	명 칭	심 벌	적 요
Ⅲ1.2.8(1)	N영역상의 1개의 이미터	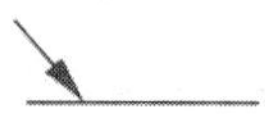	화살표가 붙은 사선은 이미터를 표시한다.
Ⅲ1.2.8(2)	N영역상의 1개의 이미터	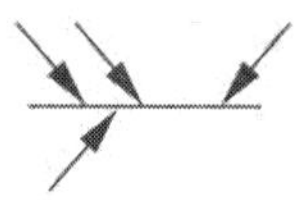	
Ⅲ1.2.8(3)	P영역상의 1개의 이미터	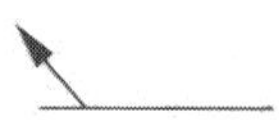	
Ⅲ1.2.8(4)	P영역상의 2개의 이미터	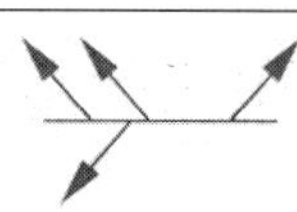	

1.2.9 반도체 영역상 다른 컬렉터

번 호	명 칭	심 벌	적 요
Ⅲ1.2.9(1)	1개의 컬렉터	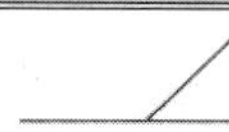	화살표가 붙은 사선은 컬렉터를 표시한다.
Ⅲ1.2.9(2)	1개 이상의 컬렉터	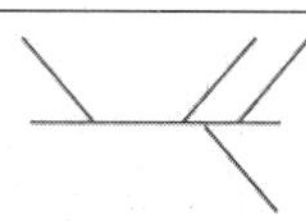	

1.2.10 다른 반도체 영역 사이의 천이(P에서 N, N에서 P)

번 호	명 칭	심 벌	적 요
Ⅲ1.2.10	다른 반도체 영역 사이의 천이		짧은 사선은 수평선(반도체 영역)위에 있어서 P에서 N 또는 N에서 P로의 천이(遷移)를 표시한다.

1.2.11 2영역 사이의 진성 영역

번 호	명 칭	심 벌	적 요
Ⅲ1.2.11(1)	다른 도전형 영역 사이의 진성 영역	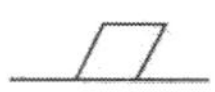	도전에 방향성을 가지는 경우로 PIN 또는 NIP를 표시한다.
Ⅲ1.2.11(2)	같은 도전형 영역 사이의 진성 영역	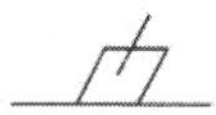	도전에 방향성을 갖지 않을 경우로 PIN 또는 NIP를 표시한다.
Ⅲ1.2.11(3)	컬렉터와 컬렉터가 다른 도전형 영역 사이의 진성 영역	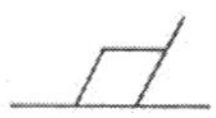	도전에 방향성을 가지는 경우로 PIN 또는 NIP를 표시한다.
Ⅲ1.2.11(4)	컬렉터와 컬렉터가 같은 도전형 영역 사이의 진성 영역	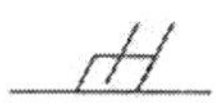	도전에 방향성을 갖지 않을 경우로 PIN 또는 NIP를 표시한다.

1.2.12 보조 기호

번 호	명 칭	심 벌	적 요
Ⅲ1.2.12(1)	감자 (感磁)		
Ⅲ1.2.12(2)	감광		
Ⅲ1.2.12(3)	발광		
Ⅲ1.2.12(4)	감열(感熱)	T°	
Ⅲ1.2.12(5)	용량 효과	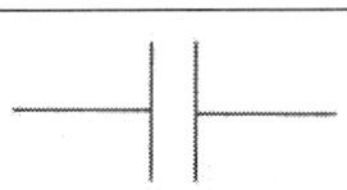	
Ⅲ1.2.12(6)	터널 효과		
Ⅲ1.2.12(7)	단방향 항목 효과		

번 호	명 칭	심 벌	적 요
Ⅲ1.2.12(8)	쌍방향 항복 효과		
Ⅲ1.2.12(8)	백 워드 효과		별명 단방향 터널 효과라고도 한다.

1.2.13 응용 보기

번 호	명 칭	심 벌	적 요
Ⅲ1.2.13(1)	다이오드	(a) 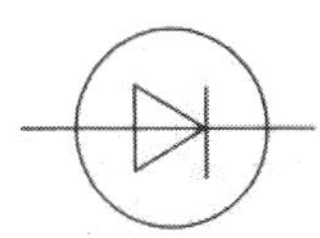 (b) 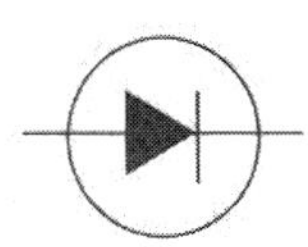	혼란해질 우려가 없을 때에는 원을 생략해도 된다.(이하 같음)
Ⅲ1.2.13(2)	열 응동의 온도 의존성 다이오드	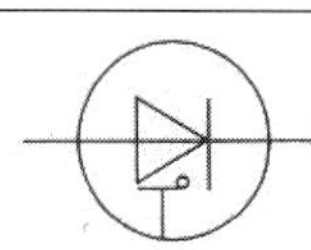	
Ⅲ1.2.13(3)	가변 용량 다이오드 (버랙터)	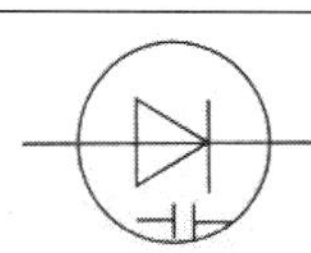	
Ⅲ1.2.13(4)	터널 다이오드	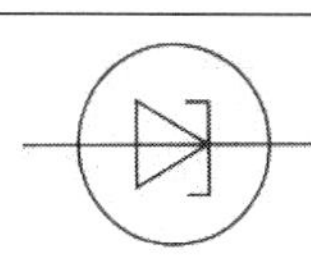	
Ⅲ1.2.13(5)	1방향성 항복 다이오드 (정전압 다이오드)	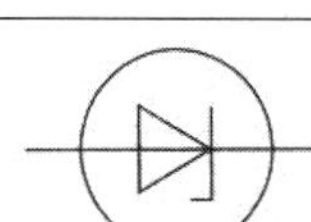	

번 호	명 칭	심 벌	적 요
Ⅲ1.2.13(6)	쌍방향성 항복 다이오드 (쌍방향성 정전압 다이오드)	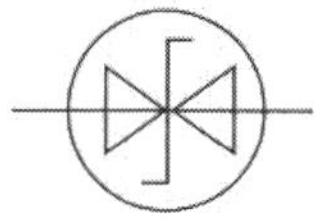	
Ⅲ1.2.13(7)	역방향 다이오드	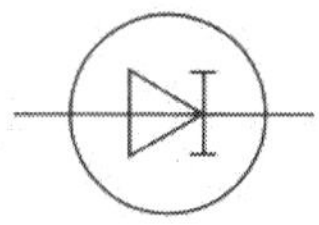	
Ⅲ1.2.13(8)	3극 사이리스터 (일반)	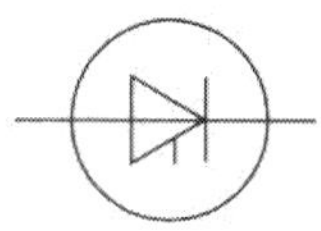	
Ⅲ1.2.13(9)	대칭형 도전 특성 광도전 셀	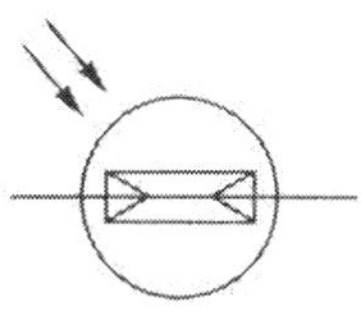	
Ⅲ1.2.13(10)	비대칭형 도전 특성 광도전 셀	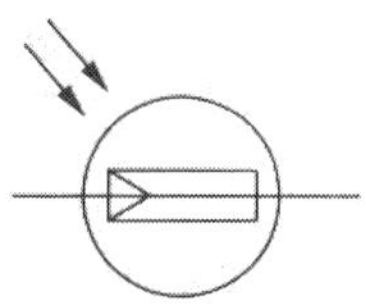	
Ⅲ1.2.13(11)	핫 다이오드	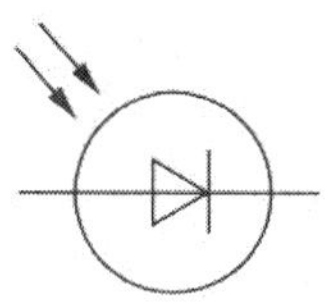	
Ⅲ1.2.13(12)	발광 다이오드	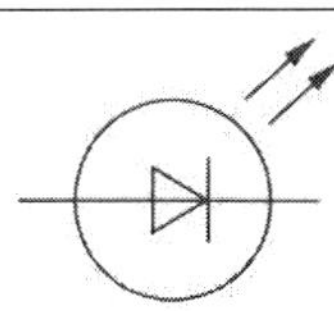	
Ⅲ1.2.13(13)	광전지	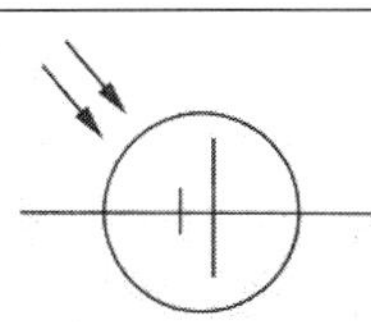	태양 전지 등에 적용한다.

번 호	명 칭	심 벌	적 요
Ⅲ1.2.13(14)	홀 소자	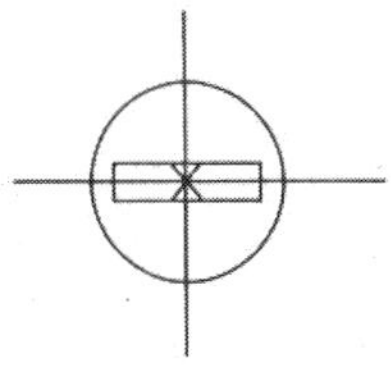	4개의 저항성 접속을 가진 홀 소자를 표시한다.
Ⅲ1.2.13(15)	PNP 핫 트랜지스터	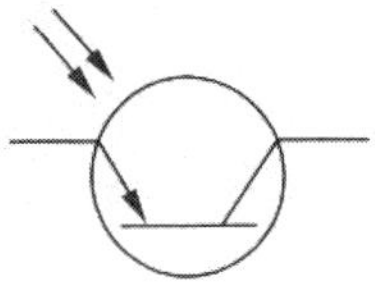	
Ⅲ1.2.13(16)	핫 커플러		
Ⅲ1.2.13(17)	4극 NPN 트랜지스터 (더블 베이스 트랜지스터)	(a) 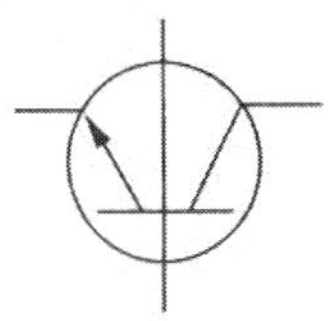 (b) 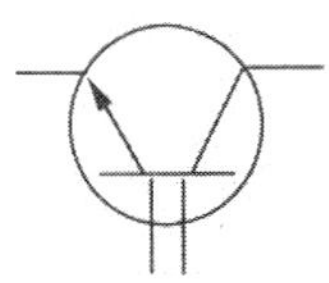	
Ⅲ1.2.13(18)	진성 영역에 저항성 접속을 가진 PNIP 트랜지스터	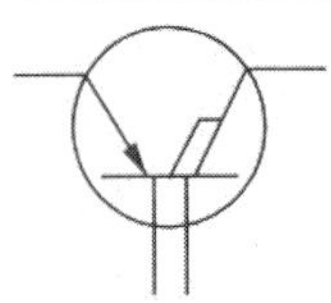	
Ⅲ1.2.13(19)	진성 영역에 저항성 접속을 가진 PNIP 트랜지스터	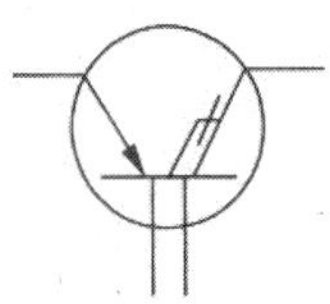	
Ⅲ1.2.13(20)	쌍방향성 다이오드 (대칭 배리스터)	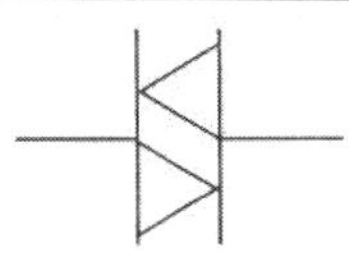	

번 호	명 칭	심 벌	적 요
Ⅲ1.2.13(21)	2극 역전도 사이리스터	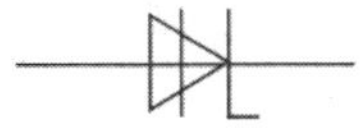	
Ⅲ1.2.13(22)	2극 쌍방향 사이리스터	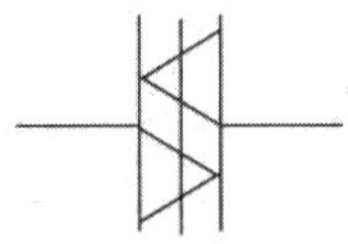	SSS라고도 한다.
Ⅲ1.2.13(23)	3극 턴 오프 사이리스터 (N게이트)	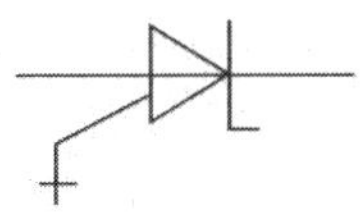	애노드 쪽을 제어한다.
Ⅲ1.2.13(24)	3극 턴 오프사이리스터 (P게이트)	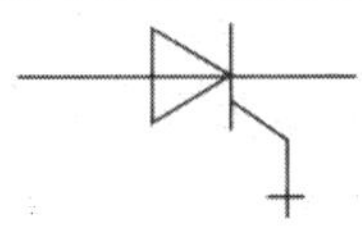	캐소드 쪽을 제어한다.
Ⅲ1.2.13(25)	4극 역저지 사이리스터	(a) 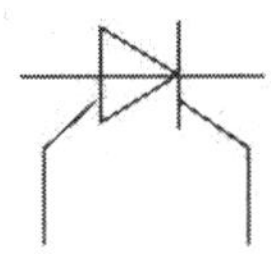 (b) 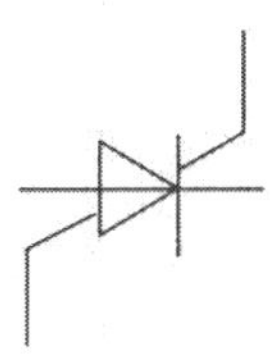	
Ⅲ1.2.13(26)	3극 쌍방향 사이리스터	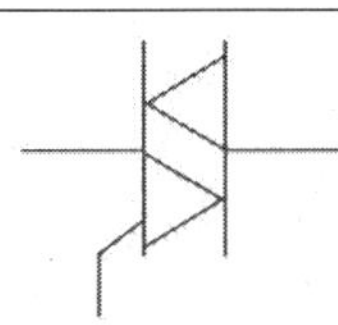	TRIAC라고도 한다.
Ⅲ1.2.13(27)	3극 전도 사이리스터 (N게이트)	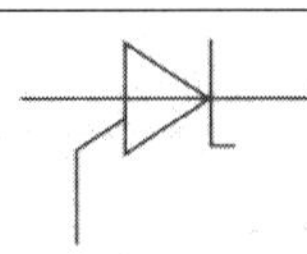	애노드 쪽을 제어한다.
Ⅲ1.2.13(28)	3극 전도 사이리스터 (P게이트)	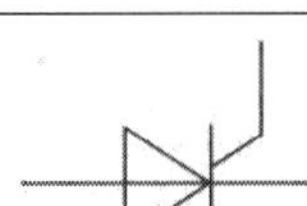	캐소드 쪽을 제어한다.

번 호	명 칭	심 벌	적 요
Ⅲ1.2.13(29)	PNPN 다이오드	(a) 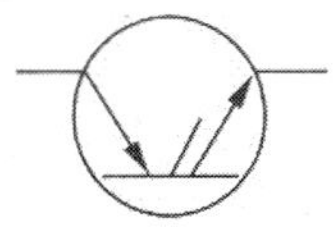 (b) 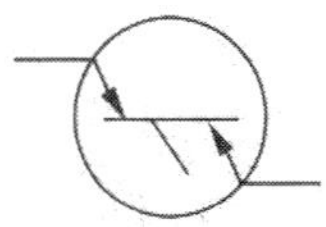	1. 2극 역저지 사이리스터, 또는 쇼클레이 다이오드라고도 한다. 2. 필요할 때에는 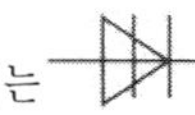 를 사용해도 된다.
Ⅲ1.2.13(30)	PNP 트랜지스터	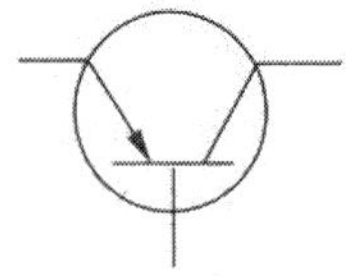	
Ⅲ1.2.13(31)	NPN 트랜지스터	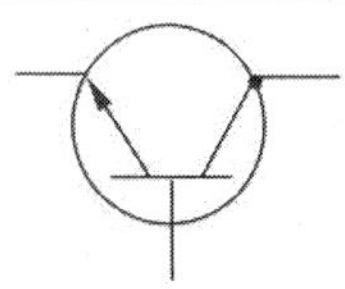	·표는 컬렉터가 외위기(外圍器)에 접속되어 있음을 표시한다.
Ⅲ1.2.13(32)	NPN 애벌란시 트랜지스터	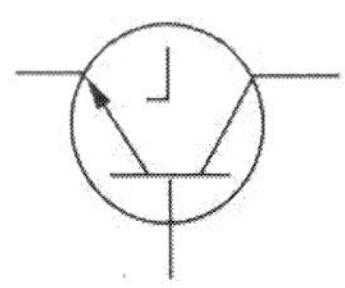	
Ⅲ1.2.13(33)	단접합 트랜지스터 (P형 베이스)	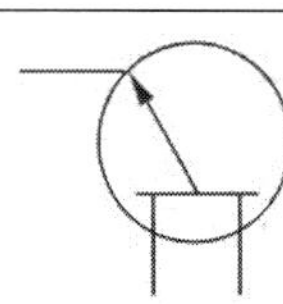	
Ⅲ1.2.13(34)	단접합 트랜지스터 (N형 베이스)	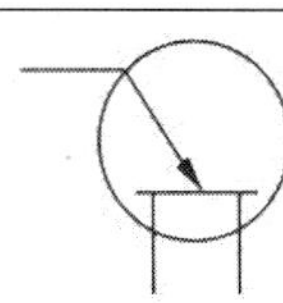	
Ⅲ1.2.13(35)	접합형 전계 효과 트랜지스터 (N형 채널)	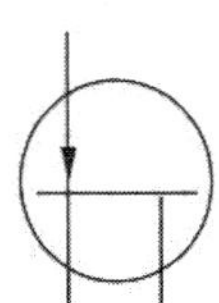	단자명은 다음 그림과 같다. 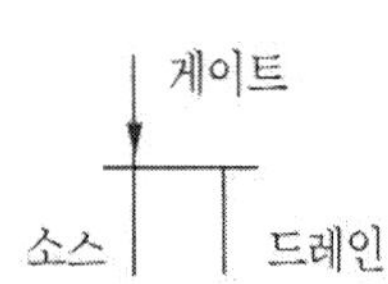
Ⅲ1.2.13(36)	접합형 전계 효과 트랜지스터 (P형 채널)	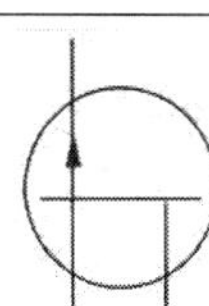	

번 호	명 칭	심 벌	적 요
Ⅲ1.2.13(37)	3극 PNPN 스위치 (N게이트)	(a) 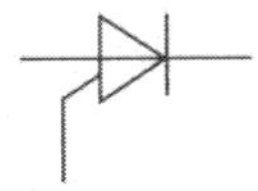 (b) 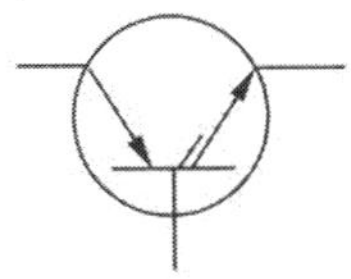	1. 3극 역저지 사이리스터(N게이트)라고도 한다. 2. 애노드 쪽을 제어한다.
Ⅲ1.2.13(38)	3극 NPNP 스위치 (P게이트)	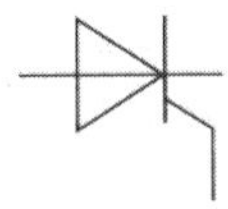 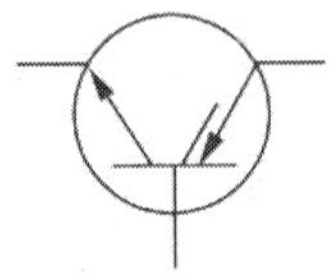	1. 3극 역저지 사이리스터(P게이트)라고도 한다. 2. 캐소드 쪽을 제어한다.
Ⅲ1.2.13(39)	절연게이트, 인핸스먼트형 전계효과 트랜지스터 (단게이트, P형채널)	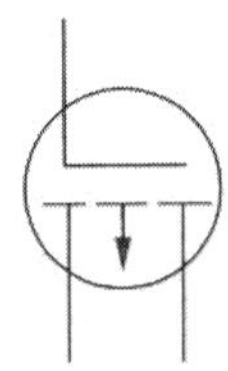	1. 기판 접속이 없을 경우를 표시한다. 2. 단자명은 다음과 같다. 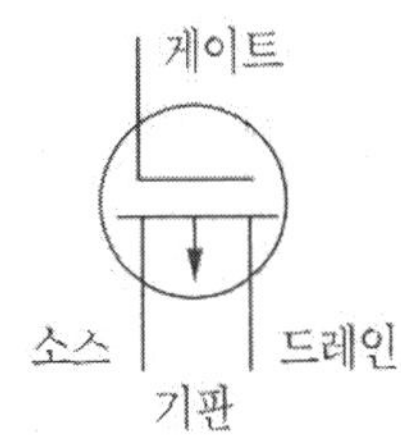
Ⅲ1.2.13(40)	절연게이트, 인핸스먼트형 전계효과 트랜지스터 (단게이트, N형채널)	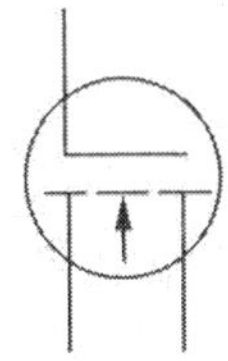	기판 접속이 없을 경우를 표시한다.
Ⅲ1.2.13(41)	절연게이트, 인핸스먼트형 전계효과 트랜지스터 (단게이트, P형채널)	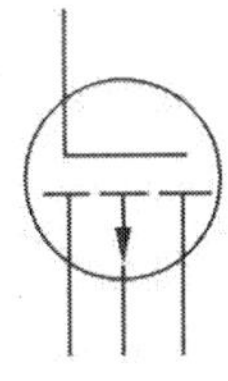	기판 접속 인출일 경우를 표시한다.

번 호	명 칭	심 벌	적 요
Ⅲ1.2.13(42)	절연게이트, 인핸스먼트형 전계효과 트랜지스터 (단게이트, N형채널)	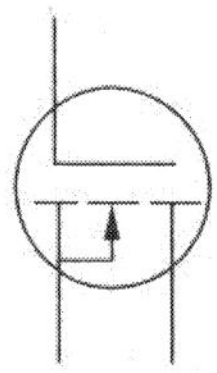	기판 내부에서 소스에 접속되어 있을 경우를 표시한다.
Ⅲ1.2.13(43)	절연게이트, 디플레이션형 전계효과 트랜지스터 (단게이트, N형채널)	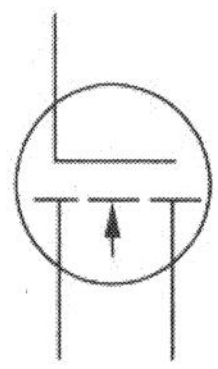	기판 접속이 없을 경우를 표시한다.
Ⅲ1.2.13(44)	절연게이트, 디플레이션형 전계 효과 트랜지스터 (단게이트, P형채널)	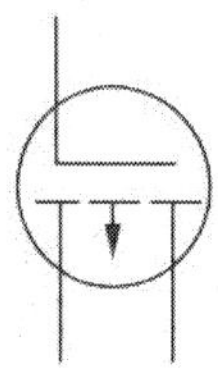	기판 접속이 없을 경우를 표시한다.
Ⅲ1.2.13(45)	절연게이트, 디플레이션형 전계효과 트랜지스터 (쌍게이트, N형채널)	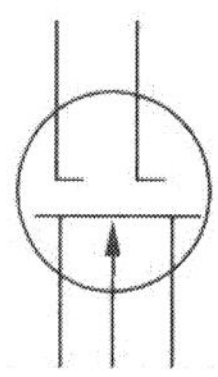	기판 접속 인출일 경우를 표시한다.
Ⅲ1.2.13(46)	서미스터 (직열형)	(a) 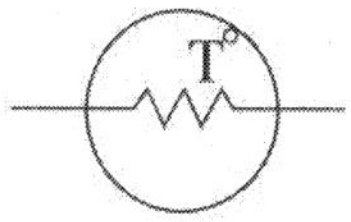 (b) 	
Ⅲ1.2.13(47)	서미스터 (방열형)	(a) 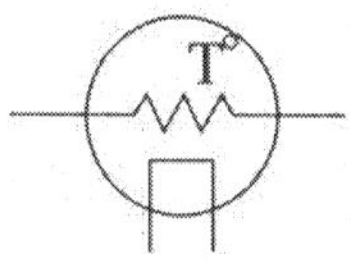 (b) 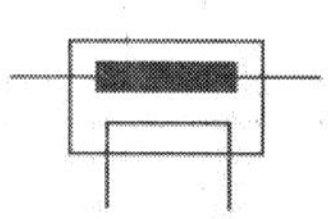	

1.3 계전기류 권선을 표시하는 선은 가늘어도 된다.

번 호	명 칭	심 벌	적 요
Ⅲ1.3.1	단권선	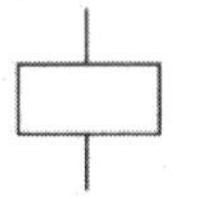	
Ⅲ1.3.2	단권선(동관 또는 나동선 감기)	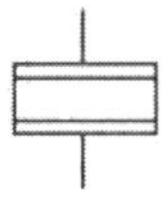	
Ⅲ1.3.3	단권선 (각부동환)	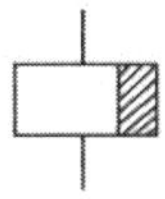	
Ⅲ1.3.4	단권선 (두부동환)	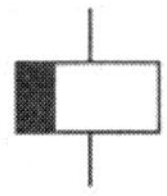	
Ⅲ1.3.5	단권선 (두부 쇠와셔)	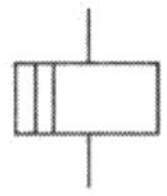	
Ⅲ1.3.6	단권선 (유극형)	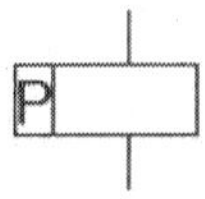	
Ⅲ1.3.7	단권선 (교류 감동형)	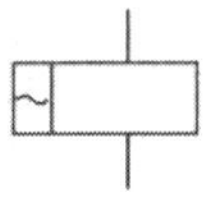	
Ⅲ1.3.8	열 계전기 권선	(a)  (b) 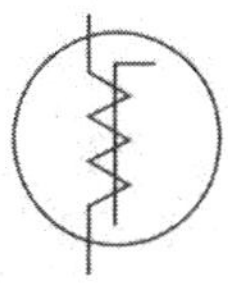	1. (a)는 비봉입형을, (b)는 봉입형을 표시한다. 2. 특히 단자를 표시할 필요가 있을 경우에는 다음 그림과 같이 해도 된다. 

번 호	명 칭	심 벌	적 요
Ⅲ1.3.9	무유도 단독 권선		특히 단자를 표시할 필요가 있을 때에는 다음 그림과 같이 해도 된다. 
Ⅲ1.3.10	무유도 병렬 권선	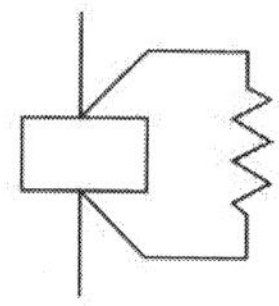	
Ⅲ1.3.11	복권선	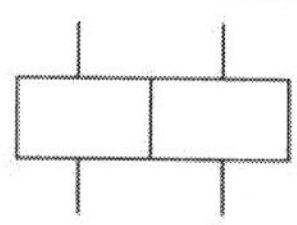	1. 3권선 이상일 때는 복권선에 준한다. 2. 각 권선은 분리해서 그려도 된다.
Ⅲ1.3.12	첫 감기의 표시	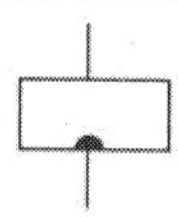	특히 표시를 필요로 할 때의 보기를 표시한다.
Ⅲ1.3.13	저항치의 표시		
Ⅲ1.3.14	단자 번호의 표시	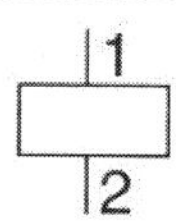	
Ⅲ1.3.15	기호의 표시	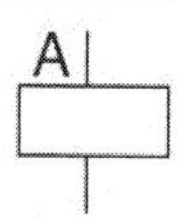	
Ⅲ1.3.16	전자석 권선	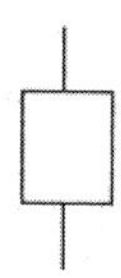	
Ⅲ1.3.17	자석식 표시기	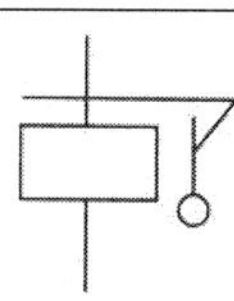	

번 호	명 칭	심 벌	적 요
Ⅲ1.3.18	격자형 표시기	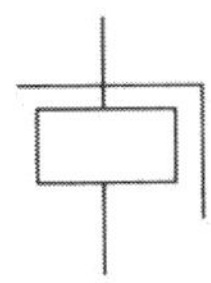	
Ⅲ1.3.19	도수계	(a) 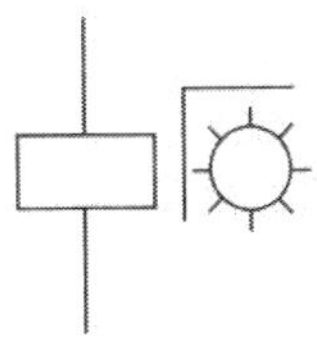 (b) 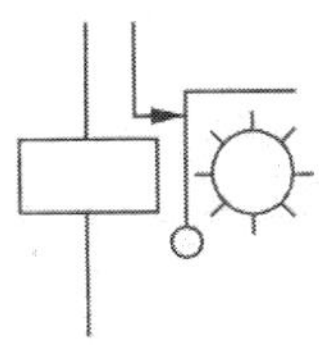	(b)는 접점 붙이일 경우를 표시한다.
Ⅲ1.3.20	메이크 접점	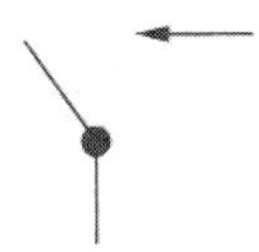	1.  의 · 은 생략해도 된다. 2. 접점의 는 이어도 된다. 3. 소속 계전기의 명칭을 표시할 경우는 알파벳의 소문자(보기 a)를 접점의 상부에 기입한다. 4. 열 계전기 접점을 표시하고 싶을 때는 접점의 상부(T)에 부가해도 된다. 5. 약도법에 따를 때는 아래 그림의 보기에 따른다. 보기 1 : 메이크 접점 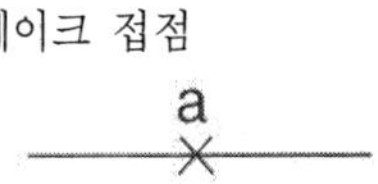 보기 1 : 브레이크 접점 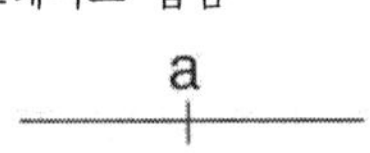
Ⅲ1.3.21	브레이크 접점		
Ⅲ1.3.22	전환 접점	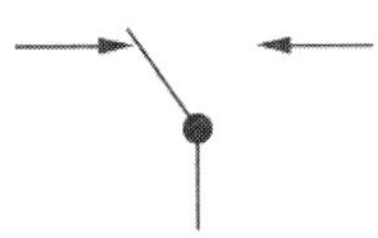	
Ⅲ1.3.23	메이크 비포 브레이크 접점	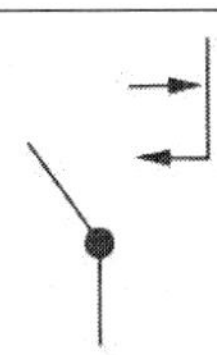	
Ⅲ1.3.24	2중 메이크 접점	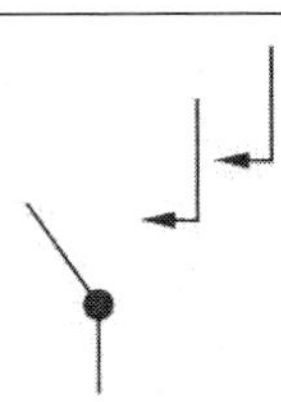	

번 호	명 칭	심 벌	적 요
Ⅲ1.3.25	2중 브레이크 접점	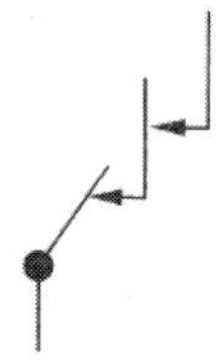	
Ⅲ1.3.26	접점의 동작 순서 표시	(a) 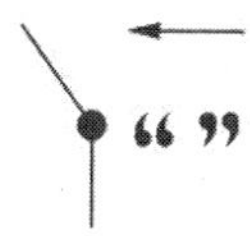 (b) 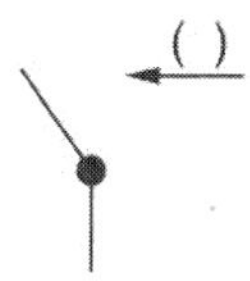	1. " " 및 ( ) 내에는 다음 기호를 기입한다. "x" 는 최초에 동작하는 접점을 표시한다. "y" 는 최후에 동작하는 접점을 표시한다. (P)는 프리리미너리 메이크 접점을 표시한다. (E)는 얼리 메이크 접점을 표시한다. 2. (a)는 스텝 바이 스텝계를, (b)는 와이어 스프링계의 메이크 접점의 보기를 표시한다.
Ⅲ1.3.27	접점 재질의 표시	(a) 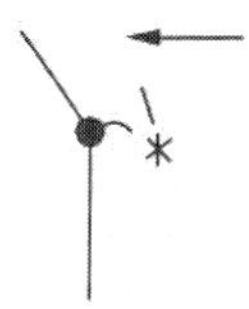 (b) 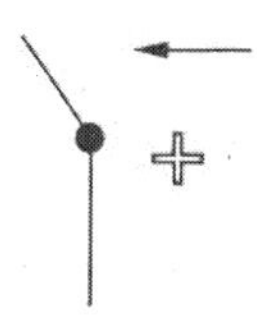	1. (a)는 백금 접점인 경우를 표시한다. 2. (b)는 PGS 접점인 경우를 표시한다. 기호는 +로 해도 된다. 3. 기타 재질의 접점 표시는 (a), (b)에 준한다.
Ⅲ1.3.28	평상 동작 중의 접점 표시	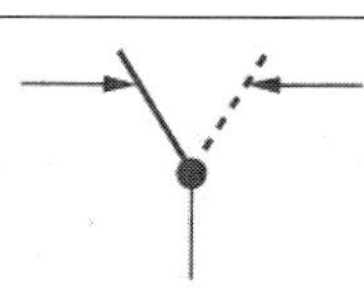	파선의 위치는 여자 상태를 표시

1.4 전건 접점 및 잭류

번 호	명 칭	심 벌	적 요
Ⅲ1.4.1	메이크 접점	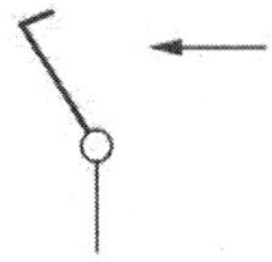	1. 심벌은 눌러 끊기의 보기지만, 다시 튀어오를 경우에는 아래 그림에 준한다.  2. 접점의 ←— 는 —— 이어도 된다. 3. 가동 스프링을 표시하는 선은 가늘어도 된다. 4. 접점 단자 번호의 기입 또는 조를 표시하는 기호를 표시할 때는 다음의 보기에 준한다. 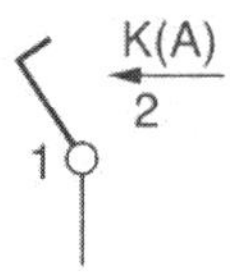 5. 누름 버튼 전건을 표시할 때는 아래 그림과 같이 해도 된다. 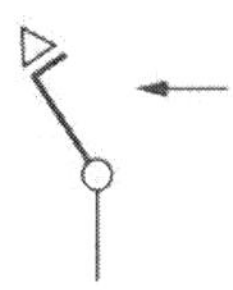
Ⅲ1.4.2	브레이트 접점	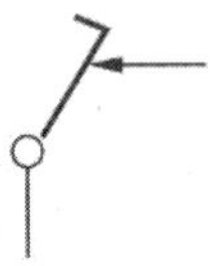	
Ⅲ1.4.3	전환 접점	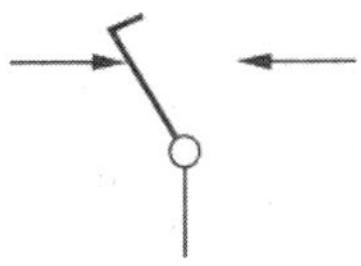	
Ⅲ1.4.4	메이크 비포 브레이크 접점	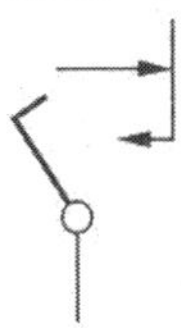	
Ⅲ1.4.5	2중 메이크 접점	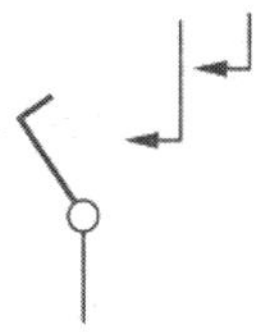	
Ⅲ1.4.6	2중 브레이크 접점	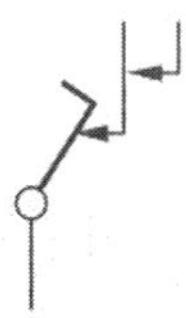	
Ⅲ1.4.7	2선 플러그	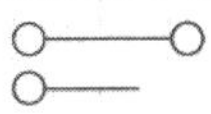	
Ⅲ1.4.8	3선 플러그	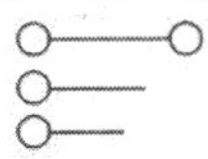	

번 호	명 칭	심 벌	적 요
Ⅲ1.4.9	4선 플러그	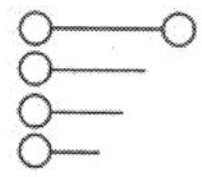	
Ⅲ1.4.10	2선 잭	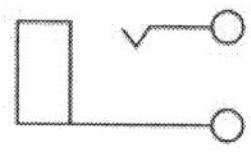	1. 수동대 등의 도면에 있어서 슬리브의 기법이 곤란할 때는 아래 그림과 같이 표시해도 된다. 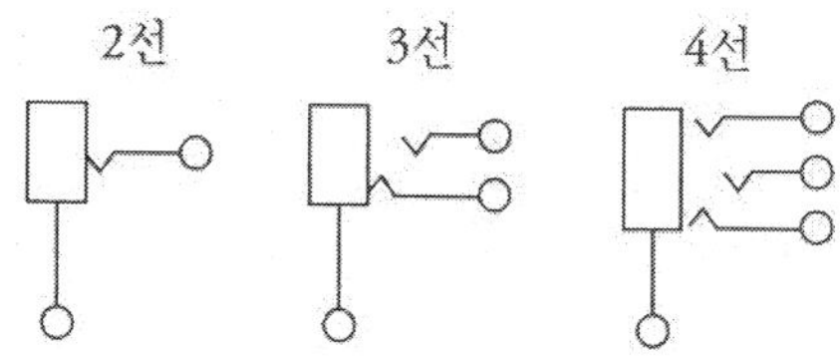 2. 접점의 ◀── 는 ─── 이어도 된다. 3. 접점을 분리해서 그려도 된다.
Ⅲ1.4.11	3선 잭	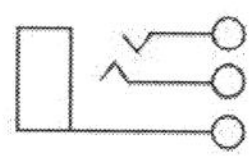	
Ⅲ1.4.12	4선 잭	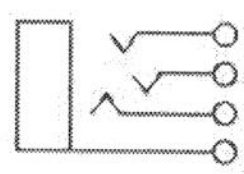	
Ⅲ1.4.13	절단 잭의 표시	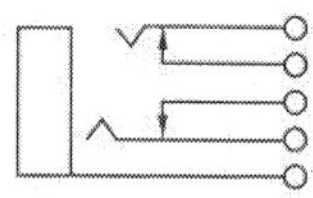	
Ⅲ1.4.14	접점 붙이 잭의 표시	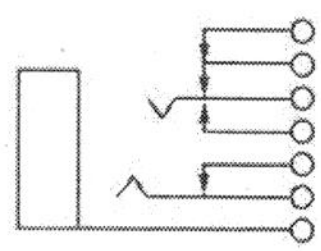	
Ⅲ1.4.15	잭(일반)	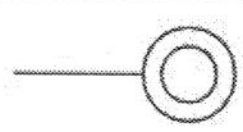	
Ⅲ1.4.16	U잭	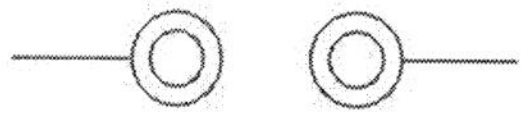	아래 그림과 같이 표시해도 된다. 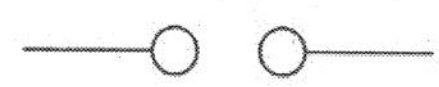
Ⅲ1.4.17	U링크		1. 측정용 잭이 붙었을 때에는 다음 그림과 같이 표시해도 된다.  2. U잭을 접속했을 때는 다음 그림과 같이 표시해도 된다. 

번 호	명 칭	심 벌	적 요
Ⅲ1.4.18	멀티플러그 잭	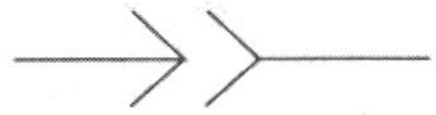	
Ⅲ1.4.19	동축 커넥터		
Ⅲ1.4.20	동축 케이블의 플러그	단선도 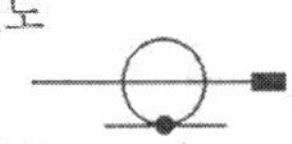 복선도 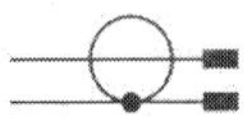	동축 코드의 플러그도 포함한다.
Ⅲ1.4.21	동축 케이블의 잭	단선도 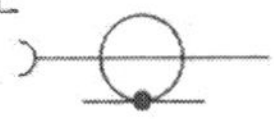 복선도 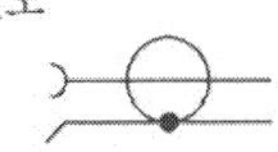	동축 코드의 잭도 포함한다.

1.5 음향기기 및 진동자

번 호	명 칭	심 벌	적 요
Ⅲ1.5.1	벨	(a) 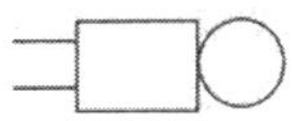 (b) 	(a)를 단선도에서는 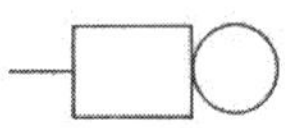 로 해도 된다.
Ⅲ1.5.2	버저	(a) 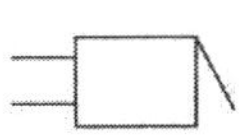 (b) 	(a)를 단선도에서는 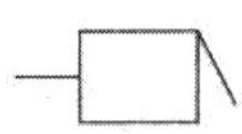 로 해도 된다.

번 호	명 칭	심 벌	적 요
Ⅲ1.5.3	바이브레이터	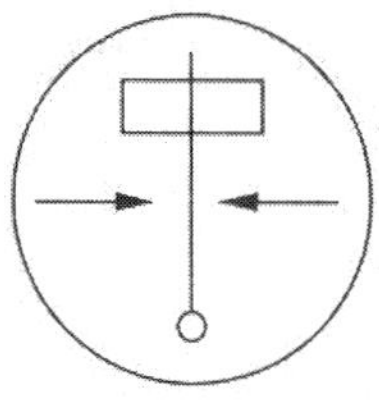	접점 구성에 의해 결선을 표시할 필요가 있을 때는 다음과 같이 표시해도 된다. 보기 : 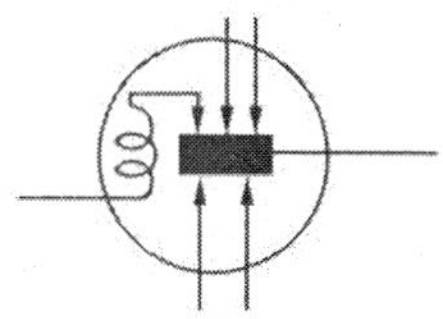
Ⅲ1.5.4	스피커(일반)	(a) 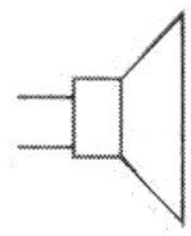 (b) 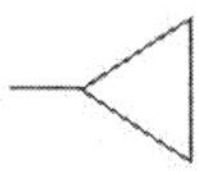	(a)를 단선도에서는 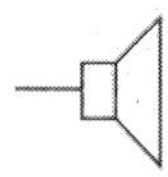 로 해도 된다.
Ⅲ1.5.5	가동 코일형 스피커	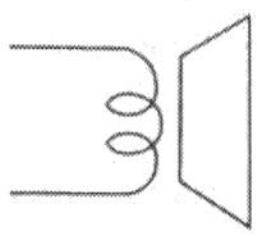	
Ⅲ1.5.6	마이크로폰(일반)	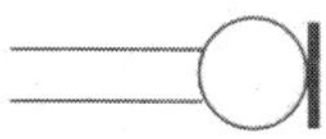	단선도에서는 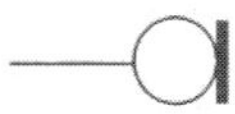로 해도 된다.
Ⅲ1.5.7	픽업(일반)		
Ⅲ1.5.8	커터(일반)		
Ⅲ1.5.9	전자형 픽업 및 커터	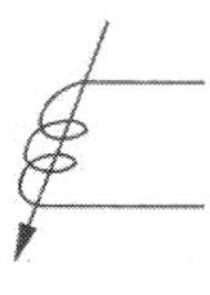	특히 픽업과 커터를 구별할 필요가 있을 때에는 다음과 같이 화살표로 구별한다. 픽업 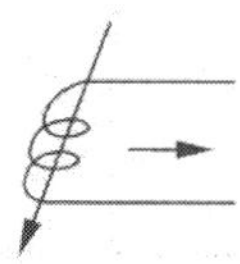 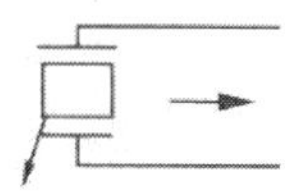 커터 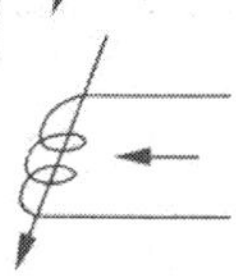 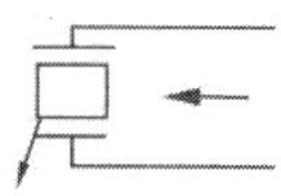
Ⅲ1.5.10	크리스털 픽업 및 커터	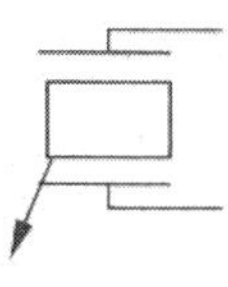	

번 호	명 칭	심 벌	적 요
Ⅲ1.5.11	자기헤드	단선도 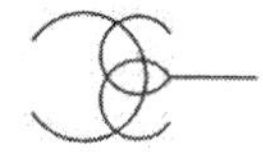 복선도 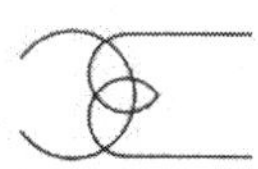	특히 녹음, 재생, 소거를 구별할 필요가 있을 때에는 다음과 같이 화살표로 구별한다. 녹음 재생 소거 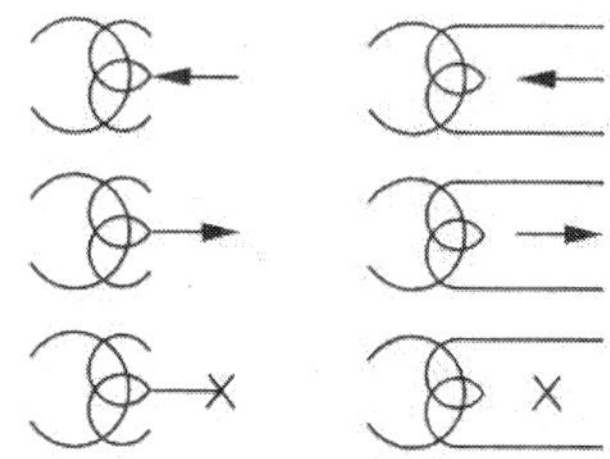
Ⅲ1.5.12	음차		
Ⅲ1.5.13	수정 진동자	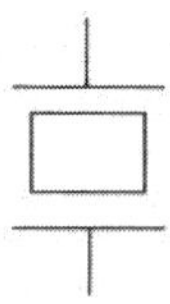	
Ⅲ1.5.14	파라메트론	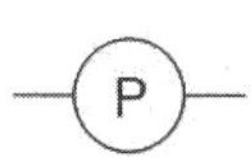	1. 인출선의 좌측은 입력측을 표시하고, 우측은 출력측을 나타낸다. 2. 여진상(勵振相)을 필요로 할 때에는 다음의 보기처럼 Ⅰ,Ⅱ,Ⅲ의 상별을 부기한다. 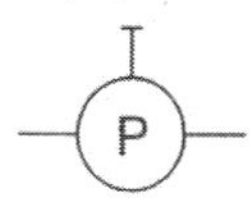

1.6 기타

번 호	명 칭	심 벌	적 요
Ⅲ1.6.1	케이블		1. 실드 케이블인 경우는 아래 그림과 같이 표시한다. 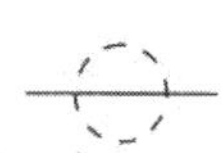 2. 실드선일 때는 아래 그림과 같이 표시한다. 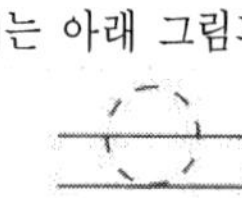

번 호	명 칭	심 벌	적 요
Ⅲ1.6.2	동축 케이블	단선도 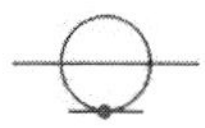 복선도 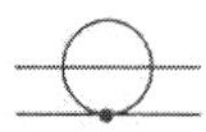	실드가 있을 때는 아래 그림과 같이 표시한다. 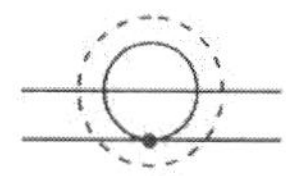
Ⅲ1.6.3	단속기	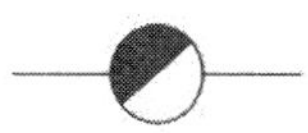	1. 필요하면 단속수 및 단속 시간을 부기한다. 2. 필요하면  을 사용해도 된다.
Ⅲ1.6.4	기계 접점	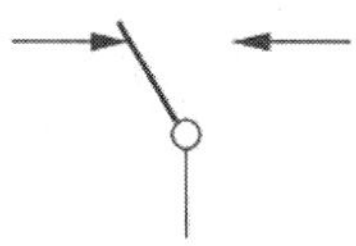	가동 스프링을 표시하는 선은 가늘어도 된다.

2. 블록·다이어그램

번 호	명 칭	심 벌	적 요
Ⅲ2.1	발진기	(a) 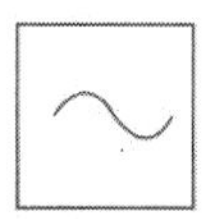 (b) 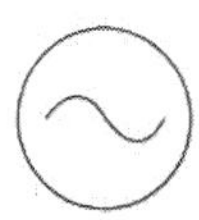	
Ⅲ2.2	음차 발진기	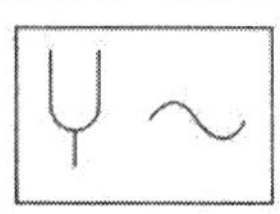	
Ⅲ2.3	수정 발진기	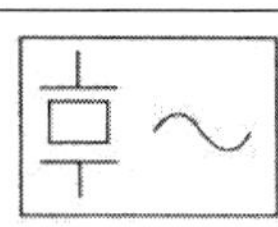	
Ⅲ2.4	고조파 발생기	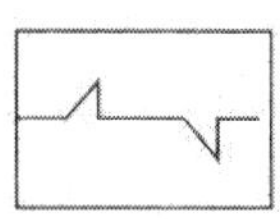	

번 호	명 칭	심 벌	적 요
Ⅲ2.5	증폭기	(a) 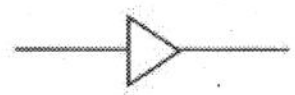 (b) 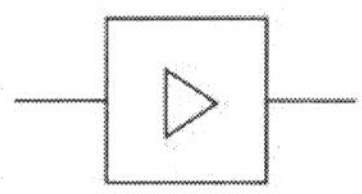 (c) 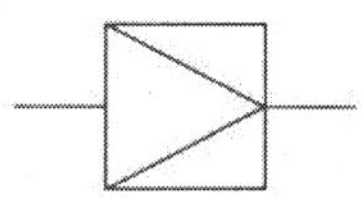	1. 특히 단수를 표시할 때는 다음과 같이 기입한다. 보기는 3단 증폭일 경우를 표시한다. 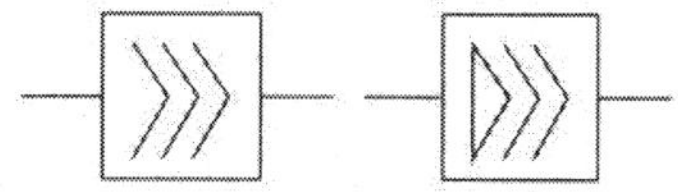 2. 자동 이득 제어 등의 기능을 가질 때는 AGC 등으로 부기한다. 3. 쌍방향일 때는 아래 그림과 같이 한다. 
Ⅲ2.6	검파기	(a) 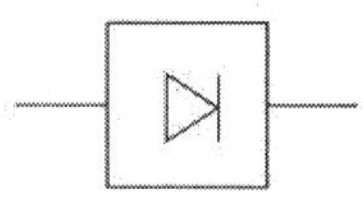 (b) 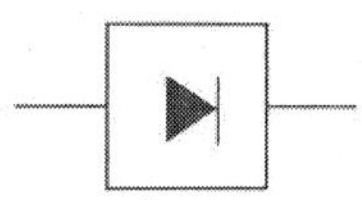	
Ⅲ2.7	변조기 · 복조기	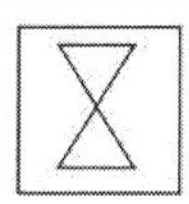	특히 필요할 때에는 변조 또는 복조의 기호를 부기한다.
Ⅲ2.8	레벨 미터	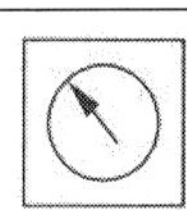	
Ⅲ2.9	기록기 및 녹음기	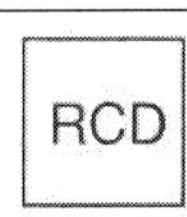	
Ⅲ2.10	테이프 녹화기	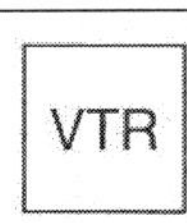	
Ⅲ2.11	고역 필터	(a) 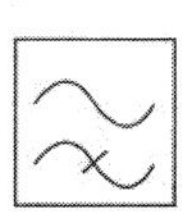 (b) 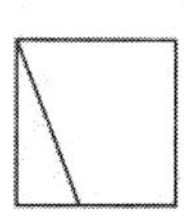	

번 호	명 칭	심 벌	적 요
Ⅲ2.12	저역 필터	(a)  (b) 	
Ⅲ2.13	대역 필터	(a) 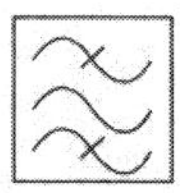 (b) 	
Ⅲ2.14	대역 소거 필터	(a)  (b) 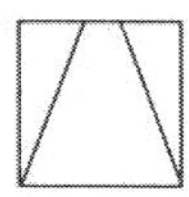	
Ⅲ2.15	종단 저항기	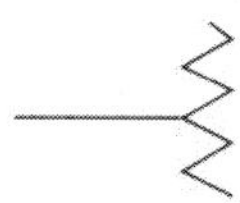	
Ⅲ2.16	감쇠기		
Ⅲ2.17	반고정 감쇠기	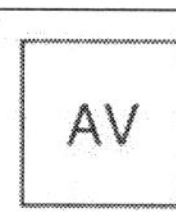	
Ⅲ2.18	저항 감쇠기	(a) 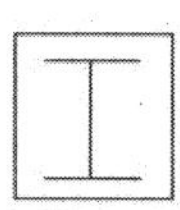 (b) 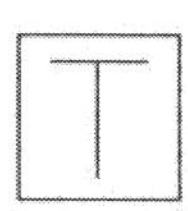	가변을 표시할 때는 아래 그림과 같이 한다.  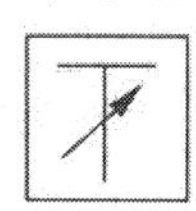
Ⅲ2.19	중계 코일	(a) 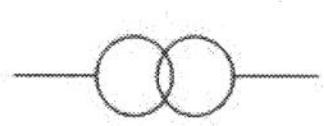 (b) 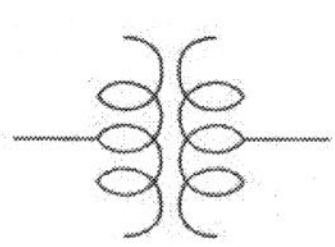	
Ⅲ2.20	하이브리드(일반)	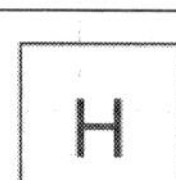	

번 호	명 칭	심 벌	적 요
Ⅲ2.21	발생기(비회전형)	G	특히 펄스, 정현파, 톱파 등을 구별할 때는 아래 그림에 준한다. 펄스 발생기 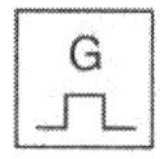 500Hz 정현파 발생기 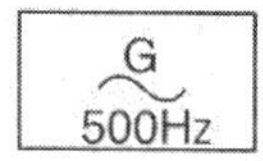 톱파 발생기 
Ⅲ2.22	변환기(일반)	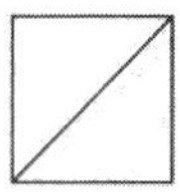	A에서 B로의 변환을 표시할 때는 아래 그림과 같이 기입한다. ─►─ 는 신호의 진행 방향을 표시한다. 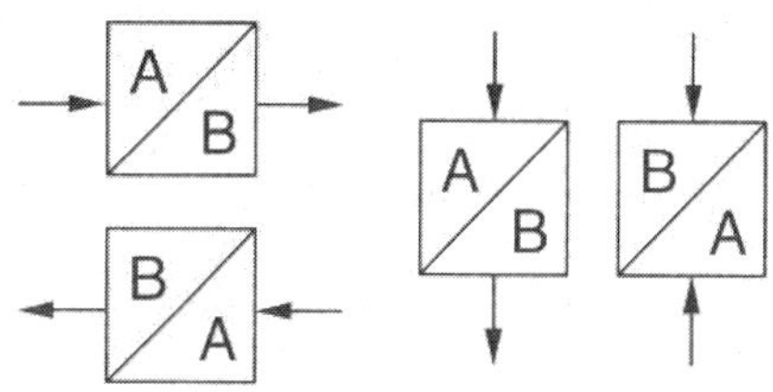
Ⅲ2.23	전원 장치 (정류장치인 경우)	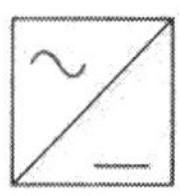	
Ⅲ2.24	체배기	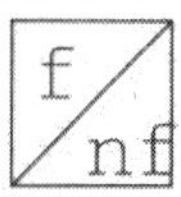	
Ⅲ2.25	체강기	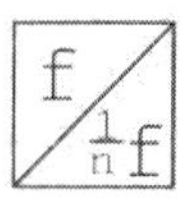	
Ⅲ2.26	주파수 판별기	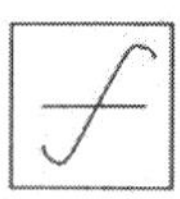	
Ⅲ2.27	프리엠퍼시스		
Ⅲ2.28	디엠퍼시스		
Ⅲ2.29	진폭 제한기	LIM	

번 호	명 칭	심 벌	적 요
Ⅲ2.30	압축기	COMP	
Ⅲ2.31	신장기	EXP	
Ⅲ2.32	등화기(일반)	(a) (b) 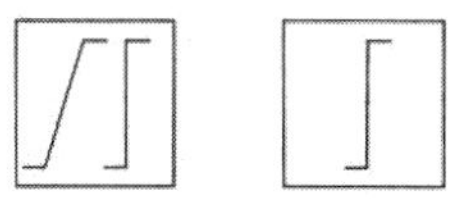	가변을 표시할 때는 아래 그림과 같이 한다.
Ⅲ2.33	위상 등화기	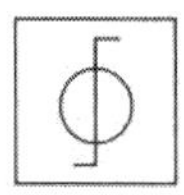	
Ⅲ2.34	계전기 회로	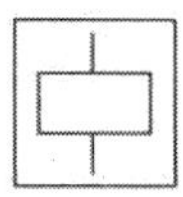	
Ⅲ2.35	신호기	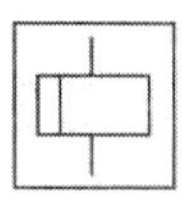	
Ⅲ2.36	전환기	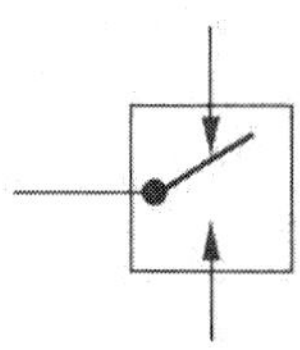	
Ⅲ2.37	단락기	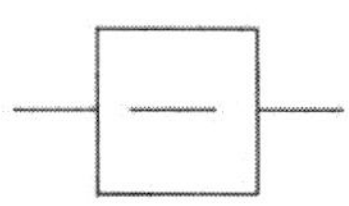	
Ⅲ2.38	프로킹 코일 (라인 트랩)	BC 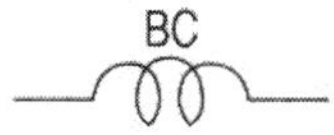	혼동될 우려가 없을 때는 BC를 생략해도 된다.
Ⅲ2.39	결합 커패시터	CC 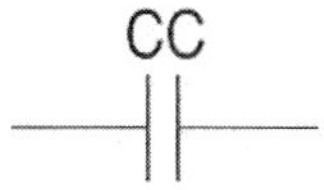	혼동될 우려가 없을 때는 CC를 생략해도 된다.

번 호	명 칭	심 벌	적 요
Ⅲ2.40	결합 필터	CF	필요에 따라 CF 대신에 다음 기호를 기입해도 된다. EF : 대지 귀로 필터 MF : 금속 귀로 필터 DF : 2선 결합 대지 귀로 필터

3. 통신망

번 호	명 칭	심 벌	적 요
Ⅲ3.1	단국		
Ⅲ3.2	중계소		
Ⅲ3.3	무선국	(a) (b) 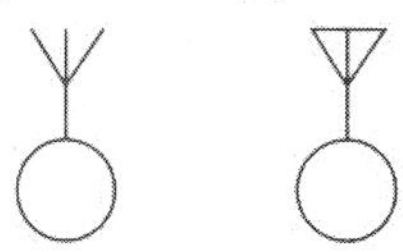	특히 단국, 중계국의 구별을 할 필요로 할 때에는 아래 그림의 보기에 따른다. 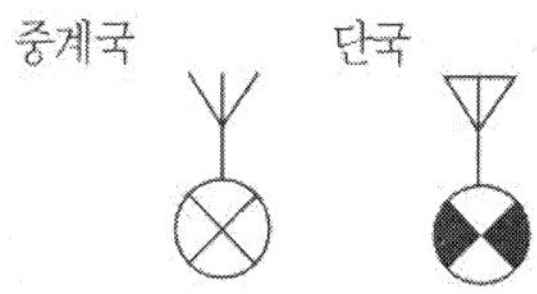
Ⅲ3.4	회선(일반)	————————	특히 중신 회선을 표시할 필요가 있을 때는 아래 그림과 같이 한다. 중신 회선 - - - - - - - - - - - - - -
Ⅲ3.5	고정 무선 회선	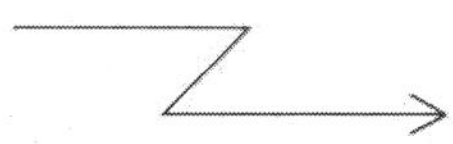	
Ⅲ3.6	이동 무선 회선	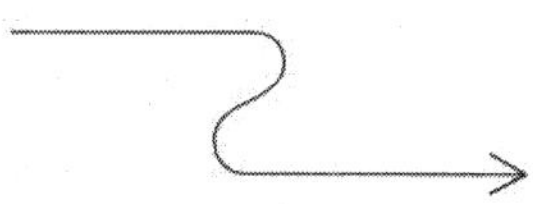	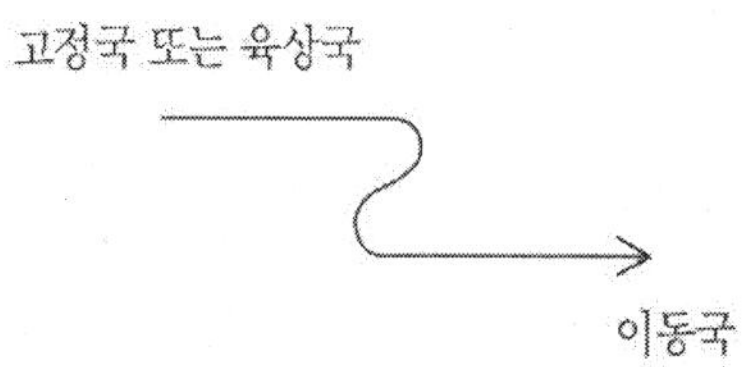
Ⅲ3.7	기간 회선	————————	
Ⅲ3.8	경사 회선 (중계 회선)	————————	

번 호	명 칭	심 벌	적 요
Ⅲ3.9	경사 회선 (직통 회선)	- - - - - - - - - - - - - - - - -	
Ⅲ3.10	총괄국	(a) (b) 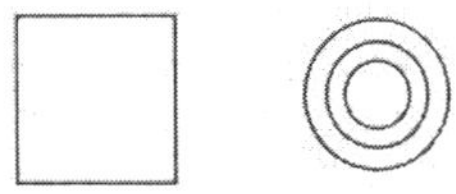	총괄국 및 중심국의 (a)의 심벌을 동일 도면에 사용할 때는 총괄국을 중심국보다 크게 표시한다.
Ⅲ3.11	중심국	(a) (b) 	
Ⅲ3.12	집중국		
Ⅲ3.13	단국 및 분국		
Ⅲ3.14	가입자	(a) (b) 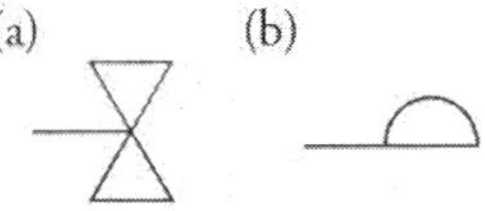	
Ⅲ3.15	회선 (용도 또는 방식)		1. 회선 용도 또는 최선 방식의 구별 및 양의 수를 필요로 할 때는 ○내에 약호 및 양의 수를 기입한다. 보기 : 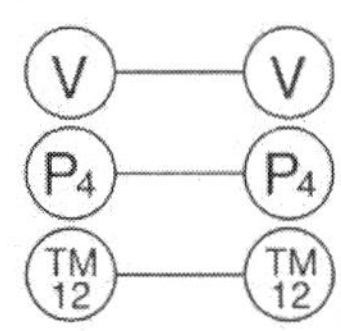 음성 회선 전력 반송(4회선) 텔레미터(12회선) 약호 보기 : 음성 V 음성 방송 VBC 반송 방송 CBC 나선 반송 방송 OBC 동축 비디오 CV VSB 방식 VSB 전력 방송 P 전화 TP 텔레비전 TV 전신 TG

번 호	명 칭	심 벌	적 요
Ⅲ3.15			모사 Fx 슈퍼 비전 SV 캐리어 릴레이 CR 텔레미터 TM 마이크로릴레이 μR 텔레컨트롤 TC 1TV 1TV 24채널 반송 전화 방식 F24 24채널 반송 전신 방식 Fr24 2. 폴트 로케이터의 A, C, F, K형을 표시할 때는  로 한다. 3. 금속 귀로 방식 전력선 반송 회선을 표시할 때는 으로 한다. 또한 n은 회선수를 표시한다.
Ⅲ3.16	4선식 함 중계국 전화회선	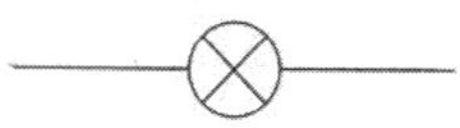	1. 사용법은 아래 그림의 보기에 따른다. 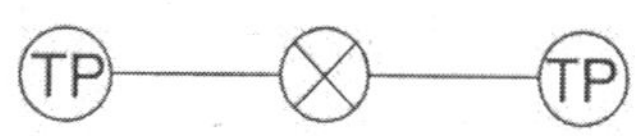 2. 2선식 함 중계국 전화 회선인 경우는 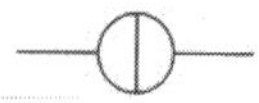 을 사용한다.
Ⅲ3.17	병용 회선	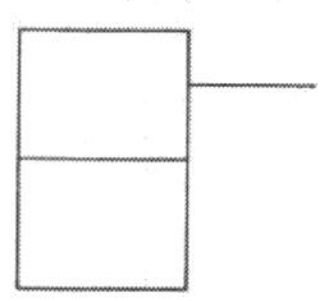	전화 병용 모사일 경우는 아래 그림처럼 표시한다. 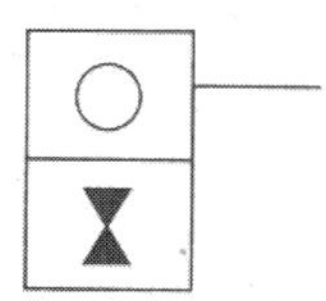 기타 병용할 때는 테속에 각 방식을 표시한다.
Ⅲ3.18	전보 중계 교환 가입선(단독)	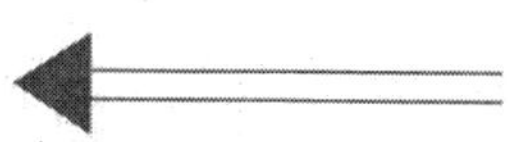	1. 최선 단말이 한국 표시 자동일 때는 아래 그림  과 같이 표시한다 2. 일방 송신 단독일 때는 다음 그림과 같이 표시한다. 

번 호	명 칭	심 벌	적 요
Ⅲ3.19	전보 중계 교화 가입선(집신)		일반 송신 집신일 때는 다음 그림과 같이 표시한다. 
Ⅲ3.20	전보 중계 교환 가입선 (입 단독 출 집신)	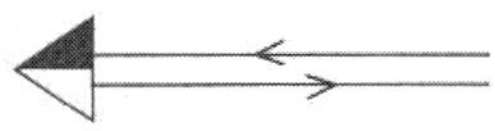	
Ⅲ3.21	전보 중계 교환 가입선 (입 집신 출 단독)	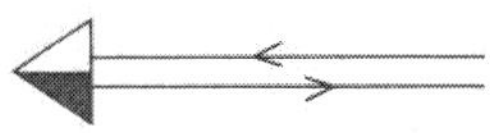	
Ⅲ3.22	전보 중계 교환 중계선	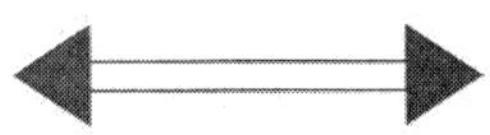	
Ⅲ3.23	가입 전신 가입선		
Ⅲ3.24	가입 전신 중계선		

4. 전신

4.1 중계 방식

번 호	명 칭	심 벌	적 요
Ⅲ4.1.1	테이프 중계	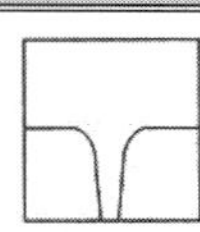	
Ⅲ4.1.2	회선 교환	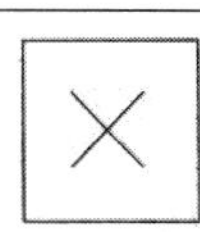	
Ⅲ4.1.3	집신	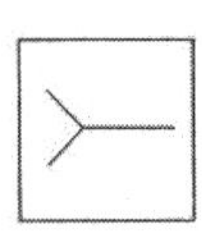	배신일 때는 아래 그림과 같이 표시한다. 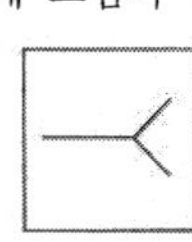

번 호	명 칭	심 벌	적 요
Ⅲ4.1.4	인쇄(일반)	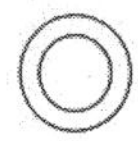	통신 방식에도 적용한다.
Ⅲ4.1.5	한국 표시 자동	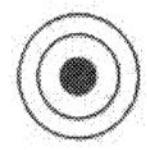	접속선을 조작할 때는 심벌에 대해서 수평으로 선을 연장한다. 또한 송·수를 표시할 때는 아래 그림과 같이 화살표를 붙인다. 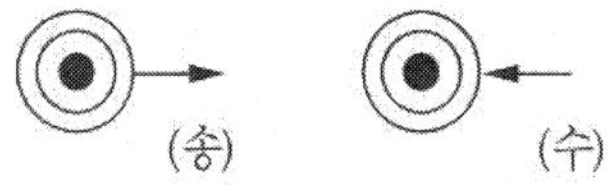
Ⅲ4.1.6	유럽 표시 자동	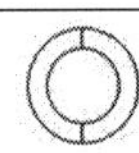	
Ⅲ4.1.7	혼합 표시 자동	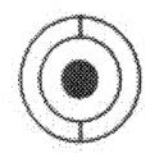	
Ⅲ4.1.8	가입 전신 댁내 장치		
Ⅲ4.1.9	모스(일반)	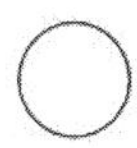	통신 방식에도 적용한다.
Ⅲ4.1.10	모스 단신	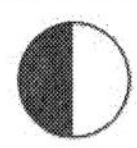	
Ⅲ4.1.11	모스 2중	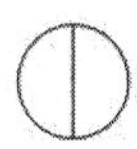	
Ⅲ4.1.12	전신용 전화		통신 방식에도 적용한다.
Ⅲ4.1.13	사진 전송		통신 방식에 적용할 때는 사진 모사 방식으로 한다.
Ⅲ4.1.14	모사 전송		
Ⅲ4.1.15	운신	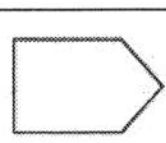	통신 방식에도 적용한다.
Ⅲ4.1.16	석 및 석 장치		보기를 들면 전화 집신 좌석은 아래 그림과 같이 표시한다. 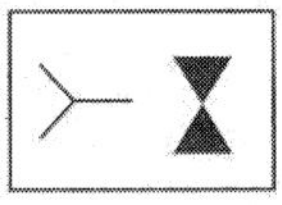
Ⅲ4.1.17	반송전신 단국 장치		용량 24채널, 실장 18채널을 표시할 때는 $\frac{18}{24}$ 로 표시한다. 또, 트랜지스터형일 때는 하단의 숫자 뒤에 T를 부기한다.

4.2 회로 소자

번 호	명 칭	심 벌	적 요
Ⅲ4.2.1	표시 전류계	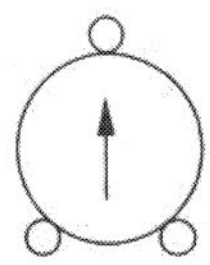	
Ⅲ4.2.2	전신 중계기		
Ⅲ4.2.3	전신용 유극 계전기	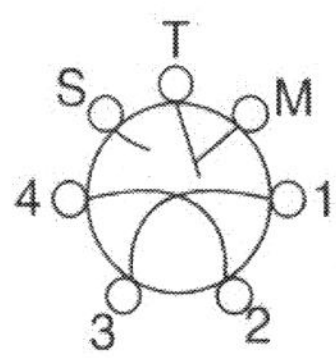	낮은 번호부터 전류가 흘렀을 때는 M축에 붙는다.
Ⅲ4.2.4	음향기		
Ⅲ4.2.5	조음기		

5. 데이터 전송

번 호	명 칭	심 벌	적 요
Ⅲ5.1	데이터 댁내 장치		통신 속도를 기입할 때는 아래 그림과 같이 한다.  (보기는 1200비트/초인 경우)
Ⅲ5.2	데이터 전송 장치		
Ⅲ5.3	변복조 장치		
Ⅲ5.4	전송 제어 장치		
Ⅲ5.5	데이터 전송용 입출력 기기	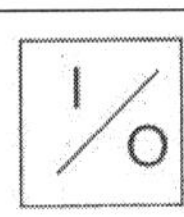	
Ⅲ5.6	병렬 통신로		필요에 따라 심선(정보선) 수를 아래 그림의 보기와 같이 기입한다. 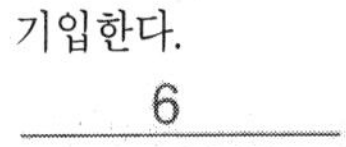
Ⅲ5.7	송신전용	(a) 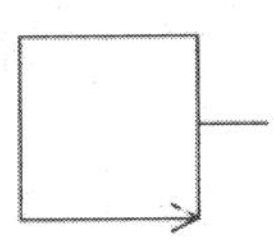 (b) 	
Ⅲ5.8	수신전용	(a) 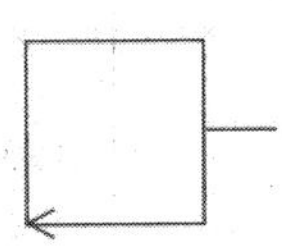 (b) 	

번 호	명 칭	심 벌	적 요
Ⅲ5.9	전2중	(a) 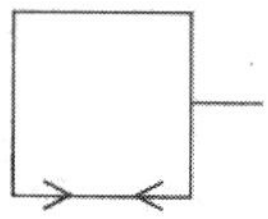 (b) 	
Ⅲ5.10	반2중	(a) 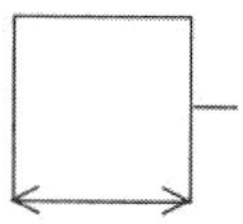 (b) 	
Ⅲ5.11	통신로 변환장치	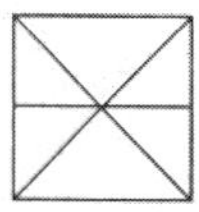	용량 24채널, 실장 6채널을 표시할 때는 [6/24]으로 한다.
Ⅲ5.12	병·직렬 변환장치	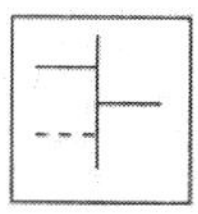	
Ⅲ5.13	직·병렬 변환장치	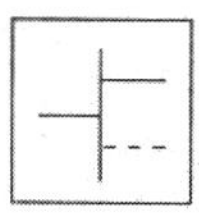	
Ⅲ5.14	키 보드	KB	
Ⅲ5.15	프린터	PR	
Ⅲ5.16	키 보드 프린터	KB/PR	필요에 따라 가로로 길게 해도 된다.
Ⅲ5.17	자동 호출 장치	ACE	

번 호	명 칭	심 벌	적 요
Ⅲ5.18	천공기	PT	
Ⅲ5.19	착오 제어 장치	EC	

6. 전화기 및 교환

6.1 전화기

번 호	명 칭	심 벌	적 요
Ⅲ6.1.1	전화기	(a) (b) 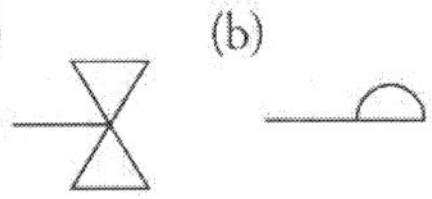	
Ⅲ6.1.2	송화기	(a) (b) (c) 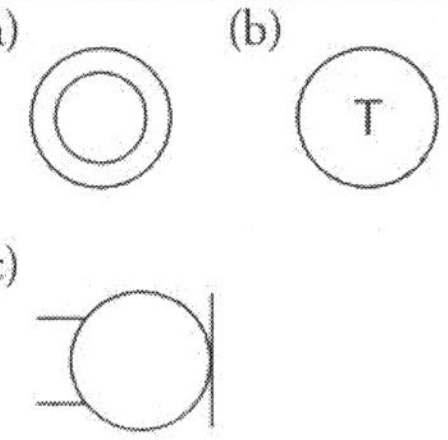	(c)에 있어서 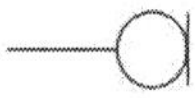 로 해도 된다.
Ⅲ6.1.3	수화기	(a) (b) 	1. 헤드폰임을 특히 명기할 때는 아래 그림과 같이 표시한다. 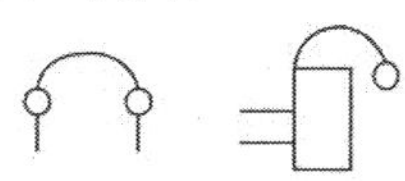 2. 단선도에서는 사용되지 않는 선을 생략하고 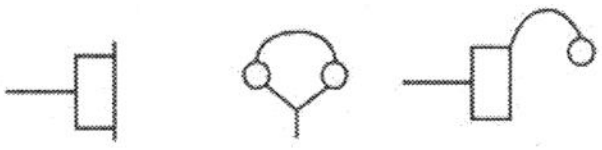 으로 해도 된다
Ⅲ6.1.4	훅 스위치	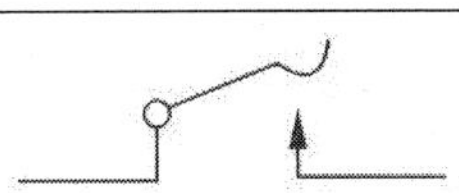	

번 호	명 칭	심 벌	적 요
Ⅲ6.1.5	다이얼(회전식)	(a) 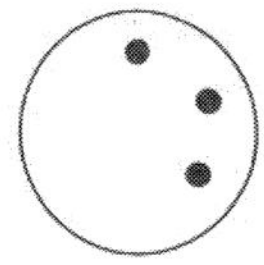 (b) 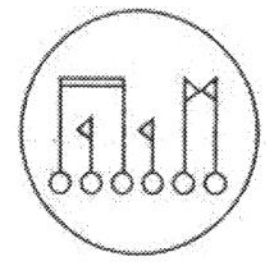	접점을 분리할 때는 기계 접점의 기법에 따른다. 보기 : 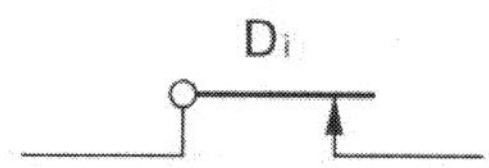
Ⅲ6.1.6	전령	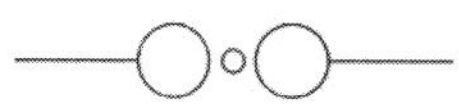	

6.2 교환

번 호	명 칭	심 벌	적 요
Ⅲ6.2.1	와이퍼 및 뱅크 접점	(a)  (b) 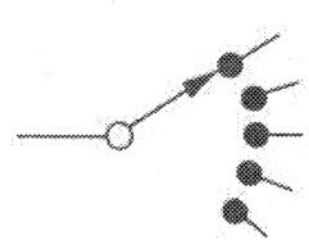	
Ⅲ6.2.2	무정위형 와이퍼 및 뱅크 (비교락형)	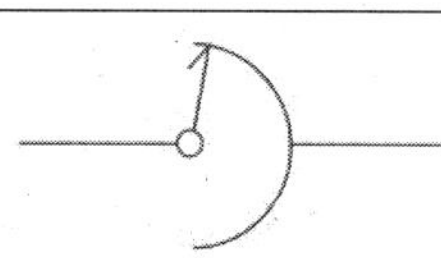	1. 스텝 수 n을 표시할 필요가 있을 때에는 아래 그림에 따른다. 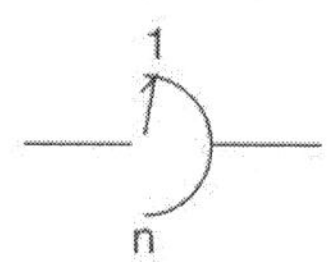 2. 의 ° 은 정위치를 표시한다.
Ⅲ6.2.3	무정위형 와이퍼 및 뱅크 (교락형)	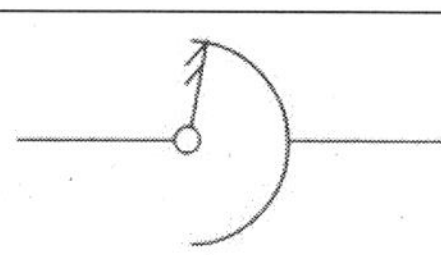	
Ⅲ6.2.4	정위형 와이퍼 및 뱅크 (비교락형)	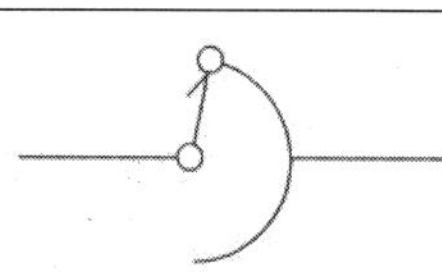	

번 호	명 칭	심 벌	적 요
Ⅲ6.2.5	정위형 와이퍼 및 뱅크 (교락형)	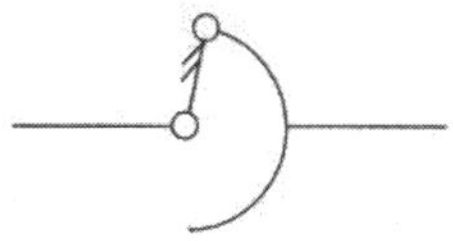	
Ⅲ6.2.6	회전 스위치	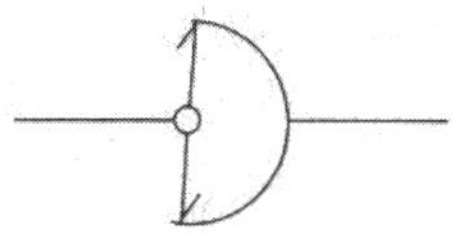	
Ⅲ6.2.7	상승 회전 스위치	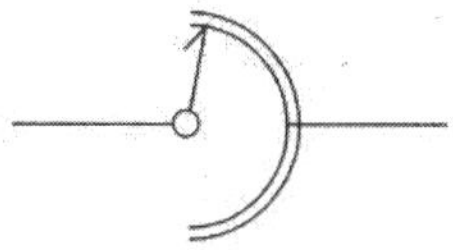	
Ⅲ6.2.8	셀렉터 디스트리뷰터	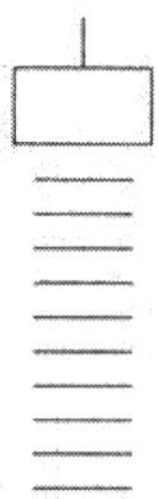	
Ⅲ6.2.9	커넥터	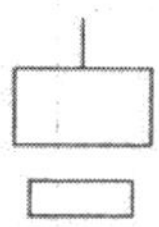	라벨 표시를 필요로 할 때는 Ⅲ6.2.8 셀렉터 디스트리뷰터의 심벌을 사용해도 된다.
Ⅲ6.2.10	라인 파인터	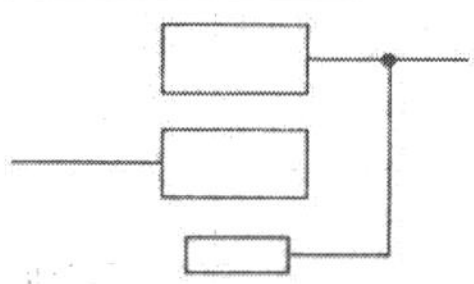	
Ⅲ6.2.11	리피터 릴레이 그룹	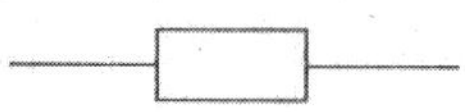	접속의 진행 방향을 표시할 때는 아래 그림에 따른다. 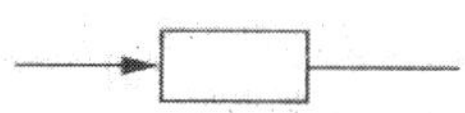

번 호	명 칭	심 벌	적 요
Ⅲ6.2.12	링 코일	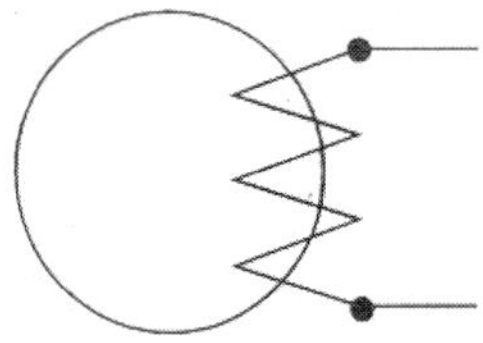	
Ⅲ6.2.13	크로스바 스위치 크로스 포인트		수평축 및 수직축은 다음에 따른다. 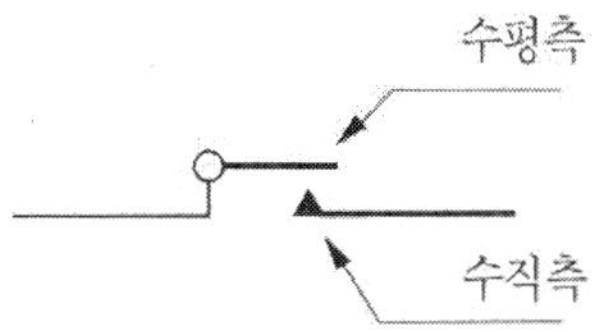
Ⅲ6.2.14	크로스바 스위치		가로 · 세로의 치수는 출입선 수에 비례시켜 도 된다.
Ⅲ6.2.15	프레임 및 링크	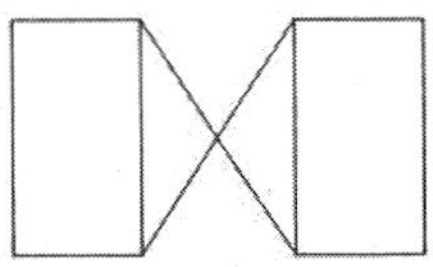	
Ⅲ6.2.16	코드식 수동대	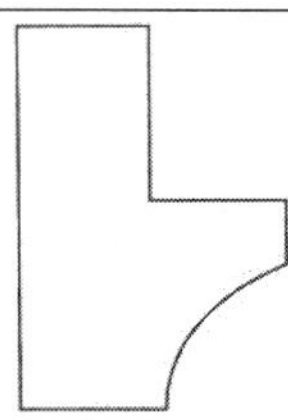	1. 시험대, 접수대를 포함한다. 2. (a)는 고정형, (b)는 탁상형을 표시한다.
Ⅲ6.2.17	코드리스식 수동대	(a) 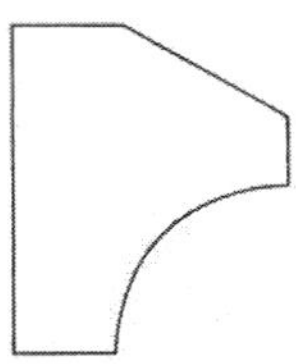 (b) 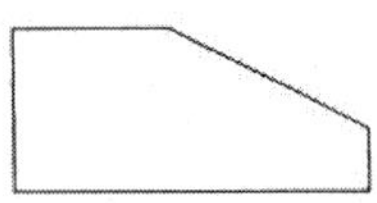	

7. 반송

번 호	명 칭	심 벌	적 요
Ⅲ7.1	퍼텐쇼미터	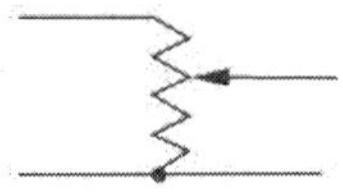	
Ⅲ7.2	저항 감쇠기	(a) 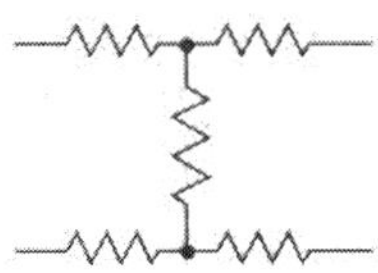 (b) 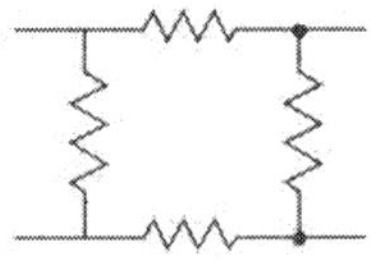 (c) 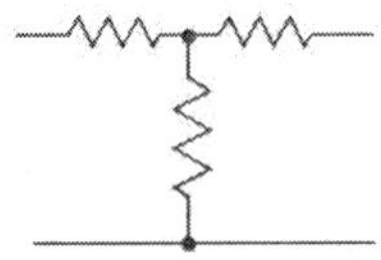 (d) 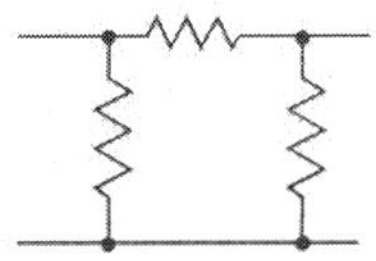	(a), (b)는 평형형을, (c), (d)는 불평형형을 표시한다.
Ⅲ7.3	하이브리드	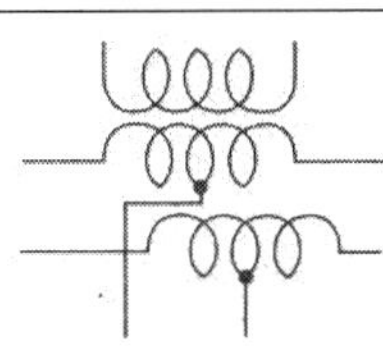	평형형의 보기를 표시한다.
Ⅲ7.4	16Hz신호기		
Ⅲ7.5	1주파 신호기 (주파수를 지정할 경우)	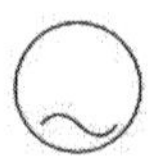	16Hz 이외는 kHz단위로 주파수를 아래 그림과 같이 써 넣는다. 500Hz  3850Hz  반송파 

번 호	명 칭	심 벌	적 요
Ⅲ7.6	시외선 신호 중계장치		링 다운 중계용
Ⅲ7.7	정배치측 파대	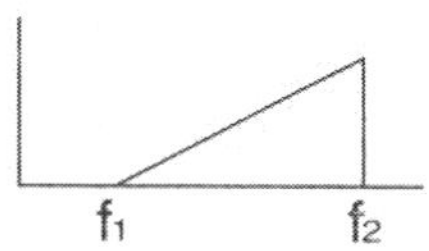	1. 특히 필요할 때는 주파수 f_1, f_2를 기입한다. 2. f_1 및 f_2는 음성 주파대의 상한 및 하한을 표시한다.
Ⅲ7.8	역배치측 파대	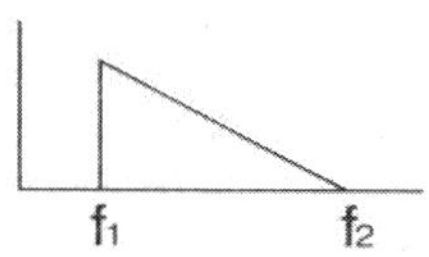	
Ⅲ7.9	반송 주파수	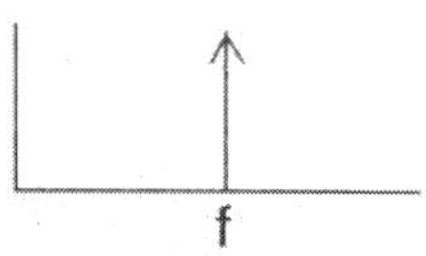	특히 필요할 경우에는 주파수 f를 기입한다.
Ⅲ7.10	반송 주파수	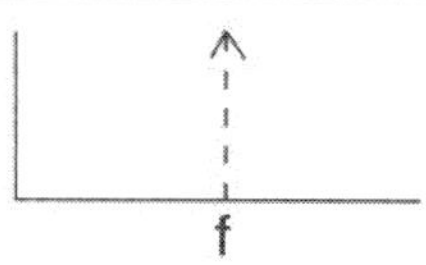	특히 필요할 경우에는 주파수 f를 기입한다.
Ⅲ7.11	파일럿 주파수 (억압)	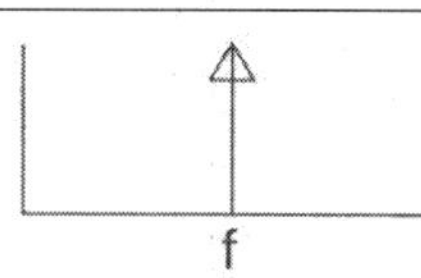	특히 필요할 경우에는 주파수 f를 기입한다.

8. 무선

8.1 안테나

번 호	명 칭	심 벌	적 요
Ⅲ8.1.1	안테나(일반)	(a)  (b) 	

번 호	명 칭	심 벌	적 요
Ⅲ8.1.2	우산형 안테나	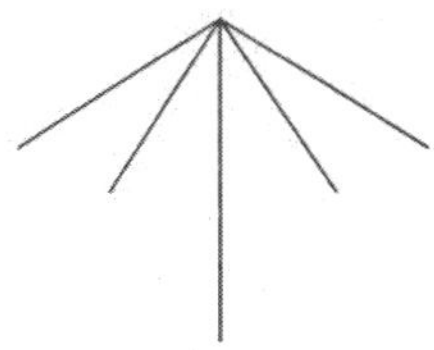	부하형 안테나를 포함한다.
Ⅲ8.1.3	카운트 푸아즈	(a)  (b) 	
Ⅲ8.1.4	루프 안테나	(a) 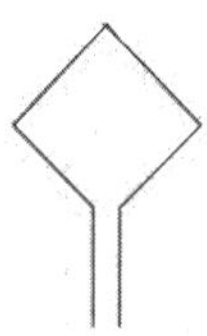 (b) 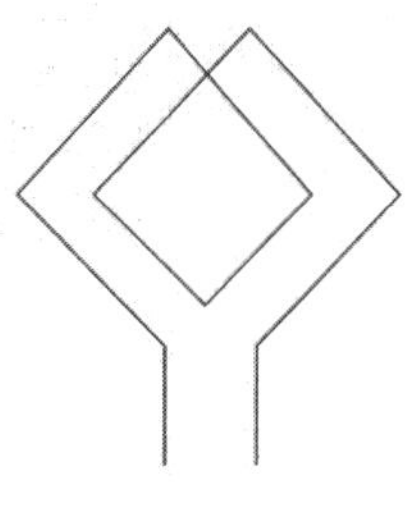	1. 밸런스 루프 안테나를 나타낼 필요가 있을 때는 아래 그림과 같이 표시한다. 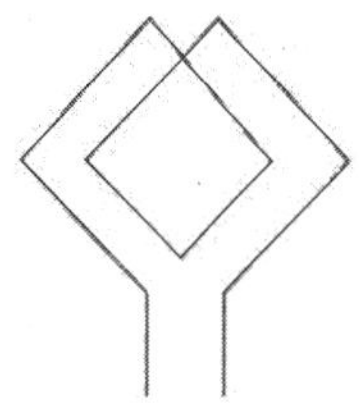 2. 직교 루프 안테나를 나타낼 필요가 있을 때는 아래 그림과 같이 표시한다. 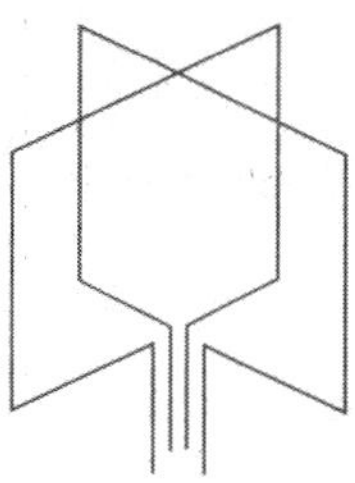
Ⅲ8.1.5	다이폴 안테나	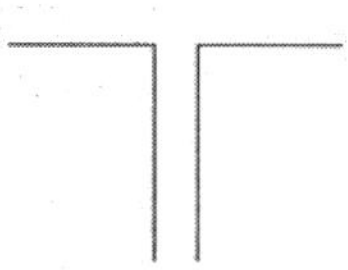	수직 다이폴 안테나를 나타낼 필요가 있을 때는 아래 그림과 같이 표시한다. 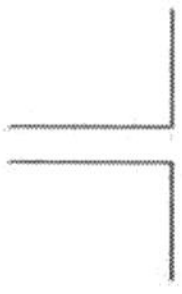

번 호	명 칭	심 벌	적 요
Ⅲ8.1.6	폴디드 안테나	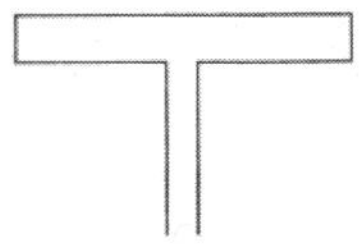	
Ⅲ8.1.7	다이아몬드형 안테나	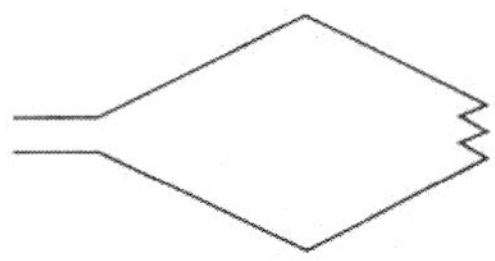	
Ⅲ8.1.8	야기 안테나	(a) 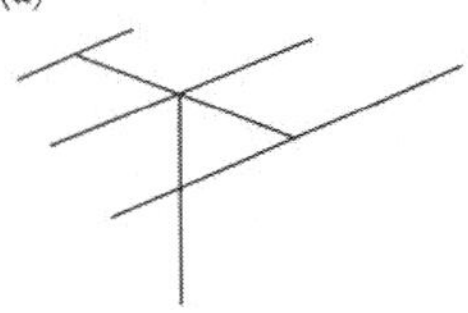 (b) 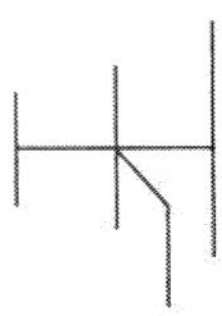	1. (a)는 수평형을, (b)는 수직형을 표시한다. 2. 회전형을 표시할 필요가 있을 때는 아래 그림의 보기와 같이 한다. 보기 : 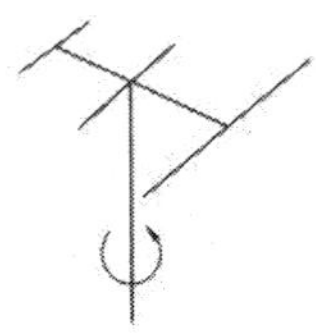
Ⅲ8.1.9	턴 스타일 안테나	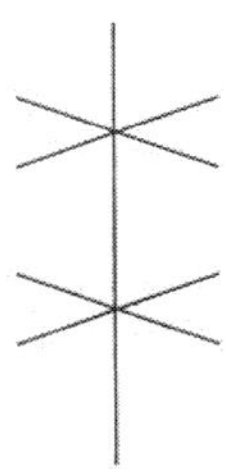	단수를 표시할 필요가 있을 때는 아래 그림의 보기와 같이 표시한다. 12단의 보기 : 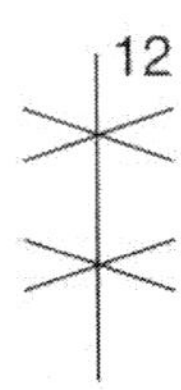
Ⅲ8.1.10	슬리브 안테나		1. 스커트 다이폴 안테나를 포함한다. 2. 멀티스커트 안테나를 표시할 때는 아래 그림과 같다. 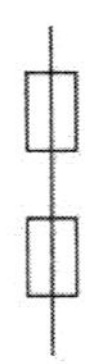

번 호	명 칭	심 벌	적 요
Ⅲ8.1.11	코너 안테나	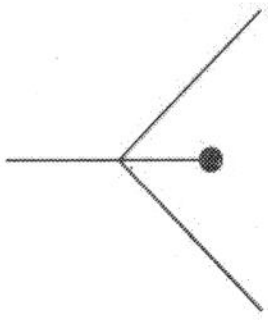	1. 수평편파, 수직편파의 구별을 필요로 할 때는 H, V를 부기한다. 2. 가로선은 피더 접속의 보기를 나타낸다.
Ⅲ8.1.12	파라볼라 안테나	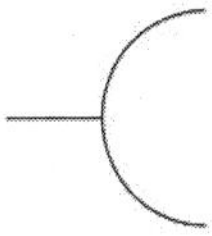	1. 회전형 및 복사부를 나타낼 필요가 있을 때는 아래 그림의 보기와 같이 한다. 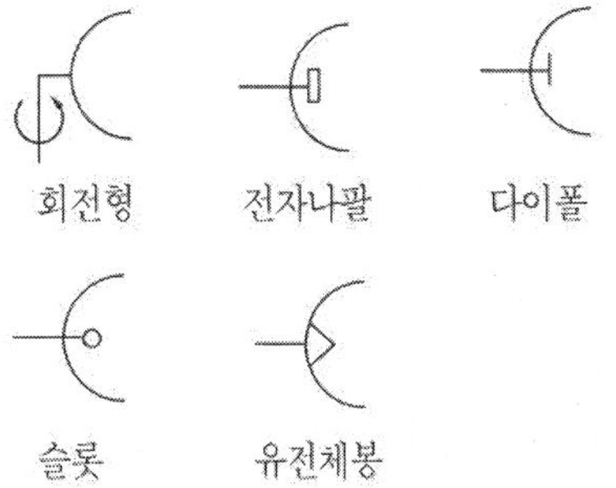 2. 편파면의 구별을 필요로 할 때는 다음의 문자를 붙인다. 수평편파 H 수직편파 V 우 선원편파 R 좌 선원편파 L 3. 가로선은 피더 접속의 보기를 나타낸다.
Ⅲ8.1.13	혼 리플렉터 안테나	(a) (b) 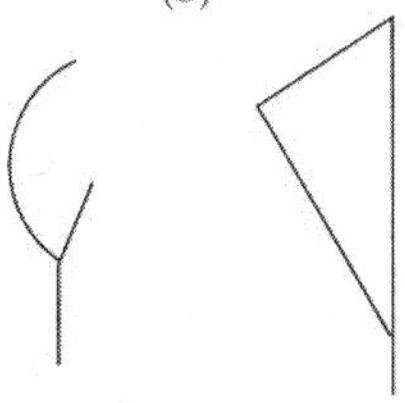	
Ⅲ8.1.14	전자 나팔	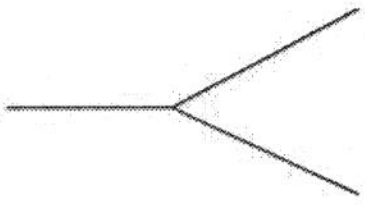	

번 호	명 칭	심 벌	적 요
Ⅲ8.1.15	슬롯 안테나	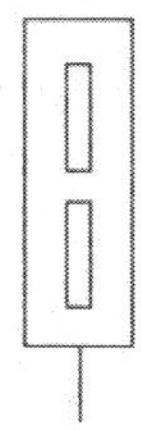	파일론 안테나를 포함한다.
Ⅲ8.1.16	반사판	(a) 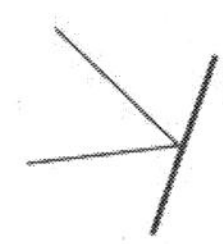 (b) 	(a)는 1매 반사판일 때를 표시한다. (b)는 2매 반사판일 때를 표시한다. 2매 반사판일 때, 아래 그림과 같이 표시해도 된다. 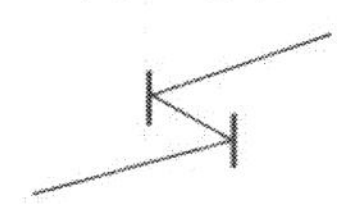 

8.2 입체 회로

번 호	명 칭	심 벌		적 요
		단선도용	복선도용	
Ⅲ8.2.1	도파관	(a) 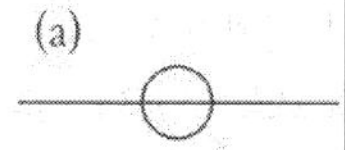 (b) 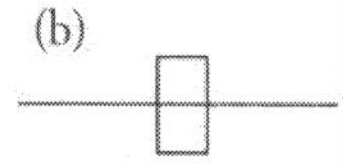 (c) 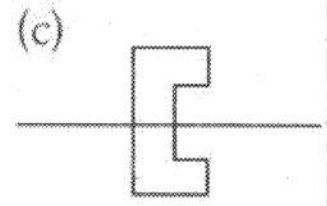	(a) 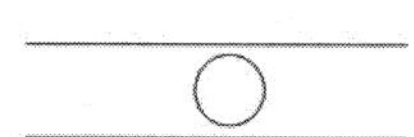 (b) 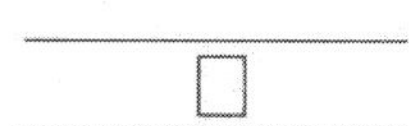 (c) 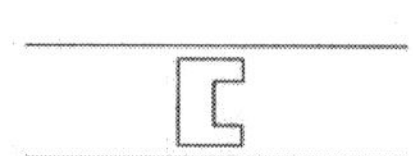	1. 필요에 따라 계의 양끝에 단면을 기입한다. 유전체 충전 도파관임을 특히 표시할 때는 단면에 해칭을 한다. 2. 네온 가스 충전일 때는 아래 그림에 준한다. 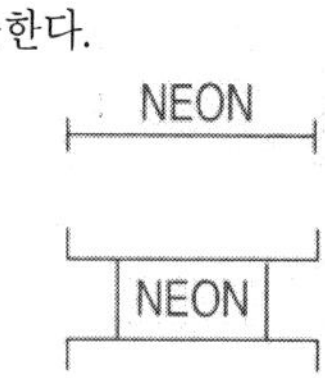

번 호	명 칭	심 벌		적 요
		단선도용	복선도용	
Ⅲ8.2.2	굽음 도파관	(a) (b) 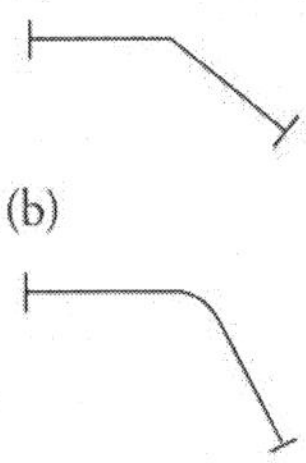	(a) (b) 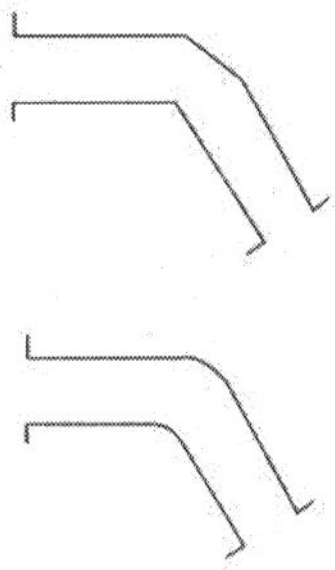	1. (a)는 각 굽음을, (b)는 원굽음을 표시한다. 2. 필요하면 모드 및 각도를 기입한다. 보기 : 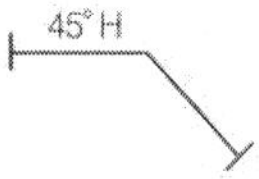
Ⅲ8.2.3	비틀림 도파관	(a) (b) 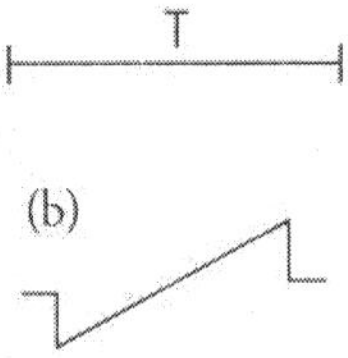 	(a) (b) 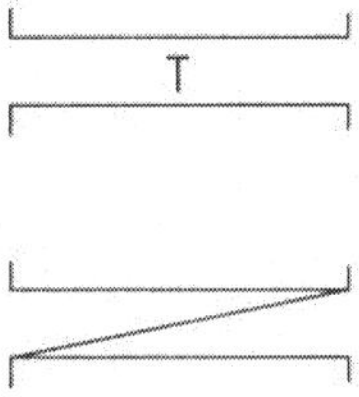 	필요하면 비틀림 각도 및 비틀림 방향을 기입한다. 우 45°30′ 
Ⅲ8.2.4	휨 도파관	(a) (b) 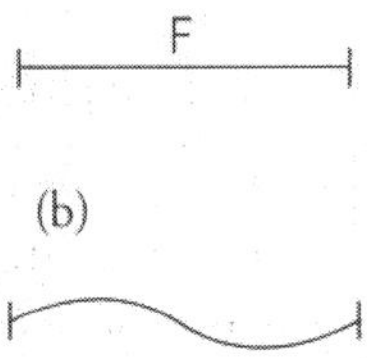 	(a) (b) 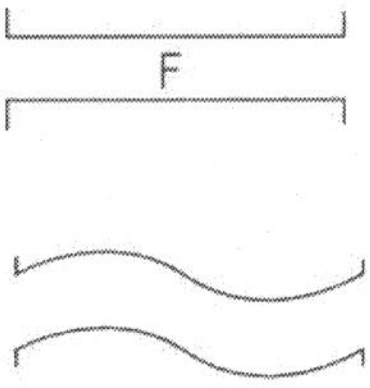 	
Ⅲ8.2.5	플랜지		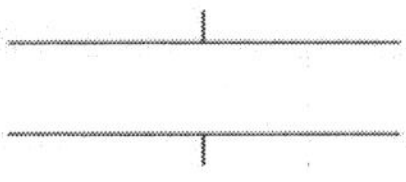	초크 플랜지일 경우에는 다음과 같이 표시한다 단선도용  복선도용 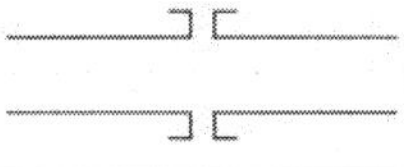
Ⅲ8.2.6	모드 변환기	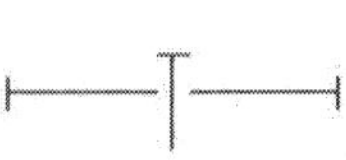	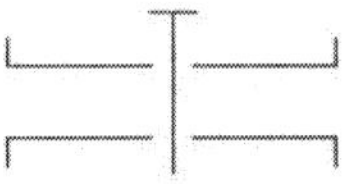	모드 및 단면 모양을 기입할 필요가 있을 때에는 아래 그림의 보기에 따른다. 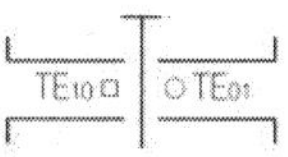

번 호	명 칭	심 벌		적 요
		단선도용	복선도용	
Ⅲ8.2.7	감쇠관		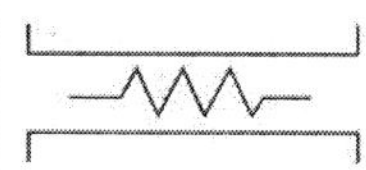	가변을 표시할 때는 아래 그림과 같이 표시한다. 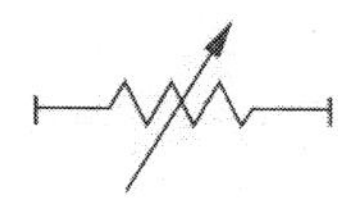 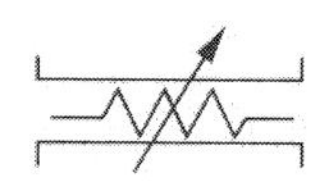
Ⅲ8.2.8	위상 조정기	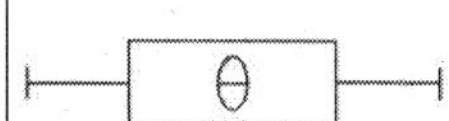	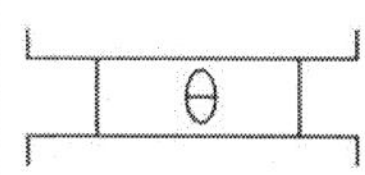	1. 가변을 표시할 때는 아래 그림과 같이 한다. 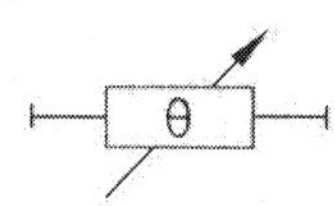 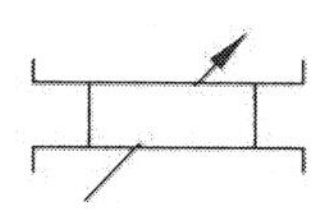 2. 방향성 위상 조정기인 경우는 θ대신 $\vec{\theta}$ 를 기입한다.
Ⅲ8.2.9	스터브		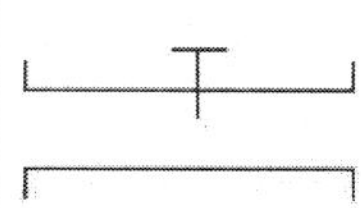	1. 스터브의 길이는 선 상하의 비율이 2:1 정도로 한다. 2. 가변을 표시할 때는 아래 그림과 같이 표시한다. 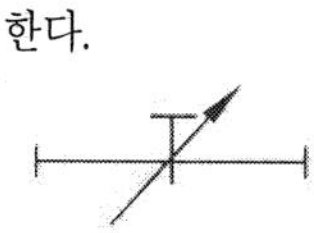 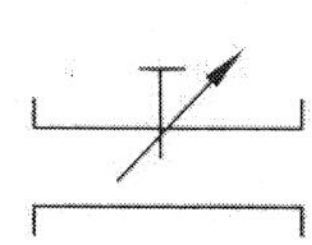

번 호	명 칭	심 벌		적 요
		단선도용	복선도용	
Ⅲ8.2.10	아이리스	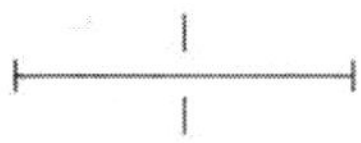	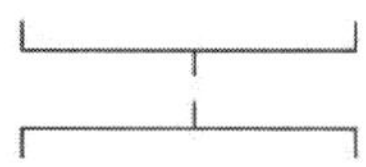	가변을 표시할 때는 아래 그림과 같이 표시한다. 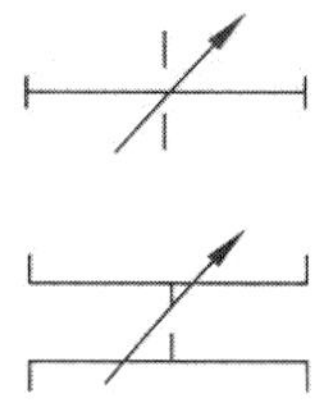
Ⅲ8.2.11	가동 단락	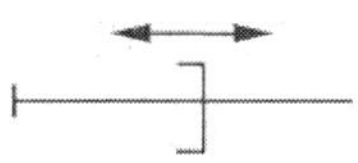	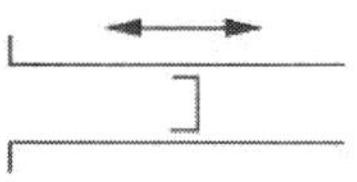	끝단락을 표시할 때는 아래 그림과 같이 표시한다. 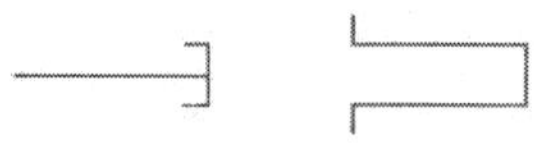
Ⅲ8.2.12	더미로드		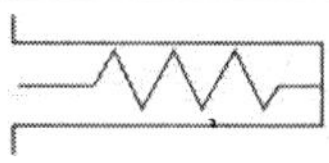	종단의  는 생략해도 된다.
Ⅲ8.2.13	임피던스 창	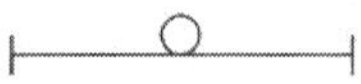	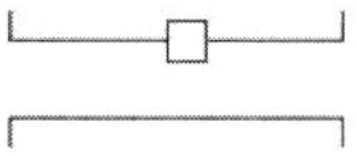	공기 충전용 창일 경우에는  로 한다.
Ⅲ8.2.14	T분기	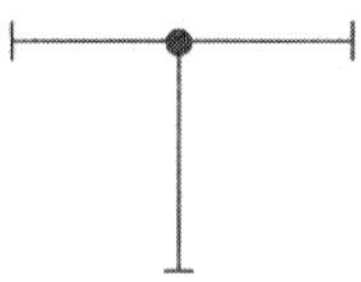	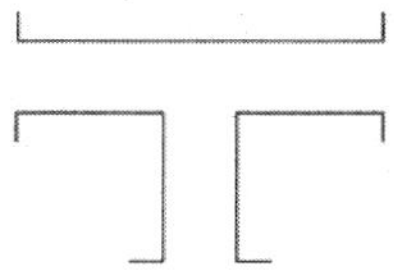	모드를 기입할 필요가 있을 때는 아래 그림과 같이 표시한다. 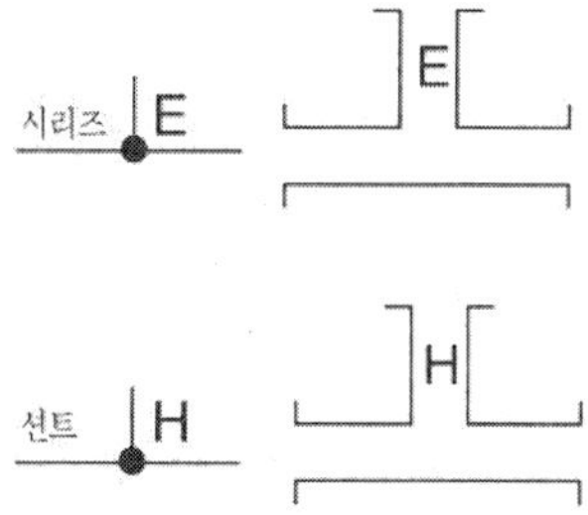
Ⅲ8.2.15	트랜스 주서		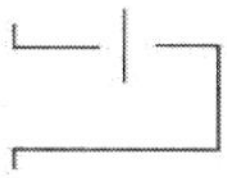	

번 호	명 칭	심 벌		적 요
		단선도용	복선도용	
Ⅲ8.2.16	루프 결합	(a) 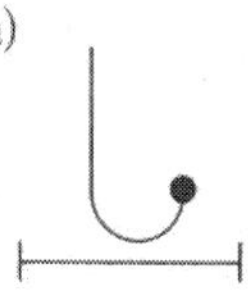 (b) 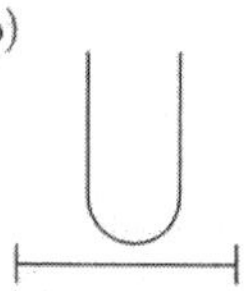	(a) 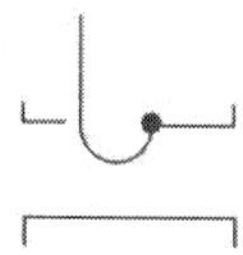 (b) 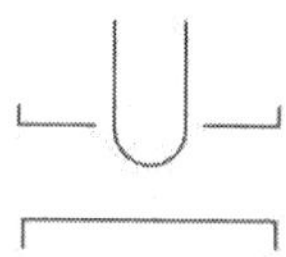	(a)는 불평형형을, (b)는 평형형을 표시한다.
Ⅲ8.2.17	프로브 결합	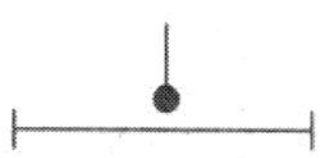	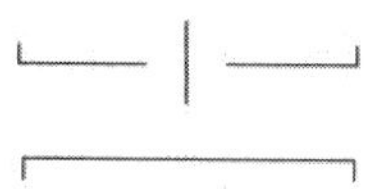	가변을 표시할 때는 아래 그림과 같이 표시한다. 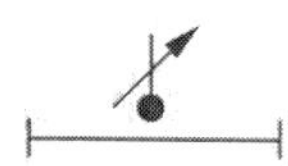 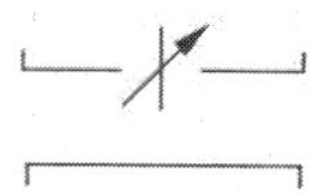
Ⅲ8.2.18	공동 공진기			창 결합의 공동 공진기는 아래 그림과 같이 표시한다. 단선도 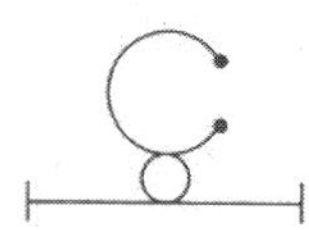 복선도 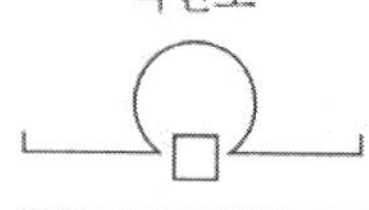
Ⅲ8.2.19	도파관 필터	(a) 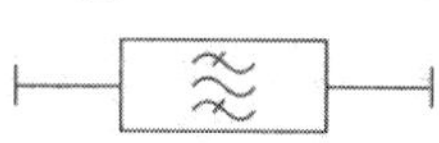 (b) 	(a) 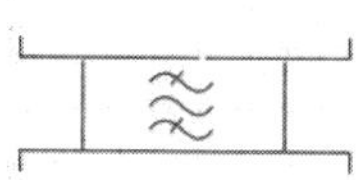 (b) 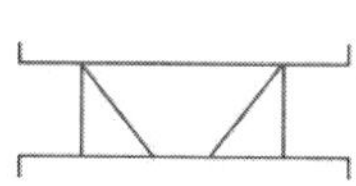	심벌은 대역 필터일 경우를 표시한다. 그 이외는 블록 다이어그램의 필터에 준한다.

번 호	명 칭	심 벌		적 요
		단선도용	복선도용	
Ⅲ8.2.20	분파기	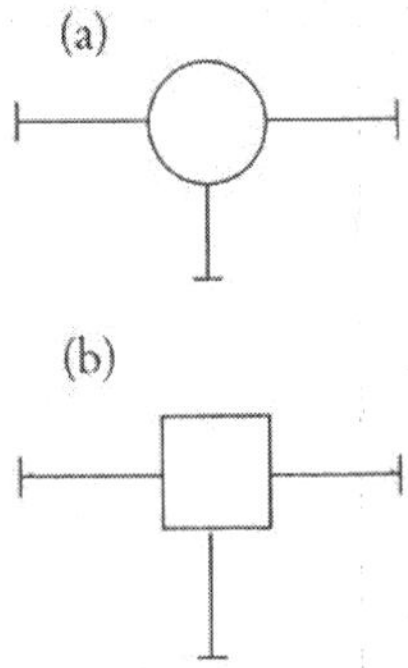	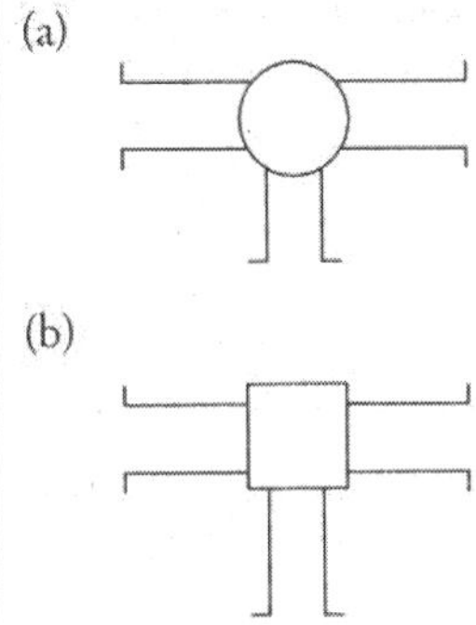	(a)는 원형 분파기를, (b)는 방형 분파기를 표시한다.
Ⅲ8.2.21	전환기	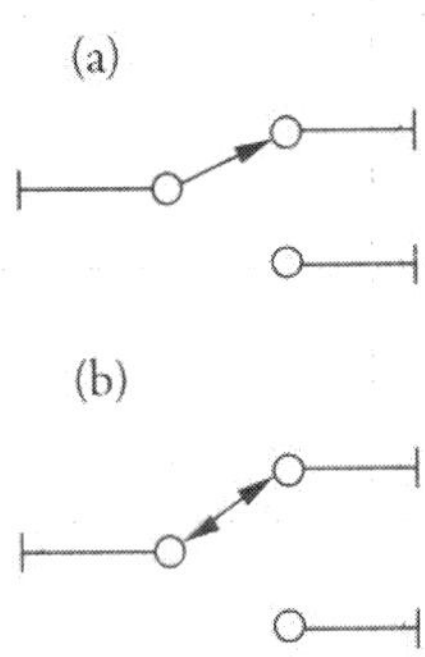	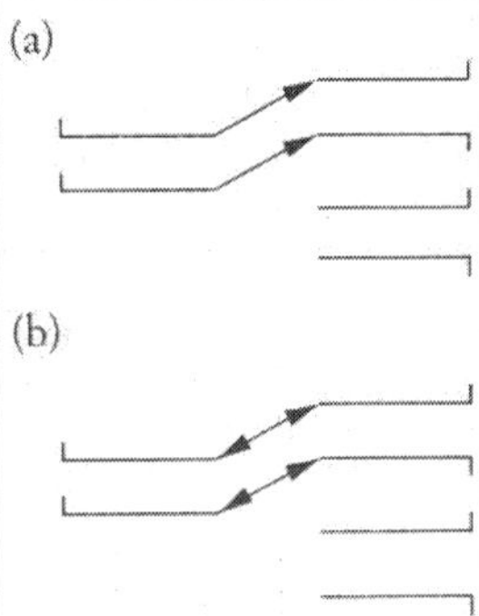	(a)는 2방향을, (b)는 3방향의 전환을 표시한다.
Ⅲ8.2.22	아이솔레이터	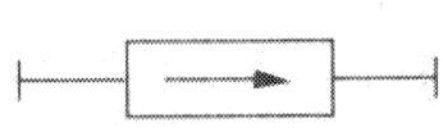	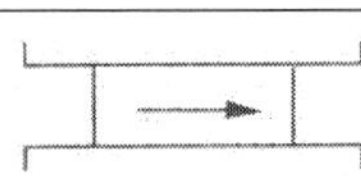	
Ⅲ8.2.23	서큘레이터	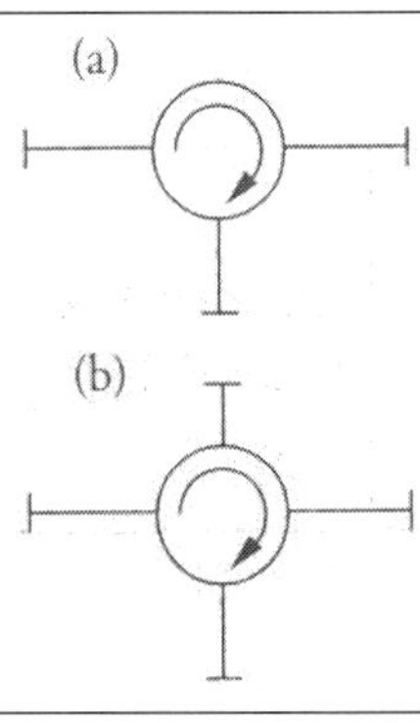	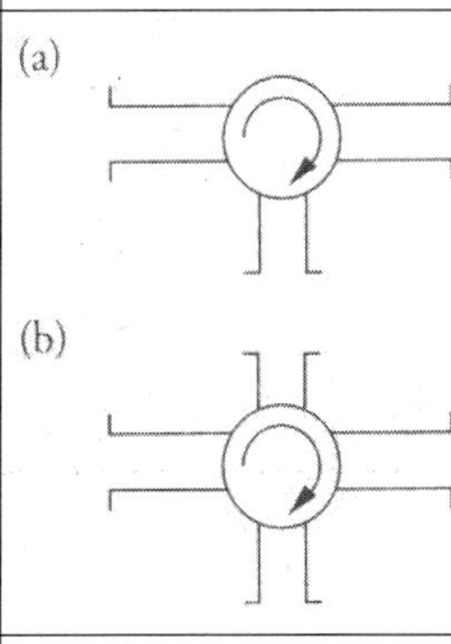	(a)는 3단자를, (b)는 4단자인 경우를 표시한다.
Ⅲ8.2.24	정재파 측정기	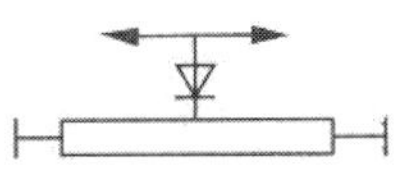	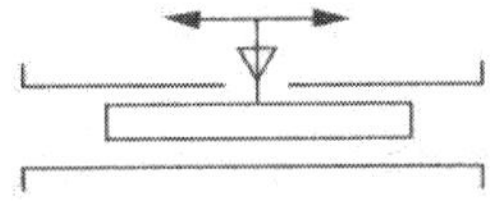	

8.3 회로 기기 및 장치

번 호	명 칭	심 벌	적 요
Ⅲ8.3.1	고니오미터 (전자형)	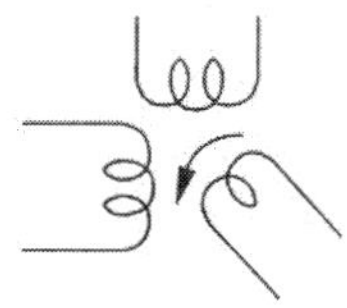	
Ⅲ8.3.2	고니오미터 (정전형)	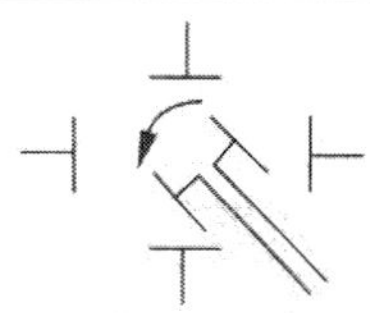	
Ⅲ8.3.3	믹서	MIX	
Ⅲ8.3.4	송신기	T	
Ⅲ8.3.5	수신기	R	
Ⅲ8.3.6	송수신기	TR	
Ⅲ8.3.7	송신 장치	(a) 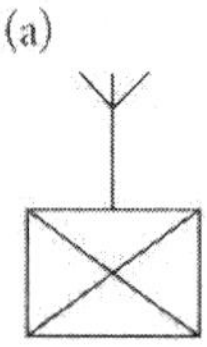 (b) 	(a)는 고정국 또는 육상국을 (b)는 이동국을 표시한다.

번 호	명 칭	심 벌	적 요
Ⅲ8.3.8	수신 장치	(a) (b) 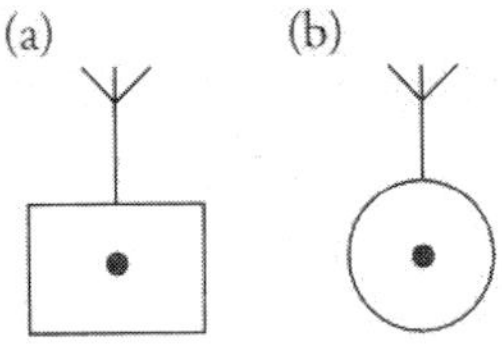	
Ⅲ8.3.9	송수신 장치	(a) (b) 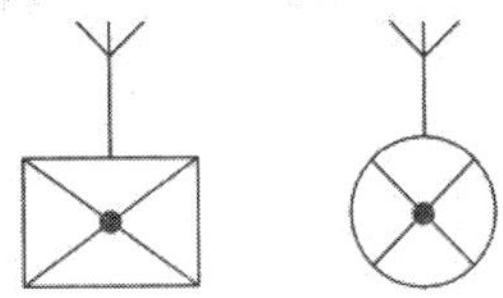	
Ⅲ8.3.10	초단파 중계장치	(a) (b) 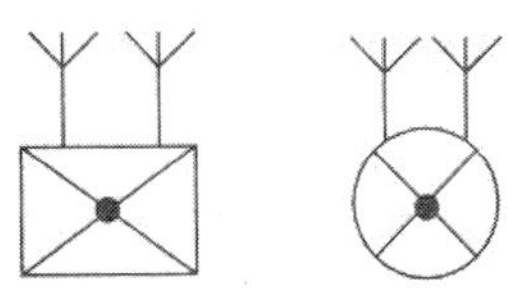	(a)는 고정국 또는 육상국을, (b)는 이동국을 표시한다.
Ⅲ8.3.11	마이크로 단국장치	(a) (b) 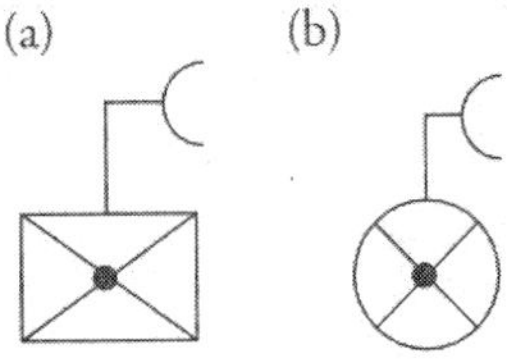	
Ⅲ8.3.12	마이크로 중계장치	(a) 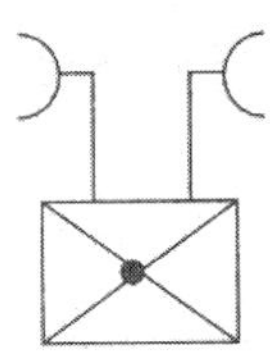 (b) 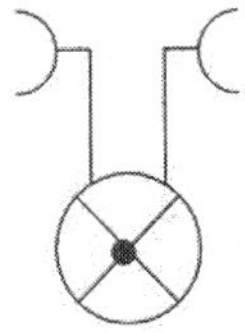	

9. 선로

9.1 선로

번호	명칭	심벌	적요
Ⅲ9.1.1	일반 전기 통신로	————————	타선로에 대한 통신 선로의 총칭 심벌로서 사용한다. 필요에 따라 선종, 대수, 소속 등을 기입한다.
Ⅲ9.1.2	나선	- - - - - - - - - - - - -	필요에 따라 선종, 가닥수, 회선수 등을 기입한다. 보기 : (a) 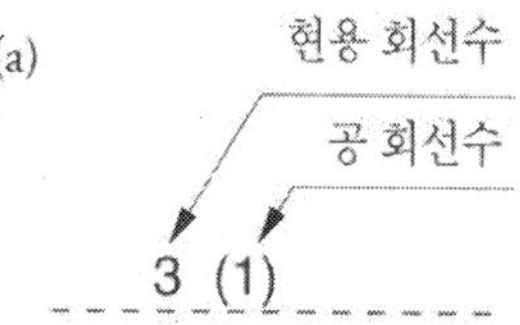 (b) 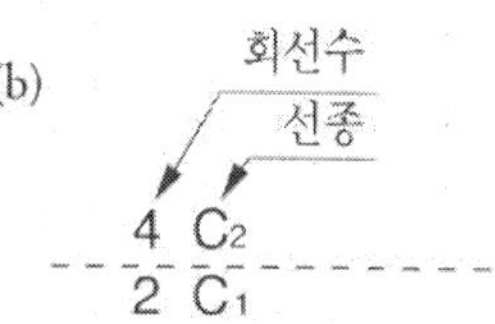
Ⅲ9.1.3	피복선	—— —— ——	필요에 따라 대수를 기입한다. 보기 : 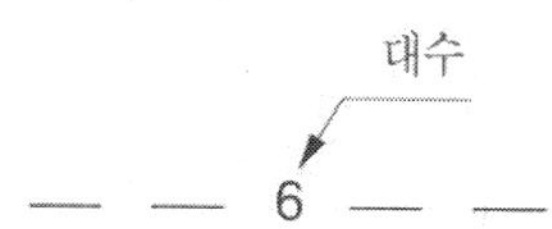
Ⅲ9.1.4	가공 케이블	————————	필요에 따라 선종, 대수 등을 기입한다. 보기 : (a) 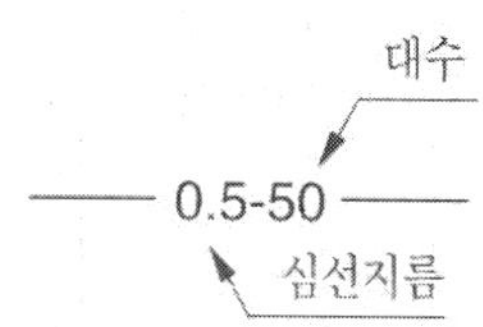 (b) 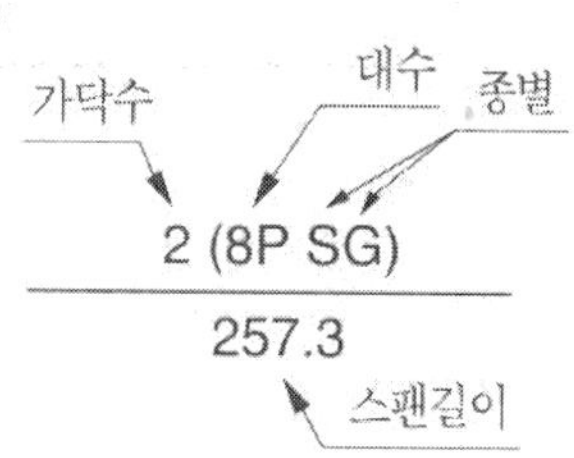

번 호	명 칭	심 벌	적 요
Ⅲ9.1.5	관로 케이블	(a) (b) 	필요에 따라 선종, 대수 등을 기입한다. 보기 : (a) 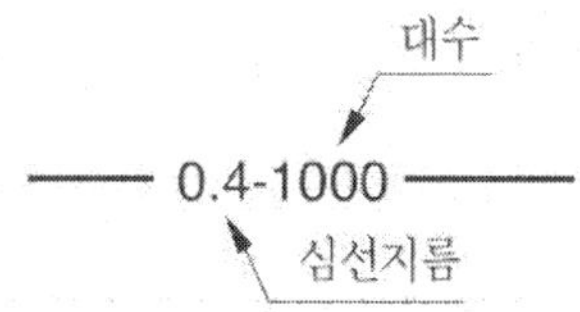 (b) 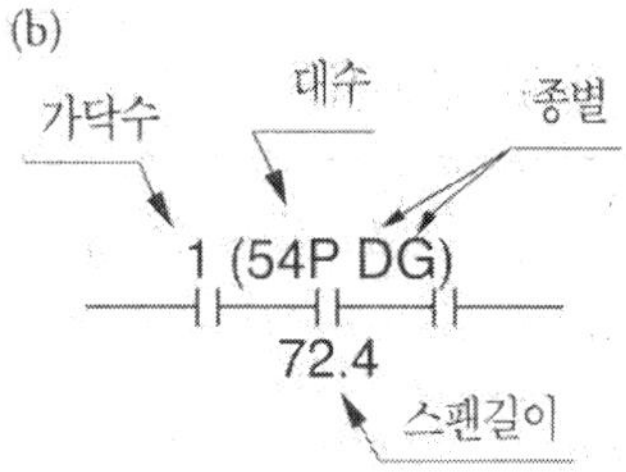
Ⅲ9.1.6	직매 케이블	(a)  (b) 	필요에 따라 선종, 대수 등을 기입한다. 보기 : (a) 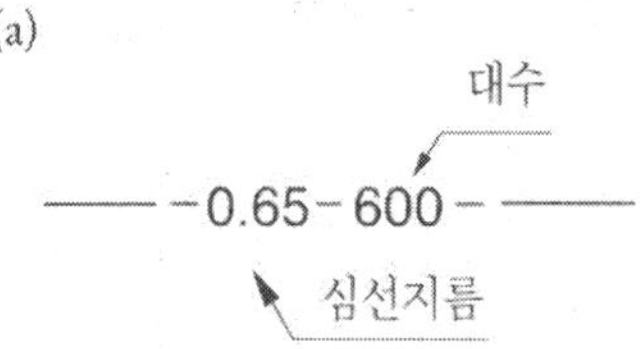 (b) 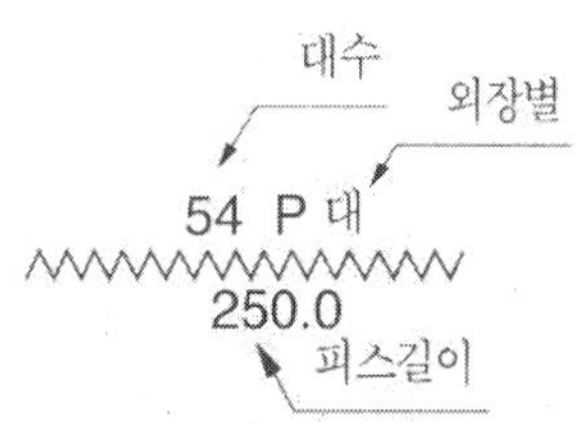
Ⅲ9.1.7	수저 케이블	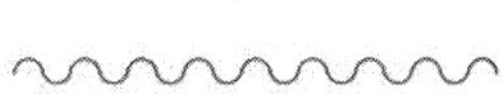	필요에 따라 선종, 대수 등을 기입한다. 보기 : 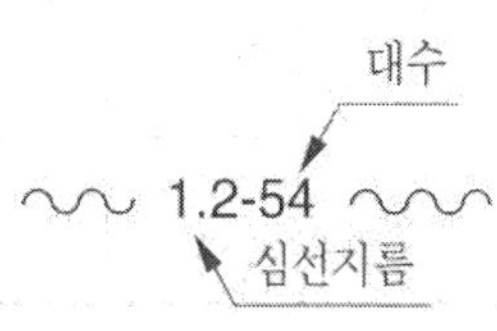
Ⅲ9.1.8	케이블 접속	(a)  (b) 	

번 호	명 칭	심 벌	적 요
Ⅲ9.1.9	신호 케이블		필요에 따라 선종, 대수 등을 기입한다. 보기 : 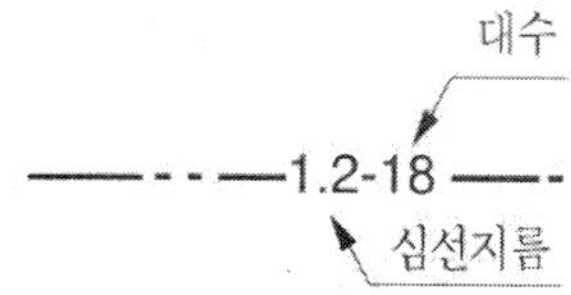

9.2 선로 부속품

번 호	명 칭	심 벌	적 요
Ⅲ9.2.1	지지물(일반)	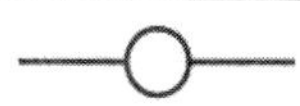	
Ⅲ9.2.2	목주	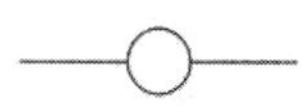	
Ⅲ9.2.3	콘크리트 주	(a)  (b) 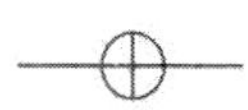	
Ⅲ9.2.4	철주	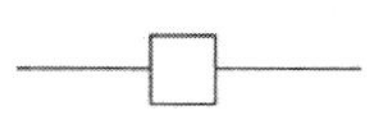	강판 조립은 아래 그림과 같이 표시한다. 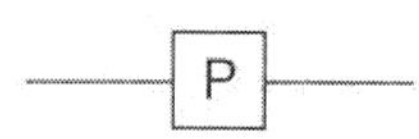
Ⅲ9.2.5	철탑	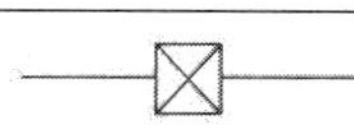	
Ⅲ9.2.6	공가 목주	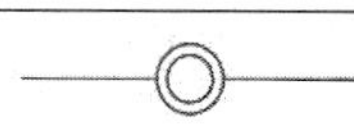	
Ⅲ9.2.7	공가 콘크리트주	(a) 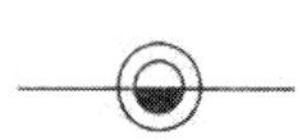 (b) 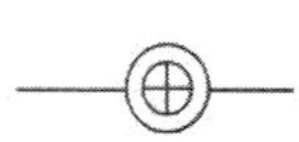	
Ⅲ9.2.8	공가 철주	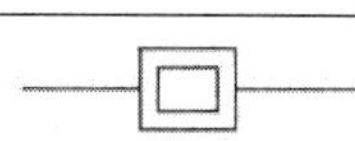	
Ⅲ9.2.9	공가 철탑	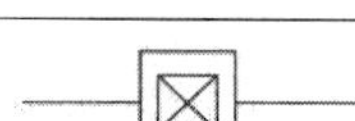	

번 호	명 칭	심 벌	적 요
Ⅲ9.2.10	지선주	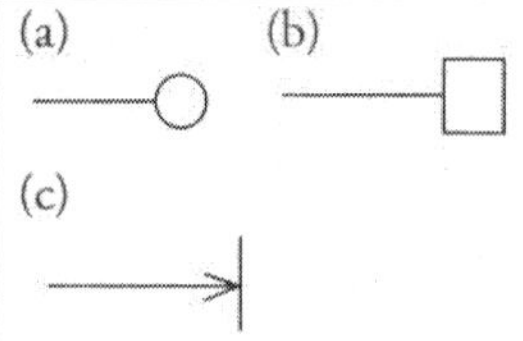	
Ⅲ9.2.11	지주	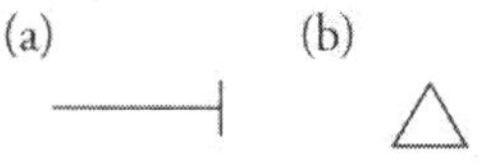	(b)의 심범의 사용 방법은 아래 그림의 보기에 따른다. 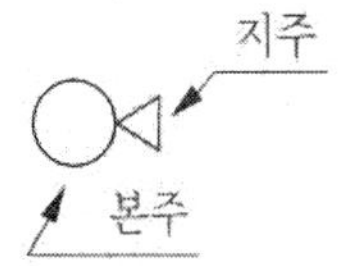
Ⅲ9.2.12	지선	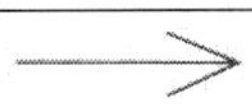	
Ⅲ9.2.13	단자함	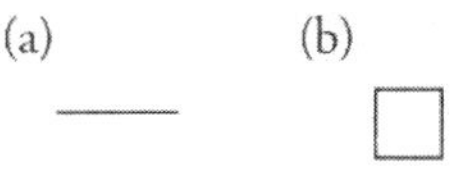	필요에 따라 단자수, 심선 번호 등을 기입한다. 보기 : (a) 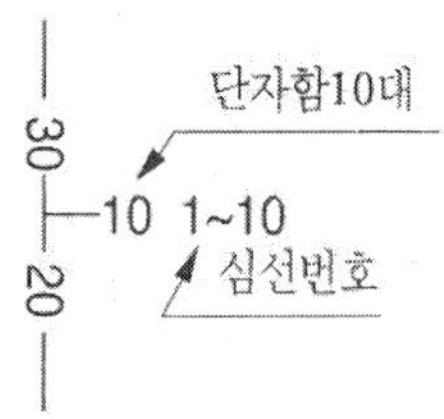 (b) 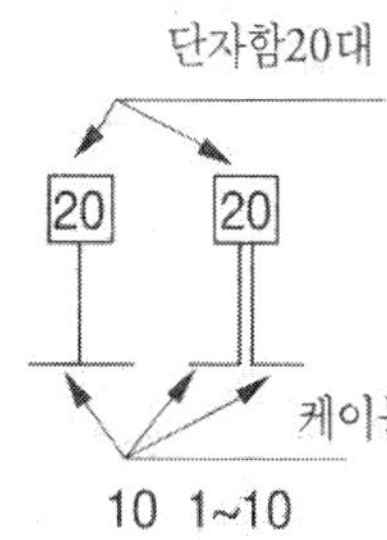
Ⅲ9.2.14	배선함	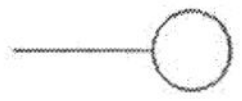	필요에 따라 대수, 심선 번호 등을 기입한다. 보기 : 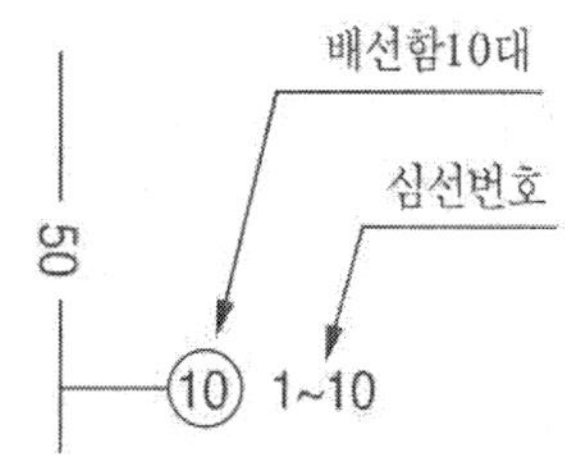

번 호	명 칭	심 벌	적 요
Ⅲ9.2.15	옥내 단자반		필요에 따라 대수를 기입한다. 보기 : 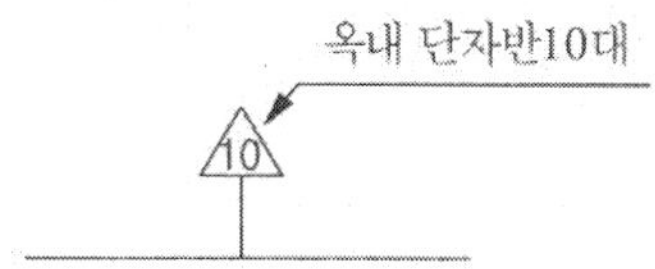
Ⅲ9.2.16	옥외 전환반	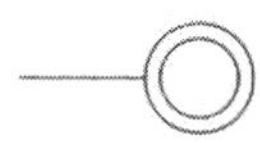	필요에 따라 대수를 기입한다. 보기 : 
Ⅲ9.2.17	옥내 전환반	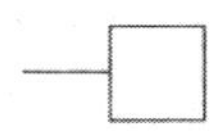	필요에 따라 대수를 기입한다. 보기 : 
Ⅲ9.2.18	선택 배류기	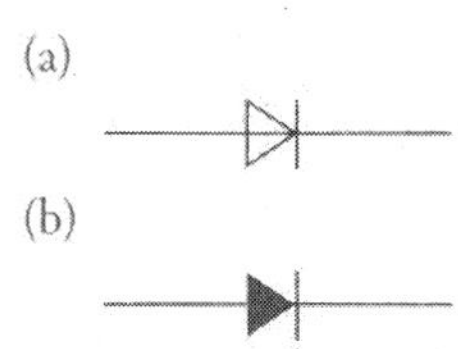	필요에 따라 종별, 용량 등을 기입한다. 보기 : 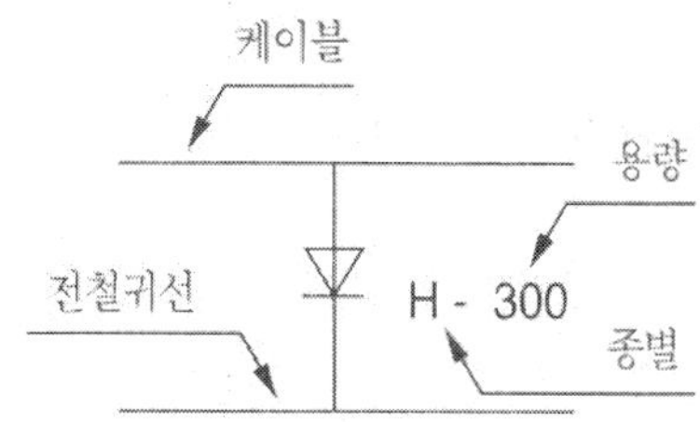
Ⅲ9.2.19	강제 배류기	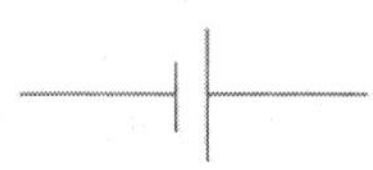	필요에 따라 종별, 용량 등을 기입한다. 보기 : 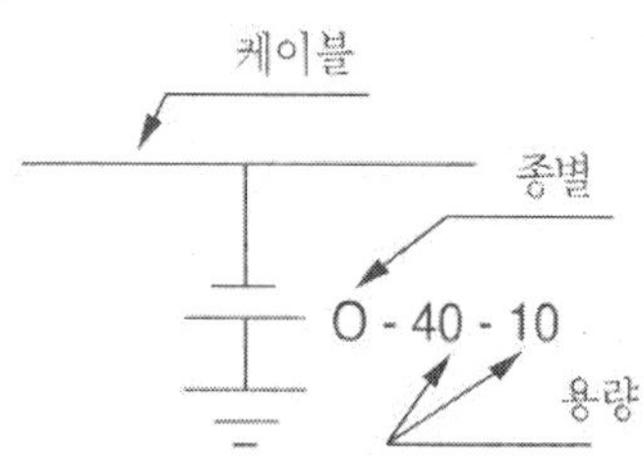

번 호	명 칭	심 벌	적 요
Ⅲ9.2.20	관로		1. 필요에 따라 관종, 관로 가닥수, 케이블 대수 등을 기입한다. 보기 : 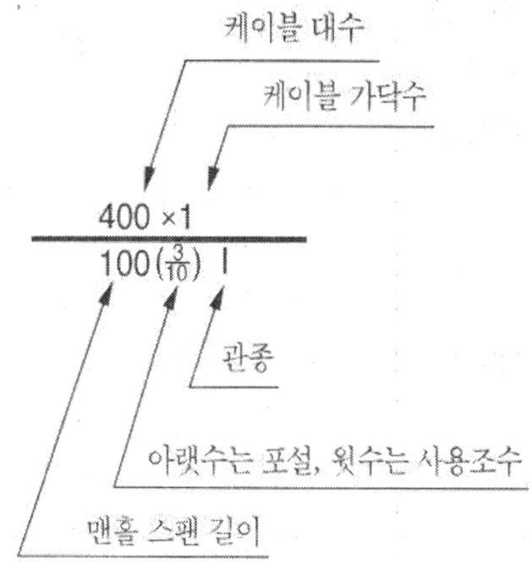 2. 관종 기호의 보기 C : 무근 콘크리트관 R : 철근 콘크리트관 As : 석면 시멘트관 I : 주철관 S : 강관 V : 경질 비닐관 P : 도관 SA : 쥬트 권선 강관 및 도복장 강관 T : 트래프관 F : 파이버관
Ⅲ9.2.21	인상관		케이블을 지하에서 가공으로 끌어 올린다. ○는 전주를 표시하고, —는 관로를 표시한다. Ⅲ9.2.20「관로」에 준해서 필요 사항을 기입한다.
Ⅲ9.2.22	지하 배선 인상관		본선지하 케이블에서 지하식으로 배선한다. Ⅲ9.2.20「관로」에 준해서 필요 사항을 기입한다.

번 호	명 칭	심 벌	적 요
Ⅲ9.2.23	전용교	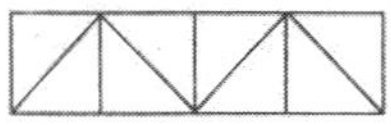	
Ⅲ9.2.24	교량첨가		
Ⅲ9.2.25	맨 홀	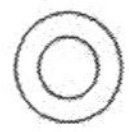	
Ⅲ9.2.26	핸드홀		1. 필요에 따라 테두리 안에 종별을 기입한다. 보기 :  2. 혼동될 우려가 없을 때에는 H를 생략할 수도 있다.
Ⅲ9.2.27	국내 맨홀		
Ⅲ9.2.28	등도	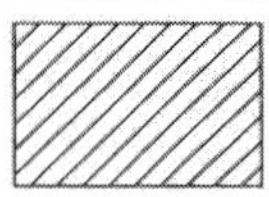	
Ⅲ9.2.29	공동구	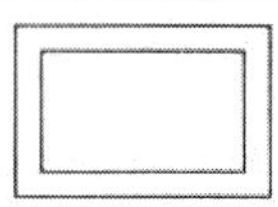	
Ⅲ9.2.30	육표	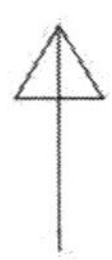	
Ⅲ9.2.31	해트		

10. 전원

번 호	명 칭	심 벌		적 요
		단선도용	복선도용	
Ⅲ10.1	전동 발전기	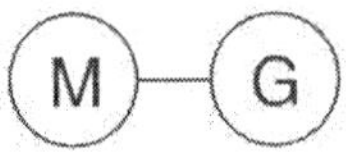		
Ⅲ10.2	발전동기	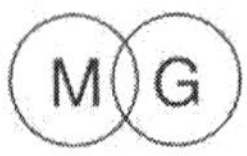		
Ⅲ10.3	회전형 신호기	(a)  (b) 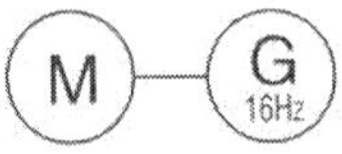		
Ⅲ10.4	정지형 신호기			
Ⅲ10.5	유도자형 고주파 발전기		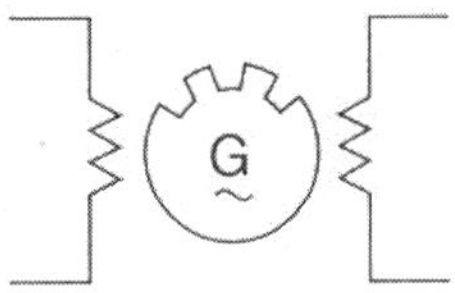	
Ⅲ10.6	발동 발전기	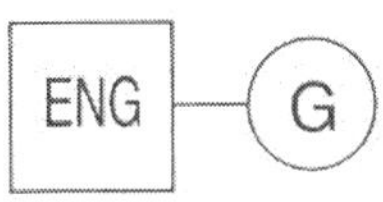		
Ⅲ10.7	전동 발전기식 무정전 전원 장치(MGG)	(a)  (b) 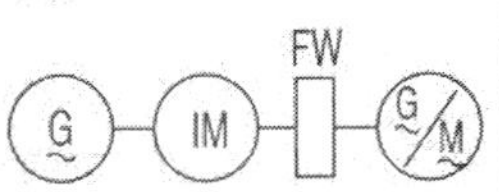		구성 순서를 표시할 때는 (b) 또는 (c)의 보기에 준한다.

번호	명칭	심벌		적요
		단선도용	복선도용	
Ⅲ10.7		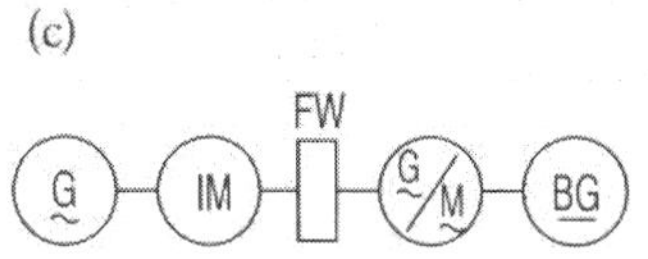		
Ⅲ10.8	교직류 구동 교류 무정전 전원 장치 (DMA)	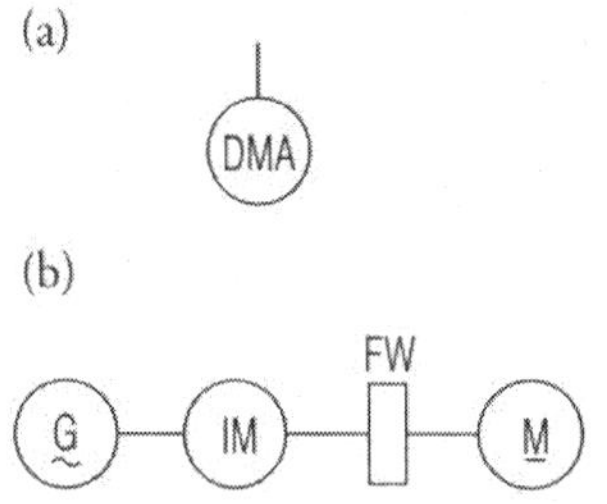		
Ⅲ10.9	발동 발전기식 무정전 전원 장치(3EC)	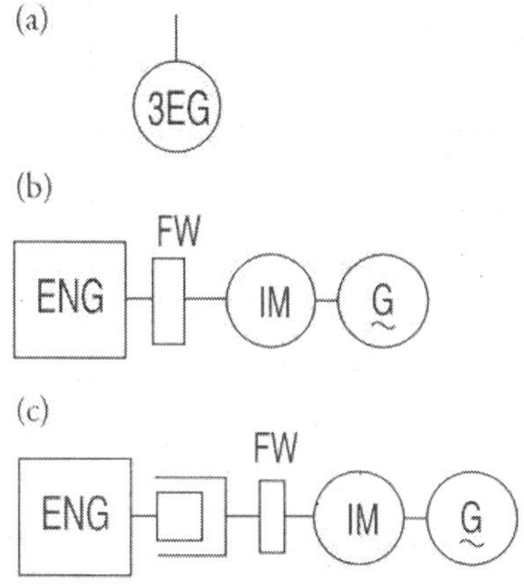		구성 순서를 표시할 때는 (b) 또는 (c)의 보기에 준한다.
Ⅲ10.10	크레이머 방식 정주파 정전압 전원 장치 (CFVMG)	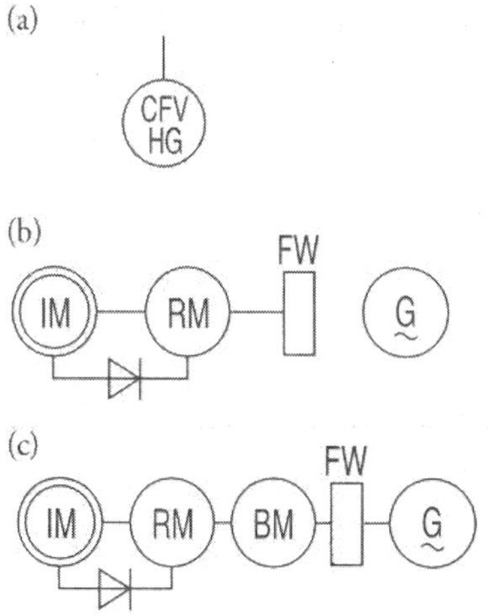		1. 구성 순서를 표시할 때는 (b) 또는 (c)의 보기에 준한다. 2. 발전기가 복수일 때는 Ⓖ를 추가한다.

번 호	명 칭	심 벌		적 요
		단선도용	복선도용	
Ⅲ10.11	전자 클러치	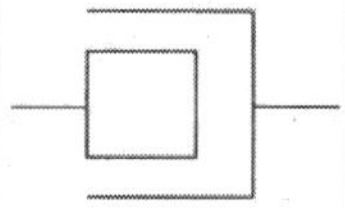		
Ⅲ10.12	신호기 단속기 접점		(a) (b) (c) 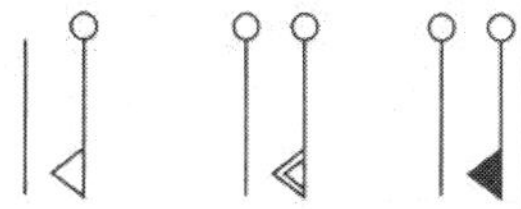	(a)는 캠 凸부에서 폐로하는 접점 (b)는 캠 凹부에서 폐로하는 접점 (c)는 캠 평탄부에서 폐로, 凸부에서 개로하는 접점
Ⅲ10.13	바 접속형 전환기		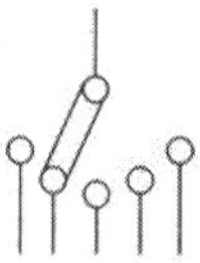	
Ⅲ10.14	회로 유지 개폐기		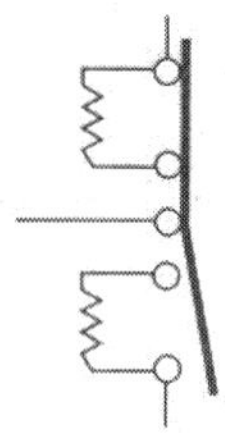	가동 스프링을 표시하는 선은 가늘어도 된다.
Ⅲ10.15	탄소 가감 저항기		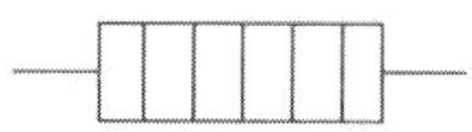	필요할 때는 4각의 수를 바꿀 수가 있다.
Ⅲ10.16	역전지			2개의 조합의 보기를 표시한다.
Ⅲ10.17	온도 개폐기		(a) 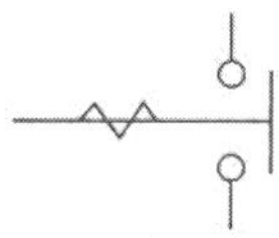 (b) 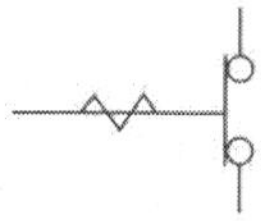	(a)는 동작일 때에는 폐로하는 것 (b)는 동작할 때는 개로하는 것

번 호	명 칭	심 벌		적 요
		단선도용	복선도용	
Ⅲ10.18	유압 개폐기		(a) 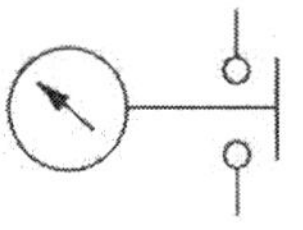 (b) 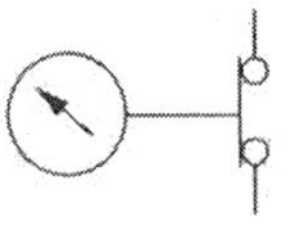	
Ⅲ10.19	제어 리액터		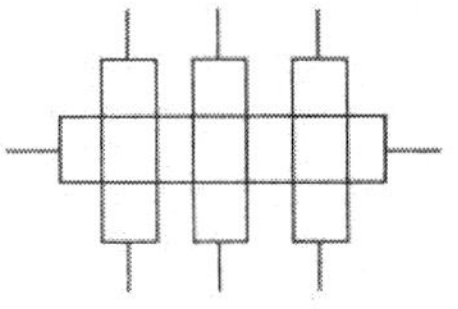	
Ⅲ10.20	전원용 필터			

찾아보기

저 자 소 개

한 태 환

□ 저자약력
- 공학박사
- 공업계측제어기술사

□ 경력
- LG산전 자동화사업부
- 서울대학교 자동화연구소
- 현재 명지전문대학 전기과 교수

□ 저서
- HMI시스템활용
- PLC제어기술
- 실무 PLC제어기술
- 시퀀스와 PLC 제어 기술
- CEMTool 활용 제어시스템 해석 및 설계

전기(산업) · 전기공사(산업)기사 실기시험 및 실무지침서

實務 시퀀스 제어기술

5판 4쇄 2019년 2월 20일

저 자	한태환
발행인	송광헌
발행처	복두출판사
주 소	서울특별시 영등포구 경인로82길 3-4 센터플러스 807호 (우) 07371
전 화	02-2164-2580
FAX	02-2164-2584
등 록	1993. 11. 22. 제 10-902 호

정가 : 26,000원

ISBN : 979-11-86541-82-1 93560

한국과학기술출판협회 회원사